U0676948

高等职业教育
土建类专业系列教材

房屋建筑学

主　编◎何培斌　李　江

副主编◎王若丁　魏志伟

参　编◎丁　菱　高新毅

　　　　苏盛韬　张　岩

重庆大学出版社

内容提要

本书是以项目、任务式的教学体例编写的新形态教材,分为民用建筑设计、民用建筑构造、工业建筑设计与构造、现代建筑设计理念4个项目,共包括18个任务。每个任务后都有【关键词】【测试】【想一想】【做一做】等练习,并配有完整的教学大纲、教学周历、教案、教学PPT、模拟试题以及多套建筑施工图实例的.dwg文件等丰富的教学资源,方便教师与学生的教与学。

本书是"高等职业教育土建类专业系列教材"之一,也可供职业教育本科层次土木建筑大类的建筑工程、工程造价、建筑工程管理、建筑智能检测与修复等专业的必修专业基础课程"房屋建筑学"选用,还可供相关工程技术人员学习参考。

图书在版编目(CIP)数据

房屋建筑学 / 何培斌,李江主编. -- 重庆:重庆
大学出版社,2023.12
高等职业教育土建类专业系列教材
ISBN 978-7-5689-4077-1

Ⅰ.①房… Ⅱ.①何… ②李… Ⅲ.①房屋建筑学—
高等职业教育—教材 Ⅳ.①TU22

中国国家版本馆 CIP 数据核字(2023)第 170445 号

高等职业教育土建类专业系列教材
房屋建筑学
何培斌 李 江 主编
责任编辑:王 婷 版式设计:王 婷
责任校对:邹 忌 责任印制:赵 晟

*

重庆大学出版社出版发行
出版人:陈晓阳
社址:重庆市沙坪坝区大学城西路21号
邮编:401331
电话:(023)88617190 88617185(中小学)
传真:(023)88617186 88617166
网址:http://www.cqup.com.cn
邮箱:fxk@cqup.com.cn(营销中心)
全国新华书店经销
重庆升光电力印务有限公司印刷

*

开本:787mm×1092mm 1/16 印张:23.25 字数:612 千
2023 年 12 月第 1 版 2023 年 12 月第 1 次印刷
印数:1—2 000
ISBN 978-7-5689-4077-1 定价:59.00 元

前　言

"房屋建筑学"课程是高等职业教育土木建筑大类的建筑工程、工程造价、建筑工程管理、建筑智能检测与修复等专业的必修专业基础课程。本书是重庆大学出版社组织编写的"高等职业教育土建类专业系列教材"之一,同时也按照中华人民共和国教育部对本科层次职业教育土木建筑大类相关专业的培养目标及课程设置要求编写。

本书的编者在编写过程中,深入领会党的二十大精神,以为党育人、为国育才,加快建设中国特色社会主义职业教育,造就新时代中国特色社会主义职业教育的拔尖创新人才为指导思想,以"坚持高层次技术技能人才培养定位"的原则编写,其主要特点是:

(1)坚持职教特色,紧扣职业教育土木建筑大类教学标准的要求,坚持知识传授与技术技能培养并重,强化学生职业素养养成和专业技术积累。在内容的选择和组织上,强调知识的实践和应用,增加实践性教学内容。主要章节后都有相应的实训项目供学生做课程设计及构造设计,以增强学生的动手能力。

(2)根据《高等学校课程思政建设指导纲要》的要求,通过大量的工程实例和图片,重点介绍中国建筑的发展历程、代表人物和代表性的建筑,将专业精神、职业精神和工匠精神融入教材案例,使学生在学习过程中,体会到在中国共产党的领导下,我国建筑业的蓬勃发展,增强中国特色社会主义道路自信和专业自信,培养学生谦虚谨慎的职业素养,以及知难而进、迎难而上的创新意识和挑战精神,做到学以致用,解决实际工程中遇到的问题,引导学生爱党报国、敬业奉献、服务人民。

(3)注重职业教育本科层次的教育规律,坚持产教融合,强化行业指导、企业参与。编写人员均为双师型教师、注册建筑师、高级工程师等,共同开发了本课程的教学资源,因此本书是典型的校企合作教材。

(4)本书在编写中还特别注重突出科学性、时代性、工程实践性的编写原则,紧跟产业发展趋势和行业人才需求,及时将产业发展的新技术、新工艺、新规范纳入教材内容,反映典型岗位(群)职业能力要求,以真实生产项目、典型工作任务等为载体,增加了过去教材中没有的钢结构单层厂房承重结构、装配式建筑、低碳建筑等富有时代特色的新形态建筑工程实例。

（5）本教材是采用项目式、任务式教学体例的新形态教材,每项任务后都有【关键词】【测试】【想一想】【做一做】等练习手段,并为主教材配有完整的教学大纲、教学周历、教案、教学PPT、模拟试题,以及多套建筑施工图实例的 dwg 文件等丰富的教学资源,方便教师与学生的教与学。

本书由重庆建筑科技职业学院何培斌、重庆大学李江担任主编;重庆理工大学王若丁、重庆南方安装工程公司魏志伟担任副主编;重庆城建控股(集团)有限责任公司丁菱、重庆建筑科技职业学院高新毅、苏盛韬、张岩参与了本书的编写工作。重庆建筑科技职业学院何培斌负责全书的总体设计、协调及最终定稿。具体编写分工如下:何培斌(项目1中任务1.1、任务1.2、项目3中任务3.2);王若丁(项目1中任务1.3、任务1.4);李江(项目2中任务2.1、任务2.2、任务2.3);丁菱(项目2中任务2.4、任务2.8);高新毅(项目2中任务2.5、任务2.6);苏盛韬(项目2中任务2.7、项目3中任务3.1);张岩(项目3中任务3.3、任务3.4);魏志伟(项目4中任务4.1、任务4.2)。

本书在编写过程中参考了一些有关书籍,在此谨向编者表示衷心的感谢,参考文献列于书末。限于编者的水平,本书可能有不少的疏漏、谬误,敬请批评指正。

编　者

2023 年 3 月

目　录

项目 1　民用建筑设计

【项目引入】

我们居住的住宅、学习的教学楼、工作的办公楼等，都是人们生活的必要设施。"房屋建筑学"课程是本科层次职业教育土木建筑大类相关专业的一门专业基础课程，具有较强的综合性。它是历史人文知识与工程技术经验的结合，涵盖建筑材料、建筑历史、建筑设计、建筑物理、建筑结构、建筑设备等多学科的知识内容。

全国大学生先进成图技术与产品信息建模创新大赛，是由中国图学学会与教育部高等学校工程图学课程教学指导分委会联合举办的中国图学界的"奥运盛会"。大赛项目由"基础知识""CAD 绘制工程图""三维信息建模"和"BIM 技术创新应用"4 个板块构成。竞赛项目与"房屋建筑学"课程学习以及实践应用高度融合，我们可以通过参加竞赛，来加深对课程学习的创新意识、沟通理解，以赛促学。

【学习目标】

掌握有关房屋建筑的 3 个要素，熟记党的建筑方针；掌握一般建筑的分类、组成及要求；掌握有关建筑设计的过程和基本要求；掌握中小型民用建筑设计的方案设计、初步设计；掌握施工图设计的方法。

【技能目标】

能够根据现行国家相关制图标准和工程设计规范完成中小型民用建筑的施工图设计和绘制，并运用建筑设计的基本原理和方法提出一般中小型民用建筑工程设计中复杂问题的解决方案。

【素质目标】

在"房屋建筑学"教学过程中，应关注价值引领和课程育人。从我国建筑工程发展历史沿革的相关要素中挖掘思政元素，激发学生爱国自信的信念；从建筑的三要素（建筑功能、物资技术条件、建筑形象），以及党的建筑方针（"适用、经济、绿色、美观"）出发，引导学生树立敬业、诚信等社会主义核心价值观。培养学生严谨、认真、细致的工程师素质，引导学生树立公正、法治、文明、和谐等社会主义核心价值观。工程伦理和工程道德也是本课程教学过程中需要引导学生树立的价值观。

【学习重难点】

重点：建筑三要素、建筑方针、建筑设计的要求和依据。

难点：中小型民用建筑设计的方法。

【学习建议】

1.对建筑的起源和发展作一般了解,着重学习建筑三要素、建筑方针、建筑设计的要求和依据。

2.学习中可以考察同学们家乡的传统建筑及著名建筑的设计者、修建年代、建筑规模等,增强对建筑的认识和了解。

3.通过讨论同学们所在学校的教学楼、图书馆、学生宿舍、教师住宅等建筑的功能、结构形式、层数等,建立建筑的分级分类概论。

4.单元后的技能训练与项目实训,应在学习中对应进度逐步练习,通过做练习来巩固基本知识。

任务 1.1　建筑的起源和发展

建筑作为动词时,意指工程技术与建筑艺术的综合创作,包括了各种土木工程的建筑活动。建筑作为名词时,泛指一切建筑物和构筑物,是人类为了满足生活与生产劳动的需要,利用所掌握的技术手段与物质生产资料,在科学规律与美学法则的指导下,通过对空间的限定、组织而形成的社会生活环境。

1.1.1　中国建筑的起源和发展

建筑物最初是人类为了遮蔽风雨和防备野兽侵袭的需要而产生的。人们利用树枝、石块等一些容易获得的天然材料,粗略加工,盖起了树枝棚、石屋等原始建筑物(图 1-1-1)。

图 1-1-1　原始建筑物

作为人类文化的一个重要组成部分,我国的建筑(尤其是古代建筑),具有卓越的技术与艺术成就和鲜明独特的风格特征。在世界建筑史上,它以其独特而完整的艺术体系而占有重要的地位、辉煌的篇章;它以自身绚丽多彩的光芒,展现在世界文明群星璀璨的星空中。同世界其他民族相似,我国的古代建筑也经历了原始社会、奴隶社会和封建社会 3 个时期。

1)原始社会的中国建筑

在六七千年以前新石器时代的氏族公社时期,为了适应人口增长和生产劳动的需要,我们的祖先最终从树上下来,走出洞窟,用木架和泥草模仿天然洞穴,建成了简单的穴居和浅穴居,并在此基础上逐步发展成为地面上的木骨泥墙或干阑式房屋及原始村落。长江下游的浙江余姚河姆渡村遗址、仰韶文化时期(母系氏族)的西安半坡村遗址(图 1-1-2),以及其后的龙山文化时期(父系氏族)的西安客省庄遗址等,都是我国古代原始社会时期较有代表性的建筑遗址。在此期间,建筑技术上的典型成就包括木结构技术上的榫卯结构、较为整齐成熟且与外墙分工明确的木构架、墙面及地面的白灰抹面,以及少量土坯砖的应用等。

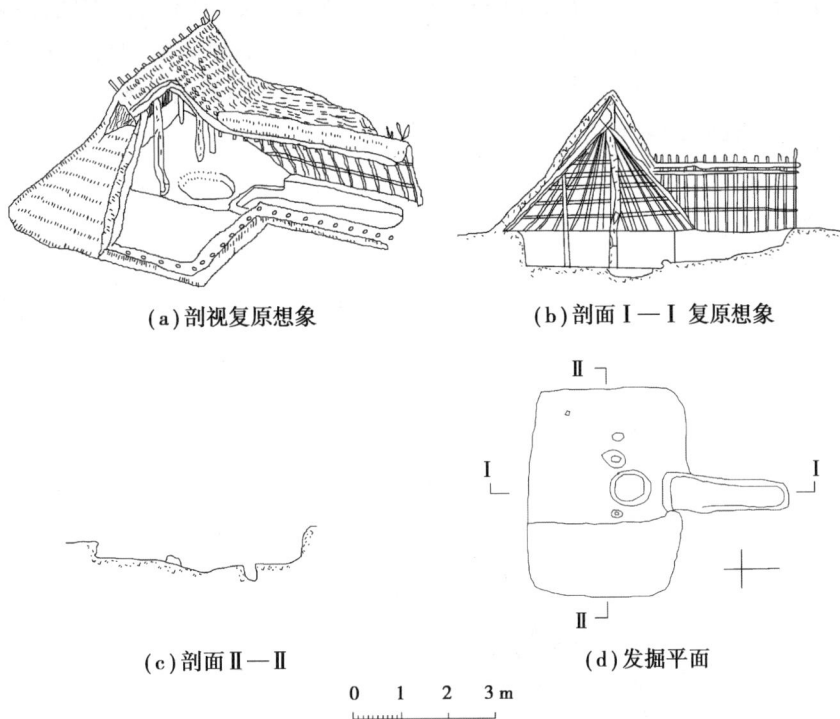

（a）剖视复原想象   （b）剖面 I—I 复原想象

（c）剖面 II—II   （d）发掘平面

0 1 2 3 m

图 1-1-2 西安半坡村遗址

2) 奴隶社会的中国建筑

大约在公元前 2070 年—前 1600 年,我国历史上出现了第一个奴隶制王朝——夏朝,其中心大约在今河南嵩山和山西夏县一带。由于缺乏准确的文字依据和完整而有说服力的考古发现,此间的文化(包括建筑文化)成就尚属探索中的一个谜,但铜制工具已开始使用是毋庸置疑的。

从夏朝开始,经过商朝、西周和春秋,中国古代奴隶社会跨越了 1 600 多年的历史阶段,而青铜文化是这一历史时期的代表文化。

商朝是奴隶社会大发展的时期,青铜工艺已相当成熟,手工业的专业分工明显,建筑技术得到明显提高。从河南偃师二里头商朝宫殿遗址中,已能看出中国古典建筑"三段式"(即高台建筑)的雏形并由此产生了用"土木"代表建筑工程的概念(图 1-1-3)。而且当时人们对铁的性能已有所认识。

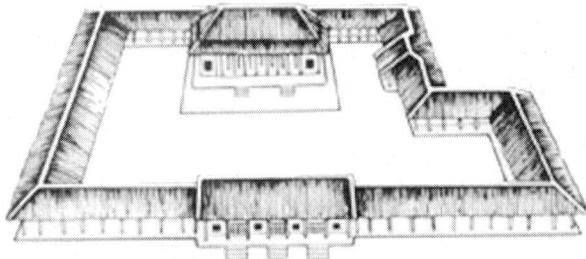

图 1-1-3 二里头商朝宫殿遗址

从周朝开始,在今黄河流域的陕西岐山凤雏村出现了我国迄今为止已知最早的四合院,长江中下游则仍以干阑式建筑为主。建筑上的重大贡献是瓦的发明,以及由此而引发的屋面构造的改变,出现了简单的屋面排水系统等。

春秋时期,铁工具及建筑用的瓦材被普遍采用。"高台建筑"用于诸侯宫殿,促进了夯土技术的日益成熟;木结构构件的加工制造工艺日臻完美。历史上神话般的传奇人物公输班(鲁班)即是这个时期在手工业不断发展的形势下所涌现出的技术高超的匠师代表。

3)封建社会的中国建筑

从公元前 475 年—公元 1911 年,我国经历了漫长的封建社会时期,这一时期是形成我国古典建筑的主要阶段。

从战国时期(公元前 475 年—前 221 年)起,随着铁工具的普遍使用,建筑技术更上一层楼。木构架从结构技术到施工质量均明显提高,砖石结构在地下建筑(陵墓)中得到发展,城市规模不断扩大,高台建筑更加发达。到了公元前 221 年,秦始皇统一中国后建立了统一的中央集权的封建王朝——秦。秦朝虽然只存在了短短的 14 年,但由于其大力改革政治、经济及文化,统一了文字、法令、货币和度量衡,再聚集原战国时期的六国之人力、物力,大兴土木,修建了规模空前的宫殿、陵墓、长城和水利工程。著名的阿房宫(图 1-1-4)、骊山陵、兵马俑、都江堰(图 1-1-5)等,都是当时的产物。它们在人类建筑技术与艺术之苑中,堪称一朵朵璀璨夺目的奇葩。

图 1-1-4　阿房宫复原重建

图 1-1-5　都江堰

中国古代建筑在公元前 206 年—公元 220 年政治强盛、经济发达的汉代迎来了第一次发展和进步的高潮。高台建筑兴盛不衰,"三段式"中屋顶的形式多样化,带来了后人称颂的"第五立面"。木构架发展成为较成熟的 3 种形式,即抬梁(叠架)式(图 1-1-6)、穿斗(立贴)式(图 1-1-7)和干阑(井干)式(图 1-1-8)。斗拱普遍而成组地使用,且其使用目的十分明确(防雨而出挑,如图 1-1-9 所示);砖石和拱、券结构在地下建筑中得到了突飞猛进的发展;造园艺术逐步演变成较成熟的"自然式"山水风景园林。另外,石材的加工技术和雕刻工艺随金属工具的进步而有显著的提高。总之,中国古代建筑作为世界建筑艺术之林中一个独特的体系,在汉朝时就已基本形成。

图 1-1-6　抬梁(叠架)式

图 1-1-7　穿斗(立贴)式

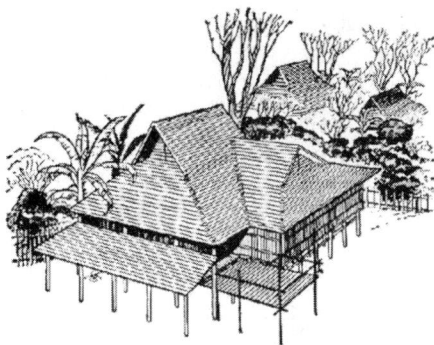

图 1-1-8　干阑(井干)式

图 1-1-9　斗拱

220 年—589 年是我国历史上的魏晋南北朝(三国、两晋、南北朝)时期。在此期间,随着道教的兴起与佛教的传入,宗教建筑(如寺、塔、石窟),以及精美的雕刻与壁画得到了较大发展,相应地还带动了木刻技术水平的发展。到隋朝时期(581 年—618 年),建筑业已开始使用图纸。工匠李春建造了结构形式比欧洲早 700 年的安济桥(图 1-1-10),隋朝的都城大兴城(即后来的唐代长安城)、隋朝东都洛阳、大运河及长城等均在隋朝时期得以修建或扩建。

图 1-1-10　安济桥

唐朝(618 年—907 年)是我国封建社会政治、经济、文化发展的巅峰时期,也是我国古代建筑发展的第二个高峰期。唐代都城长安(图 1-1-11)之宏大繁荣,在当时社会乃至全世界,都是绝无仅有的。

唐代建筑在中国历史上的影响是十分重大的,其建筑成就和特点主要有以下几点:

①规划严整,规模宏大。前面提到的唐代长安城在规划方面表现为城市平面布局方正、中轴明确和前市后朝,其南北轴线大街(朱雀大街)宽达 120 m,东西干道更是宽达 200 m;城市的次要道路也有 48 m 之宽;全城共有 108 坊,西市供胡商,东市供一般贸易。唐代建筑规模宏大的典例当属大明宫。

②群体处理渐趋成熟。唐代建筑不仅运用利用地形、(大明宫)轴线展开和(乾陵)陪衬等手法,还运用了主次分明的原理和前导空间的设计,后来的明清建筑也从中受益匪浅。

③木结构建筑解决了大体量和大面积的技术问题,并已定型化和模数化,斗拱等形式更为成熟。大明宫当中的含元殿跨度达 10 m,著名的山西五台山佛光寺以建筑、雕塑、字画和书法而号称四绝,其中建筑上的表现除斗拱等模数化外,其挑檐深度也达 3 ~ 4 m。

5

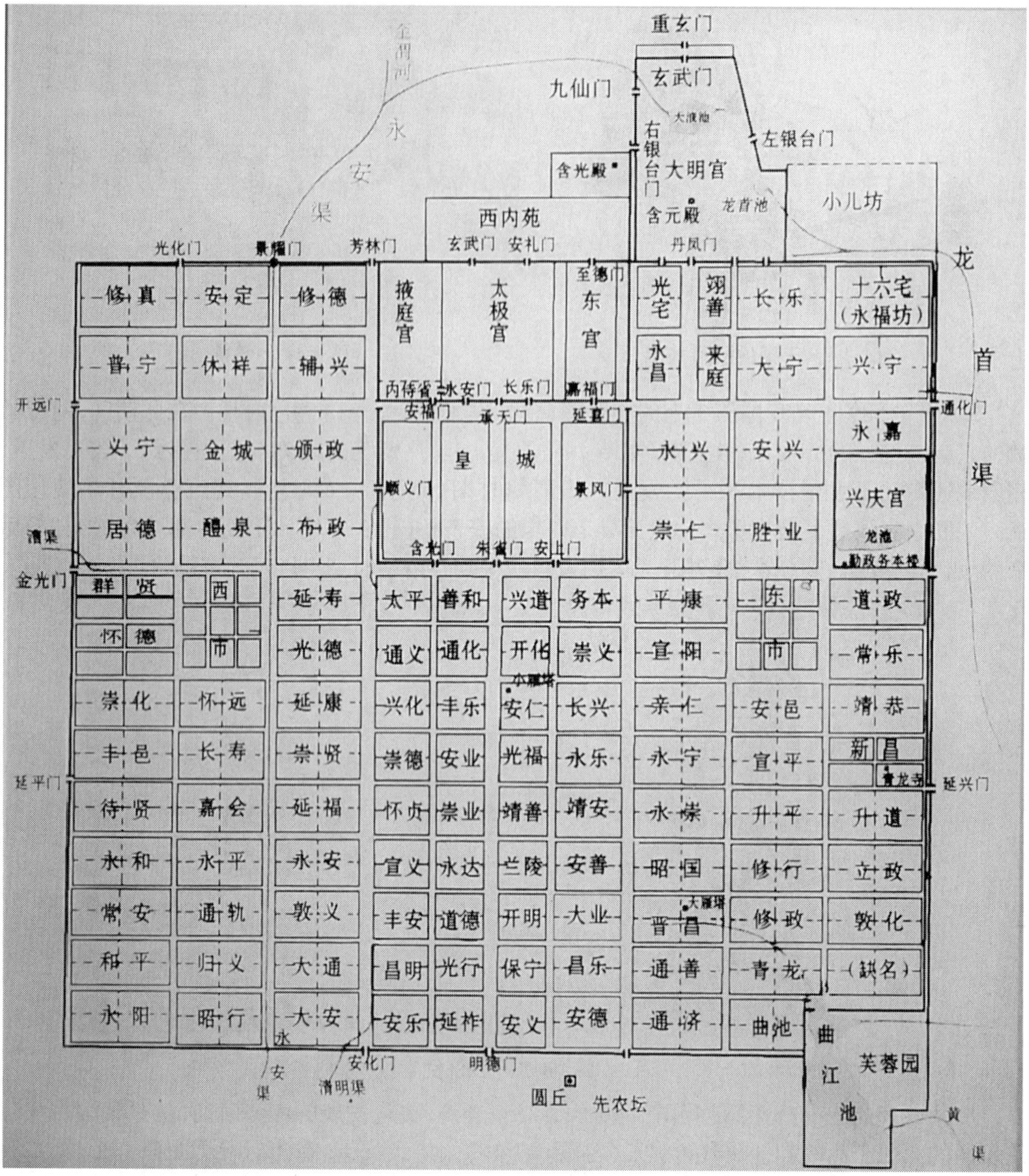

图 1-1-11 唐代都城长安

④设计及施工技术水平的提高。设计与施工的技术人员具有非常全面的专业技术素质。

⑤砖石建筑有进一步的发展。其主要应用表现在宗教建筑——佛塔中,如著名的西安大雁塔(图1-1-12)、小雁塔(图1-1-13)、河南登封嵩岳寺塔等。此间,砖塔在形式上已开始出现仿木结构的现象。

⑥艺术加工表现为真实和成熟。今人对唐代建筑的艺术风格概括为"唐风"——恢宏壮观、舒展平远、简洁豪放、率真朴实及无刻意的装饰和艺术上的矫揉造作。

图 1-1-12　西安大雁塔

图 1-1-13　西安小雁塔

公元960年，北宋统一了黄河流域以南的广大地区，宋朝自此宣告建立。在公元960—1279年的前后300多年时间里，宋朝在我国建筑历史上做出的突出贡献主要有：第一，改变了城市结构的布局、管理方式；第二，颁布了我国建筑历史上首部国家级的行业规范《营造法式》（图1-1-14）；第三，在建筑的群体组合方面加强了进深方向的空间层次，以便更好地烘托建筑主体；第四，建筑类型增多，出现了史无前例的商业、娱乐、公共安全等建筑及夜市、草市等新型商业场所；第五，建筑风格趋于华丽，砖石结构上由部分仿木发展为全仿木。宋朝建有现存全国最高（84 m）的河北定县开元寺料敌塔（图1-1-15）。

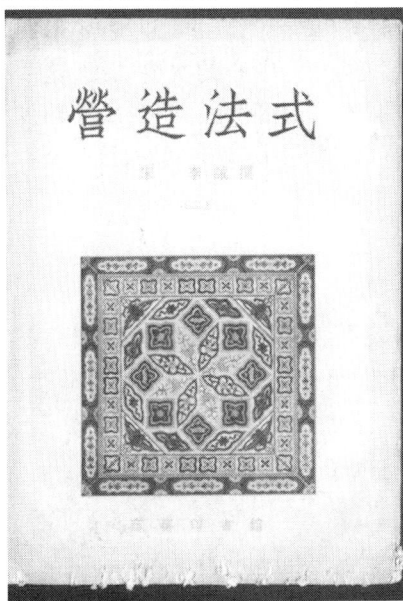

图 1-1-14　《营造法式》

图 1-1-15　河北定县开元寺料敌塔

公元1206年—1368年，元朝建立以后，藏传佛教建筑得以兴盛。

明朝（公元1368年—1644年）建立后，一系列有效措施使社会经济迅速复苏与发展，到明朝中期，已出现了资本主义的萌芽。建筑上有砖普及，琉璃质量提高，木结构得到简化且定型化，形体成熟，私园发达，官式建筑的装修、彩绘定型化，家具举世闻名7个方面的显著进步。

清朝(公元 1616 年—1911 年)是我国历史上最后一个封建王朝。清朝建筑多承明风,这一趋势在 1840 年鸦片战争前尤其明显,当属例外的有:园林盛极一时;藏传佛教建筑兴盛,如顺治二年(1645 年)始建了布达拉宫;住宅形式多样化;简化官式建筑的单体,提高群体组合与装修水平;雍正十二年(1734 年),我国建筑史上第二部行业规范——工部《工程做法》问世。因此,清朝建筑是我国继唐宋以后封建社会中最后的一个建筑高潮。

1840 年后,随着中国社会进入半殖民地半封建社会,中国古代建筑在与外来建筑文化融合的过程中出现了一些畸变,作为古典建筑向现代建筑过渡的产物,当时的建筑形式大致有殖民式、中国固有式等。

数千年中国人民的智慧和时间的历练,使我国的建筑逐渐形成了一种热情而成熟、独特而深刻的建筑体系。无论是在城市规划、建筑群体组合、自然式山水风景园林、民用居住建筑方面,还是在建筑空间处理、艺术与结构的和谐统一、建筑设计的方法、施工技术等方面,都为全人类的建筑文化做出了巨大且卓越的贡献。在我们进行有中国特色的现代化建设的今天,这些属于我们民族的宝贵经验和优秀文化遗产仍然值得参考、借鉴和发扬光大。

4)中国古代建筑的主要成就

(1)北京故宫(紫禁城)

北京故宫是明清两代的皇宫,又称紫禁城(图 1-1-16)。由于君为天子,天子的宫殿如同天帝居住的"紫宫"禁地,故名紫禁城。故宫始建于明永乐四年(1406 年),永乐十八年(1420 年)建成,历经明清两个朝代 24 位皇帝。故宫规模宏大,占地 72 万 m²,东西宽 753 m,南北长约 961 m,建筑面积 15.5 万多 m²,有房屋 8 707 间,是世界上最大最完整的古代宫殿建筑群。为了突出帝王至高无上的权威,故宫有一条贯穿宫城南北的中轴线,在这条中轴线上,按照"前朝后寝"的古制,布置着帝王发号施令、象征政权中心的三大殿(太和殿、中和殿、保和殿)和帝后居住的后三宫(乾清宫、交泰殿、坤宁宫)。在其内廷部分(乾清门以北),左右各形成了一条以太上皇居住的宫殿(宁寿宫)和以太妃居住的宫殿(慈寿宫)为中心的次要轴线,这两条次要轴线又和外朝以太和门为中心,与左边的文华殿、右边的武英殿相呼应。两条次要轴线和中央轴线之间,有斋宫及养心殿,其后即为嫔妃居住的东西六宫。出于防御的需要,这些宫殿建筑的外围筑有高达 10 m 的宫墙,四角有角楼,外有护城河。

图 1-1-16　北京故宫

(2)佛光寺大殿

佛光寺大殿(图1-1-17)重建于唐大中十一年(公元857年)。佛光寺是一座中型寺院,坐东向西,大殿在寺的最后即最东的高地上,高出前部地面12~13 m。大殿为中型殿堂,面阔七间,通长为34 m;进深四间,宽为17.66 m;殿内有一圈内柱,后部设"扇面墙",三面包围着佛坛,坛上有唐代雕塑。屋顶为单檐庑殿,屋坡舒缓大度,檐下有雄大而疏朗的斗拱,简洁明朗,体现出一种雍容庄重、气度不凡、健康爽朗的格调,展示了大唐建筑的艺术风采。柱高与开间的比例略呈方形,斗拱高度约为柱高的1/2。粗壮的柱身、宏大的斗拱再加上深远的出檐,都给人以雄健有力的感觉。唐代是中国建筑的发展高峰,也是佛教建筑大兴盛的时代,但由于木结构建筑不易保存,留存至今的唐代木结构建筑(也是中国最早的木构殿堂)只有两座,都在山西五台山,佛光寺大殿就是其中一座。

(3)万里长城

万里长城源于春秋战国时期(图1-1-18),东起山海关,西至嘉峪关,横贯河北、北京、内蒙古、山西、陕西、宁夏、甘肃七个省、自治区、直辖市,全长约为6 700 km,约13 300华里,故被国人称为"万里长城"。

图1-1-17　佛光寺大殿

图1-1-18　万里长城

(4)山西应县木塔(佛宫寺释迦塔)

位于山西省的佛宫寺释迦塔,俗称山西应县木塔(图1-1-19)。该塔从1056年的辽代开始修建,140年后整体增修完毕。木塔建造在4 m高的台基上,塔高67.31 m,底层直径为30.27 m。应县木塔的结构,大胆继承了汉(前206年—220年)、唐(618年—907年)以来富有民族特点的重楼形式,整个设计科学严密、构造完美。木塔呈平面八角形,从外观看上去是5层,但每层间又夹设了暗层,实际共有9层。据史书记载,在木塔建成近300年时,当地曾发生过6.5级大地震,余震连续7天,木塔旁的房屋全部倾倒,只有木塔岿然不动。近些年,在应县附近发生的大地震都波及木塔,虽然木塔整体摇动,风铃全部震响,但是木塔却没有受到较大影响。应县木塔作为世界上保存最完整、结构最奇巧、外形最壮观的古代高层木塔,充分反映了中国古代工匠们在结构组成、力学平衡及抗震、防雷等方面所创造的伟大成就。

(5)布达拉宫

公元631年(藏历铁兔年)由吐蕃松赞干布兴建的布达拉宫(图1-1-20),占地总面积为36万余m²,建筑总面积13万m²,主楼高为117 m,看似13层,实际9层。其中,宫殿、灵塔殿、佛殿、经堂、僧舍、庭院等一应俱全,是当今世界上海拔最高、规模最大的宫殿式建筑群。

图 1-1-19 山西应县木塔

图 1-1-20 布达拉宫

布达拉宫依山垒砌、群楼重叠、殿宇嵯峨、气势雄伟,有横空出世、气贯苍穹之势。

其坚实敦厚的花岗石墙体、松茸平展的白玛草墙领、金碧辉煌的金顶,具有强烈装饰效果的巨大鎏金宝瓶、幢和经幡,交相辉映,红、白、黄三种色彩的鲜明对比,分部合筑、层层套接的建筑型体,都体现了藏族古建筑迷人的特色。

布达拉宫是藏式建筑的杰出代表,也是中华民族古建筑的精华之作。

(6)颐和园

颐和园(图 1-1-21),原名清漪园,始建于清乾隆十五年(1750 年)。它是以昆明湖、万寿山为基址,以杭州西湖风景为蓝本,汲取了江南园林的某些设计手法和意境而建成的一座大型天然山水园,占地约 290 公顷,历时 15 年竣工,是清代北京著名的"三山五园"("五园"是指香山静宜园、玉泉山静明园、万寿山清漪园、圆明园、畅春园)中最后建成的一座。颐和园是我国现存规模最大、保存最完整的皇家园林,为中国四大名园(另三座为承德的避暑山庄、苏州的拙政园、苏州的留园)之一,被誉为皇家园林博物馆。

图 1-1-21 颐和园

(7)各类民居建筑

中国民居有许多种(图 1-1-22)。按平面形式可分为九种以上,其中横长方形住宅是民居的基本形式,中间为明间,左右对称,以三间最普遍。四合院住宅在我国分布很广,以北京最为典型。窑洞式穴居分布在我国少雨的黄土高原地区,有单独的沿崖窑洞、土坯或砖石的拱式土窑洞,以及天井地坑院落式窑洞,还有少数民族种类繁多的蒙古包以及藏族、朝鲜族、维吾尔族、西南少数民族和福建、广东的客家民居形式。

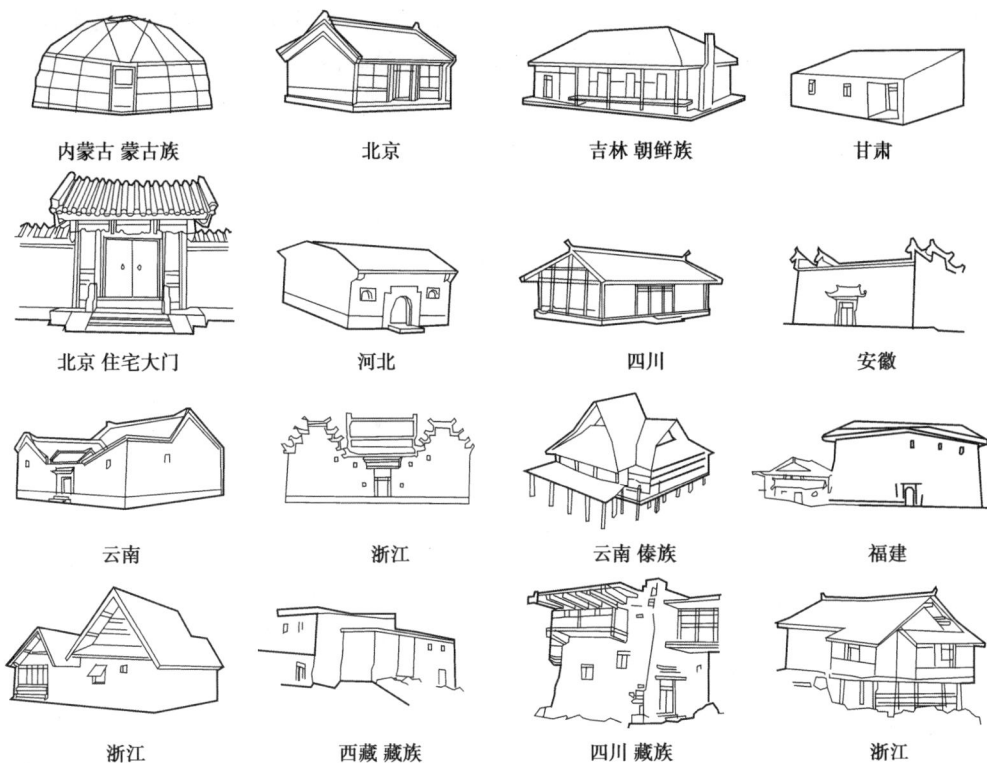

| 内蒙古 蒙古族 | 北京 | 吉林 朝鲜族 | 甘肃 |

| 北京 住宅大门 | 河北 | 四川 | 安徽 |

| 云南 | 浙江 | 云南 傣族 | 福建 |

| 浙江 | 西藏 藏族 | 四川 藏族 | 浙江 |

图 1-1-22 民居建筑

5) 中国现代建筑(1949 年至今)

中华人民共和国成立后,中国建筑进入了新的历史时期。大规模、有计划的国民经济建设推动了建筑业的蓬勃发展,使中国现代建筑在数量、规模、类型、地域分布、现代化水平等方面都展现出崭新的姿态。

视频1.1.1 中国现代建筑

(1)人民大会堂

人民大会堂位于北京天安门广场西侧,建于 1958 年 10 月,是一座规模宏伟的公共建筑,包括万人大礼堂、5 000 人宴会厅和人大常委办公楼三个组成部分。它造型雄伟,富有民族风格,从设计到高质量地建成,仅用了 10 个月的时间,在当时是一大奇迹(图 1-1-23)。

图 1-1-23 人民大会堂

(2)重庆市人民大礼堂

重庆市人民大礼堂于 1951 年 6 月破土兴建,1954 年 4 月竣工。整栋建筑由大礼堂和东、南、北楼四大部分组成,占地总面积为 6.6 万 m^2,其中礼堂占地 1.85 万 m^2。礼堂建筑高度为 65 m,大厅净空高度为 55 m,内径为 46.33 m,圆形大厅四周环绕五层挑楼,可容纳 4 200 余人。其主要特点是采用中轴线对称的传统办法,配以柱廊式的双翼,并以塔楼收尾。重庆市人民大礼堂体现了中国古建筑宏伟壮观、具有明显的轴线关系、比例匀称的主要特点,是重庆独具特色的标志建筑物之一(图 1-1-24)。

图 1-1-24　重庆市人民大礼堂

(3)中国美术馆

中国美术馆建成于 1962 年,总建筑面积约为 16 000 m^2,包括 17 个大小展厅和部分办公楼。在建筑形式上,采用了我国传统的民族风格,中间凸出的四层主楼采用了中国古典楼阁式屋顶,配以浅米黄陶质面砖的外墙和花饰,使整座建筑显得庄重而华丽(图 1-1-25)。

(4)北京火车站

北京火车站(图 1-1-26)占地面积为 25 万 m^2,总建筑面积为 8 万 m^2。于 1959 年 1 月 20 日开工兴建,当年 9 月 10 日竣工,9 月 15 日开通运营,是当时中国最大的铁路客运车站。建筑雄伟壮丽,浓郁的民族风格与现代化设施设备完美结合,其建设速度之快、规模之大,堪称中国铁路建设史上的一个奇迹。

图 1-1-25　中国美术馆

图 1-1-26　北京火车站

进入 20 世纪 80 年代,中国开始了全面的改革开放,随着中外文化和思想的交流,建筑作品的创作出现了空前的繁荣。表现在引进国外设计,广泛介绍国外建筑理论等,进一步活跃了建筑学术思想和建筑创作活动,而最显著的标志就是建筑多元化的崛起。中国建筑思想开始摆脱狭隘、封闭的单一模式,逐步趋向开放、兼收并蓄,中国现代建筑开始迈上多元风格的发展道路。

在民族风格方面,也从更广泛的角度去认识传统,从空间构成、序列组织、群体布局、室内设计、庭院意匠等形式上,多侧面、多层次、多方位地探索寻求并创造了一些具有浓郁的民族特色、本土特色的建筑形象(图 1-1-27—图 1-1-32)。

图 1-1-27 毛主席纪念堂

图 1-1-28 上海博物馆

图 1-1-29 中国国家体育场(鸟巢)

图 1-1-30 中国国家游泳中心(水立方)

图 1-1-31 深圳地王大厦

图 1-1-32 上海中心建筑群

1.1.2 国外建筑的起源和发展

国外建筑在建筑空间处理、艺术与结构、建筑设计的方法、施工技术等方面有其独特的艺术魅力。可追溯其发展过程,从其造型特点、所处时代来了解和学习这些建筑的设计风格与手法。

1）原始社会的国外建筑

与中国的原始社会一样,建筑物最初是人类为了遮蔽风雨和防备野兽侵袭的需要而产生的。当初人们利用树枝、石块这样一些容易获得的天然材料,粗略加工,盖起了树枝棚、石屋等原始建筑物。另外,由于原始人对自然界、太阳的崇拜,这个时期还出现了不少宗教性和纪念性的建筑(构筑)物,最著名的是英格兰西南部索尔兹伯里巨石阵(图1-1-33)。

图 1-1-33　索尔兹伯里巨石阵

2）奴隶社会的国外建筑

（1）古埃及建筑

①方尖碑。

方尖碑(图1-1-34)是古埃及崇拜太阳的纪念碑,常成对地竖立在神庙的入口处。其断面呈正方形,上小下大,顶部为金字塔形,常镀合金。方尖碑高度不等,已知最高者达45.7 m,一般长细比为9∶1～10∶1,用整块的花岗石制成,碑身刻有象形文字的阴刻图案。

②金字塔。

金字塔(图1-1-35)是古埃及法老的陵墓,造型多为正四方锥体,像汉字的"金",所以称为金字塔。最著名的胡夫金字塔,是吉萨金字塔群中最大的,形体呈立方锥形,四面正向方位。塔原高为146.59 m,现为136.5 m,底边各长227 m,占地5.29 hm^2,用230余万块平均约2.5 t的石块干砌而成。这座灰白色的人工大山,以蔚蓝天空为背景,屹立在一望无际的黄色沙漠上,是千百万奴隶在极其原始条件下的劳动与智慧的结晶。

图 1-1-34　方尖碑　　　　　　　图 1-1-35　吉萨金字塔群

③太阳神庙。

古埃及新生王国时期,太阳神庙(图1-1-36)代替陵墓成为皇帝崇拜的纪念性建筑物,占据了最重要的地位。庙宇有两个艺术重点:一个是大门,群众性的宗教仪式在它前面举行,力求富丽堂皇,与宗教仪式的戏剧性相适应;另一个是大殿内部,皇帝在这里接受少数人的朝拜,力求幽暗而威严,与仪典的神秘性相适应。

(2)古西亚建筑

古西亚建筑是指公元前3500年—公元前4世纪时期,由幼发拉底河和底格里斯河所孕育的美索不达米亚平原上的建筑,如位于乌尔的观象台(图1-1-37),还有著名的萨尔贡王宫、波斯波利斯王宫、空中花园等。古西亚的建筑成就还在于创造了以土为基础原料的结构体系和装饰方法。古西亚建筑发展了券、拱和穹隆构造,随后又创造了装饰墙面的面砖和彩色琉璃砖,这些使建筑的材料、构造和造型艺术有机结合的成就,对后面的拜占庭和伊斯兰建筑产生了很大的影响。

图1-1-36 太阳神庙图

图1-1-37 乌尔观象台

(3)古希腊建筑

古希腊是西方文明的发源地,尤其是在建筑方面,古希腊建筑可以说是欧洲建筑的起点。因此,在西方古典建筑发展历史中,古希腊时期是最重要的建筑发展时期之一。

古希腊最有代表性的建筑有克里特岛克诺索斯国王王宫、迈西尼卫城狮子门、德尔斐的阿波罗圣地、雅典卫城(图1-1-38)、帕提农神庙(图1-1-39)、伊瑞克提翁神庙、奖杯亭、阿索斯中心广场等。

图1-1-38 雅典卫城

图1-1-39 帕提农神庙

公元前499年—前449年,在希波战争中,希腊人以高昂的英雄主义精神击败了波斯的侵略,成为全希腊的盟主,随后在雅典进行了大规模的建设。建设的重点在卫城,在这种情况下,雅典卫城达到了古希腊圣地建筑群、庙宇、柱式和雕刻的最高水平。

(4)古罗马建筑

古罗马的建筑艺术是古希腊建筑艺术的继承和发展。古罗马的建筑不仅借助更为先进的技术手段,发展了古希腊艺术的辉煌成就,而且也将古希腊建筑艺术风格的和谐、完美、崇高的特点,在新的社会、文化背景下,从"神殿"转入世俗,赋予这种风格以崭新的美学趣味和相应的形式特点。建筑的基本原则应当是讲求规例、配置、匀称、均衡、合宜以及经济。在建筑理论方面,军事工程师维特鲁威著写的《建筑十书》,是一本全面反映古罗马时期建筑成就的著作,它奠定了欧洲建筑科学的基本体系。

古罗马重要建筑物有君士坦丁凯旋门、恺撒广场、奥古斯都广场、图拉真广场、罗马大角斗场、罗马万神庙、卡拉卡拉浴场、戴克利提乌姆公共浴场、庞贝城潘萨府邸、庞贝城银婚府邸、巴拉丁山宫殿、阿德良离宫、戴克利提乌姆离宫等。

①君士坦丁凯旋门。

君士坦丁凯旋门(图1-1-40)建于公元315年,是为庆祝君士坦丁大帝于公元312年彻底战胜他的强敌马克森提并统一帝国而建。这是一座3个拱门的凯旋门,高为21 m,面阔为25.7 m,进深为7.4 m。它调整了高与阔的比例,横跨在道路中央,从而显得形体巨大。凯旋门的里里外外充满了各种浮雕,气派非凡,很大一部分构件是从过去的一些纪念性建筑(如图拉真广场建筑上的横饰带、哈德良广场上一系列盾形浮雕以及马克·奥尔略皇帝纪念碑上的八块镶板)拆除过来的。它是一座宏伟壮观的凯旋门,尤其是它上面所保存的罗马帝国各个重要时期的雕刻,是一部生动的罗马雕刻史诗。

②罗马大角斗场。

罗马大角斗场(图1-1-41),又称罗马斗兽场,由弗拉维安王朝的三个皇帝建造。这个用石头建起的罗马斗兽场长为188 m,宽为156 m,高为57 m。从外部看,罗马斗兽场是由一系列3层的环形拱廊组成,最高的第4层是顶阁。这3层拱廊中的石柱根据经典的标准分别设计(由地面开始,多利安式样、爱奥尼亚式样和科林斯式样)。罗马斗兽场能容纳的观众大约为5万人,共有3层座位(下层、中层及上层),顶层还有一个只能站着的看台。观众们从第一层的80个拱门入口处进入罗马斗兽场,另有160个出口遍布于每一层的各级座位,被称为"吐口",观众可以通过它们涌进和涌出。

图1-1-40　君士坦丁凯旋门　　　　图1-1-41　罗马大角斗场

③罗马万神庙。

罗马万神庙(图1-1-42)采用了穹顶覆盖的单一空间集中式构图,它也是罗马穹顶技术的最高代表。万神庙平面为圆形,穹顶直径达43.3 m,顶端高度也是43.3 m。按照当时的观念,穹顶象征天宇。穹顶中央开了一个直径为8.9 m的圆洞,寓意着神的世界和人的世界之间的某种联系。从圆洞进来的柔和漫射光,照亮空阔的内部,有一种宗教的宁谧气息。它是现代结构出现之前,世界上跨度最大的空间结构建筑。

④卡拉卡拉浴场。

卡拉卡拉浴场(图1-1-43)是由卡拉卡拉皇帝于公元212年左右下令建造的,是当时世上最大的浴场之一。卡拉卡拉浴场长为412 m,宽为383 m,两侧的后半向外凸出一个半圆形,里面有厅堂(大约是演讲厅),旁边有休息厅,可容纳1 600人。在巨大的圆屋顶下,设有游泳池、桑拿池和冷水池,周围布满珍奇的植物、精致的雕刻和巧夺天工的镶嵌图案。温水浴厅是所有浴室中最大的,长为55.8 m,宽为24.1 m,拱顶高度为38.1 m。大温水浴厅用3个十字拱覆盖,十字拱的重力集中在8个墩子上,墩子外侧有一道短墙抵御侧推力,短墙之间再跨上筒形拱,既增强了整体刚性,又扩大了大厅。这个大温水浴厅的规模和结构平衡体系的完善,在古罗马建筑中是非常杰出的。

图1-1-42 罗马万神庙

图1-1-43 卡拉卡拉浴场

3)封建社会的国外建筑

(1)拜占庭建筑

拜占庭原为希腊的殖民城市,公元330年,罗马皇帝君士坦丁一世迁都于此,改名为君士坦丁堡。拜占庭建筑的特点主要有4个方面:一是屋顶造型,普遍使用"穹窿顶"。二是整体造型中心突出。在一般的拜占庭建筑中建筑构图的中心往往十分突出,那体量既高又大的圆穹顶,往往成为整座建筑的构图中心,围绕这一中心部件,周围又常常有序地设置一些与之协调的小部件。三是创造了把穹顶支承在独立方柱上的结构方法和与之相应的集中式建筑形制。其典型做法是在方形平面的四边发券,在4个券之间砌筑以对角线为直径的穹顶,仿佛一个完整的穹顶在四边被发券切割而成,其重力完全由4个券承担,从而使内部空间获得了极大的自由。水平切口和4个发券之间所余下的4个角上的球面三角形部分,称为帆拱,它是拜占庭建筑的主要成就之一。四是在色彩的使用上,既注意变化,又注意统一,使建筑内部空间与外部立面显得灿烂夺目。

圣索菲亚大教堂(图1-1-44),长为77 m,宽为71 m,主穹窿直径为32.6 m。主穹窿的南北方向由复杂的拱门、穹隅等结构支撑;东西两侧是两个与它等直径的半穹窿,它们相互邻接,跨越中殿上部。整个建筑体系有着宏伟的纪念碑效果。

(2)"罗马风"建筑

公元前476年左右,欧洲正式进入封建社会。这时的建筑除基督教堂外,还有封建城堡与教会修道院等。其规模远不及古罗马建筑,设计施工也较粗糙,但建筑材料大多来自古罗马废墟,建筑艺术上继承了古罗马的半圆形拱券结构,形式上又略有古罗马的风格,故称为罗马风建筑。它所创造的扶壁、肋骨拱与束柱,在结构与形式上都对后来的建筑影响很大。

图 1-1-44　圣索菲亚大教堂

图 1-1-45　比萨大教堂

比萨大教堂(图 1-1-45)始建于 1063 年。教堂平面呈长方的拉丁十字形,长为 95 m,纵向有 4 排 68 根科林斯式圆柱。纵深的中堂与宽阔的耳堂相交处被一椭圆形拱顶所覆盖,中堂用轻巧的列柱支撑着木架结构的屋顶。大教堂正立面高约为 32 m,底层入口处有 3 扇大铜门,上有描写圣母和耶稣生平事迹的各种雕像。大门上方是几层连列券柱廊,以带细长圆柱的精美拱券为标准,逐层堆叠为长方形、梯形和三角形,布满整个大门正面。教堂外墙是用红白相间的大理石砌成,色彩鲜明,具有独特的视觉效果。

(3)"哥特式"建筑

公元 12—16 世纪,哥特式建筑是欧洲封建城市经济占主导地位时期出现的建筑。这时期的建筑仍以教堂为主,建筑风格完全脱离了古罗马的影响,而是以尖券(来自东方)、尖形肋骨拱顶、坡度很大的两坡屋面和教堂中的钟楼、扶壁、束柱、花空棂等为其特点,以法国为中心。

巴黎圣母院(图 1-1-46)位于巴黎塞纳河城岛的东端,始建于 1163 年,由巴黎大主教莫里斯·德·苏利决定兴建。整座教堂在 1345 年才全部建成,历时 180 多年。它的正面有一对钟塔,主入口的上部设有巨大的玫瑰窗。在中庭的上方有一个高达百米的尖塔。所有的柱子都挺拔修长,与上部尖尖的拱券连成一气,中庭又窄又高又长。从外面仰望教堂,那高峻的形体加上顶部耸立的钟塔和尖塔,使人感到一种向蓝天升腾的雄姿。该教堂以其哥特式的建筑风格,祭坛、回廊、门窗等处的雕刻和绘画艺术,以及堂内所藏的 13—17 世纪的大量艺术珍品而闻名于世。

图 1-1-46　巴黎圣母院

（4）文艺复兴建筑

文艺复兴建筑是欧洲建筑史上继哥特式建筑之后出现的一种建筑风格。这是15—19世纪流行于欧洲的建筑风格,有时也包括巴洛克建筑和古典主义建筑,起源于意大利佛罗伦萨。在理论上以文艺复兴思潮为基础;在造型上排斥象征神权至上的哥特建筑风格,提倡复兴古罗马时期的建筑形式,特别是古典柱式比例、半圆形拱券、以穹隆为中心的建筑形体等。

①圣彼得大教堂。

圣彼得大教堂（图1-1-47）是现在世界上最大的教堂,总面积为2.3万 m^2,主体建筑高为45.4 m,长约为211 m,最多可容纳近6万人同时祈祷。教堂最早建于公元324年。16世纪,教皇朱利奥二世决定重建圣彼得大教堂,并于1506年破土动工。在长达120年的重建过程中,意大利最优秀的建筑师布拉曼特、米开朗基罗、德拉·波尔塔和卡洛·马泰尔相继主持过设计和施工,直至1626年11月18日才正式宣告落成。圣彼得大教堂不仅是一座富丽堂皇的建筑圣殿,它所拥有多达百件的艺术珍品,更被视为无价之宝。

图1-1-47 圣彼得大教堂

图1-1-48 卢浮宫

②卢浮宫。

卢浮宫（图1-1-48）又译为罗浮宫,是世界上最古老、最大和最著名的博物馆之一。它位于法国巴黎市中心的塞纳河北岸（右岸）,始建于1204年,历经700多年的扩建、重修,才达到今天的规模。卢浮宫占地面积（含草坪）约为24 hm^2,建筑物占地面积为4.8 hm^2,全长为680 m。它的整体建筑呈"U"形,分为新、老两部分,老的建于路易十四时期,新的建于拿破仑时代。宫前的金字塔形玻璃入口,由华裔建筑大师贝聿铭设计。同时,卢浮宫也是法国历史最悠久的王宫。

4）18—19世纪西欧及美国建筑

（1）美国国会大厦

美国国会大厦（图1-1-49）始建于1793年,南北长为214 m,东西宽为107 m,高为88 m,占地为1.6 hm^2,有540个房间和658扇窗户。整个建筑呈乳白色,除极小一部分用砂岩砌建外,其余用的全是大理石。

（2）雄狮凯旋门

1805年12月2日,法国皇帝拿破仑一世在奥斯特利茨战役中大败奥俄联军,为庆祝胜利,他决定在戴高乐广场（当时称星形广场,1970年为纪念去世的法国总统戴高乐改称现名）修建凯旋门,以纪念自己凯旋。雄狮凯旋门（图1-1-50）由法国著名建筑师查尔格林设计,于1806年动工,1836年7月29日竣工。

图 1-1-49　美国国会大厦

图 1-1-50　雄狮凯旋门

(3)英国国会大厦

英国国会大厦(图 1-1-51)建在泰晤士河畔一个近于梯形的地段上,面向泰晤士河。其各个部分之间分段相连,形成许多内院,大厦内的主要厅堂都在建筑物的中间。整个建筑物中西南角的维多利亚塔最高,高达 102 m;另外,96 m 高的钟楼也很引人注目,上有著名的"大笨钟"。

图 1-1-51　英国国会大厦

(4)巴黎歌剧院

巴黎歌剧院(图 1-1-52)建于 1861—1874 年。立面构图骨架是鲁佛尔宫东廊的样式,但加上了巴洛克装饰。整个建筑长为 173 m,宽为 125 m,建筑总面积为 11 237 m²。剧院有着全世界最大的舞台,可同时容纳 450 名演员。剧院里有 2 200 个座位,演出大厅的悬挂式分枝吊灯重约为 8 t。其富丽堂皇的休息大厅里面装潢豪华,四壁和廊柱布满了巴洛克式的雕塑、挂灯、绘画。它的艺术氛围十分浓郁,是观众休息、社交的理想场所。

(5)水晶宫

水晶宫(图 1-1-53)是英国工业革命时期的代表性建筑,其建筑面积约为 7.4 万 m²,宽为 408 英尺(约 124.4 m),长为 1 851 英尺(约 564 m),共 5 跨,高 3 层,由英国园艺师 J. 帕克斯顿按照当时建造的植物园温室和铁路站棚的方式设计。它的大部分为铁结构,外墙和屋面均为玻璃,整个建筑通体透明,宽敞明亮,故被誉为"水晶宫"。其意义是低成本、高效率,开创了建筑形式的新纪元。

图 1-1-52　巴黎歌剧院

图 1-1-53　水晶宫

(6)埃菲尔铁塔

埃菲尔铁塔(图 1-1-54)由法国工程师古斯塔夫·埃菲尔设计建造,高为 330 m,采用高架铁结构,突破了古代建筑高度,使用了新的设备水力升降机。新结构和新设备体现了资本主义初期工业生产的强大威力,它是 1889 年世界博览会的标志建筑。

5)前现代主义时期建筑(19 世纪末—第一次世界大战战后初期)

(1)工艺美术运动

工艺美术运动是 19 世纪下半叶后出现在英国的美术流派。它反对新兴的机器制品,在建筑上,它主张用浪漫的"田园风格"来抵制机器大工业对人类艺术的破坏;同时,也力求摆脱古典建筑形式的束缚。其代表作是魏布设计的莫里斯的住宅——红屋(图 1-1-55):平面根据需要布置成"L"形,用本地产的红砖建造,不加粉饰,体现出材料本身的质感。

图 1-1-54　埃菲尔铁塔

图 1-1-55　莫里斯的住宅——红屋

(2)芝加哥学派

19 世纪后期,芝加哥出现了一个主要从事高层商业建筑的建筑师和建筑工程师的群体,后来被称作"芝加哥学派"。路易·沙利文是"芝加哥学派"中最著名的建筑师之一。他提出了"形式随从功能"的设计思想及高层办公建筑的 5 个原则,其作品有芝加哥百货公司大厦(图 1-1-56)。

（3）爱因斯坦天文台

门德尔松在爱因斯坦天文台（图1-1-57）的设计中抓住相对论是一次科学上的伟大突破且其理论很深奥的特点，用混凝土和砖塑造了一座混混沌沌的、有少许线型的体形，上面开出了一些形状不规则的窗洞，墙面上还有一些莫名其妙的突起。整个建筑造型奇特，难以言状，表现出一种神秘莫测的气息。

图1-1-56 芝加哥百货公司大厦　　图1-1-57 爱因斯坦天文台　　图1-1-58 包豪斯校舍

6）现代主义建筑（第一次世界大战战后—第二次世界大战结束）

（1）现代主义建筑的主要代表人物

①格罗皮乌斯。

瓦尔特·格罗皮乌斯（Walter Gropius，1883—1969）是德国现代建筑师和建筑教育家，现代主义建筑学派的倡导人和奠基人之一，公立包豪斯（Bauhaus）学校的创办人。格罗皮乌斯力图探索艺术与技术的新统一，他倡导利用机械化大量生产建筑构件和预制装配的建筑方法，还提出了一整套关于房屋设计标准化和预制装配的理论和办法。格罗皮乌斯发起组织现代建筑协会，传播现代主义建筑理论，对现代建筑理论的发展起到一定作用。其代表作是1965年完成的《新建筑学与包豪斯》，主要建筑作品有包豪斯校舍（图1-1-58）等。

②勒·柯布西耶。

勒·柯布西耶（Le Corbusier，1887—1965），是20世纪最重要的建筑师之一，是现代建筑运动的激进分子和主将。其主要建筑作品有郎香教堂（图1-1-59）、印度昌迪加尔法院（图1-1-60）等。

③路德维希·密斯·凡·德罗。

路德维希·密斯·凡·德罗（Ludwig Mies van der Rohe，1886—1969）生于德国亚琛，过世于美国芝加哥，德国建筑师，也是最著名的现代主义建筑大师之一。密斯最著名的现代建筑宣言莫过于"少就是多"（Less is more）。而他本人也在自己新世纪的建筑实践中实践着自己的建筑哲学。后来20世纪风靡世界的"玻璃盒子"就源于密斯的理念以及他终其一生对于玻璃与钢在建筑中使用的研究。其主要建筑作品有巴塞罗那博览会德国馆、伊利诺伊理工学院建筑系馆（图1-1-61）、西格拉姆大楼等。

④赖特。

弗兰克·劳埃德·赖特（Frank Lloyd Wright，1869—1959）是19世纪美国一位很重要的建筑师，是有机建筑的代表人，在世界上享有盛誉。赖特对现代建筑有很大的影响，但是他的建筑思想和欧洲新建筑运动的代表人物有明显的差别，他走的是一条独特的道路。赖特对现代大城市持批判态度，很少设计大城市里的摩天楼，对建筑工业化也不感兴趣，他一生中设计的最多的建筑类型是别墅和小住宅。赖特的主要作品有东京帝国饭店、流水别墅(图 1-1-62)、约翰逊蜡烛公司总部、西塔里埃森、古根海姆美术馆(图 1-1-63)、普赖斯大厦、唯一教堂、佛罗里达南方学院教堂等。

图 1-1-59　郎香教堂

图 1-1-60　印度昌迪加尔法院

图 1-1-61　伊利诺伊理工学院建筑系馆

图 1-1-62　流水别墅

图 1-1-63　古根海姆美术馆

图 1-1-64　原纽约世界贸易中心

(2)20 世纪建筑流派的主要代表作

①原纽约世界贸易中心。

原纽约世界贸易中心(World Trade Center,1973—2001 年 9 月 11 日,如图 1-1-64 所示),简称世贸中心,原为美国纽约的地标之一,原址位于美国的纽约州纽约市曼哈顿岛西南端,西临哈德逊河,由美籍日裔建筑师雅玛萨基(Minoru Yamasaki,山崎实)设计,建于 1962—1976 年。它占地 6.5 公顷,由两座 110 层(另有 6 层地下室)、高为 411.5 m 的塔式摩天楼和 4 幢办公楼及一座旅馆组成。摩天楼平面为正方形,边长为 63.5 m,每幢摩天楼面积为 46.6 万 m²。原纽约世界贸易中心在 2001 年 9 月 11 日的"9·11"恐怖袭击事件中坍塌。

②悉尼歌剧院。

悉尼歌剧院(图 1-1-65)整个建筑占地为 1.84 hm²,长为 183 m,宽为 118 m,高为 67 m。悉尼歌剧院从 20 世纪 50 年代开始构思兴建,1955 年起公开搜集世界各地的设计作品,至 1956 年共有 32 个国家 233 个作品参选,最后丹麦建筑师约恩·乌松的设计中选,共耗时 16 年、斥资 1 200 万澳币完成建造,终在 1973 年 10 月 20 日正式开幕。

③巴西议会大厦。

巴西议会大厦(图 1-1-66)矗立在巴西首都巴西利亚市的核心三权广场上,建于 1958—1960 年,设计人是巴西建筑师奥斯卡·尼迈耶(Oscar Niemeyer)。整幢大厦水平、垂直的体形对比强烈,而用一仰一覆两个半球体调和、对比,丰富了建筑轮廓,使构图新颖醒目。在巴西灿烂的阳光下,它就像是一曲恢宏的乐章,自由自在地歌唱着,使人震撼,令人陶醉。巴西利亚城总体规划由纵、横两条轴线所组成,主要行政、公共建筑均沿纵轴布置,轴线下端为"三权广场"、国民议会及办公楼、总统办公楼、最高法院等象征国家权力的建筑。由于配合默契巧妙,建筑单体、群体乃至整个城市浑然融合为一体。1987 年,联合国教科文组织将巴西利亚这座建都不到 30 年的城市列为世界文化遗产,这是世界对巴西现代建筑设计的最高评价,作为巴西利亚最重要的公共建筑,巴西议会大厦也随之名扬天下。

图 1-1-65　悉尼歌剧院

图 1-1-66　巴西议会大厦

④代代木国立室内综合体育馆。

日本建筑大师丹下健三设计的代代木国立室内综合体育馆(图 1-1-67)是 20 世纪 60 年代技术进步的象征,它脱离了传统的结构和造型,被誉为划时代的作品。代代木国立室内综合体育馆的整体构成、内部空间以及结构形式,展示出丹下健三杰出的创造力、想象力和对日本文化的独到理解。它是由奥林匹克运动会游泳比赛馆、室内球技馆及其他设施组成的大型综合体育设施,采用以高张力缆索为主体的悬索屋顶结构,创造出带有紧张感、灵动感的大型内部空间。

图 1-1-67　代代木国立室内综合体育馆

⑤吉隆坡石油双塔。

吉隆坡石油双塔(图 1-1-68)又称双子大厦,由世界著名的建筑大师西泽配利设计,位于吉隆坡市中心美芝律,高 88 层。巍峨壮观,气势雄壮,是马来西亚的骄傲,以 451.9 m 的高度打破了美国芝加哥希尔斯大楼保持了 22 年的最高纪录。这个工程于 1993 年 12 月 27 日动工,1996 年 2 月 13 日正式封顶,1998 年建成使用。在第 40 层与 41 层之间有一座天桥,方便楼与楼之间的来往。大厦非常壮观,就像两座高高的尖塔刺破长空,在吉隆坡市内各处都很容易见到这座大厦。

⑥迪拜塔。

迪拜塔(图 1-1-69)又称哈利法塔、迪拜大厦或比斯迪拜塔,位于阿拉伯联合酋长国的迪拜。项目由美国芝加哥公司的美国建筑师阿德里安·史密斯(Adrian Smith)设计,于 2004 年 9 月 21 日动工,2010 年 1 月 4 日竣工,162 层,总高 828 m,是目前世界第一高楼。

图 1-1-68　吉隆坡石油双塔

图 1-1-69　迪拜塔

1.1.3　民用建筑的分类与分级

1)民用建筑的分类

(1)按建筑的使用性质分类

建筑物按照它们的使用性质,通常可以分为生产性建筑(即工业建筑、农业建筑)和非生产性建筑,即民用建筑。民用建筑根据建筑物的使用功能,又可以分为居住建筑和公共建筑两大类。

①居住建筑。

居住建筑是供人们生活起居用的建筑物,它们有住宅、公寓、宿舍等。

在居住建筑中,住宅建设是改善和提高广大人民生活水平的一个重要方面,住宅建筑需要的量大、面广,国家对住宅建设的投资,在基本建设的总投资中占有很大比例,建造住宅所需的材料,建筑设计和施工的工作量,也都很大。为了加速实现我国现代化建设和尽快提高人民生活水平的需要,住宅建设应考虑设计标准化、构件工厂化、施工机械化等方面的要求。由于我国幅员广大,地区条件也有很大差别,在推行住宅建筑工业化的同时,要因地制宜、就地取材,充分利用当地现有的各种有利条件,建造功能合理、环境宜人的居住建筑。

②公共建筑。

公共建筑是供人们进行各项社会活动的建筑物,公共建筑按使用功能的特点,可以分为以下一些建筑类型:

a.生活服务性建筑:食堂、菜场、浴室、服务站等。

b.文教建筑:学校、图书馆等。

c. 托幼建筑:托儿所、幼儿园等。

d. 科研建筑:研究所、科学实验楼等。

e. 医疗建筑:医院、门诊所、疗养院等。

f. 商业建筑:商店、商场等。

g. 行政办公建筑:各种办公楼等。

h. 交通建筑:车站、水上客运站、航空港、地铁站等。

i. 通信广播建筑:邮电所、广播台、电视塔等。

j. 体育建筑:体育馆、体育场、游泳池等。

k. 观演建筑:电影院、剧院、杂技场等。

l. 展览建筑:展览馆、博物馆等。

m. 旅馆建筑:各类旅馆、宾馆等。

n. 园林建筑:公园、动物园、植物园等。

o. 纪念性建筑:纪念堂、纪念碑等。

(2)按建筑规模与数量分类

①大量性建筑。

大量性建筑是指量大面广,与人们生活密切相关的那些建筑,如住宅、学校、商店、医院等。

②大型性建筑。

大型性建筑是指体量较大的单体或组合建筑,如体育馆、影剧院、车站、码头、空港等。

(3)按层数、建筑的类型分类

根据《民用建筑设计统一标准》(GB 50352—2019)中第3.1.2条规定:

①低层或多层民用建筑。建筑高度不大于27.0 m的住宅建筑、建筑高度不大于24.0 m的公共建筑及建筑高度大于24.0 m的单层公共建筑。

②高层民用建筑。建筑高度大于27.0 m的住宅建筑和建筑高度大于24.0 m的非单层公共建筑且高度不大于100.0 m的民用建筑。

③超高层建筑。建筑高度大于100 m的高层建筑。

(4)按结构形式分类

建筑按其结构形式的不同而分为木结构、砖木结构、砖混结构、钢筋混凝土结构及钢结构等类型。

2)建筑的等级划分

民用建筑的等级,一般常用耐久等级和耐火等级来确定。

根据《民用建筑设计统一标准》中第3.2.1条规定:建筑的耐久等级按表1-1-1来划分。

若按耐火性分级,根据《建筑设计防火规范(2018年版)》(GB 50016—2014)中第5.1.2条规定:普通民用建筑可分为四级,其相应建筑各主要承重构件的耐火极限和燃烧性能见表1-1-2。高层民用建筑相应构件的耐火极限与燃烧性能可分为两级。

表1-1-1 按使用性质和耐久性规定的建筑物等级

类别	设计使用年限/年	示例
1	5	临时性建筑
2	25	易于替换结构构件的建筑

续表

类别	设计使用年限/年	示例
3	50	普通建筑和构筑物
4	100	纪念性建筑和特别重要的建筑

表 1-1-2　建筑物构件的燃烧性能和耐火极限　　　　单位:h

构件名称		耐火等级			
		一级	二级	三级	四级
墙	防火墙	不燃性　3.00	不燃性　3.00	不燃性　3.00	不燃性　3.00
	承重墙	不燃性　3.00	不燃性　2.50	不燃性　2.00	难燃性　0.50
	非承重外墙	不燃性　1.00	不燃性　1.00	不燃性　0.50	可燃性
	楼梯间和前室的墙 电梯井的墙	不燃性　2.00	不燃性　2.00	不燃性　1.50	难燃性　0.50
	住宅建筑单元之间 的墙和分户墙				
	疏散走道两侧的隔墙	不燃性　1.00	不燃性　1.00	不燃性　0.50	难燃性　0.25
	房间隔墙	不燃性　0.75	不燃性　0.50	难燃性　0.50	难燃性　0.25
柱		不燃性　3.00	不燃性　2.50	不燃性　2.00	难燃性　0.50
梁		不燃性　2.00	不燃性　1.50	不燃性　1.00	难燃性　0.50
楼板		不燃性　1.50	不燃性　1.00	不燃性　0.50	可燃性
屋顶承重构件		不燃性　1.50	不燃性　1.00	难燃性　0.50	可燃性
疏散楼梯		不燃性　1.50	不燃性　1.00	不燃性　0.50	可燃性
吊顶(包括吊顶搁栅)		不燃性　0.25	难燃性　0.25	难燃性　0.15	可燃性

注:①除规范另有规定外以木柱承重且墙体采用不燃材料的建筑,其耐火等级应按四级确定。
　　②住宅建筑构件的耐火极限和燃烧性能可按现行国家标准《住宅建筑规范》(GB 50368—2005)的规定执行。

　　在将建筑按耐火性分级时,涉及两个重要的概念,即"耐火极限"和"耐火性能"。按有关权威文献的解释,耐火极限是指"建筑构件按时间-温度标准曲线进行耐火试验,从受到火的作用时起,到失去支持能力或完整性被破坏或失去隔火作用时日止的这段时间,用小时表示"。定义中提到的时间-温度标准曲线如图 1-1-70 所示。

　　构件的燃烧性能是指组成构件的材料受到火的作用以后参与燃烧的能力。构件按燃烧性能可分为以下 3 类:

　　①不燃性构件:用不燃烧性材料做成构件统称为不燃性构件。不燃烧性材料是指在空气中受到火烧或高温作用时不起火、不微燃、不碳化的材料。如钢材、混凝土、砖、石、砌块、石膏板等。

　　②难燃性构件:凡用难燃烧材料做成的构件或用燃烧材料做成而用非燃烧材料做保护层的构件统称为难燃性构件。难燃性构件是指在空气中受到火烧或高温作用时难起火,难微燃,难

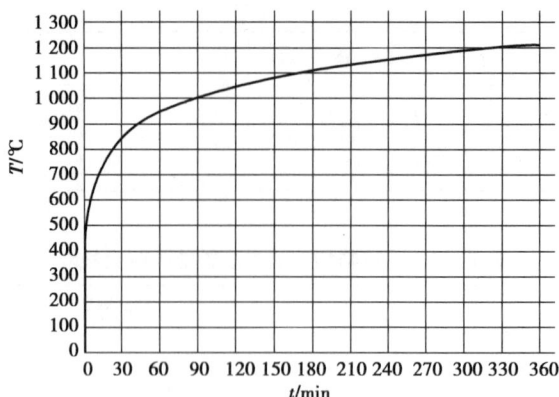

图 1-1-70　时间-温度标准曲线图

碳化,当火源移走后燃烧或微燃立即停止的材料。如沥青混凝土、经阻燃处理后的木材、塑料、水泥、刨花板、板条抹灰墙等。

③可燃性构件:凡用可燃烧材料做成的构件统称为可燃性构件。燃烧材料是指在空气中受到火烧或高温作用时立即起火或微燃,且火源移走后仍继续燃烧或微燃的材料,如木材、竹子、刨花板、宝丽板、塑料等。

建筑物的耐久性与耐火性是有联系的。通常,耐久性能要求越高,相应的耐火性能也就要求得越高。

1.1.4　建筑的基本构成要素和建筑方针

1)建筑的基本构成要素

建筑必须具备良好的使用功能才具有存在的价值;必须得到物质技术条件的支持才得以成立;必须具有美好的外在形象才能被人们所喜闻乐见。因此,建筑的功能、物质技术条件及形象,构成了建筑的 3 个基本要素。

(1)建筑功能

建筑是供人民生活、学习、工作、娱乐的场所,不同的建筑有其不同的使用要求。例如,影剧院要求有良好的视听环境,火车站要求热流线路通畅,工业建筑则要求符合产品的生产工艺流程等。

建筑不但要满足各自的使用功能要求,而且要为人们创造一个舒适的卫生环境,满足人们的生理要求。因此,建筑应具有良好的朝向,以及保暖、隔热、隔声、采光、通风的性能。以上两点,是建造和装饰房屋需要达到的基本目的。

(2)建筑技术条件

建筑技术是建造房屋的手段,包括建筑材料与制品技术、结构技术、施工技术和设备技术(指水、暖、电、卫、通信、消防、输送等设备)。

建筑不可能脱离建筑技术而存在,例如,在 19 世纪中叶以前的几千年间,建筑材料一直以砖、瓦、木石为主。所以,古代建筑的跨度和高度都受到限制。19 世纪中叶到 20 世纪初,钢铁、水泥相继出现,才为发展高层和大跨度的建筑创造了物质技术条件,可以说高度发展的建筑技术是现代建筑的一个重要标志。

(3)建筑形象

建筑形象是建筑体型、立面式样、建筑色彩、材料质感、细部装修等的综合反映。建筑形象处理得当,就能产生一定的艺术效果,给人以一定的感染力和美的享受。例如,我们所看到的一些建筑,常常给人以庄严雄伟、朴素大方、生动活泼等不同的感觉,这就是建筑艺术形象的魅力。

不同时代的建筑有不同的建筑形象。如古代建筑与现代建筑的形象就不一样。不同民族、不同地域的建筑也会产生不同的建筑形象,如各民族、南方和北方,都会形成本民族、本地区的各自的建筑形象。

建筑三要素彼此之间是辩证统一的关系,不能分割,但又有主次之分。第一是功能,是起主导作用的因素;第二是物质技术条件,是达到目的的手段,但是技术对功能又有约束和促进的作用;第三是建筑形象,是功能和技术的反映。在充分发挥设计者的主观作用,在一定功能和技术条件下,可以把建筑设计和装饰得更加美观和实用。

2) 建筑方针

早在 1953 年我国发展国民经济第一个五年计划开始时,当时的国务院总理周恩来就代表中共中央发布了"适用、经济、在可能条件下注意美观"的建筑方针。虽然时间已经过去多年了,我国国民经济的发展水平、建筑艺术、结构技术以及建材、设备、施工等一系列学科与工种都随着时代的进步与科技的发达而有了突飞猛进的发展,但上述方针因为正确地把握了建筑各构成要素之间本质而内在的辩证关系,因此对今天的建设仍具有经济的指导意义。2016 年 2 月 6日,《中共中央国务院关于进一步加强城市规划建设管理工作的若干意见》中指出,我国现阶段的建筑方针是"适用、经济、绿色、美观"。同时,这一方针也是衡量建筑优劣的基本标准。

1.1.5　建筑设计的内容及过程

建筑房屋,从拟订计划到建成使用,通常有编制计划任务书、选择和勘测基地、设计、施工,以及交付使用后的回访总结等几个阶段。设计工作又是其中比较关键的环节,它必须严格执行国家基本建设计划,并且具体贯彻建筑方针和政策。通过设计这个环节,把计划中有关设计任务的文字资料,编制成表达整幢或成组房屋立体形象的全套图纸。

通过本节的叙述,使我们在学习平、立、剖面设计之前,先对建筑设计的内容和过程有一个概括的了解。

1) 建筑设计的内容

房屋的设计,一般包括建筑设计、结构设计和设备设计等几部分,它们之间既有分工,又相互密切配合。由于建筑设计是建筑功能、工程技术和建筑艺术的综合,因此它必须综合考虑建筑、结构、设备等工种的要求,以及这些工种的相互联系和制约。设计人员必须贯彻执行建筑方针和政策,正确掌握建筑标准,重视调查研究的工作方法。建筑设计还和城市建设、建筑施工、材料供应,以及环境保护等部门的关系极为密切。

建筑设计人员根据有关文件,通过调查研究,收集必要的原始数据和勘测设计资料,综合考虑总体规划、基地环境、功能要求、结构施工、材料设备、建筑经济以及建筑艺术等多方面的问题,进行设计并绘制成建筑图纸,编写主要设计意图的说明书。其他工种也相应开展结构、设备等各种设计并绘制各类图纸,编制各工种的计算书、说明书以及概算和预算书,上述整套设计图纸和文件便成为房屋施工的依据。

2) 建筑设计的过程和设计阶段

在具体着手建筑平、立、剖面的设计前,需要有一个准备过程,以做好熟悉任务书、调查研究等一系列必要的准备工作。

建筑设计一般可分为初步设计和施工图设计两个阶段。对于大型的、比较复杂的工程,也可以采用 3 个设计阶段,即在两个设计阶段之间还有一个技术设计阶段,用于深入解决各工种之间的协调等技术问题。

由于建造房屋是一个较为复杂的物质生产过程,影响房屋设计和建造的因素又很多,因此必须在施工前有一个完整的设计方案,综合考虑多种因素,编制出一整套设计施工图纸和文件。实践证明,遵循必要的设计程序,充分做好设计前的准备工作,划分必要的设计阶段,对提高建筑物的质量,多快好省地设计和建造房屋是极为重要的。

整个设计过程也就是学习和贯彻方针政策,不断进行调查研究,合理地解决建筑物的功能、技术、经济和美观问题的过程。

设计过程和各个设计阶段具体分述如下:

(1)设计前的准备工作

①熟悉设计任务书。具体着手设计前,首先需要熟悉设计任务书,以明确建设项目的设计要求。设计任务书的内容有以下几项:

a.建设项目总的要求和建造目的的说明。

b.建筑物的具体使用要求、建筑面积以及各类用途房间之间的面积分配。

c.建设项目的总投资和单方造价,并说明土建费用、房屋设备费用以及道路等室外设施费用情况。

d.建设基地范围、大小,周围原有建筑、道路、地段环境的描述,并附有地形测量图。

e.供电、供水和采暖、空调等设备方面的要求,并附有水源、电源接受许可文件。

f.设计期限和项目的建设进程要求。

设计人员应对照有关定额指标,校核任务书中单方造价、房间使用面积等内容,在设计过程中必须严格掌握建筑标准、用地范围、面积指标等有关限额。同时,设计人员应在深入调查和分析设计任务以后,从合理解决使用功能、满足技术要求、节约投资等方面考虑,或从建设基地的具体条件出发,也可对任务书中一些内容提出补充或修改,但需征得建设单位的同意;涉及用地、造价、使用面积的,还必须经城建部门或主管部门批准。

②收集必要的设计原始数据。通常建设单位提出的设计任务,主要是从使用要求、建设规模、造价和建设进度方面考虑的,而房屋的设计和建造,还需要收集下列有关原始数据和设计资料。

a.气象资料:所在地区的温度、湿度、日照、雨雪、风向和风速,以及冻土深度等。

b.基地地形及地质水文资料:基地地形标高,土壤种类及承载力,地下水水位、地下有无人防工程以及地震设防烈度等。

c.水电等设备管线资料:基地地下的给水、排水、电缆等管线布置,以及基地上的架空线等供电线路情况。

d.设计项目的有关定额指标:国家或所在省市地区有关设计项目的定额指标,如住宅的每户面积或每人面积定额,学校教室的面积定额,以及建筑用地、用材等指标。

③设计前的调查研究。设计前调查研究的主要内容有以下几项:

a.建筑物的使用要求。深入访问使用单位中有实践经验的人员,认真调查同类已建房屋的实际使用情况,通过分析和总结,对所设计房屋的使用要求,做到"胸中有数"。以食堂设计为例,首先需要了解主副食品加工的作业流线,厨师操作时对建筑布置的要求,明确餐厅的使用要求以及有无兼用功能,掌握使用单位每餐实际用膳人数,主食米、面的比例,以及燃料种类等情况,以确定家具、炊具和设备布置等要求,为具体着手设计作好准备。

b.建筑材料供应和结构施工等技术条件。了解设计房屋所在地区建筑材料供应的品种、规格、价格等情况,预制混凝土制品以及门窗的种类和规格,新型建筑材料的性能、价格以及采用的可能性。结合房屋使用要求和建筑空间组合的特点,了解并分析不同结构方案的选型,当地施工技术和起重、运输等设备条件。

c.基地踏勘。根据城建部门所划定的设计房屋基地的图纸进行现场踏勘,深入了解基地和周围环境的现状及历史沿革,核对已有资料与基地现状是否符合。如有出入,应给予补充或修正。从基地的地形、方位、面积和形状等条件,以及基地周围原有建筑、道路、绿化等多方面的因素,考虑拟建建筑物的位置和总平面布局的可能性。

d. 当地传统建筑经验和生活习惯。传统建筑中有许多结合当地地理、气候条件的设计布局和创作经验,根据拟建建筑物的具体情况,可以"取其精华",以资借鉴。同时在建筑设计中,也要考虑到当地的生活习惯以及人们喜闻乐见的建筑形象。

e. 学习有关方针政策,以及同类型设计的文字、图纸资料。

理解主管部门有关建设任务使用要求、建筑面积、单方造价和总投资的批文,以及国家有关部、委或各省、市、地区规定的有关设计定额和指标。

理解工程设计任务书:由建设单位根据使用要求,提出各个房间的用途、面积大小以及其他的一些要求,工程设计的具体内容、面积、建筑标准等需要和主管部门的批文相符合。

理解城建部门同意设计的批文:内容包括用地范围(常用红线划定,简称"红线图"),以及有关规划、环境等城镇建设对拟建房屋的要求。

同时也需要学习并分析有关设计项目的国内外图纸文字资料等设计经验。

(2)方案设计阶段

方案设计是整个设计过程中带有方向性和战略性意义的决定性环节。对此环节的关注,不仅体现在建设方身上,城市规划和消防管理部门等也将对建筑的方案进行过问和干预。实际上,没有获得上述部门同意或认可的后期设计工作,绝对是毫无意义的。

方案设计的任务主要是从总体上把握住建筑工程的大关系,如总体布置、功能划分、空间形式及空间组合方式、结构选型、外观造型等。必须保证这些大的关系和存在的主要矛盾等问题的解决方案既能被建设方接纳,又不违背国家或地方的有关法规从而获得有关主管部门的首肯。为达此目的,设计实践中往往采用同时提供多种方案的方法,供有关人员比较、选择。

方案设计的图纸和设计文件有以下几项:

①建筑总平面图。
②各层平面图及主要剖面、立面图。
③说明书(设计方案的主要意图,主要结构方案与构造特点,以及主要技术经济指标等)。
④根据设计任务的需要,辅以建筑效果图或建筑模型。

经过建设方同意和主管部门行文批准的方案才能作为下一阶段(初步设计)的依据。

(3)初步设计阶段

初步设计是三阶段建筑设计时的中间阶段,其主要任务是在方案设计的基础上,进一步确定房屋各工种和工种之间的技术问题。

初步设计的内容为各工种相互提供资料、提出要求,并共同研究和协调编制拟建工程各工种的图纸和说明书,为各工种编制施工图打下基础。在三阶段设计中,经过送审并批准的初步设计图纸和说明书等,是施工图编制、主要材料设备订货以及基建拨款的依据文件。

初步设计的图纸和设计文件,要求建筑工种的图纸标明与技术工种有关的详细尺寸,并编制建筑部分的技术说明书。结构工种应有房屋结构布置方案图,并附初步计算说明,设备工种也应提供相应的设备图纸及说明书。

初步设计的图纸和设计文件主要包含以下几项:

①建筑总平面图。
②各层平面图及主要剖面、立面图。
③初步设计说明书(包括消防专篇、节能专篇、绿化环保专篇)。
④建筑概算书。

(4)施工图设计阶段

施工图设计是建筑设计的最后阶段,其主要任务是满足施工要求,即在初步设计或技术设计的基础上,综合建筑、结构、设备各工种,相互交底、核实校对,深入了解材料供应、施工技术、设备等条件,把满足工程施工的各项具体要求反映在图纸中,做到整套图纸齐全统一、明确无误。

施工图设计的内容包括确定全部工程尺寸和用料,绘制建筑、结构、设备等全部施工图纸,编制工程说明书、结构计算书和预算书。

施工图设计的图纸及设计文件主要包含以下几项:

①建筑施工图(简称"建施图")。建筑施工图包括以下内容:

a.建筑施工图设计说明。

b.建筑总平面图。

c 各层平面图及主要剖面、立面图。

d.建筑构造节点详图。

②结构施工图(简称"结施图")。结构施工图包括以下内容:

a.结构施工图设计说明。

b.基础平面图和基础详图。

c.楼板及屋顶平面图和详图。

d.结构构造节点详图。

③设备施工图(简称"设施图")。设备施工图包括以下内容:

a.给水排水施工图设计说明、平面布置图、系统图和节点详图。

b.电器照明施工图设计说明、平面布置图、系统图和节点详图。

c.暖通工程施工图设计说明、平面布置图、系统图和节点详图。

④结构及设备的计算书。

⑤工程预算书。

1.1.6 建筑设计的要求和依据

1)建筑设计的要求

①满足建筑功能要求。满足建筑物的功能要求是为人们的生产和生活活动创造良好的环境,是建筑设计的首要任务。如设计学校,首先要考虑满足教学活动的需要,教室设置应分班合理,采光通风良好;同时还要合理安排教师备课、办公、储藏和厕所等行政管理和辅助用房,并配置良好的体育场和室外活动场地等。

②采用合理的技术措施。应正确选用建筑材料,并根据建筑空间组合的特点,选择合理的结构、施工方案,使房屋坚固耐久、建造方便。如近年来我国设计建造了一些覆盖面积较大的体育馆,由于屋顶采用钢网架空间结构和整体提升的施工方法,既节省了建筑物的用钢量,又缩短了施工期限。

③具有良好的经济效果。建造房屋是一个复杂的物质生产过程,需要投入大量人力、物力和资金。因此,在房屋的设计和建造中,要因地制宜、就地取材,尽量做到节省劳动力,节约建筑材料和资金。设计和建造房屋要有周密的计划和核算,重视经济领域的客观规律,讲究经济效果。房屋设计的使用要求和技术措施,要和相应的造价、建筑标准统一起来。

④考虑建筑美观要求。建筑物是社会的物质和文化财富,它在满足使用要求的同时,还需要考虑人们对建筑物在美观方面的要求,考虑建筑物所赋予人们在精神上的感受。建筑设计要

努力创造具有我国时代精神的建筑空间组合与建筑形象。历史上创造的具有时代印记和特色的各种建筑形象,往往是一个国家、一个民族文化传统宝库中的重要组成部分。

⑤符合总体规划以及国家和地方建筑技术法规要求。单体建筑是总体规划中的组成部分,单体建筑应符合总体规划提出的要求。建筑物的设计,还要充分考虑和周围环境的关系,如原有建筑的状况、道路的走向、基地面积大小以及绿化等方面和拟建建筑物的关系。新设计的单体建筑,应使所在基地形成协调的室外空间组合和良好的室外环境。

2)建筑设计的依据

(1)人体尺度和人体活动所需的空间尺度

建筑物中家具、设备的尺寸、踏步、窗台、栏杆的高度,门洞、走廊、楼梯的宽度和高度,以及各类房间的高度和面积大小,都和人体尺度以及人体活动所需的空间尺度直接或间接有关,因此,人体尺度和人体活动所需的空间尺度,是确定建筑空间的基本依据之一。根据国家卫生计生委发布《中国居民营养与慢性病状况报告(2020)》我国成年男子和女子的平均高度分别为 169.7 mm 和 158 mm。人体尺度和人体活动所需的空间尺度如图 1-1-71 所示。

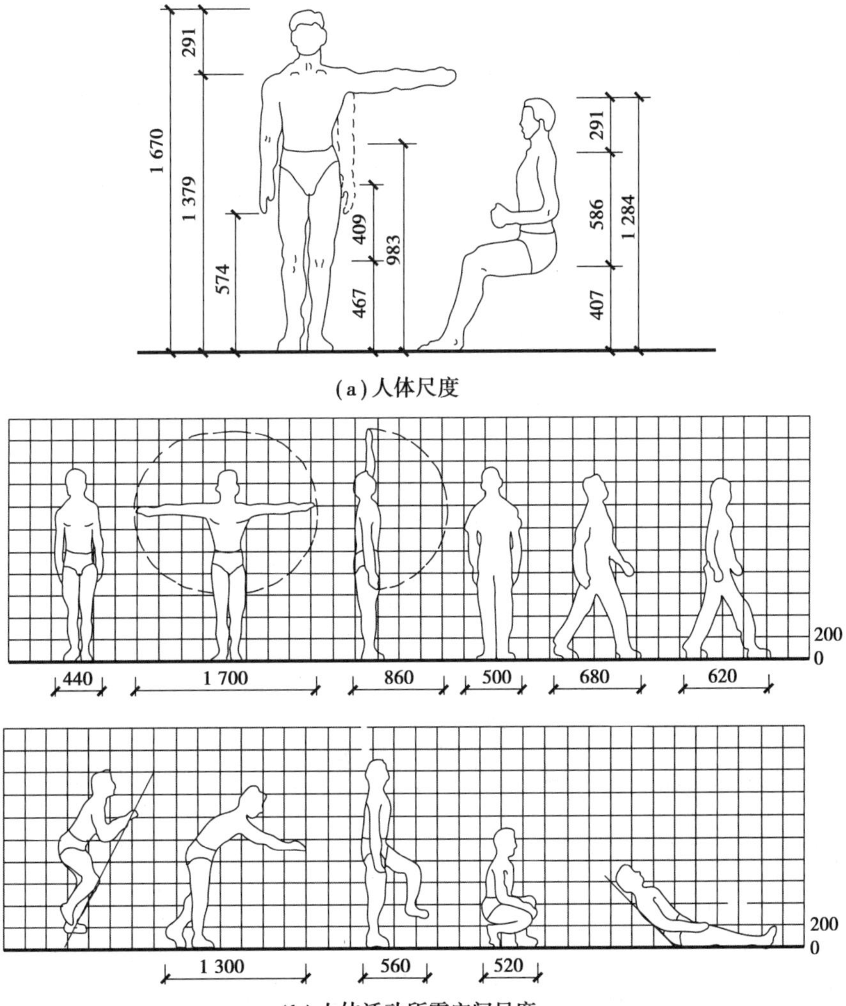

(a)人体尺度

(b)人体活动所需空间尺度

图 1-1-71 人体尺度和人体活动所需的空间尺度

近年来,在建筑设计中日益重视人体工程学的运用,人体工程学是运用人体计测、生理心理计

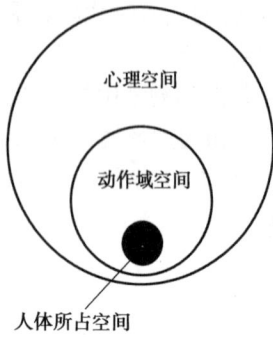

图 1-1-72 单人所需空间范围示意

测和生物力学等研究方法,综合地进行人体结构、功能、心理等问题的研究,用以解决人与物、人与外界环境之间的协调关系并提高效能。建筑设计中人体工程学的运用,将使确定空间范围始终以人的生理、心理需求为研究中心,使空间范围的确定,具有定量计测的科学依据(图 1-1-72)。

(2)家具、设备的尺寸和使用它们的必要空间

家具、设备的尺寸,以及人们在使用家具和设备时,在它们近旁必要的活动空间,是考虑房间内部使用面积的重要依据。民用建筑中常用的家具尺寸如图 1-1-73 所示。

图 1-1-73 民用建筑常用家具尺度(单位:mm)

（3）温度、湿度、日照、雨雪、风向、风速等气候条件

气候条件对建筑物的设计有较大影响。如在湿热地区，房屋设计要很好地考虑隔热、通风和遮阳等问题；而在干冷地区，通常又希望把房屋的体型尽可能设计得紧凑一些，以减少外围护面的散热，有利于室内采暖、保温。

日照和主导风向通常是确定房屋朝向和间距的主要因素，风速是高层建筑、电视塔等设计中考虑结构布置和建筑体型的重要因素，雨、雪量的多少对屋顶形式和构造也有一定影响。

在设计前，需要收集当地上述有关的气象资料，作为设计的依据（图 1-1-74、表 1-1-3）。

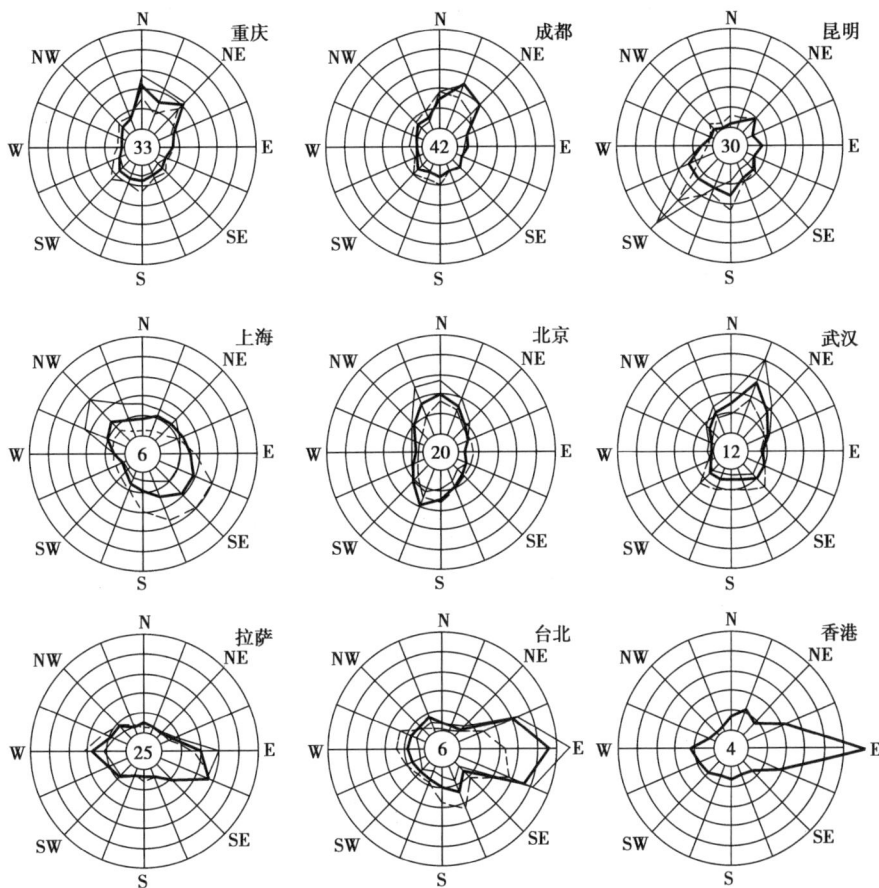

图 1-1-74 我国部分城市的风向频率玫瑰图

表 1-1-3 我国部分城市的最冷最热月气温

城市名称	最冷月平均/℃	最热月平均/℃	城市名称	最冷月平均/℃	最热月平均/℃
北京	-4.8	25.8	汉口	3.4	28.6
哈尔滨	-19.7	22.9	长沙	4.2	29.6
乌鲁木齐	-16.1	23.2	重庆	7.4	28.5
天津	-4.7	26.5	福州	10.6	28.7
西安	-1.7	27.3	广州	13.7	28.3
上海	3.8	28.0	南宁	13.5	29.0

注：根据《建筑设计资料集》（第二版）第一册。

（4）地形、地质条件和地震烈度

基地地形的平缓或起伏,基地的地质构成、土壤特性和地耐力的大小,对建筑物的平面组合、结构布置和建筑体型都有明显的影响。坡度较陡的地形,常使房屋结合地形错层建造,复杂的地质条件,要求房屋的构成和基础的设置采取相应的结构构造措施。

地震烈度表示地面及房屋建筑遭受地震破坏的程度。在烈度6度及6度以下地区,地震对建筑物的损坏影响较小;9度以上的地区,由于地震过于强烈,从经济因素及耗用材料考虑,除特殊情况外,一般应尽可能避免在这些地区建设。房屋抗震设防的重点,是对7、8、9度地震烈度的地区。

地震区的房屋设计,主要应考虑以下几项:

①选择对抗震有利的场地和地基,例如,应选择地势平坦、较为开阔的场地,避免在陡坡、深沟、峡谷地带以及处于断层上下的地段建造房屋。

②房屋设计的体型,应尽可能规整、简洁,避免在建筑平面及体型上的凹凸。如在住宅设计中,地震区应避免采用凸出的楼梯间和凹阳台等。

③采取必要的加强房屋整体性的构造措施,不做或少做地震时容易倒塌或脱落的建筑附属物,如女儿墙、附加的花饰等需作加固处理。

④从材料选用和构造做法上尽可能减轻建筑物的自重,特别需要减轻屋顶和围护墙的重量。

（5）建筑模数和模数制

为使建筑物的设计、施工、建材生产以及使用单位和管理机构之间容易协调,用标准化的方法使建筑制品、建筑构配件和组合件实现工厂化规模生产,从而加快设计速度,提高施工质量及效率,改善建筑物的经济效益,进一步提高建筑工业化水平。为此,国家颁布了中华人民共和国国家标准《建筑模数协调标准》(GB/T 50002—2013)。

模数协调使符合模数的构配件、组合件能用于不同地区不同类型的建筑物中,促使不同材料、形式和不同制造方法的建筑构配件、组合件有较大的通用性和互换性。在建筑设计中能简化设计图的绘制,在施工中能使建筑物及其构配件和组合件的放线、定位和组合等更有规律、更趋统一、协调,从而便利施工。

模数是选定的尺寸单位,作为尺度协调的增值单位。模数协调选用的基本尺寸单位,叫基本模数。基本模数的数值为100 mm,其符号为M,即$M=100$ mm。整个建筑物和建筑物的一部分以及建筑组合件的模数化尺寸,应是基本模数的倍数。模数协调标准选定的扩大模数和分模数叫导出模数,导出模数是基本模数的整倍数和分数。

扩大模数应符合基数为2M、3M、6M、12M、……的规定,其相应的尺寸分别为200,300,600,1 200,……mm。

分模数应符合基数为M/10、M/5、M/2的规定,其相应的尺寸分别为10,20,50 mm。

建筑物的开间或柱距,进深或跨度,梁、板、隔墙和门窗洞口宽度等部分的截面尺寸宜采用水平基本模数和水平扩大模数数列,且水平扩大模数数列宜采用$2n$M、$3n$M(n为自然数)。

建筑物的高度、层高和门窗洞口高度等宜采用竖向基本模数和竖向扩大模数数列,且竖向扩大模数数列宜采用nM。

构造节点和分部件的接口尺寸等宜采用分模数数列,且分模数数列宜采用M/10、M/5、M/2。

【学习笔记】

_____

_____

_____

_____

_____

_____

【关键词】

建筑　民用建筑的分类与分级　建筑的三个要素　建筑方针　设计要求与依据

【测试】

一、单项选择题

1. 构成建筑的三个基本要素不包括(　　)。

A. 建筑功能　　　　　B. 建筑装修　　　　　C. 建筑技术条件　　　　　D. 建筑形象

2. 万里长城源于(　　)。

A. 新石器时期　　　　B. 春秋战国时期　　　C. 三国时期　　　　　　　D. 秦始皇时期

3. 普通建筑和构筑物的耐久年限为(　　)。

A. 5 年　　　　　　　B. 25 年　　　　　　　C. 50 年　　　　　　　　D. 100 年

4. 纪念性建筑和特别重要的建筑的耐久年限为(　　)。

A. 5 年　　　　　　　B. 25 年　　　　　　　C. 50 年　　　　　　　　D. 100 年

5. 我国成年男性的平均身高是(　　)mm。

A. 1 558　　　　　　　B. 1 800　　　　　　　C. 1 697　　　　　　　　D. 1 560

6. 北京故宫,又称为紫禁城,始建于(　　)。

A. 唐(公元 618 年)　B. 宋(公元 960 年)　C. 元(公元 1279 年)　　D. 明(公元 1406 年)

7. 外国古代建筑不包括(　　)为主要代表。

A. 古埃及建筑　　　　B. 古西亚建筑　　　　C. 古印度建筑　　　　　　D. 古希腊建筑

F. 古哥特建筑

二、多项选择题

1. 以下哪些建筑属于公共建筑(　　)。

A. 食堂　　　　　　　B. 住宅　　　　　　　C. 医院　　　　　　　　D. 教学楼

E. 办公楼　　　　　　F. 体育馆　　　　　　G. 厂房

2. 建筑设计的要求包括(　　)。

A. 满足设计人员工作环境要求　　　　　B. 满足建筑功能要求

C. 采用合理的技术措施　　　　　　　　D. 具有良好的经济效益

E. 考虑建筑的美观要求　　　　　　　　F. 符合总体规划要求

3. 建筑施工图的内容包括(　　)。

A. 总平面图　　　　　B. 结构设计说明　　　C. 各层平面图　　　　　　D. 立面图

E. 剖面图　　　　　　F. 建筑构造节点详图

G. 系统图

4. 建筑设计的依据包括(　　　)。

A. 气象资料　　　　B. 人体尺寸　　　　C. 家具设备尺寸　　　　D. 房间尺寸

E. 地形地貌　　　　F. 地震烈度　　　　G. 国家颁布的有关设计规范

5. 建筑按结构形式分类包括(　　　)。

A. 木结构　　　　B. 钢结构　　　　C. 钢筋混凝土结构　　　　D. 铝合金结构

E. 混合结构

6. 建筑构件的燃烧性能包括(　　　)。

A. 易燃性　　　　B. 不燃性　　　　C. 难燃性　　　　D. 可燃性

E. 必然性

三、判断题

1. 建筑作为名词泛指一切建筑物和构筑物。　　　　　　　　　　　　　　(　　)

2. 模数是选定的尺寸单位,作为尺度协调的增值单位。　　　　　　　　　(　　)

3. 我国现阶段的建筑方针是"适用、经济、绿色、美观"。　　　　　　　　　(　　)

4. 标准图集的使用范围限制在图集批准单位所在的地区。　　　　　　　　(　　)

5. 中国建筑发展的历史可分为:中国古代建筑、中国近代建筑、中国现代建筑三个阶段。

(　　)

6. 民用建筑按高度可分为低层、多层、高层和超高层建筑。　　　　　　　(　　)

【想一想】下图中的桥是中国古建筑代表之一的什么桥?其建造者姓名是什么?修建年代是什么?跨度多少?

【做一做】根据学生家庭居住地的历史建筑或名建筑,制作介绍该建筑的 PPT 文件。

任务 1.2　建筑平面设计

1.2.1　建筑平面设计简介

建筑平面主要表示建筑物在水平方向房屋各部分之间的组合关系。尽管建筑平面能较为集中地反映建筑功能的主要问题,但是在平面设计中,始终需要从建筑整体空间组合的效果来考虑。因此,我们应从平面分析入手,紧密联系建筑剖面和立面,分析剖面、立面的可能性和合理性,不断调整修改平面,反复深入。也就是说,虽然我们从平面设计入手,但应着眼于建筑空间的组合。

各种类型的民用建筑,从组成平面各部分面积的使用性质来分析,主要可以归纳为使用部分和交通联系部分两类。

使用部分是指主要使用活动和辅助使用活动的面积,即各类建筑物中的使用房间和辅助房间。使用房间(又称主要房间),是满足建筑中主要使用功能的房间,如住宅中的起居室、卧室,学校中的教室、实验室,商场中的营业厅,剧院中的观众厅等。辅助房间(又称次要房间),是建筑中为主要房间服务的房间,如住宅中的厨房、浴室、卫生间,一些建筑物中的储藏室、卫生间以及各种电气、水暖等设备用房。

交通联系部分是建筑物中各个房间之间、楼层之间和房间内外之间联系通行的面积,即各类建筑物中的走廊、门厅,过厅、楼梯、坡道,以及电梯和自动扶梯等所占的面积。

建筑物的平面面积,除以上两部分外,还有房屋构件所占的面积,即构成房屋承重系统、分隔平面各组成部分的墙、柱、墙墩以及隔断等构件所占的面积。如图 1-2-1 所示,为住宅单元平面面积的各组成部分示意。

1.2.2　使用部分的平面设计

建筑平面中各个使用房间和辅助房间,是建筑平面组合的基本单元。

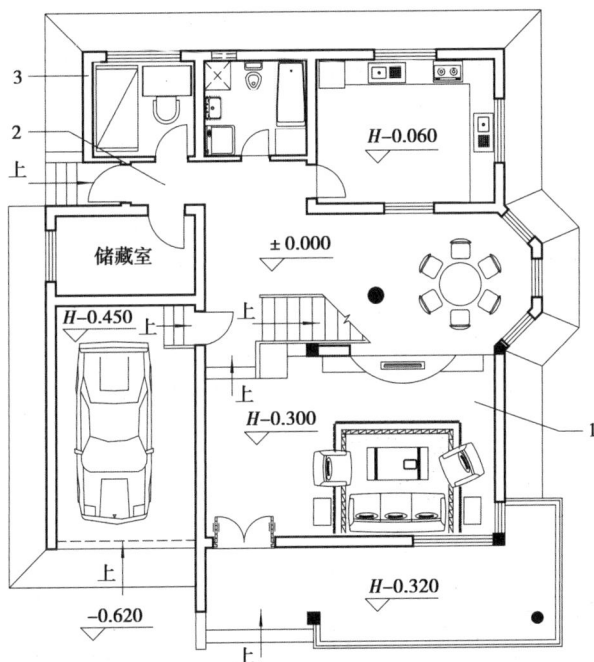

图 1-2-1　住宅单元平面面积的各组成部分
1—使用部分面积;2—交通联系部分所占面积;3—房屋构件所占面积

这里简要叙述使用房间的分类和设计要求,然后着重从房间本身的使用要求出发,分析房间面积大小、形状尺寸、门窗在房间平面的位置等,考虑单个房间平面布置的几种可能性,作为下一步综合分析多种因素,进行建筑平面和空间组合的基本依据之一。

1) 使用房间的分类和设计要求

从使用房间的功能要求来分类,主要有以下几种:

①生活用房间:住宅的起居室、卧室、宿舍和招待所的卧室等。

②工作、学习用的房间:各类建筑中的办公室、值班室,学校里的教室、实验室等。

③公共活动房间:商场的营业厅、剧院、电影院的观众厅、休息厅等。

一般来说,生活、工作和学习使用的房间要求安静,少干扰,由于人们在其中停留的时间相

1.2.1 使用房间的分类和设计要求

对较长,因此希望能有较好的朝向;公共活动房间的主要特点是人流比较集中,通常进出频繁,因此室内人们活动和通行面积的组织比较重要,特别是人流的疏散问题较为突出。使用房间的分类,有助于平面组合中对不同房间进行分组和功能分区。

对使用房间平面设计的要求主要有以下几项:

①房间的面积、形状和尺寸要满足空间使用、室内活动、家具和设备合理布置的要求。

②门窗的大小和位置,应考虑房间的出入方便、疏散安全、采光通风良好。

③房间的构成既要结构布置合理,施工方便,也要有利于房间之间的组合,所用材料要符合相应的建筑标准。

④室内空间以及顶棚、地面、各个墙面和构件细部,要考虑人们的使用和审美要求。

2)使用房间的面积、形状和尺寸

(1)房间的面积

使用房间面积的大小,主要是由房间内部活动特点、使用人数的多少、家具设备的多少等因素决定的,如住宅的起居室、卧室、面积相对较小;剧院、电影院的观众厅,除人多、座椅多外,还要考虑人流迅速疏散的要求,所需的面积就大;又如室内游泳池和健身房,由于使用活动的特点,要求有较大的面积。

为了深入分析房间内部的使用要求,我们将一个房间内部的面积,根据其使用特点分为以下几个部分:

①家具或设备所占面积。

②人们在室内的使用活动面积(包括使用家具及设备时,近旁所需的活动面积)。

③房间内部的交通面积。

如图 1-2-2(a)、(b)所示分别是学校中一个教室和住宅中一间卧室的室内使用面积分析示意。实际情况下,室内使用面积和室内交通面积也可能有重合或互换,但是这并不影响对使用房间面积的基本确定。

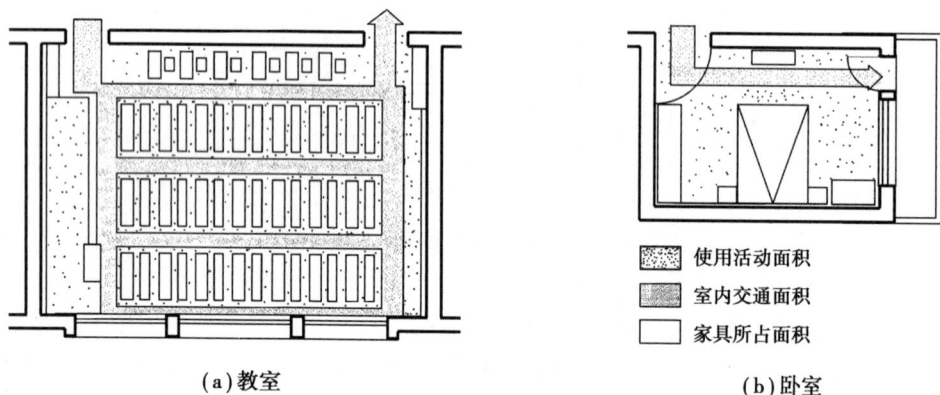

▨	使用活动面积
▦	室内交通面积
□	家具所占面积

(a)教室　　　　　　　　　　　　(b)卧室

图 1-2-2　教室及卧室中室内使用面积分析示意

从图例中可以看到,为了确定房间使用面积的大小,除需要掌握室内家具、设备的数量和尺寸外,还需要了解室内活动和交通面积的大小,这些面积的确定又都和人体活动的基本尺度有关。例如,教室中学生就座、起立时桌椅近旁必要的使用活动面积,入座、离座时通行的最小宽度,以及教师讲课时黑板前的活动面积等。如图 1-2-3 所示为教室、卧室以及商店营业厅中,人们使用各种家具时,家具近旁必要的尺寸举例。

1.2.2 使用房间面积、形状和尺寸

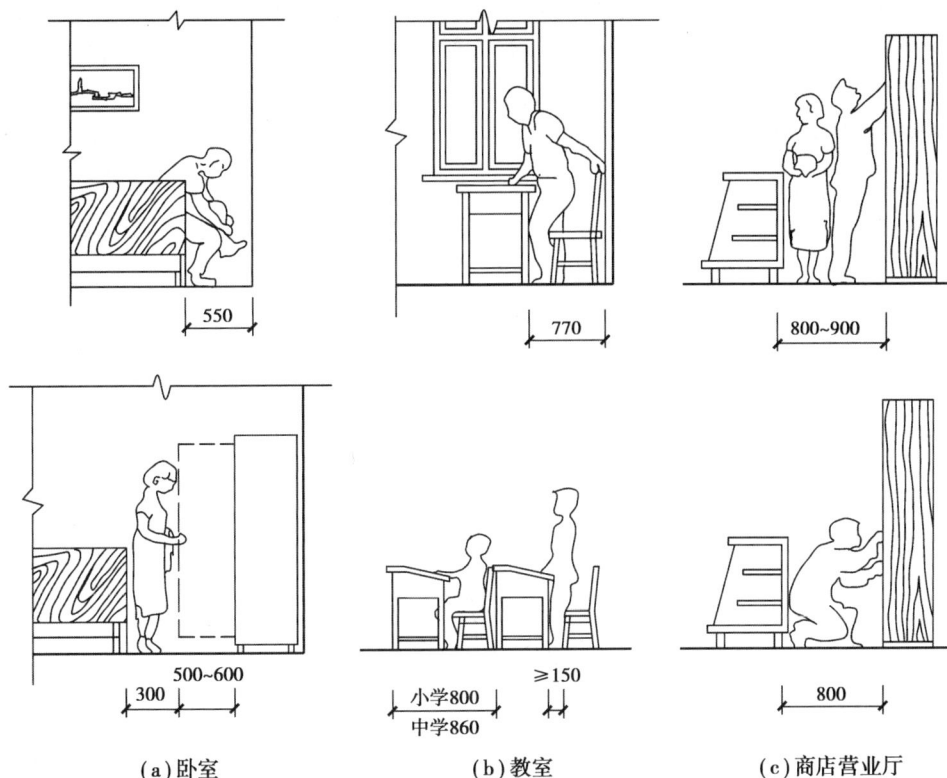

| (a)卧室 | (b)教室 | (c)商店营业厅 |

图 1-2-3　卧室、教室、商店营业厅中,家具近旁的必要尺寸

在一些建筑物中,房间使用面积大小的确定,并不像上例中教室平面的面积分配那样明显,例如,商店营业厅中柜台外顾客的活动面积,剧院、电影院休息厅中观众活动的面积等。由于这些房间中使用活动的人数并不固定,也不能直接从房间内家具的数量来确定使用面积的大小,通常需要通过对已建的同类型房间进行调查,掌握人们实际使用活动的一些规律,然后根据调查所得的数据资料,结合设计房间的使用要求和相应的经济条件,确定比较合理的室内使用面积。一般把调查所得数据折算成与使用房间的规模有关的面积数据,例如,商店营业厅中每个营业员可设多少营业面积,剧院休息厅以观众厅中每个座位需要多少休息面积等。

在实际设计工作中,国家或所在地区设计的主管部门,对住宅、学校、商店、医院、剧院等各种类型的建筑物,通过大量调查研究和设计资料的积累,结合我国经济条件和各地具体情况,编制出一系列面积定额指标,用以控制各类建筑中使用面积的限额,并作为确定房间使用面积的依据。表 1-2-1 是部分民用建筑房间面积定额的参考指标。

表 1-2-1　部分民用建筑房间面积定额参考指标

建筑类型项目	房间名称	面积定额/($m^2\cdot$人)	备注
中小学	普通教室	1.36 ~ 1.39	小学取上限
办公楼	一般办公室	≥6	不包括走道
	会议室	1.0	无会议桌
		2.1	有会议桌
铁路旅客站	普通候车室	≥1.1	小型站的综合候车室的使用面积宜增加15%
图书馆	普通阅览室	1.8 ~ 2.3	双面阅览桌

41

具体进行设计时,在已有面积定额的基础上,仍然需要分析各类房间中家具布置、人们的活动和通行情况,深入分析房间内部的使用要求,方能确定各类房间合理的平面形状和尺寸,或对同类使用性质的房间进行合理的分间。

(2) 房间平面形状和尺寸

初步确定了使用房间面积的大小以后,还需要进一步确定房间平面的形状和具体尺寸。

房间平面的形状和尺寸,主要是由室内使用活动的特点,家具布置方式,以及采光、通风、音响等要求所决定的。在满足使用要求的同时,构成房间的技术经济条件,以及人们对室内空间的观感,也是确定房间平面形状和尺寸的重要因素。

仍以中小学普通教室为例,面积相同的教室,可能有很多种平面形状和尺寸。仅以50座矩形平面的教室为例,就有多种可能的尺寸组合(图1-2-4)。根据普通教室以听课为主的使用特点来分析,首先要保证学生上课时视、听方面的质量,即座位的排列不能太远、太偏,教师讲课时黑板前要有必要的活动余地等。通过具体调查实测,或借鉴已有的设计数据资料,相应地确定了允许排列的离黑板最远座位不大于8.5 m,边座和黑板面远端夹角控制在30°以上,以及第一排座位离黑板的最小距离为2 m左右。

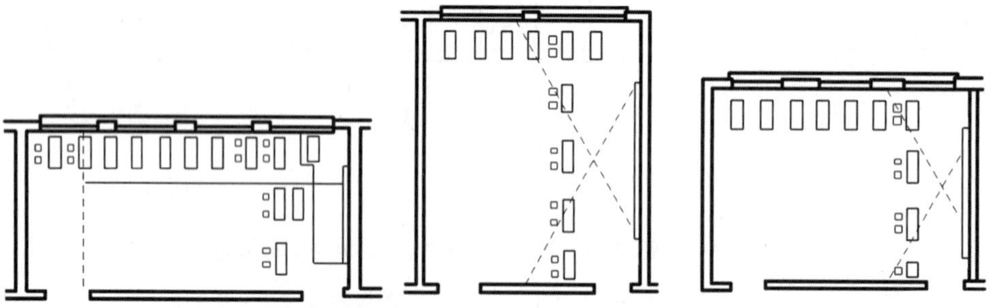

图1-2-4 50座矩形平面教室的布置

结合桌椅的尺寸和排列方式,根据人体活动尺度,确定排距和桌子间通道的宽度,基本上可以满足普通教室中视、听活动和通行等方面的要求。图1-2-5是仅从视、听要求考虑,教室平面形状的几种可能性。

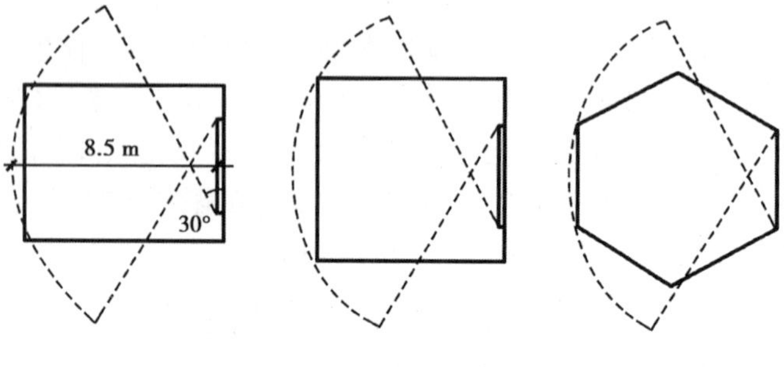

图1-2-5 教室中满足视听要求的平面范围和形状的几种可能性

确定教室平面形状和尺寸的因素,除视、听要求外,还需要综合考虑其他方面的要求。从教室内需要有足够和均匀的天然采光来分析,进深较大的方形、六角形平面,最好房间两侧都能开窗采光,或采用侧光和顶光相结合;当平面组合中房间只能一侧开窗采光时,沿外墙长向的矩形平面,能够较好地满足采光均匀的要求。

再从构成房间的结构布置来考虑,一般中小型民用建筑,常采用墙体承重的梁板构件布置,如果教室中采用非预应力的钢筋混凝土梁,通常以6~7 m的跨度比较经济合理。

综合上述几个方面的因素,又考虑到房间之间平面组合的方便,因此普通教室的平面形状,通常以采用沿外墙长向布置的矩形平面较多(图 1-2-6)。

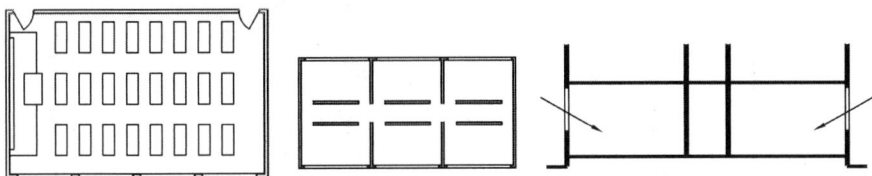

图 1-2-6 沿外墙长向布置矩形平面的平面组合

矩形平面的长、宽的具体尺寸,可由家具尺寸、活动和通行宽度以及符合模数制的构件规格来确定。当平面组合中允许双侧采光或顶部采光时,或教室的主要使用要求和结构布置方式有所改变时,教室平面的形状也可能相应地改变。如图 1-2-7 所示为一双侧采光方形教室的平面组合;如图 1-2-8 所示是一专用学校六角形教室的平面组合;如图 1-2-9 所示是各种不同形状的音乐教室实例。

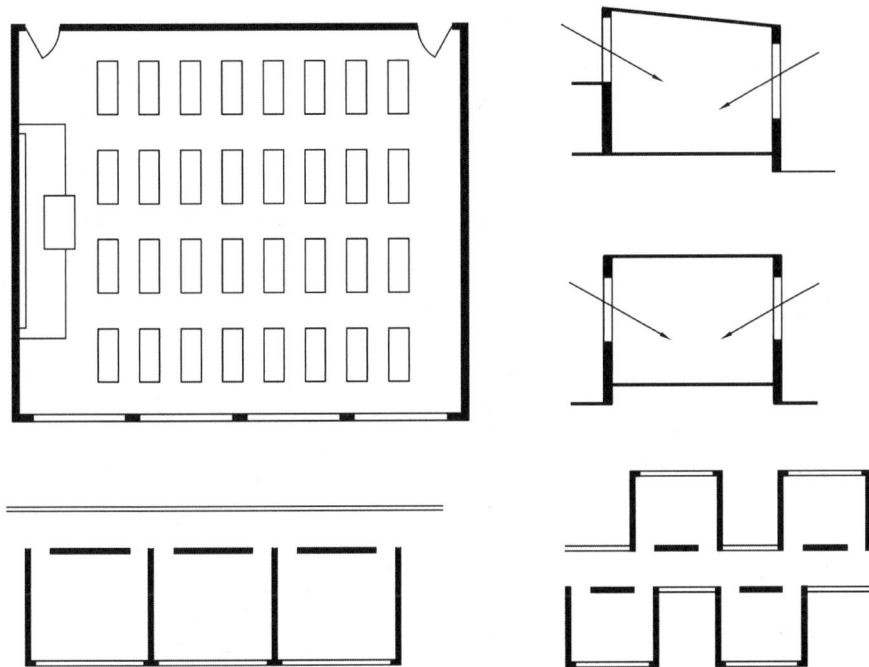

图 1-2-7 双侧采光方形教室的平面组合

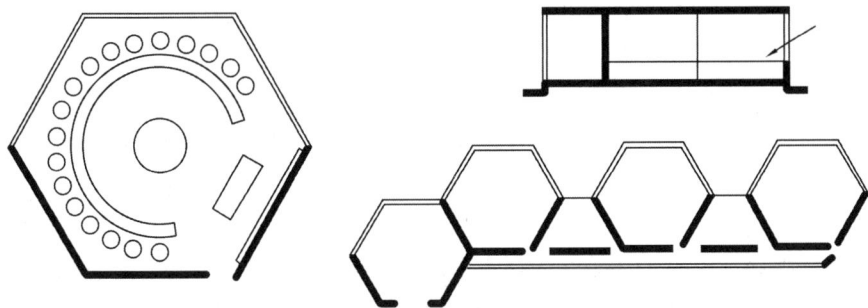

图 1-2-8 六角形教室的平面组合

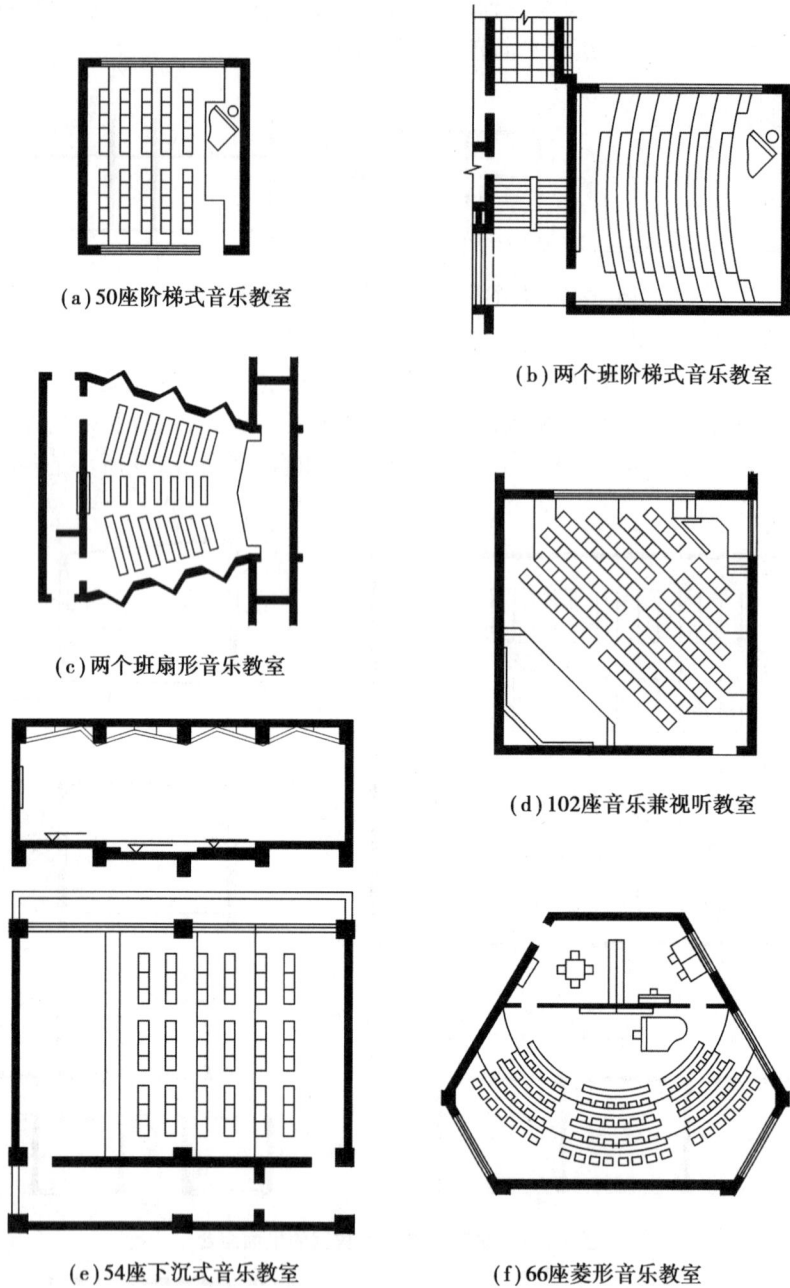

(a) 50座阶梯式音乐教室

(b) 两个班阶梯式音乐教室

(c) 两个班扇形音乐教室

(d) 102座音乐兼视听教室

(e) 54座下沉式音乐教室

(f) 66座菱形音乐教室

图 1-2-9　各种平面形状不同的音乐教室

在大量的民用建筑中,如果使用房间的面积不大,又需要多个房间上下、左右相互组合,以矩形的房间平面较多。这是由于矩形平面通常便于家具和设备的安排,房间的开间或进深易于调整统一,结构布置和预制构件的选用较易解决。如住宅、宿舍、学校、办公楼等建筑类型,大多采用矩形平面的房间。

如果建筑物中单个使用房间的面积很大,使用要求的特点比较明显,覆盖和围护房间的技术要求也较复杂,又不需要同类的多个房间进行组合,这时房间(也指大厅)平面以至整个体型就有可能采用多种形状。例如,室内人数多、有视听和疏散要求的剧院观众厅、体育馆比赛大厅等(图 1-2-10)。

(a)观众厅　　　　　　　　　(b)比赛大厅

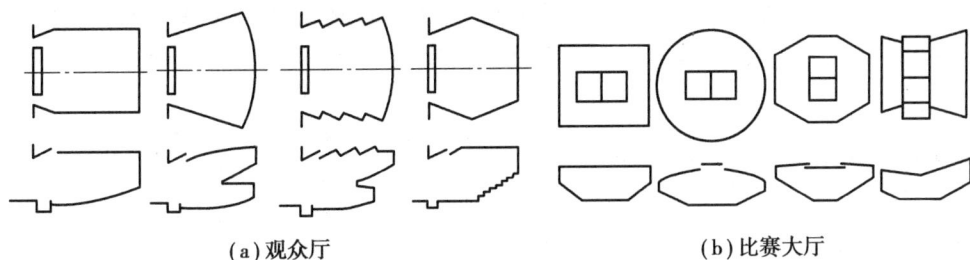

图 1-2-10　剧院观众厅和体育馆比赛大厅的平面形状及剖面示意

　　房间平面形状和尺寸的确定,主要是从房间内部的使用要求和技术经济条件来考虑的,同时室内空间处理等美观要求、建筑物周围环境和基地大小等总体要求、也是影响房间平面形状的重要因素。如图 1-2-11(a)所示,住宅卧室大多采用沿外墙短向布置的矩形平面,它是综合考虑家具布置、房间组合、技术经济条件和总体上节约用地等多方面因素的结果,随着上述因素中具体情况的改变,平面形状也有可能改变。如图 1-2-11(b)所示是房屋的平面布置受基地条件限制时,为改善房间对朝向的要求,房间平面采用非矩形的布置。

3)门窗在房间平面中的布置

　　在房间平面设计中,门窗的大小和数量是否恰当,以及它们的位置和开启方式是否合适,对房间的平面使用效果也有很大影响。同时,窗的形式和组合方式又和建筑立面设计的关系极为密切,门窗的宽度在平面中表示,它们的高度在剖面中确定,而窗和外门的组合形式又只能在立面中看到全貌。因此,在平、立、剖面的设计过程中,门窗的布置需要多方面综合考虑,反复推敲。下面先从门窗的布置和单个房间平面设计的关系进行分析。

(1)门的宽度、数量和开启方式

　　房间平面中门的最小宽度,是由通过人流多少和搬进房间家具、设备的大小决定的。例如,住宅中卧室、起居室等生活用房间,门的宽度常用 900 mm 左右,这样的宽度可使一个携带东西的人,方便地通过,也能搬进床、柜等尺寸较大的家具(图 1-2-12)。住宅中厕所、浴室的门,宽度只需 700 mm,阳台的门为 800 mm 即可,即稍大于一个通过宽度,这些较小的门扇,开启时可以少占室内的使用面积,这对平面紧凑的住宅建筑,尤其显得重要。

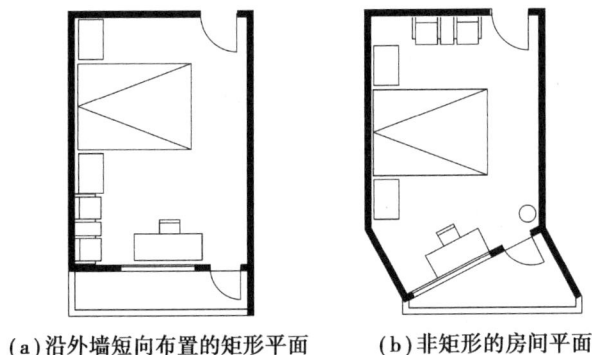

(a)沿外墙短向布置的矩形平面　　(b)非矩形的房间平面　　　800~900

图 1-2-11　住宅卧室的平面形状图　　　图 1-2-12　住宅中卧室起居室门的宽度

　　室内面积较大、活动人数较多的房间,应该相应增加门的宽度或门的数量,当门宽大于 1 000 mm 时,为了开启方便和少占使用面积,通常采用双扇门,双扇门宽可为 1 200 ~

45

1 800 mm;如果室内人数多于 50 人,或房间面积大于 60 m² 时,按照防火要求至少需要两樘门,分设在房间两端,以保证安全疏散。图 1-2-13 是小学自然教室和中学阶梯教室门的位置和开启方式。

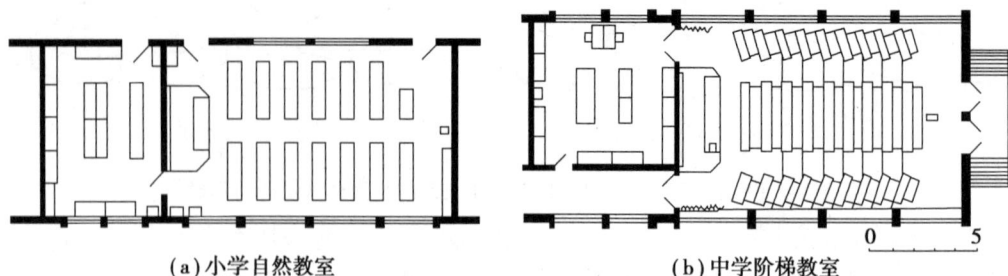

(a)小学自然教室　　　　　　　　　(b)中学阶梯教室

图 1-2-13　中小学教室门的位置和开启方式

一些人流大量集中的公共活动房间,如会场、观众厅等,考虑疏散要求,门的总净宽度应符合下表要求(表 1-2-2),并应设置双扇的外开门。

表 1-2-2　剧场、电影院、礼堂等场所每 100 人所需最小净宽度　　　　　单位:m/百人

观众厅座位数(座)			≤2 500	≤1 200
耐火等级			一、二级	三级
疏散部位	门和走道	平坡地面	0.65	0.85
		阶梯地面	0.75	1.00
	楼梯		0.75	1.00

房间平面中门的开启方式,主要根据房间内部的使用特点来考虑,例如现代住宅和医院病房的入户门,常采用 1 200 mm 的不等宽双扇门(又称子母门),如图 1-2-14(a)所示,平时出入可只开较宽的单扇门,当搬运家具或病房有病人的手推车通过或担架出入时,可以两扇门同时开启。又如商店的营业厅,进出人流连续频繁,有些地区门扇常采用双扇弹簧门,使用比较方便[图 1-2-14(b)]。

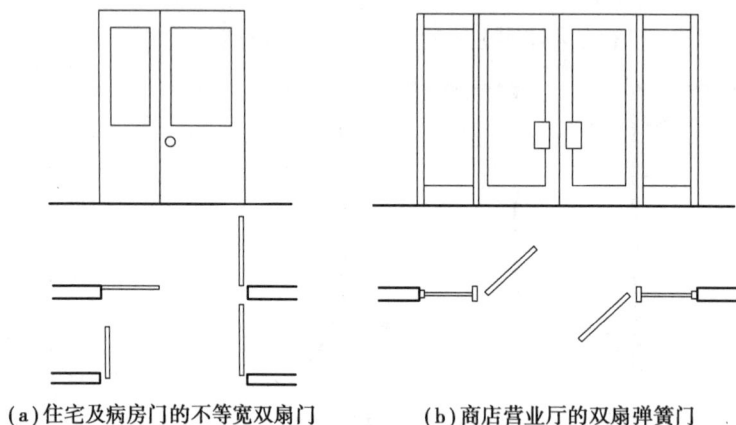

(a)住宅及病房门的不等宽双扇门　　　　　　(b)商店营业厅的双扇弹簧门

图 1-2-14　门的使用特点和开启方式

(2)房间平面中门的位置

房间平面中门的位置应考虑室内交通路线简捷和安全疏散的要求,门的位置还对室内使用面积能否充分利用、家具布置是否方便,以及组织室内穿堂风等关系很大。

对于面积大、人流活动多的房间,门的位置主要考虑通行简捷和疏散安全。例如,剧院观众厅中一些门的位置,通常较均匀地分设,使观众能尽快到达室外(图1-2-15)。

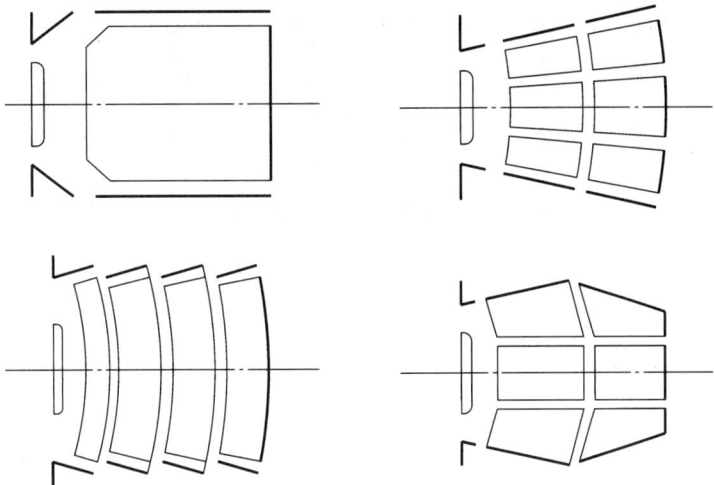

图 1-2-15 剧院观众厅中门的位置

对于面积小、人数少,只需设一个门的房间,门的位置首先需要考虑家具的合理布置,图1-2-16是集体宿舍中床铺安排和门的位置关系。

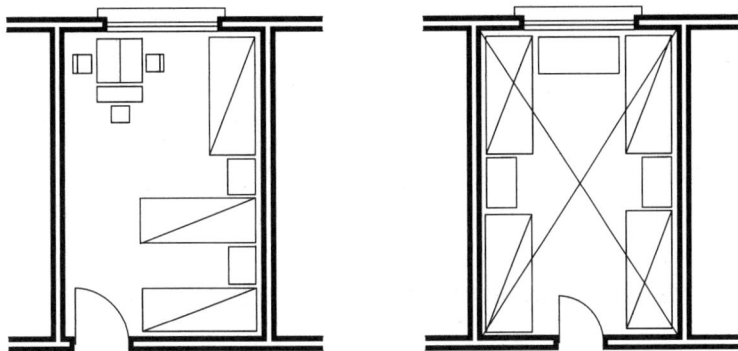

图 1-2-16 集体宿舍中床铺安排和门的位置关系

当小房间中,门的数量不止一个时,门的位置应考虑缩短室内交通路线,保留较为完整的活动面积,并尽可能留有便于靠墙布置家具的墙面。图1-2-17中的例子,就表示住宅卧室由于门的位置不同,给室内活动面积和家具布置带来的影响。

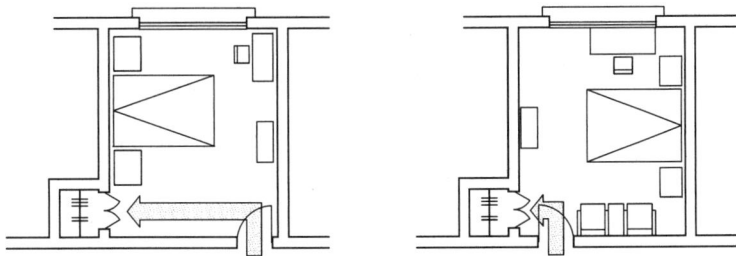

图 1-2-17 设有衣帽间卧室门的布置

有的房间由于平面组合的需要,几个门的位置比较集中,并且经常需要同时开启,这时要注意协调几个门的开启方向,防止门扇相互碰撞和妨碍人们通行(图1-2-18)。

房间平面中门的位置,在平面组合时,从整幢房屋的使用要求考虑也可能需要改变。例如,有的房间需要尽可能缩短通往房屋出入口或楼梯口的距离,有些房间之间联系或分隔的要求比较严密,都可能重新调整房间门的位置。

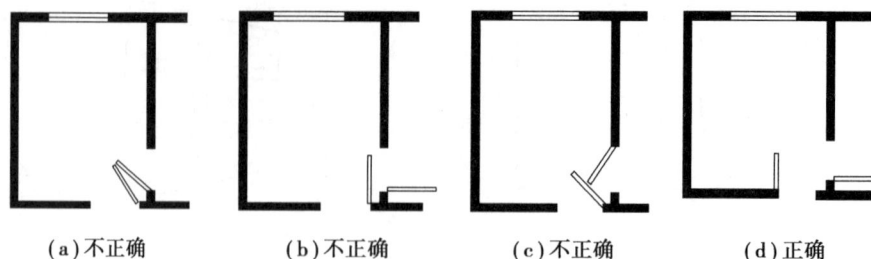

(a)不正确　　　(b)不正确　　　(c)不正确　　　(d)正确

图 1-2-18　房间中较集中时的开启方式

(3)窗的大小和位置

房间中窗的大小和位置,主要根据室内采光、通风要求来考虑。采光方面,窗的大小直接影响到室内照度是否足够,窗的位置关系到室内照度是否均匀。各类房间的照度要求,是由室内使用上精确细密的程度来确定的。由于影响室内照度强弱的因素主要是窗户面积的大小,因此,通常以窗口透光部分的面积和房间地面面积的比(即窗地面积比),来初步确定或校验窗面积的大小。表 1-2-3 是民用建筑中根据房间使用性质确定的采光分级和面积比。在南方地区,有时为了取得良好的通风效果,往往加大开窗面积。

窗的平面位置,主要影响到房间沿外墙(开间)方向来的照度是否均匀、有无暗角和眩光,如果房间的进深较大,同样面积的矩形窗户竖向设置,可使房间进深方向的照度比较均匀。中小学教室在一侧采光的条件下,窗户应位于学生左侧;窗间墙的宽度从照度均匀考虑,一般不宜过大(具体窗间墙尺寸的确定需要综合考虑房屋结构或抗震要求等因素);同时,窗户和挂黑板墙面之间的距离要适当,这段距离太小会使黑板上产生眩光,距离太大又会形成暗角(图 1-2-19)。

表 1-2-3　民用建筑中房间使用性质的采光分级和采光面积比

采光等级	视觉作业分类		房间名称	窗地面积比 A_c/A_d	
	作业精确度	识别对象的最小尺寸 d/mm		侧面采光	顶部采光
Ⅰ	特别精细	$d\leq0.15$		1/3	1/6
Ⅱ	很精细	$0.15<d\leq0.3$	设计室、绘图室	1/4	1/8
Ⅲ	精细	$0.3<d\leq1.0$	办公室、视频工作室、会议室、阅览室、开架书库、诊室、药房、治疗室、化验室	1/5	1/10
Ⅳ	一般	$1.0<d\leq5.0$	起居室(厅)、卧室、书房、厨房、复印室、档案室、教室、阶梯教室、实验室、报告厅、候诊室、挂号处、综合大厅、病房、医生办公室(护士室)	1/6	1/13
Ⅴ	粗糙	$d>5.0$	餐厅、书库、走道、楼梯间、卫生间	1/10	1/23

注:A_c—窗洞口面积;A_d—房间地面面积。

建筑物室内的自然通风,除与建筑朝向、间距、平面布局等因素有关外,房间中窗的位置,对室内通风效果的影响也很关键,通常利用房间两侧相对应的窗户或门窗之间组织穿堂风,门窗的相对位置采用对面通直布置时,室内气流通畅(图 1-2-20),同时,也要尽可能使穿堂风通过室内使用活动部分的空间。在如图 1-2-21(a)所示的教室平面中,常在靠走廊一侧开设高窗,以改善教室内通风条件。如图 1-2-21(b)所示为一有天井的住宅卧室,它在夏季利用储藏室的门调节出风通路,改善通风。

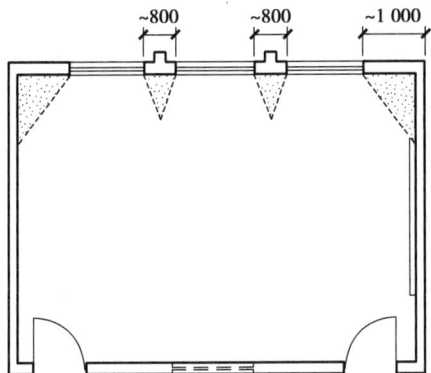

图 1-2-19　一侧采光的教室中窗的平面位置

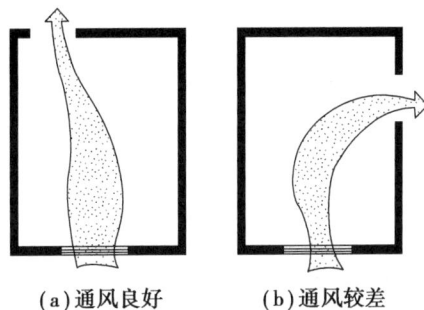

(a)通风良好　　　(b)通风较差

图 1-2-20　门窗的相对位置对室内气流影响示意

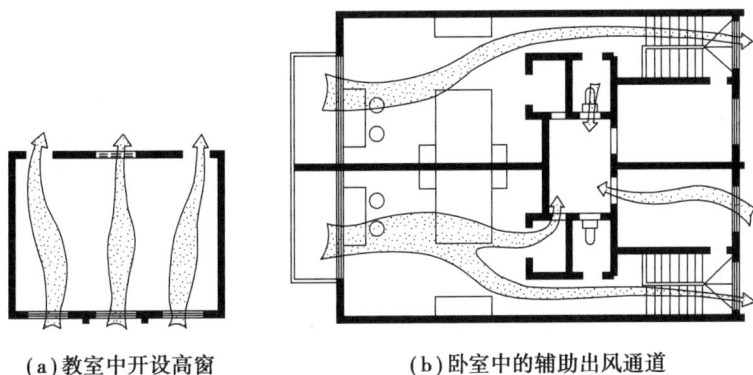

(a)教室中开设高窗　　　　　(b)卧室中的辅助出风通道

图 1-2-21　平面中门窗开设位置对通风条件的影响

4)辅助房间的平面设计

辅助房间是指为使用房间提供服务的房间,如厕所、盥洗室、浴室、厨房、通风机房、水泵房、配电房等。这些房间在整个建筑平面中虽然属于次要地位,但却是不可缺少的部分,直接关系到人们使用的方便与否。各类民用建筑中辅助房间的平面设计,和使用房间的设计分析方法基本相同。卫生间、盥洗室等辅助房间通常

1.2.4 辅助房间的平面设计

根据各种建筑物的使用特点和使用人数的多少,先确定所需设备的个数(表 1-2-4)。根据计算所得的设备数量,考虑在整幢建筑物中卫生间、盥洗室的分间情况,最后在建筑平面组合中,根据整幢房屋的使用要求适当调整并确定这些辅助房间的面积、平面形式和尺寸。

表 1-2-4　部分民用建筑厕所设备个数参考指标

建筑类型	男小便器/(人·个$^{-1}$)	男大便器/(人·个$^{-1}$)	女大便器/(人·个$^{-1}$)	洗手盆或龙头/(人·个$^{-1}$)	男女比例	备注
旅馆	20	20	12	—	—	男女比例按设计要求
宿舍	20	20	15	15	—	男女比例按实际使用要求

续表

建筑类型	男小便器/(人·个⁻¹)	男大便器/(人·个⁻¹)	女大便器/(人·个⁻¹)	洗手盆或龙头/(人·个⁻¹)	男女比例	备注
中小学	20	40	13	45	1:1	小学数量应稍多
火车站	80	80	50	150	2:1	—
办公楼	50	50	30	50~80	3:1~5:1	—
影剧院	35	75	50	140	2:1~3:1	—
门诊部	100	100	33	150	1:1	总人数按全日门诊人次计算
幼托	—	5~10	2~5	—	1:1	—

注:一个小便器折合0.6 m长小便槽。

(1)厕所(卫生间)的布置

厕所(卫生间)是建筑中最常见的辅助房间。厕所(卫生间)主要分为住宅用卫生间和公共建筑内卫生间两大类。前者是服务于家庭的,后者是服务于公共场所的,因此其设计也略有不同。

住宅用卫生间内的卫生洁具应包括:便器、洗浴器(浴缸或喷淋)、洗面器。三件卫生洁具可以布置在同一卫生间内,也可以布置在不同的卫生间内。常用平面形状如图1-2-22所示。

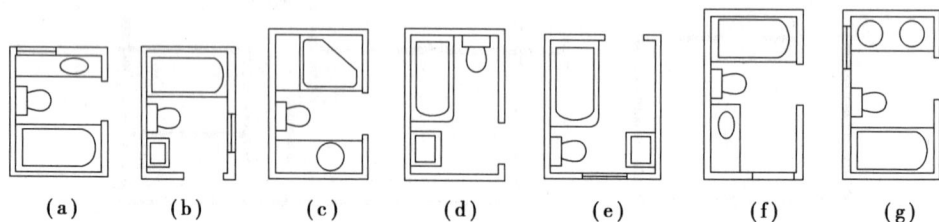

(a)　　(b)　　(c)　　(d)　　(e)　　(f)　　(g)

图1-2-22　专用卫生间设备及布置方式

公共建筑厕所卫生设备有大便器、小便器、洗手盆、污水池等,常用尺寸及布置方案如图1-2-23所示。公共厕所卫生设备的数量通常根据各种建筑物的使用特点和使用人数多少来确定(表1-2-3),根据计算所得的设备数量,综合考虑各种设备及人体活动所需要的基本尺度,确定房间的基本尺寸和布置形式。厕所和浴室隔间的平面尺寸见表1-2-5。

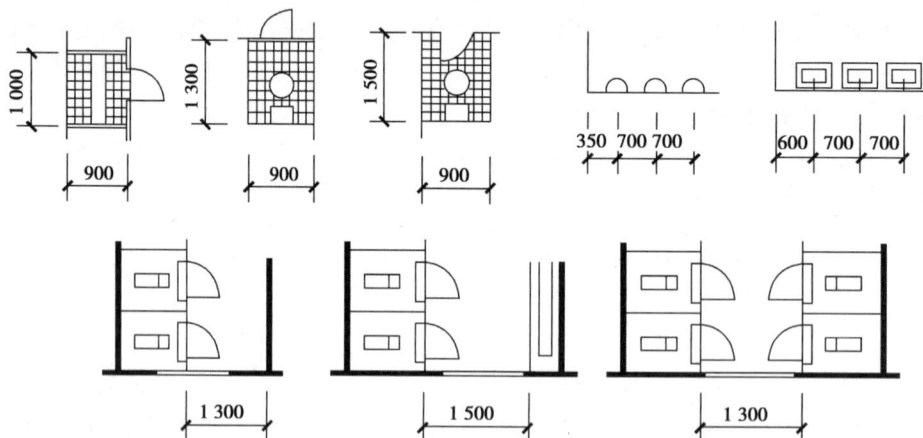

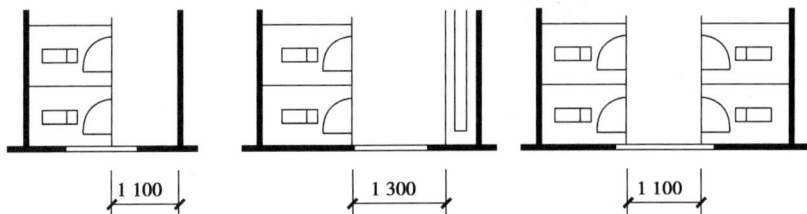

图 1-2-23 厕所卫生设备尺寸和布置方案

表 1-2-5 厕所和浴室隔间平面尺寸   单位:m

类别	平面尺寸(宽度×深度)
外开门的厕所隔间	0.90×1.20(蹲便器) 0.9×1.30(坐便器)
内开门的厕所隔间	0.90×1.40(蹲便器) 0.90×1.50(坐便器)
医院患者专用厕所隔间	1.10×1.50(门闩应能里外开启)
无障碍厕所隔间	1.50×2.00(不应小于1.00×1.80)
外开门淋浴隔间	1.00×1.20(或1.10×1.10)
内设更衣凳的淋浴隔间	1.00×(1.00+0.60)
无障碍专用浴室隔间	盆浴(门扇向外开启)2.00×2.25 淋浴(门扇向外开启)1.50×2.35

公共建筑厕所在建筑物中位置选择应方便使用、相对隐蔽,应与走道、大厅等交通部分相联系,由于使用上和卫生上的要求,一般应设置前室(图 1-2-24),前室的深度应不小于 1.5~2.0 m。门的位置和开启方向要既能遮挡视线,又不至于过于曲折,以免进出不便,造成拥挤。洗手盆和污水池通常在前室布置。当厕所面积过小时,也可不作前室,但要处理好门的开启方向,解决好视线遮挡问题。

(2)厨房

厨房炊事操作行为有其内在规律,从食品的购入、储藏、摘捡菜、清洗、配餐、烹调、备餐、进餐、清洗、储藏,为一次食事行为周期,应按此规律布置厨房。

厨房的设计要求如下:

①有适当的面积,以满足设备和操作活动的要求。其空间尺寸要便于合理布置家具设备和方便操作,并能充分利用空间,解决好储藏问题。

②家具设备的布置及尺度要符合人体工程学的要求,适宜于操作,有利于减少体力消耗。

③有良好的室内环境,有利于排除有害气体及保持清洁卫生。

④有利于设备管线的合理布置。

厨房的布置有单排、双排、L 形、U 形等形式,如图 1-2-25 所示。其中,L 形与 U 形[图 1-2-25(b)、(d)]更为符合厨房的操作流程,且提供了连续案台空间,较为理想,它们与双排布置相比,避免了操作过程中频繁转身的缺点。

(a)单排布置　　　　(b)L形布置

(c)双排布置　　　　(d)U形布置

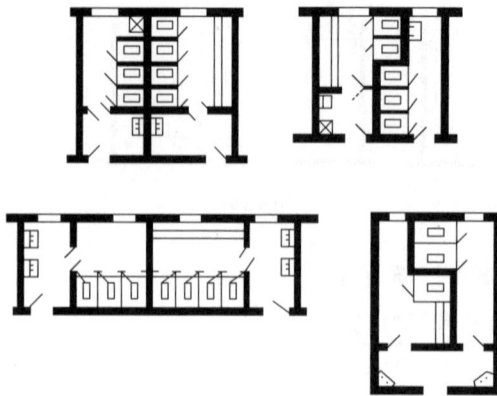

图 1-2-24　公共建筑厕所平面布置形式　　　　图 1-2-25　厨房布置形式

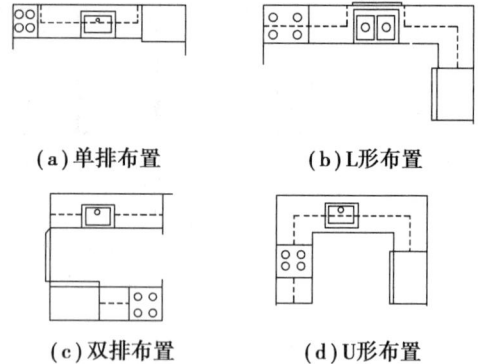

如图 1-2-26 所示为住宅中的厨房、浴厕等辅助用房的平面和室内透视图。

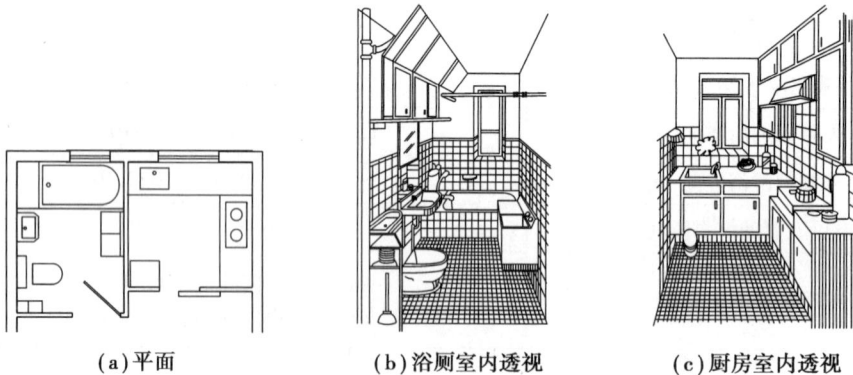

(a)平面　　　　(b)浴厕室内透视　　　　(c)厨房室内透视

图 1-2-26　住宅中的厨房、浴厕的平面和室内透视

1.2.3　交通联系部分的平面设计

一幢建筑物除要有满足使用要求的各种房间外,还需要有交通联系部分把各个房间之间以及室内外之间联系起来。

1)建筑物内部的交通联系部分组成

①水平交通联系的走廊、过道等。

②垂直交通联系的楼梯、坡道、电梯、自动扶梯等。

③交通联系枢纽的门厅、过厅等。

交通联系部分的面积,在一些常见的建筑类型如宿舍、教学楼、医院或办公楼中,约占建筑面积的1/4。这部分面积设计得是否合理,除直接关系到建筑物中各部分的联系通行是否方便外,它也对房屋造价、建筑用地、平面组合方式等许多方面有很大影响。

2)交通联系部分设计的主要要求

①交通路线简捷明确,联系通行方便。

②人流通畅,紧急疏散时迅速安全。

③满足一定的采光通风要求。

④力求节省交通面积,同时考虑空间处理等造型问题。

进行交通联系部分的平面设计,首先需要具体确定走廊、楼梯等通行疏散要求的宽度,具体确定门厅、过厅等人们停留和通行所必需的面积,然后结合平面布局考虑交通联系部分在建筑平面中的位置以及空间组合等设计问题。

以下分述各种交通联系部分的平面设计。

(1)过道(走廊)

过道(走廊):连接各个房间、楼梯和门厅等各部分,以解决房屋中水平联系和疏散问题。

过道的宽度应符合人流通畅和建筑防火要求,通常单股人流的通行宽度为550~600 mm。在通行人数少的住宅过道中,考虑到两人相对通过和搬运家具的需要,过道的最小宽度也不宜小于1 200 mm[图1-2-27(a)]。在通行人数较多的公共建筑中,按各类建筑的使用特点、建筑平面组合要求、通过人流的多少及根据调查分析或参考设计资料确定过道宽度。公共建筑门扇开向过道时,过道宽度通常不小于1 500 mm[图1-2-27(b)、(c)]。例如,中小学教学楼中过道宽度,根据过道连接教室的多少,常采用1 800 mm(过道一侧设教室)或2 400 mm(过道两侧设教室)。设计过道的宽度,应根据建筑物的耐火等级、层数和过道中通行人数的多少,进行防火要求最小宽度的校核,见表1-2-4。

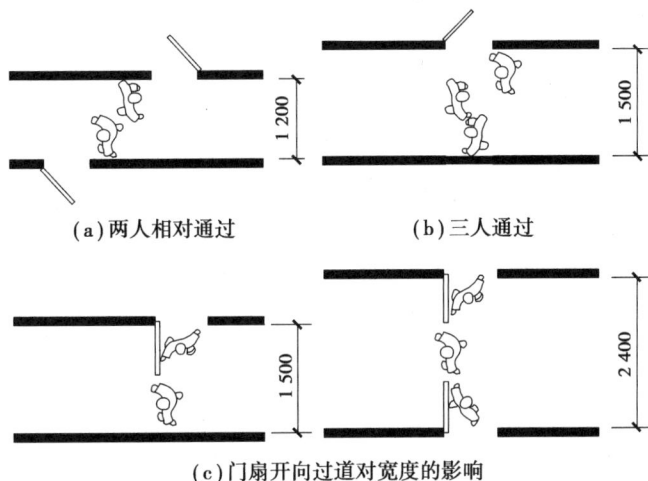

图1-2-27　人流通行和过道的宽度

过道从房间门到楼梯间或外门的最大距离,以及袋形过道的长度,从安全疏散考虑也有一定的限制,见表1-2-6。

表1-2-6　直通疏散走道的房间疏散门至最近安全出口的直线距离　　单位:m

建筑类型			位于两个安全出口之间的疏散门			位于袋形走道两侧或尽端的疏散门		
			一、二级	三级	四级	一、二级	三级	四级
托儿所、幼儿园老年人照料设施			25	20	15	20	15	10
歌舞娱乐放映游艺场所			25	20	15	9	—	—
医疗建筑		单、多层	35	30	25	20	15	10
	高层	病房部分	24	—	—	12	—	—
		其他部分	30	—	—	15	—	—

续表

建筑类型		位于两个安全出口之间的疏散门			位于袋形走道两侧或尽端的疏散门		
		一、二级	三级	四级	一、二级	三级	四级
教学建筑	单、多层	35	30	25	22	20	10
	高层	30	—	—	15	—	—
高层旅馆、公寓、展览建筑		30	—	—	15	—	—
其他建筑	单、多层	40	35	25	22	20	15
	高层	40	—	—	20	—	—

注:①建筑内开向敞开式外廊的房间疏散门至最近安全出口的直线距离可按本表的规定增加 5 m。

　　②直通疏散走道的房间疏散门至最近敞开楼梯间的直线距离,当房间位于两个楼梯间之间时,应按本表的规定减少
　　　5 m;当房间位于袋形走道两侧或尽端时,应按本表的规定减少 2 m。

　　③建筑物内全部设置自动喷水灭火系统时,其安全疏散距离可按本表的规定增加25%。

　　根据不同建筑类型的使用特点,过道除交通联系外,也可以兼有其他的使用功能。例如,学校教学楼中的过道,兼有学生课间休息活动的功能,医院门诊部分的过道,兼有患者候诊的功能等(图1-2-28),这时过道的宽度和面积相应增加。可以在过道边上的墙上开设高窗或设置玻璃隔断,以改善过道的采光通风条件(图1-2-29)。为了遮挡视线,隔断可用磨砂玻璃。如图1-2-30所示是住宅建筑中厨房与餐室的既可分隔又可兼用的布置,也做到了在交通面积中结合会客、进餐等使用功能,以提高建筑面积的利用率。

　　有的建筑类型(如展览馆、画廊、浴室等),按照房屋中人流活动和使用的特点,可以把过道等水平交通联系面积和房间的使用面积完全结合起来,组成套间式的平面布置(图1-2-31)。

　　以上例子说明,建筑平面中各部分面积使用性质的分类,也不是绝对的,根据建筑物具体的功能特点,使用部分和交通联系部分的面积,也有可能相互结合,综合使用。

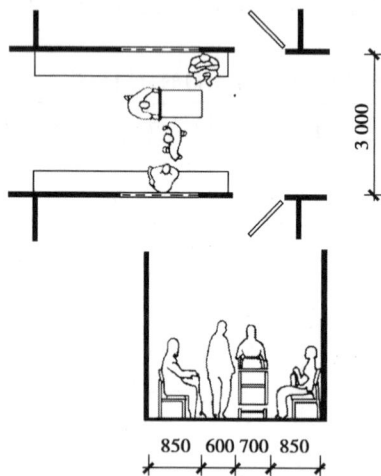

图 1-2-28　兼有候诊功能过道的宽度

图 1-2-29　设置玻璃隔断的候诊过道

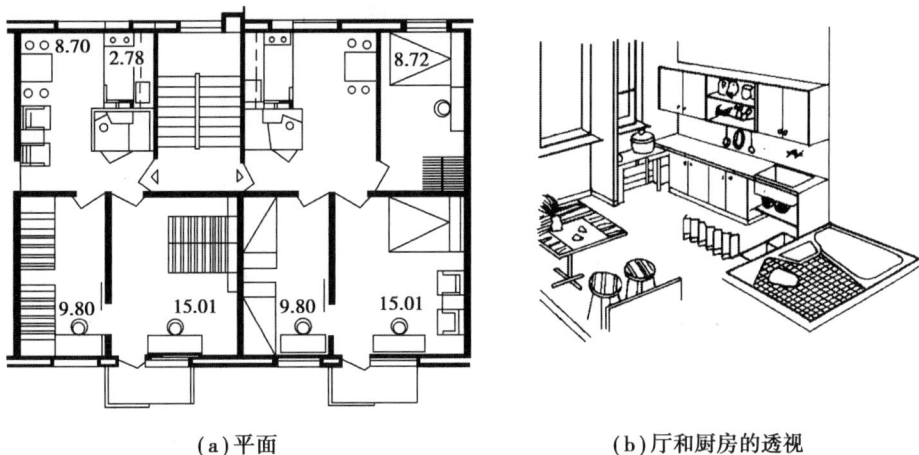

（a）平面　　　　　　　　　（b）厅和厨房的透视

图1-2-30　住宅中交通面积中结合会客、进餐等使用功能的布置

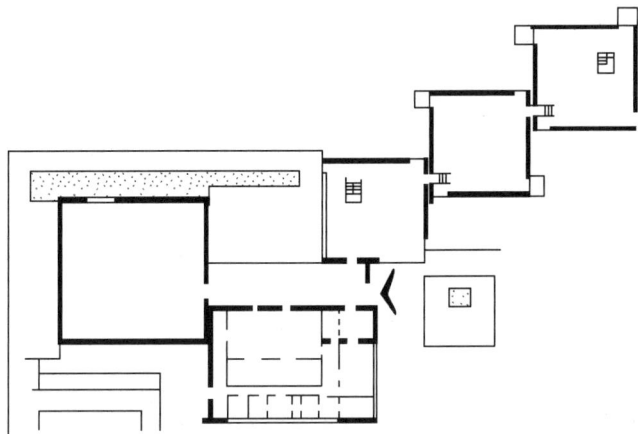

图1-2-31　展览馆中的套间式平面布置

（2）楼梯和坡道

楼梯是房屋各层间的垂直交通联系部分，是楼层人流疏散必经的通路。楼梯设计主要根据使用要求和人流通行情况确定梯段和休息平台的宽度；选择适当的楼梯形式；考虑整幢建筑的楼梯数量；以及楼梯间的平面位置和空间组合。有关楼梯的各个组成部分和构造要求，将在本书项目2民用建筑构造中叙述。

楼梯的宽度，也是根据通行人数的多少和建筑防火要求来确定的。梯段的宽度，和过道一样，考虑两人相对通过，通常不小于1 100～1 200 mm[图1-2-32（b）]。一些辅助楼梯，从节省建筑面积出发，把梯段的宽度设计得小一些，考虑到同时有人上下时能有侧身避让的余地，梯段的宽度也不应小于900 mm[图1-2-32（a）]。所有梯段宽度的尺寸，也都需要以防火要求的最小宽度进行校核，防火要求宽度的具体尺寸和对过道的要求相同（表1-2-7）。楼梯平台的宽度，除考虑人流通行外，还需要考虑搬运家具的方便，平台的宽度不应小于梯段的宽度[图1-2-32（d）]。由梯段、平台、踏步等尺寸所组成的楼梯间的尺寸，在装配式建筑中，还需结合建筑模数制的要求适当调整，例如单元式住宅楼梯间的开间常采用2 600 mm或2 700 mm。

表 1-2-7　楼梯、门和走道的宽度指标

建筑层数		耐火等级		
地上楼层	1~2 层	0.65	0.75	1.00
	3 层	0.75	1.00	—
	≥4 层	1.00	1.25	—
地下楼层	与地面出入口地面的高差 $\Delta H \leqslant 10$ m	0.75	—	—
	与地面出入口地面的高差 $\Delta H > 10$ m	1.00	—	—

注:疏散走道和楼梯的最小宽度不应小于1.2 m。

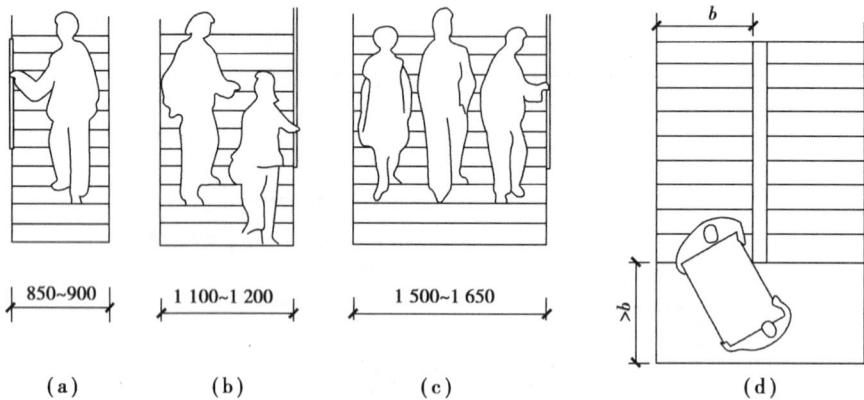

(a)	(b)	(c)	(d)
850~900	1 100~1 200	1 500~1 650	

图 1-2-32　楼梯梯段和平台的通行宽度

　　楼梯形式的选择,主要以房屋的使用要求为依据。两跑楼梯由于面积紧凑,使用方便,是一般民用建筑中最常采用的形式。当建筑物的层高较高,或利用楼梯间顶部天窗采光时,常采用三跑楼梯。一些旅馆、会场、剧院等公共建筑,经常把楼梯的设置和门厅、休息厅等结合起来。这时,楼梯可以根据室内空间组合的要求,采用比较多样的形式,如会场门厅中显得庄重的直跑大平台楼梯,剧院门厅中开敞的不对称楼梯,以及旅馆门厅中比较轻快的圆弧形楼梯等(图 1-2-33)。

　　对于层高较低的用室内楼梯的二层小住宅,结合建筑平面组合,把楼梯平台和室内过道面积结合起来,采用直跑楼梯也有可能得到比较紧凑的平面(图 1-2-34)。

(a)平形双跑

(b) 直跑转折楼梯

(c) 圆弧形楼梯

图 1-2-33　不同的楼梯形式

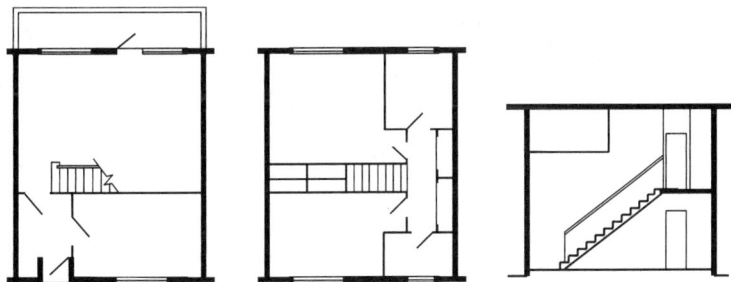

图 1-2-34　住宅中直跑楼梯的布置

楼梯在建筑平面中的数量和位置,是交通联系部分及建筑平面组合设计中比较关键的问题,它关系到建筑物中人流交通的组织是否通畅安全,建筑面积的利用是否经济合理。

楼梯的数量主要根据楼层人数多少和建筑防火要求来确定。当建筑物中,楼梯和远端房间的距离超过防火要求的距离(表 1-2-6);2~3 层的公共建筑楼层面积超过 200 m^2;或者二级耐火房屋,2 层以上总人数之和超过 50 人时;三级耐火房屋,2 层以上总人数之和超过 25 人时;四级耐火房屋,2 层以上总人数之和超过 15 人时,都须要布置两个或两个以上的楼梯。

一些公共建筑物,通常在主要出入口处,相应地设置一个位置明显的主要楼梯;在次要出入口处,或者房屋的转折和交接处设置次要楼梯供疏散及服务用。这些楼梯的宽度和形式,根据所在平面位置,使用人数多少和空间处理的要求,也应有所区别。如图 1-2-35 所示为一学校平面中楼梯位置的布置示意。位于走廊中部不封闭的楼梯,为了减少走廊中人流和上下楼梯人流的相互干扰,这些楼梯的楼段应当从走廊墙面后退。由于人们只是短暂地经过楼梯,因此楼梯间可以布置在房屋朝向较差的一面,但应有自然采光。

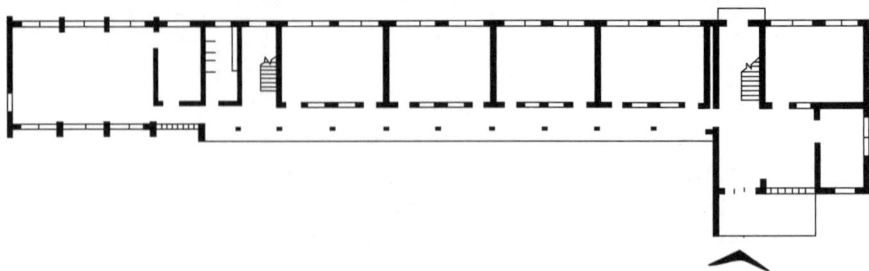

图 1-2-35　某学校平面中楼梯位置的布置示意

垂直交通联系部分除楼梯外,还有坡道,电梯和自动扶梯等。室内坡道的特点是上下比较省力(楼梯的坡度为 30°~40°,室内坡道的坡度通常 < 10°),通行人流的能力几乎和平地相当(人群密集时,楼梯由上往下人流通行速度为 10 m/min,坡道人流通行速度接近于平地的 16 m/min),但是坡道的最大缺点是所占面积比楼梯面积大得多。一些医院为了患者上下和手推车通行的方便可采用坡道;为儿童上下的建筑物,也可采用坡道(图 1-2-36);有些人流大量集中的公共建筑(如大型体育馆的部分疏散通道),也可用坡道来实现垂直交通联系。电梯通常使用在多层或高层建筑中,一些有特殊使用要求的建筑,如医院病房部分也常采用。自动扶梯适用于具有频繁而连续人流的大型公共建筑中,如百货大楼、展览馆、游乐场、火车站、地铁站、航空港等建筑物中(图 1-2-37)。

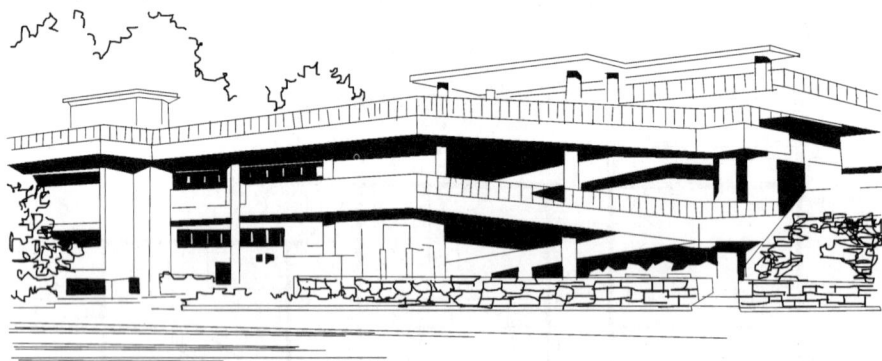

图 1-2-36　某学校附属幼儿园的坡道

(3)门厅、过厅和出入口

门厅是建筑物主要出入口处的内外过渡、人流集散的交通枢纽。在一些公共建筑中,门厅除交通联系外,还兼有适应建筑类型特点的其他功能要求,例如,旅馆门厅中的服务台、问询处或小卖部,门诊所门厅中的挂号、取药、收费等部分,有的门厅还兼有展览、陈列等使用要求。如图 1-2-38 所示为兼有会客、休息功能的某酒店门厅。和所有交通联系部分的设计一样,疏散出入安全也是门厅设计的一个重要内容,门厅对外出入口的总宽度,应不小于通向该门厅的过道、楼梯宽度的总和,人流比较集中的公共建筑物,门厅对外出入口的宽度,一般按每100人0.6 m计算。外门的开启方式应向外开启或采用弹簧门扇。

图 1-2-37　一些公共建筑中设置的自动扶梯

图 1-2-38　兼有会客、休息功能的某酒店门厅

门厅的面积大小,主要根据建筑物的使用性质和规模确定,在调查研究、积累设计经验的基础上,根据相应的建筑标准,不同的建筑类型都有一些面积定额可以参考。例如,中小学的门厅面积为每人 $0.06 \sim 0.08$ m^2,电影院的门厅面积,按每一观众不小于 0.13 m^2 计算,一些兼有其他功能的门厅面积,还应根据实际使用要求相应地增加。

导向性明确,避免交通路线过多的交叉和干扰,是门厅设计中的重要问题。门厅的导向明确,即要求人们进入门厅后,能够比较容易地找到各过道口和楼梯口,并易于辨别这些过道或楼梯的主次,以及它们通向房屋各部分使用性质上的区别。根据不同建筑类型平面组合的特点,以及房屋建造所在基地形状、道路走向对建筑中门厅设置的要求,门厅的布局通常有对称和不对称的两种。对称的门厅有明显的轴线,如起主要交通联系作用的过道或主要楼梯沿轴线布置,主导方向较为明确[图 1-2-39(a)]。不对称的门厅[图 1-2-39(b)],由于门厅中没有明显的轴线,交通联系主次的导向,往往需要通过对走廊口门洞的大小,墙面的透空和装饰处理、以及楼梯踏步的引导等设计手法,使人们易于辨别交通联系的主导方向。图 1-2-40 是某酒店门厅中,楼梯设在一侧作不对称布置,并以宽阔的楼梯踏步,引导人流通往楼座。

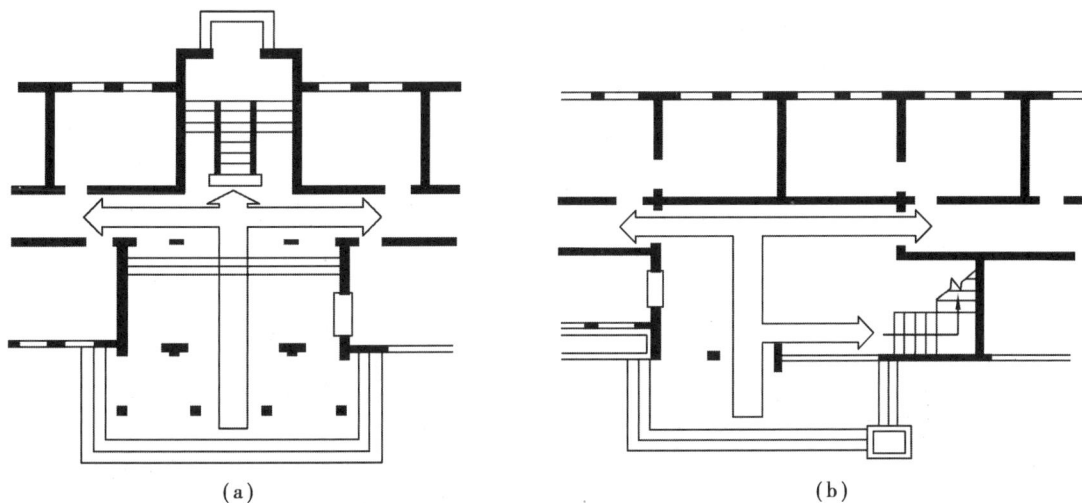

（a）

（b）

图 1-2-39　门厅的平面布置与交通关系

门厅中还应组织好各个方向的交通路线,尽可能减少来往人流的交叉和干扰。对一些兼有其他使用要求的门厅,更需要分析门厅中人们的活动特点,在各使用部分留有尽少穿越的必要活动面积。如图 1-2-41 所示,在门诊所和旅馆的门厅中,分别在挂号处、药房和接待、小卖部处留有必要的活动余地,使这些活动部分和厅内的交通路线尽少被干扰。

图 1-2-40 门厅中楼梯踏步引导人流

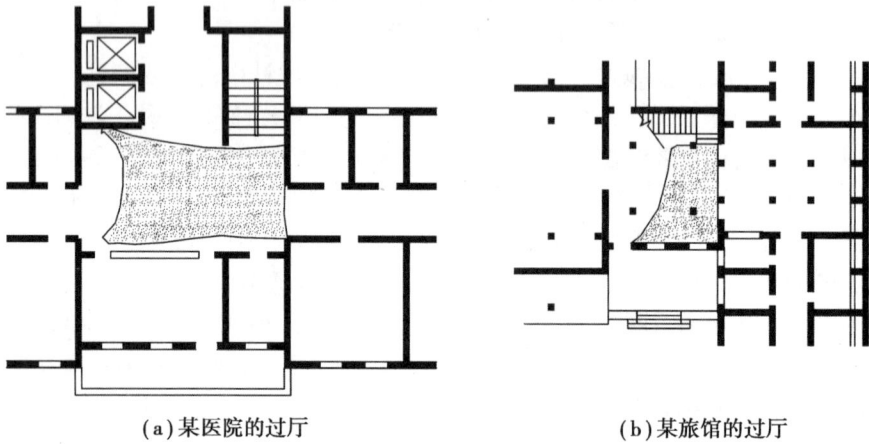

（a）某医院的过厅

（b）某旅馆的过厅

图 1-2-41 兼有其他使用功能要求的门厅平面布置

由于门厅是人们进入建筑物首先到达、经常经过或停留的地方,因此门厅的设计,除要合理地解决好交通枢纽等功能要求外,门厅内的空间组合和建筑造型要求也是一些公共建筑中重要的设计内容之一。

过厅通常设置在过道和过道之间,或过道和楼梯的连接处,它起到交通路线的转折和过渡的作用,有时为了改善过道的采光、通风条件,也可以在过道的中部设置过厅[图 1-2-42（a）、（b）]。

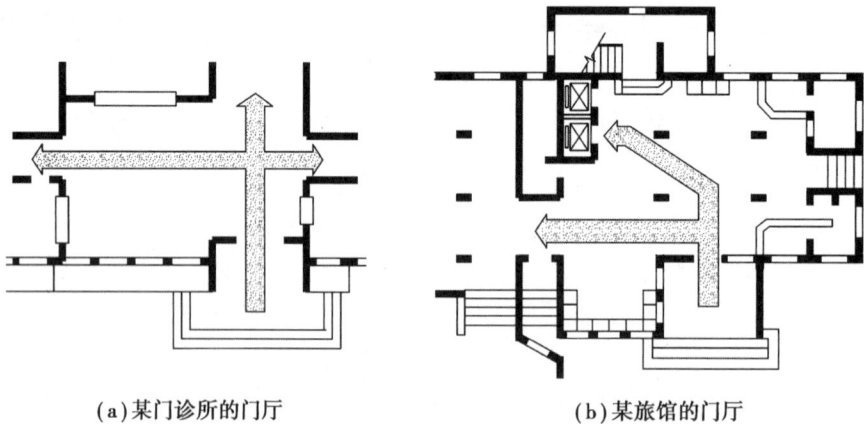

（a）某门诊所的门厅

（b）某旅馆的门厅

图 1-2-42 不同使用功能要求的门厅及过厅的平面布置

建筑物的出入口处,为了给人们进出室内外时有一个过渡的地方,通常在出入口前设置雨篷、门廊或门斗等,以防止风雨或寒气的侵袭。雨篷、门廊、门斗的设置,也是凸出建筑物的出入口、进行建筑重点装饰和细部处理的设计内容。图 1-2-43(a)、(b)和(c)分别是某酒店出入口的门廊以及某酒店的巨大雨篷和某会展中心出入口处的空间结构夸张的雨篷。

<table>
</table>

(a)某酒店出入口门廊　　　　　　　　(b)某酒店出入口的雨篷

(c)某会展中心出入口

图 1-2-43　建筑物的入口

1.2.4　建筑平面的组合设计

建筑平面的组合设计:一方面,是在熟悉平面各组成部分的基础上,进一步从建筑整体的使用功能、技术经济和建筑艺术等方面,来分析对平面组合的要求;另一方面,还必须考虑总体规划、基地环境对建筑单体平面组合的要求。即建筑平面组合设计需要综合分析建筑本身提出的以及总体环境对单体建筑提出的内外两个方面的要求。

建筑平面的组合,实际上是建筑空间在水平方向的组合。这一组合必然导致建筑物内外空间和建筑形体,在水平方向予以确定,因此在进行平面组合设计时,可以及时勾画建筑物形体的立体草图,考虑这一建筑物在三维空间中可能出现的空间组合及其形象,即本章开始叙述时着重指出的——从平面设计入手,但是着眼于建筑空间的组合。

建筑平面组合设计的主要任务如下:

①根据建筑物的使用和卫生等要求,合理安排建筑各组成部分的位置,并确定它们的相互关系。

②组织好建筑物内部以及内外之间方便和安全的交通联系。

③考虑到结构布置、施工方法和所用材料的合理性,掌握建筑标准,注意美观要求。

④符合总体规划的要求,密切结合基地环境等平面组合的外在条件,注意节约用地和环境保护等问题。

本节将着重叙述建筑平面组合的功能分析,平面组合和基地环境对平面组合的影响等内容,有关平面组合中要考虑的建筑艺术问题,将结合在建筑体型和立面设计一章中叙述。

1)建筑平面的功能分析和组合方式

建筑平面功能分析和组合方式的内容主要有以下几个方面：

(1)各类房间的主次、内外关系

一幢建筑物，根据它的功能特点，平面中各个房间相对说来总是有主有次，例如，在学校教学楼中，满足教学的教室、实验室等，应是主要的使用房间，其余的办公室、储藏室、厕所等，属次要房间；在住宅建筑中，生活用的起居室、卧室是主要的房间，厨房、浴厕、储藏室等属次要房间。同样，商店中的营业厅、体育馆中的比赛大厅，也属于主要房间。平面组合时，要根据各个房间使用要求的主次关系，合理安排它们在平面中的位置，上述教学、生活用主要房间，应考虑设置在朝向好、比较安静的位置，以取得较好的日照、采光、通风条件；公共活动的主要房间，它们的位置应在出入和疏散方便，人流导向比较明确的部位（图1-2-44）。

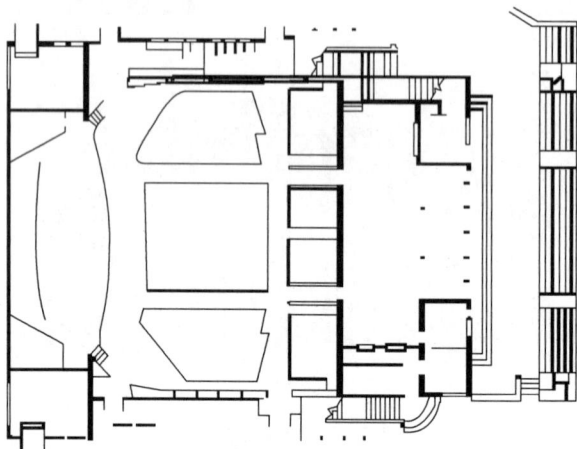

1.2.6 建筑平面的功能分析和组合方式

图 1-2-44　主要房间位于导向明确、疏散方便的部位

建筑物中各类房间或各个使用部分，有的对外来人流联系比较密切、频繁，例如，商店的营业厅，门诊所的挂号、问询等房间，它们的位置需要布置在靠近人流来往的地方或出入口处。有的主要是内部活动或内部工作之间的联系，例如，商店的行政办公、生活用房、门诊所的药库、化验室等，这些房间主要考虑内部使用时和有关房间的联系（图1-2-45）。

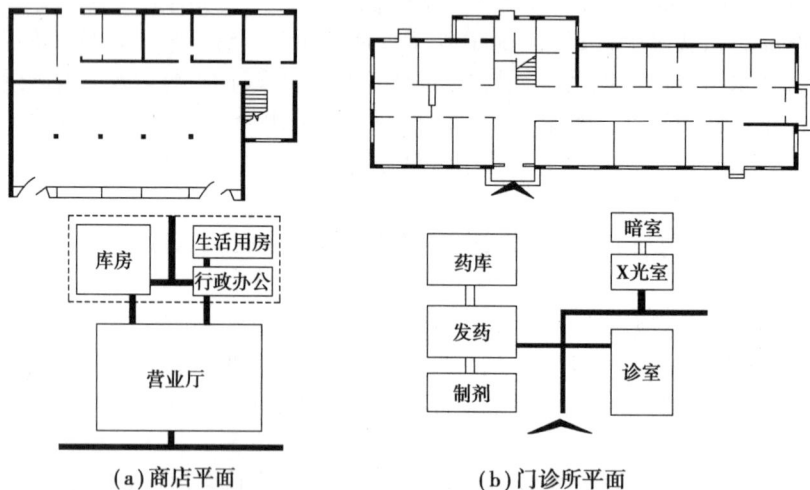

（a）商店平面　　　　（b）门诊所平面

图 1-2-45　平面组合中房间的内外关系

在建筑平面组合中,分清各个房间使用上的主次、内外关系,有利于确定各个房间在平面中的具体位置。

(2)功能分区以及它们的联系和分隔

当建筑物中房间较多,使用功能又比较复杂的时候,这些房间可以按照它们的使用性质以及联系的紧密程度,进行分组分区。通常借助于功能分析图[图1-2-46(a)],能够比较形象地表示建筑物的各个功能分区部分,它们之间的联系或分隔要求以及房间的使用顺序。建筑物的功能分区,首先把使用性质相同或联系紧密的房间组合在一起,以便平面组合时,能从几个功能分区之间大的关系来考虑,同时,还需要具体分析各个房间或各区之间的联系、分隔要求,以确定平面组合中,各个房间的合适位置。如学校建筑,可以分为教学活动、行政办公以及生活后勤等几部分,教学活动和行政办公部分既要分区明确、避免干扰,又要考虑分属两个部分的教室和教师办公室之间的联系方便,它们的平面位置应适当靠近一些;对于使用性质同样属于教学活动部分的普通教室和音乐教室,由于音乐教室上课时对普通教室有一定的声响干扰,它们虽属同一个功能区中,但是在平面组合中却又要求有一定的分隔[图1-2-46(b)~(d)]。

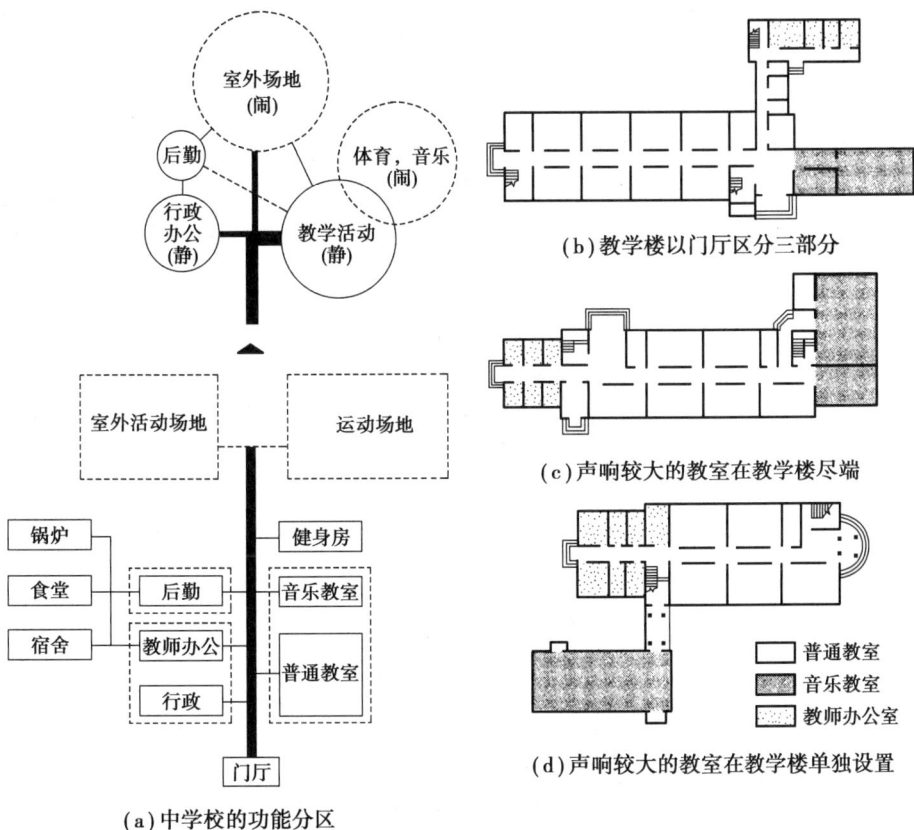

(b)教学楼以门厅区分三部分

(c)声响较大的教室在教学楼尽端

普通教室
音乐教室
教师办公室

(d)声响较大的教室在教学楼单独设置

(a)中学校的功能分区

图 1-2-46　学校建筑的功能分区和平面组合

又如医院建筑中,通常可以分为门诊、住院、辅助医疗和生活服务用房等几部分,如图1-2-47(a)所示。其中门诊和住院两个部分,都和包括化验、理疗、放射、药房等房间的辅助医疗部分关系密切,需要联系方便;但是门诊部分比较嘈杂,住院部分需要安静,它们之间又需要有较好的分隔。如图1-2-47(b)所示是考虑了功能分区和联系、分隔要求的某医院平面。

以上例子说明,建筑平面组合需要在功能分区基础上,深入分析各个房间或各个部分之间的联系、分隔要求,使平面组合更趋合理。

(3)房间的使用顺序和交通路线组织

建筑物中不同使用性质的房间或各个部分,在使用过程中通常有一定的先后顺序。例如,门诊部分中从挂号、候诊、诊疗、记账或收费到取药的各个房间;车站建筑中的问询、售票、候车、检票、进入站台上车,以及出站时由站台经过检票出站等;平面组合时要很好地考虑这些前后顺序(图1-2-48)。有些建筑物对房间的使用顺序没有严格的要求,但是也要安排好室内的人流通行面积,尽量避免不必要的往返交叉或相互干扰。

房间的使用顺序和它们的联系及分隔要求,主要通过房间位置的安排以及组织一定方式的交通路线来实现。平面组合中要考虑交通路线的分工、连接或隔离。通常联系主要出入口和主要房间的是主要交通路线,人流较少的部分(如工作人员内部使用、辅助供应等)可用次要交通联系,门厅或过厅作为交通路线连接的枢纽。如图1-2-49所示为教学楼平面,交通路线的主次分工和连接方式的分析示意。

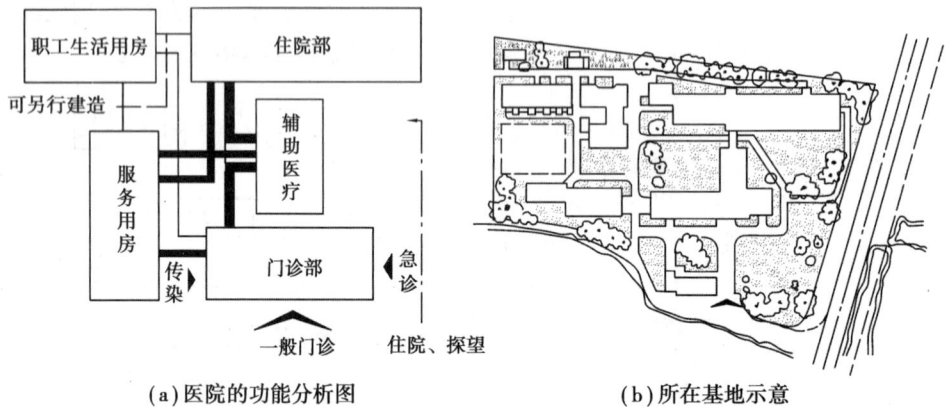

(a)医院的功能分析图　　　(b)所在基地示意

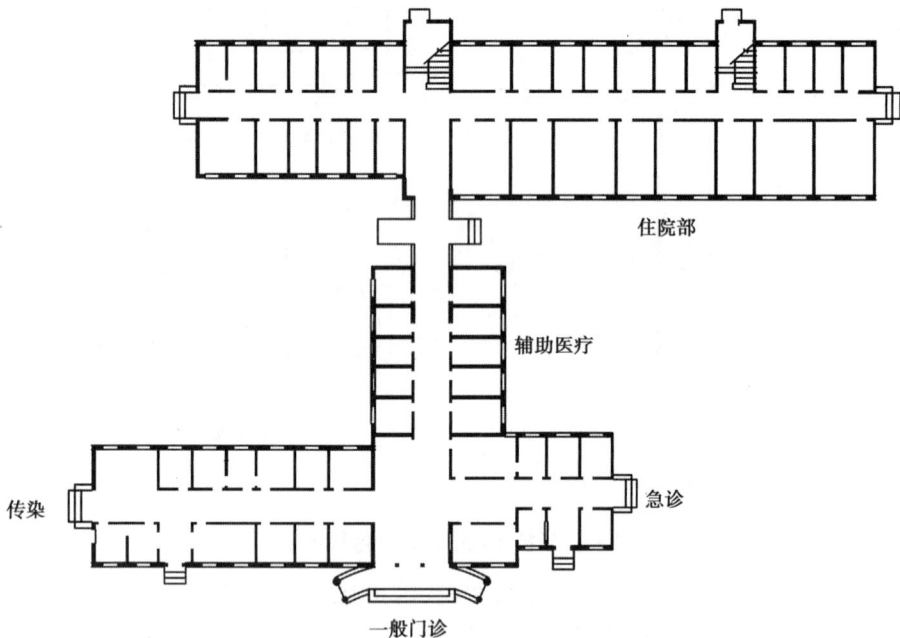

(c)医院的平面图

图1-2-47　医院建筑的功能分区和平面组合

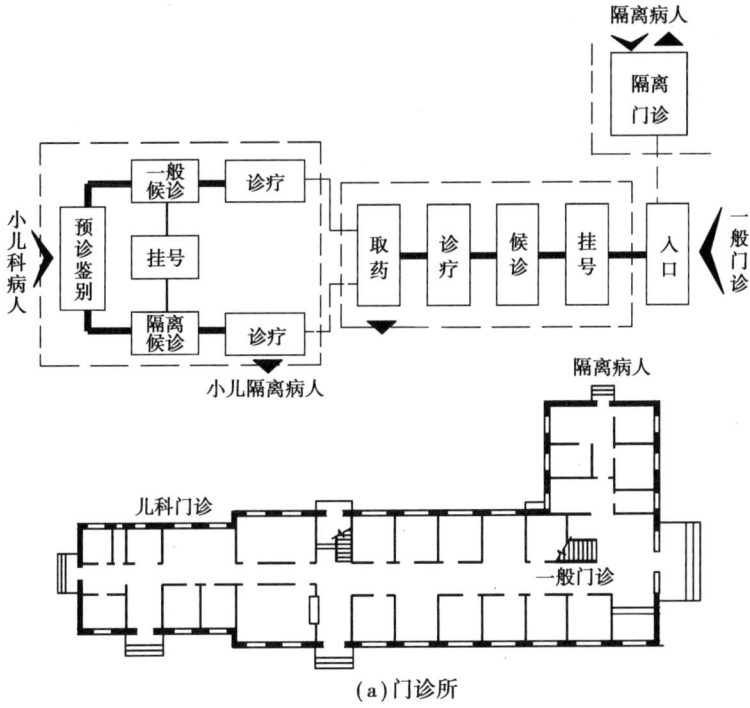

（a）门诊所

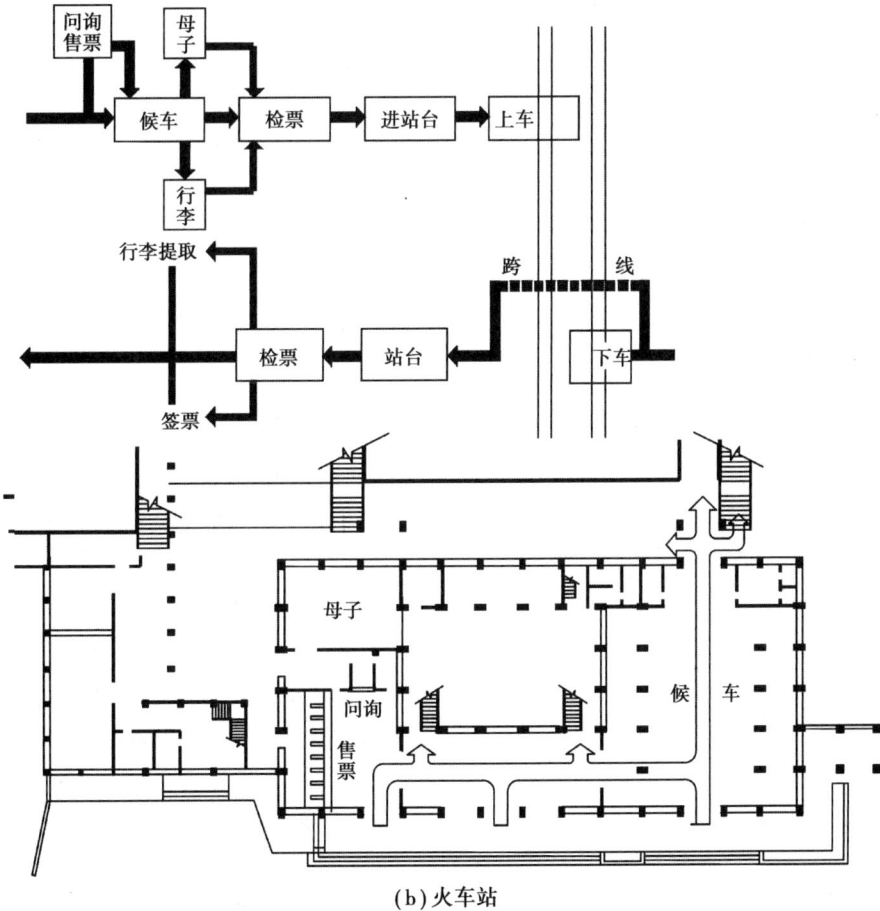

（b）火车站

图 1-2-48　平面组合中房间的使用顺序

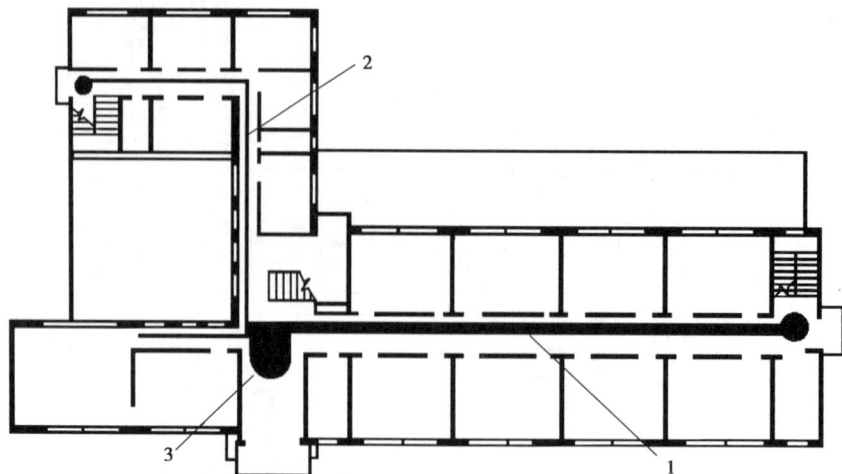

图 1-2-49　某中学教学楼平面中交通路线分析示意
1—主要交通路线;2—次要交通路线;3—起连接作用的门厅、过厅

(4)建筑平面组合的几种方式

建筑物的平面组合,是综合考虑房屋设计中内外多方面因素,反复推敲所得的结果。建筑功能分析和交通路线的组织,是形成各种平面组合方式内在的主要根据,通过功能分析初步形成的平面组合方式,大致可以归纳为以下几种:

①走廊式组合。

走廊式组合是以走廊的一侧或两侧布置房间的组合方式,房间的相互联系和房屋的内外联系主要通过走廊。走廊式组合能使各个房间不被穿越,较好地满足各个房间单独使用的要求。这种组合方式,常见于单个房间面积不大、同类房间多次重复的平面组合,如办公、学校、旅馆、宿舍等建筑类型中,主要供工作、学习或生活等使用房间的组合(图 1-2-50)。

走廊两侧布置房间的为内廊式[图 1-2-50(b)],这种组合方式平面紧凑,走廊所占面积较小,房屋进深大,节省用地,但是有一侧的房间朝向差,当走廊较长时,采光、通风条件较差,需要开设高窗或设置过厅以改善采光、通风条件。

走廊一侧布置房间的为外廊式[图 1-2-50(a)、(c)]。采用这种组合方式,房间的朝向、采光和通风都较内廊式好,但是房屋的进深较浅,辅助交通面积增大,故占地较多,相应造价增加。敞开设置的外廊,融合于气候温暖和炎热的地区,而加窗封闭的外廊由于造价较高,一般以用于疗养院、医院等医疗建筑为主。

外廊的南向或北向布置,需要结合建筑物的具体使用要求和地区气候条件来考虑。北向外廊,可以使主要使用房间的朝向、日照条件较好,但当外廊开敞时,房间的北入口冬季常受寒风侵袭。一些住宅,由于从外廊到居室内通常还有厨房、前厅等过渡部分,为保证起居室、卧室有较好的朝向和日照条件,常采用北向外廊布置[图 1-2-50(c)]。南向外廊的房屋,外廊和房间出入口处的使用条件较好,室内的日照条件稍差,南方地区的某些建筑,如学校、宿舍等,也有不少采用南向外廊的组合,这时外廊兼起遮阳的作用[图 1-2-50(a)]。

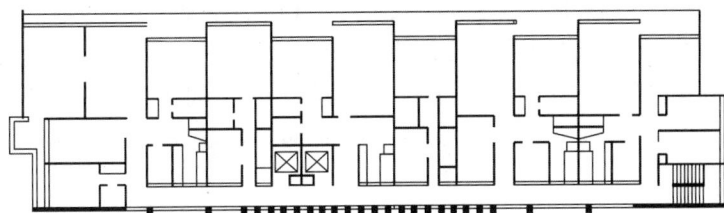

（a）北向外廊住宅

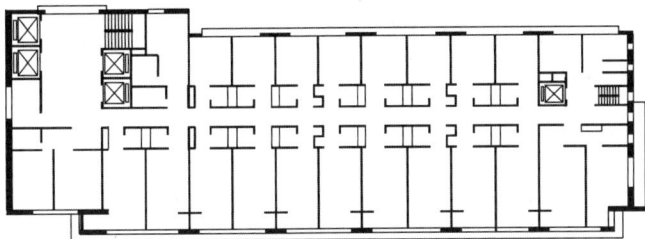

（b）内廊式旅馆

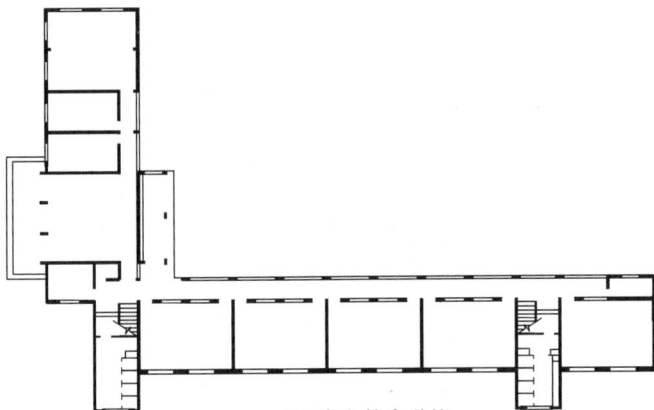

（c）南向外廊学校

图 1-2-50　走廊式平面组合

　　②套间式组合。

　　套间式组合是房间之间直接穿通的组合方式。套间式的特点是房间之间的联系最为简捷，把房屋的交通联系面积和房间的使用面积结合起来，通常是在房间的使用顺序和连续性较强，使用房间不需要单独分隔的情况下形成的组合方式，如展览馆、车站、浴室等建筑类型中主要采用套间式组合（图 1-2-51）。对于活动人数少，使用面积要求紧凑、联系简捷的住宅，在厨房、起居室、卧室之间也常采用套间布置。

　　③大厅式组合。

　　大厅式组合是在人流集中、厅内具有一定活动特点并需要较大空间时形成的组合方式。这种组合方式常以一个面积较大、活动人数较多、有一定的视听等使用特点的大厅为主，辅以其他的辅助房间，如剧院、会场、体育馆等建筑类型的平面组合（图 1-2-52）。大厅式组合中，交通路线组织问题比较突出，应使人流的通行通畅安全、导向明确。同时，合理选择覆盖和围护大厅的结构布置方式也极为重要。

　　以上 3 种建筑平面的组合方式，在各类建筑物中，结合房屋各部分功能分区的特点，也经常形成以一种结合方式为主，局部结合其他组合方式的布置，即综合式布局。随着房屋使用功能的发展和变化，平面组合的方式也会有一定的变化。例如，有的办公楼建筑为了适应房间面积大小和联系、分隔要求不断变化的需要,形成了大面积灵活隔断的统间式平面布局[图 1-2-53 (a)];一些医院的病房部分,由于医疗设备的发展和适应室内空调布置等的需要,也有采用双走廊的平面组合方式[图 1-2-53(b)],这些组合方式对节约用地也较有利。

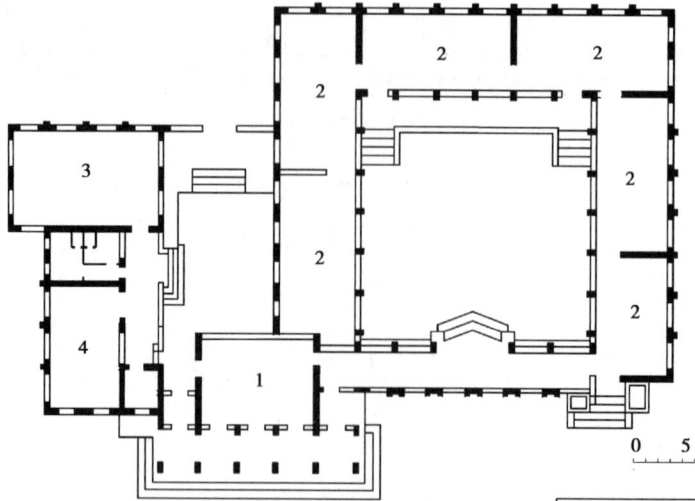

(a)套间式的展览馆

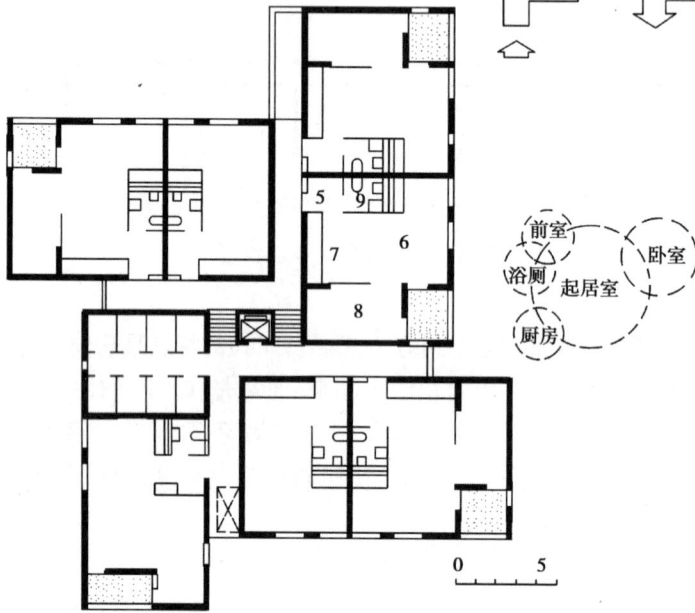

(b)住宅单元的套间布置

图 1-2-51　套间式平面组合

1—门厅;2—展览室;3—大接待室;4—小接待室;5—前室;

6—起居室;7—厨房;8—卧室;9—浴厕

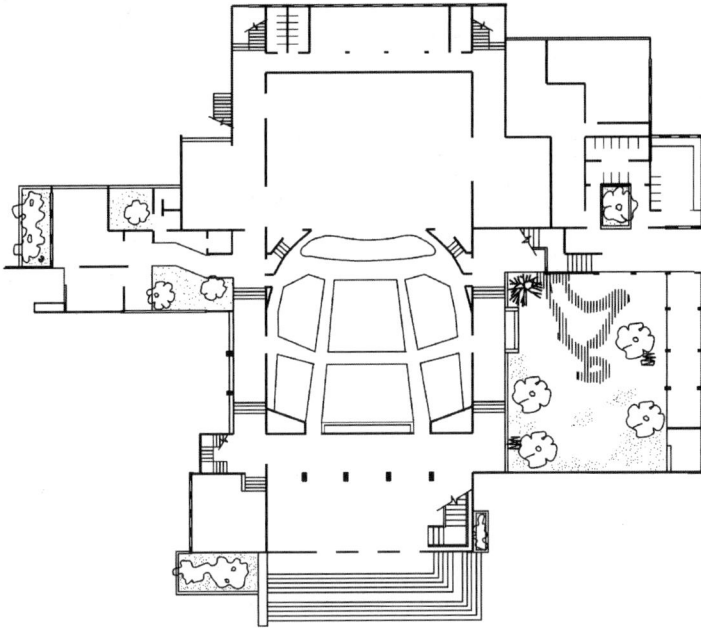

(a) 剧院平面组合

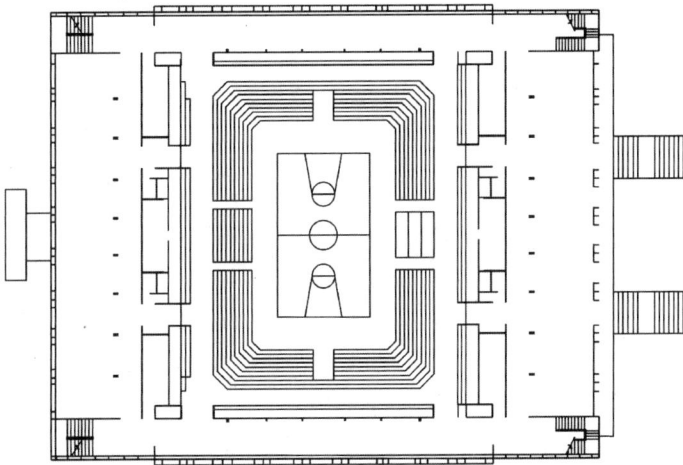

(b) 体育馆平面组合

图 1-2-52　大厅式平面组合

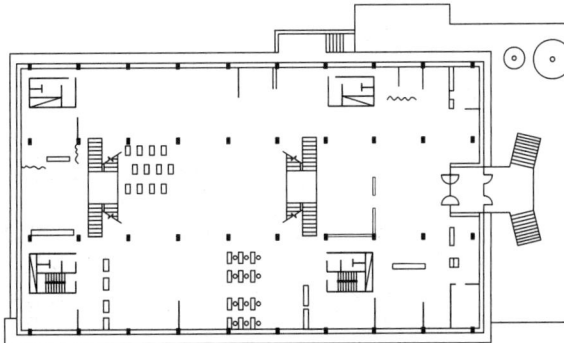

(a) 大面积灵活隔断的办公楼

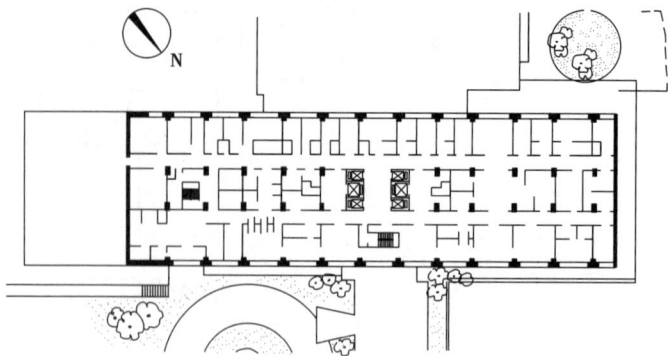

(b)医院病房的双走廊形式

图 1-2-53 几种不同的平面组合方式

④单元式组合。

单元是将建筑中性质相同、关系密切的空间组成相对独立的整体,通过垂直交通联系空间来连接各使用部分。单元式平面组合即是将各单元按一定规律组合,从而形成一种组合形式的建筑。它功能分明,布局整齐,外形统一,且有利于建筑的标准化和形式的多样化,在住宅建筑中被普遍采用(图 1-2-54、图 1-2-55),在学生宿舍、托幼建筑等设计中也经常采用。

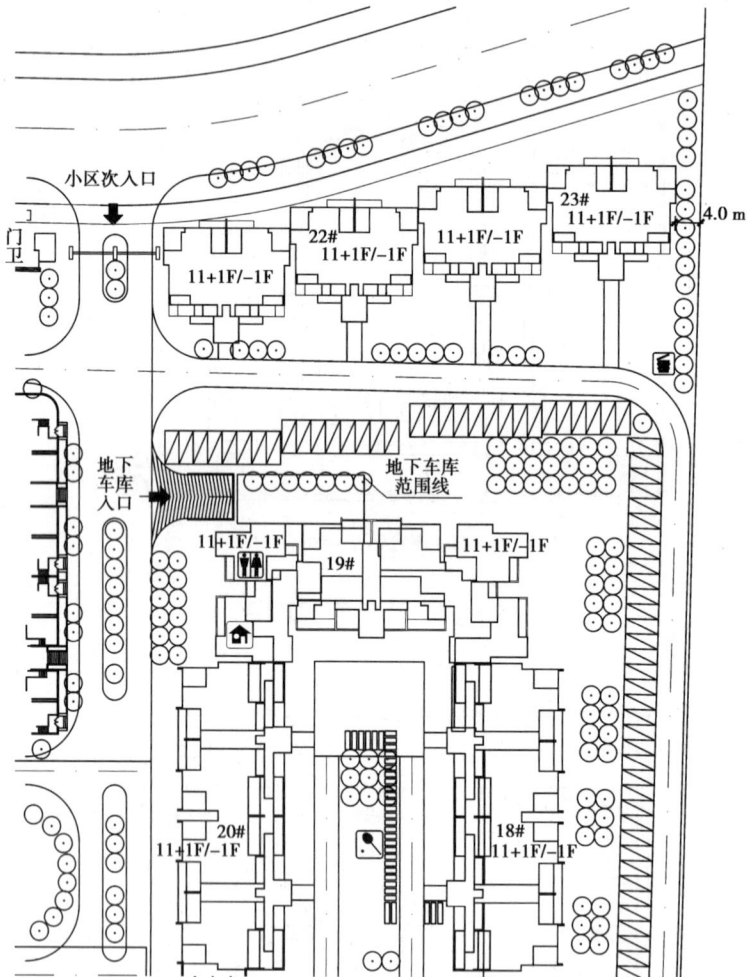

图 1-2-54 兰亭别院单元式住宅

随着时代的前进,新的组合形式将会层出不穷。在一幢建筑中有时可能同时出现几种组合方式,应根据平面设计的需要灵活选择,创造出既满足使用功能,又符合经济美观要求的建筑来。

图 1-2-55 兰亭别院单元式住宅效果图

2)建筑平面组合和结构布置的关系

根据建筑功能分析初步考虑的几种平面组合方式,由于房间面积大小、开间、进深以及组合方式的不同,相应采用的结构布置方式也不尽相同。

(1)混合结构

走廊式和套间式的平面组合,当房间面积较小,建筑物为多层(6 层以下)或低层时,通常采用石、砖等墙体承重、钢筋混凝土梁板等水平构件构成的混合结构系统,主要有以下 3 种布置方式:

①房间的开间大部分相同,开间的尺寸符合钢筋混凝土板经济跨度的时候,常采用横墙承重的结构布置[图 1-2-56(a)]。在一些房间面积较小的宿舍、门诊所和住宅建筑中采用得较多(图 1-2-57):横墙承重的结构布置,房屋的横向刚度好,各开间之间房屋的隔声效果也好,但是房间的面积大小受开间尺寸的限制,横墙中也不宜开设较大的门洞。

②房间的进深基本相同,进深的尺寸符合钢筋混凝土板的经济跨度时,常采用纵墙承重的结构布置[图 1-2-56(b)]。这种布置方式常在一些开间尺寸比较多样的办公楼,以及房间布置比较灵活的住宅建筑中采用(图 1-2-58)。纵墙承重的主要特点是平面布置时房间大小比较灵活,房屋在使用过程中,可以根据需要改变横向隔断的位置,以调整使用房间面积的大小。由于纵墙承重,房屋的横向刚度相对较弱。因此平面布置时,应在一定的间隔距离设置保证房屋横向刚度的刚性隔墙。

③当房屋的平面组合中,一部分房间的开间尺寸和另一部分房间的进深尺寸符合钢筋混凝土板的经济跨度时,房屋平面可以采用纵横墙承重的结构布置[图 1-2-56(c)]。这种布置方式,平面中房间安排比较灵活,房屋刚度相对也较好,但是由于楼板铺设的方向不同,平面形状较复杂,因此施工时比上述两种布置方式繁复。教学楼中一些开间进深都较大的教室部分,也采用有梁板等水平构件的纵横墙承重的结构布置[图 1-2-56(d)、图 1-2-59]。

墙体承重的混合结构系统,对建筑平面的要求主要有以下几项:

①房间的开间或进深基本统一,并符合钢筋混凝土板的经济跨度(非预应力板,通常为 4 m),上、下层承重墙的墙体对齐重合。

②承重墙的布置要均匀、闭合,以保证结构布置的刚性要求,较长的独立墙体,应设置墙墩以加强稳定性。

③承重墙上门窗洞口的开启应符合墙体承重的受力要求(地震区还应符合抗震要求)。

④个别面积较大的房间,应设置在房屋的顶层,或单独的附属体中,以便结构上另行处理。

(a)横墙承重

(b)纵墙承重

(c)纵横墙承重

(d)纵横墙承重(梁板布置)

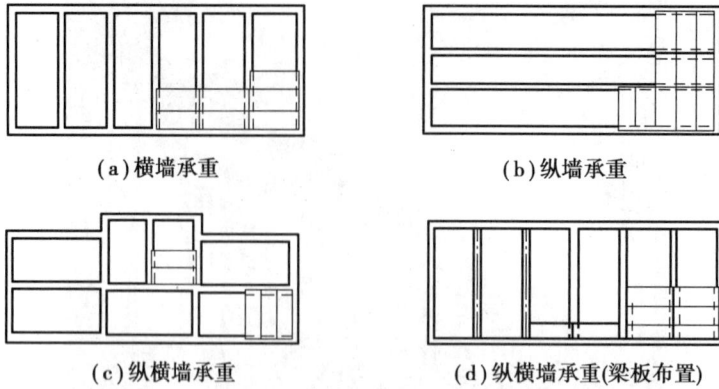

图 1-2-56　墙体承重的结构布置

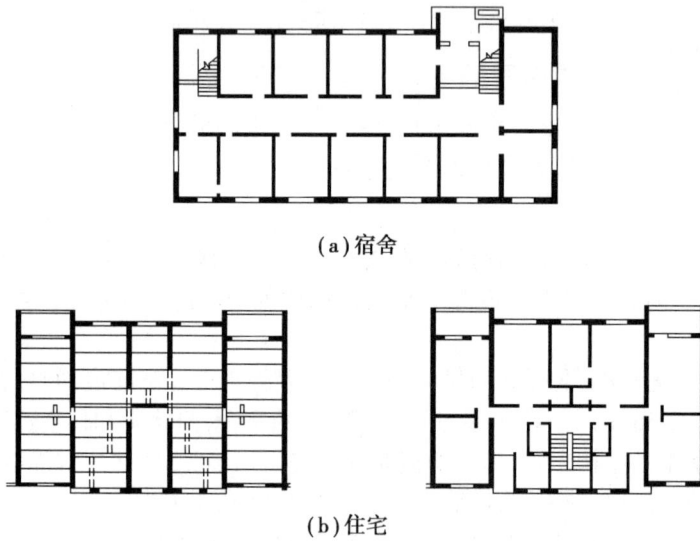

(a)宿舍

(b)住宅

图 1-2-57　横墙承重的结构布置

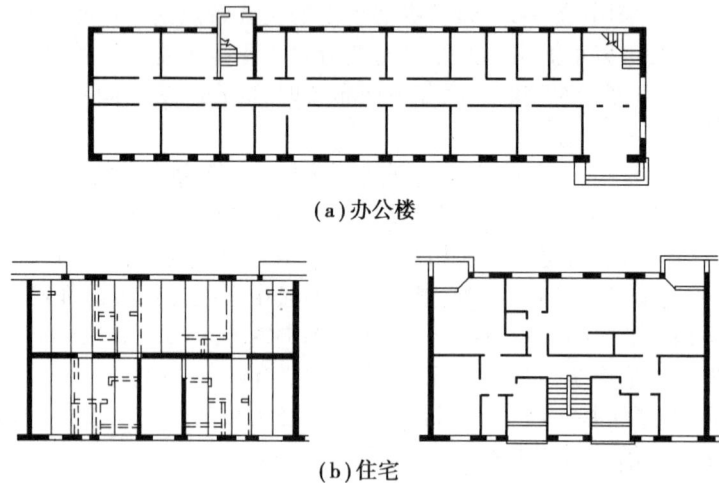

(a)办公楼

(b)住宅

图 1-2-58　纵墙承重的结构布置

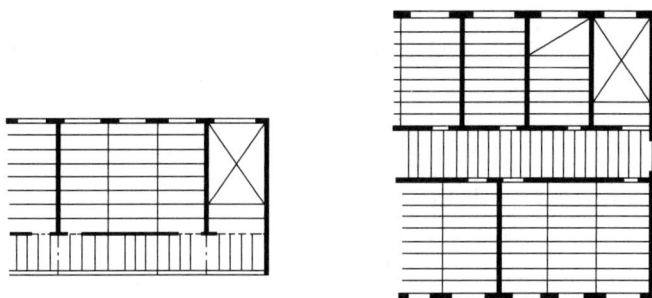

图 1-2-59　学校教学楼有梁、板的纵横墙承重结构布置

(2) 框架结构

走廊式和套间式的平面组合,当房间的面积较大、层高较高、荷载较重,或建筑物的层数较多时,通常采用钢筋混凝土或钢的框架结构。框架结构是以钢筋混凝土或钢的梁、柱联结的结构布置,常用于实验楼、大型商店、多层或高层旅馆等建筑物(图 1-2-60)。框架结构布置的特点是梁柱承重,墙体只起分隔、围护的作用,房间布置比较灵活,门窗开口的大小、形状都较自由,但钢及水泥用量大,造价比混合结构高。

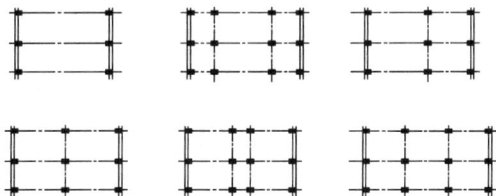

(a) 框架结构布置的几种方式

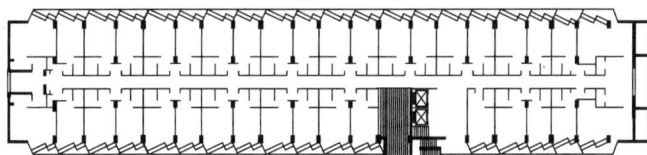

(b) 旅馆

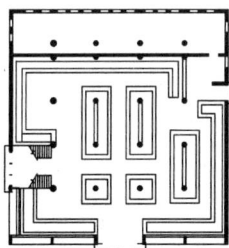

(c) 商店

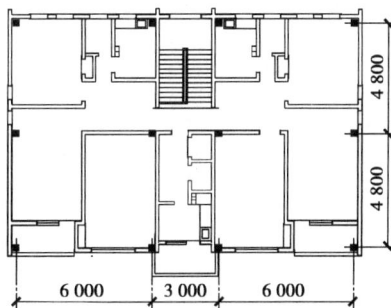

(d) 框架轻板住宅

图 1-2-60　框架结构布置

框架结构系统对建筑平面组合的要求主要有以下几项:

① 建筑体型齐整、平面组合应尽量符合柱网尺寸的规格、模数以及梁的经济跨度的要求(如采用钢筋混凝土梁板布置时,通常柱网的经济尺寸为 6 m～8 m×4 m～6 m)。

② 为保证框架结构的刚性要求,在房屋的端墙和一定的间隔距离内应设置必要的刚性墙或

梁、柱的联结,并采用刚性节点处理。

③楼梯间和电梯间在平面中应均匀布置,选择有利于加强框架结构整体刚度的位置。

(3)空间结构

大厅式平面组合中,对于面积和体量较大的厅室,覆盖和围护问题是其结构布置的关键。如剧院的观众厅、体育馆的比赛大厅等。

当大厅的跨度较小、平面为矩形时,可以采用柱(或墙墩)和屋架组成的排架结构系统(常用钢木屋架的跨度为 12 ~ 18 m,非预应力或预应力的钢筋混凝土屋架可为 12 ~ 36 m)。

当大厅的跨度较大、平面形状为矩形或其他形状时,可采用各种形式的空间结构,由于空间结构更好地发挥了材料的力学性能,因此常能取得较好的经济效果,并使建筑物的形象具有一定的表现力。空间结构系统有丰富的结构形式,如折板结构、壳体结构、网架壳体结构以及悬索结构等(图 1-2-61)。

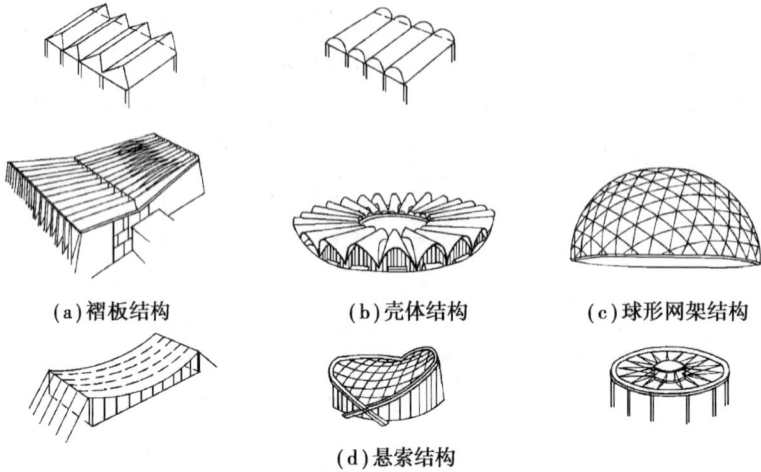

(a)褶板结构　(b)壳体结构　(c)球形网架结构

(d)悬索结构

图 1-2-61　各种空间结构系统示意

图 1-2-62(a)、(b)和(c)分别为网架结构的体育馆、体育馆内景和壳体结构的展览馆示意。

上述各种结构布置方式的选用都需要考虑建筑物的使用要求与空间造型效果。如梁板的高度、厚度和排列方式,结构的形式与其所在空间中所占的体积,对房间或整幢房屋在使用和造型方面的影响,另外还应考虑当地的施工技术条件。

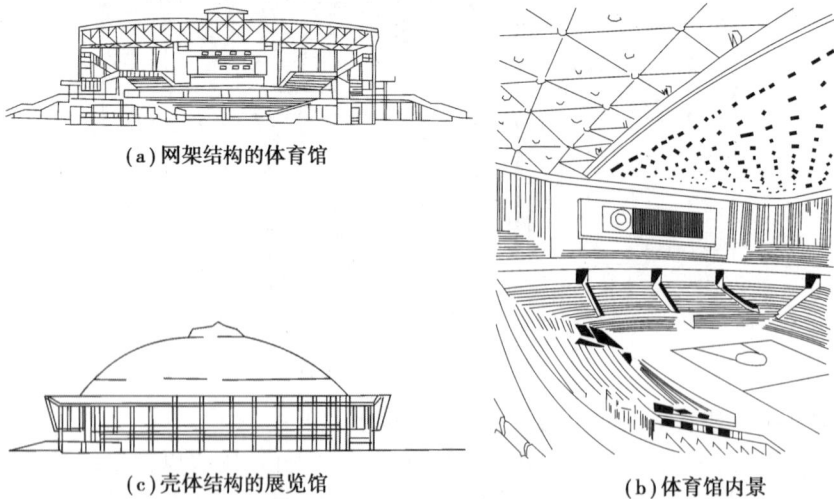

(a)网架结构的体育馆

(c)壳体结构的展览馆

(b)体育馆内景

图 1-2-62　空间结构的建筑物

建筑物的功能要求、技术经济条件和美观要求,既有主次,又是辩证统一的。虽然房屋的平面组合主要根据功能要求来考虑,但是房屋结构选型的合理性、经济性,也是影响平面组合的重要因素。房屋平面中房间的开间、进深和组合关系,也都需要根据结构布置的要求进行必要的调整和修改,才能创造出完美的建筑形象。

1.2.5　总平面设计

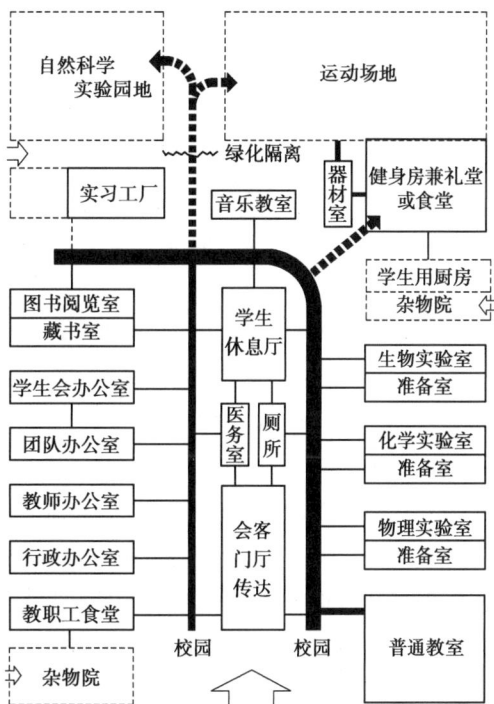

总平面设计的内容有以下几个要点:
①功能分区。
②确定各单体建筑的位置和形状。
③道路交通的布置。
④环境绿化。

1)建筑基地的功能分区与建筑基地环境

在总平面设计中,首先进行的是功能分区。在分析功能关系问题时,应当分析哪些部分需要紧密联系,哪些部分需要适当隔离,而哪些部分既要联系又要有一定的隔离,还应分析室内用房与室外场地的关系等。在深入分析的基础上,使功能分区得到合理的安排。

例如,幼儿园建筑中的卧室,应布置在相对安静的区域;而进行文体活动的音体室、活动室,则应安排在开放性强、可达性好且与室外活动场所联系密切的部位,在布局特点上往往要求开敞通透些,两者皆反映了幼儿园建筑功能要求的特点。

又如学校建筑,普通教室是主要房间,与实验室、办公室有一定的联系,而与运动场所则要隔离(图 1-2-63)。

按功能分区进行总平面设计,必须与基地环境实际条件相结合,只有这样才能得到既符合使用要求的建筑设计,又使基地总平面布置得经济合理。

例如,某基地建设一所 18 班小学,要求在基地总平面中,布置建筑,其中包括教室、办公室和多功能活动室(音乐教室兼会议厅)、运动场、传达室、室外厕所、自然科学试验用地等。基地形状不规则,地势北高南低,一侧临城市道路,为人流来往的主要方向。结合具体的基地环境条件,

图 1-2-63　学校功能分析图

分析基地大小,形状,交通流线组织,确定建筑平面位置和形状大小的示意,从图 1-2-64、图 1-2-65 中可以分析、比较出较好的方案。

方案一:将教室和办公室同跨布置,活动室布置在一端,这个方案简洁明了,施工方便,建筑面向城市道路,人流进出便捷,教室与活动室互不干扰,但教学楼朝向欠佳,占地较长,土方量大,如图 1-2-64(a)所示。

方案二:在方案一的基础上,将活动室垂直布置,虽然缩短了建筑物占地长度,但建筑物的

朝向及土方量大的问题仍未得到解决,如图1-2-64(b)所示。

方案三:为了解决建筑物朝向和减少土方量,对教学楼空间组合进行调整。产生了"口"字形方案,使主要教学用房能获得较好的朝向,占地较少,使大部分建筑与等高线基本平行,减少土方量。但同时新的矛盾产生,建筑距道路较近,校门口空间较局促,没有缓冲余地,并且厨房进货出渣的货物流线不便利。如图1-2-64(c)所示,综合以上方案优缺点,再进一步调整为方案四。

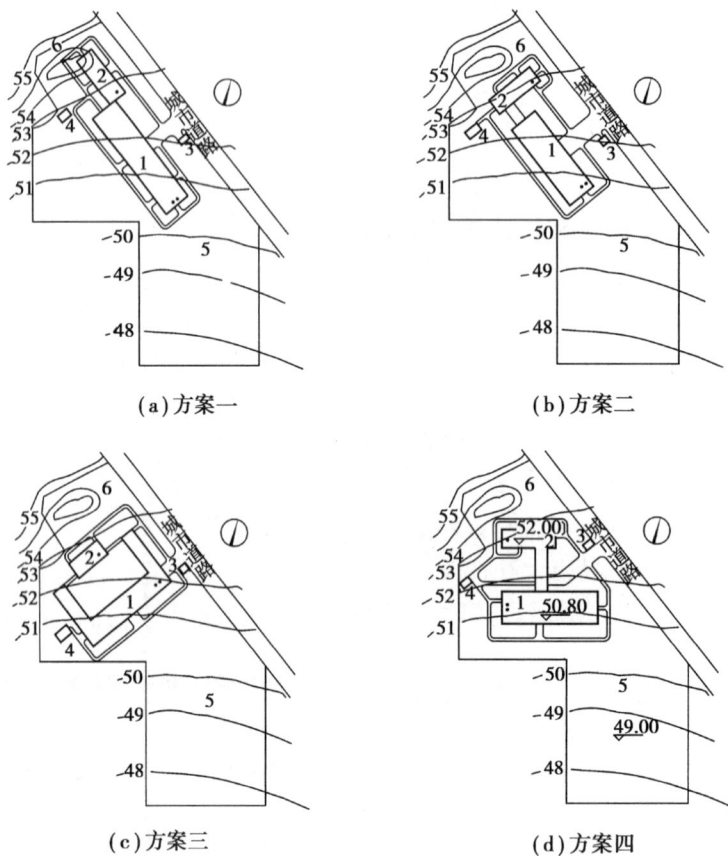

(a)方案一　　　　　　　　　　　　　(b)方案二

(c)方案三　　　　　　　　　　　　　(d)方案四

图1-2-64　18班小学校方案
1—教学楼;2—活动室;3—传达室;4—厕所;5—运动场;6—自然科学实验地

方案四:这个"工"字形方案,与上述几个方案相比较,其优点是教室及活动室均为南北向,朝向好,采光好,通风好,虽然办公用房朝向非正南北,但采用单面走道,满足使用要求,并且减少了活动室对教室的干扰,结构简单,施工方便,学校出入口处宽敞,交通流线顺畅,利于安全疏散。建筑物平行于等高线布置,减少了土方工程量,教学楼与运动场联系比较便利,如图1-2-64(d)所示。总结以上几个方案可看出,方案四为最佳方案。

从上述方案分析中可以看出,结合基地环境进行单体建筑空间组合设计,是必不可少的过程。在设计中必然存在不少的矛盾,应该在使用功能合理的基础上,紧紧抓住基地大小、形状、道路关系、朝向、地形条件,相邻建筑群体及城镇总体规划等几个关键性的问题,进行分析比较。要尽量化不利为有利,变不合理为合理,从而取得满意的总平面布置和个体建筑空间的组合设计。

2)确定各单体建筑的位置和形状

各单体建筑的形状是根据建筑的使用性质和功能来确定的,而各建筑的位置不仅应充分考虑功能分区,还应考虑其间距和朝向。

（1）间距

总平面设计时,房屋之间距离的确定,主要应考虑以下因素:

①房屋的室外使用要求,房屋周围人行或车辆通行必要的道路面积,房屋之间防止声响、视线干扰所保持的必要间距等。

②日照、通风等卫生要求:主要考虑成排房屋前后的阳光遮挡情况及通风条件。

③防火安全要求:考虑火警时保证邻近房屋安全的间隔距离,以及消防车辆的必要通行宽度如两幢一级耐火等级建筑物之间的防火间距不应小于 6 m。

④依据房屋的使用性质和规模,对拟建房屋的观瞻,室外空间要求,以及房屋周围环境绿化等所需的面积。

⑤拟建房屋施工条件的要求:房屋建造时可能要用的施工起重设备,外脚手架的位置以及新旧房屋基础之间必要的间距等。

对于走廊式或套间或长向布置的房屋,如住宅,宿舍,学校,办公楼等,成排房屋前后的日照间距通常是确定房屋间距的主要因素。因为这些房屋前后之间的日照间距,通常大于它们在室外使用、防火,或其他方面要求的间距,居住小区建筑物的用地指标主要也和日照间距有关。

a. 日照间距。日照间距是房屋之间为了保证房屋内有一定的日照时间,以满足人们卫生要求所保持的间距,日照间距的计算,一般以冬至这一天正午 12 时,正南向房屋底层房间的窗台,能被太阳照到的高度为依据,如图 1-2-65 所示。

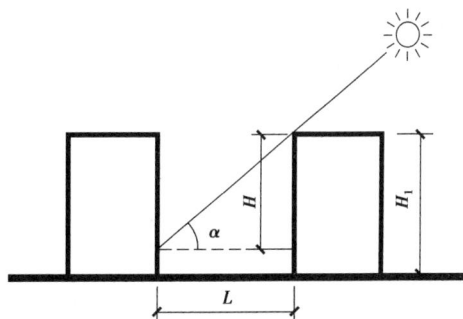

图 1-2-65 建筑物的日照间距

日照间距计算公式为:

$$L = \frac{H}{\tan \alpha}$$

式中 L——房屋间距;

H——前排房屋檐口和后排房屋底层窗台的高差;

α——冬至日正午的太阳高度角。

在实际设计工作中,一般房屋间距通常是用房屋间距 L 和前排房屋高度 H_1 的比值来控制。如 $\frac{L}{H_1}$=0.8,1.2,1.5,1.7 等。我国大部分城市日照间距为 $1H$ ~ $1.7H$。越偏南,日照间距值越小;越偏北,日照间距值越大。

b. 通风间距。为了使建筑物获得良好的自然通风,周围建筑物,尤其是前幢建筑物的阻挡和风吹的方向有密切的关系。当前幢建筑物正面迎风,如在后幢建筑迎风面窗口进风,建筑物的间距一般要求在 $4H$ ~ $5H$ 以上,从用地的经济性来讲不可能选择这样的标准作为建筑物的通风间距,因为这样大的建筑间距使建筑群非常松散,既增加道路及管线长度,也浪费了土地面积。因此,为使建筑物有合理的通风间距,使建筑物又能获得较好的自然通风,通常采取夏季主导风向同建筑物成一个角度的布局形式。通过实验证明:当风向入射角为 30° ~60°时,各排建筑迎风面窗口的通风效果比其他角度或角度为零时都显得优越。当风向入射角为 30° ~60°时,选取建筑间距为 $1:1H$、$1:1.3H$、$1:1.5H$、$1:2H$ 分别进行测试,得知 $1:1.3H$ ~ $1:1.5H$ 间距的通风效果理想。$1:1H$ 间距,中间各排建筑的通风效果较差,但 $1:2H$ 间距,中间各排建筑的通风效果提高甚微。为了节约用地而又能获得较为理想的自然通风效果,建议呈并列布置的建筑群,其迎风面最好同夏季主导风向成 60°～30° 的角度,这时建筑的通风间距取 1:1.3H～1:1.5H 为宜。

c. 防火间距。确定建筑间距时,除应满足日照、通风要求外也必须满足防火要求。防火间距根据我《建筑设计防火规范(2018 年版)》(GB 50016—2014)要求选定,详见表 1-2-8。

表 1-2-8　民用建筑之间的防火间距　　　　　　　　　　　　单位:m

建筑类别		高层民用建筑	楼房和其他民用建筑		
		一、二级	一、二级	三级	四级
高层民用建筑	一、二级	13	9	11	14
裙房和其他民用建筑	一、二级	9	6	7	9
	三级	11	7	8	10
	四级	14	9	10	12

注:①相邻两座单、多层建筑,当相邻外墙为不燃性墙体且无外露的可燃性屋檐,每面外墙上无防火保护的门、窗、洞口不正对开设且该门、窗、洞口的面积之和不大于外墙面积的 5% 时,其防火间距可按本表的规定减少 25%。
②两座建筑相邻较高的一面外墙为防火墙,或高出相邻较低一座一、二级耐火等级建筑的屋面 15 m 及以下范围内的外墙为防火墙时,其防火间距不限。
③相邻两座高度相同的一、二级耐火等级建筑中相邻一侧外墙为防火墙,屋顶的耐火极限不低于 1.00 h 时,其防火间距不限。
④相邻两座建筑中较低一座建筑的耐火等级不低于二级,相邻较低一面外墙为防火墙且屋顶无天窗,屋顶的耐火极限不低于 1.00 h 时,其防火间距不应小于 3.5 m;对于高层建筑不应小于 4 m。
⑤相邻两座建筑中较低一座建筑的耐火等级不低于二级且屋顶无天窗,相邻较高一面外墙高出较低一座建筑的屋面 15 m 及以下范围内的开口部位设置甲级防火门、窗,或设置符合现行国家标准《自动喷水灭火器系统设计规范》(GB 50084—2017)规定的防火分隔水幕或本规范第 6.5.3 条规定的防火卷帘时,其防火间距不应小于 3.5 m;对于高层建筑不应小于 4 m。
⑥相邻建筑通过连廊、天桥或底部的建筑物等连接时,其间距不应小于本表的规定。
⑦耐火等级低于四级的既有建筑,其耐火等级可按四级确定。

高层建筑之间的防火间距最小为 13 m,高层建筑与另一高层建筑的裙房之间的最小防火间距为 9 m,两高层建筑裙房间的最小防火间距为 6 m。

根据上述日照、通风、防火等综合的要求,建筑物间距一般采用 1:1.5H。但由于各类建筑所处的周围环境不同,各类建筑布置形式及要求的不同,建筑间距略有不同。如中小学校由于教学特点,教学用房的主要采光面距离相邻房屋的间距最少不小于相邻房屋高度的 2.5 倍,但也不应小于 12 m。凵及凵形式的房屋两侧翼间距不小于挡光面房屋高度的 2 倍,也不应小于 12 m。又如医院建筑,由于医疗的特殊要求,在总平面布局中,在阳光射入方向如有建筑物,其距离应为该建筑物高度的 2 倍以上。1～2 层的病房建筑,每两栋间距为 25 m 左右,3～4 层的病房建筑,每两栋间距为 30 m 左右,传染病的建筑间距为 40 m 左右。因此在总平面设计时,要合理地选择建筑间距,既满足建筑的功能要求,又要考虑节约用地减少工程费用。

(2)朝向

建筑物主要出入口或临主干道一侧所在墙面所面对的方向为建筑物的朝向;对一个房间而言,房间主要开窗面所对的方向为房间的朝向。

建筑物朝向的确定是指建筑物主要立面所在面垂直方向与指北针的夹角,建筑物朝向主要由日辐射强度、当地主导风向、建筑物内部主要房间的使用要求和周围道路环境等因素来确定。

人们总希望建筑物能达到冬暖夏凉的要求,在我国,南向或南向稍带偏角的建筑最受人们欢迎。根据太阳在一年中的运行规律,夏季太阳的高度角大,冬季则较小。南向的房屋因夏季太阳的高度角大,从南向窗户照射到室内的阳光较少;反之,冬季南向射进的阳光较多。这就容易做到冬暖夏凉的要求(图1-2-66)。

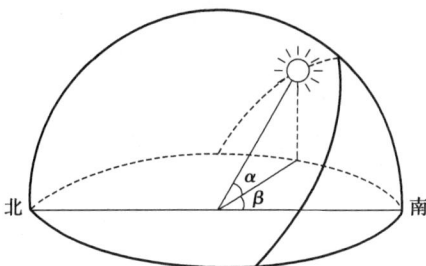

图1-2-66　某地冬至太阳运行轨迹
α—太阳高度角;β—太阳方位角

设计时不可能把房屋都安排在南向,当建筑的主要房间布置在一侧时,我国南方地区,适宜的朝向范围为南偏西15°到南偏东30°的范围。当建筑物两侧都布置主要房间时,应综合考虑建筑物日照状况,选用最佳朝向可以减小西向房间强烈的西晒。

在确定朝向时,当地夏季或冬季的主导风向也不容忽视;对人流集中的公共建筑,房屋朝向,主要应考虑人流走向,道路位置和邻近建筑的关系;对于风景区建筑,则应以创造优美的景观作为考虑朝向的主要因素。因此,合理的建筑朝向还应考虑建筑物的性质,基地环境等因素。

3)道路交通的布置

整个建筑基地的道路交通布置,要满足人、车的通行宽度要求和安全要求。

①通行宽度要求:小区内干道应设为8 m宽双车道,支道应设为单车道4 m宽。

②安全要求包括:道路最小转弯半径要满足消防车能够通过,道路边沿距建筑最小为2 m等,详细资料可从建筑设计资料集及相应设计规范中查到。

4)环境绿化

绿化可以改善环境气候和环境质量,因此,在群体组合中应根据建筑群的性质和要求进行绿化设计,选择合理的树种、树型,恰当地配置季节花卉和草坪。绿化设计的重要指标是绿化率,它是绿化用地面积与总用地面积的比率,新区规划的绿地率要求达到35%以上。

美化环境是有意识地利用建筑小品(如亭、廊、花窗景门、坐凳、庭院灯、小桥流水、喷泉、雕塑等)来装饰建筑空间,这些是建筑外部空间设计不可缺少的艺术加工部分。

【学习笔记】

_____

_____

_____

_____

_____

【关键词】

平面设计　使用房间　辅助房间　交通联系部分　组合方式

【测试】

一、单项选择题

1.住宅建筑使用房间不包括(　　　)。

A.卧室　　　　　　B.客厅　　　　　　C.卫生间　　　　　　D.书房

2.平面设计中房间的内部面积不包括(　　　)。

A.家具或设备所占用的面积　　　　　B.人体活动面积

C.墙体占用面积　　　　　　　　　　D.交通面积

3.中小学普通教室的面积一般按每生(　　　)m² 设计。

A.≥6　　　　B.1.0　　　　C.2.1　　　　D.1.39

4.一般使用房间门的宽度常设计为(　　　)mm。

A.700　　　　B.800　　　　C.900　　　　D.600

5.多层教学楼袋形走道尽端房间门到楼梯间或外门的最大距离是(　　　)m。

A.35　　　　B.40　　　　C.25　　　　D.22

6.办公楼建筑中男女卫生间蹲位设备个数应按(　　　)人/个设计。

A.50、30　　　　B.20、12　　　　C.40、13　　　　D.75、50

7.教学楼内走道宽度应按不低于(　　　)mm 为主要代表。

A.1 200　　　　B.1 500　　　　C.1 800　　　　D.2 400

F.3 000

二、多项选择题

1.居住、办公建筑的主要房间包括(　　　)。

A.卧室　　　　B.客厅　　　　C.卫生间　　　　D.办公室

E.会议室　　　　F.茶水间　　　　G.储藏室

2.平面设计中的交通联系部分包括(　　　)。

A.走道　　　　B.门厅　　　　C.过厅　　　　D.楼梯间

E.电梯间　　　　F.卫生间

3.建筑平面组合方式包括(　　　)。

A.走廊式　　　　B.单元式　　　　C.错层式　　　　D.大厅式

E.套间式　　　　F.跃层式

4.总平面设计的要点包括(　　　)。

A.建筑形象　　　　B.功能分区　　　　C.单体建筑的定位　　　　D.道路交通的设计

E.环境绿化设计

5.总平面设计中,两栋房屋之间的间距应考虑以下因素(　　　)。

A.日照间距　　　　B.消防间距　　　　C.通风间距　　　　D.红线间距

E.朝向间距

6.门在房间平面设计中主要应考虑(　　　)。

A.门的宽度　　　　B.门的高度　　　　C.门的开启方式　　　　D.门的数量

E.门的位置

三、判断题

1.房间的窗地面积比是指窗洞口透光部分的面积和房间地面面积的比。　　　(　　)

2.建筑中满足主要使用功能的房间称为主要房间。　　　(　　)

3.房间的主次、内外关系,主要是指房间的使用顺序。　　　(　　)

4.走廊式组合的特点是使各个房间不被穿越,较好地满足各个房间单独使用的要求。　　　(　　)

5.大厅式平面组合非常适用于住宅建筑。　　　(　　)

6.单元式平面组合可以根据地形将各单元按并列、前后、高低错开等形式布置,有利于建筑的标准化和形式的多样化,因此在住宅建筑中普遍采用。　　　(　　)

【想一想】下图是什么平面组合方式? 主要使用房间是什么? 辅助房间有哪些?

【做一做】根据学生所在学校宿舍,测量学生居住寝室的平面尺寸,并用 1 : 50 的比例在 A3 图纸上绘制其建筑平面图,并按制图标准要求进行标注。

任务 1.3　建筑剖面设计

建筑剖面设计是建筑设计的重要组成部分,其主要目的是根据建筑功能要求、规模大小以及环境条件等因素确定建筑各组成部分在垂直方向上的布置。它与立面设计、平面设计有直接的联系,相互制约、相互影响。建筑设计中的一些问题需要平、剖、立面结合在一起考虑才能具体解决,如平面设计中房间的面积大小、开间、进深、梁的尺寸等将直接影响建筑层高的确定。在单个房间平面与平面组合设计中,必须同时考虑房间的剖面形状及组合后竖向各部分空间的特点等。因此,在剖面设计中,必须同时考虑其他设计要素,才能使设计更加完善、合理。

1.3.1 房间的高度和剖面形状的确定

建筑剖面设计的内容主要包括建筑物各部分房间的高度、建筑层数、建筑空间的组合和利用、建筑的结构和构造关系等。建筑剖面设计与房屋的使用、造价以及节约用地等均有密切的关系。进行剖面设计时,应联系建筑平面和立面全盘考虑,不断调整、修改,经过反复深入的推敲,使设计更合理。例如,在进行楼梯设计时,楼梯间的梯段长度是和层高、楼梯坡度的大小直接有关的。如图 1-3-1(a)所示,当楼梯坡度不变时,层高越高,楼梯就越长,从而楼梯间的进深就越大;如图 1-3-1(b)所示,当层高不变时,坡度越小,梯段就越长,所需楼梯间的进深就越大。

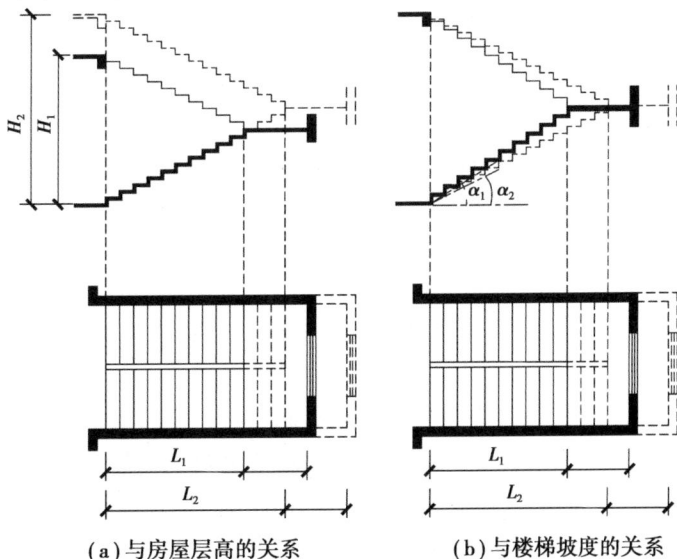

(a)与房屋层高的关系　　　(b)与楼梯坡度的关系

图 1-3-1　楼梯间的梯段长度与层高、梯段坡度的关系

1.3.1　房屋各部分高度的确定

1)房间的高度和剖面形状的确定

房间剖面的设计,首先要确定室内的净高。

净高是指房间内楼地面到该房间顶棚或其他构件底面的高度,层高则是指本层楼地面至上层楼面的垂直距离,即该层房间的净高加上楼板层的结构厚度,如图 1-3-2 所示。房间高度恰当与否将直接影响房间的使用和空间效果。由于房间使用要求各不相同,面积大小各异,因而对高度的要求也不一样。室内净高和房间剖面形状的确定,主要应考虑以下几个方面的问题:

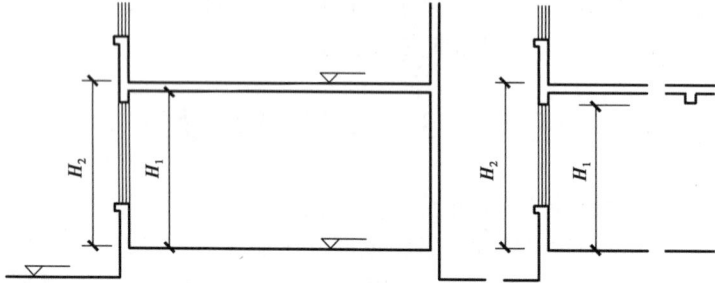

图 1-3-2　房间的净高 H_1 和层高 H_2

(1)房间的使用活动性质及家具设备的要求

房间的高度与人体的高度有很大的关系,通常房间设计的最小高度可根据人进室内不致触到顶棚为宜,故房间的净高不宜低于 2.2 m[图 1-3-3(a)]。对于一些面积不大又无特殊使用要求的生活用房,如住宅的客厅、卧室等,由于室内人数少,房间面积小,从人体活动的尺度和家具布置等方面考虑,其室内净高可以低一些,一般为 2.4~2.9 m[图 1-3-3(b)];宿舍的寝室也属生活用房,但由于室内人数比住宅的卧室稍多,又考虑到可能设置双层床,故房间的净高应比住宅的卧室稍高,一般为 3.0~3.3 m[图 1-3-3(c)]。学校的教室等学习用房,由于室内人数较多,房间面积更大,根据房间的使用性质和卫生要求,其房间的净高也应更高一些[图 1-3-3(d)]。《住宅设计规范》(GB 50096—2011)明确规定,住宅层高宜在 2.8 m,并应保证各房间室内净高,其中卧室、起居室的室内净高不低于 2.4 m,其室内梁底或吊柜底局部净高不低于 2.1 m 且面积不得超过该房间室内空间的1/3,利用坡屋顶内室空间作卧室或起居室时,其1/2面积的室内净高不应低于 2.1 m;厨房、卫生间的室内净高则不应低于 2.2 m。

剖面形状的确定也应基于房间的使用要求,同时充分考虑家具设备的布置。矩形的剖面简单、规整、便于竖向空间的组合,容易获得简洁而完整的体型,同时结构简单、施工简便,因而为大多数房间所采用。但对一些室内人数较多、面积较大且具有视听等使用活动特点的房间,如学校阶梯教室、电影院、剧院观众厅、体育馆等,这些房间的高度和剖面形状,则需要综合许多方面的因素才能确定。

例如,有视线要求的房间,对室内地坪的剖面形状就有一定的要求,为了保证有良好的视线质量,即从人们的眼睛到观看对象之间没有遮挡,就需要进行视线设计,使室内地坪按一定的坡度变化升起(图 1-3-4)。地面的升起坡度主要与设计视点的位置及视线升高值有关,第一排座位的位置、排距等对地面的升起坡度也有影响。

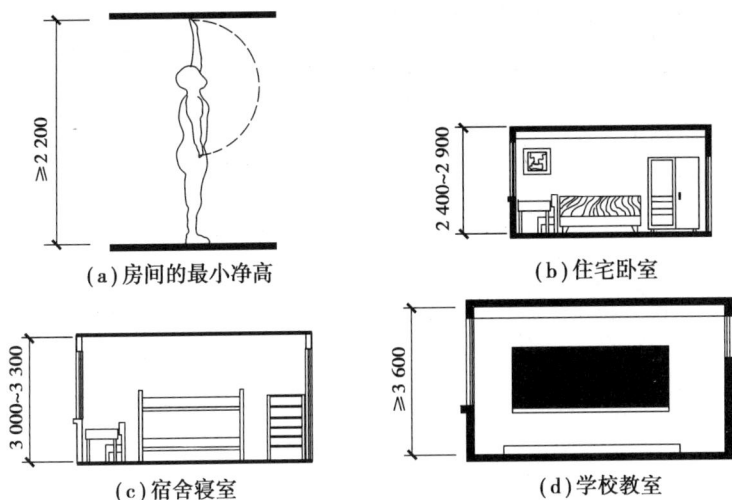

(a)房间的最小净高　(b)住宅卧室
(c)宿舍寝室　(d)学校教室

图1-3-3　房间的使用要求和其净高的关系

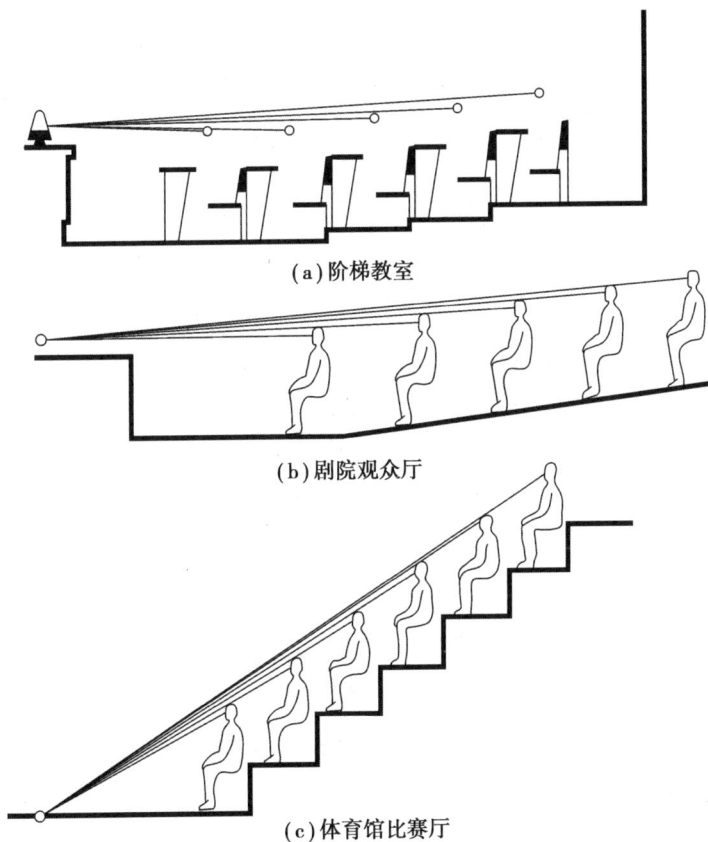

(a)阶梯教室

(b)剧院观众厅

(c)体育馆比赛厅

图1-3-4　视线对室内地坪坡度的要求(续)

又如,有音质要求的房间就对天棚的剖面形状有一定要求,应尽量避免采用凹曲面和拱顶,使声音能均匀反射,从而获得较好的音质效果(图1-3-5)。

除上述视线和音质方面的要求对房间剖面设计产生影响外,如体育活动、电影放映等其他使用特点也会对房间的高度、体积和剖面形状有一定影响。如图1-3-6(a)所示为游泳跳水厅的剖面情况,图中把跳水台上空局部提高以满足跳水比赛要求;如图1-3-6(b)所示为电影院观众厅的剖面情况,提高放映室是为了满足放映要求。

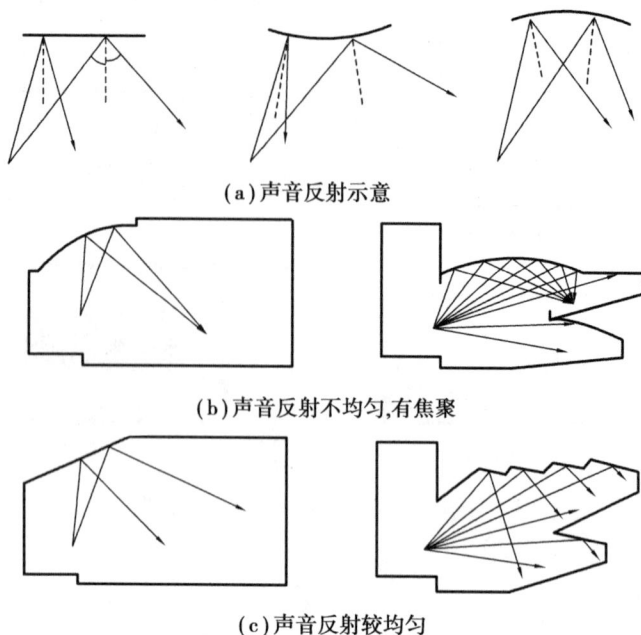

(a)声音反射示意

(b)声音反射不均匀,有焦聚

(c)声音反射较均匀

图 1-3-5　音质要求和剖面形状的关系

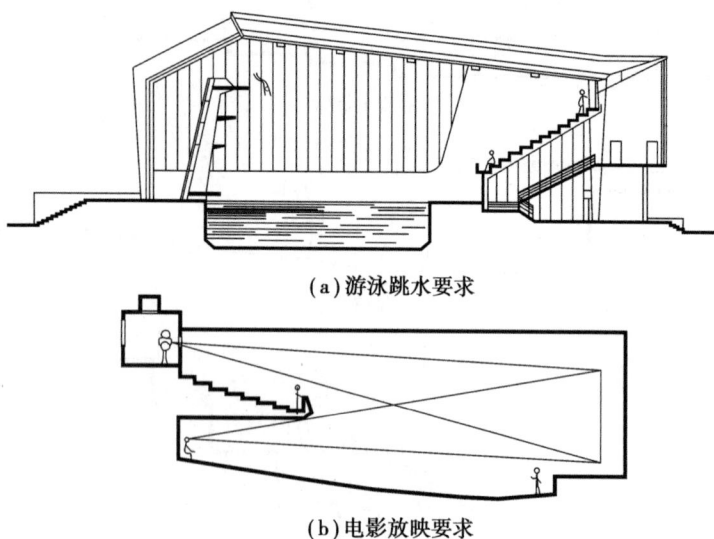

(a)游泳跳水要求

(b)电影放映要求

图 1-3-6　房间使用活动特点和剖面形状的关系

(2)采光、通风的要求

采光的主要参数为照度。照度是指单位面积上所接受可见光的能量,即物体被照亮的程度,单位为勒克斯(lx 或 lux)。室内天然光线的强弱和照度是否均匀,除与平面图中位置及宽度有关外,还与窗的高低有关。窗上口的高度与房间的进深大小关系很大,进深越大,窗上口距楼地面的距离就越高,从而房间的净高也应高一些,这样才能保证室内远离窗的地方有充足的光线。当房间采用单面采光时,通常窗上口距地面的高度应大于房间进深长度的一半[图 1-3-7(a)];当房间进深大于 8 m 时,如有可能最好采用双面采光。当房间为双面采光时,则窗上口距离楼地面的高度应大于房间进深长度的1/4[图 1-3-7(b)]。采用双面采光,一方面高度仅为进深的四分之一;另一方面,双面采光的照度[图1-3-7(d)]比单面采光的照度[图1-3-7(c)]更均匀。

为了避免在房间顶部出现暗角,窗上沿到房间顶棚的距离,宜尽可能留得小一些,但更应考虑房屋的结构和构造要求,即满足窗过梁或圈梁的必要尺寸。

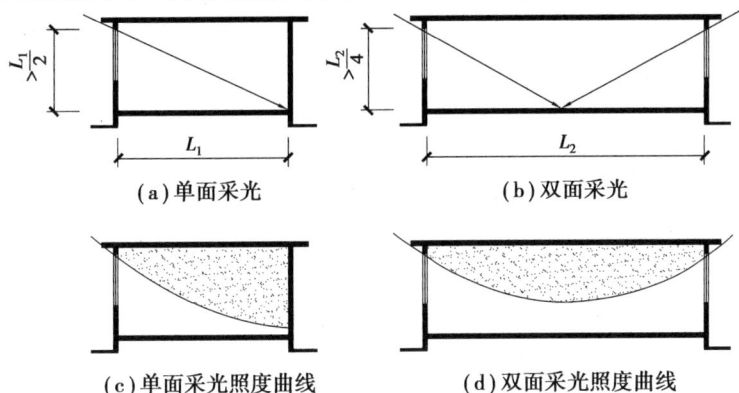

(a)单面采光　　　　　　　　　　(b)双面采光

(c)单面采光照度曲线　　　　　　(d)双面采光照度曲线

图1-3-7　采光要求的房间高度与进深的关系

至于窗台的高度则主要根据室内的使用性质、人体尺度、家具和设备等因素来确定。一般民用建筑中的生活和学习用房,窗台宜高出桌面100~150 mm(图1-3-8),故窗台的高度常采用900~1 000 mm。幼儿园建筑应结合儿童尺度进行设计,其窗台高度常采用600~700 mm。而一些疗养和风景区建筑,为便于观赏室外景色,常降低窗台高度或做成落地窗,凡窗台低于900 mm高的情况,为安全起见,必须设置有效的防护措施。

对单层房屋中进深较大的房间,为改善室内采光条件,常在屋顶设置各种形式的天窗,使房间的剖面形状具有明显的特点。如大型展览厅、室内游泳池等建筑物,都常以天窗的顶光,或顶光和侧光相结合的布置方式来提高室内采光质量(图1-3-9)。如图1-3-10所示为各种天窗的剖面形状。

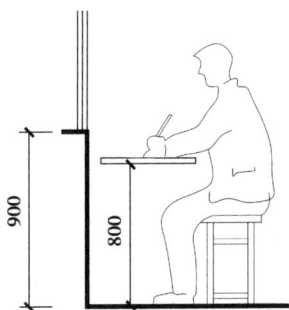

图1-3-8　窗台高度与人体、家具的关系

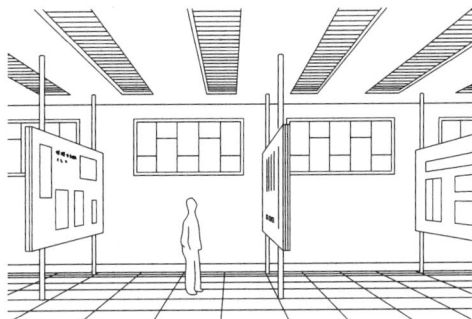

图1-3-9　展览厅的天窗和高窗

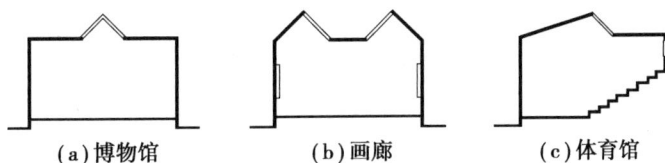

(a)博物馆　　　　　　(b)画廊　　　　　　(c)体育馆

图1-3-10　天窗的各种剖面形状

房间的通风要求、室内进出风口在剖面上的高低位置,也对房间的净高有一定的影响。温湿和炎热地区的民用房屋,利用空气的气压差对室内组织穿堂风,如在室内墙上开设高窗,或在

门上设置亮子,使气流通过内外墙的窗户组织室内通风[图 1-3-11(a)]。南方地区的一些商店,也常在营业厅外墙橱窗上下的墙面部分,加设通风铁栅和玻璃百叶的进出风口以组织室内通风,从而改善营业厅的通风和采光条件[图 1-3-11(b)]。

一些房间,如食堂的厨房,其室内高度考虑到操作时应能尽快地将大量蒸汽和热量排出室外,故这些房间的顶部常采用设置气楼的方式来解决通风问题。如图 1-3-12 所示是设有气楼的厨房剖面形状和通风排气情况。

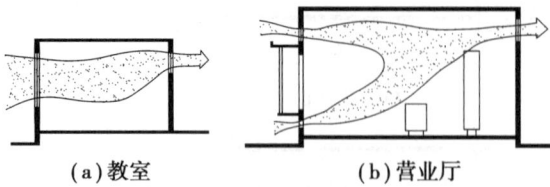

(a)教室　　　　(b)营业厅

图 1-3-11　房屋剖面中的通风情况

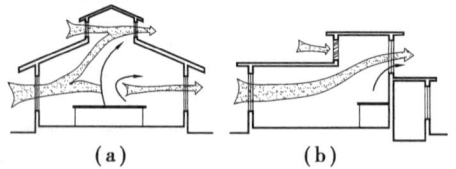

(a)　　　　(b)

图 1-3-12　设有气楼的厨房剖面及通风排气情况

(3)结构类型的要求

在建筑平面设计中,介绍了根据房间的面积大小、跨度大小以及平面形状等因素,并结合各种结构体系经济合理的跨度尺寸和布置要求,初步分析了平面组合和结构布置的关系。不同的结构类型,不但对平面设计有影响,对房间的剖面设计也有影响。在房间的剖面设计中,梁、板等结构构件的厚度,墙、柱等构件的稳定性,以及空间结构的形状、高度等对剖面设计都有很多的影响。

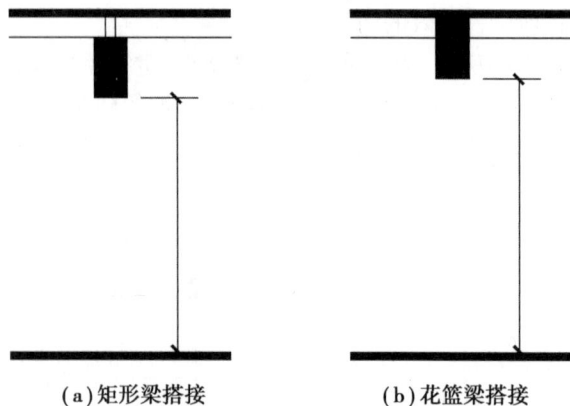

(a)矩形梁搭接　　　　(b)花篮梁搭接

图 1-3-13　梁、板的搭接方式对房间净高的影响

在砖混结构中,钢筋混凝土梁的高度通常为跨度的 1/12 左右,其梁的断面形状对房间的净高有一定影响。例如,在预制梁、板的搭接处,当采用矩形断面的梁时,由于梁底下凸较多,楼板层结构厚度就较大,这就就降低了房间的净高[图 1-3-13(a)]。如改用花篮梁的梁板搭接方式,其楼板结构层的厚度就相应减小,在跨度、层高不变的情况下,就提高了房间的净高[图 1-3-13(b)]。在墙体设计时,承重墙由于受墙体稳定的高厚比要求,当墙厚不变时,其房间的高度就受到一定的限制。

在框架结构中,由于改善了构件的受力性能,能适应空间高度较高要求的房间,但此时也要考虑柱子断面尺寸和高度之间的细长比要求。

空间结构是另一种结构体系,它的高度和剖面形状多种多样,往往用于当房间的跨度很大(一般为 35 m 以上)时,如大型体育馆的比赛大厅,其跨度可达 100 m 以上。例如,我国的首都体育馆比赛大厅平面为 99 m×112.2 m,上海体育馆比赛大厅为圆形,平面直径达 110 m,要覆盖这样大的空间,如果仍采用桁梁,其结构相当复杂,材料用量很大,且外形很不美观,因此宜选用空间结构体系,如壳体、悬索、网架等结构形式。选用空间结构时,应尽可能和室内使用活动特点所要求的剖面形状结合起来。如图 1-3-14(a)所示为薄壳结构的体育馆比赛大厅,设计时考虑了球类活动和观众看台所需的不同高度;如图 1-3-14(b)所示为悬索结构的电影院观众厅,将电影放映、银幕、楼座部分的不同高度要求和悬索结构形成的剖面形状结合了起来。

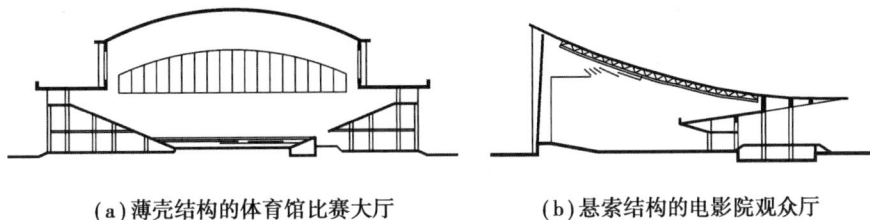

| (a)薄壳结构的体育馆比赛大厅 | (b)悬索结构的电影院观众厅 |

图 1-3-14　剖面中结构选型和使用活动特点的结合

(4)设备设置的要求

在民用建筑中,对房间高度有一定影响的设备布置主要有顶棚部分的嵌入或悬吊的灯具、顶棚内外的一些空调管道以及其他设备所占有的空间位置。如图 1-3-15 所示为具有下悬式无影灯时,医院手术室内必要的净高;如图 1-3-16(a)所示为电视演播室顶棚部分的送风、回风管道以及天桥等设备所占有的空间位置示意;如图 1-3-16(b)所示为剧院观众厅中的灯光要求和舞台吊景设备等所需要的观众厅和舞台厢的高度以及它们的剖面形状。

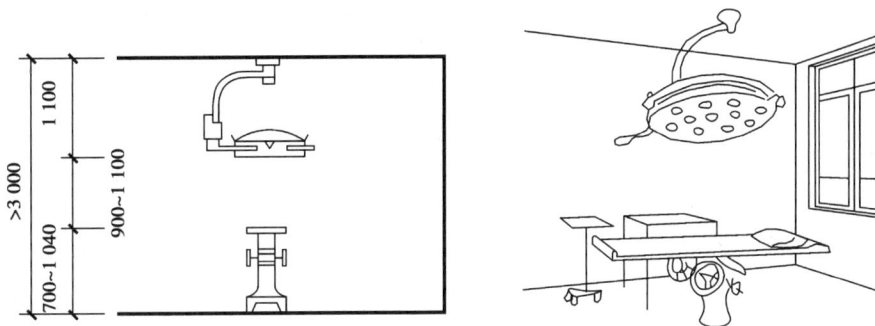

图 1-3-15　医院手术室中照明设备和房间净高的关系

(a)电视演播室

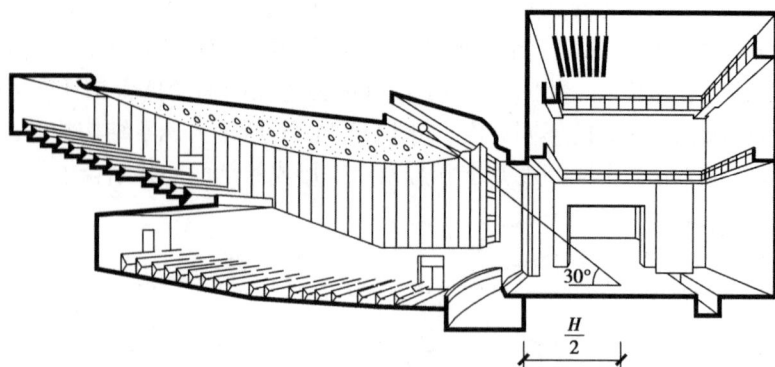

（b）剧院的观众厅及舞台厢

图 1-3-16　照明、空调等设备布置对房间高度和剖面形状的影响

（5）室内空间比例要求

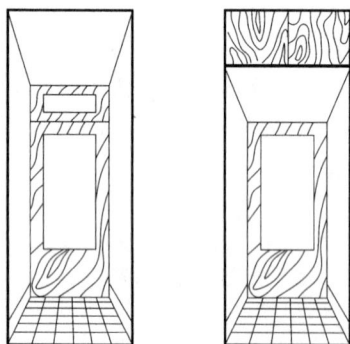

图 1-3-17　宽度较小的过道降低高度后让人感到比例恰当

室内空间长、宽、高的比例，常给人以不同的精神感受。宽而低的房间通常给人压抑的感觉，狭而高的房间又会使人感到拘谨。同时，人们视觉上看到的房间高低通常具有一定的相对性，即它和房间本身面积大小、室内顶棚的处理，以及窗户的比例等有关。面积不大的生活空间，在满足室内卫生要求的前提下，高度低一些会使人觉得亲切，一些宽度较小的过道，降低高度后让人感到比例恰当（图 1-3-17）。公共活动的房间，常结合房屋的屋顶构造和使用要求，局部改变顶棚的高度，使室内的空间高度有一定对比，以突出主要空间，使其显得更加高些（图 1-3-18）。同样面积和高度的房间，由于窗户的形式和比例不同，也给人们以室内空间高度不同的感觉（图 1-3-19）。

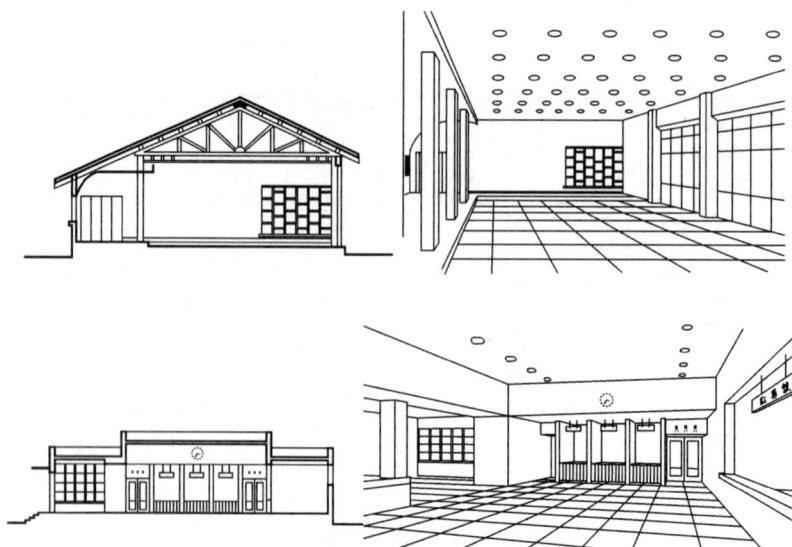

图 1-3-18　局部改变房间顶棚高度以取得对比效果

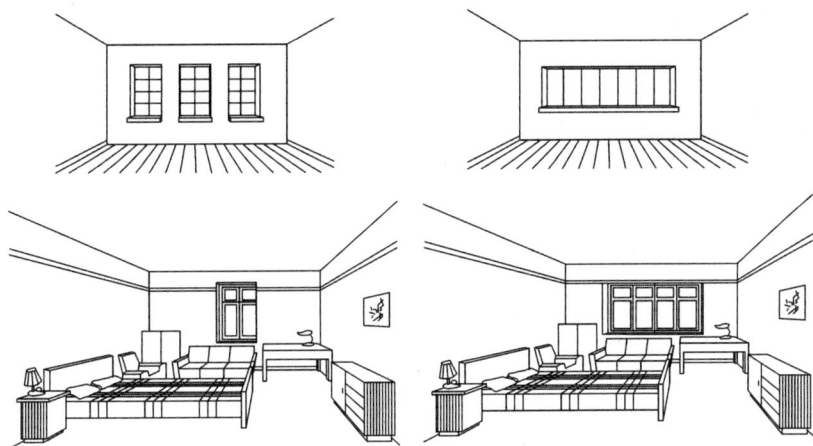

图 1-3-19　窗户的比例不同让人感到房间的高度也不同

2)房屋各部分高度的确定

在建筑剖面中,除房间的室内净高和剖面形状需要确定外,还需要分别确定房屋的层高、室内外地坪、楼梯平台和房屋檐口等处的标高。

(1)层高的确定

在保证房间的净高基础上加上楼板层的结构厚度,可以获得相应的该层层高,但剖面设计中层高的确定同时还受到很多因素的影响。

在满足卫生和使用要求的前提下,适当降低房间的层高,从而降低整幢建筑的高度,这对于减轻建筑物的自重,改善结构受力情况节约投资和用地都有很大意义。以大量建造的住宅建筑为例,层高每降低 100 mm,即可节约投资 1%;而减少间距又可节约居住区用地 2% 左右。房屋层高的最后确定,需综合考虑其功能、技术经济和建筑艺术等多方面的要求。对于一些大量性房间,如住宅、宿舍、客房、教室、办公室等,其常用的层高尺寸见表 1-3-1。

表 1-3-1　大量性民用建筑的常用层高尺寸　　　　　　　　单位:m

房间名称	住宅	宿舍、旅馆客房、办公室	学校教室
常用层高	2.7~3.0	3.0~3.3	3.3~3.6

(2)底层地坪的标高

为了防止室外雨水流入室内且防止墙身受潮,常将室内地坪适当提高至高出室外地坪约450 mm。根据地基的承载能力和建筑物自重的影响,房屋建成后总会有一定的沉降量,这也是考虑室内外地坪高差的因素。一些地区的建筑物还需参考相关洪水水位的资料以确定室内地坪标高。如建筑物所在基地的地形起伏变化较大时,则需根据道路的路面标高、施工时的土方量以及基地的排水条件等因素综合分析后,选定合理的室内地坪标高,一般与室外地面的高差不应低于 150 mm。有的公共建筑(如纪念性建筑或一些大型会堂等),常提高底层地坪标高,以增高房屋的台基和增加室外的踏步数,从而使建筑物显得更加宏伟庄重。

在建筑设计中,常取底层室内地坪的相对标高为±0.000,低于底层室内地坪的为负值,高于底层地坪的为正值。对于一些容易积水或需要经常冲洗的地方,如开敞的外廊、阳台、厨房浴厕等,其地坪标高应比室内标高稍低一些(约为 50 mm),以免溢水。

有关楼梯平台和檐口等部分标高的确定,因与这部分的构造关系密切,将在以后的章节中再做详细介绍。

1.3.2 建筑层数的确定和剖面的组合方式

1)建筑层数的确定

影响建筑物层数的因素很多,主要有以下几个方面的因素:

(1)建筑物本身的使用要求

不同使用性质的建筑物对层数有一定的要求。例如,幼儿园为了使用安全和便于儿童与室外活动场地的联系,宜建低层。又如影剧院、体育馆、车站等公共建筑,由于人流大量集中,为便于人流的疏散和安全,也宜建低层。

1.3.2 建筑层数的确定

(2)城市规划的要求以及基地环境的限制

城市规划从城市景观、基地环境及相邻建筑群的有机统一、房屋朝向及间距、城市用地及安全等方面考虑,都对建筑物的高度和层数有明确规定。城市航空港附近的特定区域,从飞行安全考虑也对新建房屋的层数和总高有一定限制。

(3)建筑的防火要求

建筑物的耐火等级不同、使用性质及使用对象不同,对建筑物的层数都有不同的限制。

(4)建筑材料、结构形式、施工方法及房屋造价等方面的影响

例如,一般砖混结构房屋层数在5~6层比较经济合理。如果选用框架结构,层数就可以多一些。

2)建筑剖面的组合方式

建筑剖面的组合方式,主要是由建筑物中各类房间的高度和剖面形状、房屋的使用要求和结构布置特点等因素决定的,剖面的组合方式大体上可以归纳为以下几种:

(1)单层

单层剖面便于房屋中各部分人流或物品和室外直接联系,它适用于覆盖面及跨度较大的结构布置,一些顶部要求自然采光和通风的房屋,也通常采用单层的剖面组合方式,如食堂、会场、车站、展览大厅等建筑类型都有单层剖面的例子(图1-3-20)。单层房屋的主要缺点是用地很不经济。例如,将一幢5层住宅和5幢单层的平房作对比,在日照间距相同的条件下,其用地面积要增加2倍左右(图1-3-21),且道路和室外管线设施也都相应增加。

1.3.3 单层

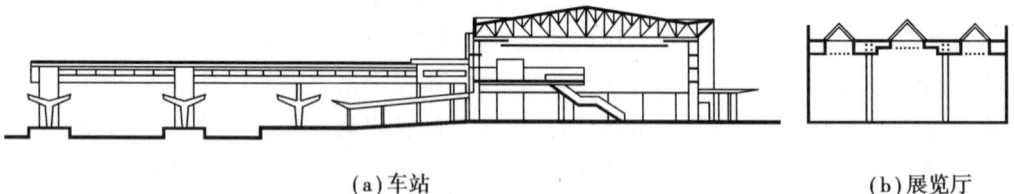

(a)车站   (b)展览厅

图1-3-20 单层剖面组合示意

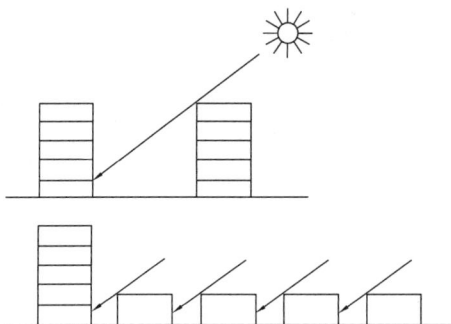

图 1-3-21　单层和多层房屋的用地比较

（2）多层和高层

多层剖面的室内交通联系比较紧凑,适用于有较多相同高度房间的组合,垂直交通用楼梯联系。多层剖面的组合应注意上下层墙、柱等承重构件的对应关系,以及各层之间相应的面积分配。很多单元式平面的住宅和走廊式平面的学校、宿舍、办公楼、医院等房屋的剖面,常采用多层的组合方式。图 1-3-22(a)、(b)分别为单元式住宅和内廊式教学楼的剖面组合示意。

1.3.4 多层和高层

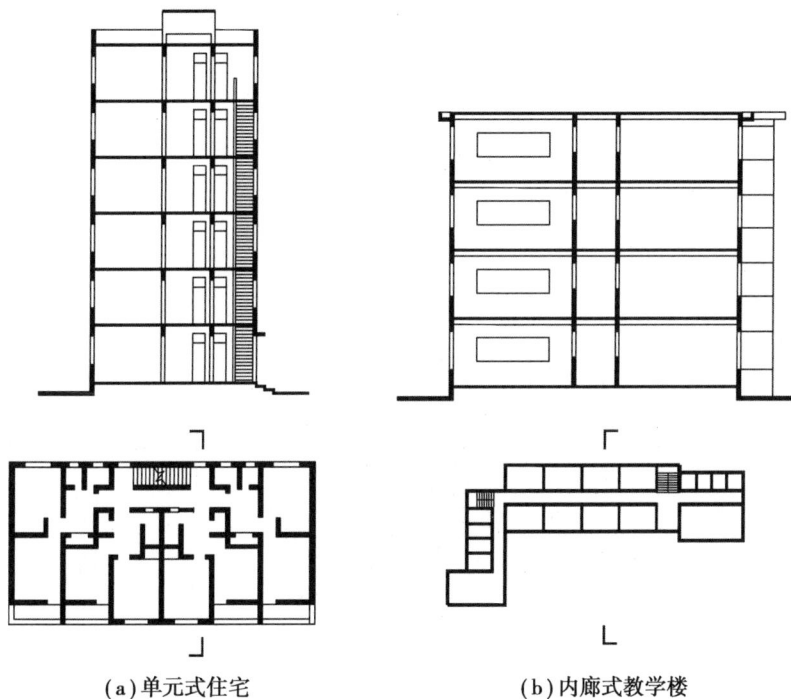

（a）单元式住宅　　　　　　（b）内廊式教学楼

图 1-3-22　多层剖面组合示意

考虑城市用地、规划布置等方面因素,也有采用高层剖面的组合方式,如高层宾馆和高层住宅[图 1-3-23(a)、(b)]。高层剖面能在占地面积较小的情况下,建造使用面积较多的房屋,这种组合方式有利于布置室外辅助设施和绿化等。但是高层建筑的垂直交通需用电梯来联系,管道设备等设施也较复杂,因此建筑费用较高。由于高层房屋承受侧向风力的问题较突出,故常以框架结合剪力墙或把电梯间、楼梯间和设备管线设备组织在竖向筒体中,以加强房屋的刚度(图 1-3-24)。

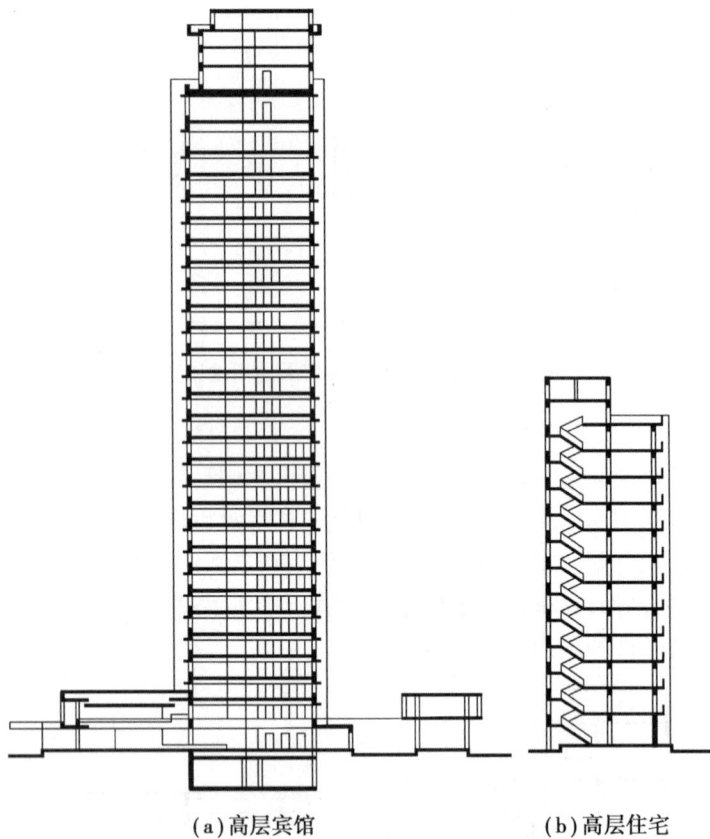

(a)高层宾馆　　　　　　　　(b)高层住宅

图 1-3-23　高层剖面组合示意

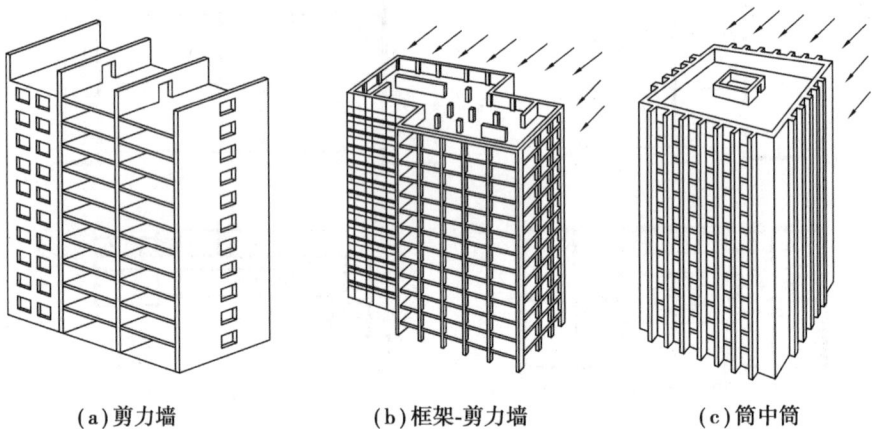

(a)剪力墙　　　　　　(b)框架-剪力墙　　　　　(c)筒中筒

图 1-3-24　高层建筑中加强房屋刚度的墙体和筒体示意

(3)错层和跃层

①错层剖面是在建筑物纵向或横向剖面中,房屋几部分之间的楼地面高低错开,主要适用于结合坡地地形建筑住宅、宿舍以及其他类型的房屋。错层的处理方式常有以下几种:

a.利用楼梯间解决错层高差,即通过选用楼梯梯段的数量(如二梯段、三梯段等),调整梯段的踏步数,使楼梯平台的标高与错层楼地面的标高一致。该方法能较好地结合地形,灵活解决纵横向的错层高差问题。图 1-3-25 就是利用楼梯间来解决教学楼的错层高差问题。

1.3.5 错层和
跃层

(a) 平面图

(b) 剖面图

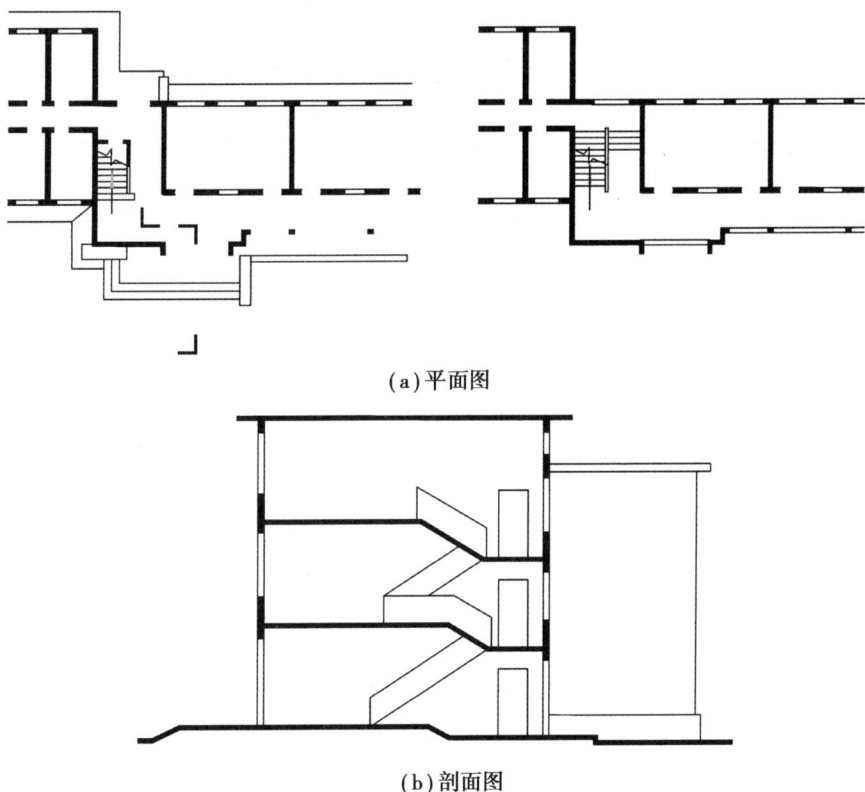

图 1-3-25　利用楼梯间解决教学楼的错层高差问题

　　b. 利用室外台阶解决错层高差问题,如图 1-3-26 所示为住宅垂直于等高线布置时用室外台阶解决高差问题的实例。

　　②跃层剖面的组合方式主要用于住宅建筑中,这些房屋的公共走廊每隔 1～2 层设置一条,每一户有上下两层,户内用小楼梯上下联系。跃层住宅的特点是节约公共交通面积,各住户之间的干扰较少,但跃层房屋的结构布置和施工比较复杂,每户所需面积较大,居住标准要高一些。

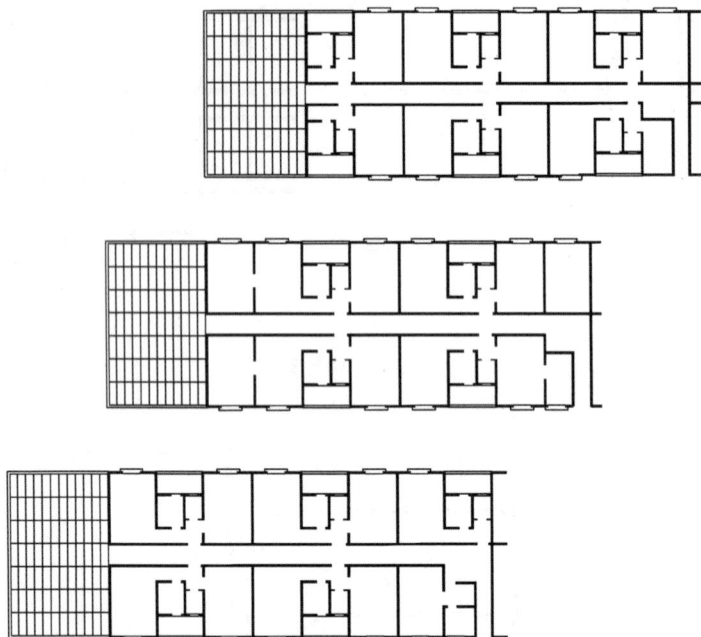

图 1-3-26　用台阶解决错层高差的住宅

1.3.3　建筑空间的组合和利用

在前面的建筑平面设计中,已对建筑空间在水平方向的组合关系以及结构布置等有关内容进行了分析,而剖面设计将着重从垂直方向考虑各种高度房间的空间组合、楼梯在剖面的位置,以及建筑空间的利用问题。

1) 建筑空间的组合

(1) 高度相同或高度接近的房间组合

高度相同、使用性质相近的房间,如教学楼中的普通教室和实验室,住宅中的起居室和卧室等,便可组合在一起。高度比较接近且使用关系密切的房间,从房屋结构的经济合理和施工方面等因素考虑,可适当调整房间之间的高差,尽可能使这些房间的高度一致。如图 1-3-27(a)所示的某教学楼平面,其中教室、阅览室、储藏室、厕所等房间,由于结构布置时从这些房间所在的平面位置考虑,要求组合在一起,因此把它们调整为同一高度;平面一端的阶梯教室,因它和普通教室的高度相差较大,故设计成单层剖面附建于教学楼主体。行政办公部分从功能分区考虑,平面组合上应和教学活动部分有所分隔,且这部分房间的高度一般都比教室部分略低,它们和教学活动部分的层高高差可以通过踏步来解决[图1-3-27(b)]。这样的组合方式,使用上能满足各房间的要求,功能分区合理,也比较经济。

(2) 高度相差较大的房间组合

高度相差较大的房间,在单层剖面中可以根据房间实际使用要求所需的高度,设置不同高度的层面。图 1-3-28 所示为某单层食堂不同高度房间的组合示意。餐厅部分由于人多面积大,相应地房间的高度较高,故单独设置屋顶;厨房、库房及管理用房,因各房间的高度有可能调整在一个屋顶下,而且厨房的通风要求较高,故在厨房的上部加设气楼;备餐部分人少面积小,房间高度可以低一些,从使用功能和剖面中屋顶搭接的要求考虑,把这部分设计成餐厅和厨房间的一个连接体,房间的高度也可以低一些。

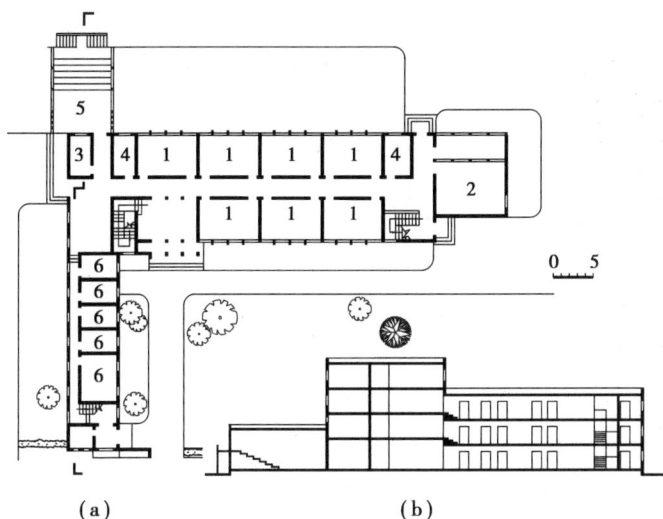

图 1-3-27　中学教学楼方案的空间组合关系

1—教室;2—阅览室;3—储藏室;4—厕所;5—阶梯教室;6—办公室

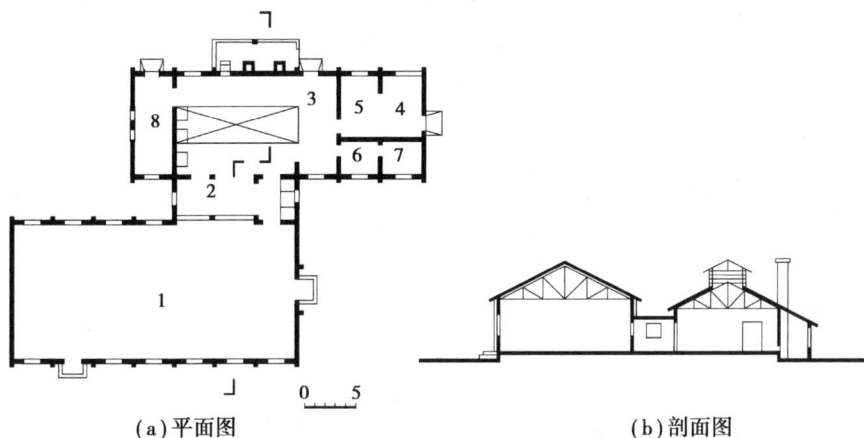

(a)平面图　　　　　　(b)剖面图

图 1-3-28　单层食堂剖面中不同高度房间的组合

1—餐厅;2—备餐区;3—厨房;4—主食库;5—主调味库;6—管理;7—办公;8—烧火间

如图 1-3-29 所示的某体育馆剖面中,因比赛大厅在高度和体量方面与休息、办公以及其他各种辅助用房相比差别极大,故结合大厅看台升起的剖面特点,在看台下面和大厅四周布置各种不同高度的房间。

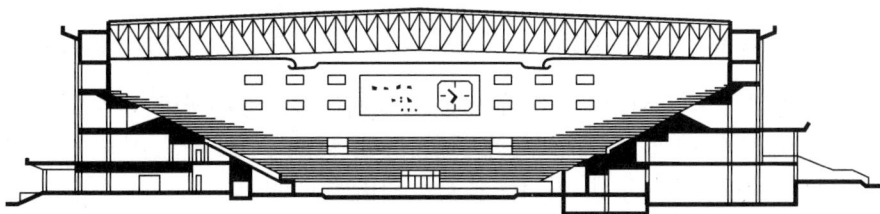

图 1-3-29　某体育馆剖面中不同高度房间的组合

在多层和高层房屋的剖面中,高度相差较大的房间可以根据不同高度房间的数量多少和使用性质,在高度方向进行分层组合。例如,在高层旅馆建筑中,常把房间高度较高的餐厅、会议室、健身房等部分组织在楼下的一、二层或顶层,客房部分高度较一致且数量最多,可按标准层的

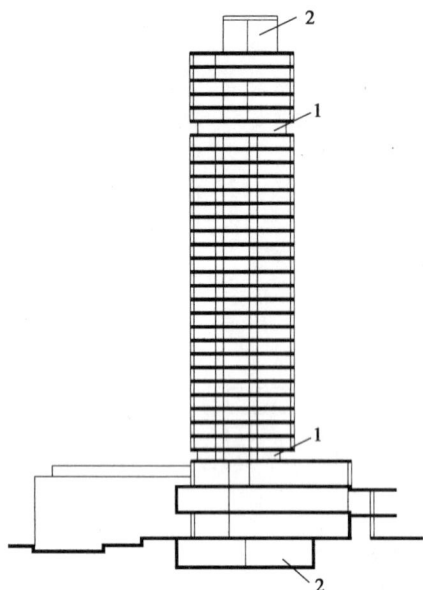

图1-3-30　有设备层的高层建筑剖面
1—设备层；2—机房

层高组合。高层建筑中通常还把高度较低的设备房间组织在同一层，称为设备层（图1-3-30）。

在多层和高层房屋中，上下层的厕所、浴室等房间应尽可能对齐，以便设备管道能够直通，使布置经济合理。

（3）楼梯在剖面中的位置

楼梯在剖面中的位置，和楼梯在建筑平面中的位置以及建筑平面的组合关系紧密相关。楼梯的位置应注意采光通风的要求，因此，常将楼梯沿外墙设置。另外，在建筑剖面中，要注意梯段坡度和房屋层高、进深的相互关系（图1-3-1），同时还要处理好人们在楼梯下面的进出以及错层搭接时的平台标高。

2）建筑空间的利用

充分利用建筑空间，既增加了使用空间，又节省了投资；同时，也改善了内部空间的艺术效果，这是被人们经常运用的空间处理手法。根据不同情况，一般有以下几种处理方法：

（1）房间内的空间利用

房间内除人们活动和家具设备布置等必需的空间外，还可充分利用房间内其余部分的空间。如图1-3-31所示就是住宅卧室中利用床铺上部的空间设置吊柜；如图1-3-32所示是在厨房中设置隔板、壁龛和储物柜；如图1-3-33所示是在居室的门后利用结构空间设壁龛，给住户储藏物品带来方便。

图1-3-31　卧室中的吊柜

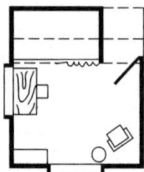

图1-3-32　厨房中的隔板和储物柜

坡屋顶的建筑，为了充分利用山尖部分的空间，我们许多地方的居民，常在山尖部分设置隔板、阁楼，或者使用延长屋面、局部挑出等手法，充分利用空间，争取更多的使用面积（图1-3-34）。这些优秀的传统设计手法，有许多值得我们借鉴的地方。

当空间较大时，由于功能要求的不同，有些房间的层高要求高些，而有些房间的层高又要求低些，层高低的小空间则可利用大空间内设夹层的处理手法，来划分空间。如图1-3-35所示就是图书馆中开架阅览室内设夹层书库，以增加使用面积，充分利用空间。

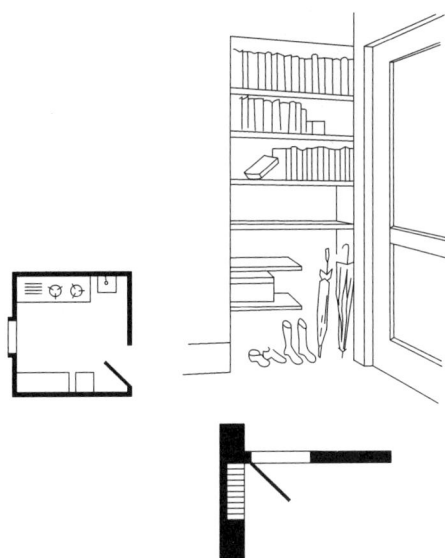

图 1-3-33　门后设壁龛

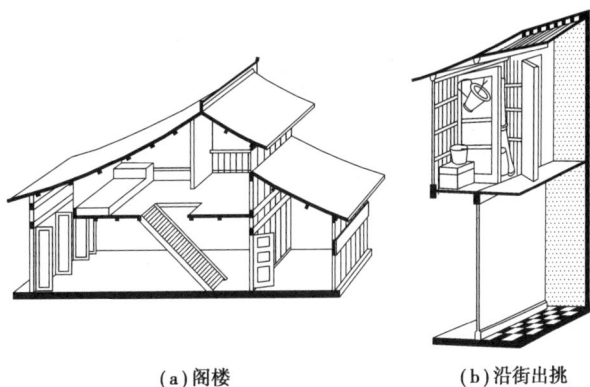

(a)阁楼　　　　　(b)沿街出挑

图 1-3-34　坡屋顶的山尖利用

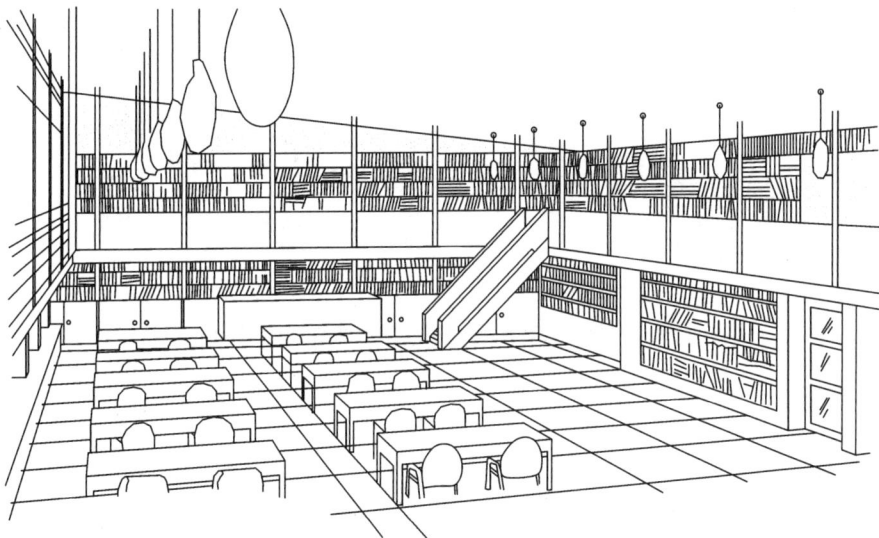

图 1-3-35　阅览室中利用夹层空间设置开架书库

(2)走廊和门厅的空间利用

由于建筑物整体结构布置的需要,房屋中的走道层高通常与房间的层高相同,房间由于使用需要其层高要求较高,而狭长的走道却不需要与房间一样的层高,因此,走道上部空间就可充分利用。如图 1-3-36(a)所示为旅馆走道上空设技术管道层作为设置通风、照明设备和铺设管道的空间;如图 1-3-36(b)所示为利用住宅入口处的走道上空设置吊柜,不仅增加了住户的储藏空间,而且由于入户口低矮的空间与居室对比,更加衬托出居室宽敞明亮的空间效果。

一些公共建筑的门厅或大厅由于人流集散和空间处理等要求,常在厅内的部分设置夹层或走马廊,既增加了使用面积,丰富了内部空间,同时又以低矮的夹层空间衬托出中央大厅的高大(图 1-3-37)。

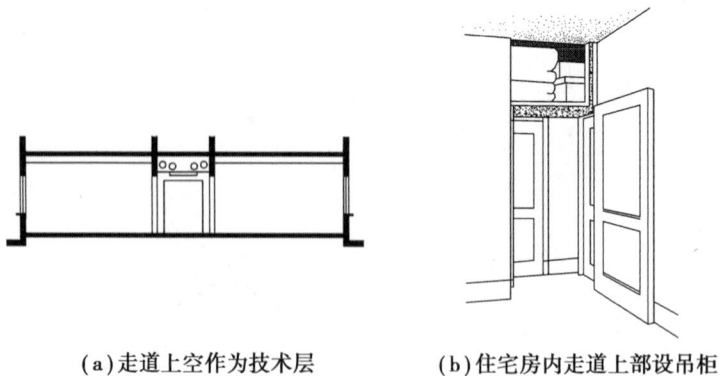

(a)走道上空作为技术层　　　(b)住宅房内走道上部设吊柜

图 1-3-36　走道上部空间的利用

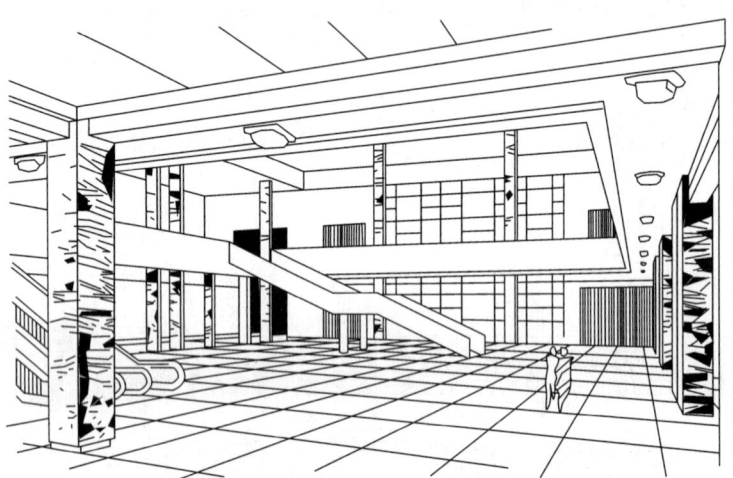

图 1-3-37　公共建筑的门厅内设夹层或走马廊

【学习笔记】

_____

_____

_____

_____

_____

【关键词】

剖面形状　净高　层高　层数　剖面组合方式

【测试】

一、单项选择题

1.一般房间的净高应不低于(　　)mm。

A.1 800　　　　B.2 000　　　　C.2 200　　　　D.2 400

2.净高是指(　　)。

A.房间内楼地面到该房间顶棚或其他构件底面的高度

B. 本层楼地面至上层楼面的垂直距离

C. 本层楼板中心线至上层楼板中心线的垂直距离

D. 房间内楼地面到该房间内上部楼板底面的高度

3.《住宅设计规范》(GB 50096—2011)明确规定,住宅层高不能低于(　　)mm。

A. 2 800　　　　　　B. 2 600　　　　　　C. 2 400　　　　　　D. 2 200

4. 卫生间的室内净高不应低于(　　)mm。

A. 1 800　　　　　　B. 2 000　　　　　　C. 2 200　　　　　　D. 2 400

5. 一般房间窗台高度常设计为(　　)mm。

A. 100 ~ 150　　　　B. 300 ~ 400　　　　C. 600 ~ 700　　　　D. 900 ~ 1 000

6. 教学楼建筑的层高常设计为(　　)mm。

A. 2 700 ~ 3 000　　B. 3 000 ~ 3 300　　C. 3 300 ~ 3 600　　D. 3 600 ~ 3 900

7. 卫生间室内地坪应(　　)其他房间室内地坪。

A. 高于　　　　　　B. 相等　　　　　　C. 低于　　　　　　D. 都可以

二、多项选择题

1. 室内净高和房间剖面形状的确定,主要考虑以下因素(　　)。

A. 房间的使用活动性质及家具设备的要求　　　B. 平面形状的要求

C. 采光、通风的要求　　　　　　　　　　　　D. 结构类型的要求

E. 设备设置的要求　　　　　　　　　　　　　F. 室内空间比例要求

2. 平面设计中的交通联系部分包括(　　)。

A. 走道　　　　　　B. 门厅　　　　　　C. 过厅　　　　　　D. 楼梯间

E. 电梯间　　　　　F. 卫生间

3. 剖面设计中采光方式包括(　　)。

A. 单面采光　　　　B. 双面采光　　　　C. 顶面采光　　　　D. 地面采光

E. A、B、C 方式相结合采光

4. 剖面设计中层数的确定要点包括(　　)。

A. 建筑本身的使用功能要求　　　　　　　　　B. 城市规划要求

C. 建筑防火要求　　　　　　　　　　　　　　D. 建筑结构形式要求

E. 环境绿化要求

5. 建筑剖面的组合方式包括(　　)。

A. 底层　　　　　　B. 单层　　　　　　C. 多层　　　　　　D. 高层

E. 错层　　　　　　F. 跃层

三、判断题

1. 层高是指本层楼地面至上层楼面的垂直距离。　　　　　　　　　　　(　　)

2. 利用坡屋顶内室空间作卧室或起居室时,其 1/2 面积的室内净高不应低于 2 400 mm。

　　　　　　　　　　　　　　　　　　　　　　　　　　　　　　　　　(　　)

3. 房间的特殊使用要求会对房间剖面设计形状产生影响。　　　　　　　(　　)

4. 房间设计的最小高度可根据人体在室内可以伸手触到顶棚为宜。　　　(　　)

5. 窗台低于 900 mm 时必须设置安全防护措施。　　　　　　　　　　　(　　)

6. 跃层住宅的特点是节约公共交通面积、各住户之间的干扰较少,但跃层房屋的结构布置和施工比较复杂,每户所需面积较大,居住标准要高一些。　　　　　　　　(　　)

【想一想】根据下图分析该建筑本层室内的剖面组合方式是什么？图中所显示的房间是什么房间？

【做一做】根据学生所在学校教学楼，用 1∶50 的比例在 A3 图幅中画出本教室的剖面图，并按施工图要求标注必要尺寸。

任务1.4 建筑体型及立面设计

建筑物在满足使用要求的同时，它的体型、立面以及内外空间的组合等，还应满足人们对建筑物的审美要求，这就是建筑物的美观问题。建筑物的体型和立面，代表着房屋的外部形象，是建筑设计的重要组成部分。立面设计和建筑体型组合是在满足房屋使用要求和技术经济条件的前提下，运用建筑造型和立面构图的一些规律，紧密结合平面、剖面的内部空间组合下进行的。建筑的外部形象既不是内部空间被动地直接反映，也不是简单地在形式上进行表面加工，更不是建筑设计完成后的外形处理。建筑体型及立面设计，是在内部空间及功能合理的基础上，在技术经济条件的制约下并考虑到其所处地理环境以及规划等方面的因素，对外部形象从总的体型到各个立面及细部，按照一定的美学规律，如均衡、韵律、对比、统一、比例等进行推敲以求得完美的建筑形象，这就是建筑体型及立面设计的任务。

和其他造型艺术一样，建筑的美观问题涉及文化传统、民族风格、社会思想意识等多方面因素的影响。这种美感是人们对诸如建筑物的形状、宽度、深度、色彩、材料质感以及它们之间的相互关系等所产生的特殊形象效果的感受。它是融合、渗透、统一于使用功能及物质技术之中的，这是建筑美与其他艺术美的一个重要区别。

需要指出，在建筑的使用功能、技术经济和建筑形象三者中，使用功能要求是建筑的主要目的，材料结构等物质技术条件是达到目的的手段，而建筑形象则是建筑功能、技术和艺术的综合表现。也就是说三者是目的、手段和表现形式的关系。其中，功能居于主导地位，它对建筑的结构和形象起着决定性的作用。

1.4.1 建筑体型及立面设计的要求

对于建筑体型及立面设计的要求，主要有以下几个方面：

1) 反映建筑功能要求和建筑类型的特征

不同功能要求的建筑类型，具有不同的内部空间组合特点，房屋的外部形象也相应地表现出这些建筑类型的特征。

例如，剧院建筑，通过巨大的观众厅和高耸的舞台箱与宽敞的门厅、休息厅形成强烈的虚实对比来表现剧院建筑的性格特征[图 1-4-1(a)]；医院建筑通过立面重点部位的红十字"✚"符号作为象征，以强调医疗建筑的特征[图 1-4-1(b)]；而住宅建筑则以简单的体型、小巧的尺度

1.4.1 反映建筑功能要求和建筑类型的特征

感、单元的组合以及整齐排列的门窗和阳台等,反映居住建筑的生活气息及性格特征[图 1-4-1 (c)、(d)、(e)]。

(a) 上海大剧院

(b) 濮阳清丰新兴医院

(c) 多层住宅

(d) 别墅

(e) 高层住宅

图 1-4-1 不同建筑类型的外部特征

2) 结合材料、结构和施工技术的特点

建筑物的体型和立面,与所用材料、结构体系以及施工技术等密切相关。比如在墙体承重的混合结构中,由于墙体为承重构件,其窗间墙必须留有一定的宽度,故窗户不能开得过大 [图 1-4-2(a)]。而在框架结构体系中,由于墙体只起围护作用,因而立面开窗就非常灵活,其整个柱间均可开设横向窗户,如图 1-4-2(b) 所示为习水煤炭办公楼。

空间结构体系不仅为室内各种大型活动提供了理想的使用空间,而且极大地丰富了建筑的外部形象,使得建筑物的体型和立面能够结合材料的力学性能和结构特点,得到很好的表现。图 1-4-3 即为各种空间结构对建筑物外形的影响。

(a)砖混结构的某学校办公楼

(b)框架结构的习水煤炭办公楼

图 1-4-2 不同结构形式对立面的影响

(a)悬索结构的华盛顿杜勒斯机场候机厅

(b)网架结构的中国国家体育场(鸟巢)

(c)膜结构的上海体育场

(d)网壳结构的重庆奥体中心

图 1-4-3 空间结构形式对建筑外形的影响

施工技术同样也对建筑体型和立面有一定影响,例如滑模施工时,由于模板的垂直滑动,要求房屋的体型和立面宜采用简体或竖向线条为主的体型;而升板施工时,由于楼板提升时适当出挑对板的受力有利,所以建筑的外形处理,采用层层出挑横向线条为主的体型比较合适(图1-4-4)。

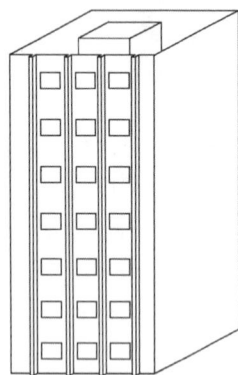
(a)滑模建筑

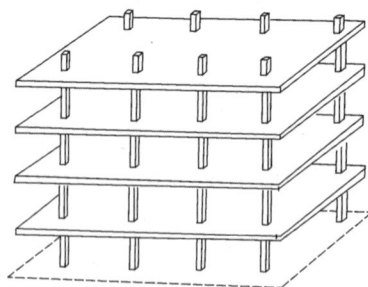
(b)升板建筑

图 1-4-4 施工技术对建筑外形的影响

上海中心大厦外幕墙工程(图1-4-5)选择了在支撑结构体系关键点上安装允许结构伸缩的"可滑移支座"方案,赋予外幕墙在外界作用下能在设计允许范围内发生竖向或水平位移,避免幕墙结构因应力过大而破坏。而其120°旋转向上收分的外形设计,为大楼降低了24%的风荷载,也可以有效抵御台风的影响。为确保在狂风、暴雨和高压等恶劣条件下,上海中心外幕墙的各项性能达到设计要求,杜绝"玻璃雨",外幕墙经过了水密性能、气密性能、抗风压性能、平面内变形性能的"四性测试",以及150%设计荷载下结构安全等性能指标的试验,以保证安全。

图1-4-5　上海中心大厦

3)贯彻建筑标准和相应的经济指标

作为社会物质产品,建筑体型和立面设计,必然受到社会经济条件的制约。设计时,按照国家规定的建筑标准和相应的经济指标,对各级建筑在建筑标准、材料、造型和装饰等方面应有所区别。一个优秀的建筑作品,应该是在满足合理使用要求的前提下,用较少的投资建造起简洁、明朗、朴素、大方以及和周围环境相协调的建筑物。

4)符合城市规划要求并与基地环境相结合

建筑是构成城市空间和环境的重要因素,它的建设应满足城市规划要求。单体建筑是规划群体中的一部分,拟建房屋的体型、立面、内外空间组合以及建筑风格等方面,都要仔细考虑和规划中建筑群体的配合。同时,建筑物所在地区的气候、地形、道路、原有建筑物以及绿化等基地环境,也是影响建筑体型和立面设计的重要因素。

如图1-4-6所示为底层设有商店的沿街住宅建筑。由于基地和道路相对方向的不同,根据住宅的朝向要求(南北朝向)而采用不同的组合体型。

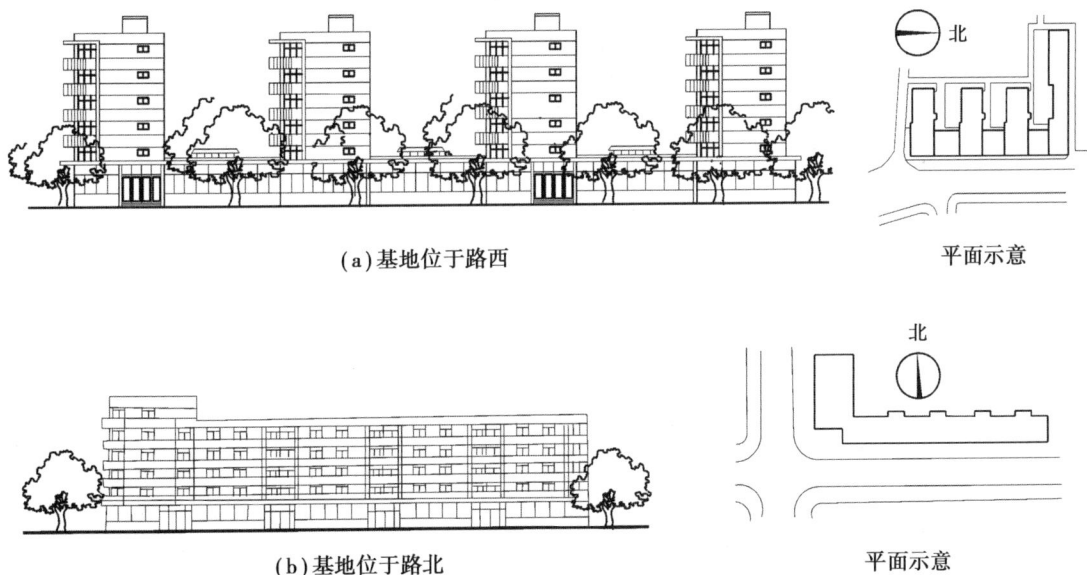

(a)基地位于路西　　　　　　　　　　平面示意

(b)基地位于路北　　　　　　　　　　平面示意

图1-4-6　基地和道路方位的不同对建筑体型的影响

5）符合建筑造型和立面构图的一些规律

绘画通过颜色和线条来表现形象；音乐形象通过音阶和旋律形成；而建筑则通过建筑空间和实体所表现出形状、大小的不同变化，线条和形体的不同组合，各种材料的不同色泽和质感以及建筑空间实体起伏凹凸形成的光影、明暗虚实等综合形成其艺术感染力。要巧妙地运用这些构成建筑形象的基本要素来创造完美的建筑形象，就必须遵循建筑的一些构图规律，即统一、均衡、稳定、对比韵律、比例、尺度等。创造性地运用这些构图规律，是建筑体型和立面设计的重要内容。这些有关造型和构图的基本规律，同样也适用于建筑群体布局和室内外的空间处理。由于建筑艺术是和功能要求、材料以及结构技术的发展紧密地结合在一起的，因此这些规律也会随着社会政治文化和经济文化的发展而发展。

建筑作为社会物质文化的组成部分，它的外部形象的创作设计，也应遵循"古为今用""洋为中用""推陈出新"的精神，有批评、有分析地吸取古代和外国优秀的设计手法和创作经验，创造出人们喜闻乐见、具有民族风格的新建筑。

（二维码说明：1.4.2 符合建筑造型和立面构图规律）

1.4.2 建筑体型的组合

建筑体型内部空间的组合方式，是确定外部体型的主要依据。走廊式组合的大型医院，通常具有一个多组组合、比较复杂的外部体型［图1-4-7(a)］；套间式组合的展览馆，由于具有内部空间不同的串套方式，其外部体型也反映出它的组合特点；大厅式组合的体育馆，又常有一个突出的、体量较大的外部体型［图1-4-7(b)］。因此，我们在平、剖面的设计过程中（即房屋内部空间的组合中），就需要综合包括美观在内的多方面因素，考虑建筑物可能具有外部形象的造型效果，使房屋的体型，在满足使用要求的同时，尽可能完整、均衡。

建筑体型反映建筑物总的体量大小、组合方式和比例尺度等，它对房屋外形的总体效果具有重要影响。根据建筑物规模大小、功能要求特点以及基地条件的不同，建筑物的体型有的比较简单，有的比较复杂，但这些体型从组合方式来区分，大体上可以归纳为对称的和不对称的两类。

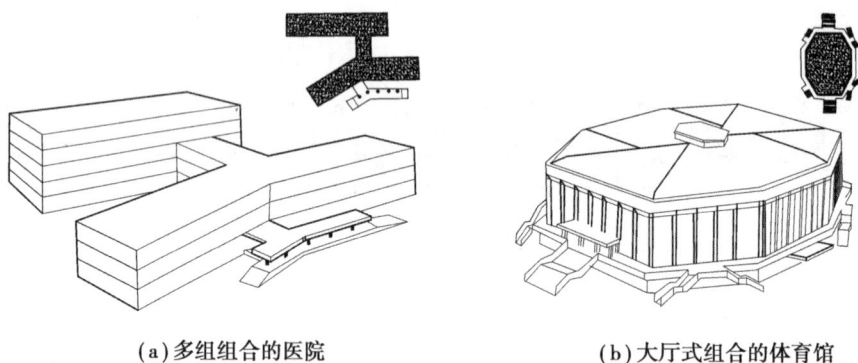

(a) 多组组合的医院　　　　　　　(b) 大厅式组合的体育馆

图1-4-7　建筑物内部空间组合在体型上的反映

对称的体型有明确的中轴线，建筑物各部分组合体的主从关系分明，形体比较完整，容易取得端正、庄严的感觉。我国古典建筑较多地采用对称的体型，一些纪念性建筑、大型会堂等，为了使建筑显得庄严、完整，也常采用对称的体型，如重庆市人民大礼堂［图1-4-8(a)］。

不对称的体型，它的特点是布局比较灵活自由，对复杂的功能关系或不规则的基地形状较能适应。此类体型容易使建筑物取得舒展、活泼甚至新奇的造型效果，如图1-4-8(b)所示的上海科技馆。

(a)重庆市人民大礼堂对称的体型　　　　　(b)上海科技馆的不对称体型

图 1-4-8　对称和不对称的建筑体型

建筑体型组合的造型要求,主要有以下几点:

1)完整均衡、比例适当

建筑体型的组合,首先要求完整均衡,对于较为简单的几何形体和对称的体型,通常比较容易达到。而对于较为复杂的不对称的体型,为了达到完整均衡的要求,需要注意各组成部分体量的大小比例关系,使各部分的组合协调一致、有机联系,在不对称中取得均衡。

1.4.3 完整均衡、比例适当的组合方式

(a)体量大小比例恰当

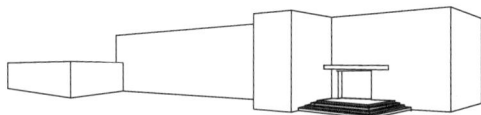

(b)体量大小比例不恰当

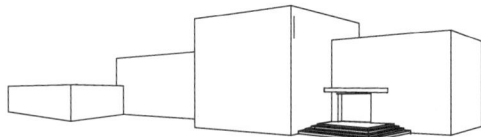

(c)体量大小比例不恰当

图 1-4-9　教学楼的不对称体型组合

如图 1-4-9 所示是不对称体型的教学楼示意,以普通教室、楼梯间和音乐教室等几部分所组合。图1-4-9(a)中各组成部分的体量大小比例较恰当,而图1-4-9(b)、(c)中楼梯间部分的体量,在组合中就有过大、过小,比例不当的感觉,当然这些考虑都需要和内部功能要求取得一致。不对称体型组合的典范是巴西议会大厦(图 1-4-10),整栋大厦充分展示了水平与垂直体量间的强烈对比,构图新颖醒目极具视觉冲击感,同时用一仰一覆两个半球体进行调和,使建筑的体型和立面取得协调和均衡。

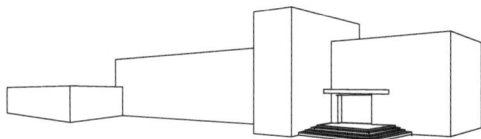

图 1-4-10　巴西议会大厦

1.4.4 主次分明、交接明确

2)主次分明、交接明确

建筑体型的组合,还需要处理好各组成部分的连接关系,尽可能做到主次分明、交接明确。

建筑物有几个形体组合时,应突出主要形体,通常可以由各部分体量之间的大小、高低、宽窄,形状的对比,平面位置的前后,以及突出入口等手法来强调主体部分。

各组合体直接的连接方式主要有:几个简单形体的直接连接或咬接[图1-4-11(a)、(b)],以及以廊或连接体的连接[图1-4-11(c)、(d)]。形体之间的连接方式和房屋的结构构造布置、地区的气候条件、地震烈度以及基地环境的关系相当密切。例如,地处寒冷地区或受基地面积限制的情况下,考虑到室内采暖和建筑占地面积等因素,希望形体间的连接紧凑一些。地震区要求房屋尽可能采用简单、整体封闭的几何形体,如使用上必须连接时,应采取相应的抗震措施,避免采取咬接等连接方式。

交接明确不仅是建筑造型的要求,同样也是房屋结构构造上的要求。

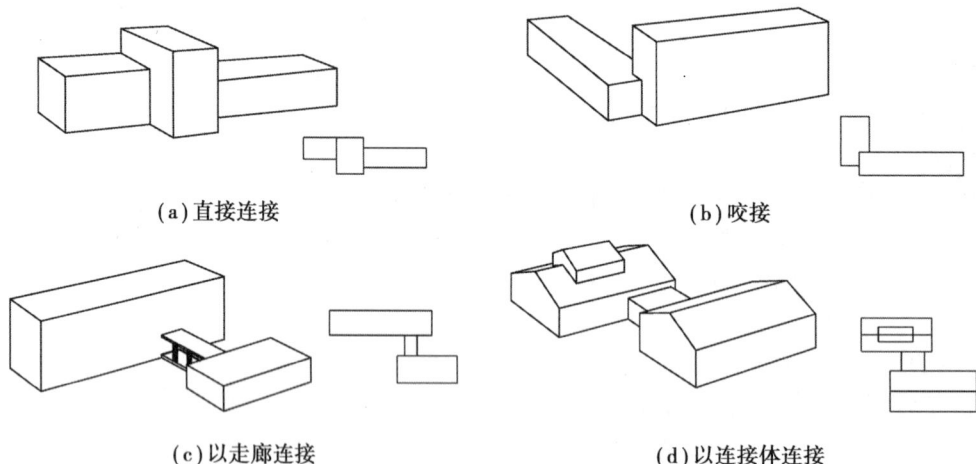

(a)直接连接　　　　　　　　　　　　　　(b)咬接

(c)以走廊连接　　　　　　　　　　　　　(d)以连接体连接

图1-4-11　房屋各组合体之间的连接方式

如图1-4-12所示是西南医科大学城北校区图书馆咬接组合的体型,它既考虑了房屋朝向和内部的功能要求,又丰富了建筑造型。如图1-4-13所示是山西朔州新闻大楼,裙房与主楼的主次及体量对比明确,建筑物整体的造型既简洁又活泼,给人们以明快的感觉。

图1-4-12　西南医科大学城北校区图书馆咬接组合的体型　　　图1-4-13　山西朔州新闻大楼

3)体型简洁、环境协调

简洁的建筑体型易于取得完整统一的造型效果,同时在结构布置和构造施工方面也比较经济合理。随着工业化构件生产和施工的日益发展,建筑体型也趋向于采用完整简洁的几何形体,或由这些形体的单元所组合,使建筑物的造型简洁而富有表现力(图1-4-14)。

1.4.5 体型简洁、环境协调

（a）中国国家游泳中心(水立方)　　　　　　（b）巴黎卢浮宫玻璃金字塔

（c）中国中央电视台大楼

图 1-4-14　简洁而富有表现力的建筑体型实例

　　建筑物的体型还需要注意与周围建筑、道路相呼应配合，考虑和地形、绿化等基地环境的协调一致，使建筑物在基地环境中显得完整统一、配置得当（图 1-4-15）。

（a）悉尼歌剧院　　　　　　　　　　　　（b）土家吊脚楼

图 1-4-15　建筑体型与环境协调的实例

　　气候作为一种自然环境因素，同样对建筑造型存在影响。图 1-4-16 为得克萨斯州达拉斯市政行政中心大楼，这座像倒转金字塔的建筑物的倾斜面有 34°，其略微夸张的造型设计充分考虑了与当地的气候环境协调关系，可以遮挡风雨以及得克萨斯州酷热的阳光。

图 1-4-16　得克萨斯州达拉斯市政行政中心

1.4.3 建筑立面设计

建筑立面是表示房屋四周的外部形象。前面介绍的体型设计主要是反映建筑外形总的体量、形状、组合、尺度等大效果,是建筑形象的基础。但只有体型美还不够,还必须在立面设计中进一步刻画和完善,才能获得完美的建筑形象。

建筑立面设计和建筑体型组合一样,也是在满足房屋使用要求和技术经济条件的前提下,运用建筑造型和立面构图的一些规律,紧密结合建筑平面、剖面的内部空间组合,对建筑体型做进一步的处理。

建筑立面可以看作由许多构部件(如门窗、阳台、墙、柱、雨篷、屋顶、台基、勒脚、檐口、花饰、外廊等)组成的,恰当地确定这些组成部分和构部件的比例、尺度、材料质感和色彩等,运用建筑构图要点,设计出体型完整、形式与内容统一的建筑立面,是建筑立面设计的主要任务。

1)立面的比例尺度

正确的尺度和协调的比例,是使立面达到完整、统一的重要内容。从建筑整体的比例到立面各部分之间的比例,从墙面划分到每一个细部的比例都要仔细推敲,才能使建筑形象具有统一和谐的效果。比例是指长、宽、高三个方向之间的大小关系。无论是整体或局部以及整体与局部之间,局部与局部之间都存在着比例关系。良好的比例能给人以和谐、完美的感受;反之,比例失调就无法使人产生美感。图1-4-17是住宅建筑的比例关系,图中建筑开间相同、窗面积相同,但采用不同的处理手法,可取得不同的比例效果。

图 1.4.6 立面的比例、尺度

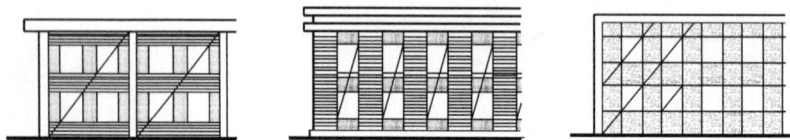

图 1-4-17 住宅建筑的比例关系处理

(a)各部分比例关系不当   (b)调整后比例较协调

图 1-4-18 建筑立面中各部分的比例关系

如图1-4-18(a)所示房屋立面各组成部分和门窗等比例不当,图1-4-18(b)是经过修改和调整后,各部分的尺寸大小的相互比例关系较为协调。

尺度所研究的是建筑物整体与局部构件给人感觉上的大小与其真实大小之间的关系。在建筑设计中,常以人或与人体活动有关的一些不变因素(如门、台阶、栏杆等)作为比较标准,通过与它们的对比而获得一定的尺度感。

尺度的处理通常有三种方法:

①自然的尺度常用于住宅、办公楼、学校等建筑,它以人体大小来度量建筑物的实际大小,从而给人的印象与建筑物真实大小一致。

②以较小的尺度获得小于真实的感觉,从而给人以亲切宜人的尺度感,常用来创造小巧、亲切、舒适的气氛,如庭园建筑。

③夸张的尺度处理手法,使人感到雄伟、肃穆和庄重,如图1-4-19所示的上海世博会中国馆。

图 1-4-19　上海世博会中国馆

1.4.7 立面的虚实、凹凸对比

2) 立面的虚实、凹凸对比

"虚"是指立面上的空虚部分(如玻璃、门窗洞口、门廊、空廊、凹廊等),常给人以不同程度的空透、开敞、轻巧的感觉;"实"是指立面上的实体部分(如墙面、柱面、屋面、栏板等),常给人以不同程度的封闭、厚重、坚实的感觉。立面设计时,应根据建筑自身功能、结构特点安排好虚实、凹凸的关系。一般来说"虚多实少、以虚为主"的手法多用于造型要求轻快、开朗的建筑。如图 1-4-20 所示为上海世博中心,以虚为主,大面积的玻璃幕墙透出局部实墙面所造成的虚实变化,增加了建筑的感染力。而像天安门城楼、华盛顿国家美术馆东馆(图 1-4-21)等建筑,实多虚少、以实为主,则使人感到厚重、坚实、雄伟、壮观。

图 1-4-20　上海世博中心

图 1-4-21　华盛顿国家美术馆东馆

如图 1-4-22 所示的宾馆建筑,则是以虚实均匀布置的手法,这也是一种常用的手段。

立面凹凸关系的处理,可以丰富立面效果,加强光影变化,组织韵律,突出重点。如图 1-4-23 所示的某别墅,由于将实体部分相互穿插,并巧妙地把窗户嵌入适当的部位,不仅使虚实两者有良好的组合关系,而且凹凸变化也十分显著,使建筑物有强烈的体积感。

图 1-4-22　虚实均匀布置的建筑

图 1-4-23　立面凹凸的光影效果

位于重庆的中国三峡博物馆(图1-4-24),大面积的蓝色玻璃与古朴的砂岩实墙在视觉上形成强烈的对比,弧形的外墙与所在的广场具有向心力的呼应和整体吻合感。该建筑设计上的巧妙组织,带给参观者的印象是一个既富有历史厚重感又具有强烈现代气息的纪念碑,体现了鲜明的雕塑性。

图1-4-24　重庆中国三峡博物馆

1.4.8 立面的线条处理

3)立面的线条处理

墙面中构件的横向或竖向划分,对表现建筑立面的节奏感和方向感非常重要。对于建筑物而言,线条一般泛指某些实体,如柱、窗台、雨篷、檐口、通常的栏板、遮阳等。这些线条的粗细、长短、横竖、曲直、凹凸、疏密等,对建筑性格的表达、韵律的组织、比例尺度的权衡,都具有格外重要的意义。

一般来说,横向划分的立面常给人以轻快、舒展、亲切、开朗的感觉,如图1-4-25所示的北京朝阳门SOHO三期,就是采用水平方向的带形窗形成的横向划分,形成了流动轻灵的建筑形象。而竖向划分往往给人以庄重、挺拔、坚毅的感觉,如图1-4-26所示。

图1-4-25　北京朝阳门SOHO三期

图1-4-26　竖向划分的建筑实例

此外,墙面线条的粗细处理对建筑性格的影响也很重要。粗犷宽厚、刚直有力的线条,常使建筑显得庄重,如张家界博物馆(图1-4-27)。而纤细的线条则使建筑显得轻巧秀丽,如我国江南园林建筑。利用粗细结合手法,会使建筑立面富有变化、生动活泼,如南京图书馆(图1-4-28)。

图1-4-27　张家界博物馆

图1-4-28　南京图书馆

4)立面的色彩、质感处理

一幢建筑物的体型和立面,最终是它们的形状、材料和色彩等多方面因素的综合,给人们留下一个完整深刻的外观形象。在立面轮廓的比例关系、门窗排列、构件组合以及墙面划分的基础上,材料质感和色彩的选择、配置,是使建筑立面进一步取得丰富和生动效果的又一重要方面。

一般来说,建筑立面色彩的处理主要包括两个方面的问题:一是基本色调的选择;二是建筑色彩的配置。以白色或浅色为主的基本色调,常使人感到明快、素雅、清新;以深色为主的基本色调,则显得端庄、稳重;红、褐等暖色趋于热烈;蓝、绿等冷色则让人感到宁静等。基本色调的选择,应根据以下几个方面来考虑:

(1)色彩要适应气候条件

寒冷地区多用暖色,而炎热地区多用冷色。这符合人们对色彩的心理作用,暖色使人感到温暖,冷色使人感到凉爽。

(2)色彩应与四周环境相协调

例如,海边建筑常以白色等浅色、明亮的色调,在蓝天和大海的衬托下,显得更加晶莹清澈。

(3)色彩要与建筑的性质相适应

例如,行政办公建筑和纪念性建筑要求庄严肃穆的气氛,其所用色彩就和娱乐场所、商业建筑的刺激、繁华大不相同。

(4)色彩处理应充分考虑民族文化传统和地方特色

例如,我国的宫殿、寺庙建筑色彩浓艳而富丽堂皇,而园林、住宅建筑色彩则较朴素,淡雅。

当建筑的基本色调确定以后,色彩的配置就显得十分重要了。色彩的配置应有利于协调总的基调和气氛,不同的组合和配置,会产生多种不同的效果。色彩的配置主要是强调对比与调和,对比可使人感到兴奋,过分强调对比又会使人感到刺激;调和则使人感到淡雅,但过于淡雅又使人感到单调乏味。

建筑立面设计中,材料的运用,质感的处理也是不容忽视的。粗糙的砖、毛石和混凝土表面显得厚重坚实,平整而光滑的面砖、金属和玻璃表面则令人有轻巧细腻之感。设计时应充分利用材料的质感属性,巧妙处理,有机组合,以加强和丰富建筑的艺术感染力。如图1-4-29所示是近代建筑巨匠、美国著名建筑师赖特(F. L Loyd Wright)于1936年为富豪考夫曼设计的考夫曼别墅(又称流水别墅),利用天然石料所具有的粗糙质感与光滑的玻璃窗和细腻的抹灰表面形成对比,从而丰富了建筑感染力,并以穿插错落的体型组合以及与自然环境的有机结合而著称。

5)立面的重点与细部处理

突出建筑物立面中的重点,既是建筑造型的设计方法,也是满足建筑使用功能的需要。建筑物的主要出入口、楼梯间等部分,是建筑的主要通道,在使用上需要重点处理,以引人注目。重点处理一般是通过对比手法取得,比如出入口的处理,可用雨篷、门廊的凹凸以加强对比,增加光影和明暗变化,起到突出、醒目的作用,如三亚金棕榈度假酒店入口(图1-4-30)。另外,入口上部窗户等构件的组织和变化,或采用加大尺寸、改变形状、重点装饰等方法,都可以起到突出重点的作用。

建筑立面上一些构件的构造搭接,以及勒脚、窗台、阳台、雨篷、台阶、花池、檐口和花饰等细部是建筑整体中不可分割的部分,在造型上应仔细推敲、精心设计,最终使建筑的整体和局部达到完整统一的效果。如图1-4-31所示为建筑立面细部处理的实例,利用阳台栏板和窗户凹凸及立面线条的变化,获得了丰富的立面表现效果。

图 1-4-29　流水别墅

图 1-4-30　三亚金棕榈度假酒店入口

图 1-4-31　建筑立面的细部处理

图 1-4-32　伦敦瑞士再保险
公司总部大楼("小黄瓜")

如图 1-4-32 所示是获得斯特灵大奖的伦敦瑞士再保险公司总部大楼，为了减少大楼周边气流而设计为独特的雪糕筒状外形，简洁的造型依靠其细节的处理显得并不单调，给人留下深刻的印象。

建筑体型和立面设计，决不是建筑设计完成后进行的最后加工，它应贯穿整个建筑设计的始终。体型、立面、空间组织和群体规划以及环境绿化等方面应该是有机联系的整体，需要综合考虑和精心设计。在进行方案构思时，就应在功能要求的基础上，在物质技术条件的约束下，按照建筑构图的美观要求，考虑体型和立面的粗略块体组合方案。在此基础上作初步的平面、剖面草图以及基本的体型和立面轮廓，并推敲其整体比例关系，确定体型和立面。若和平面、剖面有矛盾，应随时加以调整。而后考虑各立面的墙面划分和门窗排列，并协调使用功能与外部造型之间的关系，初步确定各立面。然后，再协调各立面与相邻立面的关系，处理好立面的虚实、凹凸、明暗、线条、色彩、质感以及比例尺度等关系，最后对出入口、门廊、雨篷、檐口、楼梯间等部位作重点处理。只有按以上步骤，反复深入，不断修改，并作出多个方案进行分析比较，才能创造出完美的建筑形象。

【学习笔记】

_____

_____

_____

_____

_____

_____

【关键词】

建筑体型　立面　构图法则　均衡　虚实对比

【测试】

一、单项选择题

1. 根据以下图片判断该建筑应为(　　　)。

A. 住宅　　　　　　B. 办公楼　　　　　　C. 体育馆　　　　　　D. 医院

2. 根据以下图片判断该建筑应为(　　　)。

A. 住宅　　　　　　B. 办公楼　　　　　　C. 教学楼　　　　　　D. 医院

3. 可以构成建筑立面水平方向横线条的构件是(　　　)。

A. 柱子　　　　　　B. 窗台　　　　　　C. 楼梯　　　　　　D. 基础

4. 可以构成建筑立面竖直方向线条的构件是(　　　)。

A. 柱子　　　　　　B. 窗台　　　　　　C. 雨篷　　　　　　D. 阳台

5. 立面设计中"比例"是指长、宽、高三个方向之间的(　　　)关系。

A. 尺寸单位　　　　B. 尺寸大小　　　　C. 尺寸标注　　　　D. 尺寸位置

二、多项选择题

1. 建筑体型的主次关系,可由各部分体量之间的( )关系来强调主体部分。

A. 大小   B. 高低   C. 宽窄   D. 结构类型

E. 前后位置   F. 形状对比

2. 建筑体型组合时,各体量之间的连接可以是( )。

A. 直接连接   B. 咬接   C. 对接   D. 走廊连接

E. 连接体连接

3. 立面设计尺度的处理有以下方法( )。

A. 自然尺度   B. 夸张尺度   C. 缩小尺度   D. 对等尺度

E. 高低尺度

4. 立面设计中虚实对比中的"虚"是指立面上的( )等部分。

A. 门窗洞口   B. 实墙面   C. 门廊   D. 凹阳台

E. 屋面

5. 立面的横向划分,常给人以( )的感觉。

A. 轻快   B. 庄重   C. 舒展   D. 挺拔

E. 亲切   F. 开朗

三、判断题

1. 不同功能要求的建筑类型,具有不同的内部空间组合特点,房屋的外部形象也相应地表现出这些建筑类型的特征。 ( )

2. 建筑应满足城市规划要求。 ( )

3. 确定外部体型的主要依据是城市规划要求。 ( )

4. 对称的体型有明确的中轴线,建筑物各部分组合体的主从关系分明,形体比较完整,容易取得端正、庄严的感觉。 ( )

5. 简洁的建筑体型易于取得变化丰富的造型效果。 ( )

【想一想】下图为我国某地的一个公共建筑。请根据建筑造型分析该建筑的功能,并查出本建筑的名称和所在省份名称。

【做一做】根据各学生所在学校的教学楼和学生宿舍,拍摄教学楼及学生宿舍立面的重点及细部处理图片,并加以文字分析,作成PPT汇报文件。

项目 2 民用建筑构造

【项目引入】

建筑构造是研究建筑物各组成部分的组合原理和构造方法的学科,是建筑设计不可分割的一部分。它具有实践性强和综合性强的特点,在内容上是对工程实践经验的高度概括,并且涉及建筑材料、建筑物理、建筑力学、建筑结构、建筑施工以及建筑经济等有关方面的知识。因此,建筑构造的主要任务在于根据建筑物的使用功能、技术经济和艺术造型要求,提供合理的构造方案,以作为建筑设计中综合解决技术问题及进行施工图设计、绘制大样图的依据和保证。

【学习目标】

了解建筑构造的概念及研究的对象和任务,熟悉影响建筑构造的主要因素,重点掌握建筑物的基本组成构件及其作用、建筑构造设计原则。

【技能目标】

能够根据现行国家相关制图标准和工程设计规范完成中小型民用建筑的各个组成部分的构造设计和绘制成图,并运用建筑构造设计的基本原理和方法提出一般中小型民用建筑工程构造设计中复杂问题的解决方案。

【素质目标】

从我国的建筑工程发展历史沿革以及我们党的建筑方针("适用、经济、绿色、美观")引导学生树立敬业、诚信等社会主义核心价值观。培养学生严谨、认真、细致的工程师素质,从而引导学生树立公正、法治、文明、和谐等社会主义核心价值观。工程伦理和工程道德也是本课程教学过程中需要引导学生树立的价值观。

【学习重难点】

重点:建筑各组成部分的设计的要求和依据。
难点:中小型民用建筑构造设计的方法。

【学习建议】

1.本项目对建筑的各组成部分作全面理解,着重学习建筑的各组成部分功能、要求和设计依据。

2.学习中可以考察同学们所在学校建筑的结构形式、各组成部分的位置、材料、尺寸及施工做法。

3.通过讨论同学们所在学校的教学楼、图书馆、学生宿舍、教师住宅等建筑的功能、结构形式、层数等,建立建筑构造的设计概念。

4.单元后的技能训练与项目实训,应在学习中对应进度逐步练习,通过做练习对基本知识加以巩固。

任务2.1　建筑构造概论

建筑构造是研究建筑物各组成部分的组合原理和构造方法的学科,是建筑设计不可分割的一部分。任何建筑物是由许多部分所构成,这些构成部分在建筑工程上被称为构件或配件。因此,建筑构造原理就是综合多方面的技术知识,根据多种客观因素,以选材、选型、工艺、安装为依据,研究各种构、配件与其细部构造的合理性(包括适用、安全、经济、美观)以及能更有效地满足建筑使用功能的实践应用。

构造方法是进一步研究如何运用各种材料,有机地组合各种构、配件,并提出各构、配件之间相互连接的方法和这些构、配件在使用过程中的各种防范措施。

2.1.1　建筑物的组成及各组成部分的作用

2.1.1 影响建筑构造的因素

如图2-1-1所示,一幢民用建筑,一般由基础、墙和柱、楼板层、地坪、楼梯、屋顶和门窗等几大部分构成,它们在不同的部位发挥着各自的作用。

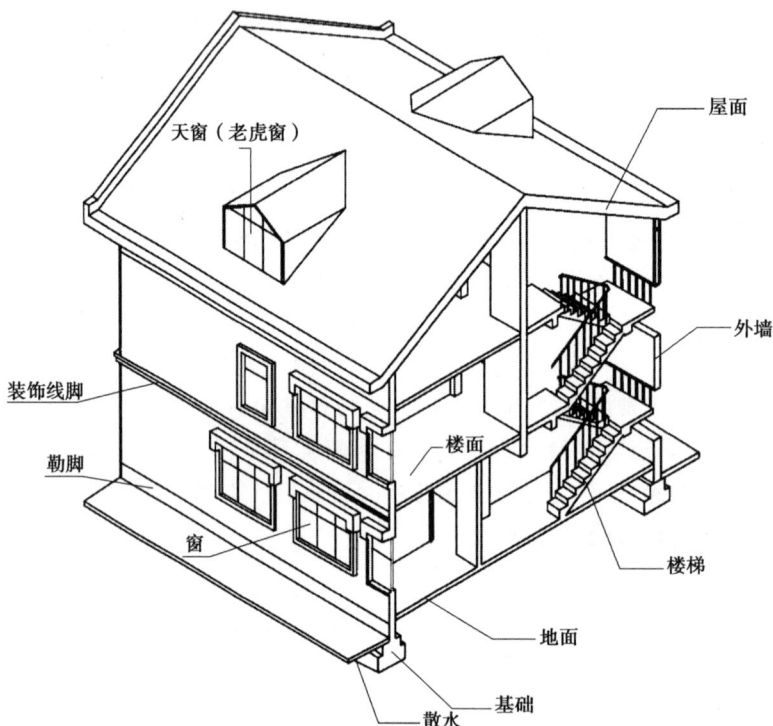

图2-1-1　建筑物的基本组成

①基础:建筑底部与地基接触,位于建筑物最下部的承重构件。其作用是承受建筑物的全部荷载,并将其传递给地基。因此,基础必须具有足够的强度,并能抵御地下水、冰冻等各种有害因素的侵蚀。

②墙:建筑物的竖向承重构件,其作用是承重、围护或分割空间。作为承重构件,承受着建筑物由屋顶或楼板层传来的荷载,并将这些荷载传给基础。作为围护构件,外墙起着抵御自然

界各种因素对室内侵袭的作用;内墙起着分隔房间、创造室内舒适环境的作用。为此,要求墙体根据功能的不同分别具有足够的强度、稳定性、保温、隔热、隔声、防水、防火等功能,以及一定的经济性和耐久性。

③楼板层:楼房建筑中水平方向的承重构件。按房间层高将整幢建筑物沿水平方向分成若干部分。楼板层承受着家具、设备和人体的荷载以及本身自重,并将这些荷载传递给墙或者梁。同时,楼板层还对墙身起着水平支撑的作用,以增强建筑的刚度和整体性,并将建筑分割成不同的楼层空间。因此,楼板层要求具有足够的抗弯强度、刚度和隔声保温能力。而对有水侵蚀的房间,则要求楼板层具有防潮、防水的能力。

④地坪:底层房间与土层相接触的部分,它承受底层房间内的荷载。不同地坪,要求具有耐磨、防潮、防水和保温等不同的性能。

⑤楼梯:楼房建筑的垂直交通构件,供人们上下楼层和紧急疏散之用。故要求楼梯具有足够的通行能力以及强度、防水、防滑的功能。

⑥屋顶:建筑物顶部的围护构件和承重构件,抵御着自然界雨、雪及太阳热辐射等对顶层房间的影响;承受着建筑物顶部荷载,并将这些荷载传给垂直方向的承重构件。故此,屋顶必须具有足够的强度、刚度以及防水、保温、隔热等功能。

⑦门窗:门主要供人们内外交通和隔离房间;窗则主要是采光和通风,同时也起分隔和围护作用。门和窗均属非承重构件。对某些有特殊要求的房间,则要求门、窗具有保温、隔热、隔声、遮阳、防火、防风沙等功能。

除上述基本组成构件外,还有其他附属的构件和配件,如阳台、雨篷、台阶、烟囱、散水等。有关构件的具体构造将于后面各章详述。

2.1.2　建筑物的结构类型

结构是指建筑物的承重骨架,是建筑物赖以支撑的主要构件。建筑材料和建筑技术的发展决定着结构形式的发展;而建筑结构形式的选用对建筑物的使用以及建筑形式又有着极大的影响。

大量民用建筑的结构形式依其建筑物使用规模、构件所用材料及受力情况的不同而有各种类型。

依建筑物本身使用性质和规模的不同,可分为单层、多层、大跨度和高层建筑等。其中,单层及多层建筑的主要结构形式又可分为墙承重结构(图2-1-2)、框架承重结构(图2-1-3)。墙承重结构是指由墙体来作为建筑物承重构件的结构形式。而框架结构则主要是由梁、柱作为承重构件的结构形式。

图 2-1-2　墙承重结构

图 2-1-3　框架承重结构

大跨度建筑常见的结构形式有拱结构、桁架结构(图2-1-4)、网架结构(图2-1-5)、壳体结构(图2-1-6)、悬索结构、膜结构(图2-1-7)等空间结构形式,主要应用于民用建筑的影剧院、体育馆、展览馆、大会堂、航空港及其他大型公共建筑。高层民用建筑常见的结构类型有框架结构、剪力墙结构、框架-剪力墙结构、筒体结构、钢-混凝土混合结构等。

图2-1-4 桁架结构

图2-1-5 网架结构

图2-1-6 壳体结构

图2-1-7 膜结构

根据结构构件所使用材料的不同,目前有木结构、混合结构、钢筋混凝土结构和钢结构之分。木结构是以木材为主要使用材料的结构类型,但由于受自然条件的限制,应用范围并不广泛。混合结构是指一座建筑主要承重构件采用多种材料,如砖与木、砖与钢筋混凝土、钢筋混凝土与钢结构等。在这类建筑中,最常用的是砖与钢筋混凝土混合结构,故习惯上又称为砖混结构。同时,它是目前多层建筑的主要结构形式。钢筋混凝土结构是指配有钢筋增强的混凝土制成的结构,其主要承重构件均采用钢筋混凝土制成,是运用较广的一种结构形式,也是我国目前多、高层建筑所采用的主要结构形式。钢结构则是指建筑物的主要承重构件用钢材制作的结构。因具备强度高、构件重量轻、平面布局灵活、抗震性能好,构件占用空间少,施工速度快等特点,在大跨度、大空间以及高层建筑中应用较多。伴随轻型冷轧薄壁型材及压型钢板的发展,轻钢结构在低层以及多、高层建筑的围护结构中也得以广泛应用。

2.1.3 影响建筑构造的因素

一座建筑物建成并投入使用后,要经受着自然界各种因素的检验。为了提高建筑物对外界各种影响的抵御能力、延长建筑物的使用寿命、更好地满足使用功能的要求,在进行建筑构造设计时,必须充分考虑到各种因素对它的影响,以便根据影响程度,来提供合理的构造方案。影响建筑构造的因素很多,归纳起来大致可分为以下三个方面。

1)外界环境的影响

(1)外力作用的影响

作用到建筑物上的外力称为荷载。荷载有静荷载(如建筑物的自重)和动荷载之分。动荷载又称活荷载,如人流、家具、设备、风、雪以及地震荷载等。荷载的大小是结构设计的主要依据,也是结构选型的重要基础。它决定着构件的尺度和用料。而构件的选材、尺寸、形状等又与构造密切相关。所以在确定建筑构造方案时,必须考虑外力的影响。

在外荷载中,风力的影响不可忽视,风力往往是高层建筑水平荷载的主要影响因素,特别是在沿海地区影响更大。另外,地震力是目前自然界中对建筑物影响最大也是最严重的一种因素。我国是多地震国家,地震分布相当广,因此必须引起重视。在构造设计中,应该根据各地区的实际情况,予以设防。

(2)自然气候的影响

我国幅员辽阔,各地区地理环境不同,大自然的条件也多有差异。由于南北纬度相差较大,从炎热的南方到寒冷的北方,气候差别很大。因此,气温变化,太阳的热辐射,自然界的风、霜、雨、雪等均构成了影响建筑物使用功能和建筑构件使用质量的因素,如图 2-1-8 所示。有的因材料热胀冷缩而开裂,严重的遭到破坏;有的出现渗、漏水现象;还有的因室内过冷或过热而影响工作等,总之均影响建筑物的正常使用。为防止因大自然条件的变化而造成建筑物构件的破坏,保证建筑物的正常使用,往往在建筑构造设计时,就针对所受影响的性质与程度,对各有关部位采取必要的防范措施(如防潮、防水、保温、隔热、设变形缝、设隔汽层等),防患于未然。

(3)人为因素和其他因素的影响

人们所从事的生活和生产性的活动,如机械振动、化学腐蚀、战争、爆炸、火灾、噪声等,往往会造成对建筑物的影响。因此,在进行建筑构造设计时,必须针对各种可能的因素,从构造上采取隔振、防腐、防爆、防火、隔声等相应的措施,以避免建筑物的使用功能遭受不应有的损失和影响。

另外,鼠、虫等也能危害建筑物的某些构、配件(如白蚁等对木结构的影响),因此也必须引起重视。

图 2-1-8 影响建筑构造的因素示意图

2）建筑技术条件的影响

建筑技术条件是指建筑材料技术、结构技术和施工技术等。随着这些技术的不断发展和变化，建筑构造技术也在随之而改变。同时，在建筑技术地域性特征显著得地区，应充分考虑当地技术条件进行建筑构造设计。

3）建筑标准的影响

建筑标准所包含的内容较多，与建筑构造关系密切的主要有建筑的造价标准、建筑装修标准和建筑设备标准。标准高的建筑，其装修质量好，设备齐全且档次高，自然建筑的造价也较高；反之，则较低。建筑构造的选材、选型和细部做法都按照建筑标准的高低来确定。

2.1.4 建筑构造设计原则

1）必须满足建筑使用功能要求

由于建筑物使用性质和所处条件、环境的不同，则对建筑构造设计有不同的要求。如北方地区要求建筑在冬季能保温；南方地区则要求建筑能通风、隔热；对要求有良好声环境的建筑物，则要考虑吸声、隔声等要求。总之，为了满足使用功能需要，在构造设计时，必须综合运用有关技术进行合理的设计，以便选择、确定最经济合理的构造方案。

2）必须有利于结构安全

建筑物除根据荷载大小、结构的要求确定构件的必需尺度外，对一些零部件的设计，如阳台、楼梯的栏杆、顶棚、墙面、地面的装修，门、窗与墙体的结合以及抗震加固等，都必须在构造上采取必要的措施，以确保建筑物在使用时的安全。

3）必须适应建筑工业化和建筑施工的需要

为了提高建设速度、改善劳动条件、保证施工质量，在构造设计时，应大力推广先进技术，选用各种新型建筑材料，采用标准设计和定型构件，为构、配件的生产工厂化、现场施工机械化创造有利条件，以适应建筑工业化的需要。

4）必须讲求建筑经济的综合效益

在构造设计中，应该注意整体建筑物的经济效益问题，既要降低建筑造价，减少材料的能源消耗；又要有利于降低经常运行、维修和管理的费用，考虑其综合的经济效益。另外，在提倡节约、降低造价的同时，还必须保证工程质量，绝不可为了追求效益而偷工减料，粗制滥造。

5）必须注意美观

构造方案的处理还要考虑其造型、尺度、质感、色彩等艺术和美观问题。如有不当，往往会影响建筑物的整体设计的效果，因此也需事先周密考虑。

总之，在构造设计中，全面考虑坚固适用、技术先进、经济合理、美观大方，是最基本的原则。

【学习笔记】

_____

_____

_____

_____

_____

【关键词】

构造设计　建筑物的组成部分　结构类型　影响建筑构造的因素　设计原则

【测试】

一、单项选择题

1. 建筑物的六大组成部分不包括(　　)。

A. 基础　　　　　　B. 楼梯　　　　　　C. 屋顶　　　　　　D. 雨篷

E. 楼地面　　　　　F. 屋顶　　　　　　G. 墙柱

2. 基础的概念是(　　)。

A. 位于建筑最下部位的承重构件　　　　B. 又叫地基

C. 起围护作用　　　　　　　　　　　　D. 直接支撑楼板

3. 主要承重构件以钢材为材料的结构形式称为(　　)。

A. 木结构　　　　B. 钢筋混凝土结构　　C. 钢结构　　　　D. 木结构

4. 墙柱以砖、石为材料,梁板以钢筋混凝土为材料的结构形式称为(　　)。

A. 混合结构　　　B. 钢筋混凝土结构　　C. 钢结构　　　　D. 木结构

二、多项选择题

1. 影响建筑构造的主要因素有(　　)。

A. 外力作用　　　B. 建筑面积　　　　C. 人为因素　　　D. 技术条件

E. 建筑标准

2. 建筑构造是研究建筑物各组成部分的(　　)。

A. 建筑功能　　　　　　　　　B. 建筑面积

C. 组合原理　　　　　　　　　D. 构造方法

E. 细部构造的合理性

3. 建筑构造的设计原则包括(　　)。

A. 满足建筑功能　　　　　　　B. 有利于结构安全

C. 适应建筑工业化　　　　　　D. 注意建筑形象

E. 讲求经济效益

4. 外力作用在建筑上的荷载有(　　)。

A. 建筑自重　　　　　　　　　B. 建筑内设备荷载

C. 风荷载　　　　　　　　　　D. 室外道路上运输荷载

E. 地震荷载

5. 屋顶的作用有(　　)。

A. 承重　　　　　　　　　　　B. 保温

C. 隔热　　　　　　　　　　　D. 防爆

E. 防水

三、判断题

1. 结构是指建筑物的承重骨架,它是建筑物赖以支承的主要构件。　　　　(　　)

2. 建筑构造不属于建筑设计内容。　　　　　　　　　　　　　　　　　(　　)

3. 楼板层是楼房建筑中水平方向的承重构件。　　　　　　　　　　　　(　　)

4. 楼梯是楼房建筑的水平交通构件。　　　　　　　　　　　　　　　　(　　)

5.墙是建筑物的竖向承重构件,其作用是承重、围护或分割空间。 （　　）

6.门窗都是主要供人们内外交通和隔离房间的非承重构件。 （　　）

【想一想】我们正在上课的教学楼是什么结构形式。

任务2.2　基础和地下室构造

在建筑工程中,位于建筑物最下端、埋入地下并直接作用在土层上的承重构件称为基础。它是建筑物地面以下的承重构件,承受建筑物上部结构传下来的全部荷载,并把这些荷载连同本身的重力一起传到地基上(图2-2-1)。

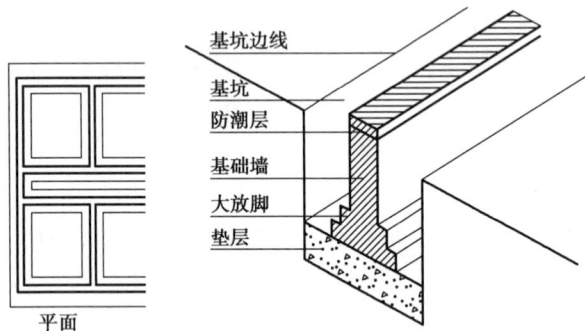

2.2.1 基础与地基的基本概念

图 2-2-1　基础

地基是承受基础所传下荷载的土层。地基承受建筑物荷载而产生的应力和应变随着土层深度的增加而减小,在达到一定深度后就可忽略不计。直接承受建筑物荷载的土层称为持力层。持力层以下的土层称为下卧层。

基础是房屋的重要组成部分,地基与基础又密切相关,倘若地基与基础出现问题,对房屋的安全有着难以补救的影响。地基承受荷载的能力是有一定限度的。地基每平方米所能承受的最大压力称为地基容许承载力,又称地耐力。

当基础对地基的压力超过地基容许承载力时,基础将出现较大的沉降变形甚至地基土层会滑动挤出而破坏。为了保证建筑物安全稳定,就要根据基底压应力不超过地基容许承载力的原则,适当加大基础底面积。

地基可分为天然地基和人工地基两大类。

1）天然地基

天然地基是指天然土层具有足够的承载力,不需要人工改善或加固便可直接承受建筑物荷载的地基。

天然地基是由岩石风化破碎成松散颗粒的土层或是呈连续整体状的岩层,按"地基基础设计规范"地基土分为岩石、碎石土、砂土、黏性土、人工填土五类。

2）人工地基

人工地基在天然土层承载力差和建筑总荷载大的情况下采用,为使地基具有足够承载能力而对土层进行人工加固,处理方法分为压实法、换土法和打桩法三大类。

人工地基常用的加固方法有:

①压实法:用重锤或压路机将较软弱的土层夯实或压实,挤出土层颗粒间的空气,提高土的密实度,从而增强地基承载力。该做法不在地基中添加材料,比较经济,适用于地基承载力与设计要求相差不大的情况。

②换土法:当地基土的局部或全部为软弱土,不宜用压实法加固时(如淤泥质土、杂填土等),可将局部或全部软弱土清除,换成好土(如粗砂、中砂、砂石料、灰土等)。换土回填时应采用机械逐层压实。更换的好土应尽量就地取材,局部换土的选土应与周围土质接近,防止换土部位过硬或过软造成基础不均匀沉降。换土法的造价比压实法高。

③打桩法:当建筑物荷载很大,地基土层很弱,地基承载力不能满足要求时,建筑物可采用桩基础,在软弱土层中置入桩身,将地基土挤压密实,由桩和桩间土一起组成复合地基,提高土层承载力;或将桩穿过软弱土层,打入地下坚固的土层中。

2.2.1 基础的分类及构造

基础类型有很多,按构造方式可分为:独立基础、条形基础、阀片基础、箱形基础、桩基础。

按材料和受力特点分为:刚性基础、柔性基础。

按基础的埋置深度分为:浅基础、深基础。

基础的形式主要根据基础上部结构类型、建筑高度、荷载大小、地质水文和地方材料等诸多因素而定。

1)按构造方式分类

(1)独立基础

框架和排架或其他类似结构,柱下基础常用独立基础,常见断面形式有阶梯形、锥形等。可节约基础材料,减少土方工程量,但基础彼此之间无构件连接,整体刚度较差。

采用预制柱时,基础为杯口形,柱子嵌固在杯口内,称为杯形基础,如图 2-2-2(b)所示。为满足局部工程条件变化可将个别杯基础底面降低,形成高低杯基础,又称为长颈基础。

墙下独立基础是指墙下设基础梁,以承托墙身,基础梁支承在独立基础上。用于以墙作为承重结构而地基上层为软土,基础要求埋深较大的情况。

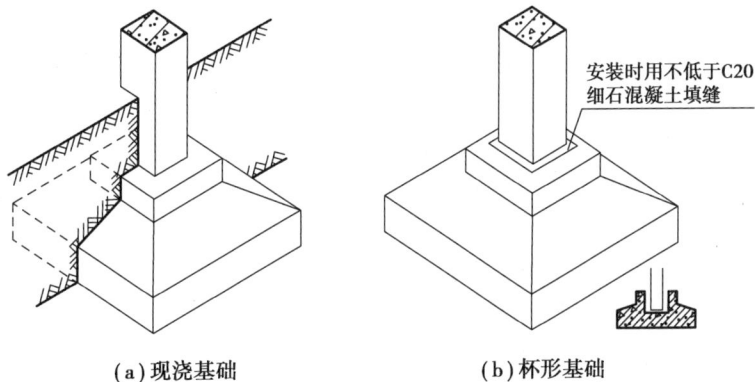

(a)现浇基础　　　(b)杯形基础

图 2-2-2　独立柱式基础

(2)条形基础

条形基础呈连续的带状,也称带形基础,如图 2-2-1 所示。承重墙下一般采用通长的刚性材料条形基础。承重构件为柱、荷载大且地基软时,常用钢筋混凝土条形基础将柱下的基础连接起来形成柱下条形基础,可有效防止不均匀沉降,使建筑物的基础具有良好的整体性。

(3)井格基础

地基条件较差或上部荷载不均匀时,采用十字交叉的井格基础可以提高建筑物的整体性,防止柱间不均匀沉降,如图 2-2-3 所示。

123

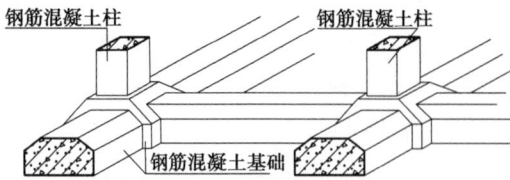

图 2-2-3　井格式基础

(5) 箱形基础

(4) 阀片基础

当上部结构荷载较大而地基承载力又特别低以及柱下条形基础或井格基础已不能满足基础底面积要求时,常将墙或柱下基础连成一钢筋混凝土板,形成阀片基础。阀片基础有板式和梁板式两种,如图 2-2-4 所示。

建筑物荷载很大或浅层地质情况较差以及基础需要埋深很大时,为了增加建筑物的整体刚度、有效抵抗地基的不均匀沉降,常采用由钢筋混凝土底板、顶板和若干纵横墙组成的空心箱体基础,即箱形基础,如图 2-2-5 所示。

箱形基础具有刚度大、整体性好,且内部空间可用作地下室的特点,适用于高层建筑或在软弱地基上建造的重型建筑物。

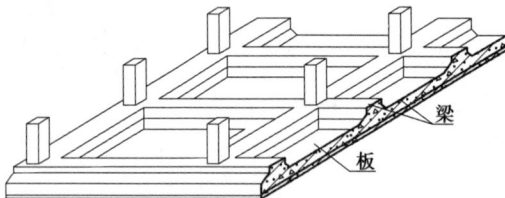

图 2-2-4　梁板式筏形基础

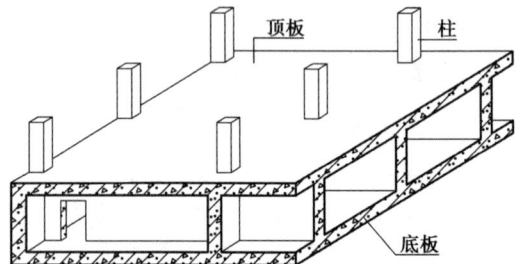

图 2-2-5　箱形基础

(6) 桩基础

建筑物荷载较大、地基软弱土层厚度在 5 m 以上、对软弱土层进行人工处理困难和不经济时,可采用桩基础。

桩基础由桩身和承台梁(或板)组成,其优点是能够节省基础材料,减少挖填土方工程量,改善劳动条件,缩短工期。在季节性冰冻地区,承台梁下应铺设 100 ~ 200 mm 厚的粗砂或焦砟,以防止承台下的土壤受冻膨胀,引起承台梁的反拱破坏。

桩基础的种类很多,按材料可分为钢筋混凝土桩(预制桩、灌注桩)、钢桩、木桩;按断面形式分为圆形、方形、环形、六角形、工字形等;按入土方法可以分为打入桩、振入桩、压入桩、灌入桩;按桩的受力性能又可分为端承桩和摩擦桩。

端承桩把建筑物的荷载通过柱端传给深处坚硬土层,适用于表层软土层不太厚,而下部为坚硬土层的地基情况。桩上的荷载主要由桩端阻力承受。

摩擦桩把建筑物的荷载通过桩侧表面与周围土的摩擦力传给地基,适用于软土层较厚,而坚硬土层距土表很深的地基情况。桩上的荷载由桩侧摩擦力和桩端阻力共同承受。

当前采用最多的是钢筋混凝土桩,包括预制桩和灌注桩两大类,灌注桩又分为振动灌注桩、钻孔灌注桩、爆扩灌注桩等。

预制桩是在混凝土构件厂或施工现场预制,待混凝土强度达到设计强度 100% 时,进行运输打桩。这种桩截面尺寸和桩长规格较多,制作简便,容易保证质量;但其造价较灌注桩高,施工有较大的振动和噪声,市区施工应注意。

灌注桩与预制桩相比较,灌注桩具有较大优越性。其直径变化幅度大,可达到较高的承载力;桩身长度、深度可达到几十米;并且施工工艺简单,节约钢材,造价低。但在施工时要进行泥浆处理,程序麻烦。

①振动灌注桩。将端部带有分离式桩尖的钢管用振动法沉入土中,在钢管中灌注混凝土至设计标高后徐徐拔出,混凝土在孔中硬化形成桩。灌注桩直径一般为 300 ~ 400 mm,桩长一般不超过 12 m。其优点是造价较低,桩长、桩顶标高均可控制;缺点是施工产生振动噪声,对周围环境有一定影响。

②钻孔灌注桩。使用钻孔机械在桩位上钻孔,排出孔中的土,然后在孔内灌注混凝土。桩直径常为 400 mm 左右。优点是无振动噪声,施工方便,造价较低,特别适用于周围有较近的房屋或深挖基础不经济的情况。严寒冬季亦可安装能钻冻土的钻头施工;缺点是桩尖处的虚土不易清除干净,对桩的承载力有一定影响。

③爆扩灌注桩。爆扩灌注桩简称爆扩桩。有两种成孔方法:一种是人工或机钻成孔;另一种是先钻一个细孔,放入装有炸药的药条,经引爆后成孔。桩身成孔后,再用炸药爆炸扩大孔底,然后灌注混凝土形成爆扩桩。桩端扩大部分略呈球体,因而有一定的端承作用。爆扩桩的直径为 300 ~ 500 mm,桩尖端直径为桩身的 2 ~ 3 倍,桩长一般为 3 ~ 7 m。其优点是承载力较高,施工不复杂;缺点是爆炸振动影响环境,易出事故。

(7)其他特殊形式

除上述几种常见的基础结构型式外,实际工程中还因地制宜采用着许多其他的基础结构型式,如壳体基础、不埋板式基础等。

2)按所用材料及受力特点分类

(1)刚性基础

用砖、石、混凝土等刚性材料制作的基础称刚性基础。多用于地基承载力高的,建造低层和多层房屋的基础。

刚性基础中,墙或柱传来的压力是沿一定角度分布的。在压力分布角度内基础底面受压而不受拉,这个角度称为刚性角。刚性基础底面宽度不可超出刚性角控制范围。

①砖基础。用黏土砖砌筑的基础称为砖基础。台阶式逐级放大形成大放脚。

为满足基础刚性角的限制,台阶的宽高比应不大于 1 : 1.5。每 2 匹砖挑出 1/4 砖,或 2 匹挑与 1 匹挑相间。砌筑前基槽底面要铺 50 mm 厚砂垫层。

砖基础取材容易、价格低、施工简单。但由于砖的强度、耐久性、抗冻性和整体性均较差,只适合于地基土好、地下水位较低、5 层以下的砖木结构或砖混结构。

②混凝土基础。混凝土基础也称素混凝土基础。坚固、耐久、抗水和抗冻,可用于有地下水和冰冻作用的基础。断面形式有阶梯形、梯形等。梯形截面的独立基础称为锥形基础。梯形或锥形基础的断面,应保证两侧有不小于 200 mm 的垂直面,使混凝土基础的刚性角为 45°。同时,为防止因石子堵塞影响浇注密实性、减少基础底面的有效面积,施工中不宜出现锐角。

(2)柔性基础

在混凝土基础的底部配以钢筋,利用钢筋来抵抗拉应力,可使基础底部能够承受较大弯矩,基础的宽度就可以不受刚性角的限制,称为柔性基础。

柔性基础可以做得很宽,也可以尽量浅埋,用于建筑物的荷载较大和地基承载力较小的情况。其下需要设置保护层,以保护基础钢筋不受锈蚀。

2.2.2 基础的埋置深度

从室外设计地面到基础底面的垂直距离称为基础的埋置深度,简称基础埋深(图 2-2-6)。埋深大于等于 5 m 的基础称为深基础;埋深在 0.5~5 m 的基础称为浅基础。从施工和造价方面考虑,优先考虑浅基础,但埋深最少不能小于 500 mm。

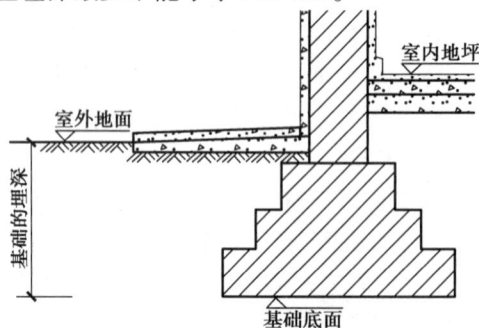

2.2.4 基础的埋置深度

图 2-2-6 基础的埋深

基础埋深主要取决于地基土层的构造、地下水位深度、土的冻结深度和相邻建筑物的基础埋深等。

1)地基土层构造对基础埋深的影响

地基土层为均匀好土时,基础尽量浅埋,但不得浅于 500 mm。地基土层上层为软土且厚度在 2 m 以内,下层为好土,基础应埋在好土上,经济又可靠。地基土层上层为软土且厚度在 2~5 m 时,低层荷载小的轻型建筑在加强上部结构的整体性和加宽基础底面积后仍可埋在软土层内,高层荷载大的重型建筑应将基础埋在好土上,以保证安全。地基土层的上层软弱土厚度大于 5 m 时,可做地基加固处理,或将基础埋在好土上,需做技术经济比较后确定。

地基土层的上层为好土且下层为软土时,应力争将基础埋在好土内,同时应当提高基础底面积,验算下卧层的应力和应变。

地基土层由好土和软土交替构成时,总荷载小的低层轻型建筑尽可能将基础埋在好土内,总荷载大的建筑可采用人工地基,或将基础埋在下层好土上,两方案经技术比较后确定。

2)地下水位的影响

黏性土遇水后颗粒间的孔隙水含量增加,土的承载力会下降。地下水的侵蚀性物质,对基础会产生腐蚀作用。

建筑物应尽量埋在地下水位以上,若必须在地下水位以下时应将基础底面埋置在最低地下水位 200 mm 以下,以免水位变化时水浮力影响基础。

埋在地下水位以下的基础,应选择具有良好耐水性的材料,如石材、混凝土等。地下水中含有腐蚀性物质时,基础应采取防腐措施。

3)土的冻结深度的影响

冰冻线是地面以下的冻结土与非冻结土的分界线,从地面到冰冻线的距离即为土的冻结深度。

冻结深度是由当地的气候条件决定的,气温越低,持续时间越长,冻结深度越大。

冻胀的严重程度与地基土的含水量、地下水位高低及土颗粒大小有关。含水率大、水位高、颗粒细的,冻胀明显。基础应埋置在冰冻线以下约 200 mm 的位置,冻土深度小于 500 mm 时基础埋深不受影响。

4)相邻建筑物基础埋深的影响

新建房屋的埋置深度应小于原有建筑基础埋置深度。必须大于原有埋深时,应使两基础间留出一定的水平距离,一般为相邻基础底面高差的 1.5~2 倍。无法满足此条件时,可通过对新建房屋的基础进行处理来解决,如在新基础上做挑梁,支承与原有建筑相邻的墙体。

5)连接不同埋深基础的影响

建筑物设计上要求基础的局部必须埋深时,深、浅基础的相交处应采用台阶式逐渐落深。为使基础开挖时不致松动台阶土,台阶的踢面高度应≤500 mm,踏步宽度不应小于 2 倍的踢面高度。

6)其他因素对基础埋深的影响

建筑物是否有地下室、设备基础、地下管沟等因素,也会影响基础的埋深。地面上有较多的腐蚀液体作用时,基础埋置深度不宜小于 1.5 m,必要时应对基础做防护处理。

2.2.3　地下室的防潮及防水构造

地下室是建筑物设在首层以下的房间。

有很深基础的建筑(如高层建筑),常常利用箱形基础的空间作为设备、储藏、车库、商场、餐厅或防空来使用,在无需增加大量投资的情况下争取到更多的使用空间。

1)地下室的类型

地下室可以根据不同条件予以分类。按功能分,有普通地下室和人防地下室;按结构材料分有砖墙地下室和混凝土墙地下室;按顶板标高与室外地面的位置又可分为半地下室和全地下室。

2.2.5 地下室的分类

(1)按功能分

①普通地下室。普通地下室是建筑空间向地下的延伸。地下室需要克服采光通风的不利与容易受潮的问题。地下室相对受外界气候影响较小,根据其特点,常在建筑中有不同的使用功能,高标准建筑的地下室常采用机械通风、人工照明和各种防潮防水措施,以满足其使用需要。

②人防地下室。由于地下室有厚土覆盖,受外界噪声、振动、辐射等影响较小,因此可按照国家对人防地下室的建设规定和设计规范建造人防地下室,作为备战之用。人防地下室应按照防空管理部门的要求,在平面布局、结构、构造、建筑设备等方面采取特殊构造方案,同时还应考虑和平时期对地下室的利用,尽量做到"平战结合"。

(2)按地下室顶板标高分

《建筑设计防火规范》(GB 50016—2014,2018 年版)规定:半地下室是指房间地面低于室外设计地面的平均高度大于该房间平均净高 1/3,且不大于 1/2 者。全地下室由于埋入地下较深,通风采光较困难,多用做储藏仓库、设备间等建筑辅助用房,并可利用其墙体有厚土覆盖受水平冲击和辐射作用小的特点用作人防地下室。

2)地下室的防潮与防水构造

地下室由于长期受地下水的影响,若没有可靠的防潮与防水措施,将会受到严重影响。保证地下室在使用时不受潮、不渗漏,是地下室构造设计的主要任务。

地下水是对地面以下各种水的统称,其主要来源是雨雪等降水和其他地面渗入土壤中的水。地下水对土壤的渗透作用一般用渗透系数来表示,即每昼夜水渗透的速度。渗透系数小、水渗透较慢的土层称为隔水层。地表下第一个隔水层以上的含水层中的水称为潜水。处在地表下、上下两个隔水层之间的地下水称为层间水。

(1)地下室的防潮

地下水的常年设计水位和最高地下水位均低于地下室地坪标高,且地基及回填土范围内无

127

上层滞水时,只需做防潮处理(图 2-2-7)。

上层滞水是指由于在潜水面以上有局部隔水层或由于局部的下层土壤透水性不如其上层土壤,而在一定时间内,能拦阻水流向下渗透,所形成的地下水区。

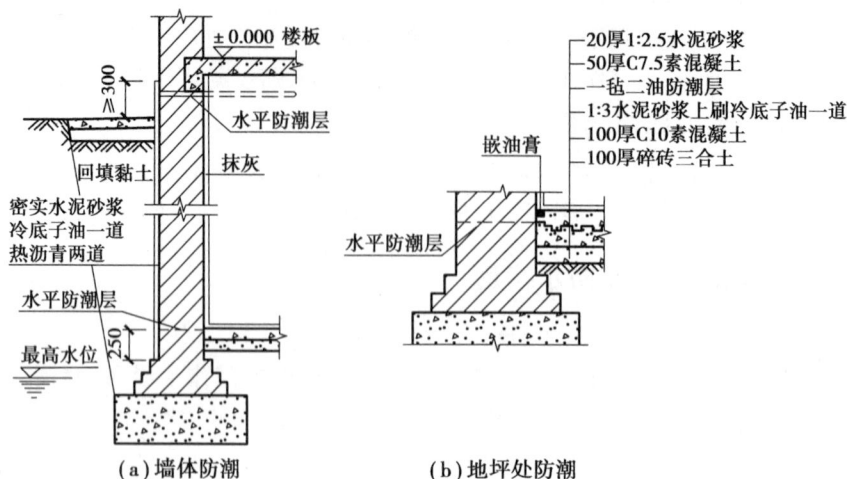

(a)墙体防潮　　　　(b)地坪处防潮

图 2-2-7　地下室的防潮处理

(2)地下室防水

当设计最高地下水位高于地下室地坪标高时,地下室外墙受到地下水侧压力的作用,地坪受地下水浮力影响,必须考虑对地下室外墙及地坪做防水处理。

防水原理有隔水法(堵)、降排水法(导)、综合防水法(堵导结合)。

①降排水法。用人工降低地下水位或排出地下水,直接消除地下水作用的防水方法,分为外排法和内排法。这种方法施工简单,投资较少,效果良好,但需要设置排水和抽水设备,经常检修维护,一般很少采用,只适用于雨季丰水期地下水位高出地下室地坪的高度小于 500 mm时,或作为综合方案的后备措施,以及旧防水渗漏又无法用其他方法补救时候用。

a.外排水法:外排法是在建筑物四周地下设置永久性降排水设施,以降低地下水位。如盲沟排水,将带孔洞的陶管水平埋设在建筑四周地下室地坪标高以下,用以截流地下水。地下水渗入地下陶管内后,再排至城市排水总管,从而使建筑物局部地区地下水位降低。

b.内排水法:内排水法是在地下室底板上设排水间层,使外部地下水通过地下室外壁上的预埋管,流入室内排水间层,再排至集水沟内,然后用水泵将水排出。

②隔水法。隔水法是利用各种材料的不透水性来隔绝外围水及毛细管水的渗透,分为材料防水和构件自防水两种。

a.材料防水法。在地下室外墙与底板表面敷设防水材料,阻止水的渗入。常用的材料有卷材、涂料和防水砂浆等。能够适应结构的微量变形和抵抗地下水中侵蚀性介质,是比较可靠的传统防水做法(图 2-2-8)。

常用的卷材有沥青卷材和高分子卷材。按防水卷材铺贴位置的不同分为外包法和内包法。

涂料防水则是指在施工现场将无定型液态冷涂料在常温下敷设于地下室结构表面的一种防水做法,防水质量和耐老化性能均比油毡防水层好。常用的涂料包括有机防水涂料(迎水面)和无机防水涂料(背水面),敷设方法有刷涂、刮涂、滚涂等。

水泥砂浆防水可用于结构主体的迎水面和背水面,施工简便、经济,便于检修。其抗渗性能较小,但对结构变形敏感度大,一般与其他防水层配合使用。

水泥砂浆防水层的材料有普通水泥砂浆、聚合物水泥防水砂浆、掺外加剂或掺和料防水砂浆等;施工方法有多层涂抹或喷射等。

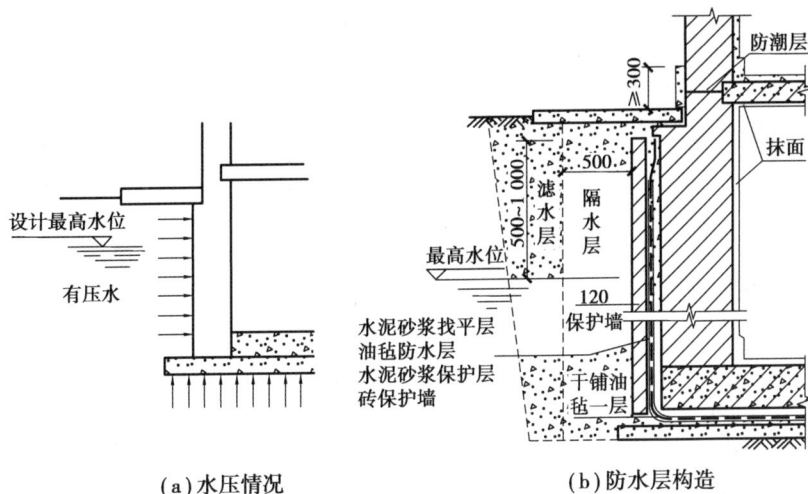

(a) 水压情况　　　　　(b) 防水层构造

图 2-2-8　地下室的柔性防水构造

b. 构件自防水。构件自防水是用防水混凝土作为地下室外墙和底板，通过采用调整混凝土的配合比或在混凝土中加入一定量的外加剂，改善混凝土自身的密实性，从而达到防水的目的。掺外加剂是在混凝土中掺入加气剂或密实剂，以提高抗渗性能（图 2-2-9）。

防水混凝土墙和地板不能过薄，一般应大于等于 250 mm，迎水面钢筋保护层厚度不应小于 50 mm 并涂刷冷底子油和热沥青。防水混凝土结构底板的混凝土垫层强度等级不应小于 C10，厚度不应小于 100 mm，在软弱土中则不应小于 150 mm。

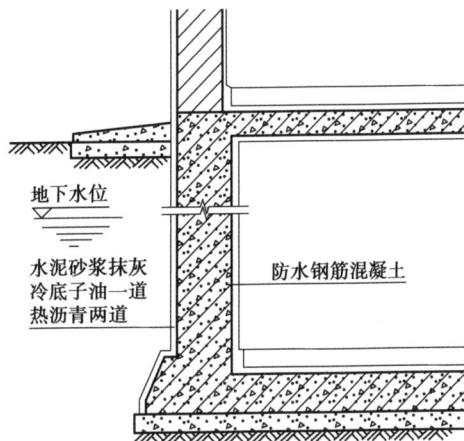

图 2-2-9　防水混凝土作地下室的处理

【学习笔记】

【关键词】

基础　地下室　防水　防潮　埋置深度

【测试】

一、单项选择题

1. 位于建筑物最下端，埋入地下并直接作用在土层上的承重构件称为（　　）。

A. 地基　　　　B. 基础　　　　C. 地下室　　　　D. 负一层

2. 地耐力是指（　　）。

A. 地基每平方米所能承受的最大压力　　B. 基础每平方米所能承受的最大压力

C. 地基整体所能承受的最大压力　　　　D. 基础整体所能承受的最大压力

3. 埋深( )的基础称为深基础。

A. ≥0.5 m　　　　B. ≤0.5 m　　　　C. ≥3 m　　　　D. ≥5 m

4. 直接承受建筑物荷载的土层称为( )。

A. 持力层　　　　B. 卧层　　　　C. 隔水层　　　　D. 冻土层

5. 处在地表下、上下两个隔水层之间的地下水称为( )。

A. 潜水　　　　B. 层间水　　　　C. 降水　　　　D. 隔水

二、多项选择题

1. 地基土分为五类( )等五类。

A. 陶土　　　B. 岩石　　　C. 碎石土　　　D. 砂土　　　E. 黏性土　　　F. 人工填土

2. 基础类型按构造方式可分为( )。

A. 条形基础　B. 点式基础　C. 独立基础　　D. 阀片基础　　E. 箱形基础　　F. 桩基础

3. 降排水法包括( )。

A. 外排水法　　　　　　B. 内排水法

C. 构件自防水法　　　　D. 材料防水法

E. 隔水法

4. 人工地基有以下处理方法( )。

A. 压实法　　　　　　B. 换土法

C. 隔水法　　　　　　D. 打桩法

E. 降水法

5. 基础的埋置深度有如下因素( )的影响。

A. 地基土层构造　　　　B. 地下水位

C. 相邻建筑的基础埋深　D. 连接不同埋深的基础

E. 是否有地下室

三、判断题

1. 刚性材料制作的基础称刚性基础。　　　　　　　　　　　　　　　　　( )

2. 在压力分布角度内基础底面受压而不受拉,这个角度称为刚性角。　　( )

3. 半地下室是指房间地面低于室外设计地面的平均高度小于该房间平均净高1/3。( )

4. 砖基础的刚性角为45°。　　　　　　　　　　　　　　　　　　　　　( )

5. 天然地基是指天然土层具有足够的承载力,不需要人工改善或加固便可直接承受建筑物荷载的地基。　　　　　　　　　　　　　　　　　　　　　　　　　　　　　　　( )

【想一想】根据下图想一想开挖后形成的基槽是做条形基础还是独立基础? 这种情况的基础是深基础还是浅基础? 这个基槽挖开后的地基是天然地基吗?

【做一做】尺规或手绘抄绘本教材图 2-2-7 地下室的防潮处理的构造图,比例自定。

任务 2.3　墙体构造

2.3.1 墙体的作用

2.3.1　墙体类型及设计要求

1)墙体的作用

墙体是建筑物的重要组成部分,具有承重、围护及分隔的作用。

①承重作用:墙体既承受建筑物自重以及人和设备的重量,也承受风和地震作用。

②围护作用:墙体抵御风、雨、雪以及太阳辐射等自然因素的侵袭,防止噪声干扰等。

③分隔作用:墙体将建筑物的室内外空间分隔开来,或将建筑物的内部空间分隔为若干个空间。

2)墙体的类型

(1)按墙体所处位置及方向分类

墙体按所处位置,可以分为外墙和内墙。外墙位于建筑物的四周,故又称为外围护墙;内墙位于建筑物内部,主要起分隔内部空间的作用。墙体按布置方向,又可以分为纵墙和横墙。沿建筑物长轴方向布置的墙称为纵墙;沿建筑物短轴方向布置的墙称为横墙,外横墙也称山墙。另外,根据墙体与门窗的位置关系,水平方向窗洞口之间的墙体称为窗间墙,竖直方向上下窗洞口之间的墙体称为窗下墙,如图 2-3-1 所示。

2.3.2 墙体的类型

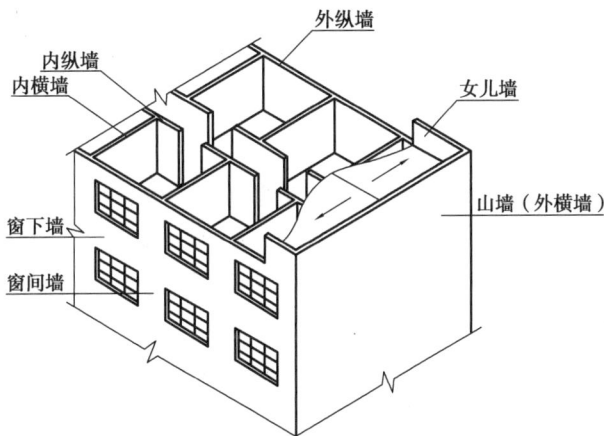

图 2-3-1　墙体按所处位置及方向分类

(2)按受力情况分类

墙体按结构竖向的受力情况,可分为承重墙和非承重墙两种。在砖混结构中,承重墙直接承受楼板及屋顶传递下来的荷载。非承重墙可分为自承重墙和隔墙。自承重墙仅承受自身重量,并把自重传递给基础;隔墙则把自重传递给楼板或梁。在框架结构中,非承重墙可分为填充墙和幕墙。填充墙是用轻质块材(空心砖、加气混凝土砌块)砌筑在结构框架梁柱之间的墙体,既可用于外墙,也可用于内墙,目前应用十分广泛;幕墙是悬挂于框架梁柱外侧的围护墙,它的自重由其连接固定部位的梁柱承担。安装在高层建筑外围的幕墙,还会受到高空气流影响,需承受以风力为主的水平荷载,并通过与梁柱的连接传递给框架系统。

(3)按材料及构造方式分类

墙体按所用材料不同,可分为砖墙、砌块墙、石材墙、土坯墙、钢筋混凝土墙和大型板材墙等;而按构造方式又可分为实体墙、空体墙和组合墙三种,如图 2-3-2 所示。实体墙由单一材料组成,如普通砖墙、实心砌块墙、混凝土墙、钢筋凝土墙等。空体墙也是由单一材料组成,既可以由单一材料砌成内部空腔,如空斗砖墙;也可以用具有孔洞的材料砌筑,如空心砌块墙、空心板材墙等。组合墙由两种以上材料组合而成,如钢筋混凝土和加气混凝土构成复合板材墙,其中钢筋混凝土起承重作用;加气混凝土起保温、隔热作用。

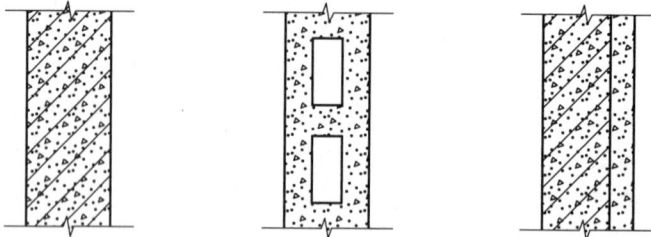

(a)实体墙:钢筋混凝土墙 (b)空体墙:空心砌块墙 (c)组合墙:复合板材墙

图 2-3-2 墙体构造形式

(4)按施工方法分类

墙体按施工方法,可分为块材墙、板筑墙及板材墙三种。其中,块材墙是用砂浆等胶凝材料将砖、石等块材组砌而成的墙体,如砖墙、石墙及各种砌块墙等;板筑墙是在现场立模板,现浇而成的墙体,如现浇混凝土墙等;板材墙是预先制成墙板,施工时安装而成的墙,如预制混凝土大板墙、各种轻质条板内隔墙等。

3)墙体的设计要求

我国幅员辽阔,各地区气候差异大,因此,建筑的墙体不仅要满足结构方面的要求,还必须具有保温、隔热、隔声、防火、防潮等功能。

2.3.3 墙体的
设计要求

(1)结构方面的要求

①结构布置方案。墙体是多层砖混结构建筑的围护构件,也是主要的承重构件。墙体布置必须同时考虑建筑和结构两方面的要求,既应满足设计的房间布置、空间大小划分等使用要求,又应选择合理的墙体承重结构布置方案,使之安全承担作用在建筑上的各种荷载,达到坚固耐久、经济合理的目的。

结构布置是指梁、板、柱等结构构件在建筑中的总体布局。砖混结构建筑的结构布置方案通常有横墙承重、纵墙承重、纵横墙双向承重以及局部框架承重等方式,如图 2-3-3 所示。

横墙承重方案是将楼板两端搁置在横墙上,纵墙只承担自身的重量,适用于横墙较多且间距较小、位置比较固定的建筑,其结构整体性好。纵墙承重方案是将纵墙作为承重墙来搁置楼板,而将横墙作为自承重墙且数量较少,这种方式可以满足较大空间的需求,但结构整体性较差。纵横墙双向承重方案是将以上两种方式结合,根据需要使部分横墙和纵墙共同作为建筑的承重墙,这样既可以满足空间组合的需要,建筑的空间刚度也较大。局部框架承重方案可以为建筑提供大空间,但因其整体性差,现已较少采用。

目前,框架结构在中小型民用建筑中的应用逐渐增加,墙体在框架结构中作为梁柱之间的填充墙,只起围护和分隔作用而不承受荷载。

②墙体承载力和稳定性。墙体承载力是指墙体承受荷载的能力,应通过结构计算确定,它与墙体的材料有关,如砖墙的承载力取决于砖和砌筑砂浆的强度等级。承重墙应具有足够的承载力,来承受楼板及屋顶竖向荷载,地震区还应考虑地震作用下的墙体承载力。

墙体的稳定性与墙的长度、高度和厚度有关,控制墙体的高厚比(墙体的计算高度与其厚

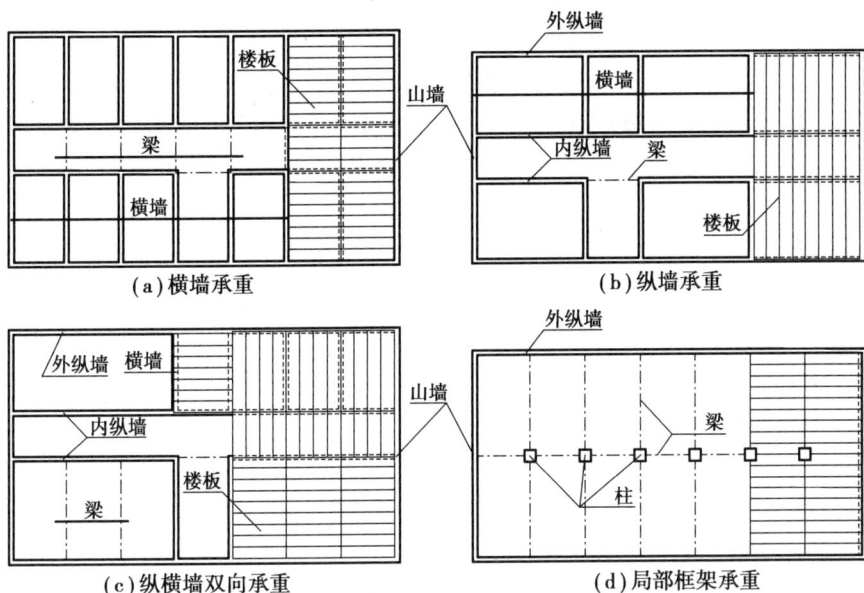

图 2-3-3 砖混结构建筑的结构布置方案

度的比值)是保证墙体稳定性的重要措施,高厚比越大,墙体的稳定性越差。另外,可以通过增加墙垛、构造柱、圈梁,墙内加筋等方法,提高墙体稳定性。

砖墙是脆性材料,变形能力小,如果建筑层数过多,砖墙可能被挤压破碎甚至被压垮。特别是在地震区,建筑破坏的程度随层数增多而加重,因此须对建筑的层数和高度加以限制,限值见表 2-3-1。

表 2-3-1 多层普通砖房屋高度和层数限值

房屋类型		最小抗震墙厚度/mm	烈度和设计基本地震加速度											
			6		7				8				9	
			0.05g		0.10g		0.15g		0.20g		0.30g		0.40g	
			高度	层数	高度	层数	高度	层数	高度	层数	高度	层数	高度	层数
多层砌体房屋	普通砖	240	21	7	21	7	21	7	18	6	15	5	12	4
	多孔砖	240	21	7	21	7	18	6	18	6	15	5	9	3
	多孔砖	190	21	7	18	6	15	5	15	5	12	4	—	—
	小砌块	190	21	7	21	7	18	6	18	6	15	5	9	3
底部框架-抗震墙房屋	普通砖、多孔砖	240	22	7	22	7	19	6	16	5	—	—	—	—
	多孔砖	190	22	7	19	6	16	5	13	4	—	—	—	—
	小砌块	190	22	7	22	7	19	6	16	5	—	—	—	—

注:①房屋的总高度指室外地面到主要屋面板板顶或檐口的高度,半地下室从地下室室内地面算起,全地下室和嵌固条件好的半地下室应允许从室外地面算起;对带阁楼的坡屋面应算到山尖墙的 1/2 高度处;

②室内外高差大于 0.6 m 时,房屋总高度应允许比表中的数据适当增加,但增加量应少于 1.0 m;

③乙类的多层砌体房屋仍按本地区设防烈度查表,其层数应减少一层且总高度应降低 3 m;不应采用底部框架-抗震墙砌体房屋;

④本表小砌块砌体房屋不包括配筋混凝土小型空心砌块砌体房屋。

（2）功能方面的要求

①保温与隔热要求。墙体的热工性能应与所在地区的气候条件相适应。我国北方地区气候寒冷，建筑外墙应具有良好的保温性能，以减少室内的热量损失，同时，还应保证其内表面不产生冷凝水。对于我国南方气候炎热的地区，建筑外墙则应具有良好的隔热性能，并适当兼顾冬季保温。

②隔声要求。为使建筑室内具有良好的声学环境，保证人们的生活和工作不受噪声干扰，要求墙体必须具有一定的隔声能力。保证墙体隔声性能的措施一般有：加强墙体的密封处理，增加墙体的密实性和厚度（一般 240 mm 厚的砖墙双面抹灰时，其隔声量可达 45 dB，基本上能满足隔声要求），采用有空气间层或多孔性材料的夹层墙以及在总平面设计中处理隔声问题等。

（3）其他方面的要求

①防火要求。建筑材料的燃烧性能和耐火极限应符合防火规范的规定。在较大的建筑中应按规范划分防火分区，设置防火墙、防火门、防火卷帘等，以防止火灾蔓延。

②防水、防潮要求。卫生间、厨房、实验室等有水使用的房间及地下室的墙体均应采取防水、防潮措施。在设计时，选择良好的防水材料和恰当的构造做法，能够有效防止室内渗水和漏水，保证墙体的坚固耐久，使室内具有良好的卫生环境。

③建筑工业化的要求。建筑工业化的关键是墙体改革。在大量的民用建筑中，墙体工程量占有相当大的比重，不仅消耗大量的劳动力，而且施工工期长。因此，必须改变手工生产及操作，提高机械化施工程度和工效，降低劳动强度，并采用轻质高强的墙体材料，以减轻自重、降低成本，这样才能推进墙体改革的进程。

2.3.2 块材墙构造

块材墙是用砂浆等胶凝材料将砖石等块材组砌而成的墙体，也可以称为砌体，如砖墙、石墙及各种砌块墙等。一般情况下，块材墙具有一定的保温、隔热、隔声性能和承载能力，生产制造及施工操作简单，不需要大型的施工设备，但是现场湿作业较多，施工速度慢，劳动强度较大。

1）墙体材料

（1）常用块材

块材墙中常用的块材有各种砖和砌块，如图 2-3-4 所示。

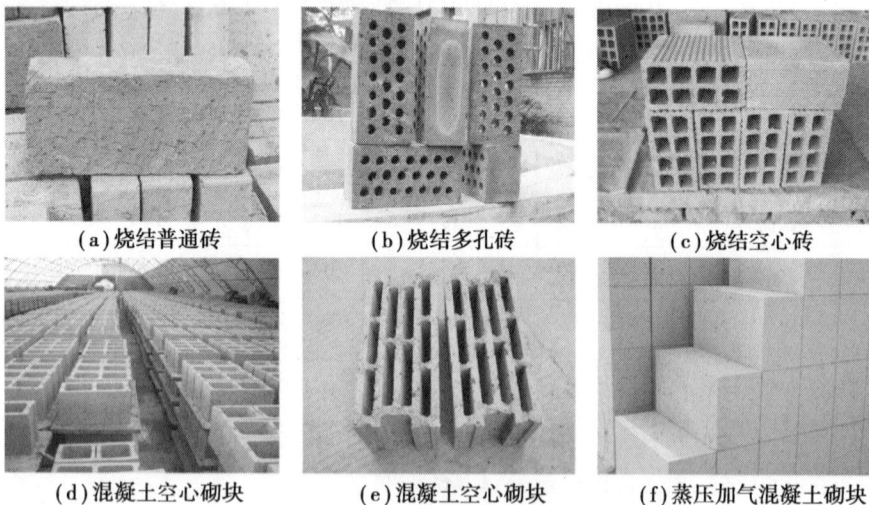

（a）烧结普通砖	（b）烧结多孔砖	（c）烧结空心砖
（d）混凝土空心砌块	（e）混凝土空心砌块	（f）蒸压加气混凝土砌块

图 2-3-4　块材墙的常用材料

①砖。砖的种类很多,从材料上划分,有烧结普通砖、灰砂砖、页岩砖、煤矸石砖、水泥砖以及各种工业废料砖,如炉渣砖等;从外观上划分,有实心砖、空心砖和多孔砖。砖的制作工艺有烧结和蒸压养护等成型方式。目前,常用的砖材有烧结普通砖、蒸压粉煤灰砖、蒸压灰砂砖、烧结空心砖和烧结多孔砖等。

砖的强度等级按照其抗压强度分为 5 级,即 MU30、MU25、MU20、MU15、MU10,单位为 N/mm²,强度等级越高的砖,其抗压强度越好。

烧结普通砖是指各类烧结的实心砖,其原材料可采用黏土、粉煤灰、煤矸石和页岩等,目前常采用页岩。实心黏土砖具有较高的强度和良好的热工、防火、抗冻性能,但黏土取材消耗大量农田土地,自 2000 年 6 月 1 日起,国家开始在住宅建设中限制使用实心黏土砖,时至今日大部分城市和地区已基本禁止使用和生产黏土砖。

蒸压粉煤灰砖是以粉煤灰、石灰、石膏和细集料为原料,压制成型后经高压蒸汽养护制成的实心砖,其强度高,性能稳定。蒸压灰砂砖是以石灰和砂子为主要原料,成型后经蒸压养护而成,主要用作承重砖,隔声和蓄热性能较好,有实心砖也有空心砖。蒸压粉煤灰砖和蒸压灰砂砖的实心砖都是替代实心黏土砖的产品。

烧结空心砖和烧结多孔砖都是以黏土、页岩、煤矸石等为主要原材料经焙烧而成,主要适用于非承重墙体。其中,烧结页岩空心砖是目前广泛应用的一种砖材,具有强度高、质量轻、抗裂性强、墙面不易开裂及脱落和保温、隔热性能良好等优点,主要用于砌筑钢筋混凝土框架结构和剪力墙结构中的填充墙。

②砌块。砌块是利用混凝土、工业废料(炉渣、矿渣等)和地方材料制造的块材。砌块具有取材不破坏耕地,生产投资少、工艺简单、节能环保、施工速度快、无须大型的起重运输设备等优点。砌块墙是目前我国墙体改革的主要途径之一,应大力发展和推广。一般 6 层以下的住宅、学校办公楼以及单层厂房均可使用砌块代替砖。

砌块按尺寸和质量的大小不同,可分为小型砌块、中型砌块和大型砌块。在砌块系列中,主规格的高度为 115～380 mm 的称为小型砌块;高度为 380～980 mm 的称为中型砌块;高度为 980 mm 以上的称为大型砌块,建筑工程中多使用中型、小型砌块。小型砌块的质量轻、型号多,使用较灵活,适应面广,但小型砌块墙多为手工砌筑,施工劳动量较大;中型和大型砌块的尺寸、质量均较大,适于机械起吊和安装,可提高劳动生产率,但型号不多,不如小型砌块灵活。

砌块按外观形状可分为实心砌块和空心砌块。空心砌块有单排方孔、单排圆孔和多排扁孔三种形式,如图 2-3-5 所示,其中多排扁孔对保温较有利。按砌块在组砌中的位置与作用,可分为主砌块和辅助砌块两类。

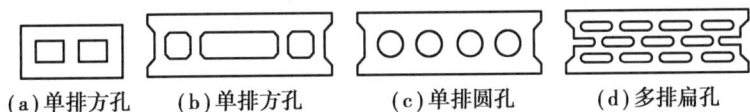

(a)单排方孔　　　(b)单排方孔　　　(c)单排圆孔　　　(d)多排扁孔

图 2-3-5　空心砌块的常见形式

根据材料的不同,常用的砌块有普通混凝土小型空心砌块、轻集料混凝土小型空心砌块、粉煤灰小型空心砌块和蒸压加气混凝土砌块等。其中,蒸压加气混凝土砌块是目前广泛应用的建筑填充墙材料,它的质量轻、强度高,具有良好的保温、隔热、隔声以及抗渗性能,而且耐火性能是钢筋混凝土的 6～8 倍。蒸压加气混凝土砌块的施工特性也非常优良,它不仅可以在工厂内生产出各种规格,还可以像木材一样进行锯、刨、钻、钉,又由于它的体积比较大,因此施工速度也非常快。

（2）胶凝材料

块材需经胶凝材料砌筑成墙体，使它传力均匀。同时，胶凝材料还起嵌缝作用，能提高墙体的保温、隔热和隔声性能。块材墙的胶凝材料主要是砂浆。砌筑砂浆要求有一定的强度，以保证墙体的承载能力，还要求有适当的稠度和保水性（即有良好的和易性），以方便施工。

砌筑砂浆通常使用水泥砂浆、石灰砂浆和混合砂浆三种。其中，水泥砂浆的强度高，防潮性能好，主要用于受力和防潮要求高的墙体中；石灰砂浆的强度和防潮性都较差，但和易性好，主要用于砌筑强度要求低、处于干燥环境的墙体。混合砂浆由水泥、石灰、砂经水拌和而成，既具有一定的强度，也具有良好的和易性，在民用建筑地上部分的墙体中被广泛采用。

对于一些表面较光滑的块材（如蒸压粉煤灰砖、蒸压灰砂砖、蒸压加气混凝土砌块等），砌筑时需要加强与砂浆的黏结力，要求采用经过配方处理的专用砌筑砂浆，或采取提高块材和砂浆间黏结力的相应措施。

根据 2011 年 8 月 1 日起正式实施的《砌筑砂浆配合比设计规程》（JGJ/T 98—2010）规定，水泥砂浆及预拌砌筑砂浆的强度等级可分为 M5、M7.5、M10、M15、M20、M25、M30；水泥混合砂浆的强度等级可分为 M5、M7.5、M10、M15。在同一段墙体中，砂浆和块材的强度等级要满足一定的对应关系，以保证墙体的整体强度不受影响。

2）组砌方式

组砌是指块材在砌体中的排列方式。组砌的关键是错缝搭接，使上下层块材的垂直缝交错，保证墙体的整体性。如果墙体表面或内部的垂直缝处于一条线上，就会形成通缝，如图 2-3-6 所示。在荷载作用下，通缝易使墙体开裂，降低其承载力和稳定性。

（1）砖墙的组砌

①砖墙的组砌原则。在砖墙的组砌中，把长边平行于墙面砌筑的砖称为顺砖，而把长边垂直于墙面砌筑的砖称为丁砖，排列的每一层砖称为一皮砖，如图 2-3-7 所示。上下两皮砖之间的水平缝称为横缝，左右两块砖之间的垂直缝称为竖缝，标准缝宽为 10 mm，可在 8～12 mm 调整。

2.3.4 墙体组砌方式

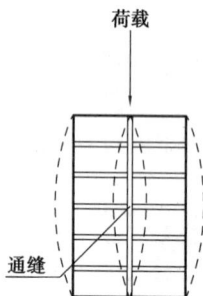

图 2-3-6　块材墙通缝示意

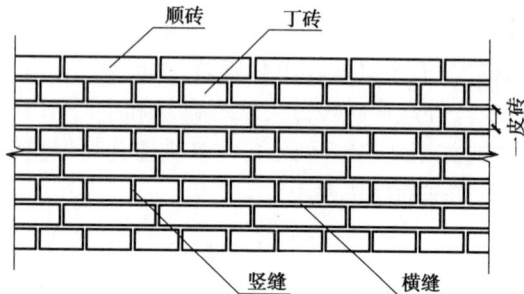

图 2-3-7　砖墙组砌名称

为保证墙体的强度及保温、隔热、隔声等性能，要求顺砖和丁砖交替砌筑，砖块的排列应遵循砂浆饱满、横平竖直、内外搭接、上下错缝的原则，以避免形成竖向通缝。当外墙做清水墙面时，组砌还应考虑块材排列方式不同带来的墙面图案效果。

②砖墙的组砌方式。实体砖墙常用的组砌方式有全顺式、一顺一丁式、三顺一丁式、两平一侧式、全丁式、十字式（也称梅花丁式）等，如图 2-3-8 所示。

空体砖墙的组砌有多孔砖墙、空心砖墙和空斗砖墙三种情况。其中，多孔砖墙主要采用全顺式、一顺一丁式、十字式等组砌方式；空心砖墙一般采用全顺式侧砌；空斗墙是用烧结普通砖砌筑的空心墙体，其组砌方式有无眠空斗式、一眠一斗式、一眠二斗式、一眠三斗等，如图 2-3-9

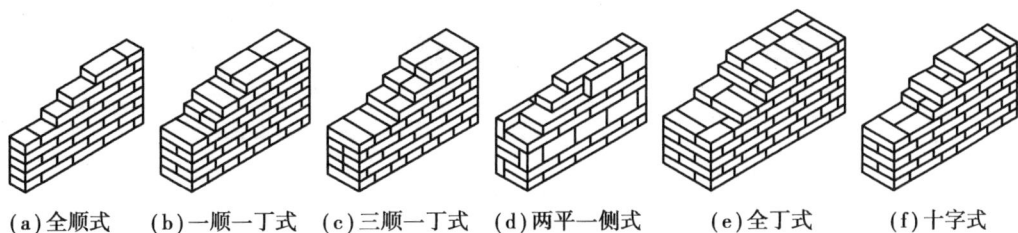

(a)全顺式　(b)一顺一丁式　(c)三顺一丁式　(d)两平一侧式　(e)全丁式　(f)十字式

图 2-3-8　普通砖墙组砌方式

所示。空斗砖墙是我国的一种传统墙体,自明代起大量用来建造民居和寺庙等,在长江流域和西南地区应用较广,但随着我国建筑工业化的不断推进,在目前的建筑工程中已很少采用。

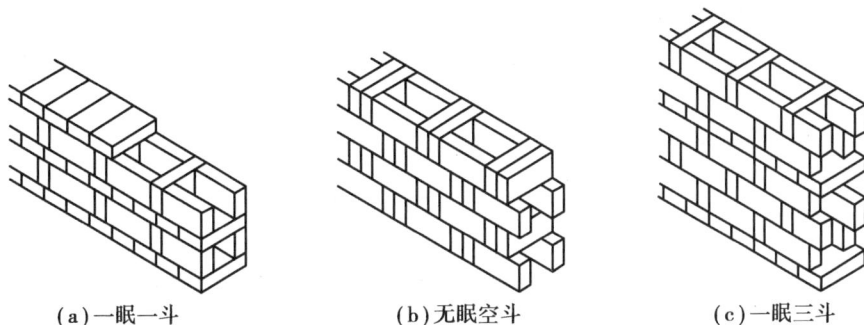

(a)一眠一斗　(b)无眠空斗　(c)一眠三斗

图 2-3-9　空斗墙砌筑方法

(2)砌块墙的组砌

由于砌块的规格较多、尺寸较大,为保证错缝以及砌体的整体性,应事先做好排列设计,并在砌筑过程中采取加固措施。排列设计就是把不同规格的砌块在墙体中的安放位置用平面图和立面图加以表示。砌块排列设计应满足上下皮错缝搭接,墙体交接处和转角处应用砌块彼此搭接,优先采用大规格砌块并使主砌块的总数量在 70% 以上。为减少砌块规格,允许使用极少量的砖来镶砌填缝。采用混凝土空心砌块时,上下皮砌块应孔对孔、肋对肋,以保证有足够的接触面。砌块的排列组合如图 2-3-10 所示。

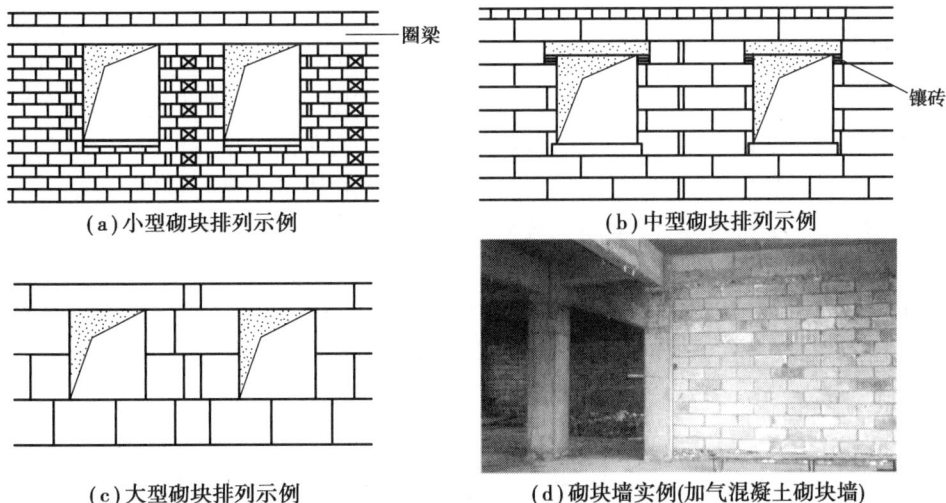

(a)小型砌块排列示例　　　　(b)中型砌块排列示例

(c)大型砌块排列示例　　　　(d)砌块墙实例(加气混凝土砌块墙)

图 2-3-10　砌块排列示意图

当砌块墙组砌时出现通缝或错缝距离不足 150 mm 时,应在通缝处加钢筋网片,使之拉结成整体,如图 2-3-11 所示。

(a) 空间关系 (b) 错缝配筋

(c) 转交配筋 (d) 丁字墙配筋

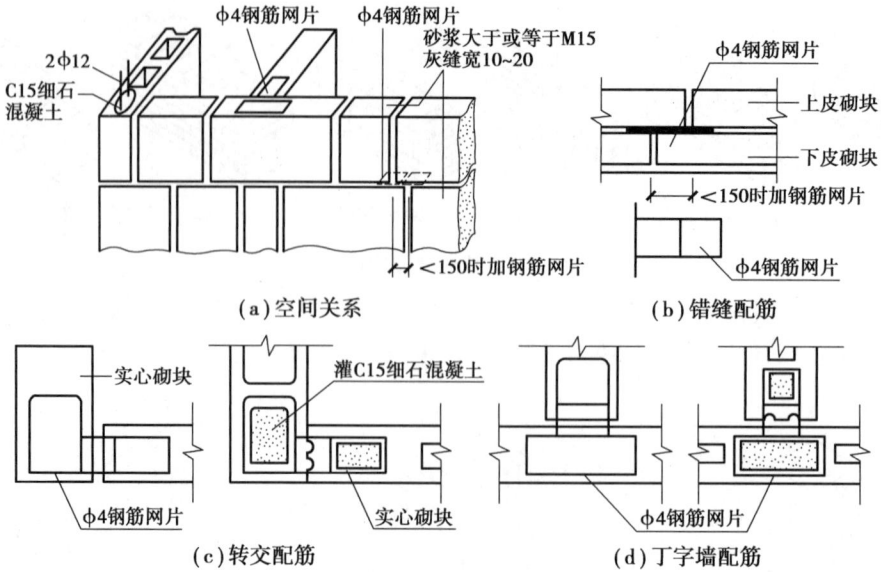

图 2-3-11 砌缝的构造处理

由于砌块规格很多,外形尺寸往往不像砖那样规整,因此砌块组砌时,缝型比较多,有平缝、凹槽缝和高低缝,如图 2-3-12 所示。平缝制作简单,多用于水平缝。凹槽缝灌浆方便,多用于垂直缝。缝宽视砌块尺寸而定,小型砌块为 10 ~ 15 mm,中型砌块为 15 ~ 20 mm。砌筑砂浆强度等级不低于 M5。

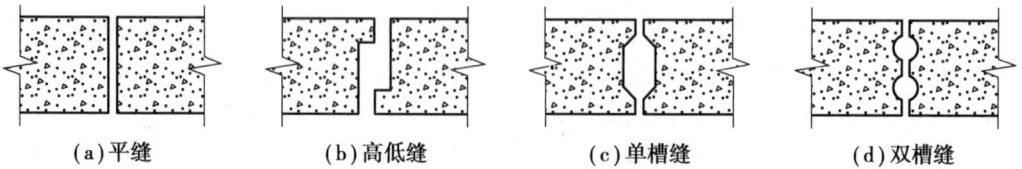

(a) 平缝 (b) 高低缝 (c) 单槽缝 (d) 双槽缝

图 2-3-12 砌块缝型示例

3) 墙体尺度

(1) 墙体厚度

墙体厚度主要由块材和灰缝的尺寸组合而成。以常用的实心标准砖为例,每块砖的具体尺寸为 240 mm×115 mm×53 mm(长×宽×厚),用砖的三个方向的尺寸作为墙厚的基数,当错缝或墙厚超过砖块尺寸时,均按灰缝 10 mm 进行砌筑。从尺寸上不难看出,砖厚加灰缝、砖宽加灰缝后与砖长形成 1 : 2 : 4 的比例,普通砖墙厚度见表 2-3-2。目前的建筑工程普遍应用钢筋混凝土结构,其填充墙通常采用烧结空心砖或蒸压加气混凝土砌块砌筑为 200 mm 或 100 mm 厚的墙体。这类墙体的厚度主要由块材自身的尺寸确定,如烧结空心砖的规格有 190 mm×190 mm×90 mm,按全顺式砌筑就可达到相应的墙厚。

(2) 洞口尺寸

门窗洞口的尺寸应遵循我国现行《建筑模数协调标准》(GB/T 50002—2013)的规定,这样可以减少门窗规格,有利于工厂化生产,提高工业化程度。一般情况下,1 m 以内的洞口尺寸采用基本模数 100 mm 的倍数,如 600 mm、700 mm、800 mm、900 mm、1 000 mm,大于 1 m 的洞口尺寸采用扩大模数 300 mm 的倍数,如 1 200 mm、1 500 mm、1 800 mm 等。

表 2-3-2 普通砖墙厚度

砖的断面					
尺寸组成	115×1	115×1+53+10	115×2+10	115×3+20	115×4+30
构造尺寸	115	178	240	365	490
标志尺寸	120	180	240	370	490
工程称谓	12 墙	18 墙	24 墙	37 墙	49 墙
习惯称谓	半砖墙	3/4 砖墙	一砖墙	一砖半墙	两砖墙

4)墙身的细部构造

为保证墙体的耐久性以及墙体与其他构件的连接,应在相应位置进行构造处理。墙身的细部构造包括墙脚、门窗洞口、墙身加固措施等。墙体变形缝构造详见本教材任务 2.8。

(1)墙脚构造

墙脚是指室内地面以下、基础以上的这段墙体,如图 2-3-13 所示。墙脚所处的位置常受到雨水、地表水和土壤中水分的侵蚀,致使墙身受潮,饰面层发霉脱落,影响建筑外观和室内环境卫生。因此,在构造上应采取必要的防潮措施,增强墙脚的耐久性;并且不能使用吸水率较大、对干湿交替作用敏感的块材,如用加气混凝土砌块来砌筑墙脚。

2.3.6 墙脚构造

(a)外墙　　　　　　　(b)内墙

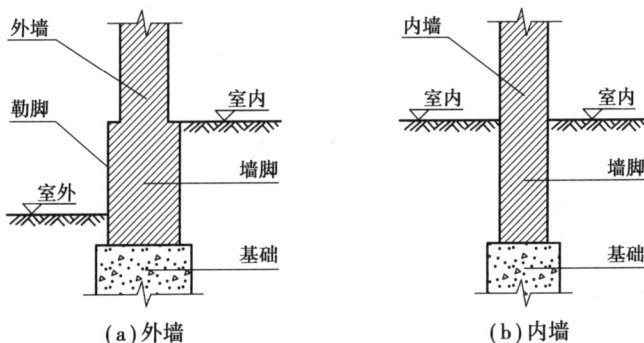

图 2-3-13 墙脚位置

①墙身防潮。墙身防潮的方法是在墙脚铺设防潮层,防止土壤和地面水渗入墙体。防潮层在构造形式上可分为水平防潮层和垂直防潮层两种。

a.防潮层位置:当室内地面垫层为混凝土等密实材料时,水平防潮层应设在垫层范围内低于室内地坪 60 mm 处,以隔绝地潮对墙身的影响,且还应至少高于室外地面 150 mm,防止雨水溅湿墙面。当室内地面垫层为透水材料(如碎石、炉渣等)时,水平防潮层设在平齐或高于室内地坪 60 mm 处。若相邻两房间的室内地面存在高差,应在墙身内设置高低两道水平防潮层,并在靠土壤一层设置垂直防潮层。如采用混凝土或石砌勒脚,则可以不设水平防潮层。另外,还可以将地圈梁提高至室内地坪以下来代替水平防潮层。墙身防潮层的位置,如图 2-3-14 所示。

b.防潮层的做法:水平防潮层通常有 3 种构造做法,即油毡防潮层、防水砂浆防潮层和细石混凝土防潮层,如图 2-3-15 所示。垂直防潮层的做法通常是在回填土前(靠填土一侧),先用 1∶2 的水泥砂浆抹面 15 ~ 20 mm,再刷冷底子油一道,刷热沥青两道;也可直接采用掺有 3% ~5% 防水剂的砂浆抹面 15~20 mm 的做法。

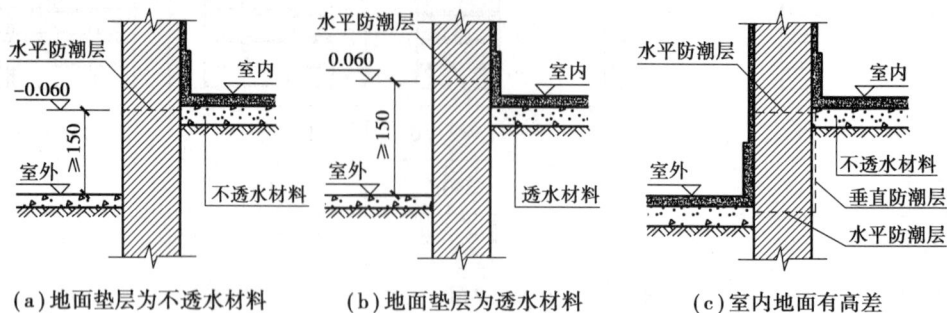

(a)地面垫层为不透水材料　　　(b)地面垫层为透水材料　　　(c)室内地面有高差

图 2-3-14　墙身防潮层的位置

②勒脚构造。勒脚是外墙身下部与室外地坪交接处竖直方向的防水构造,其高度一般是室内地坪与室外地面之间的高差。为了建筑立面的装饰效果,有时也将底层窗台以下的部分作为勒脚。勒脚不仅受到水的侵蚀,还受到外界机械力的影响,所以要求勒脚更加防潮与坚固耐久。另外,勒脚的做法、高低、色彩等,应结合建筑造型,选用耐久性好的材料或防水性能好的外墙饰面,通常采用的构造做法如图 2-3-16 所示。

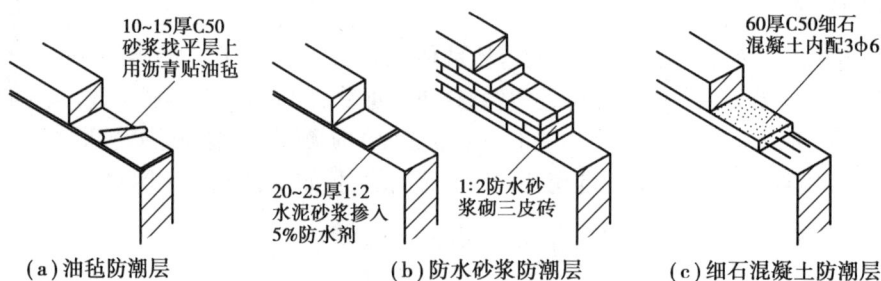

(a)油毡防潮层　　　(b)防水砂浆防潮层　　　(c)细石混凝土防潮层

图 2-3-15　墙身水平防潮层

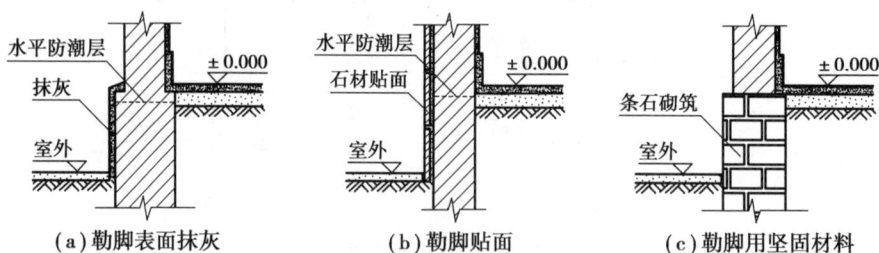

(a)勒脚表面抹灰　　　(b)勒脚贴面　　　(c)勒脚用坚固材料

图 2-3-16　勒脚的构造做法

a. 勒脚表面抹灰。可采用 8 ~ 15 mm 后的 1∶3 水泥砂浆打底,12 mm 厚 1∶2 水泥白石子浆、水刷石或斩假石抹面。此法多用于一般建筑,如图 2-3-17(a)所示。

(a)抹灰勒脚　　　(b)石材贴面勒脚　　　(c)条石勒脚

图 2-3-17　勒脚构造实例

b. 勒脚贴面。可采用天然石材或人工石材贴面,如花岗岩、水磨石板等。贴面勒脚耐久性强,装饰效果好,用于标准较高的建筑,如图 2-3-17(b)所示。

c. 勒脚用坚固材料。采用条石、混凝土等坚固耐久的材料来做勒脚,如图 2-3-17(c)所示。

③踢脚构造。踢脚是外墙内侧和内墙两侧与室内地坪交接处的构造,也称为踢脚线或踢脚板,如图 2-3-18 所示。踢脚的主要作用是加固并保护内墙脚,遮盖墙面与楼地面的接缝,防止此处渗漏水、掉灰以及扫地时污染墙面。踢脚的高度一般为 100 ~ 150 mm,有时为了装饰墙面或防潮,也将其延伸至 900 ~ 1 800 mm,称为墙裙。踢脚材料常采用木材、瓷砖、缸砖等,一般与地面材料保持一致。

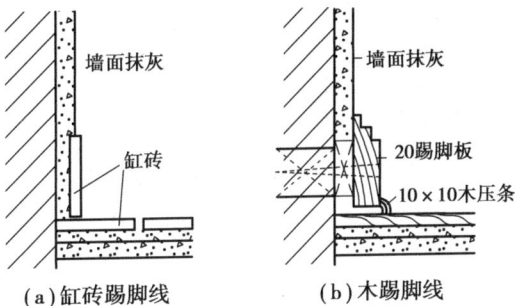

图 2-3-18　踢脚线

④外墙周围的排水处理。为了防止屋顶落水或地表水侵入勒脚而危害基础,必须沿建筑物外墙四周设置散水、明沟或暗沟等(图 2-3-19),以将勒脚附近的积水及时排开。当屋面采用有组织排水时,一般设散水和暗沟,这是目前工程中普遍采用的做法;而当屋面采用无组织排水时,则设散水和明沟。另外,对于降雨量较小的北方地区,建筑外墙周围一般单做散水;而对于降雨量较大的南方地区,通常将散水与明沟或暗沟结合,也可单做明沟。

图 2-3-19　外墙周围的排水处理

a. 散水。铺设在建筑外墙四周用以防止雨水渗入的保护层称为散水。其做法通常是在夯实素土上铺三合土、混凝土等材料,厚度为 60 ~ 70 mm,如图 2-3-20 所示。散水宽度一般为 0.6 ~ 1.0 m,当屋面采用无组织排水时,其宽度应大于屋檐出挑长度 200 ~ 300 mm。为保证排水顺畅,散水的排水坡度通常为 3% ~ 5%。为防止外墙沉降时将散水拉裂,应在散水与外墙交接处设置变形缝,并采用弹性材料嵌缝。同时,沿散水纵向应间隔 6 ~ 12 m 设置一道伸缩缝,并进行嵌缝处理。对于存在季节性冰冻的地区,散水底部还需用砂石、炉渣、石灰土等非冻胀材料铺设 300 mm 厚的防冻胀层。

b. 明沟与暗沟。明沟是设在外墙四周的排水沟,其作用是将积水导向集水井后汇入排水系统,以保护墙脚和基础。明沟可用砖砌、石砌或混凝土现浇,沟底做坡度为 0.5% ~ 1% 的排水纵坡。明沟中心应正对屋檐滴水位置,外墙与明沟之间应做散水,如图 2-3-21(a)所示;暗沟是设有盖沟板的排水沟,其作用与明沟相同,如图 2-3-21(b)所示。

(2)门窗洞口构造

①门窗过梁构造。

过梁是用来支撑门窗洞口上方墙体的承重构件,它将所受荷载传递给洞口两侧的墙体,承重墙上的过梁还要承受楼板的荷载。

2.3.7 门窗洞口构造

141

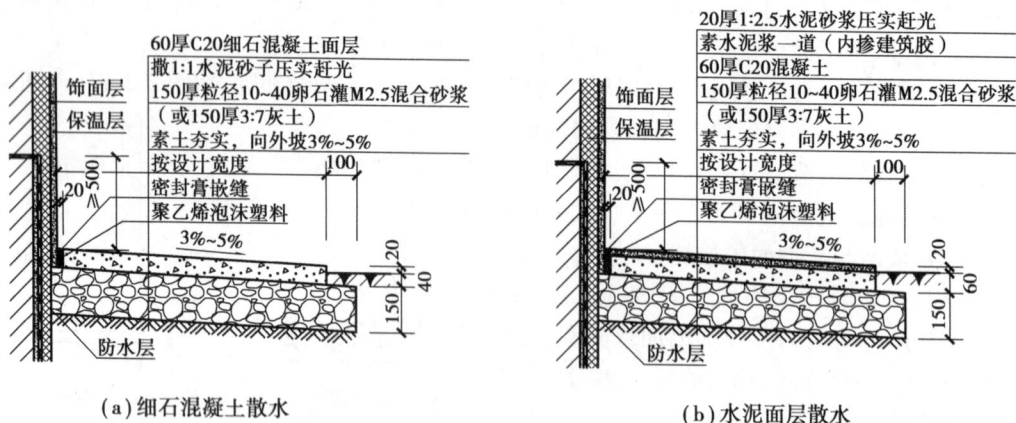

（a）细石混凝土散水　　　　（b）水泥面层散水

图 2-3-20　散水构造做法示例

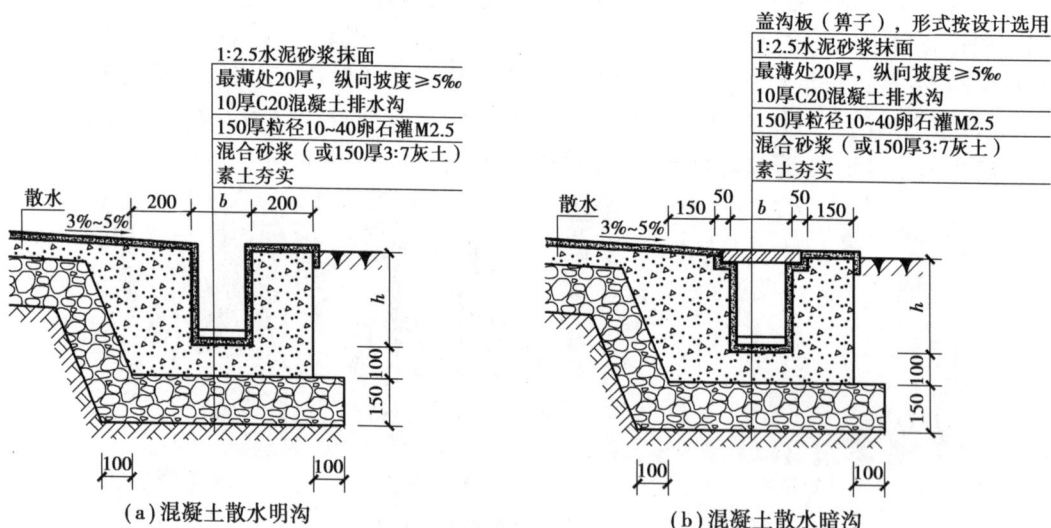

（a）混凝土散水明沟　　　　（b）混凝土散水暗沟

图 2-3-21　明沟与暗沟构造示例（图中 b 和 h 按设计确定，且不大于 400 mm）

目前，工程中主要采用钢筋混凝土过梁，它的承载能力较强，可用于较宽的门窗洞口，对建筑的不均匀沉降或振动有一定的适应性，其类型有预制装配式和现浇式两种。过梁的宽度一般与墙厚相同，高度按结构计算确定，但应配合墙体块材的规格，过梁两端伸入墙内的支承长度不应小于 240 mm。外墙的门窗过梁还应在底部抹灰时做好滴水处理，以防止飘落到墙面的雨水沿过梁向外墙内侧流淌。

图 2-3-22 所示为钢筋混凝土过梁的几种断面形式。其中矩形断面过梁施工方便，是最常采用的断面形式。同时，过梁的形式还应配合建筑的立面装饰，例如，带有窗套或窗楣的窗，过梁断面就可做成"L"形出挑，如图 2-3-22（b）、（c）所示。另外，在寒冷地区，也常采用"L"形断面的过梁，以减小其外露部分的面积，或将其全部包起来，防止在过梁内表面产生凝结水，如图 2-3-22（d）所示。

有时，过梁会根据建筑风格和装饰需要采用其他形式，如传统的砖拱和石拱过梁，或结合细部设计而制作的各种钢筋混凝土过梁的变化形式，如图 2-3-23 所示。其中，砖拱和石拱过梁对门窗洞口的跨度有一定限制，并且对基础不均匀沉降的适应性较差，目前只应用于一些复古风格建筑的非承重装饰墙体中。

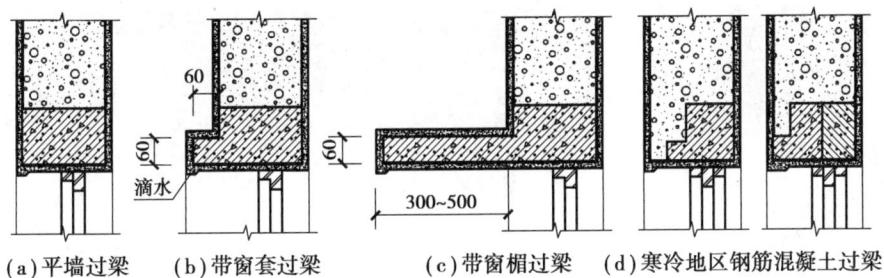

(a) 平墙过梁　　(b) 带窗套过梁　　(c) 带窗楣过梁　　(d) 寒冷地区钢筋混凝土过梁

图 2-3-22　钢筋混凝土过梁

(a) 砖拱过梁（圆拱）　　　　　　(b) 砖拱过梁（平拱）

(c) 石拱过梁　　　　　　(d) 钢筋混凝土拱形过梁

图 2-3-23　其他形式的过梁

②窗台构造。窗台是窗洞口下部设置的排水构造,其作用是排除沿窗面流下的雨水,防止其渗入墙身或沿窗缝渗入室内。窗台的形式可分为挑窗台和不悬挑窗台两种,如图 2-3-24 所示。为便于排水,一般设置为挑窗台。位于内墙或阳台等处的窗不受雨水冲刷,可不必设挑窗台。当外墙面材料为面砖时,墙面易被雨水冲洗干净,也可不设挑窗台。

挑窗台可用砖砌,也可用混凝土窗台构件。砖砌挑窗台根据设计要求可分为 60 mm 厚平砌挑砖窗台和 120 mm 厚侧砌挑砖窗台,挑出墙面 60 mm。挑窗台的长度应超过窗洞口两侧至少 120 mm,表面应设有一定的排水坡度,并做抹灰或贴面处理。为避免雨水影响窗下墙面,挑窗台底部边缘处应做滴水槽或斜抹水泥砂浆,引导雨水垂直下落。但实践证明,无论在挑窗台底部是否做有滴水处理,窗下墙面都会出现脏水流淌的痕迹,影响立面美观,因此现在的很多建筑都不设置挑窗台。

为突出建筑立面的装饰效果,可在窗洞口四周由过梁、窗台和窗边挑出的立砖形成窗套;也可将几个窗台连做或将所有的窗台连通形成水平线条(即腰线),如图 2-3-25 所示。

(a)立砌挑砖窗台实例1　　　　　　　(b)立砌挑砖窗台实例2

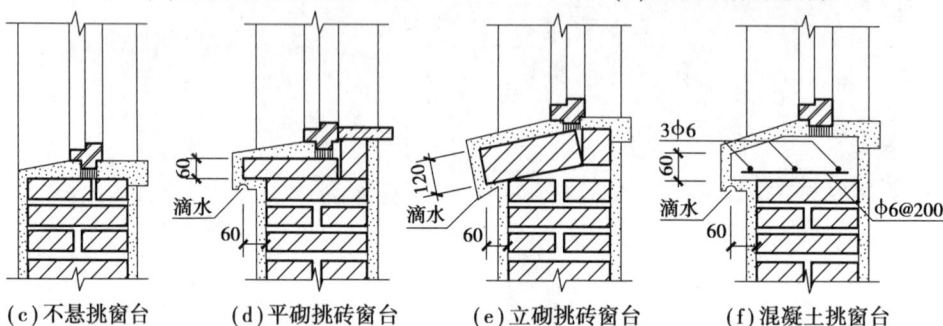

(c)不悬挑窗台　　(d)平砌挑砖窗台　　(e)立砌挑砖窗台　　(f)混凝土挑窗台

图 2-3-24　窗台构造

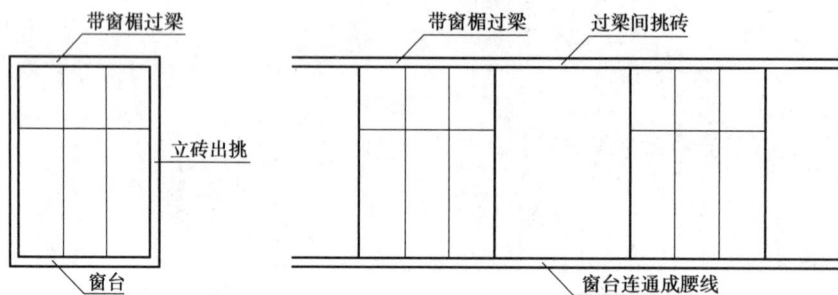

图 2-3-25　窗套与腰线

(3)墙身加固措施

①门垛和壁柱。在墙体上开设门洞时一般应设门垛,特别是在墙体转折处或丁字墙处,用以保证墙身稳定和门框安装,如图 2-3-26 所示。门垛宽度与墙厚相同,长度与块材的尺寸、规格相对应,且不宜过长,以免影响房间使用。普通砖墙的门垛长度一般为 120 mm 或 240 mm,空心砖墙或加气混凝土砌块墙的门垛宽度一般为 100 mm 或 200 mm。

2.3.8 墙身加固措施

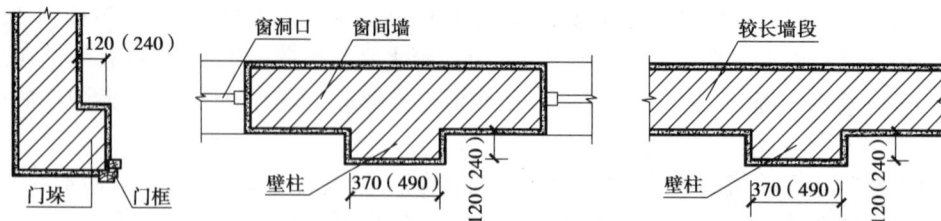

图 2-3-26　门垛与壁柱

当墙体受集中荷载作用或因墙体过长导致稳定性不足(如240 mm厚、长度超过6 m)时,应在墙身局部适当位置增设壁柱(又称扶壁柱),使其与墙体共同承担荷载并稳定墙身,如图2-3-26所示。壁柱尺寸应根据结构计算确定并符合块材规格,如砖墙壁柱常凸出墙面120 mm或240 mm,宽度为370 mm或490 mm。壁柱一般用于砌体结构,且在工业厂房中应用较多,而随着钢筋混凝土结构的推广,目前壁柱已较少在工程中采用。

②圈梁。圈梁是沿建筑外墙、内纵墙和主要横墙在同一水平面设置的连续封闭的梁,如图2-3-27(a)所示。圈梁的作用是增强建筑的整体刚度及墙身稳定性,减少因基础不均匀沉降或较大振动荷载所引起的墙身开裂。

圈梁与门窗过梁宜尽量统一考虑,可用圈梁代替门窗过梁。圈梁应闭合,若遇到截断圈梁的门窗洞口,则应在洞口上部附加圈梁,进行上、下搭接,如图2-3-27(b)所示。但对于有抗震要求的建筑,圈梁不宜被洞口截断。

(a)圈梁实例

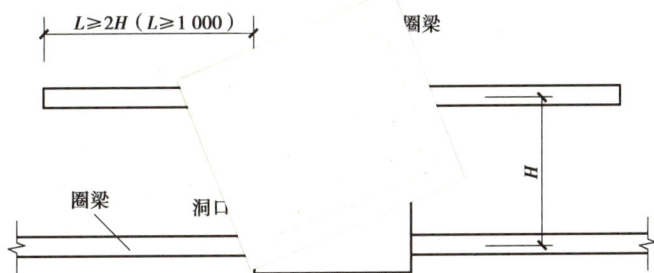

(b)附加圈梁

图 2-3-27 圈梁与附加圈梁

圈梁按材料分为钢筋混凝土圈梁和钢筋砖圈梁两种。钢筋混凝土圈梁整体刚度好,应用广泛,目前常采用现浇整体式施工,其宽度与墙厚相同,高度不应小于120 mm并且与块材尺寸相对应,如砖墙中一般为180 mm、240 mm等。

钢筋混凝土圈梁的设置位置与数量应根据建筑的墙厚、层高、层数、地基条件、抗震设防烈度等因素综合考虑。如《砌体结构设计规范》(GB 50003—2011)中规定:对于单层砖砌体结构建筑,当檐口标高为5~8 m时,应在檐口标高处设置一道圈梁;当檐口标高大于8 m时应增设一道圈梁。对于多层砌体结构民用建筑,当层数为3~4层时,应在底层和檐口标高处各设置一道圈梁;当层数超过4层时,还应在所用纵横墙上隔层设置。另外,在抗震设防区,圈梁还应按抗震设防烈度设置,见表2-3-3。

表 2-3-3 现浇钢筋混凝土圈梁设置要求

墙类	烈度		
	6、7	8	9
外墙和内纵墙	屋盖处及每层楼盖处	屋盖处及每层楼盖处	屋盖处及每层楼盖处
内横墙	同上； 屋盖处间距不应大于 4.5 m； 楼盖处间距不应大于 7.2 m； 构造柱对应部位	同上； 各层所有横墙，且间距不应大于 4.5 m； 构造柱对应部位	同上； 各层所有横墙

③构造柱。为防止建筑在地震中倒塌，应在砌体结构建筑的墙体中设置现浇钢筋混凝土构造柱，使之与各层圈梁连接，形成空间骨架，提高建筑的整体刚度和稳定性，使墙体在破坏过中具有一定的延伸性，即使墙体受震开裂，也能裂而不倒。

多层砌体结构建筑应在：外墙四角和对应转角、错层部位横墙与外纵墙交接处、较大洞口两侧、大房间内外墙交接处以及楼梯、电梯四角等部位设置构造柱。另外，构造柱还应根据抗震设防烈度的不同来区别设置，见表 2-3-4。

表 2-3-4 砖墙构造柱的设置要求

房屋层数				设置部位	
6 度	7 度	8 度	9 度		
四、五	三、四	二、三	—	楼、电梯间四角，楼梯斜梯段上、下端对应的墙体处； 外墙四角和对应转角； 错层部位横墙与外纵墙交接处； 大房间内外墙交接处； 较大洞口两侧	隔 12 m 或单元横墙与外纵墙交接处； 楼梯间对应的另一侧内横墙与外纵墙交接处
六	五	四	二		隔开间横墙（轴线）与外墙交接处； 山墙与内纵墙交接处
七	≥六	≥五	≥三		内墙（轴线）与外墙交接处； 内墙的局部较小墙垛处； 内纵墙与横墙（轴线）交接处

构造柱的截面尺寸应与墙体厚度一致。砖墙构造柱的最小截面尺寸应为 240 mm×180 mm，竖向钢筋多采用 4φ12，箍筋多采用 φ6@200～250，且在柱上、下端适当加密，随着抗震设防烈度和建筑层数的增加，外墙四角的构造柱可适当加大截面和配筋。构造柱施工时应先绑扎钢筋，再砌墙，最后浇筑混凝土。构造柱与墙连接处应砌成马牙槎，并沿墙高每隔 500 mm 设 2φ6 的拉结钢筋，每边伸入墙内不宜小于 1 m，如图 2-3-28 所示。构造柱下端应锚固在钢筋混凝土基础或基础梁内，无基础梁时应伸入室外地面下 500 mm，上端应锚固在顶层圈梁或女儿墙压顶内，以增强其稳定性。

④空心砌块墙芯柱。当墙体采用空心砌块砌筑时，应在建筑外墙四角和对应转角、内外墙交接处、楼梯间及电梯间四角等部位设置芯柱，其作用类似于钢筋混凝土构造柱。芯柱的做法是将砌块孔中插入通常钢筋，再用不低于 C20 的细石混凝土灌孔浇筑，如图 2-3-29 所示。

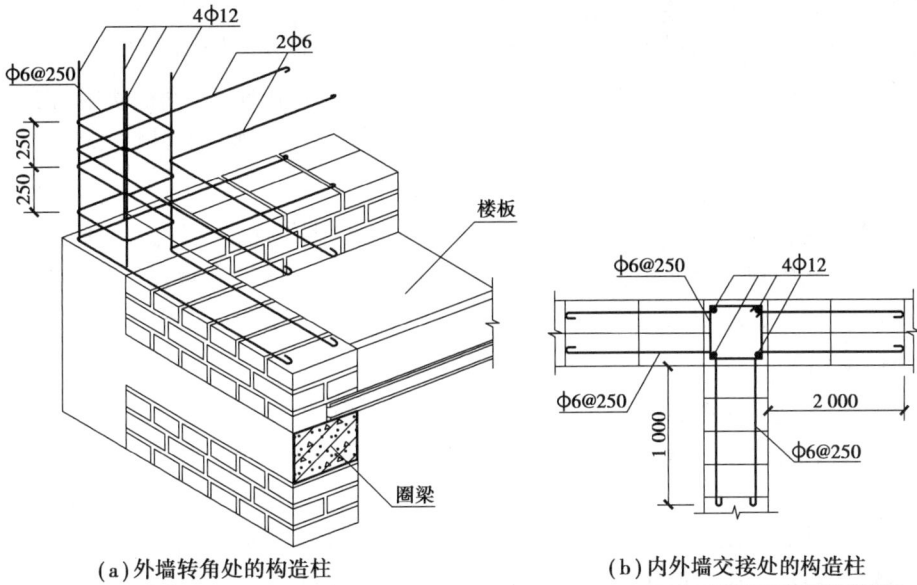

(a)外墙转角处的构造柱   (b)内外墙交接处的构造柱

(c)   (d)

图 2-3-28 墙体构造柱

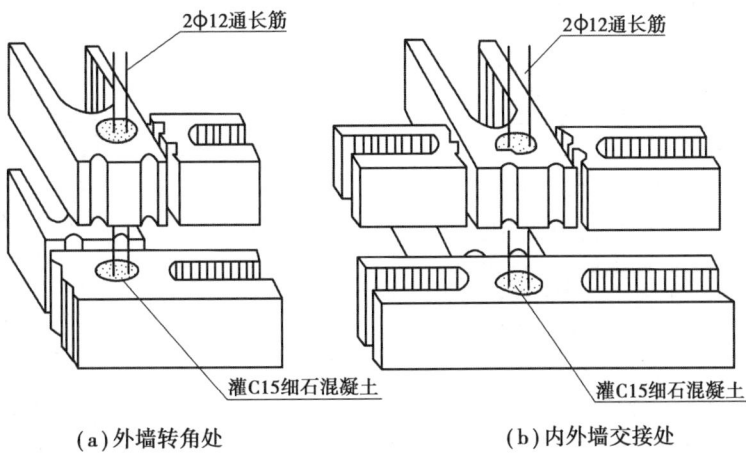

(a)外墙转角处   (b)内外墙交接处

图 2-3-29 空心砌块墙芯柱构造

2.3.3 隔墙构造

隔墙是分隔室内空间的非承重强,它可在建筑内部灵活布置,能适应建筑使用功能的变化,在现代建筑中应用广泛。由于隔墙不承重,且其自重要由梁或楼板承受,因此隔墙应满足以下要求:

①自重轻,厚度小,便于安装和拆卸;
②具有良好的稳定性,并与承重构件(承重墙、梁、板、柱等)稳固连接;
③具有一定的隔声、防潮、防水以及防火能力,以满足建筑中不同房间的使用功能。
隔墙的类型很多,按其构造方式可分为块材隔墙、轻骨架隔墙和板材隔墙三类。

1)块材隔墙

块材隔墙采用普通砖、空心砖、加气混凝土砌块等块材砌筑而成。目前的新建建筑普遍采用钢筋混凝土结构(框架结构、剪力墙结构及框架-剪力墙结构等),其隔墙(填充墙)通常以烧结空心砖或加气混凝土砌块为主要材料,而将普通砖用在墙体的局部位置。

(1)半砖隔墙

半砖隔墙用普通砖顺砌,砌筑砂浆宜大于 M5,构造如图 2-3-30 所示。当墙体高度超过 5 m 时应加固,一般沿墙高每隔 500 mm 砌入 2 Φ6 的通长钢筋。同时,在隔墙顶部与楼板相接处,应用立砖斜砌一皮(俗称"滚砖"),填塞隔墙与楼板间的空隙。隔墙上有门时,要预埋铁件或将带有木楔的混凝土预制块砌入隔墙中,以固定门框。半砖隔墙坚固耐久,具有一定的隔声能力,但自重大,现场湿作业多,施工麻烦且不易拆除,目前已较少应用。

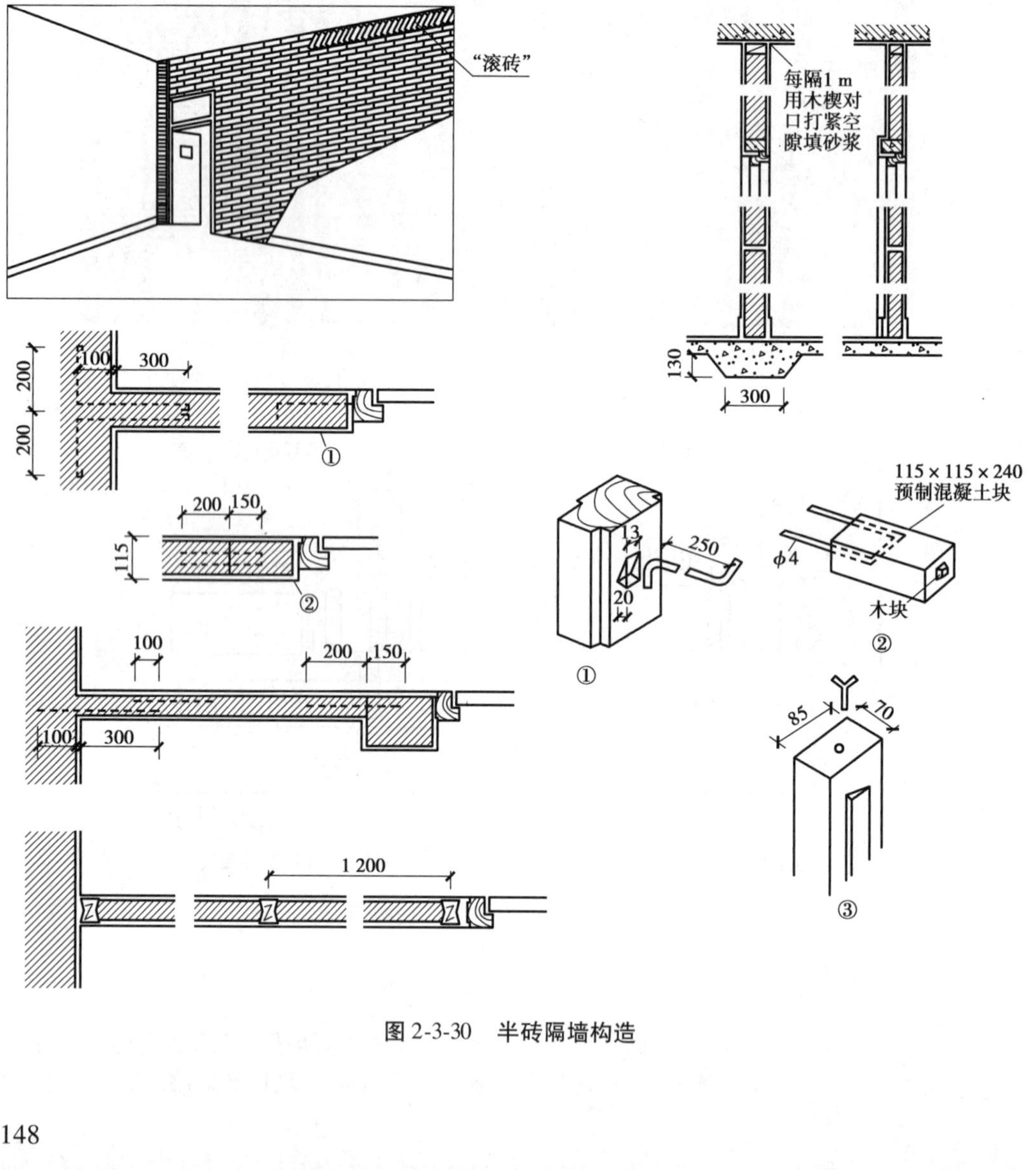

图 2-3-30　半砖隔墙构造

（2）砌块隔墙

为减少隔墙重量,目前常采用加气混凝土砌块、粉煤灰硅酸盐砌块、烧结页岩空心砖等轻质块材来砌筑隔墙,如图 2-3-31 所示。墙厚由砌块尺寸决定,一般为 90～120 mm。砌块隔墙具有质轻、隔热性能好等优点,但多数砌块的吸水性强,因此,为满足墙体的防潮要求,应在墙下砌 3～5 皮吸水率较小的普通砖打底;而对于有防水要求的墙体（厨房、卫生间、浴室等处）,宜在墙下浇筑不低于 150 mm 的混凝土坎台。隔墙与上层梁、板相接处,应用普通砖斜砌挤紧（即"滚砖"）,墙体局部无法用整砌块填满时,也采用普通砖填补缺口。另外,还要对其墙身进行加固处理,构造处理的方法同普通砖隔墙。

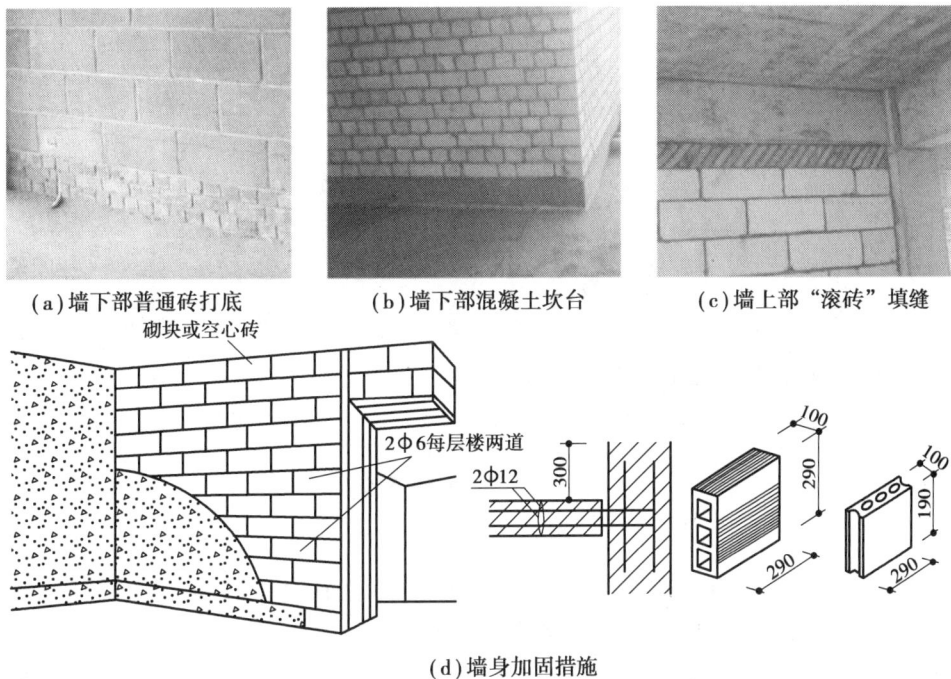

（a）墙下部普通砖打底　　（b）墙下部混凝土坎台　　（c）墙上部"滚砖"填缝

（d）墙身加固措施

图 2-3-31　砌块隔墙构造

2）轻骨架隔墙

轻骨架隔墙也称为"立筋式隔墙",它是以骨架为依托,把面层材料钉结、涂抹或粘贴在骨架上形成的隔墙,如图 2-3-32 所示。

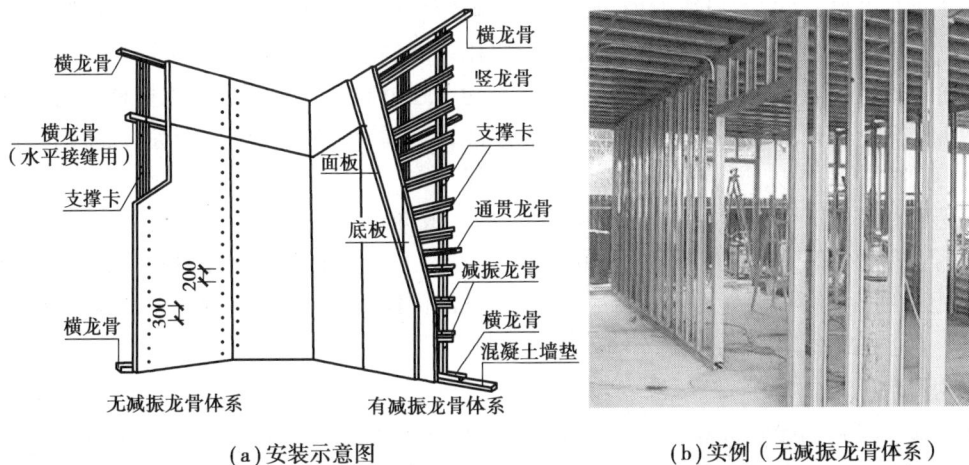

（a）安装示意图　　　　　（b）实例（无减振龙骨体系）

图 2-3-32　轻骨架隔墙

(1)骨架

轻钢骨架是目前常用的骨架类型。另外,还有采用工业废料、地方材料及轻金属制成的骨架,如石棉水泥骨架、浇筑石膏骨架、水泥刨花骨架、木骨架和铝合金骨架等。

轻钢骨架是由各种形式的薄壁型钢制成的。其主要优点是强度高、刚度大、自重轻、整体性好、易于加工和大批量生产,还可根据需要进行组装和拆卸。常用的薄壁型钢有0.8~1 mm厚的槽钢和工字钢,如图2-3-33(a)所示。轻钢骨架的安装过程是先用螺钉将上槛、下槛(也称导向骨架)固定在楼板上,然后安装轻龙骨(也称墙筋),间距为400~600 mm,龙骨上留有走线孔,如图2-3-33(b)所示。

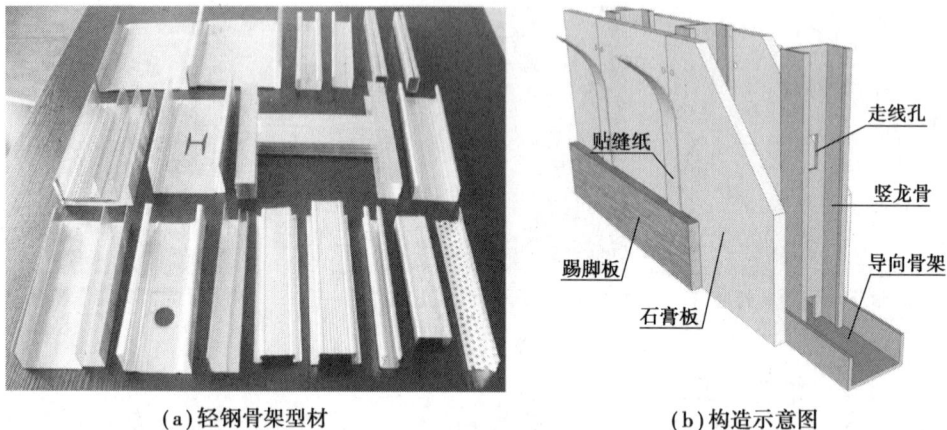

(a)轻钢骨架型材   (b)构造示意图

图2-3-33 薄壁轻钢骨架

(2)面层

轻骨架隔墙的面层材料一般为人造板材,常用的有木质板材、石膏板、硅酸钙板、水泥平板等几类。隔墙名称以面层材料而定,如轻钢龙骨纸面石膏板隔墙。

木板材有胶合板和纤维板,多用于木骨架。近年来,一种新型木质板材"欧松板"(学名为定向结构刨花板)在工程中逐渐得到应用。它具有良好的保温、隔声、防潮、防火等性能,绿色环保,能够在建筑中替代多类人造板材。同时其强度高,可作为结构材料使用,是未来人造板材发展和应用的新方向。

石膏板有纸面石膏板和纤维石膏板。纸面石膏板是以建筑石膏为主要原料,掺入适量添加剂与纤维做板芯,以特制的板纸为护面,经加工制成的板材。纸面石膏板具有质量轻、隔声、隔热、加工性能强、施工方法简便的特点,是目前应用较多的隔墙面层和建筑装饰材料。纤维石膏板是一种以建筑石膏粉为主要原料,以各种纤维为增强材料的一种新型建筑板材。它是继纸面石膏板取得广泛应用后,又一次成功开发的新产品,具备防火、防潮、抗冲击等优点,比其他石膏板材具有更大的潜力。

人造板材在骨架上的固定方式钉、粘、卡三种。根据不同面板和骨架材料可分别采用钉子、自攻螺钉、膨胀铆钉或金属夹子等,将面板固定在骨架上。如采用轻钢骨架时,往往用骨架上的舌片或特制的夹具将面板卡到轻钢骨架上,这种做法简便、迅速,有利于隔墙的组装和拆卸。如图2-3-34所示为轻钢龙骨石膏板隔墙的构造示例。

3)板材隔墙

板材隔墙是指单板高度相当于房间净高的隔墙。板材隔墙采用轻质大型板材在施工中直接拼装而成,无须安装墙体骨架,具有自重轻、安装方便、施工速度快、工业化程度高等特点。目前,多采用加气混凝土条板、石膏条板、碳化石灰板(图 2-3-35)、石膏珍珠岩板以及各种复合板(如泰柏板)等。

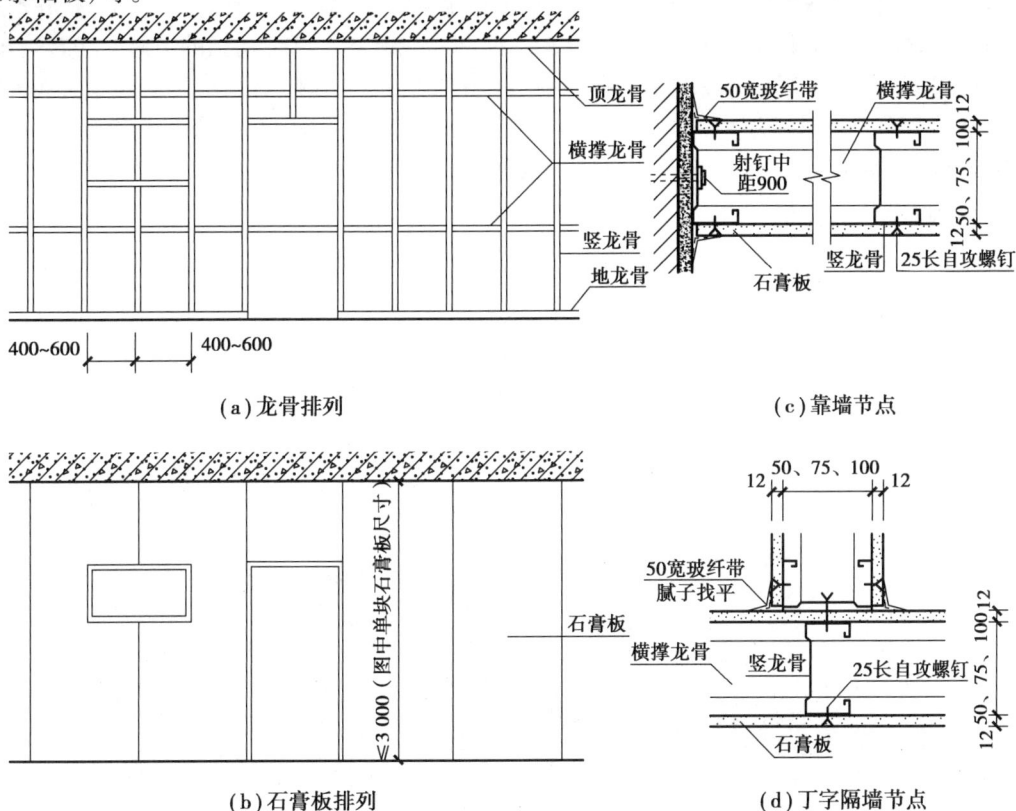

（a）龙骨排列　　　　　　　　　　（c）靠墙节点

（b）石膏板排列　　　　　　　　　（d）丁字隔墙节点

图 2-3-34　轻钢龙骨石膏板隔墙构造示例

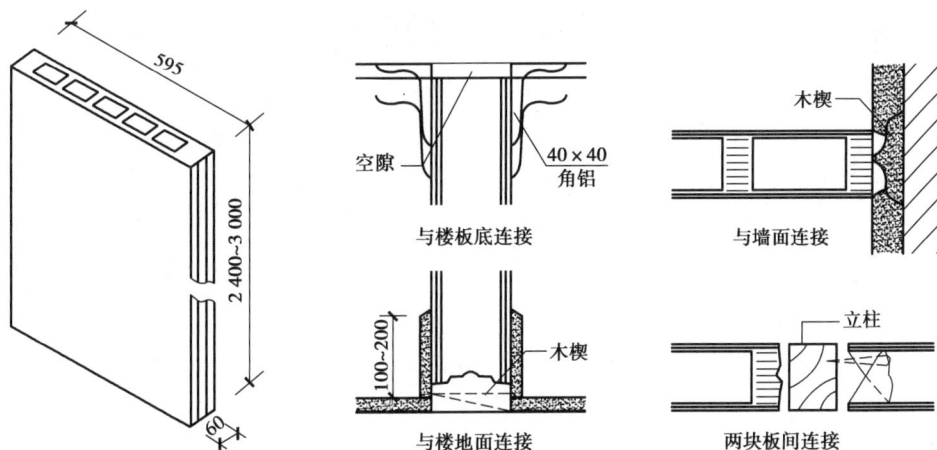

图 2-3-35　碳化石灰板隔墙

2.3.4　幕墙

幕墙是以板材形式悬挂于主体结构上的外墙,犹如悬挂的幕而得名,是现代公共建筑外墙的一种常见形式,具有装饰效果好、质量轻、安装速度快等优点,是外墙轻型化、装配化比较理想的形式。幕墙一般由专门的幕墙公司设计,其主要做法是先将骨架安装在主体结构上,再将面板安装在骨架上,最后对面板的接缝进行处理。根据面板的材料不同,可将幕墙分为玻璃幕墙、金属幕墙和石材幕墙等。

1）玻璃幕墙

玻璃幕墙是一种新颖、美观的墙体类型,它将建筑美学、功能、技术及施工等因素有机结合,使建筑外观可随着玻璃透明度的不同和光线的变化产生动态的美感。特别是随着高层建筑的发展,玻璃幕墙在当前工程中的应用越来越广泛,许多著名的高层建筑都采用玻璃幕墙,如北京央视新台标、上海环球金融中心、香港中环广场、美国芝加哥西尔斯大厦、马来西亚吉隆坡佩重纳斯双塔等。

2.3.9 玻璃幕墙的基本构造

（1）玻璃幕墙的类型

玻璃幕墙根据构造方式不同可分为有框玻璃幕墙和无框玻璃幕墙两类。

有框玻璃幕墙又可分为明框、隐框和半隐框三种,如图2-3-36所示。明框玻璃幕墙的金属骨架暴露在外,形成幕墙表面可见的金属边框;隐框玻璃幕墙的金属骨架隐藏在玻璃背面,在幕墙表面看不到金属边框;半隐框玻璃幕墙是将横向或竖向的金属骨架隐藏起来,在幕墙表面只能看到一个方向的金属框架。

(a) 明框玻璃幕墙

(b) 全隐框玻璃幕墙

(c) 隐横框玻璃幕墙

(d) 隐竖框玻璃幕墙

图 2-3-36 有框玻璃幕墙

无框玻璃幕墙则不设边框,以高强度胶粘剂将玻璃连成整片墙(全玻璃幕墙),或将玻璃安装在点支承构架上(点支承式玻璃幕墙),如图2-3-37所示。全玻璃幕墙由玻璃板和玻璃肋制作而成,其支承方式有吊挂式、坐地式和混合式三种。其中,吊挂式只能用于玻璃厚度大于6 mm的情况。点支承式玻璃幕墙则采用金属骨架或玻璃肋形成支承系统,并在其上安装连接板或驳接爪,然后将开有圆孔的玻璃用螺栓和扣件与连接板或驳接爪相连。

玻璃幕墙按施工方法,可分为构件式玻璃幕墙和单元式玻璃幕墙。构件式幕墙在施工现场依次安装骨架立柱、横梁和玻璃面板;而单元式幕墙先将玻璃面板和金属框架在工厂组装成幕墙单元,然后在现场完成安装,如图2-3-38所示。

吊夹

面玻璃　　肋玻璃　　　　　面玻璃　　肋玻璃

（a）全玻璃幕墙构造示意图(左图为吊挂式，右图为坐地式)

爪件

转接件

连接件

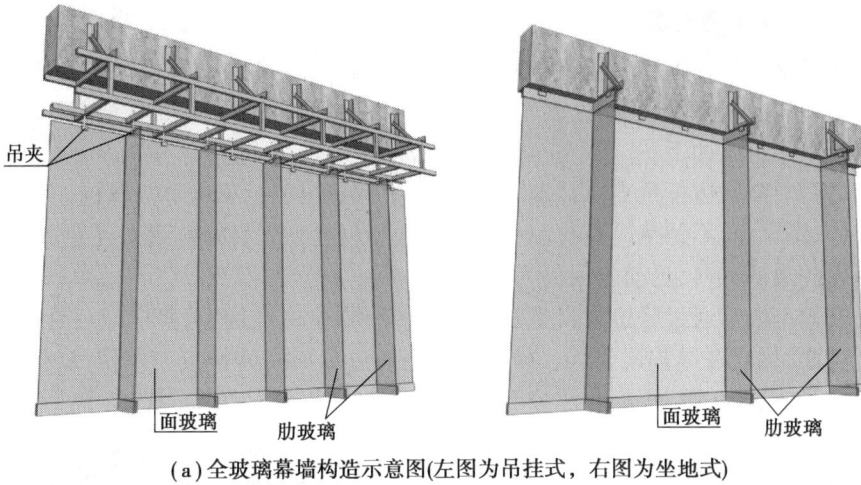

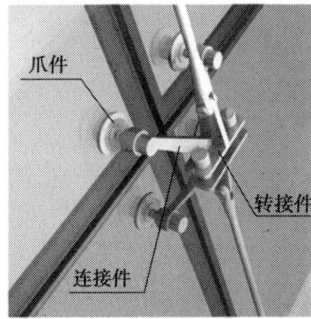

（b）点支承式玻璃幕墙示意图

图 2-3-37　无框玻璃幕墙

卡条
玻璃面板　横档　竖梃

（a）构件式玻璃幕墙实例与解析

幕墙单元

（b）单元式玻璃幕墙

图 2-3-38　构件式与单元式玻璃幕墙

（2）构件式玻璃幕墙构造

构件式玻璃幕墙是在施工现场将金属边框、玻璃、填充层和内衬墙以一定顺序进行安装组合而成的幕墙形式，其施工安装的速度较慢，但对安装精度的要求不高，目前在国内应用广泛。构件式玻璃幕墙的组成如下：

①金属边框。金属边框是支撑玻璃面板并传递荷载的构件，横框称为横档，竖框称为竖梃，可采用铝合金、铜合金、不锈钢等型材制作。铝合金型材易加工、质轻、耐久且外观效果好，是玻璃幕墙最理想的边框材料，目前应用最为广泛。

构件式玻璃幕墙常通过竖梃将自重和风荷载传递到主体结构上，竖梃通过连接件（一般安装在楼板上表面）固定在结构梁、柱上，横档与竖梃通过角形铝铸件或专用铝型材连接，由于竖梃的高度通常等于层高，因此，相邻的竖梃通过套筒进行连接，如图 2-3-39 所示。

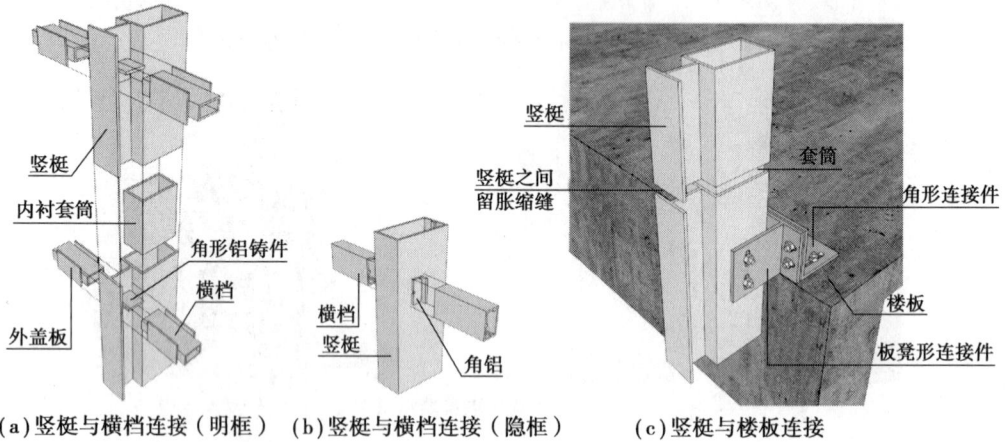

（a）竖梃与横档连接（明框）　（b）竖梃与横档连接（隐框）　　（c）竖梃与楼板连接

图 2-3-39　幕墙边框构件连接

②玻璃。选择幕墙玻璃时，应主要考虑玻璃的安全性能和热工性能。

就热工性能而言，可选择吸热玻璃、反射玻璃、中空玻璃等，目前的建设项目主要采用反射玻璃和中空玻璃作为幕墙及门窗材料。

反射玻璃是在玻璃一侧镀上反射膜，通过反射太阳光的热辐射达到隔热的目的。高反射玻璃能够映照附近景物，增强建筑的立面效果，但会造成光污染，所以，目前应用较多的是低反射玻璃，如 Low-E 玻璃等。中空玻璃是将两片（或三片）玻璃与边框焊接、胶接或熔接密封而成的。两片玻璃间隔6～12 mm，形成干燥空气间层（也可抽成真空或充入惰性气体），因而中空玻璃具有良好隔声与保温隔热性能，如图 2-3-40 所示。目前，很多建筑采用 Low-E 中空玻璃幕墙，以改善外墙的热工性能，提高建筑能效。

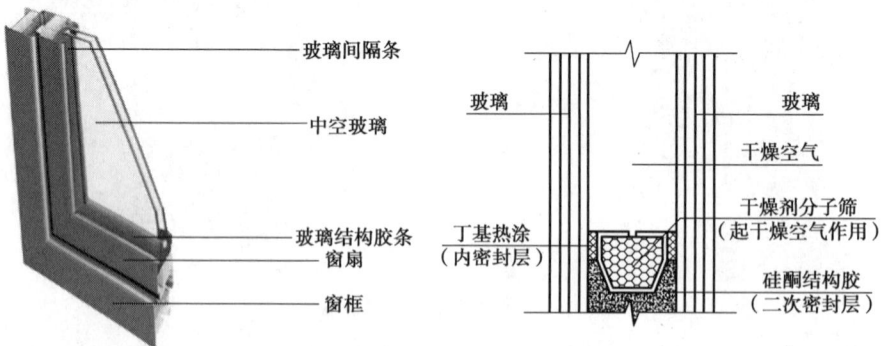

图 2-3-40　中空玻璃构造示意图

从安全性能来考虑,可选择钢化玻璃、夹层玻璃、夹丝玻璃等,其中钢化玻璃和夹层玻璃的应用最为广泛。钢化玻璃的强度是普通玻璃的 1.53~3 倍,当它被打破时,会变成许多细小、无锐角的碎片,从而避免伤人。夹层玻璃是由两片或多片玻璃用透明胶片(PVB)粘结而成,当夹层玻璃受到冲击而破碎时,碎片会粘在中间的胶片膜上,避免了玻璃碎片伤人。

③连接固定件。在幕墙与主体结构之间及幕墙元件与元件之间起连接固定作用,有预埋件、转接件、连接件、支承用材等,如图 2-3-39(b)、(c)所示。

④装修件。起装修、防护等作用,包括内衬墙(板)、扣盖件等构件。

由于建筑外观或造型需要,玻璃幕墙往往会覆盖建筑全部或大部分表面,这对建筑的保温、隔热、隔声、防火等均不利。因此,在玻璃幕墙背面一般要设一道内衬墙,以改善建筑外墙的热工性能和隔声、防火性能,如图 2-3-41 所示。

图 2-3-41　幕墙内衬墙

⑤密封材料。起密闭、防水、保温、隔热等作用,包括密封膏、密封带、压缩密封件、排除凝结水和变形缝等专用件。

此外,玻璃幕墙还应满足相应的防火要求,例如,玻璃幕墙与各层楼板和隔墙间的缝隙必须采用耐火极限不低于 1 h 的防火材料填堵密实。当幕墙背面不设内衬墙时,可在每层楼板外沿设置耐火极限不小于 1 h,高度不小于 0.8 m 的实体墙裙或防火玻璃墙裙。

2) 金属幕墙

金属幕墙由金属骨架和金属板材构成,类似于玻璃幕墙,也是悬挂在主体结构外侧的非承重围护墙体。金属板材具有出色的加工性能,能适应各种复杂造型的需要,既可以制作出各种凸凹有致的线条,也可以加工成各种曲线线条,为建筑师提供了巨大的创作空间。因此,金属幕墙在近年来倍受建筑师们的青睐,获得了突飞猛进的发展。

金属幕墙的构造组成与隐框玻璃幕墙相似,在其外立面上看不见金属框架,骨架体系与玻璃幕墙相同,也由竖梃和横档组成,通常受力以竖梃为主,以铝板幕墙为例,如图 2-3-42 所示。骨架材料可采用铝合金和一些型钢、轻型钢材等。金属面板常采用单层铝板、铝塑复合板、蜂窝铝板等,另外,还有部分建筑采用不锈钢钢板、彩钢板、铜板、锌板、钛板等。如图 2-3-43 所示为铝合金骨架体系铝板幕墙的节点构造示例。

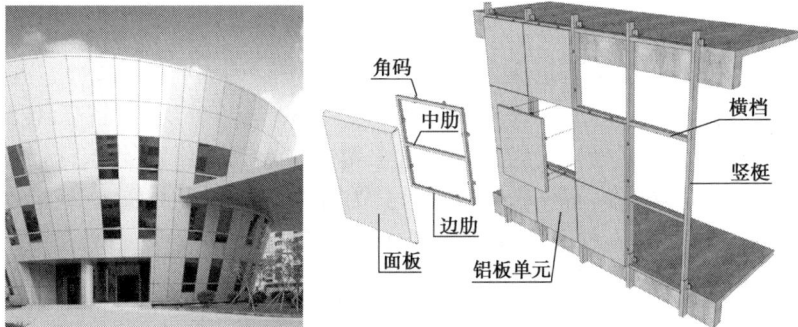

图 2-3-42　铝板幕墙实例与解析图

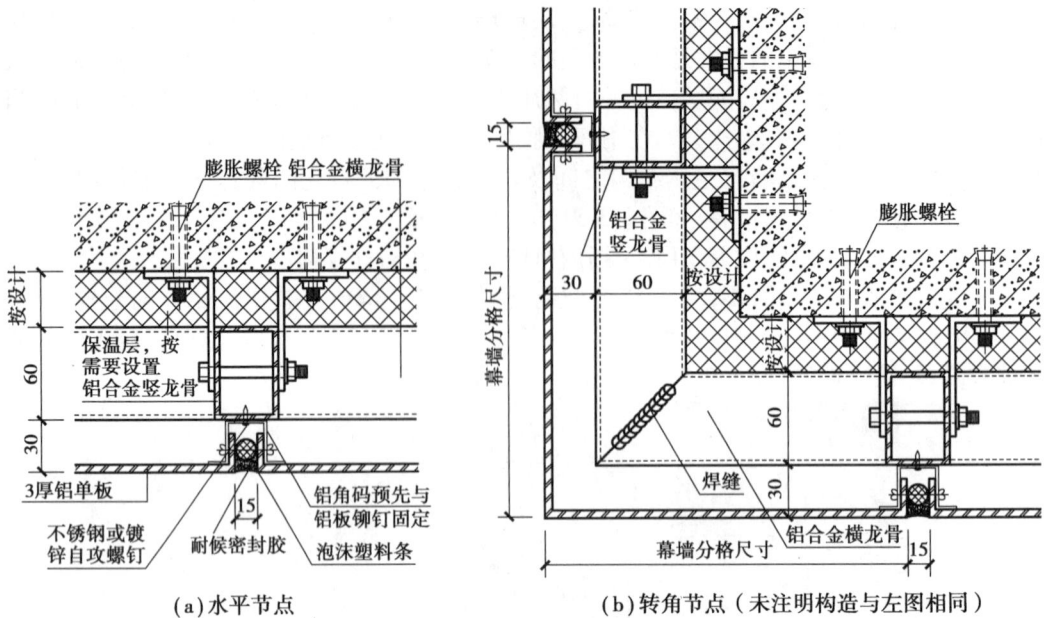

（a）水平节点　　　　　　　　　　（b）转角节点（未注明构造与左图相同）

图 2-3-43　铝板幕墙节点构造示例

3）石材幕墙

当建筑的外墙或内墙表面需大面积使用石材装饰时,通常采用石材"干挂法",也称为石材幕墙,如图 2-3-44 所示,它是目前石材墙面采用最多的构造方法。石材幕墙利用各种金属干挂件将石材固定在金属骨架(龙骨)上,金属骨架则连接在建筑的主体结构上,如图 2-3-45 所示。石材幕墙的优点在于外观质感天然质朴、坚固典雅,石质板材的抗冻性能良好,强度较高;而缺点在于石材自重大,对连接件的质量要求较高,且石材幕墙的防火性能较差,室内大火会使幕墙的金属骨架软化,失去承载能力,造成石板从高空落下,不仅对行人造成危险,也给消防救火造成困难,因此必须加强石材幕墙的防火构造。

图 2-3-44　石材幕墙外观效果

石材的选择多种多样,常采用花岗岩、大理石(常用于室内)、板岩、砂岩等,也有一些建筑采用凝灰岩板。石板厚度不应小于 25 mm,一般为 25 ~ 30 mm,单块面积宜≤1.5 m²。由于石质板材(通常为花岗岩)较重,金属骨架的竖梃常采用镀锌方钢、槽钢或角钢,横档常用角钢。

按照石材板块的连接方式,石材幕墙通常可分为背栓式干挂石材幕墙、托板式(元件式)干挂石材幕墙和通长槽式干挂石材幕墙等;按照石材板块间的胶缝处理,石材幕墙可分为封闭式干挂石材幕墙和开缝式干挂石材幕墙。

竖（主）龙骨　横（次）龙骨

挂件　面板

竖（主）龙骨
预埋件
竖龙骨固定角码
横（次）龙骨
可不设置
保温层，按需要设置

调节螺钉
背栓
石材
泡沫条
耐候密封胶
铝合金挂件
横（次）龙骨
150~300

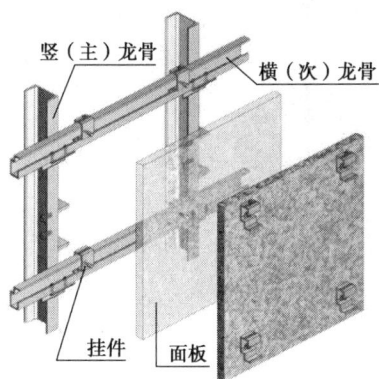

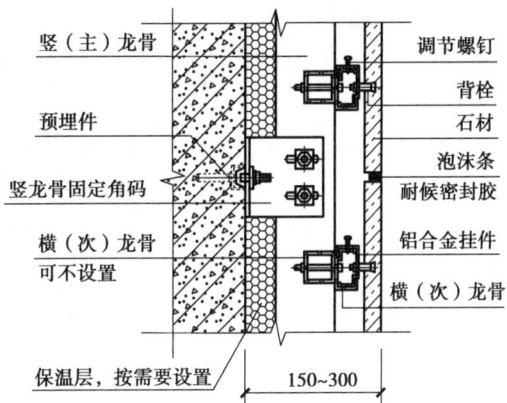

（a）背栓式干挂石材幕墙（封闭式）

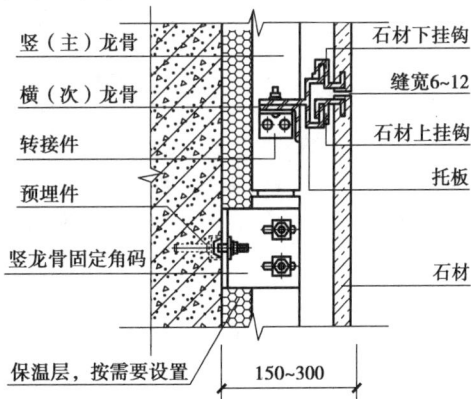

竖（主）龙骨
横（次）龙骨
转接件
预埋件
竖龙骨固定角码
保温层，按需要设置

石材下挂钩
缝宽6~12
石材上挂钩
托板
石材
150~300

（b）托板式干挂石材幕墙（开缝式）

图 2-3-45　石材幕墙构造

2.3.5　墙面装修

1）墙面装修的作用及分类

墙面装修是建筑装饰的重要内容之一，它可以提高建筑的艺术效果，保护墙体，改善墙体的热工性能、光环境和卫生条件。墙面装修按其所处位置不同，可分为外墙面装修和内墙面装修两类；按装饰材料及施工方式不同，可分为五大类，即抹灰类、贴面类、涂料类、裱糊类和铺钉类。

2）墙面装修构造

（1）抹灰类

抹灰又称粉刷，是我国传统的饰面做法，其材料来源广泛，施工简便，造价低廉，通过工艺的改变可以获得多种装饰效果，因此在墙面装饰中应用广泛。

2.3.10 墙面装修构造

抹灰分为一般抹灰和装饰抹灰两类。一般抹灰是指采用砂浆对建筑墙面进行罩面处理，可采用石灰砂浆、混合砂浆和水泥砂浆等；装饰抹灰更注重抹灰的装饰性，常用做法有水刷石饰面、干粘石饰面、斩假石饰面、弹涂饰面等，如图 2-3-46 所示。由于装饰抹灰的施工较为烦琐，目前已较少采用。

（2）贴面类

贴面类装修是指将各种天然石材或人造板、块，通过绑、挂或直接粘贴于基层表面的装修作法，如图 2-3-47 所示。它具有耐久性好、装饰性强、容易清洗等优点。常用的贴面材料有花岗

岩板、大理石板、水磨石板、水刷石板、面砖、瓷砖、锦砖和玻璃制品等。

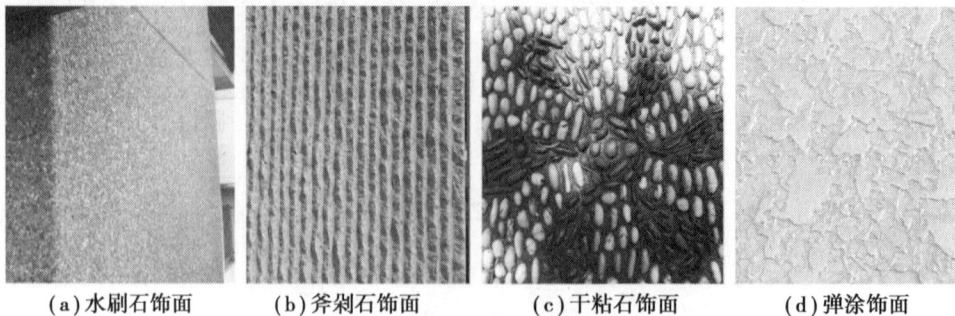

(a)水刷石饰面　(b)斧剁石饰面　(c)干粘石饰面　(d)弹涂饰面

图 2-3-46　常见装饰抹灰饰面做法

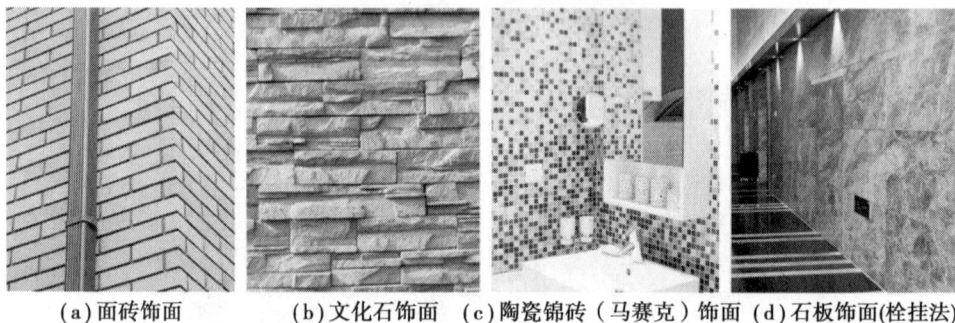

(a)面砖饰面　(b)文化石饰面　(c)陶瓷锦砖（马赛克）饰面　(d)石板饰面(栓挂法)

图 2-3-47　常见贴面类饰面做法

①石板材墙面装修。

石板材包括天然石材和人造石材。天然石板强度高、结构密实、不易污染、装修效果好，但加工复杂、价格昂贵，多用于高级墙面装修中。人造石板一般由白水泥、彩色石子、颜料等配合而成，具有天然石材的花纹和质感、质量轻、表面光洁、色彩多样、造价较低等优点。

石板安装可采用"干挂法"和"栓挂法"。"干挂法"即前述石材幕墙；"栓挂法"采用先绑扎后灌浆的固定方式，板材与墙面结合紧密，适合室内墙面装修，但其缺点是灌浆易污染板面，且在使用阶段板面易泛碱，影响装饰效果，目前已较少采用。"栓挂法"一般先在墙身或柱内预埋φ6铁箍，在铁箍内立φ8～φ10竖筋和横筋，形成钢筋网，再用双股铜线或镀锌铅丝穿过事先在石板上钻好的孔眼，将石板绑扎在钢筋网上，上、下两块石板用不锈钢卡销固定。石板与墙之间一般留设30 mm缝隙，上部用定位活动木楔做临时固定，校正无误后，在板与墙之间分层浇筑1∶2.5水泥砂浆，每次灌入高度不应超过200 mm。待砂浆初凝后，取掉定位活动木楔，继续上层石板的安装，如图 2-3-48 所示。

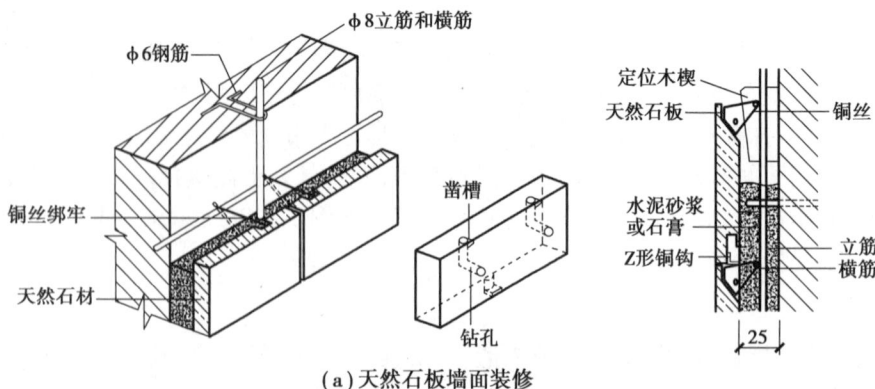

(a)天然石板墙面装修

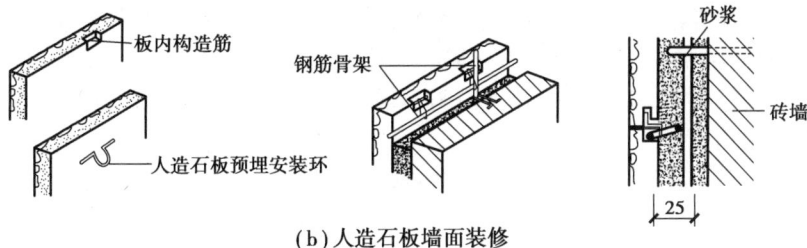

（b）人造石板墙面装修

图 2-3-48 "栓挂法"石板墙面装修

②陶瓷砖墙面装修。

面砖多数是以陶土和瓷土为原料,压制成型后煅烧而成的饰面块,由于面砖既可以用于墙面又可用于地面,所以也被称为墙地砖。面砖分挂釉和不挂釉、平滑和有一定纹理质感等不同类型。无釉面砖主要用于高级建筑外墙面装修;釉面砖主要用于高级建筑内外墙面及厨房、卫生间的墙裙贴面。面砖质地坚固、防冻、耐蚀、色彩多样。陶土面砖常用的规格有 113 mm×77 mm×17 mm、145 mm×113 mm×17 mm、233 mm×113 mm×17 mm 和 265 mm×113 mm×17 mm 等;瓷土面砖常用的规格有 108 mm×108 mm×5 mm、152 mm×152 mm×5 mm、100 mm×200 mm×7 mm、200 mm×200 mm×7 mm 等。

陶瓷马赛克,是以优质陶土烧制而成的小块瓷砖,有挂釉和不挂釉之分。常用规格有 18.5 mm×18.5 mm×5 mm、39 mm×39 mm×5 mm、39 mm×18.5 mm×5 mm 等,有方形、长方形和其他不规则形。马赛克一般用于内墙面,也可用于外墙面装修。马赛克与面砖相比,造价较低。与陶瓷锦砖相似的玻璃马赛克(玻璃锦砖)是透明的玻璃质饰面材料,它质地坚硬、色泽柔和典雅,具有耐热、耐蚀、不龟裂、不褪色、雨后自洁、自重轻、造价低的特点,是目前广泛应用的理想材料之一。

面砖的铺贴方法是将墙(地)面清洗干净后,先抹 15 mm 厚 1∶3 水泥砂浆打底找平,再抹 5 mm 厚 1∶1 水泥细砂砂浆粘贴面砖。镶贴面砖需留出缝隙。面砖的排列方式和接缝大小对立面效果有一定影响,通常有横铺、竖铺、错开排列等几种方式。锦砖一般按设计图纸要求,在工厂反贴在标准尺寸为 325 mm×325 mm 的牛皮纸上,施工时将纸面朝外整块粘贴在 1∶1 水泥细砂砂浆上,用木板压平,待砂浆硬结后,洗去牛皮纸即可。

(3)涂料类

涂料类饰面是在木基层表面或抹灰饰面上喷、刷涂料涂层的饰面装修。建筑涂料可以在墙体表面形成完整牢固的薄膜层,从而起到保护和装饰墙面作用。涂料类饰面具有造价低、装饰性好、工期短、工效高、自重轻,以及操作简单、维修方便、更新快等特点,目前在建筑工程中应用广泛,具有较好的发展前景。

按涂料成膜物质不同,涂料可分为无机涂料和有机涂料两大类。

①无机涂料。

无机涂料有普通无机涂料和无机高分子涂料之分。普通无机涂料,如石灰浆、大白浆、可赛银浆等,多用于一般标准的室内装修;无机高分子涂料有 JH80-1 型、JH80-2 型、JHN84-1 型、F832 型、LH-82 型、HT-1 型等,多用于外墙面装修和有耐擦洗要求的内墙面装修。

②有机涂料。

有机涂料有溶剂型涂料、水溶性涂料和乳液涂料三类。溶剂型涂料有传统的油漆涂料、苯乙烯内墙涂料、聚乙烯醇缩丁醛内(外)墙涂料、过氯乙烯内墙涂料等;常见的水溶性涂料有聚乙烯醇水玻璃内墙涂料(即 106 涂料)、聚合物水泥砂浆饰面涂层、改性水玻璃内墙涂料、108 内墙涂料、ST-803 内墙涂料、JGY-821 内墙涂料、801 内墙涂料等;乳液涂料又称乳胶漆,常见的有乙丙乳胶涂料、苯丙乳胶涂料等,是目前外墙和内墙装修的常用涂料。

159

建筑涂料的施涂方法,一般分刷涂、滚涂和喷涂。施涂时,后一遍涂料必须在前一遍涂料干燥后进行,否则易发生皱皮、开裂等质量问题。每遍涂料均应施涂均匀,各层结合牢固。当采用双组分和多组分的涂料时,应严格按产品说明书规定的配合比使用,根据使用情况可分批混合,并在规定的时间内用完。

在湿度较大,特别是遇明水部位的外墙和厨房、厕所、浴室等房间内施涂时,应选用优质腻子。待腻子干燥、打磨整光、清理干净后,再选用耐洗刷性较好的涂料和耐水性能好的腻子材料(如聚醋酸乙烯乳液水泥腻子等),以确保涂层质量。

用于外墙的涂料,考虑其长期直接暴露于自然界中,经受日晒雨淋的侵蚀,因此除要求具有良好的耐水性、耐碱性外,还应具有良好的耐洗刷性、耐冻融循环性、耐久性和耐污染性。当外墙施涂涂料面积过大时,可以外墙的分格缝、墙的阴角处或落水管等处处为分界线,在同一墙面应用同一批号的涂料,每遍涂料不宜施涂过厚,涂料要均匀,颜色应一致。另外,应在正立面等涂料饰面较少处,每层高线设置与涂料颜色一致的塑料条,山墙面等大面积涂料外墙则每隔500~700 mm设置一条,以防止涂料开裂。

(4)裱糊类

裱糊类墙面装修是将各种装饰性的墙纸、墙布、织锦等卷材类的装饰材料粘贴在墙面上的一种装修作法,广泛应用于内墙面装修。常用的装饰材料有PVC塑料壁纸、复合壁纸、玻璃纤维墙布等。裱糊类墙体饰面装饰性强、施工方法简捷高效、材料更换方便,并且在曲面和墙面转折处粘贴,可以顺应基层,获得连续的饰面效果,但造价较涂料类饰面偏高。

(5)铺钉类

铺钉类墙面装修是将各种天然或人造薄板镶钉在墙面上的装修做法,其构造与骨架隔墙相似,由骨架和面板两部分组成。施工时,先在墙面上立骨架(墙筋),然后在骨架上铺钉装饰面板。

骨架分木骨架和金属骨架两种。采用木骨架时,为考虑防火安全,应在木骨架表面涂刷防火涂料。骨架间及横档的距离一般根据面板的尺度确定。为防止因墙面受潮而损坏骨架和面板,常在立筋前先于墙面抹一层10 mm厚的混合砂浆,并涂刷热沥青两道,或粘贴油毡一层。面板材料一般采用硬木条板、胶合板、纤维板、石膏板及各种吸声板等。硬木条板装修是将各种截面形式的条板密排竖直镶钉在横档上,其构造如图2-3-49所示。

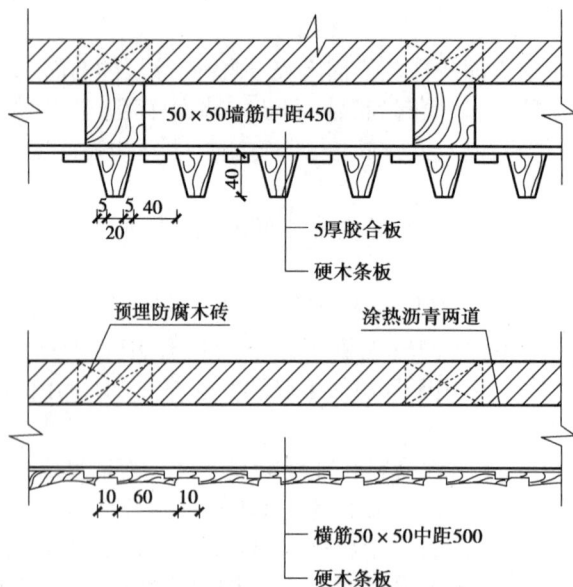

图2-3-49 硬木条板墙面装修构造

【学习笔记】

_____

_____

_____

_____

_____

_____

【关键词】

墙体　隔墙　勒脚　过梁　构造柱

【测试】

一、单项选择题

1.墙体按所处位置及方向分,可分为(　　　)。

A. 承重墙和非承重墙　　　B. 外墙和内墙　　　C. 块材墙和板材墙　　　D. 砖墙和石墙

2.水平方向窗洞口之间的墙称为(　　　)。

A. 横墙　　　　　　　　B. 纵墙　　　　　　　C. 窗下墙　　　　　　　D. 窗间墙

3.支撑门窗洞口上部墙体荷载的梁称为(　　　)。

A. 横梁　　　　　　　　B. 过梁　　　　　　　C. 圈梁　　　　　　　　D. 墙梁

4.沿建筑外墙、内纵墙和主要横墙在同一水平面设置的连续封闭的梁称为(　　　)。

A. 横梁　　　　　　　　B. 过梁　　　　　　　C. 圈梁　　　　　　　　D. 墙梁

5.外墙身下部与室外地坪交接处竖直方向的防水构造称为(　　　)。

A. 散水　　　　　　　　B. 勒脚　　　　　　　C. 踢脚　　　　　　　　D. 墙脚

二、多项选择题

1.墙体的作用主要有(　　　)。

A. 承重作用　　　　　　B.围护作用　　　　　C. 分隔作用　　　　　　D. 交通作用

2.墙体的设计要求主要有(　　　)。

A. 墙体的强度和刚度　　　　　　　　　　B. 保温和隔热

C. 隔声　　　　　　　　　　　　　　　　D. 防火

E. 保护基础

3.幕墙包括(　　　)。

A. 玻璃幕墙　　　　　　　　　　　　　　B. 石材幕墙

C. 金属幕墙　　　　　　　　　　　　　　D. 木材幕墙

E. 涂料幕墙

4.隔墙的种类包括(　　　)。

A. 块材隔墙　　　　　　　　　　　　　　B. 砌块隔墙

C. 轻骨架隔墙　　　　　　　　　　　　　D. 板材隔墙

E. 石材隔墙

5.构造柱的信息包括(　　　)。

A. 加强墙体的整体刚度　　　　　　　　　B. 位于墙体转角处

C.抵抗地震的破坏力　　　　　　　　D.构造柱的配筋无特殊要求

E.构造柱的断面尺寸与墙体尺寸一致

三、判断题

1.构造柱施工时应先绑扎钢筋,再砌墙,最后浇筑混凝土。　　　　　　　　　（　　）

2.一般情况下,对于层数为6层砌体结构民用建筑,应在底层、3层、5层和檐口标高处各设置一道圈梁。　　　　　　　　　（　　）

3.窗洞口的下部称为窗台。　　　　　　　　　（　　）

4.墙身水平防潮层应设在±0.000标高处。　　　　　　　　　（　　）

5.墙面装修按装饰材料及施工方式不同,可分为五大类,即抹灰类、贴面类、涂料类、裱糊类和铺钉类。　　　　　　　　　（　　）

【想一想】根据下图想一想附加圈梁的 H 和 L 有哪些具体要求?

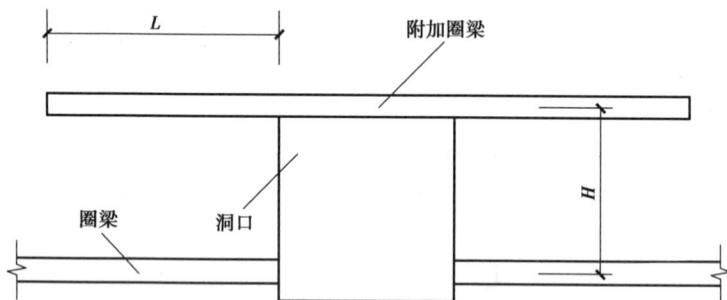

【做一做】根据各学生所在学校的教学楼勒脚与散水及窗洞口构造做法,测量并用1:20比例绘制其墙脚、窗台及过梁的构造详图。

任务2.4　楼地面构造

2.4.1　楼地层的类型及设计要求

楼板层和地坪层都是分隔建筑空间的水平构件。楼板层是分隔楼层空间的水平承重构件;地坪层是指底层房间与土壤相交接处的水平构件。地面是指楼板层和地坪的面层部分,面层为直接承受各种物理和化学作用的表面层。它们各处在不同的部位,发挥着各自的作用,因此对其结构、构造有着不同的要求。

1)楼地层的类型及组成

(1)楼板层的类型及组成

①楼板层的类型。

楼板按所用材料不同,可分为木楼板、砖拱楼板(已不使用)、钢筋混凝土楼板、压型钢板组合楼板等几种类型,如图2-4-1所示。

2.4.1 楼地层的类型及组成

木楼板是我国传统做法,它具有构造简单、表面温暖、施工方便、自重轻等优点,但隔声、防火及耐久性差,木材消耗量大,因此,目前只在少量低层建筑中采用。

钢筋混凝土楼板具有强度高、刚度好、耐火、耐久、可塑性好的特点,便于工业化生产和机械化施工,是目前房屋楼板建造中广泛运用的一种形式。

压型钢板组合楼板强度高,整体刚度好,施工速度快,是目前大力推广应用的一种新型楼板。

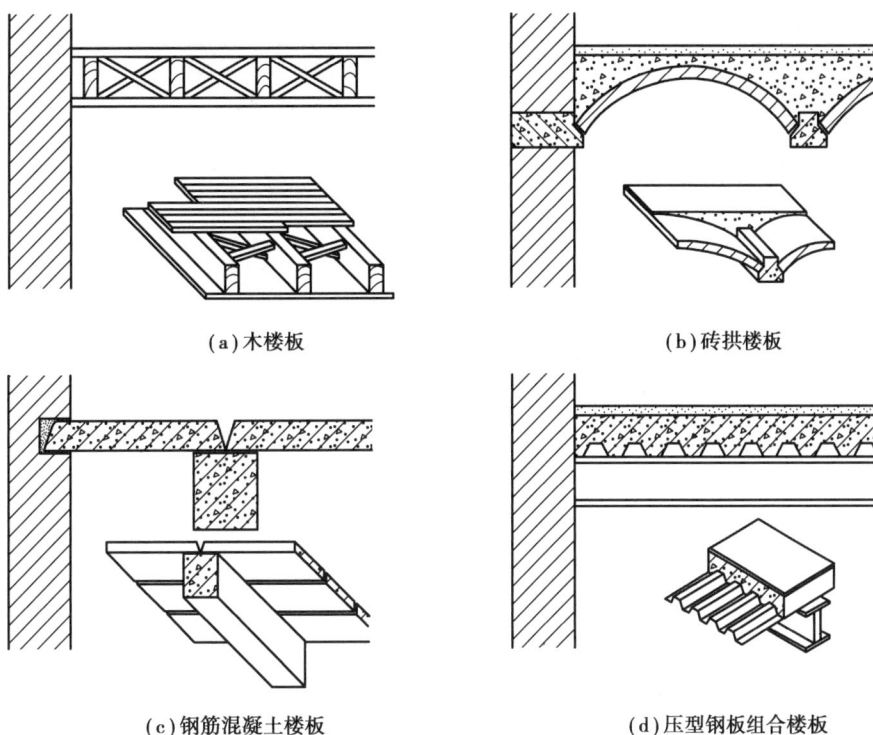

（a）木楼板   （b）砖拱楼板

（c）钢筋混凝土楼板   （d）压型钢板组合楼板

图 2-4-1　楼板的类型

②楼板层的组成。

楼板层主要由面层、结构层和顶棚层等组成，另外，还可按使用需要增设附加层，如图 2-4-2 所示。当楼板层的基本构造不能满足使用或构造要求时，可增设结合层、隔离层、填充层、找平层等其他构造层。

a. 面层是楼板层的上表面部分，起着保护楼板、承受并传递荷载的作用，同时对室内装饰和清洁起着重要作用。

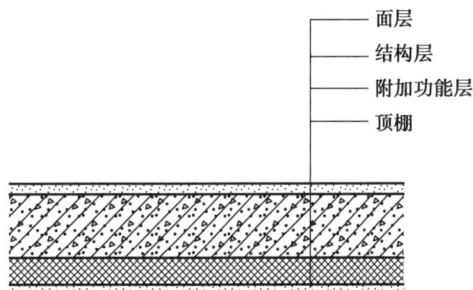

图 2-4-2　现浇钢筋混凝土楼板层的基本组成

b. 结构层是楼板层的承重部分，包括板和梁。它承受楼层上的全部荷载及自重并将其传递给墙或柱，同时对墙身起水平支撑作用，以加强建筑物的整体刚度。

c. 附加层是为满足隔声、防水、隔热、保温等使用功能要求而设置的功能层。

d. 顶棚层是楼层的装饰层，起着保护楼板、方便管线敷设、改善室内光照条件和装饰美化室内环境的作用。

选择地面类型时，所需要的面层、结合层、填充层、找平层的厚度和隔离层的层数，可按表 2-4-1 至表 2-4-5 中不同材料及其特性采用。

表 2-4-1　面层厚度

面层名称	材料强度等级	厚度/mm
混凝土（垫层兼面层）	≥C15	按垫层确定
细石混凝土	≥C20	30～10
陶瓷马赛克（陶瓷锦砖）	—	5～8
地面陶瓷砖（板）	—	8～20

续表

面层名称	材料强度等级	厚度/mm
花岗石、条石	≥MU60	80~120
大理石、花岗石	—	20
块石		100~150
铸铁板	—	7
木板（单层） （双层）	—	18~22 12~18
薄型木地板	—	8~18
格栅式通风地板		高300~400
软聚氯乙烯板	—	2~3
塑料地板（地毡）	—	1~2
导静电塑料板	—	1~2
聚氨酯自流平	—	3~4
树脂砂浆		5~10
地毯	—	5~12

注：①双层木地板面层厚度不包括毛地板厚，其面层用硬木制作时，板的净厚度宜为12~18 mm。

②本表参考规范沥青类材料均指石油沥青。

③防油渗混凝土的抗渗性能宜按照现行国家标准《普通混凝土长期性能和耐久性能试验方法标准》（GB/T 50082—2009）进行检测，用10号机油为介质。以试件不出现渗油现象的最大不透油压力为1.5 MPa。

④防油渗涂料粘结抗拉强度为≥0.3 MPa。

⑤铸铁板厚度系指面层厚度。

表2-4-2　结合层厚度

面层名称	结合层材料	厚度/mm
预制混凝土板	砂、炉渣	20~30
陶瓷马赛克（陶瓷锦砖）	1:1水泥砂浆 或干硬性水泥砂浆	5 20~30
烧结普通砖、煤矸石砖、耐火砖、水泥花砖	砂、炉渣 1:2水泥砂浆 或干硬性水泥砂浆	20~30 15~20 20~30
块石	砂、炉渣	20~50
花岗石条石	1:2水泥砂浆	15~20
大理石、花岗石、预制水磨石板	1:2水泥砂浆	20~30
地面陶瓷砖（板）	1:2水泥砂浆	10~15
铸铁板	1:2水泥砂浆 砂、炉渣	45 ≥60
塑料、橡胶、聚氯乙烯塑料等板材	胶粘剂	
木地板	粘结剂、木板小钉	
导静电塑料板	配套导静电粘结剂	

表 2-4-3　填充层厚度

填充层材料	强度等级或配合比	厚度/mm
水泥炉渣	1：6	30～80
水泥石灰炉渣	1：1：8	30～80
轻骨料混凝土	C7.5	30～80
加气混凝土块		≥50
水泥膨胀珍珠岩块		≥50
沥青膨胀珍珠岩块		≥50

表 2-4-4　找平层厚度

找平层材料	强度等级或配合比	厚度/mm
水泥砂浆	1：3	≥15
混凝土	C10～C15	≥30

表 2-4-5　隔离层厚度

隔离层材料	层数或道数
石油沥青油毡	一至二层
混凝土	一层
沥青玻璃布油毡	一层
再生胶油毡	一层
软聚氯乙烯卷材	一层
防水冷胶料	一布三胶
聚氨酯类涂料	二至三道
热沥青	二道
防油渗胶泥玻璃纤维布	一布二胶

注：①石油沥青油毡不应低于 350 g。

②防水涂膜总厚度一般为 1.5～2 mm。

③防水薄膜(农用薄膜)作隔离层时，其厚度为 0.4～0.6 mm。

④沥青砂浆作隔离层时，其厚度为 10～20 mm。

⑤用于防油渗隔离层可采用具有防油渗性能的防水涂膜材料。

(2)地坪层的类型及组成

①地坪层的类型。

地坪层按面层所用材料和施工方式的不同,可分为以下几类地面:

a. 整体地面:如水泥砂浆地面、细石混凝土地面、沥青砂浆地面等。

b. 块材地面:如砖铺地面、墙地砖地面、石板地面、木地面等。

c. 卷材地面:如塑料地板、橡胶地毯、化纤地毯、手工编织地毯等。

d. 涂料地面:如多种水溶性、水乳性、溶剂性涂布地面等。

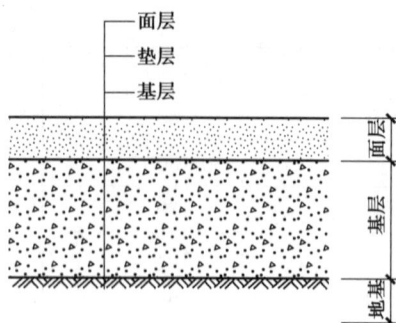

图 2-4-3　地坪层的基本组成

②地坪层的组成。

地坪层的基本组成部分有面层、垫层、基层等部分,如图 2-4-3 所示。地坪的面层与楼板层的类似,这里不再赘述。

地坪的面层与楼板层的类似,这里不再赘述。

a. 垫层是地坪中起传递荷载和承重作用的主要构造层次,按其所处位置及功能要求的不同,通常有三合土、素混凝土、毛石混凝土等几种做法。

b. 基层为地坪层的承重层,也称地基。当其土质较好、上部荷载不大时,一般采用原土夯实或填土分层夯实;否则,应对其进行换土或夯入碎砖、砾石等处理。

2)楼地层设计要求

2.4.2 楼地层的设计要求

(1)具有足够的强度和刚度

强度要求楼地层应保证在自重和荷载作用下平整光洁、安全可靠,不发生破坏;刚度要求楼地层应在一定荷载作用下不发生过大的变形和磨损,做到不起尘、易清洁,以保证正常使用和美观。

(2)具有一定的隔声能力

为保证上下楼层使用时相互影响较小,楼板层应具有一定的隔声能力。通常提高楼板层隔声能力的措施有采用空心楼板、板面铺设柔性地毡、做弹性垫层和在板底做吊顶棚等,如图 2-4-4 所示。

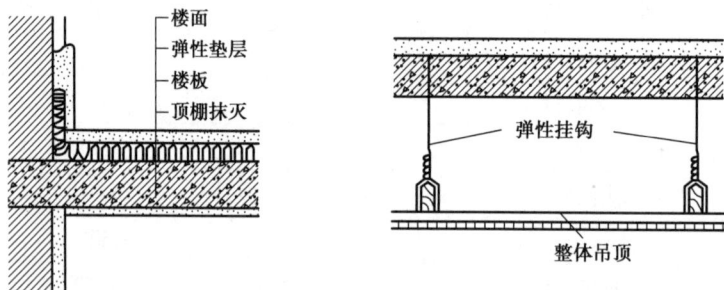

图 2-4-4　隔声措施

(3)具有一定的热工及防火能力

楼地层一般应有一定的蓄热性,以保证人们使用时的舒适感;同时,还应有一定的防火能力,以保证火灾时人们逃生的需要。

(4)具有一定的防潮、防水能力

对于卫生间、厨房和化学实验室等地面潮湿、易积水的房间应做好防潮、防水、防渗漏和耐腐蚀处理。

(5)满足管线敷设要求

楼地层应满足各种管线的敷设要求,以保证室内平面布置更加灵活,空间使用更加完整。

(6)满足经济要求,适应建筑工业化

在结构选型、结构布置和构造方案确定时,应按建筑质量标准和使用要求,尽量减少材料消

耗,降低成本,满足建筑工业化的需要。

2.4.2 钢筋混凝土楼板构造

2.4.3 现浇整体式钢筋混凝土楼板

钢筋混凝土楼板按施工方法的不同,可分为现浇整体式、预制装配式和装配整体式三种,目前以现浇整体式楼板为主。

1)现浇整体式钢筋混凝土楼板

现浇整体式钢筋混凝土楼板是在施工现场经支模板、绑扎钢筋、浇灌混凝土、养护等施工程序而成型的。它整体刚度好,但模板消耗大、工序繁多、湿作业量大、工期长,适合于抗震设防及整体性要求较高的建筑。

根据受力情况的不同现浇整体式钢筋混凝土楼板有板式楼板、梁板式楼板、无梁楼板和压型钢板组合楼板等几种。

(1)板式楼板

板式楼板是直接搁置在墙上的,它有单向板和双向板之分。当四边支承板的长边与短边之比超过一定数值时,荷载主要是通过沿板的短边方向的弯曲(剪切)作用传递的,沿长边方向传递的荷载可以忽略不计,这时可称其为"单向板"。"双向板"在荷载作用下,将在纵横两个方向产生弯矩,沿两个垂直方向配置受力钢筋。根据《混凝土结构设计规范》(GB 50010—2010(2015年版))第9.1.1条规定,混凝土板应按下列原则进行计算:

①两对边支承的板应按单向板计算。

②四边支承的板应按下列规定计算:

a.当长边与短边长度之比不大于2.0时,应按双向板计算;

b.当长边与短边长度之比大于2.0,但小于3.0时,宜按双向板设计;

c.当长边与短边长度之比不小于3.0时,宜按沿短边方向受力的单向板计算,并应沿长边方向布置构造钢筋。

这种板的板底平整美观、施工方便,适宜于厕所、厨房和走道等小跨度房间。

(2)梁板式楼板

当房间的跨度较大时,为使楼板结构的受力与传力更加合理,常在楼板下设梁,以减小板的跨度,使楼板上的荷载先由板传给梁,然后由梁再传给墙或柱。这样的楼板结构称为梁板式楼板,如图2-4-5所示。其梁有主梁与次梁之分,板有单向板和双向板之分,如图2-4-6所示。

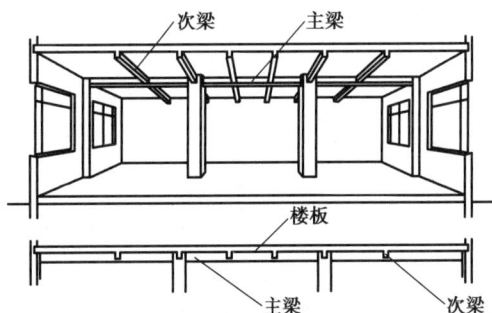

图2-4-5 梁板式楼板

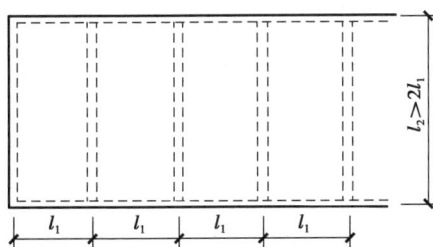

(a)单向板

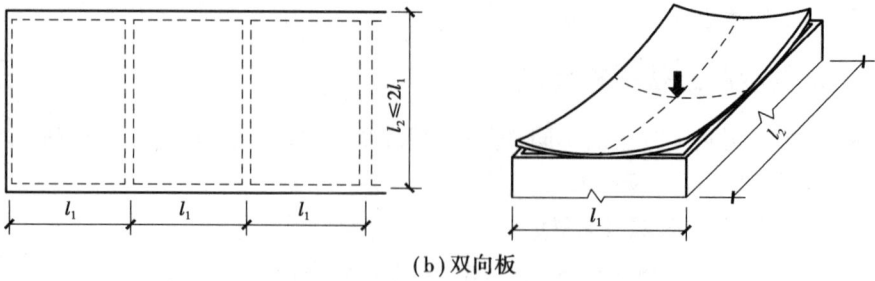

（b）双向板

图 2-4-6　楼板的受力、传力方式

梁板式楼板常用的经济尺寸见表 2-4-6。

表 2-4-6　梁楼板的经济跨度

构件	经济尺寸		
名称	跨度 L	梁高、板厚 h	梁宽 b
主梁	5 ~ 8 m	$(1/14 ~ 1/8)L$	$(1/3 ~ 1/2)h$
次梁	4 ~ 6 m	$(1/18 ~ 1/12)2)L$	$(1/3 ~ 1/2)h$
板	1.5 ~ 3 m	简支板$(1/35)L$ 连续板$(1/40)L$ $(60 ~ 80\ mm)$	

（3）井式楼板

当房间尺寸较大并接近正方形时,常沿两个方向布置等距离、等截面高度的梁(不分主、次梁),此时梁上板为双向板,形成井式楼板。其梁跨常为 10 000 ~ 24 000 mm,板跨一般为 3 000 mm 左右。这种结构的梁构成了美丽的图案,在室内能形成一种自然的顶棚装饰,如图 2-4-7 所示。

（4）无梁楼板

无梁楼板是框架结构中将楼板直接支承在柱子上的楼板,如图 2-4-8 所示。为了增大柱的支承面积和减小板的跨度,需在柱的顶部设柱帽和托板。无梁楼板的柱应尽量按方形网格布置,间距为 7 000 ~ 9 000 mm 较为经济。由于板跨较大,一般板厚应不小于 150 mm。

无梁式楼板与梁板式楼板比较,具有顶棚平整,室内净空大,采光、通风好,施工较简单等优点。它多用于楼板上荷载较大的商店、仓库、展览馆等建筑中。

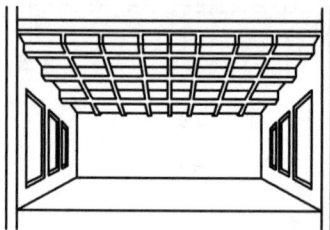

图 2-4-7　井式楼板

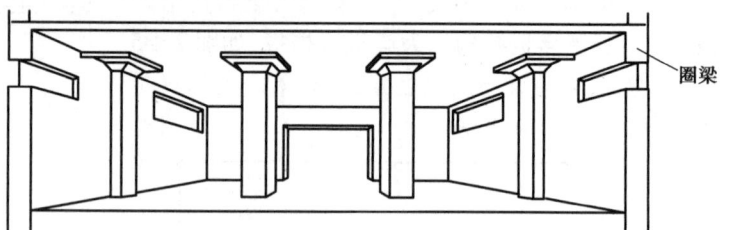

图 2-4-8　无梁楼板

（5）压型钢板组合楼板

压型钢板组合楼板实质上是一种钢与混凝土组合的楼板,是利用压型钢板作衬板与现浇混凝土浇筑在一起,搁置在钢梁上,构成整体型的楼板支承结构。它适用于空间较大的高、多层民用建筑中。

钢衬板组合楼板主要由楼面层、组合板与钢梁几部分构成,在使用压型钢板组合楼板时应注意以下几个问题:

①在有腐蚀的环境中应避免使用;

②应避免压型钢板长期暴露,以防钢板梁生锈,破坏结构的连接性能;

③在动荷载的作用下,应仔细考虑其细部设计,并注意保持结构组合作用的完整性和共振问题;

④压型钢板应考虑涂刷防火涂料,以保证达到建筑要求的耐火极限。

2)预制装配式钢筋混凝土楼板

预制装配式钢筋混凝土楼板是指在构件预制厂或施工现场预先制作,然后运到工地进行安装的楼板,属于小型构件装配式楼板,根据断面形式分为平板、空心板和槽形板(图 2-4-9)。由于其构件小,施工方便,造价低,工期短,工业化程度较高,故在 2007 年之前应用较为广泛;但由于楼板的整体性不如现浇钢筋混凝土楼板好,抗震性能较差,故 2008 年后就较少使用了。

2.4.4 预制装配式钢筋混凝土楼板

(a)平板   (b)空心板   (c)槽板

图 2-4-9   预制装配式钢筋混凝土楼板

3)装配整体式钢筋混凝土楼板

装配整体式钢筋混凝土楼板是一种预制装配和现浇相结合的楼板,具有整体性强、节省模板的特点。它包括叠合楼板、密肋空心砖楼板和预制小梁现浇板等,如图 2-4-10 所示。

2.4.5 装配整体式钢筋混凝土楼板

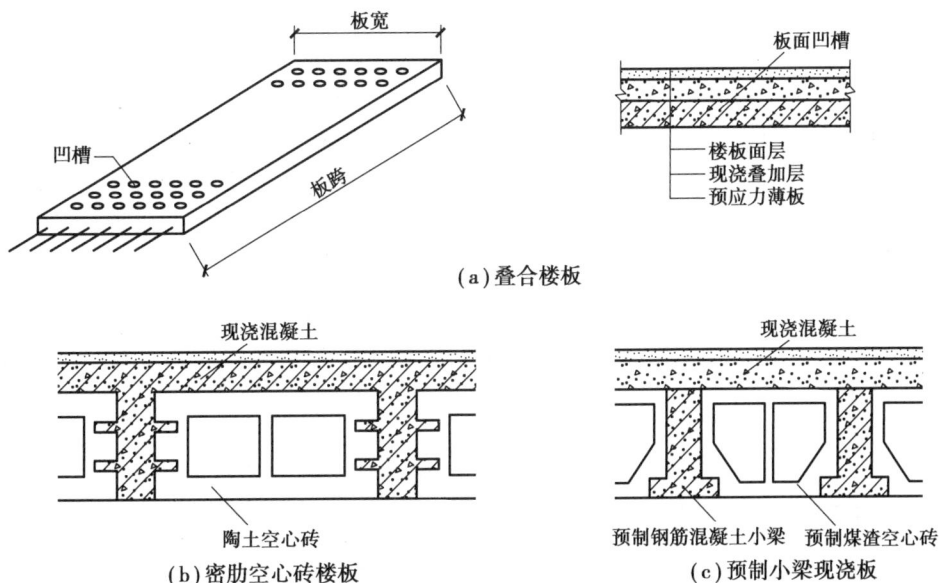

(a)叠合楼板

(b)密肋空心砖楼板   (c)预制小梁现浇板

图 2-4-10   装配整体式钢筋混凝土楼板

2.4.3 地面构造

1)地面的设计要求

楼板层的面层和地坪的面层统称为地面,它们的类型、构造要求和做法基本相同。地面类型的选择,应根据生产工艺、建筑功能、使用要求,经综合技术经济比较确定。当局部地段受到较严重的物理或化学作用时,应采取局部措施。

①具有足够的坚固性。要求在各种外力作用下不易被磨损、破坏,且要求表面平整、光洁、易清洁和不起灰。

②保温性能好。作为人们经常接触的地面,应给人们以温暖舒适的感觉,保证寒冷季节的舒适性。

③具有一定的弹性。当人们行走时不致有过硬的感觉,同时有弹性的地面对减弱撞击声有利。

④满足隔声要求。隔声要求主要在楼板层,可通过选择楼面垫层的厚度与材料类型来达到。

⑤其他要求。对有水作用的房间,地面应防潮防水;对有火灾隐患的房间,地面应防火耐燃烧;对有酸碱作用的房间,则要求地面具有耐腐蚀的能力等。

2)地面类型的选择

(1)有清洁和弹性要求的地面

有清洁和弹性要求的地面,地面类型的选择应符合下列要求:

①有一般清洁要求时,可采用水泥石屑面层、石屑混凝土面层。

②有较高清洁要求时,宜采用水磨石面层或涂刷涂料的水泥类面层或其他板、块材面层等。

③有较高清洁和弹性等使用要求时,宜采用菱苦土或聚氯乙烯板面层,当上述材料不能完全满足使用要求时,可局部采用木板面层或其他材料面层。菱苦土面层不应用于经常受潮湿或有热源影响的地段。在金属管道、金属构件同菱苦土的接触处,应采取非金属材料隔离。

④有较高清洁要求的底层地面,宜设置防潮层。

⑤木板地面应根据使用要求,采取防火、防腐、防蛀等相应措施。

(2)有空气洁净度要求的建筑地面

①有空气洁净度要求的建筑地面,其面层应平整、耐磨、不起尘,并易除尘、清洗。其底层地面应设防潮层。面层应采用不燃、难燃或燃烧时不产生有毒气体的材料,并宜有弹性与较低的导热系数。面层应避免眩光,面层材料的光反射系数宜为 0.15~0.35。必要时应不易积聚静电。

②空气洁净度为 100 级、1 000 级、10 000 级的地段,地面不宜设变形缝。

a.空气洁净度为 100 级垂直层流的建筑地面,应采用格栅式通风地板,其材料可选择钢板焊接后电镀或涂塑、铸铝等。通风地板下宜采用现浇水磨石、涂刷树脂类涂料的水泥砂浆或瓷砖等面层。

b.空气洁净度为 100 级水平层流、1 000 级和 10 000 级的地段宜采用导静电塑料贴面面层、聚氨酯等自流平面层。导静电塑料贴面面层宜用成卷或较大块材铺贴,并应用配套的导静电胶粘合。

c.空气洁净度为 10 000 级和 100 000 级的地段,可采用现浇水磨石面层,也可在水泥类面层上涂刷聚氨酯涂料、环氧涂料等树脂类涂料。

（3）有防静电要求的地面

生产或使用过程中有防静电要求的地面,应采用导静电面层材料,其表面电阻率、体积电阻率等主要技术指标应满足生产和使用要求,并应设置静电接地。

导静电地面的各项技术指标应符合现行国家标准《数据中心设计规范》(GB 50174—2017)的有关规定。

（4）有水或非腐蚀性液体经常浸湿的地面

有水或非腐蚀性液体经常浸湿的地面,宜采用现浇水泥类面层。底层地面和现浇钢筋混凝土楼板,宜设置隔离层;装配式钢筋混凝土楼板,应设置隔离层。

①经常有水流淌的地面,应采用不吸水、易冲洗、防滑的面层材料,并应设置隔离层。隔离层可采用防水卷材类、防水涂料类和沥青砂浆等材料。

②防潮要求较低的底层地面,也可采用沥青类胶泥涂覆式隔离层或增加灰土、碎石灌沥青等垫层。

③湿热地区非空调建筑的底层地面,可采用微孔吸湿、表面粗糙的面层。

（5）采暖房间的地面

采暖房间的地面,可不采取保温措施,但遇下列情况之一时,应采取局部保温措施:

①架空或悬挑部分直接对室外的采暖房间的楼层地面或对非采暖房间的楼层地面;

②当建筑物周边无采暖通风管沟时,严寒地区底层地面,在外墙内侧 0.5～1.0 m 范围内宜采取保温措施,其热阻值不应小于外墙的热阻值。

（6）季节性冰冻地区非采暖房间的地面

季节性冰冻地区非采暖房间的地面以及散水、明沟、踏步、台阶和坡道等,当土壤标准冻深大于 600 mm,且在冻深范围内为冻胀土或强冻胀土时,宜采用碎石、矿渣地面或预制混凝土板面层。当必须采用混凝土垫层时,应在垫层下加设防冻胀层。

2.4.4　楼地面装修构造

楼地面的装修构造做法很多,下面仅介绍几种常见地面的构造处理:

1）水泥砂浆地面

水泥砂浆地面简称水泥地面,它坚固耐磨、防潮防水、构造简单、施工方便、造价低廉,但吸湿能力差、容易返潮、易起灰、不易清洁,是目前清水房使用最普遍的一种低档地面,如图 2-4-11 所示。

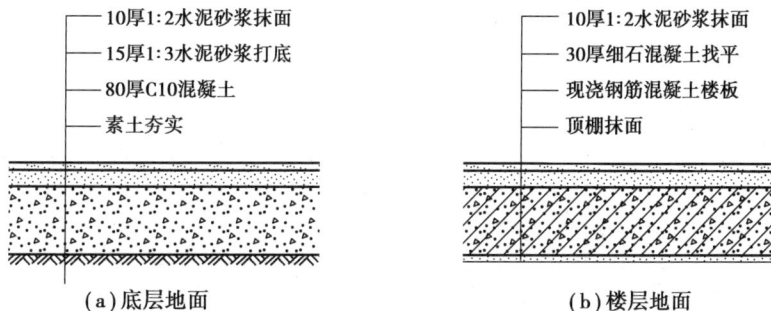

图 2-4-11　水泥砂浆地面

2)块材地面

凡利用各种人造的或天然的预制块材、板材镶铺在基层上的地面,都统称为块材地面,包括烧结普通砖、大阶砖、水泥花砖、缸砖、陶瓷马赛克、人造石板、天然石板以及木地面等,如图2-4-12所示。它们用胶结料铺砌或粘贴在结构层或垫层上。胶结料既起粘结作用,又起找平作用。

常用的胶结材料有水泥砂浆、沥青胶以及各种聚合物改性胶粘剂等。

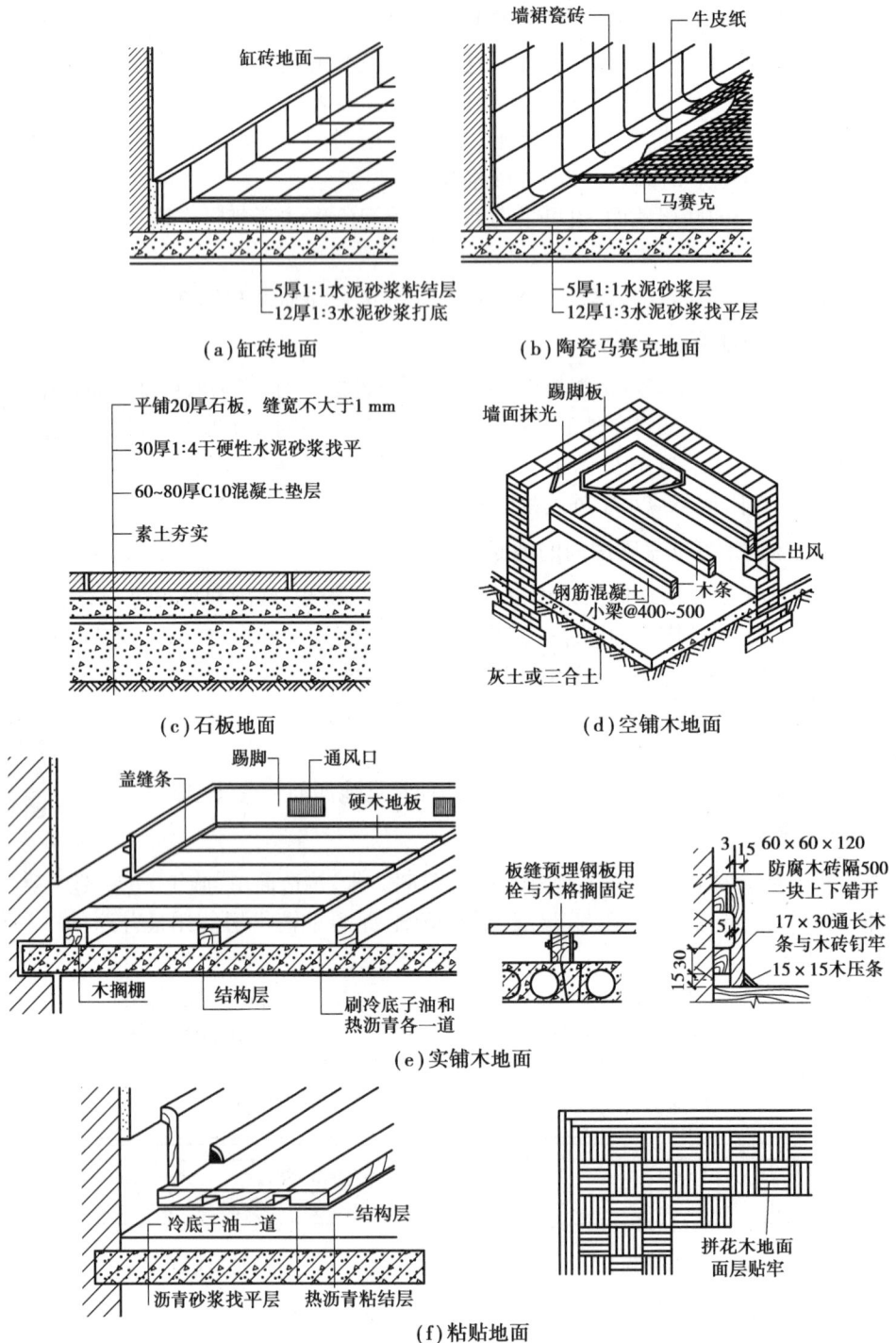

（a）缸砖地面

缸砖地面
5厚1:1水泥砂浆粘结层
12厚1:3水泥砂浆打底

（b）陶瓷马赛克地面

墙裙瓷砖
牛皮纸
马赛克
5厚1:1水泥砂浆层
12厚1:3水泥砂浆找平层

（c）石板地面

平铺20厚石板,缝宽不大于1 mm
30厚1:4干硬性水泥砂浆找平
60~80厚C10混凝土垫层
素土夯实

（d）空铺木地面

踢脚板
墙面抹光
出风
钢筋混凝土小梁@400~500
木条
灰土或三合土

（e）实铺木地面

盖缝条
踢脚
通风口
硬木地板
板缝预埋钢板用栓与木格搁固定
木搁栅
结构层
刷冷底子油和热沥青各一道
3 15 60×60×120
防腐木砖隔500一块上下错开
17×30通长木条与木砖钉牢
15×15木压条

（f）粘贴地面

冷底子油一道
结构层
沥青砂浆找平层
热沥青粘结层
拼花木地面面层贴牢

图2-4-12　块材地面

3）卷材地面

卷材地面主要是用各种卷材、半硬质块材粘贴的地面。常见的有塑料地面、橡胶毡地面及无纺织地毯地面等。

4）涂料地面

常见的涂料包括水乳型、水溶型和溶剂型涂料。涂料地面要求基层坚实平整，涂料与基层粘结牢固，不允许有掉粉、脱皮及开裂等现象。同时，涂层色彩要均匀，表面要光滑、清洁，给人以舒适、明净、美观的感觉。

2.4.5　顶棚装修构造

顶棚层又称吊顶或天花，是室内饰面之一。作为顶棚层，要求表面光洁、美观，并能起反射光照的作用，以改善室内的照度。对有特殊要求的房间，还要求顶棚具有隔声、保温、隔热等方面的功能。

顶棚的形式根据房间用途的不同有弧形、凹凸形、高低形及折线形等；依其构造方式的不同有直接式和悬吊式顶棚两种，如图 2-4-13 所示。

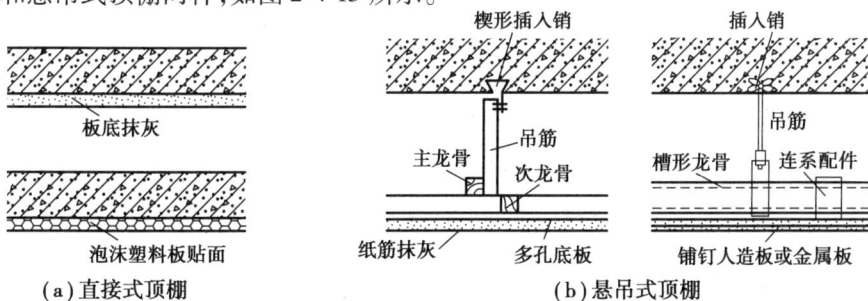

2.4.8 顶棚的装修构造

图 2-4-13　顶棚构造

1）直接式顶棚

直接式顶棚是指直接在楼板下抹灰或喷、刷、粘贴装修材料的一种构造方式，多用于居住建筑、工厂、仓库以及一些临时性建筑中。直接式顶棚装修常见的有以下几种处理：

①当楼板底面平整时，可直接在楼板底面喷刷大白浆涂料或 106 涂料。当楼板底部不够平整或室内装修要求较高时，可先将板底打毛，然后抹 10～15 mm 厚 1∶2 水泥砂浆，一次成活，再喷（或刷）涂料，如图 2-4-13（a）所示。

②对一些装修要求较高或有保温、隔热、吸声要求的建筑物，如商店营业厅，公共建筑大厅等，可在顶棚上直接粘贴装饰墙纸、装饰吸声板以及着色泡沫塑胶板等材料，如图 2-4-13（a）所示。

2）悬吊式顶棚

悬吊式顶棚简称吊顶，吊顶是由吊筋、龙骨和板材三部分构成，如图 2-4-13（b）所示。常见龙骨形式有木龙骨、轻钢龙骨、铝合金龙骨等；板材常用的有各种人造木板、石膏板、吸声板、矿棉板、铝板、彩色涂层薄钢板、不锈钢钢板等。

为提高建筑物的使用功能和观感，往往需借助于吊顶来解决建筑中的照明、给水排水管道、空调管、火灾报警、自动喷淋、烟感器、广播设备等管线的敷设问题。

2.4.6　阳台与雨篷构造

1）阳台

阳台是建筑中房间与室外接触的平台，人们可以利用阳台休息、乘凉、晾晒衣物、眺望或从事其他活动。它是多层尤其是高层住宅建筑中不可缺少的构件。

2.4.9 阳台构造

（1）阳台的类型

按与外墙所处位置的不同，阳台可分为挑阳台、凹阳台、半挑半凹阳台以及转角阳台等几种形式，如图 2-4-14 所示。

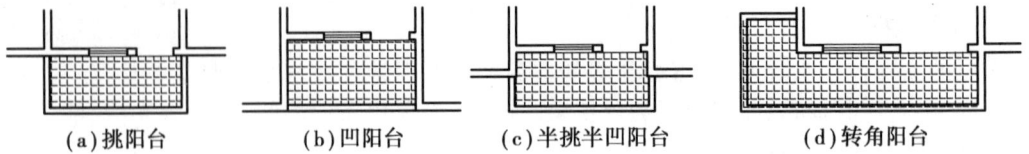

（a）挑阳台　　　　（b）凹阳台　　　　（c）半挑半凹阳台　　　　（d）转角阳台

图 2-4-14　阳台形式

按阳台的结构布置形式的不同，可分为挑板式、压梁式和挑梁式三种，如图 2-4-15 所示。

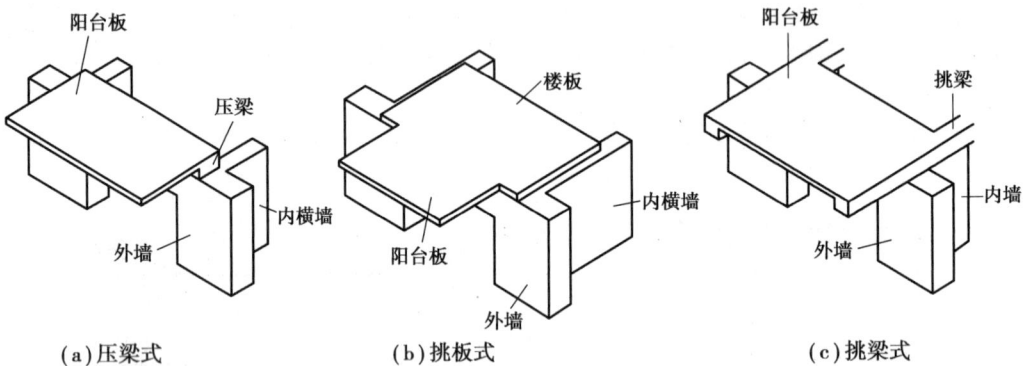

（a）压梁式　　　　　　（b）挑板式　　　　　　（c）挑梁式

图 2-4-15　阳台的结构布置形式

（2）阳台的细部构造

①阳台栏杆。阳台栏杆是在阳台周边设置的垂直构件，其作用一是承担人们倚扶的侧向推力，以保人身安全；二是对整个建筑物起一定装饰作用。因此，作为栏杆，既要考虑坚固，又要考虑美观。栏杆竖向净高一般不小于 1 050 mm，高层建筑不小于 1 100 mm，但不宜超过 1 200 mm，栏离地面 100 mm 高度内不应留空。从外形上看，栏杆有实体与空花之分，实体栏杆又称栏板。从材料上看，栏杆有砖砌、钢筋混凝土和金属栏杆之分，金属栏杆的竖杆之间的净空距离不能大于 110 mm，如图 2-4-16 所示。

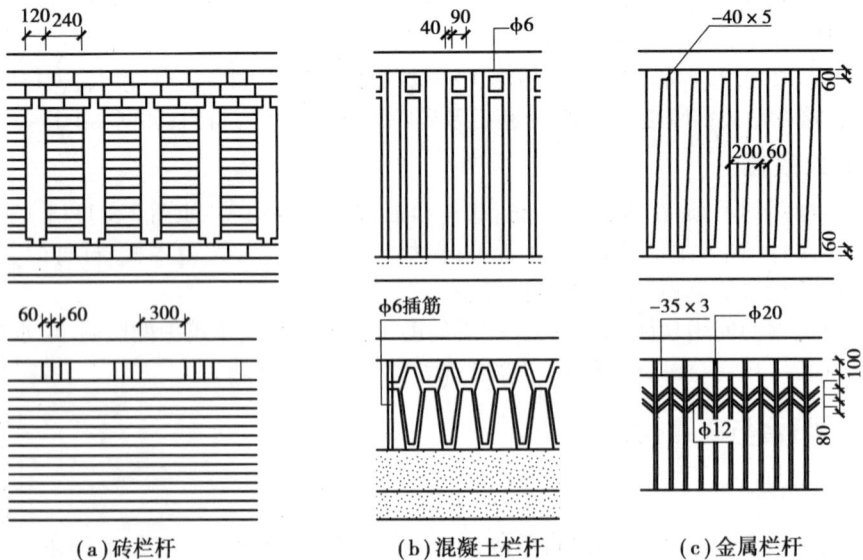

（a）砖栏杆　　　　　　（b）混凝土栏杆　　　　　　（c）金属栏杆

图 2-4-16　栏杆（板）形式

②阳台排水。由于阳台外露,为防止雨水从阳台流入室内,阳台地面标高应低于室内地面 20 ~ 30 mm,并在阳台一侧栏杆下设水舌,阳台地面用防水砂浆粉设置出 1% 的排水坡,将水导向落水管,如图 2-4-17 所示。

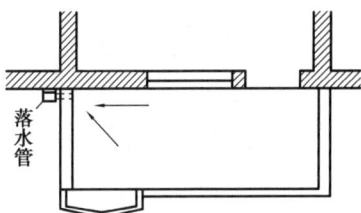

图 2-4-17　阳台的排水

2) 雨篷

雨篷是建筑物入口处外门上部用以遮挡雨水、保护外门免受雨水侵害的水平构件,多采用钢筋混凝土悬臂板,其悬挑长度一般为 1 000 ~ 1 500 mm。雨篷有板式和梁板式两种,如图 2-4-18 所示。板式雨篷多做成变截面形式,一般板根部厚度不小于 70 mm,板端部厚度不小于 50 mm。梁板式雨篷为使其底面平整,常采用翻梁形式。当雨篷外伸尺寸较大时,其支承方式可采用立柱式,即在入口两侧设柱支承雨篷,形成门廊,立柱式雨篷的结构形式多为梁板式。

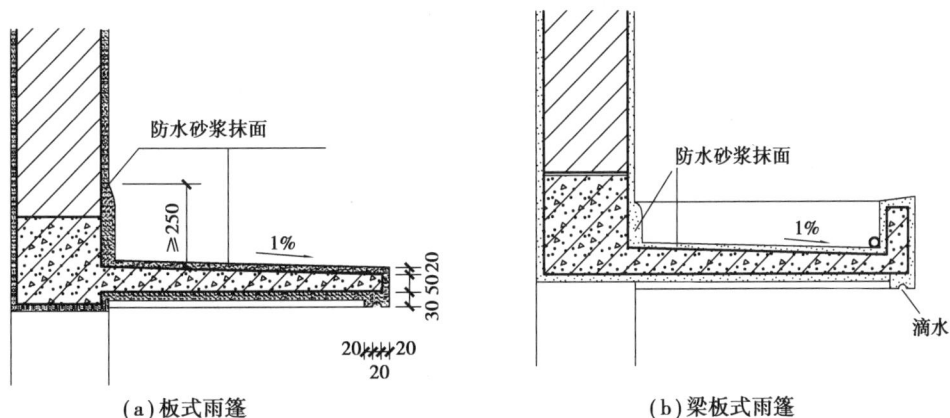

2.4.10 雨棚构造

(a) 板式雨篷　　　　　　　　　　　　(b) 梁板式雨篷

图 2-4-18　雨篷

雨篷在构造上需解决好两个问题:一是防倾覆,要保证雨篷梁上有足够的压力;二是板面上要做好防水和排水处理。采用刚性防水层,即在雨篷顶面用防水砂浆抹面;当雨篷面积较大时,也可采用柔性防水。通常沿板四周用砖砌或现浇混凝土做凸檐挡水,板面用防水砂浆抹面,防水砂浆应顺墙上卷至少 300 mm。

雨篷表面的排水有两种方式,一种是无组织排水,雨水经雨篷边缘自由泻落,或雨水经滴水管直接排至地表;另一种是有组织排水,雨篷表面集水经地漏、雨水管有组织地排至地下。为保证雨篷排水通畅,雨篷上表面向外侧或滴水管处或向地漏处应做 1% 的排水坡度。

【学习笔记】

_____

_____

_____

_____

_____

【关键词】

地坪层　楼板层　钢筋混凝土楼板　阳台　雨篷

【测试】

一、单项选择题

1. 在楼板的类型中,已不使用的楼板类型为( )。
   A. 钢筋混凝土楼板　　B. 木楼板　　　　C. 砖拱楼板　　　　D. 压型钢板组合楼板

2. 双层木地板面层厚度不包括毛地板厚,其面层用硬木制作时,板的净厚度宜为( )。
   A. 18 ~ 22 mm　　　　B. 12 ~ 18 mm　　C. 8 ~ 18 mm　　　　D. 120 ~ 80 mm

3. 垫层是地坪中起( )作用的主要构造层次。
   A. 防滑　　　　　　　B. 防水　　　　　C. 传递荷载　　　　D. 支撑基础

4. 荷载主要是通过沿板的短边方向的弯曲(剪切)作用传递的,沿长边方向传递的荷载可以忽略不计,这时可称为( )。
   A. 单向板　　　　　　B. 双向板　　　　C. 井式楼板　　　　D. 无梁楼板

5. 直接在楼板下抹灰或喷、刷、粘贴装修材料的顶棚称为( )。
   A. 直接式顶棚　　　　B. 悬吊式顶棚　　C. 轻钢龙骨顶棚　　D. 吸声顶棚

二、多项选择题

1. 地坪层的基本组成部分主要有( )。
   A. 面层　　　　　B. 垫层　　　　　C. 基层　　　　　D. 结构层　　　　E. 顶棚层

2. 楼板层的基本组成部分主要有( )。
   A. 面层　　　　　B. 结构层　　　　C. 基层　　　　　D. 垫层　　　　　E. 顶棚层

3. 整体地面包括( )等。
   A. 水泥砂浆地面　　　　　　B. 墙地砖地面
   C. 细石混凝土地面　　　　　D. 塑料地板
   E. 沥青砂浆地面

4. 楼地层设计要求包括( )等。
   A. 足够的强度和刚度　B. 隔声能力　　C. 防火　　　　D. 防潮、防水　　E. 经济要求

5. 钢筋混凝土楼板包括( )等。
   A. 现浇整体式　　B. 预制装配式　　C. 装配整体式　　D. 吊顶式　　　E. 贴面式

6. 阳台按与外墙所处位置的不同包括( )。
   A. 挑阳台　　　　　　　　B. 圆弧阳台
   C. 凹阳台　　　　　　　　D. 半挑半凹阳台
   E. 转角阳台

三、判断题

1. 当长边与短边长度之比不大于 2.0 时,应按双向板计算。　　　　　　　　　　( )

2. 井式楼板是沿两个方向布置等距离、等截面高度的梁(不分主、次梁),其梁跨常为 10 000 ~ 24 000 mm,板跨一般为 6 000 mm 左右。　　　　　　　　　　( )

3. 当房间的跨度较大时,为使楼板结构的受力与传力更加合理,常在楼板下设梁,以减小板的跨度,使楼板上的荷载先由板传给梁,然后由梁再传给墙或柱。这样的楼板称梁板式楼板。
　　　　　　　　　　　　　　　　　　　　　　　　　　　　　　　　( )

4. 吊顶是由吊筋、龙骨和板材三部分构成。　　　　　　　　　　　　　　( )

5. 阳台是建筑中房间与室外接触的平台。　　　　　　　　　　　　　　( )

【想一想】根据下图想一想(a)、(b)分别是什么构造层次图?

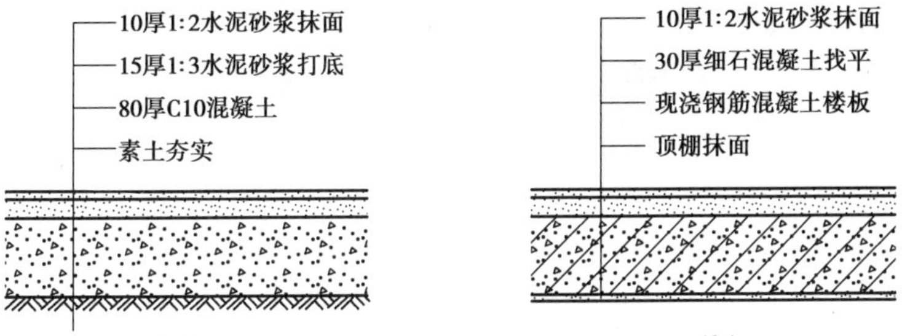

10厚1:2水泥砂浆抹面	10厚1:2水泥砂浆抹面
15厚1:3水泥砂浆打底	30厚细石混凝土找平
80厚C10混凝土	现浇钢筋混凝土楼板
素土夯实	顶棚抹面

(a)　　　　　　　　　　　　(b)

【做一做】根据各学生所在学校的教学楼的楼(地)面类型,画出其构造层次图。

任务 2.5　楼梯和电梯

2.5.1　楼梯的类型及设计要求

1)楼梯的类型

建筑中楼梯的形式较多,一般可按以下原则进行分类:

按楼梯的材料分类,有钢筋混凝土楼梯、金属楼梯、木楼梯及组合材料楼梯。

按照楼梯的位置分类,有室内楼梯和室外楼梯。

按照楼梯的使用性质分类,有主要楼梯、辅助楼梯、疏散楼梯及消防楼梯。

按楼梯间的平面形式分类,有开敞楼梯、封闭楼梯和防烟楼梯,如图2-5-1所示。

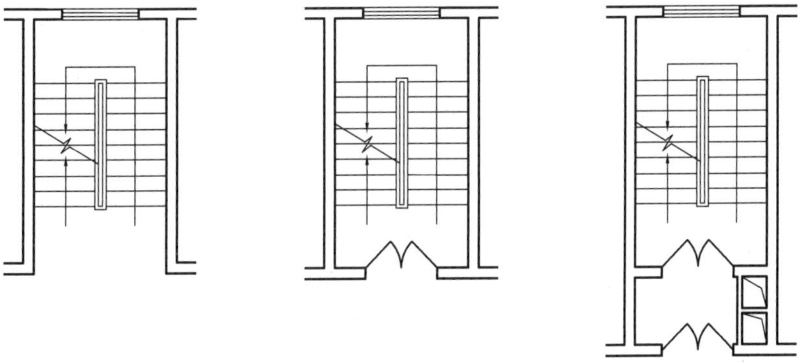

(a)开敞楼梯间　　　　　(b)封闭楼梯间　　　　　(c)防烟楼梯间

图 2-5-1　楼梯间平面形式

楼梯形式的选择取决于所处位置、楼梯间的平面形状与大小、层高与层数、人流的多少与缓急等因素,设计时需综合考虑。

①直行单跑楼梯。如图2-5-2(a)所示,两层之间只有一个梯段,无中间平台,由于单跑梯段踏步数一般不超过18级,故仅用于层高较低的建筑。

②直行双跑楼梯。如图2-5-2(d)所示,平行双跑楼梯两层之间有两个梯段和一个中间平台。

直行跑梯段给人以直接、畅通的感觉,导向性强,在公共建筑中常用于人流较多的大厅。但是由于其缺乏方位上回转上升的连续性,仅用于只上一层楼的建筑。

③平行双跑楼梯。如图2-5-2(e)所示,平行双跑楼梯两层中间有平行的两个梯段和一个中间平台,由于上完一层楼刚好回到原起步方向,与楼梯上升的空间回转往复性吻合,因此它比直

跑楼梯节约面积并缩短人流行走距离,是较常用的楼梯形式之一。

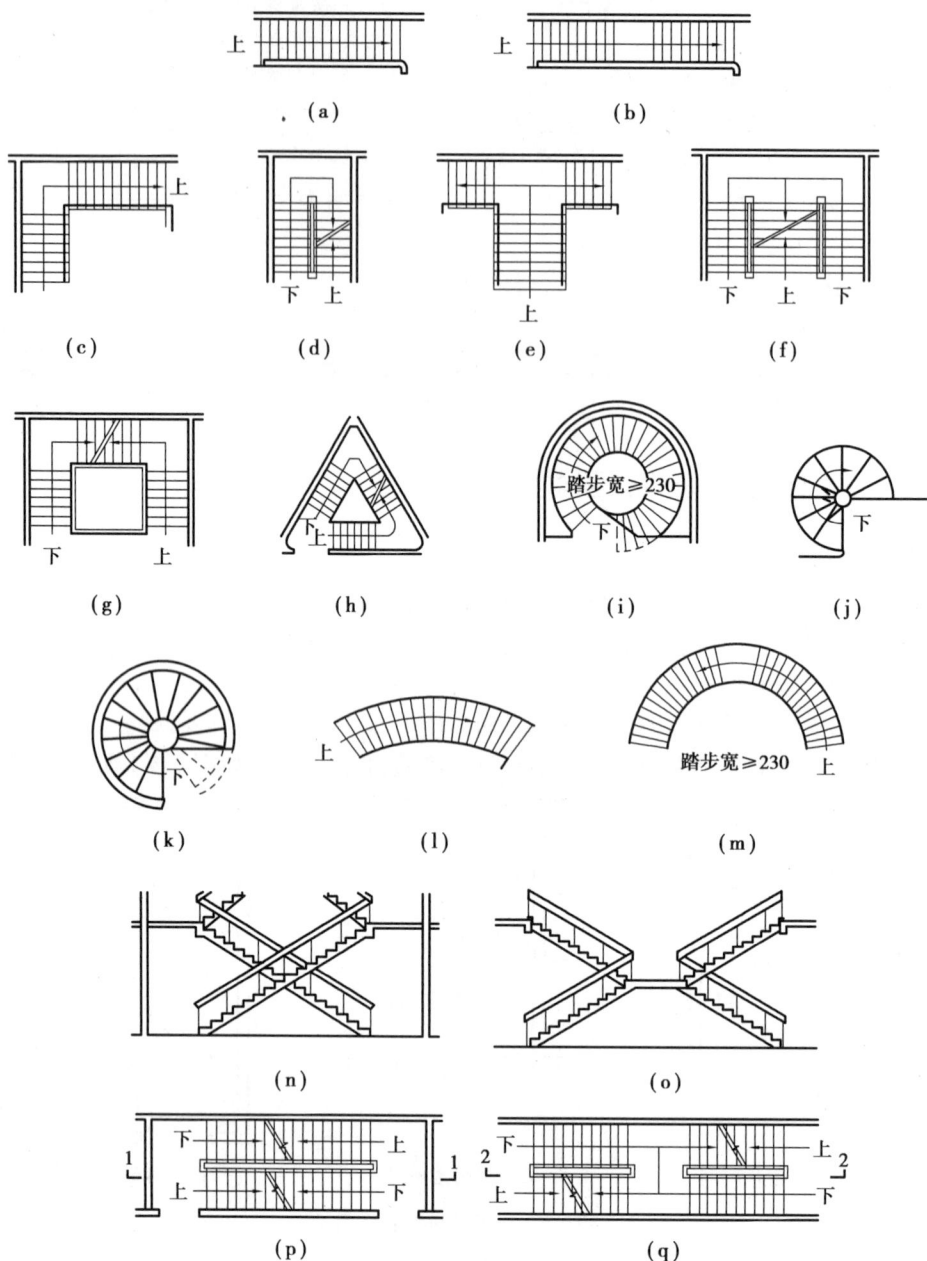

图 2-5-2 楼梯的类型

④平行双分双合楼梯。如图 2-5-2(f)所示,双分双合楼梯是在平行双跑楼梯基础上演变产生的。其梯段平行、行走方向相反,且第一跑在中部上行,然后其中间平台处往两边以第一跑的1/2 梯段宽,各上一跑到楼层面。它通常在人流多、梯段宽度较大时采用,常用作办公类建筑的主要楼梯。

⑤螺旋楼梯。如图 2-5-2(i)所示,螺旋形楼梯通常是围绕一根单柱布置,平面呈圆形。其平台和踏步均为扇形平面,踏步内侧宽度很小,并形成较陡的坡度,构造复杂且行走时不安全。这种楼梯不能作为主要的交通和疏散楼梯,但是由于其流线型造型美观,常作为建筑小品布置于庭院或室内。

⑥交叉跑(剪刀)楼梯。如图 2-5-2(n)所示,交叉跑(剪刀)楼梯可认为是由两个直行单跑楼梯交叉并列布置而成的,通行的人流量较大,且为上下楼层的人流提供了两个方向,对于空间开敞、楼层人流方向进出有利,但仅适合层高较低的建筑。当层高较高时,可设置中间平台,中间平台为人流变换行走方向提供了条件,适合于层高较高且楼层人流有多向性选择要求的建筑,如商场、教学楼、办公楼等。

2)楼梯的设计要求

楼梯作为建筑空间竖向联系的主要部件,其位置应该明显,以起到提示引导人流的作用;并要充分考虑其造型美观、通行顺畅、行走舒适、结构坚固、防火安全;同时,还应满足施工和经济条件的要求。因此,需要合理地选择楼梯的形式、坡度、材料、构造做法,精心处理好其细部构造。设计时需要综合考虑这些因素:

2.5.2 楼梯的设计要求

①作为主要楼梯,应与主要出入口邻近且位置明显;同时,还应保证垂直交通与水平交通在交接处不拥挤、不堵塞。

②楼梯的间距、数量及宽度应经过计算确定,并应满足防火疏散要求。楼梯间内不得有影响疏散的凸出部分,以免挤伤人;楼梯间除允许直接对外开窗采光外,不得向室内任何房间开窗;楼梯间四周墙壁必须为防火墙;对防火要求高的建筑物(特别是高层建筑),应该设计成封闭式楼梯间或防烟楼梯间。

③楼梯间必须有良好的自然采光。

3)楼梯的组成

楼梯一般由楼梯段、楼梯平台、栏杆(或栏板)和扶手 3 个部分组成,楼梯所处的空间称为楼梯间,如图 2-5-3 所示。

2.5.3 楼梯的组成

①楼梯段。楼梯段简称梯段,又称为楼梯跑,是楼层之间的倾斜构件,同时也是楼梯的主要使用部分和承重部分,它由若干个踏步组成。为减少人们上下楼梯时的疲劳和适应人们行走的习惯,一个梯段的踏步数要求最多不超过 18 级,最少不少于 3 级。

②楼梯平台。楼梯平台是指楼梯段与楼面连接的水平段或连接两个楼梯段之间的水平段,供楼梯转折或使用者略做休息之用。标高与楼层标高一致的平台称为楼层平台,标高介于两楼层之间的平台称为中间平台。平台宽应大于等于梯段宽。

③梯井。楼梯的两梯段或三梯段之间形成的竖向空隙,称为梯井。在住宅建筑和公共建筑中,应根据使用和空间效果不同而确定不同的取值。住宅建筑应尽量减小梯井宽度,以增大楼梯段净宽,其取值一般不大于 120 mm,并应满足消防要求。

④栏杆(栏板)和扶手。栏杆(栏板)和扶手是楼梯段的安全设施,一般设置在楼梯段和平台的临空边缘。要求它必须坚固、可靠,有足够的安全高度,并应在其上部设置供人们手扶使用的扶手。在公共建筑中,当楼梯段较宽时,常在楼梯段和平台靠墙一侧设置靠墙扶手。根据现行国家标准《民用建筑设计统一标准》(GB 50352—2019)相关要求,24 m 以下临空高度(相当于低层、多层建筑的高度)的栏杆高度不应低于 1.05 m,超过 24 m 临空高度(相当于高层及中高层住宅的高度)的栏杆高度不应低于 1.1 m。

当楼梯宽度不大时(小于 1400 mm),可只在梯段临空面设置扶手;当楼梯宽度较大时(大于 1400 mm 且小于 2200 mm),非临空面也应加设扶手;当楼梯宽度很大时(大于 2200 mm),还应在梯段中间加设扶手。

4)楼梯的坡度

通常,楼梯的坡度越小,行走越舒适。但是,当楼层的高度一定时,楼梯的坡度越小,所需要的楼梯间进深尺寸则越大,这从经济性角度来看又是不合理的。如图 2-5-4 所示,是通过统计学和人体工程学得出的坡道、台阶、楼梯、专用楼梯以及爬梯等各自适宜的坡度范围。从图中可以看出,楼梯适宜的坡度在 20°～45°,其中以 30°左右较为常用。45°～60°的坡度范围可用于人流小且不常用的专用楼梯,60°以上的坡度范围常用于供防火或检修用的爬梯。

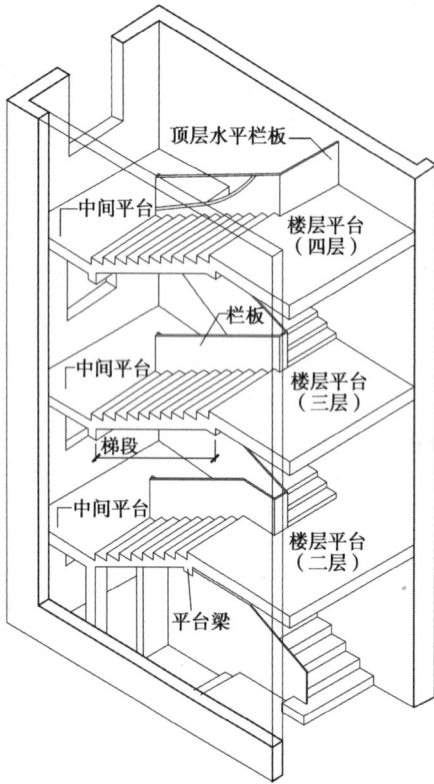

图 2-5-3　楼梯的组成

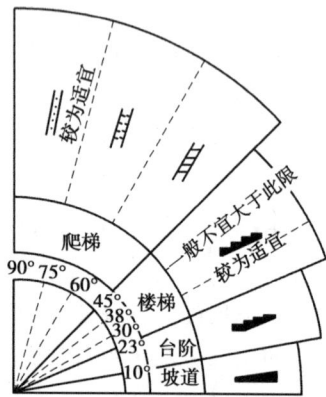

图 2-5-4　楼梯、台阶和坡道坡度的适用范围

在实际工程中,楼梯坡度的大小是通过踏步的尺寸(即图 2-5-5 中的 b 与 h)来体现的,此尺寸具体数值的确定既取决于建筑的性质,也与楼梯具体的使用对象具有密切的关系。

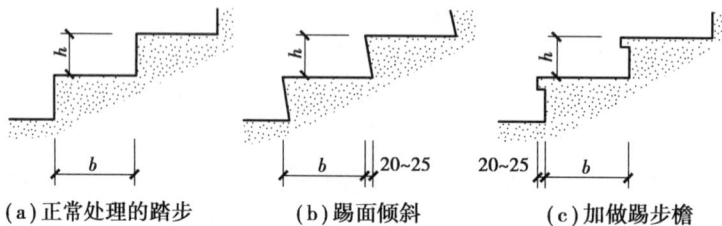

(a)正常处理的踏步　　　(b)踢面倾斜　　　(c)加做踢步檐

图 2-5-5　踏步处理

5)楼梯的尺寸

(1)踏步尺寸

踏步高度与人的步距有关系,宽度则应与人脚的长度相适应。确定和计算踏步尺寸的方法和公式很多,通常采用两倍的踏步高度加踏步宽度等于一般人行走的步距的经验公式确定,即 $2h + b = 600 ～ 620$ mm。式中,h 为踏步高度(称为踢面);b 为踏步宽度(称为踏面)。$600 ～ 620$ mm 为一般人行走时的平均步距。

在民用建筑中,楼梯踏步的最小宽度与最大高度限制值的规定,见表 2-5-1。

2.5.4 楼梯的尺度

表 2-5-1　楼梯踏步最小宽度和最大宽度

单位:m

楼梯类别		最小宽度 b(常用宽度)	最大高度 h
住宅楼梯	住宅公用楼梯	0.260	0.175
	住宅套内楼梯	0.220	0.200
宿舍楼梯	小学宿舍楼梯	0.260	0.150
	其他宿舍楼梯	0.270	0.165
老年人建筑楼梯	住宅建筑楼梯	0.300	0.150
	公共建筑楼梯	0.320	0.130
托儿所、幼儿园楼梯		0.260	0.130
小学校楼梯		0.260	0.150
人员密集且竖向交通繁忙的建筑和大、中学校楼梯		0.280	0.165
其他建筑楼梯		0.260	0.175
超高层建筑核心筒内楼梯		0.260	0.180
检修及内部服务楼梯		0.220	0.200

注:摘自《民用建筑设计统一标准》。

对成年人而言,楼梯踢面高度以 150 mm 左右最为舒适,不应高于 175 mm。踏面的宽度以 300 mm 左右为宜,不应窄于 260 mm。踏面宽度过大,将导致楼梯段长度增加;而踏面宽度过窄时,行走时会产生危险。在实际工程中,经常采用出挑踏面的方法,使得在梯段总长度不变的情况下增加踏步面宽,如图 2-5-5(c)所示。一般踏面的出挑长度为 20 ~ 30 mm。

一般取值的原则是:使用楼梯的人流量大或使用者体能较弱时,b 取值较大而 h 取值较小;反之,b 取值较小而 h 取值较大。

(2)梯段宽度与平台宽度

楼梯设计主要是楼梯梯段和平台的设计,而梯段和平台的尺寸与楼梯间的开间、进深和层高有关,如图 2-5-6 所示。

梯段宽度按每股人流宽为 550 ~ 700 mm 确定。一般单股人流通行梯段宽 850 mm;双股人流通行梯段宽 1 200 ~ 1 400 mm;三股人流通行时梯段宽 1 500 ~ 2 100 mm,如图 2-5-7 所示。平台宽应不小于梯段的(净)宽度,以确保通过楼梯段的人流和货物也能顺利地在楼梯平台上通过。

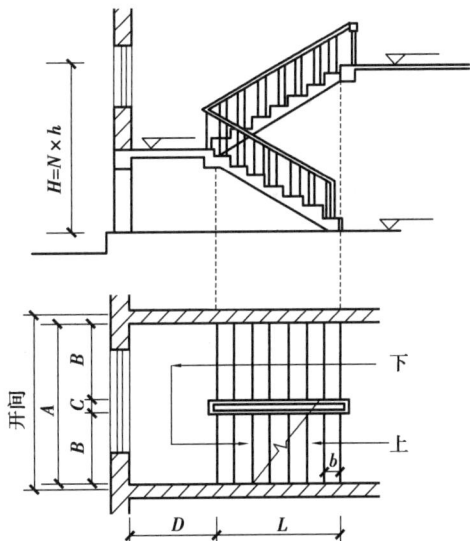

图 2-5-6　楼梯尺寸的确定

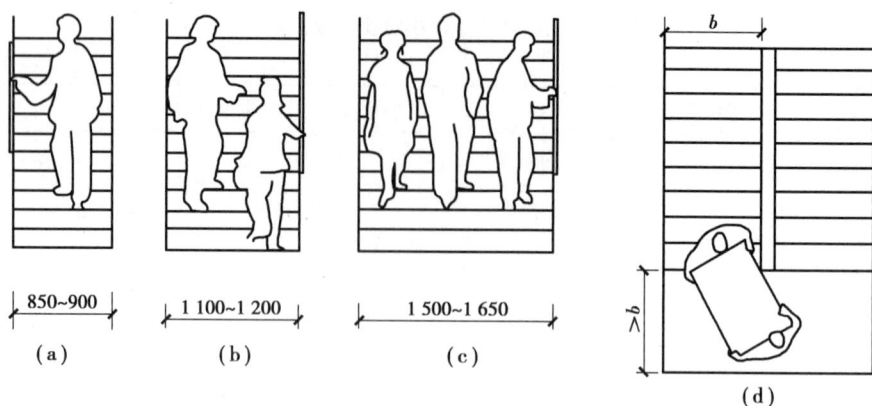

图 2-5-7　楼梯宽度的确定

（3）梯段宽度与平台宽的计算

①梯段宽 B：

$$B = \frac{A - C}{2}$$

式中　A——开间净宽；

C——两梯段之间的缝隙宽（梯井宽），考虑消防、安全和施工的要求，$C = 60 \sim 120$。

②平台宽 D：要求 $D \geqslant B$。

③踏步的尺寸与数量的确定：

$$N = \frac{H}{h}$$

式中　H——层高；

h——踢面高。

④梯段长度计算：

梯段长度取决于踏步数量。当 N 已知后，两段等跑的楼梯梯段长 L 为

$$L = \left(\frac{N}{2} - 1 \right) b$$

式中　b——踏面宽。

（4）楼梯净空高度

楼梯的净空高度包括梯段的净高和平台过道处的净高。梯段间的净高是指梯段空间的最小高度，即下层梯段踏步前缘至其正上方梯段下表面的垂直距离，与人体尺度、楼梯的坡度有关；平台过道处的净高是指平台过道地面至上部结构最低点（通常为平台梁）的垂直距离。在确定两个净高时，还应充分考虑人们肩扛物品对空间的实际需要，避免由于碰头而产生压抑感。《民用建筑设计统一标准》规定，梯段净高不应小于 2 200 mm，平台过道处净高不应小于 2 000 mm，起止踏面前缘与顶部凸出物内边缘线的水平距离不应小于 300 mm，如图 2-5-8 所示。

当楼梯底层中间平台下做通道时，为保证下面空间净高 ≥2 000 mm，常采用如图 2-5-9 所示的几种处理方法：

①将楼梯底层设计成"长短跑"，让第一跑的踏步数多些，第二跑踏步数少些，利用踏步数的多少来调节下部净空的高度。

②增加室内外高差。

③将上述两种方法结合，即降低底层中间平台下的地面标高，同时增加楼梯底层第一个梯段的踏步数量。

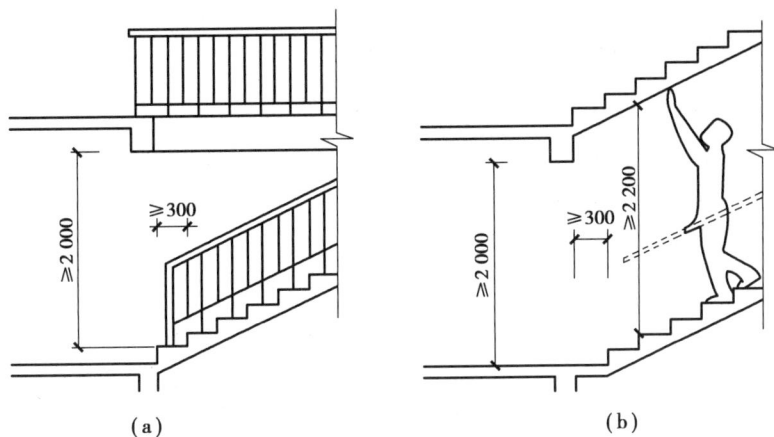

（a）　　　　　　　　　　　　（b）

图 2-5-8　梯段及平台部位净高要求

④将底层采用单跑楼梯,这种方式多用于少雨地区的住宅建筑。

(5)梯井宽度

梯井是梯段之间的空隙,从底层到顶层贯通。平行多跑楼梯可不设梯井,但为方便梯段施工,应留足施工缝。梯井的宽度以 60～200 mm 为宜,若大于 200 mm,应考虑设置安全措施。托儿所、幼儿园、中小学及少年儿童专用活动场所的楼梯。梯井大于 110 mm 时,必须采取防止少年儿童攀爬扶手的措施,例如将扶手做成不连贯的造型。

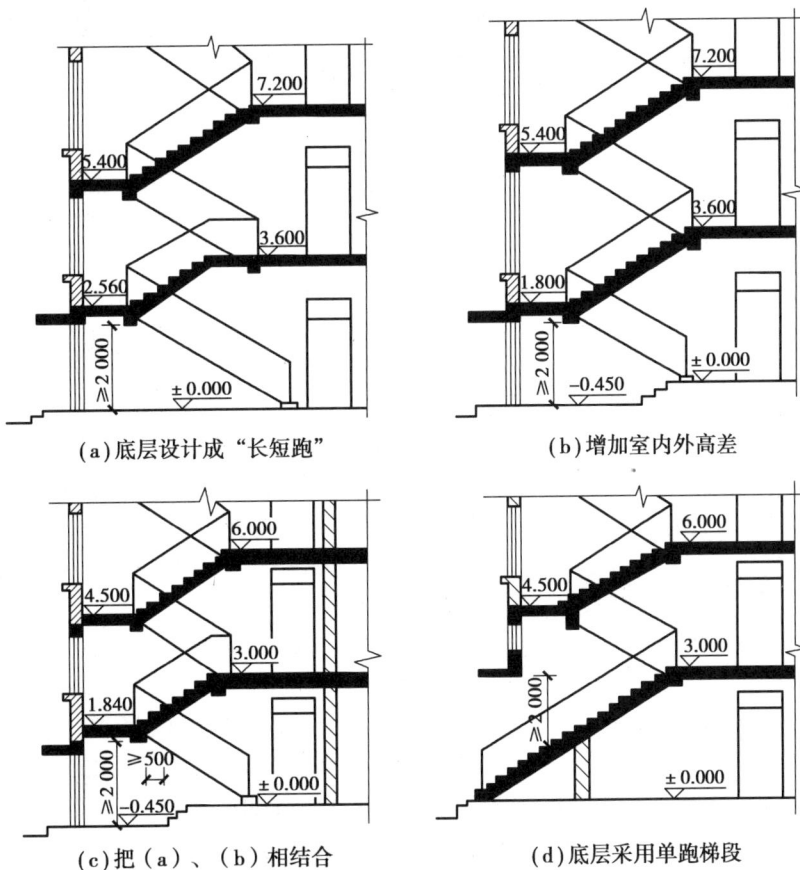

（a）底层设计成"长短跑"　　　　　　　　（b）增加室内外高差

（c）把（a）、（b）相结合　　　　　　　　（d）底层采用单跑梯段

图 2-5-9　平台下做出入口时楼梯净高设计的几种方式

2.5.2 楼梯细部构造

1)踏步面层及防滑处理

楼梯踏步面层做法一般与楼地面相同,踏步的上表面要求耐磨,便于清洁。现浇楼梯拆模后表面粗糙、不美观、更不利于行走,故需做面层处理。常用的做法有人造石、缸砖贴面、大理石、花岗岩等面层(图2-5-10)。

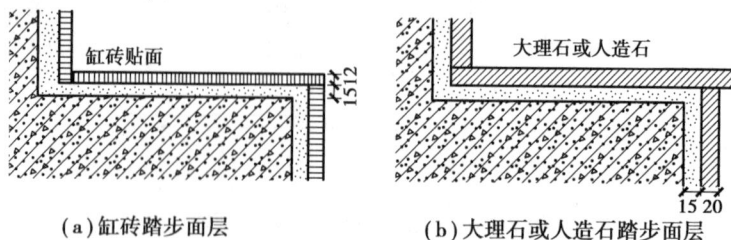

(a)缸砖踏步面层　　　　　(b)大理石或人造石踏步面层

图2-5-10　踏步面层构造

人流较为集中且拥挤的建筑,若踏步面层太过光滑,则行人容易滑跌,所以踏步表面应有防滑措施。最简单的防滑措施是在做踏步面层时留出2~3道凹槽,但使用中易被灰尘填堵,防滑效果不好。要求高的建筑可铺地毯或防滑塑料或橡胶贴面,一般建筑常在近踏步口做1~2条防滑条或防滑包口(图2-5-11)。防滑条长度一般按踏步长度每边减去150 mm,材料可采用塑料条、橡皮条、金属条、马赛克、折角铁等。

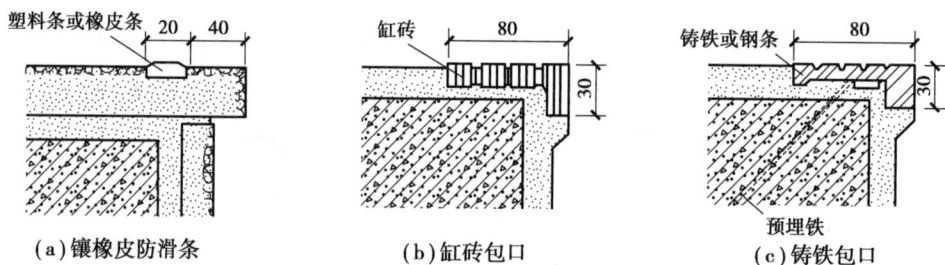

(a)镶橡皮防滑条　　　(b)缸砖包口　　　(c)铸铁包口

图2-5-11　踏步防滑条构造

2)栏杆、栏板和扶手构造

(1)楼梯栏杆的基本要求

楼梯栏杆(或栏板)和扶手是上下楼梯或踏步的安全设施,也是建筑中装饰性较强的构件。在设计中应满足以下基本要求:

①人流密集场所梯段或台阶高度超过750 mm时,应设栏杆。

②楼梯扶手的高度与楼梯的坡度、楼梯的使用要求有关。很陡的楼梯,扶手的高度矮些,坡度平缓时高度可稍大。楼梯坡度在30°左右时常采用900 mm高的扶手;儿童使用的楼梯扶手高度一般

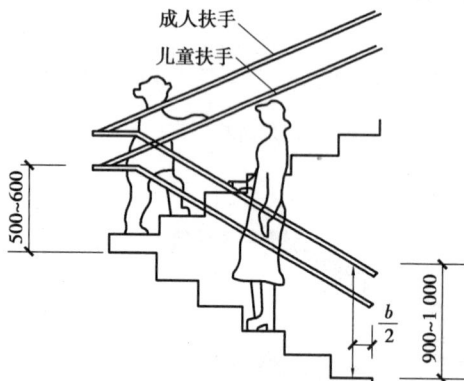

图2-5-12　楼梯扶手

为600 mm。一般室内楼梯扶手高度≥900 mm,靠梯井一侧水平栏杆长度>500 mm时,其高度≥1 000 mm,室外楼梯栏杆高≥1 050 mm,如图2-5-12所示。

(2)栏杆形式

①透空式栏杆。栏杆多采用方钢、圆钢钢管等材料并可焊接或铆接成各种图案,既有防护

作又起装饰作用,如图 2-5-13 所示。

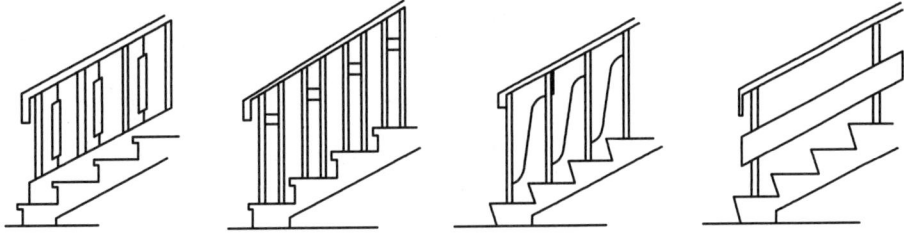

图 2-5-13　透空式扶手

方钢截面边长与圆钢的直径一般为 15 ~ 25 mm,栏杆钢条花格的间隙对居住建筑或儿童使用的楼梯均不宜超过 110 mm,同时为防止儿童攀爬,不应设水平横杆。

②栏板和组合式栏杆。栏板多采用钢筋混凝土,也可用透明钢化玻璃或有机玻璃镶嵌于栏杆立柱之间。钢筋混凝土实心栏板可以现浇,也可以预制。

将透空栏杆和栏板组合在一起构成组合式栏杆。栏杆作为主要的抗侧力构件,栏板作为防护和装饰构件。栏杆竖杆常采用不锈钢等材料,栏板常采用夹丝玻璃、钢化玻璃(图 2-5-14)等轻质和美感的材料。夹丝玻璃抗水平冲击力较强,是比较理想的栏板材料。

常用的楼梯栏杆多为钢构件,包括圆钢、钢管、方钢、扁钢等的组合。其中,立杆与钢筋混凝土梯段及平台之间的固定方式有预埋件焊接、开脚预埋(或留空后装)、预埋件拴接、直接用膨胀螺栓固定等几种,安装位置为踏步侧面或踏步上面的边沿部分,见表 2-5-2。横杆则多采用焊接方式与立杆连接,如图 2-5-15 所示。

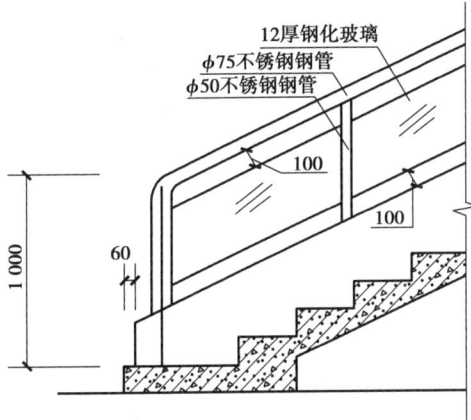

图 2-5-14　钢化玻璃栏杆

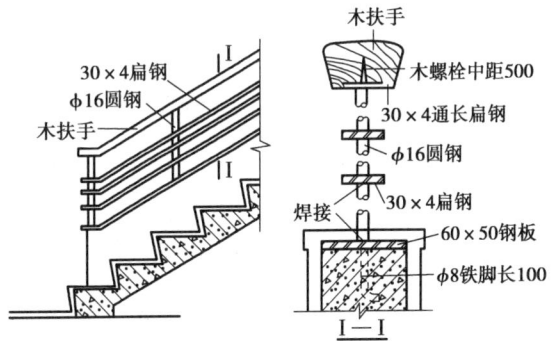

图 2-5-15　组合式栏杆示例

表 2-5-2　栏杆立柱位置

固定方式	立柱位于踏步侧面	立柱位于踏步表面
(a)预埋件焊接		

185

续表

固定方式	立柱位于踏步侧面	立柱位于踏步表面
（b）开脚预埋		
（c）预埋件栓接		
（d）直接用膨胀螺栓固定		

（3）扶手构造

楼梯的防护栏杆和扶手,通常设置于楼梯段和平台临空一侧,三股人流时两侧高扶手,四股人流时加中间扶手。

扶手一般多用硬木制作,也有金属扶手、塑料扶手。

①栏杆与扶手的连接。木扶手靠木螺栓通过一个通长扁铁与空花栏杆连接,扁铁与栏杆顶端焊接并每隔 300 mm 左右开一小孔,穿过木螺钉固定;金属扶手是通过焊接的方法连接;塑料扶手是利用其弹性卡固定在扁钢带上,如图 2-5-16 所示。

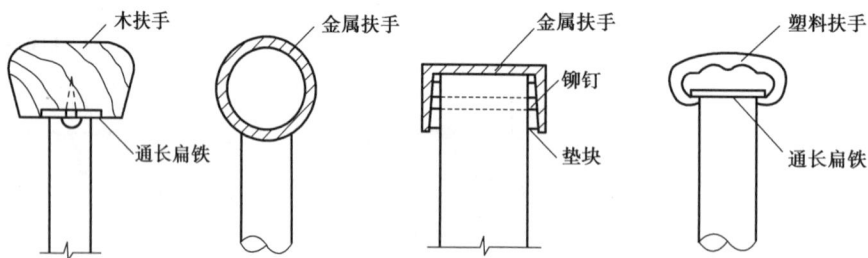

图 2-5-16　扶手安装及固定

栏杆扶手与墙、柱的连接,靠墙扶手以及楼梯顶层的水平栏杆扶手应与墙、柱连接。可以在砖墙上预留孔洞,将栏杆扶手插入洞内并嵌固;也可以在混凝土柱相应的位置上预埋铁件,再与栏杆扶手的铁件焊接,如图2-5-17所示。

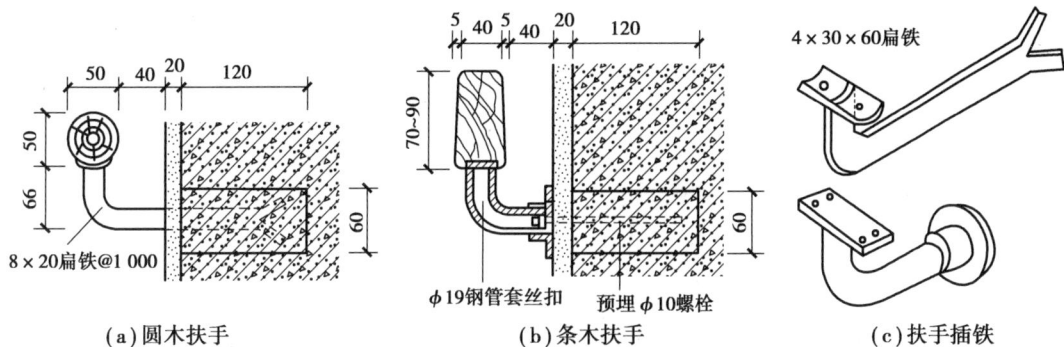

(a) 圆木扶手   (b) 条木扶手   (c) 扶手插铁

图2-5-17 靠墙扶手安装实例

②楼梯转折处扶手的处理。楼梯转折处扶手顶部通常会存在一个高差必须进行处理,当上行楼梯和下行楼梯的第一个踏步口设在一条线上,如果平台处栏杆紧靠踏步口设置,侧栏杆扶手的顶部高度突然变化,扶手需做成一个较大的弯曲线,即所谓鹤颈扶手,是上下连接。这种处理方法费工费料,使用不便,应尽量避免。通常的处理方法有以下两种,如图2-5-18所示。

a.在平台处栏杆伸出踏步回线约半步的地方,扶手连接可以较顺,但这样处理使平台在栏杆处的净宽缩小了半步宽度,可能造成搬运物件的困难。

b.将上下行楼梯的踏步错开一步或数步,这样扶手的连接可以较顺,但增加了楼梯间的长度。

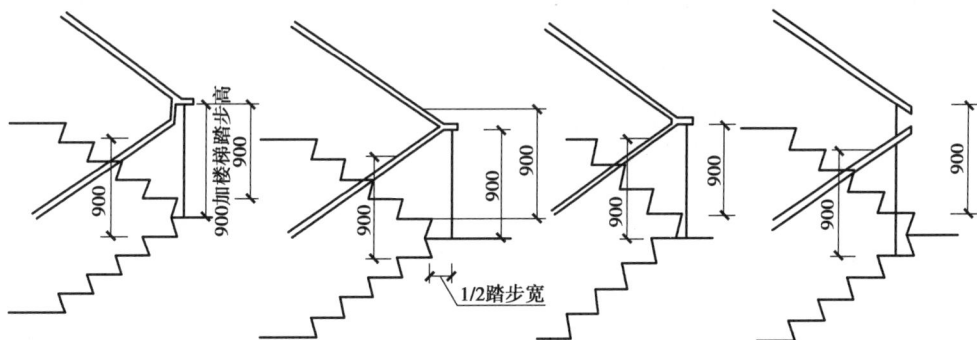

图2-5-18 楼梯转折处扶手的处理

2.5.3 钢筋混凝土楼梯构造

钢筋混凝土楼梯主要有现浇和预制装配两大类。现浇钢筋混凝土楼梯的楼梯段和平台是整体浇筑在一起的,其整体性好、刚度大,施工时不需要大型起重设备;预制装配钢筋混凝土楼梯施工进度快、受气候影响小,构件由工厂生产、质量容易保证,但施工时需要配套的起重设备、投资较多、整体性差、抗震性能差。

目前建筑中较多采用的是现浇钢筋混凝土楼梯。

1)现浇式钢筋混凝土楼梯

现浇楼梯的楼梯段、平台等为整体浇筑,其整体性好,刚度大、对抗震有利。

现浇楼梯按梯段根据传力特点的不同,可分为板式楼梯和梁板式楼梯。

(1)板式楼梯

由梯段板承受该梯段全部荷载的楼梯,称为板式楼梯。这种楼梯的结构特点

2.5.5 现浇式钢筋混凝土楼梯

187

是楼梯段作为一块整板,斜搁在楼梯的平台梁上。平台梁之间的距离便是这块板的跨度,如图2-5-19 和图 2-5-20 所示。

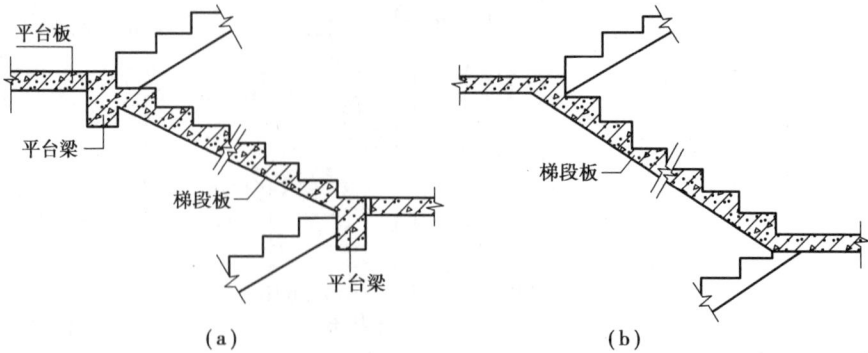

图 2-5-19　现浇钢筋混凝土板式楼梯

图 2-5-20　板式楼梯实例

(2)梁板式楼梯

当梯段较宽或楼梯负荷较大时,采用板式楼梯往往不经济,需增加梯段斜梁(简称梯梁)以承受板的荷载,并将荷载传给平台梁,这种楼梯称为梁板式楼梯。梁板式楼梯根据结构布置的不同,可分为双梁布置楼梯和单梁布置楼梯。梯梁在板下部的称正梁式楼梯,将梯梁反向上面称反梁式楼梯,如图 2-5-21 所示。梁板式楼梯有两种形式:一种为梁在踏步板下面露出一部分,上面踏步露明,称为明步;另一种边梁向上翻,下面平整,踏步包在梁内,称为暗步。

在梁板式结构中,单梁式楼梯是近年来公共建筑中采用较多的一种结构形式,这种楼梯的每个梯段由一根梯梁支承踏步。梯梁有两种布置方式:一种是单梁悬臂式楼梯(图 2-5-22);另一种是单梁挑板式楼梯(图 2-5-23)。单梁楼梯受力复杂,梯梁不仅受弯而且受扭,但这种楼梯外形轻巧、美观,常为建筑空间造型所采用。

2)装配式钢筋混凝土楼梯

装配式钢筋混凝土楼梯具有节约模板和人工、减少现场湿作业、加快施工速度、提高工程质量的优点,它的大量应用还有利于提高建筑的工业化程度。

装配式钢筋混凝土楼梯根据生产、运输、吊装和建筑体系的不同而有许多不同的构造形式,如根据构件尺寸大小的不同,可分为小型构件式与中、大型构件式两种。

2.5.6 装配式钢筋混凝土楼梯

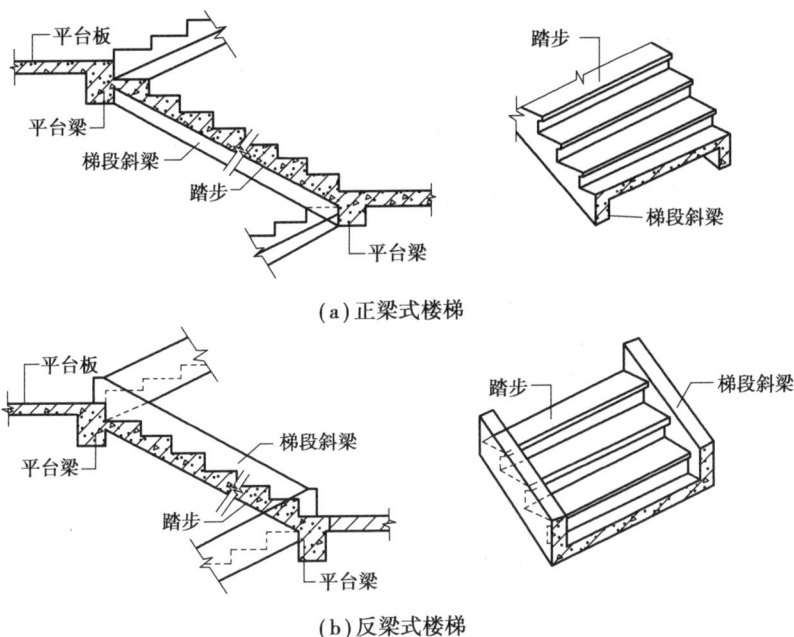

(a) 正梁式楼梯

(b) 反梁式楼梯

图 2-5-21　现浇钢筋混凝土梁板式楼梯

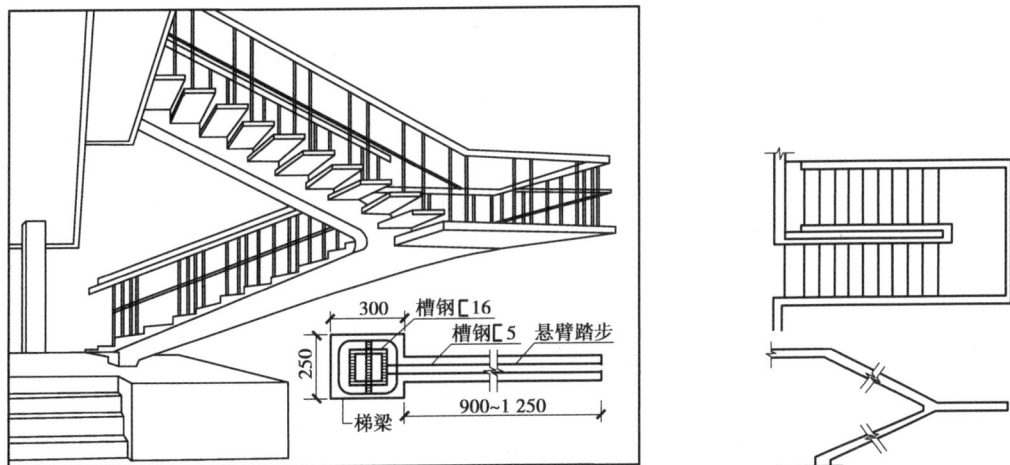

图 2-5-22　单梁悬臂式楼梯

(1) 小型构件装配式楼梯

小型构件装配式楼梯的预制踏步和其支撑结构通常是分开的,主要特点就是构件小且轻、易制作。根据梯段构造与支承方式的不同,可分为梁承式、墙承式、悬挑式和悬吊式几种。其中,梁承式楼梯的梯段由平台梁来支承,是装配式楼梯中最常见的一种形式,它由梯段、平台梁、平台板组成。

梯段:按其构造形式的不同,分为梁板式和板式两种。梁板式梯段:由踏步板和梯梁组成。踏步板常用的为 L 形和三角形。L 形踏步板有正反两种,一种是踢面板在踏步板的上面,另一种是踢面板在踏步板的下面。这种踏步板用料较省、自重轻,如图 2-5-24(a)、(b) 所示。三角形踏步板拼装后,底面平整、美观,但踏步尺寸较难调整。为了减轻自重,在构件内可抽孔,如图 2-5-24(c) 所示。

梯梁有锯齿形和矩形,锯齿形用于支承 L 形踏步板;矩形用于支承三角形踏步板。踏步板与梯梁之间用水泥砂浆叠砌,如图 2-5-24(d)、(e) 所示。这种梯段构件小,不需要大的起重设备即可安装。

189

梯梁

悬挑踏步板

单梁挑板式楼梯段横断面

梁的尺寸及
钢筋按设计

虚线示梁位置

I—I

虚线示梁位置

II—II

单梁挑板式楼梯的布置方式

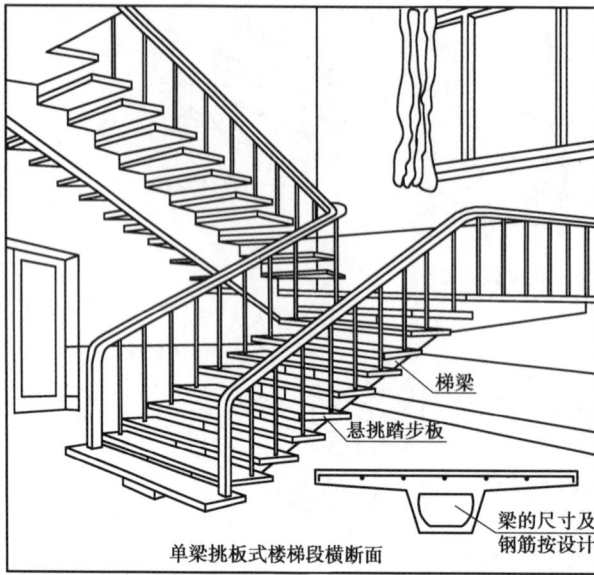

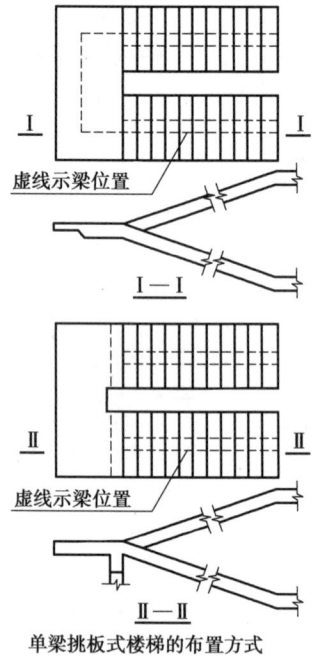

图 2-5-23　单梁挑板式楼梯

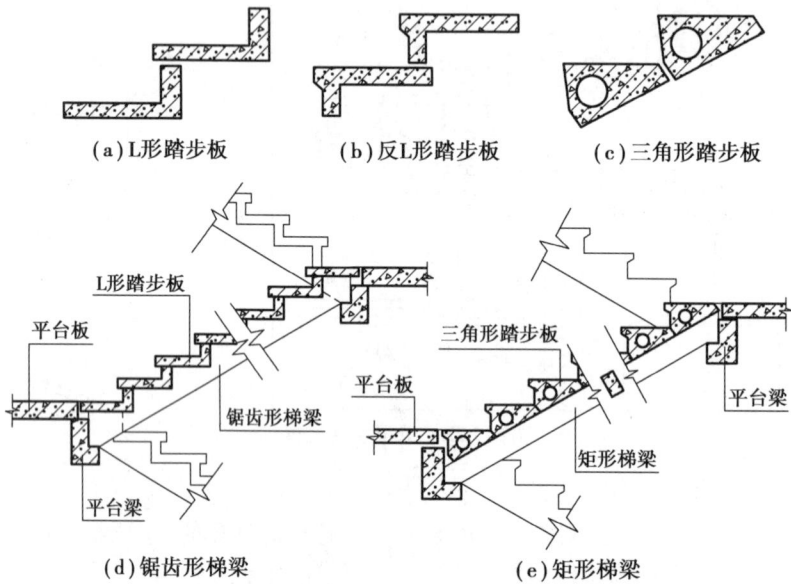

(a)L形踏步板　　　(b)反L形踏步板　　　(c)三角形踏步板

L形踏步板

平台板

锯齿形梯梁

平台梁

三角形踏步板

平台板

矩形梯梁

平台梁

(d)锯齿形梯梁　　　　　　(e)矩形梯梁

(f)L形踏步板实例

图 2-5-24　装配式钢筋混凝土梁承式楼梯

板式梯段:梯段板为一带踏步的单向板,承受上面全部荷载并直接传给平台梁。梯段板可为一块整板,如果起重设备能力不足,也可作成条板,如图 2-5-25(a)所示。板式梯段板底面平整,外形轻巧、简捷美观,当梯段跨度在 3.3 m 以下时,结构比较经济。为了减轻板式梯段板的自重,可将梯段板作成空心孔构造,孔型可以是圆形或三角形的,如图 2-5-25(b)所示。

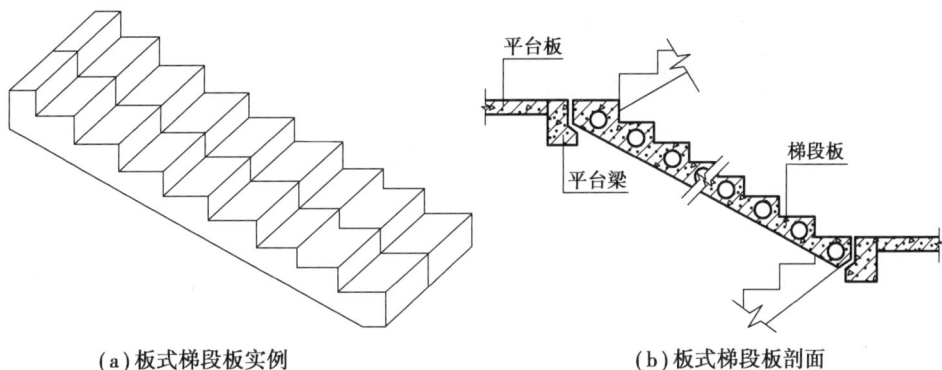

(a)板式梯段板实例　　　　　(b)板式梯段板剖面

图 2-5-25　板式梯段

(2)中、大型构件装配式楼梯

中、大型构件装配式楼梯可以减少预制构件的品种和数量,可以利用吊装工具进行安装,对于简化施工过程、加快施工进度、减小劳动强度等都十分有利。图 2-5-26 为中大型构件装配式钢筋混凝土楼梯的实例及施工吊装。

(a)构件实例　　　　　(b)吊装实例

图 2-5-26　钢筋混凝土中型构件装配式楼梯

2.5.4　台阶与坡道构造

建筑入口处室内外高差的问题主要是通过台阶与坡道来解决的。若为人流交通,则应设台阶和残疾人坡道;若为机动车交通,则应设机动车坡道或台阶和坡道结合。

台阶和坡道通常位于建筑的主要入口处,台阶和坡道除适用外,还要求造型美观,如图 2-5-27 所示。

1)台阶

①台阶尺度。台阶由踏步和平台组成,其形式有单面踏步式、三面踏步式等。台阶坡度较楼梯平缓,每级踏步高为 100~150 mm,踏面宽为 300~400 mm。当台阶高度超过 1 m 时,宜有护栏设施。平台设置在出入口和踏步之间,起缓冲之用,宽度一般不小于 1 000 mm。为防止雨水积聚并溢入室内,平台标高应比室内地面低 30~50 mm,并向外找坡 1%~2%,以便排水。

2.5.7 入口处的台阶

191

图 2-5-27　台阶与坡道的形式

②台阶的垫层。步数较少的台阶,其垫层做法和地面垫层做法类似。一般采用素土夯实后按台阶形式尺寸做 C10 混凝土垫层或砖、石垫层,标准较高的或地基土质较差的还可在垫层下加铺一层碎砖或碎石层。

对于步数较多的或地基土质太差的台阶,可根据情况架空成钢筋混凝土台阶,以避免过多填土或产生不均匀沉降。

严寒地区的台阶还需考虑地基土冻胀因素,可用含水率低的砂石垫层换土至冰冻线以下。

③台阶的面层。台阶构造与地坪构造相似,由面层和结构层构成。由于台阶位于易受雨水侵蚀的环境之中,需要慎重考虑防滑和抗风化问题。其面层材料应选择防滑、抗冻、抗水性能好,且质地坚实的材料,常见的台阶基础有就地砌造、勒脚挑出、桥式三种。台阶踏步有砖砌踏步、混凝土踏步、钢筋混凝土踏步、石踏步四种,台阶构造如图 2-5-28 和图 2-5-29 所示。

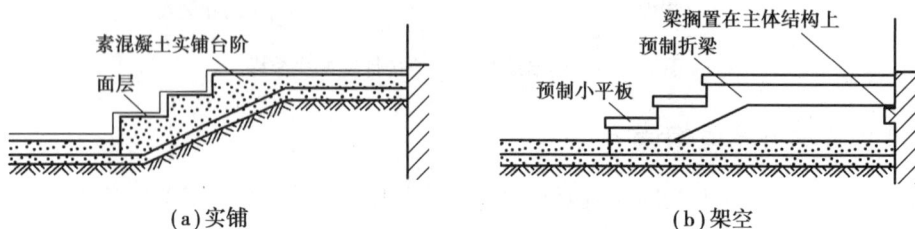

（a）实铺　　　　　　　　　　　　　　（b）架空

图 2-5-28　台阶构造示意

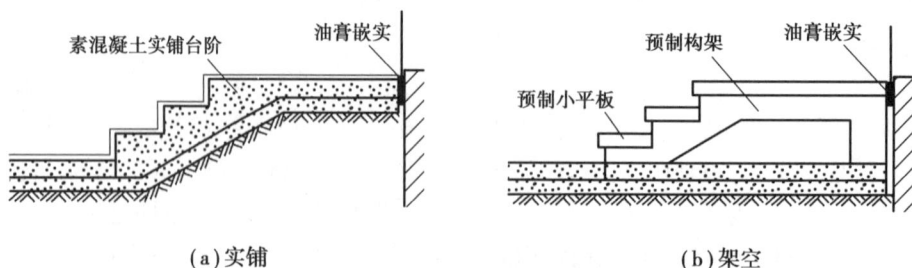

（a）实铺　　　　　　　　　　　　　　（b）架空

图 2-5-29　台阶变形处理

2) 普通坡道

坡道多为单面坡形式,坡道坡度应以有利推车通行为佳,一般为 1:8 ~ 1:10,也有 1:30 的。还有些大型公共建筑,为考虑汽车能在大门入口处通行,常采用台阶与坡道相结合的形式。

①坡道的坡度。一般在 1:6 ~ 1:12 左右(不宜大于 1:10,室内不宜大于 1:8),供轮椅使用坡度不应大于 1:12,1:10 较为舒适。

②坡道的宽度。室内坡道水平投影长度超过 15 m 时宜设休息平台,根据《无障碍设计规范》(GB 50763—2021)的要求,室内坡道的最小宽度应不小于 900 mm,室外坡道平台的最小宽度应不小于 1 500 mm,相关坡道平台所应具有的最小宽度如图 2-5-30 所示。

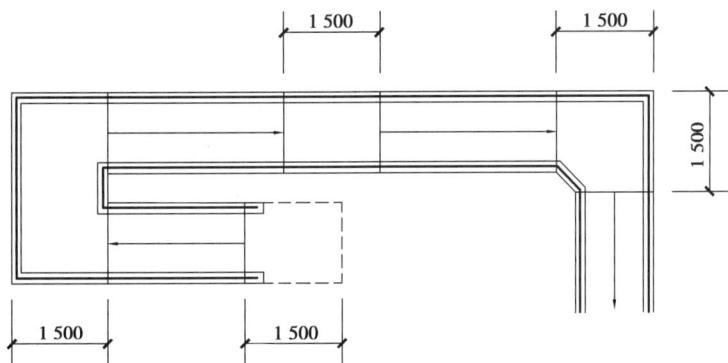

图 2-5-30　坡道休息平台的最小深度

供轮椅使用的坡道两侧应设高度为 650 mm 的扶手。

③坡道的构造。坡道材料一般用混凝土,面层用水泥砂浆提浆抹光,当坡度大于 1:8 时,在其表面必须做防滑处理,如图 2-5-31 所示。

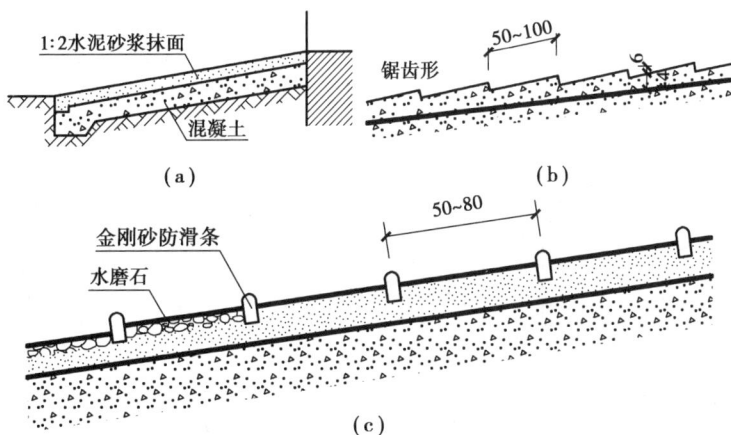

图 2-5-31　坡道的构造

3) 车用坡道

车用坡道的设计应满足对于其宽度、坡度,与建筑的距离等要求。

①宽度:不小于 4 m。

②坡度:不大于 10%。

③最小转弯半径不小于 6 m。

④汽车与汽车之间以及汽车与墙、柱之间的间距,详见表2-5-3《车库建筑设计规范》(JGJ 100—2015)。

表2-5-3 《车库建筑设计规范》(JGJ 100—2015)

项目		机动车类型		
		微型车、小型车	轻型车	中型车、大型车
平行式停车时机动车间纵向净距/m		1.20	1.20	2.40
垂直式、斜列式停车时机动车间纵向净距/m		0.50	0.70	0.80
机动车与墙间净距/m		0.60	0.80	1.00
机动车与柱间净距/m		0.30	0.30	0.40
机动车与墙、护栏及其他构筑物间净距/m	纵向	0.50	0.50	0.50
	横向	0.60	0.80	1.00

2.5.5　有高差无障碍设计的构造

1)概念

在城市规划与建筑设计过程中,均应为残疾人及老年人等行动不变的人提供正常生活和参加社会活动的便利条件,尽量消除人工环境尤其是残疾人及老年人较为集中使用的有关场所中不利于行动不便者的各种障碍。

下肢残疾的人往往会借助拐杖和轮椅代步,而视觉残疾的人往往会借助导盲棍来帮助行走。无障碍设计中的部分内容就是指能帮助上述两类残疾人顺利通过高差的设计。

2.5.9 有高差无障碍设计的构造

2)楼梯

①楼梯的形式及尺寸。供挂拐者及视力残疾者使用的楼梯,应采用直行形式,例如直跑楼梯、对折的双跑楼梯或成直角折行的楼梯等,如图2-5-32所示,不宜采用弧形楼梯或在平台上设置扇步。

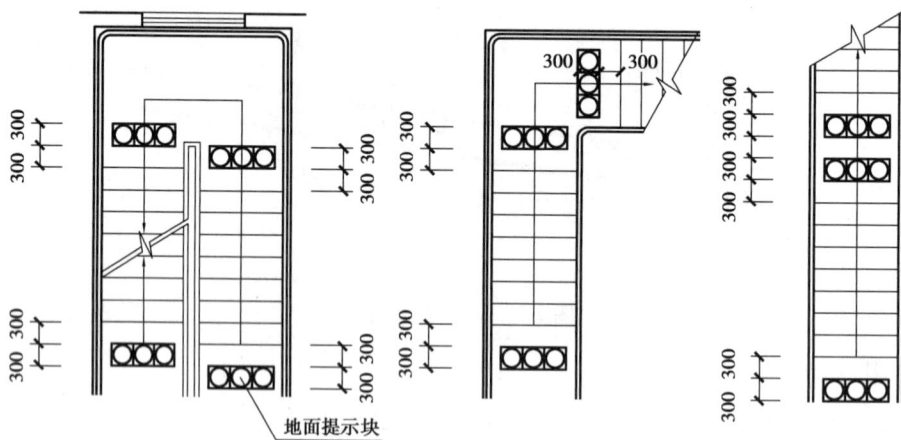

图2-5-32　无障碍楼梯的形式

楼梯的坡度应尽量平缓,其坡度宜在35°以下,踢面高不宜大于170 mm,且每步踏步应保持

等高。楼梯的梯段宽度不宜小于 1 200 mm。楼梯踏步应选用合理的构造形式及饰面材料,注意无直角突缘,以防发生勾绊行人或其助行工具而造成的意外事故(图 2-5-33);还应注意表面不滑、不积水、防滑条不高出踏面 5 mm 以上。

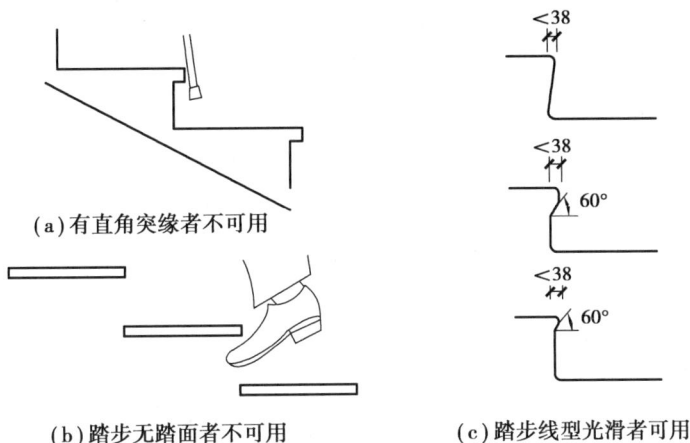

(a)有直角突缘者不可用

(b)踏步无踏面者不可用   (c)踏步线型光滑者可用

图 2-5-33　残障楼梯踏步形式

②栏杆扶手。楼梯、坡道的栏杆扶手应坚固适用,且应在梯段或坡道的两侧都设置。公共楼梯可设上下双层扶手。在楼梯的梯段(或坡道的坡段)的起始及终结处,扶手应自其前缘向前伸出 300 mm 以上,两个相邻梯段的扶手应该连通;扶手末端应向下或伸向墙面,如图 2-5-34 所示。扶手的断面形式应便于抓握,如图 2-5-35 所示。

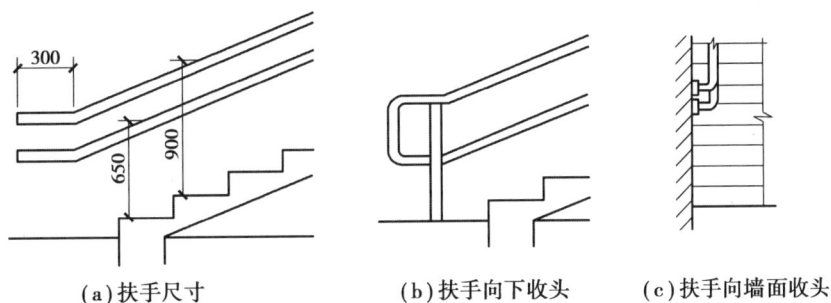

(a)扶手尺寸   (b)扶手向下收头   (c)扶手向墙面收头

图 2-5-34　残障梯扶手的形式及尺寸

3)坡道

坡道最适合残疾人的轮椅通过,还适合行人挂拐杖和借助导盲棍通过。相关坡道平台所应具有的最小宽度如图 2-5-31 所示。

4)导盲块的设置

导盲块又称地面提示块,一般设置在有障碍物、需要转折、存在高差等场所,利用其表面上的特殊构造形式,向

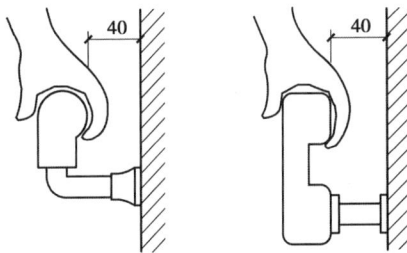

图 2-5-35　便于抓握的扶手

视力残疾者提供触摸信息,揭示该停步或需改变行进方向等。如图 2-5-36 所示为常用导盲块的两种形式。图 2-5-32 中已经标明了它在楼梯中的设置位置,在坡道上也同样适用。

鉴于安全方面的考虑,凡是凌空处的构件边缘,包括楼梯梯段和坡道的凌空一侧、室内外平台如回廊、外廊、阳台等的凌空边缘等,都应该向上翻起。这样可以防止拐杖或导盲棍等工具向外滑出,对轮椅也是一种制约,如图 2-5-37 所示。

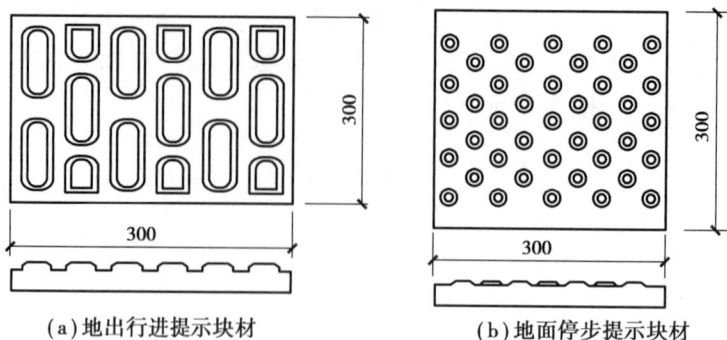

（a）地出行进提示块材　　　　　　　　（b）地面停步提示块材

图 2-5-36　地面提示块材示意图

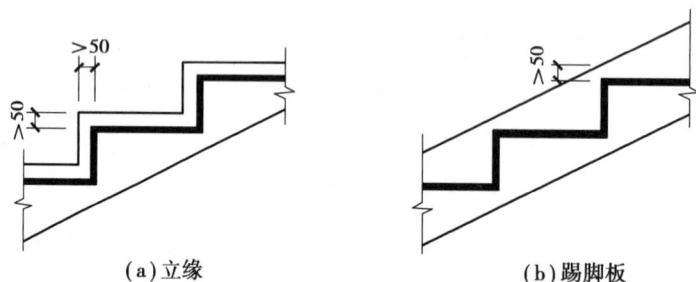

（a）立缘　　　　　　　　　　　（b）踢脚板

图 2-5-37　残障梯梯段等构件边缘上翻

2.5.6　电梯与自动扶梯简介

1）电梯

（1）电梯的类型

①按使用性质分：

客梯：主要用于人们在建筑物中的垂直交通。

货梯：主要用于运送货物及设备。

消防电梯：用于发生火灾、爆炸等紧急情况下用于安全疏散人员和消防人员紧急救援使用。

观光电梯：将垂直交通工具和登高流动观景相结合的电梯。透明的轿厢使电梯内外景观互相沟通。

②按运行速度划分：

高速电梯：速度大于 2 m/s，梯速随层数增加而提高，消防电梯常用高速。

中速电梯：速度在 2 m/s 之内，一般货梯，按中速考虑。

低速电梯：运送食物电梯常用低速，速度在 1.5 m/s 以内。

③其他分类：有按单台、双台分；按交流电梯、直流电梯分；按轿厢容量分；按电梯开启方向分等。

（2）电梯的运行分区

当建筑的层数超过 25 层或建筑高度超过 75 m 时，电梯宜采用分区设计。

①分区原则：下区层数多些，上区层数少些。

②分区高度或停站数：每 50 m 或 12 个停站为一个分区。

③速度分区：第一个 50 m 分区 1.75 m/s，然后每隔 50 m 提高 1.5 m/s。

（3）电梯的组成

①电梯井道。电梯井道是电梯运行的通道,井道内包括出入口、电梯轿厢、导轨及其支架、平衡锤及缓冲器等。不同用途的电梯,井道的平面形式不同,如图 2-5-38 所示。

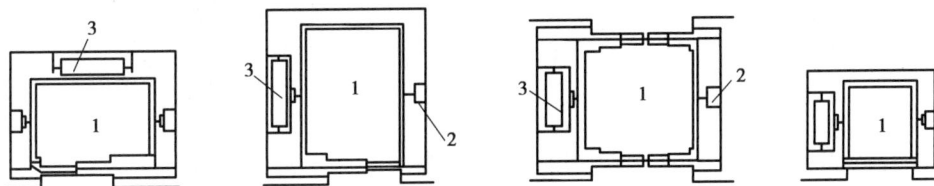

（a）客梯（双扇推拉门）　（b）病床梯（双扇推拉门）　（c）货梯（中分双扇推拉门）　（d）小型杂物货梯

图 2-5-38　电梯分类及井道平面
1—电梯厢;2—导轨及撑架;3—平衡重

②电梯机房。电梯机房一般设在井道的顶部。机房和井道的平面相对位置允许机房任意向一个或两个相邻方向伸出,并满足机房有关设备安装的要求。机房楼板应按机器设备要求的部位预留孔洞。

③井道地坑。井道地坑在最底层平面标高下≥1 500 mm,考虑电梯停靠时的冲力,作为轿厢下降时所需的缓冲器的安装空间。消防电梯坑要考虑排水措施。

④组成电梯的有关部件。

a.轿厢:是直接载人、运货的厢体。电梯轿厢应造型美观,经久耐用,当今轿厢采用金属框架结构,内部用光洁有色钢板壁面或有色有孔钢板壁面,花格钢板地面,荧光灯局部照明以及不锈钢操纵板等。入口处则采用钢材或坚硬铝材制成的电梯门槛。

b.井壁导轨和导轨支架:支承、固定厢上下升降的轨道。

c.牵引轮及其钢支架、钢丝绳、平衡锤、轿厢开关门、检修起重吊钩等。

d.有关电器部件:交流电动机、直流电动机、控制柜、继电器、选层器、动力、照明、电源开关、厅外层数指示灯和厅外上下召唤盒开关等。

（4）电梯与建筑物相关部位的构造

①井道、机房建筑的一般要求如下:

a.通向机房的通道和楼梯宽度不小于 1 200 mm,楼梯坡度不大于45°。

b.机房楼板应平坦整洁,能承受 6 kPa 的均布荷载。

c.井道壁多为钢筋混凝土井壁或框架填充墙井壁。井道壁为钢筋混凝土时,应预留 150 mm 方,150 mm 深孔洞、垂直中距 2 000 mm,以便安装支架。

d.框架(圈梁)上应预埋铁板,铁板后面的焊件与梁中钢筋焊牢。每层中间加圈梁一道,并需设置预埋铁板。

e.电梯为两台并列时,中间可不用隔墙而按一定的间隔放置钢筋混凝土梁或型钢过梁,以便安装支架。

②电梯导轨支架的安装。安装导轨支架分预留孔插入式和预埋铁件焊接式,如图 2-5-39 所示。

（5）电梯井道构造

①电梯井道的设计。电梯井道的设计应满足如下要求:

a.井道的防火。井道是建筑中的垂直通道,极易引起火灾的蔓延,因此,井道四周应为防火结构。井道壁一般采用现浇钢筋混凝土或框架填充墙井壁。同时,当井道内超过两部电梯时,

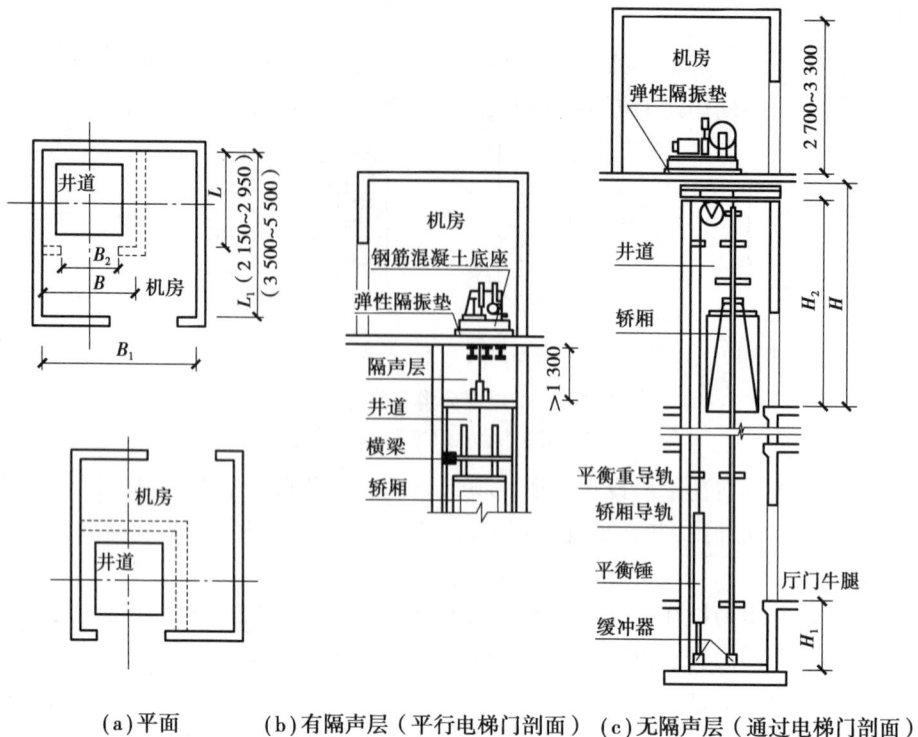

(a)平面　　　(b)有隔声层（平行电梯门剖面）　(c)无隔声层（通过电梯门剖面）

图 2-5-39　电梯构造示意

需用防火围护结构予以隔开。

b. 井道的隔振与隔声。电梯运行时产生振动和噪声。一般在机房机座下设弹性垫层隔振；在机房与井道间设高 1 500 mm 左右的隔声层,如图 2-5-39 所示。

c. 井道的通风。为使井道内空气流通,火警时能迅速排除烟和热气,应在井道肩部和中部适当位置(高层时)及地坑等处设置不小于 300 mm × 600 mm 的通风口,上部可以和排烟口结合,排烟口面积不少于井道面积的 3.5%。通风口总面积的 1/3 应经常开启。通风管道可在井道顶板上或井道壁上直接通往室外。

d. 其他。地坑应注意防水、防潮处理,坑壁应设爬梯和检修灯槽。

②电梯井道细部构造。电梯井道的细部构造包括厅门的门套装修及厅门的牛腿处理,导轨支架与井壁的固结处理等。

电梯井道可用砖砌加钢筋混凝土圈梁,但大多为钢筋混凝土结构。井道各层的出入口即为电梯间的厅门,在出入口处的地面应向井道内挑出一牛腿。

由于厅门是人流或货流频繁经过的部位,因此不仅要求做到坚固适用,而且还要满足一定的美观要求。具体的措施是在厅门洞口上部和两侧装上门套。门套装修可采用多种做法,如水泥砂浆抹面、水磨石板、大理石板以及硬木板或金属板贴面。除金属板为电梯厂定型产品外,其余材料均系现场制作或预制。厅门门套装修构造如图 2-5-40 所示,厅门牛腿部位构造如图 2-5-41 所示。

2) 自动扶梯

自动扶梯是建筑物层间运输效率最高的载客设备,适用于有大量人流上下的公共场所,如车站、超市、商场、地铁车站等。自动扶梯可正、逆两个方向运行,可作提升及下降使用,机器停转时可作普通楼梯使用。

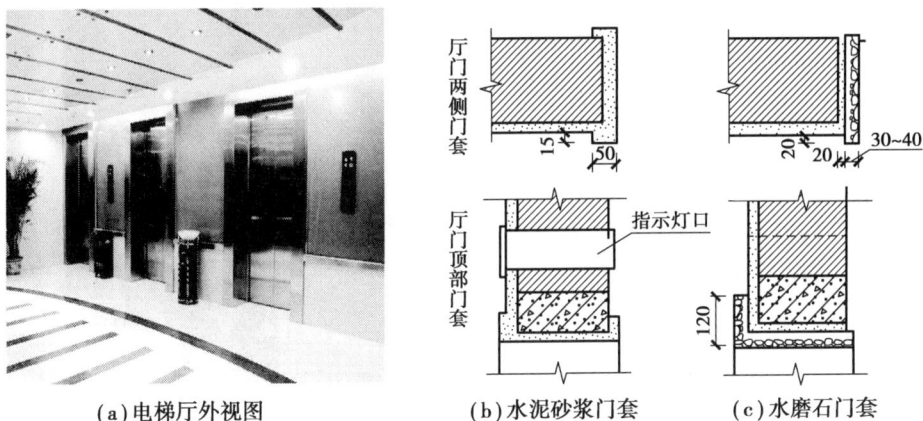

(a) 电梯厅外视图　　　(b) 水泥砂浆门套　　　(c) 水磨石门套

图 2-5-40　厅门门套装修构造

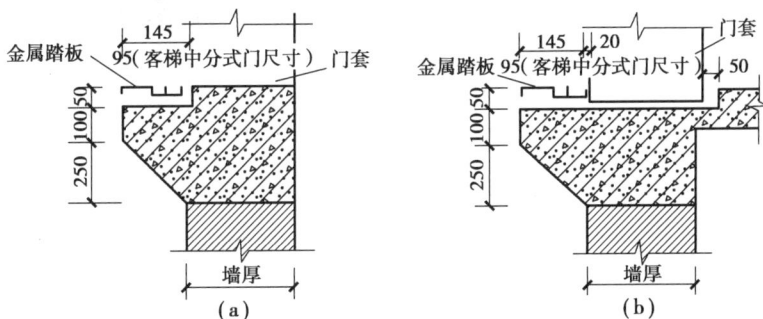

图 2-5-41　厅门牛腿部位构造

自动扶梯应符合以下规定：

①自动扶梯不得作为安全疏散通道。

②出入口畅通区的宽度不应小于 2.50 m,畅通区有密集人流穿行时,其宽度应当加大。

③栏板应平整、光滑和无突出物。扶手带的顶面距自动扶梯踏步阳角、距自动人行道踏板面或胶带面的垂直高度不应小于 0.90 m;扶手带的外边至任何障碍物不应小于 0.50 m,否则应采取措施防止障碍物伤人。

④扶手带中心线与平行墙面或楼板开口边缘间的距离以及两电梯相邻平行交叉设置时,扶手带中心线之间的水平距离不宜小于 0.50 m,否则应采取措施防止障碍物伤人。

⑤自动扶梯的梯级的踏板或胶带上空,垂直净高不应小于 2.30 m。

⑥自动扶梯的倾斜角不应超过 30°,当提升高度不超过 6 m、额定速度不超过 0.50 m/s 时,倾斜角允许增至 35°。

⑦自动扶梯单向设置时,应就近布置与之配套的楼梯。

⑧自动扶梯导致上下层空间贯通,当两层面积相加超过防火分区的规模时,应采取防火卷帘一类的措施,在火灾时能有效隔开上下层空间,防止火灾蔓延。

自动扶梯是电动机械牵动梯段踏步连同栏杆扶手带一起运转,机房悬挂在楼板下面。

自动扶梯基本尺寸如图 2-5-42 所示,安装实例如图 2-5-43 所示。

自动扶梯的坡道比较平缓,一般采用 300,运行速度为 0.5 ~ 0.7 m/s,宽度按输送能力有单人和双人两种。其型号规格见表 2-5-4。

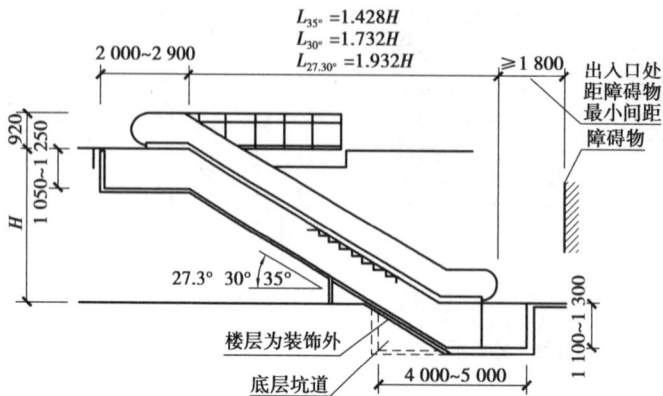

图 2-5-42　自动扶梯基本尺寸(单位:mm)

图 2-5-43　自动扶梯实例

表 2-5-4　自动扶梯型号规格

梯型	输送能力/(人·h⁻¹)	提升高度 H	速度/(m·s⁻¹)	扶梯宽度	
				净宽 B/mm	外宽 B₁/mm
单人梯	5 000	3~10	0.5	600	1 350
双人梯	8 000	3~8.5	0.5	1 000	1 750

注:摘自《自动扶梯和自动人行道的制造与安装安全规范》(GB 16899—2011)。

【学习笔记】

【关键词】

楼梯　垂直交通　梯段　平台　栏杆扶手

【测试】

一、单项选择题

1.楼梯梯段长应满足(　　　)。

A.≤18级　　　B.≤3级　　　C.≥18级　　　D.≥10级

2.住宅公用楼梯踏面的最小尺寸是(　　　)。

A.260　　　B.220　　　C.270　　　D.300

3.学校建筑的楼梯踢面的最大尺寸应为(　　　)。

A.175　　　B.200　　　C.165　　　D.180

4.一般单股人流通行梯段宽应为(　　)。

A.600　　　　　　　B.850　　　　　　　C.1 200~1 400　　　　D.1 500~2 100

5.一般室内楼梯扶手高度应为(　　)。

A.≥500　　　　　　B.≥600　　　　　　C.≥900　　　　　　　D.≥1 050

6.楼梯最常用的坡度是(　　)。

A.20°~45°　　　　　B.10°　　　　　　　C.45°~60°　　　　　D.30°

二、多项选择题

1.楼梯的组成部分包括(　　)。

A.梯段　　　　　　B.平台　　　　　　C.栏杆扶手　　　　D.梯井　　　E.开间

2.上一层楼经过了两个梯段的楼梯类型包括(　　)。

A.直行单跑楼梯　　　　　　　　　　B.直行双跑楼梯

C.平行双跑楼梯　　　　　　　　　　D.双分式楼梯

E.剪式楼梯　　　　　　　　　　　　F.三跑楼梯

3.台阶由踏步和平台组成。台阶的构造要求包括(　　)。

A.每级踏步高为100~150　　　　　　B.踏面宽为300~400 mm

C.平台设置在出入口和踏步之间　　　D.平台宽度一般小于1 000

E.平台标高应比室内地面低30~50　　F.平台应向外找坡1%~2%

4.楼梯底层中间平台下做通道时,常采用以下(　　)几种处理方法。

A.将楼梯底层设计成"长短跑"　　　　B.增加室内外高差

C.A、B方式综合　　　　　　　　　　D.楼梯底层中间平台下不设通道

E.底层采用单跑楼梯

5.楼梯扶手的高度与楼梯的坡度、楼梯的使用要求有关。其构造要求包括(　　)。

A.坡度在30°左右时常采用900高的扶手　B.儿童使用的楼梯扶手一般为600

C.一般室内楼梯扶手≥900　　　　　　D.室外楼梯栏杆高≥1 050

E.靠梯井一侧水平栏杆长度>500 mm时,其高度可以≤1 000 mm

三、判断题

1.平台宽应大于等于梯段的(净)宽度。　　　　　　　　　　　　　　　(　　)

2.梯段净高应小于2 200 mm。　　　　　　　　　　　　　　　　　　(　　)

3.平台过道处净高不应小于2 000 mm,起止踏面前缘与顶部凸出物内边缘线的水平距离不应小于300 mm。　　　　　　　　　　　　　　　　　　　　　　　　(　　)

4.现浇钢筋混凝土楼梯的梯段和平台是整体浇筑在一起的,其整体性好、刚度大。(　　)

5.根据《无障碍设计规范》(GB 50763—2012)的要求,室内坡道的最小宽度应不小于1 500 mm,室外坡道平台的最小宽度应不小于900 mm。　　　　　　　　(　　)

【想一想】一台电梯的服务人数应多少,服务面积应多大,服务层数应多少才比较经济?

【做一做】按下图示意,用A2图幅按1∶50的比例绘制出学生所在学校教学楼或学生宿舍的楼梯平面详图及剖面详图。

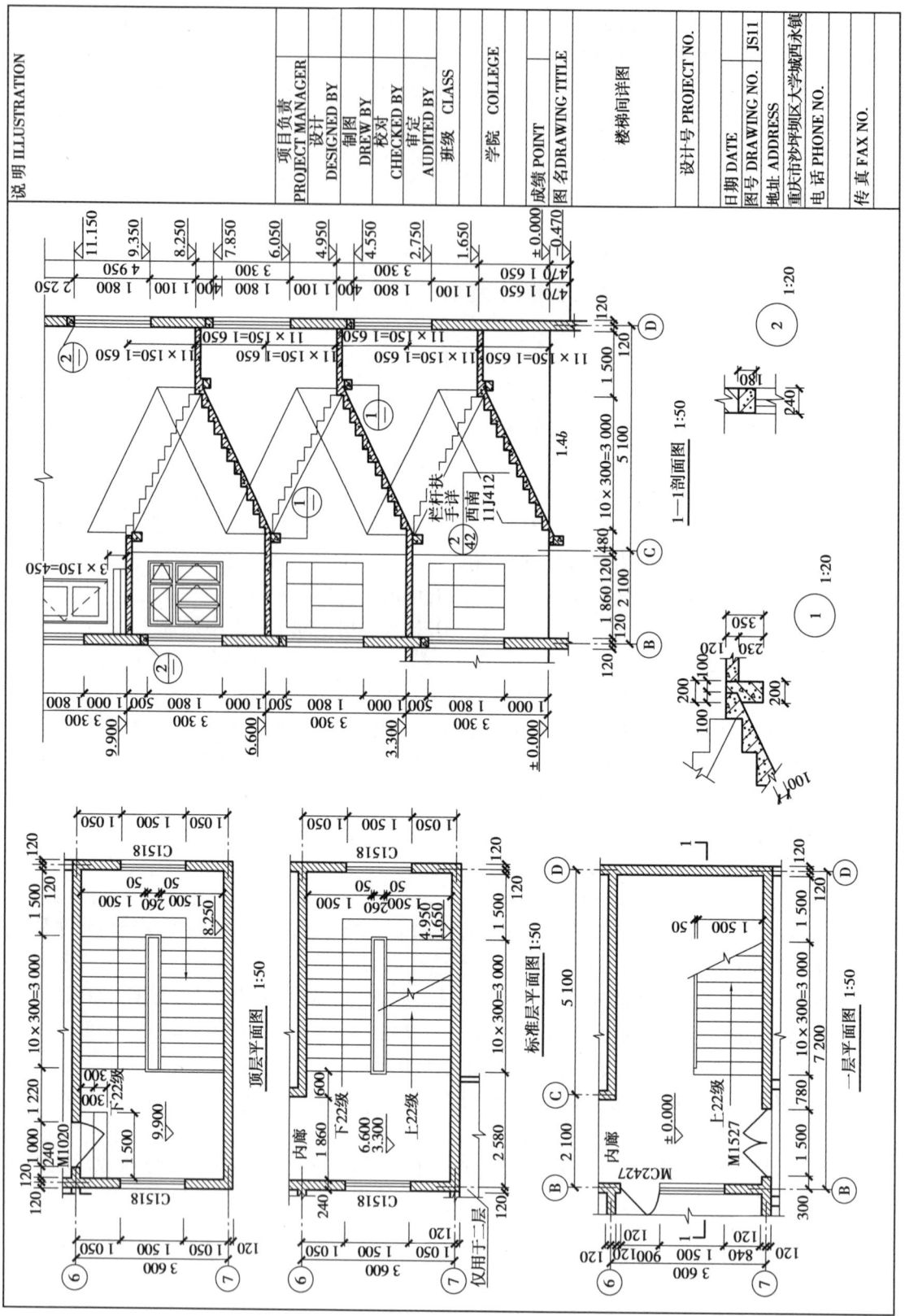

楼梯间详图

任务 2.6　屋顶构造

2.6.1　屋顶的类型及设计要求

1)屋顶的类型

根据屋顶的外形和坡度划分,屋顶可以分为平屋顶、坡屋顶和其他形式的屋顶。

①平屋顶。平屋顶的屋面通常采用防水性能好的材料,但为了排水也要设置坡度,平屋顶的坡度小于 5%,常用的坡度范围为 2%~3%,其一般构造是用现浇的钢筋混凝土屋面板做基层,上面铺设卷材防水层或其他类型防水层,如图 2-6-1 所示。

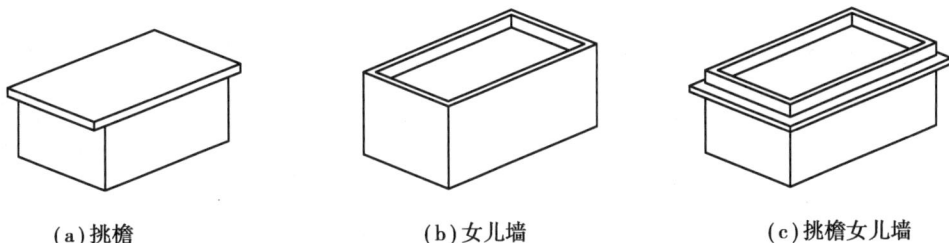

(a)挑檐　　　　　　　　(b)女儿墙　　　　　　　　(c)挑檐女儿墙

图 2-6-1　平屋顶的形式

②坡屋顶。坡屋顶是传统常用的屋顶类型,屋面坡度大于 10%,有单坡、双坡、四坡、歇山等多种形式,单坡顶用于跨度小的房屋,双坡和四坡顶用于跨度较大的房屋。传统的坡屋顶的屋面多以各种小块瓦作为防水材料,所以坡度一般较大;但用波形瓦、镀锌钢板等作为防水材料时,坡度也可以较小。坡屋顶排水快,保温、隔热性能好,但是承重结构的自重较大,施工难度也较大,如图 2-6-2 所示。现在的坡屋顶建筑多根据建筑造型需要设置,坡屋顶的屋面材料采用钢筋混凝土,而瓦材只起装饰作用。

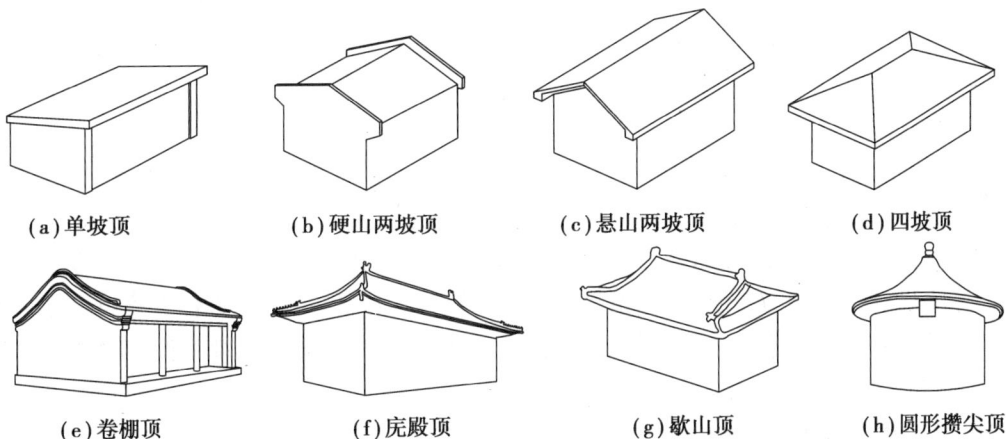

(a)单坡顶　　　(b)硬山两坡顶　　　(c)悬山两坡顶　　　(d)四坡顶

(e)卷棚顶　　　(f)庑殿顶　　　(g)歇山顶　　　(h)圆形攒尖顶

图 2-6-2　坡屋顶的形式

③其他形式的屋顶。随着科学技术的发展,出现了许多新型的屋顶结构形式,如拱结构、薄壳结构、悬索结构、网架结构屋顶等。这类屋顶受力合理,能充分发挥材料的力学性能,节约材料,但施工复杂,造价较高,多用于较大跨度的大型公共建筑,如图 2-6-3 所示。

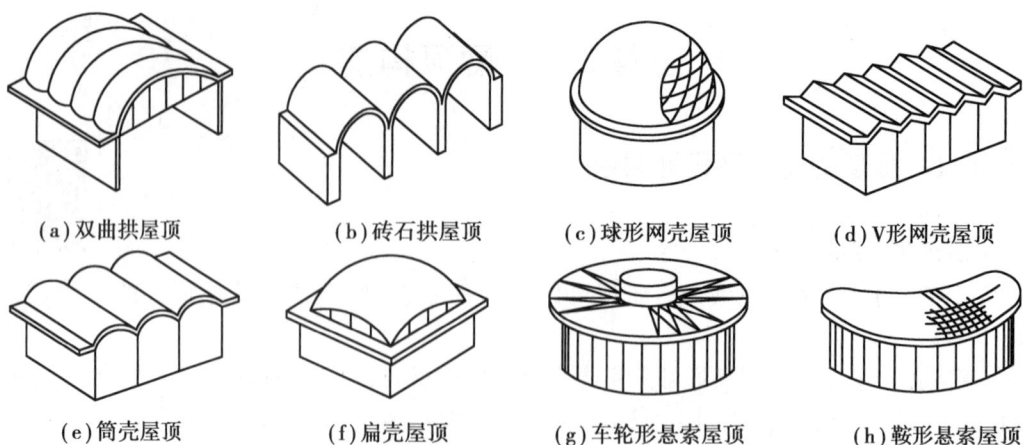

(a)双曲拱屋顶　　(b)砖石拱屋顶　　(c)球形网壳屋顶　　(d)V形网壳屋顶

(e)筒壳屋顶　　　(f)扁壳屋顶　　　(g)车轮形悬索屋顶　　(h)鞍形悬索屋顶

图 2-6-3　其他形式的屋顶

2)屋顶的设计要求

(1)功能要求

屋顶应具有良好的围护作用,并具有防水、保温和隔热性能。其中,防止雨水渗漏是屋顶的基本功能要求,也是屋顶设计的核心。

①防水要求。屋顶防水是屋顶构造设计最基本的功能要求。一方面,屋面应该有足够的排水坡度及一套相应的排水设施,将屋面积水迅速排除;另一方面,要采用相应的防水材料,采取妥善的构造做法,防止渗漏。

②保温和隔热要求。屋面为外围护结构,应具有一定的热阻能力,以防止热量从屋面过分散失。在北方寒冷地区,为保持室内正常的温度,减少能耗,屋顶应采取保温措施;南方炎热地区的夏季,为避免强烈的太阳辐射和高温对室内的影响,屋顶应采取隔热措施。

2.6.2 屋顶的设计要求

(2)结构要求

要求具有足够的强度、刚度和稳定性,能承受风、雨、雪、施工、上人等荷载,地震区还应考虑地震荷载对它的影响,满足抗震的要求,并力求做到自重轻、构造层次简单、就地取材、施工方便、造价经济、便于维修、适用耐久。

(3)建筑艺术要求

建筑屋顶是城市"第五立面",要精心打造,提升屋顶设计与城市环境、城市文脉、建筑美学的契合度。低、多层建筑屋顶宜采用坡屋顶形式,高层建筑屋顶结合功能优先采用退台、收分等造型变化。滨水临山建筑、城市重要眺望点、传统风貌街区、机场起降区等建筑屋顶要对建筑高度、屋顶形式、色彩、风格以及绿化种植等进行专门设计与论证,要满足人们对建筑艺术即美观方面的需求。中国古建筑的重要特征之一就是有变化多样的屋顶外形和装修精美的屋顶细部,现代建筑也应注重屋顶形式及其细部设计。

3)屋面防水的"导"与"堵"

屋面防水功能主要是依靠选用不同的屋面防水盖料和与之相适应的排水坡度,经过合理的构造设计和精心施工而达到的。屋面的防水盖料和排水坡度的处理方法,可以从"导"和"堵"两个方面来概括,它们之间是相辅相成和相互关联的关系,来作为屋面防水的构造设计原则。

"导":按照屋面防水盖料的不同要求,设置合理的排水坡度,使得降水屋面的雨水,因势利导地排离屋面,以达到防水的目的。

"堵":利用屋面防水盖料在上下左右的相互搭接,形成一个封闭的防水覆盖层,以达到防水的目的。

在屋面防水的构造设计中,由于各种防水盖料的特点和铺设的方式不同,处理方式也随之不同。例如,瓦屋面和波形瓦屋面,瓦本身的密实性和瓦的相互搭接体现了"堵"的概念,而屋面的排水坡度体现了"导"的概念,一块一块面积不大的瓦,只依靠相互搭接,是不可能防水的,只有采取了合理的排水坡度,才能达到屋面防水的目的。这种以"导"为主、以"堵"为辅的处理方式,是以"堵"来弥补"导"的不足。而平金属皮屋面、卷材屋面以及刚性屋面等,是以大面积的覆盖来达到"堵"的要求,但是为了使屋面雨水迅速排出,还是需要有一定的排水坡度。也就是采取了以"堵"为主、以"导"为辅的处理方式。

4)屋面防水等级

根据建筑物的性质、重要等级、使用功能要求、防水层耐用年限、防水层选用材料和设防要求,将屋面防水分为两个等级,见表2-6-1。

表2-6-1　屋面防水等级和设防要求

防水等级	建筑类别	设防要求
Ⅰ级	重要建筑和高层建筑	两道防水设防
Ⅱ级	一般建筑	一道防水设防

注:摘自《屋面工程技术规范》(GB 50345—2012)表3.0.5。

2.6.2　平屋顶构造

1)平屋顶组成

平屋顶主要应解决防水、保温隔热、承重三个方面的问题,由于各种材料性能上的差别,目前很难有一种材料兼备以上三种作用,因此决定了平屋顶的构造特点为多层次,使防水、保温隔热、承重多种材料叠合在一起,各尽其能。

2.6.3 平屋顶的构造

(1)承重层

平屋顶的承重层与钢筋混凝土楼板相同,可采用现浇钢筋混凝土板,现浇屋面板整体性好、屋面刚度大、无接缝,渗漏的可能性较少。

屋面板一般直接支承于墙上,当房间较大时,可增设梁,形成梁板结构。屋面板应有足够的刚度,减少板的挠度和变形,防止因屋面板变形而导致防水层开裂。

(2)防水层

防水层是平屋顶防水构造的关键。由于平屋顶的坡度很小,屋面雨水不易排走,要求防水层本身必须是一个封闭的整体,不得有任何缝隙,否则即使所采用的防水材料本身的防水性能很好,也不能得到预期的防水效果。工程实践证明,雨水渗漏都是由于破坏了防水层的封闭整体性而造成的。如地基沉陷、外加荷载、地震等因素使承重基层位移变形,导致防水层开裂漏水,再如檐沟、泛水、烟囱等交接处的防水层处理不严密,出现裂缝而漏水或者受自然气候的影响而开裂漏水等。所以,在设计与施工中应采取有效措施,使防水层形成一个封闭的整体。目前常用的防水层有柔性防水层和刚性防水层。

(3)其他构造

保温隔热层应根据气候特点选择材料及构造方案,其位置则视具体情况而定。一般保温层设置在承重层与防水层之间,通风隔热层可设置在防水层之上或承重层之下。

防水层应铺设在平整而具有一定强度的基层上,通常需设置找平层。有时为了使防水层黏结牢固,需设结合层;为了避免防水层受自然气候的直接影响和使用时的磨损,应在防水层上设置保护层;为了防止室内水蒸气渗入保温层,使保温材料受潮降低保温效果,故在保温层下加设隔气层等。总之,各种构造层次的设置,是根据各种构造设计方案的需要,以及所选择的材料性能而定的。

2)平屋顶的排水

(1)排水坡度

屋面排水通畅,必须选择合适的屋面排水坡度。从排水角度考虑,排水坡度越大越好;但从结构上、经济上以及上人活动等的角度考虑,又要求坡度越小越好。一般根据屋面材料的表面粗糙程度和功能需要而定,常见的不上人防水卷材屋面和混凝土屋面,多采用2%～3%的排水坡度(其中混凝土屋面应采用结构找坡,且坡度不小于3%),而上人屋面多采用1%～2%的排水坡度。

(2)排水方式

平屋顶的排水坡度较小,要把屋面上的雨、雪水尽快地排除而不积存,就要组织好屋顶的排水系统。屋顶排水可分为无组织排水和有组织排水两类。排水系统的组织又与檐部做法有关,要与建筑外观结合起来统一考虑。

①外檐自由落水。外檐自由落水又称无组织排水,屋面伸出外墙,形成挑出的外檐,使屋面的雨水经外檐自由落下至地面。这种做法构造简单、经济,但落水时,雨水将会溅湿勒脚,有风时雨水还可能冲刷墙面,一般适用于低层及雨水较少(年降雨量<900 mm)的地区。

②外檐沟排水。屋面可以根据房屋的跨度和外形需要,做成单坡、双坡或四坡排水,同时相应地在单面、双面或四面设置排水檐沟,如图2-6-4所示。雨水从屋面排至檐沟,沟内垫出不小于0.5%的纵向坡度,把雨水引向雨水口经水落管排泄到地面的明沟和集水井并排到地下的城市排水系统中。为了上人或造型需要也可在外檐内设置栏杆或易于泄水的女儿墙,如图2-6-4(d)所示。

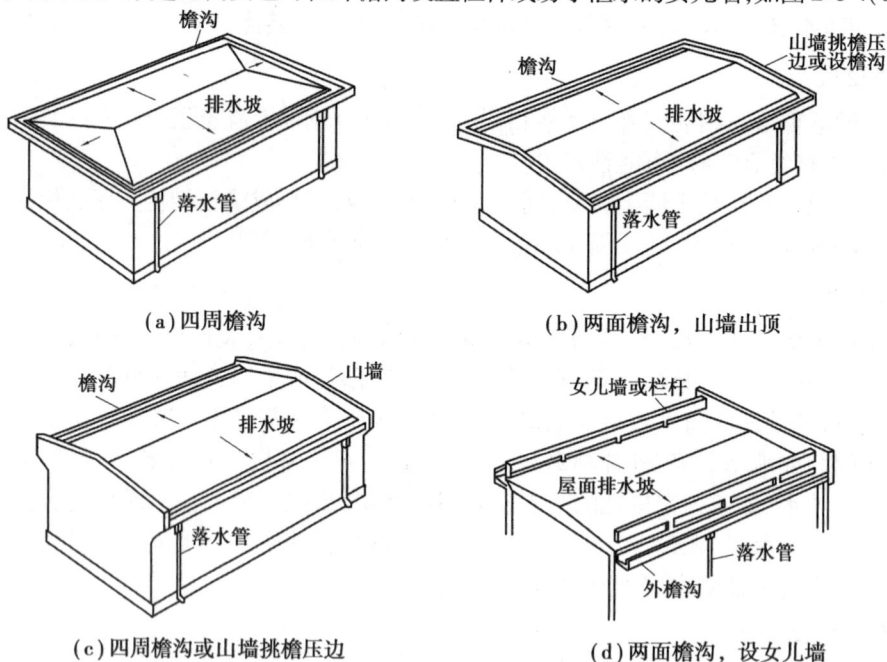

(a)四周檐沟

(b)两面檐沟,山墙出顶

(c)四周檐沟或山墙挑檐压边

(d)两面檐沟,设女儿墙

图2-6-4　平屋顶外檐沟排水形式

③女儿墙内檐排水。设有女儿墙的平屋顶,可在女儿墙里面设内檐沟[图2-6-5(b)]或近外檐处垫坡排水[图2-6-5(a)],雨水口可穿过女儿墙,在外墙外面设落水管,也可在外墙的里面设管道井并设落水管。

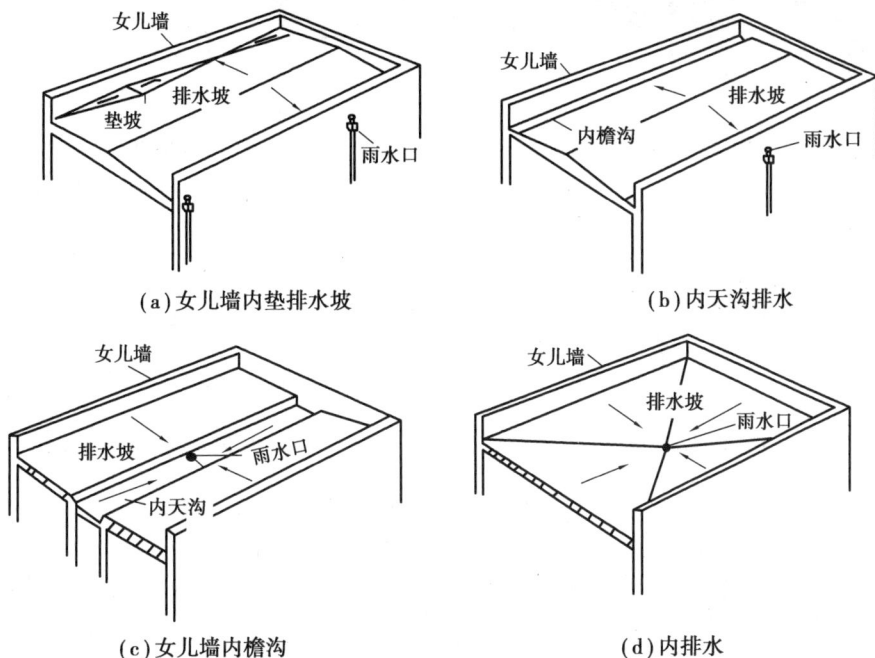

（a）女儿墙内垫排水坡　　　（b）内天沟排水

（c）女儿墙内檐沟　　　（d）内排水

图2-6-5　平屋顶内檐沟和内排水形式

④内排水。大面积、多跨、高层以及特种要求的平屋顶常做成内排水方式,如图2-6-5(c)、(d)所示,雨水经雨水口流入室内落水管,再由地下管道把雨水排到室外排水系统。

有组织排水适用于以下情况:当年降雨量>900 mm 的地区,檐口高度>8 m;年降雨量<900 mm 的地区,檐口高度>10 m。另外,临街建筑无论檐口高度如何,为了避免屋面雨水落入人行道,均需采用有组织排水。

有组织排水应做到排水通畅简捷,雨水口负荷均匀。屋面排水区一般按每个雨水口排除150~200 m² 屋面面积(水平投影)进行划分。当屋顶有高差、高处屋面雨水口的集水面积<100 m² 时,雨水管的水可直接排在较低的屋面上,但应在出水口处设防护板(混凝土板、石板等)。若集水面积>100 m²,高处屋面应设雨水管直接与低处屋面雨水管连接,或自成独立的排水系统。

为了防止暴雨时积水产生倒灌或雨水外泄,檐沟净宽不应小于200 mm,分水线处最小深度应大于80 mm。

雨水管的最大间距:挑檐平屋顶为24 000 mm,女儿墙外排水平屋顶及内檐沟暗管排水平屋顶为18 000 mm。雨水管直径,民用建筑采用75~100 mm,常用直径为100 mm。

(3)排水坡度的形式

①搁置坡度。也称撑坡或结构找坡。坡度不小于3%。屋顶的结构层根据屋面排水坡度搁置成倾斜,如图2-6-6所示,再铺设防水层。这种做法不需另加找坡层,荷载轻、施工简便,造价低,但不另吊顶棚时,建筑顶层房间顶面稍有倾斜。房屋平面凹凸变化时应另加局部垫坡,如图2-6-6(d)所示。

②垫置坡度。垫置坡度也称填坡或材料找坡。坡度不小于2%。屋顶结构层可像楼板一

207

（a）横墙搁置屋面板

（b）纵墙搁置屋面板

（c）纵梁搁置屋面板

（d）搁置屋面板的局部垫坡

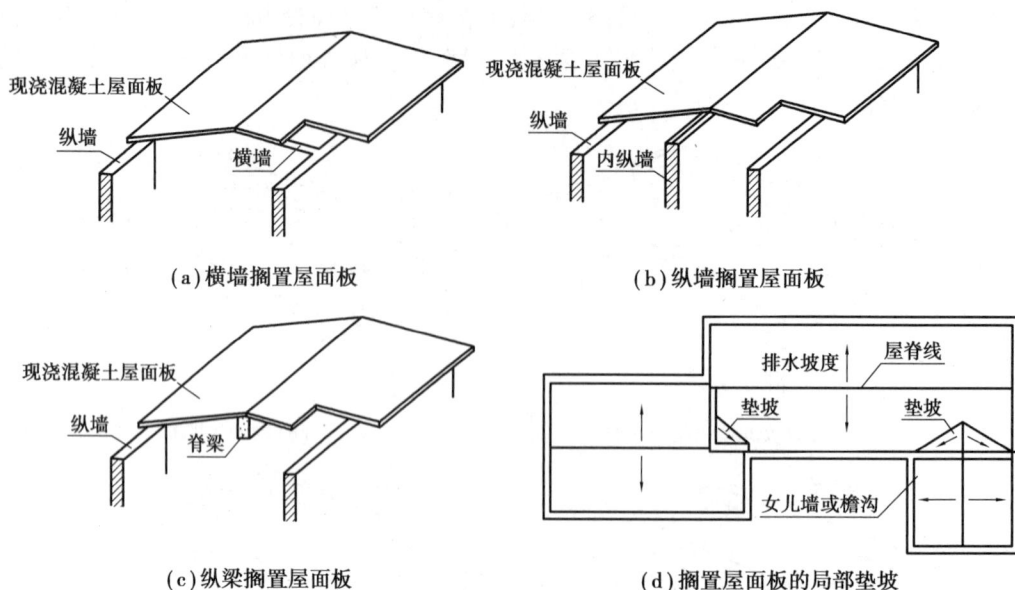

图 2-6-6　平屋顶搁置坡度

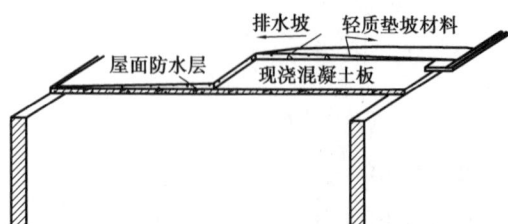

图 2-6-7　平屋顶垫置坡度

样水平搁置，采用价廉、质轻的材料，如炉渣加水泥或石灰等来垫置屋面排水坡度，上面再做防水层，如图 2-6-7 所示。垫置坡度不宜过大，避免徒增材料和荷载。需设保温层的地区，也可用保温材料来形成坡度。

3）刚性防水屋面

刚性防水屋面，是以防水砂浆抹面或密实混凝土浇捣而成的刚性材料防水层，其主要优点是施工方便、节约材料、造价经济和维修较为方便；缺点是对温度变化和结构变形较为敏感，施工技术要求较高，较易产生裂缝而渗漏水，要采取防止开裂的构造措施。

（1）刚性防水层的构造

刚性屋面的水泥砂浆和混凝土在施工时，当用水量超过水泥水凝过程所需的用水量时，多余的水在硬化过程中，逐渐蒸发形成许多空隙和互相连贯的毛细管网。另外，过多的水分在砂石骨料表面形成一层游离的水，相互之间也会形成毛细通道。这些毛细通道都是砂浆或混凝土收水干缩时表面开裂而形成的屋面渗水通道。由此可见，普通的水泥砂浆和混凝土是不能作为刚性屋面防水层的，必须经过以下几种防水措施，才能作为屋面的刚性防水层。

①增加防水剂。防水剂系由化学原料配制，通常为憎水性物质、无机盐或不溶解的肥皂，如硅酸纳（水玻璃）类、氯化物或金属皂类制成的防水粉或浆。掺入砂浆或混凝土后，能与之生成不溶性物质，填塞毛细孔道，形成憎水性壁膜，以提高其密实性。

②采用微膨胀。在普通水泥中掺入少量的矾土水泥和二水石粉等所配置的细石混凝土，在结硬时产生微膨胀效应，抵消混凝土的原有收缩性，以提高抗裂性。

③提高密实性。控制水胶比，加强浇筑时的振捣，均可提高砂浆和混凝土的密实性。细石混凝土屋面在初凝前表面用铁滚碾压，使余水压出，初凝后加少量干水泥，待收水后用铁板压平、表面打毛，然后盖席浇水养护，从而提高了面层密实性，避免了表面的龟裂。

（2）刚性防水层的变形与防止措施

刚性防水屋面最严重的问题是防水层在施工完成后出现裂缝而漏水。裂缝的原因很多，有气候变化和太阳辐射引起的屋面热胀冷缩；有屋面板受力后的挠曲变形；有墙身坐浆收缩、地基沉陷、屋面板徐变以及材料收缩等对防水层的影响。其中最常见的原因是屋面层在室内外、早晚、冬夏，包括太阳辐射所产生的温差所引起的胀缩、移位、起挠和变形。

为了适应防水层的变形，常采用以下几种处理方法：

①配筋。细石混凝土屋面防水层的厚度一般为 35～45 mm，为了提高其抗裂和应变的能力，常配置 φ6@200 的双向钢筋。由于裂缝易在面层出现，钢筋宜置于中层偏上，上面保护层厚 15 mm，如图 2-6-8 所示。

②设置分仓缝。分仓缝也称分格缝，是防止屋面不规则裂缝以适应屋面变形而设置的人工缝。分仓缝应设置在屋面温度年温差变形的许可范围内和结构变形的敏感部位，如图 2-6-9 所示。

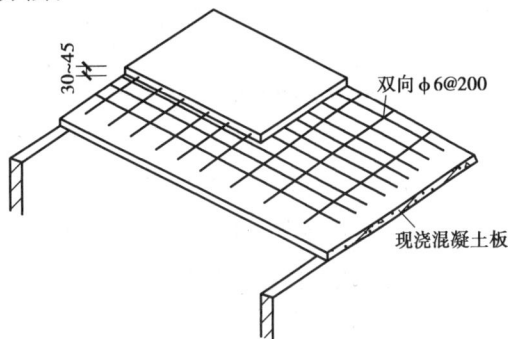

图 2-6-8　细石混凝土配筋防水屋面

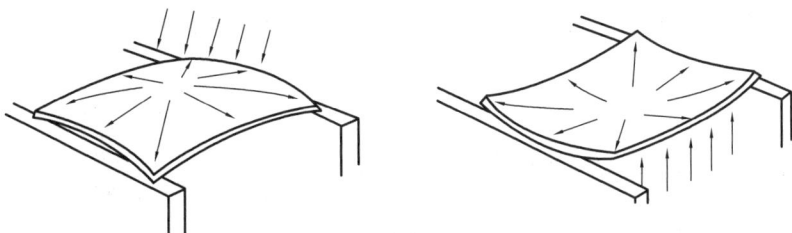

（a）阳光辐射下，屋面内外温度不同出现起鼓状变形　（b）室外气温低，室内温度高，出现挠起状变形分缝仓

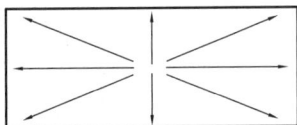

（c）长方形屋面温度引起的内应力变形大（对角线最大）　（d）设分仓缝后，内应力变形变小

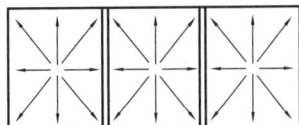

图 2-6-9　刚性屋面室外温差变形与分仓缝间距大小的应力变化关系

由此可见，分仓缝服务的面积宜控制在 15～25 m²，间距控制在 3～5 m 为好。在预制屋面板为基层的防水层，分仓缝应设置在支座轴线处和支承屋面板的墙和大梁的上部较为有利，长条形房屋，进深在 10 m 以下者可在屋脊设纵向缝；进深大于 10 m 者，最好在坡中某一板缝上再设一道纵向分仓缝，如图 2-6-10 所示。

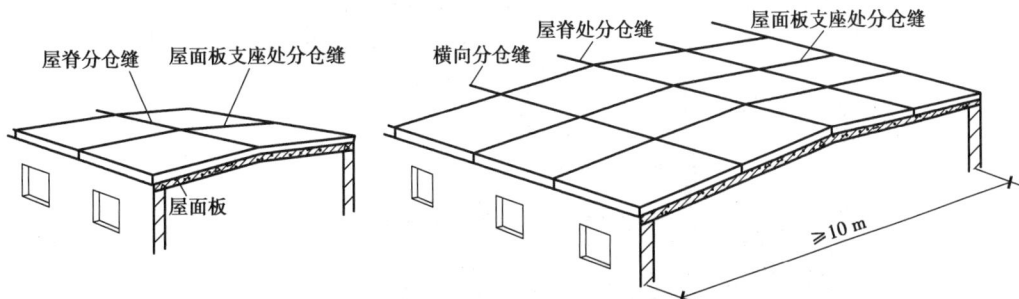

（a）房屋进深小于10 m，分仓缝的划分　　（b）房屋进深大于10 m，分仓缝的划分

图 2-6-10　刚性屋面分仓缝的划分

分仓缝宽度可做 20 mm 左右,分仓缝处防水层应采用点粘卷材空铺,如图 2-6-11(a)所示。

为了施工方便,近来混凝土刚性屋面防水层施工中,常将大面积细石混凝土防水层一次性连续浇筑,然后用电锯切割分仓缝。这种做法,切割缝宽度只有 5～8 mm,对温差的胀缩尚可适应,但无法进行油膏灌缝,只能按图 2-6-11(d)用于铺卷材层方式进行防水。

横向支座的分仓缝为了避免积水,常将细石混凝土面层抹成凸出表面 30～40 mm 高的梯形或弧形的分水线,如图 2-6-11(b)所示。为了防止油膏老化,可在分仓缝上用卷材贴面,如图 2-6-11(c)、(d)所示,也有在防水层的凸口上盖瓦而省去嵌缝油膏的做法[图 2-6-11(g)、(h)]。但要注意盖瓦坐浆方法,不能因坐浆太满,而产生爬水现象[图 2-6-11(f)]。

刚性防水屋面的纵向分仓缝构造如图 2-6-12 所示。在屋面有高差处,与墙体也应分开留有分仓缝。

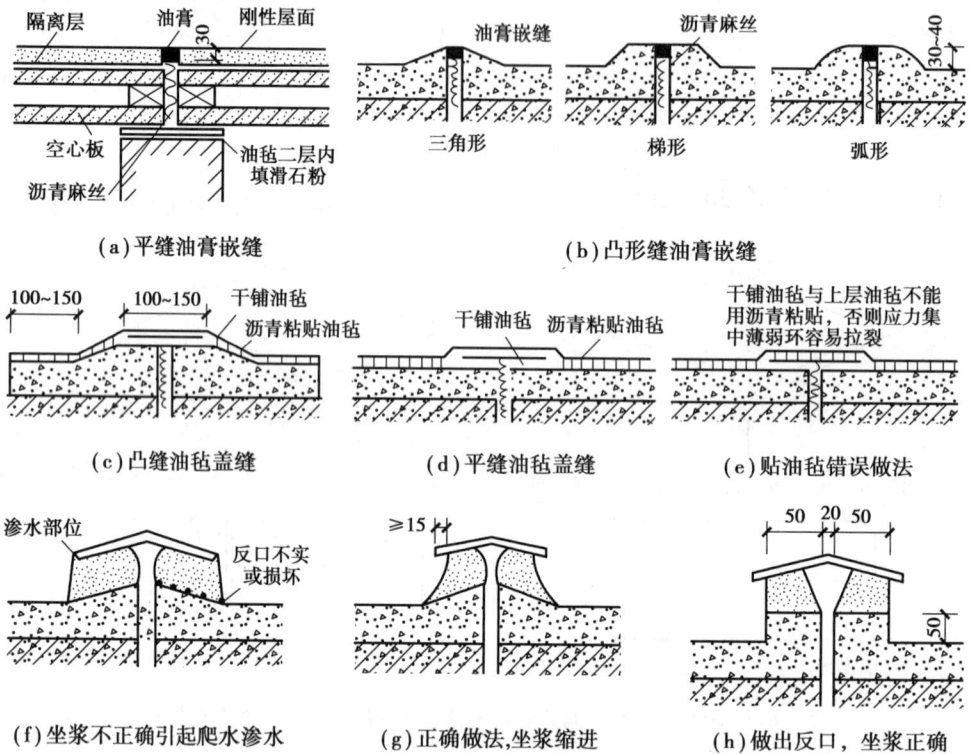

(a)平缝油膏嵌缝　　　　　　　　　　　(b)凸形缝油膏嵌缝

(c)凸缝油毡盖缝　　　(d)平缝油毡盖缝　　　(e)贴油毡错误做法

(f)坐浆不正确引起爬水渗水　(g)正确做法,坐浆缩进　(h)做出反口,坐浆正确

图 2-6-11　分仓缝节点构造之一

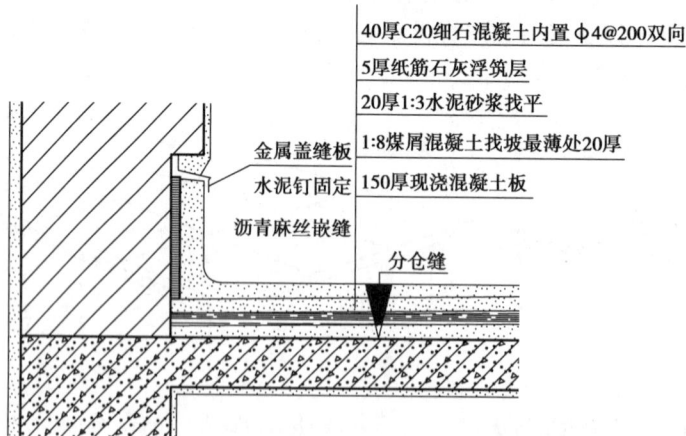

40厚C20细石混凝土内置φ4@200双向
5厚纸筋石灰浮筑层
20厚1:3水泥砂浆找平
1:8煤屑混凝土找坡最薄处20厚
150厚现浇混凝土板

金属盖缝板
水泥钉固定
沥青麻丝嵌缝
分仓缝

图 2-6-12　分仓缝节点构造之二

③设置浮筑层。浮筑层即隔离层,是在刚性防水层与结构层之间增设一隔离层,使上下分离以适应各自的变形,从而减少由于上下层变化不同而导致的变形。一般先在结构层上面用水泥砂浆找平,再用废机油、沥青、油毡、黏土、石灰砂浆、纸筋石灰等作隔离层[图 2-6-13(a)、(b)]。有保温层或找坡层的屋面,可利用保温层做隔离层,然后再做刚性防水层。

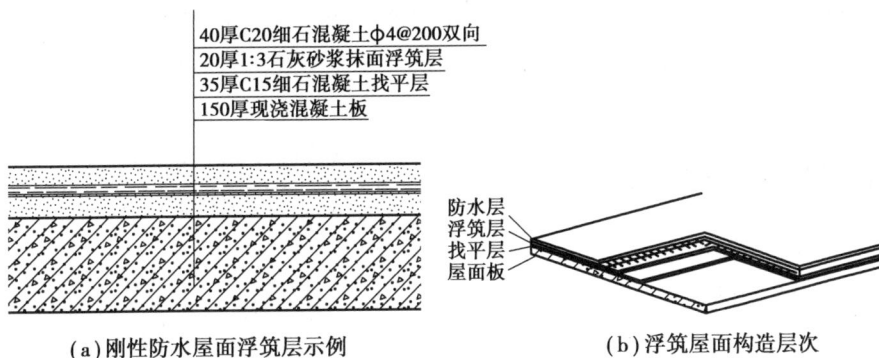

40厚C20细石混凝土φ4@200双向
20厚1:3石灰砂浆抹面浮筑层
35厚C15细石混凝土找平层
150厚现浇混凝土板

防水层
浮筑层
找平层
屋面板

(a)刚性防水屋面浮筑层示例　　　(b)浮筑屋面构造层次

图 2-6-13　刚性防水屋面设置浮筑层构造

另外,设计刚性防水屋面时还应注意以下几个方面的问题:

①材料方面:细石混凝土强度等级应 ≥ C20,宜采用普通硅酸盐水泥。当其强度等级 ≥42.5 级用洗净的坚硬碎石或砾石,其粒径为 5 ~ 13 mm,水泥用量应 ≥320 kg/m²,水胶比以 0.5 ~ 0.55 为宜。砂子的粒径为 0.3 ~ 0.5 mm,含泥量不超过 3%。

②结构方面:刚性防水屋面的支承结构,应有良好的整体性,为防止屋面板产生过大变形,选择屋面板时应以板的刚度作为主要依据,同时考虑施工荷载。

③施工方面:为了使屋面板与防水层更紧密地结合,屋面板应先浇水湿润,并纵横各刷一道水胶比为 0.6 的纯水泥浆。

浇筑混凝土后,应用重 30 ~ 50 kg 的石滚来回纵横滚压,直至压出拉毛状的水泥浆时,随即抹平,使表面光滑平整,当防水层表面能走动不留脚印时,覆盖浇水养护七昼夜。

屋面宜做结构找坡,坡度不宜小于 3%。屋面板下的非承重墙应与板底脱开 20 mm,缝内填弹性材料如沥青麻丝等。

(3)刚性防水屋面的节点构造

①泛水构造。泛水是指屋面防水层与突出构件之间的防水构造。凡屋面防水层与垂直墙面的交接处均需做泛水处理,如山墙、女儿墙和烟囱等部位,一般做法是将细石混凝土防水层直接引申到垂直墙面上 60 mm×60 mm 的凹槽内嵌固(图 2-6-14),泛水高度应大于 250 mm,细石混凝土内的钢筋网片也应同时上弯。这种处理方式是为了使原来为水平面的缝升高为垂直面的缝,采用"导"的方式来弥补"堵"的不足。这种构造形式对现浇屋面基层时较为有效。

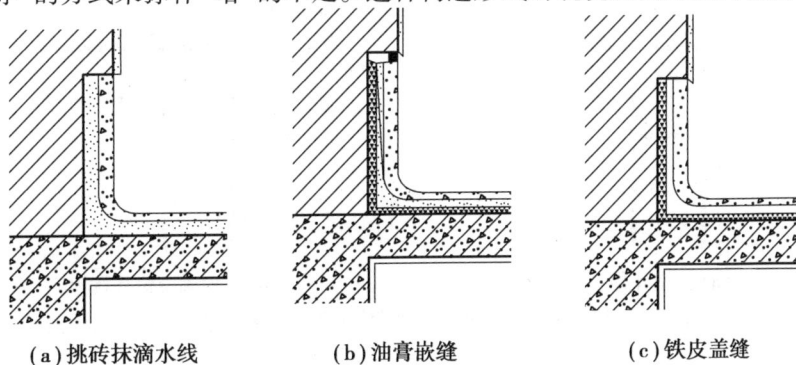

(a)挑砖抹滴水线　　(b)油膏嵌缝　　(c)铁皮盖缝

图 2-6-14　刚性防水屋面的泛水构造

②檐口构造。

a. 自由落水挑檐。可采用钢筋混凝土屋面板直接挑出,将细石混凝土防水层做到檐口,但要做好屋面板的滴水线,如图 2-6-15(b)所示。也可利用细石混凝土直接支模挑出,除设置滴水线外,挑出长度不宜过大,要有负弯矩钢筋并设浮筑层,如图 2-6-15(a)所示。

b. 檐沟挑檐。采用现浇檐沟要注意其与屋面板之间变形不同可能引起的裂缝渗水,如图 2-6-16 所示。

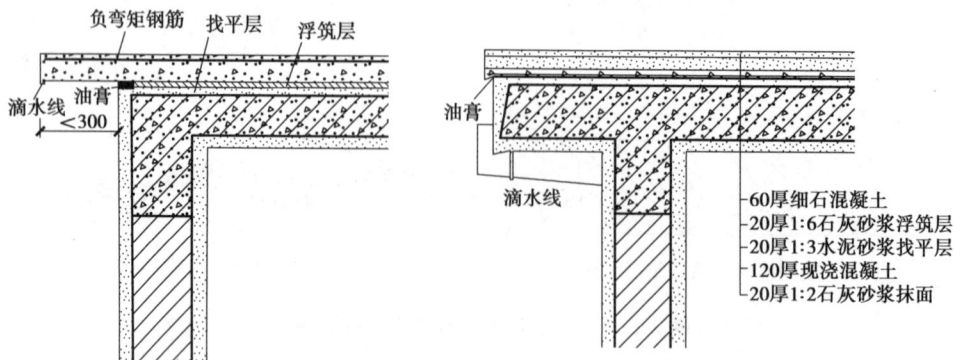

(a)屋面直接挑檐口   (b)挑梁檐口构造

图 2-6-15   刚性防水屋面自由落水檐口构造

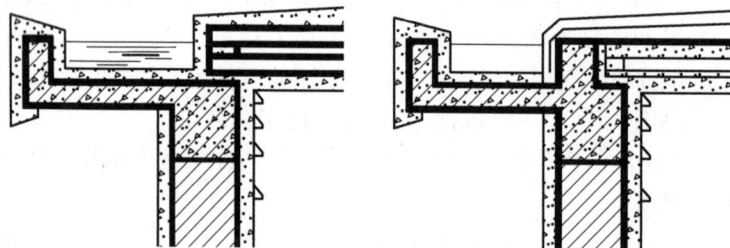

图 2-6-16   刚性防水檐沟构造

c. 包檐外排水。有女儿墙的外排水,一般采用侧向排水的雨水口,在接缝处应嵌油膏,最好上面再贴一段卷材或玻璃布刷防水涂料,铺入管内不少于 50 mm,如图 2-6-17(a)所示。也可加设外檐沟,女儿墙开洞,如图 2-6-17(b)所示。

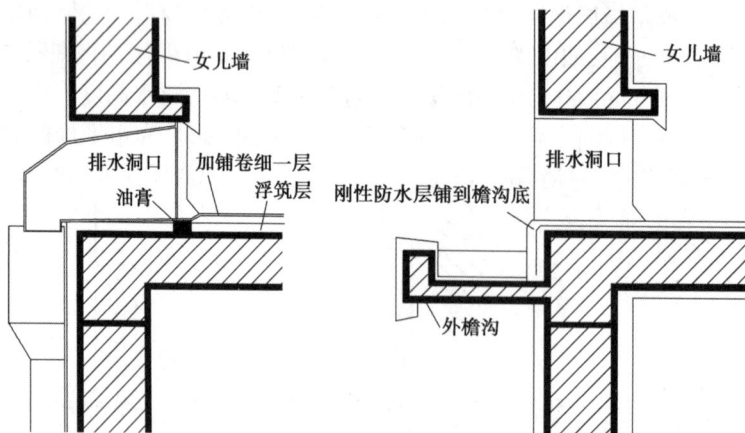

(a)包檐外排水   (b)外檐沟包檐外排水

图 2-6-17   刚性防水屋面包檐外排水构造

4) 柔性防水屋面

柔性防水屋面是将柔性的防水卷材或片材用胶结材料粘贴在屋面上,形成一个大面积的封闭防水覆盖层,是典型的以"堵"为主的防水构造。这种防水层材料有一定的延伸性,有利于适应直接暴露在大气层的屋面和结构的温度变形,故称柔性防水屋面,也称卷材防水屋面。

我国过去一直沿用沥青油毡作为屋面的主要防水材料,这种防水屋面优点是造价经济,有一定的防水能力,但需热施工、污染环境、低温脆裂、高温流淌、7~8年即要重修。为改变这种情况,已出现一批新的卷材或片材防水材料,常用的有APP改性沥青卷材、三元丁橡胶防水卷材、OMP改性沥青卷材、氯丁橡胶卷材、氯化聚乙烯橡胶共混防水卷材、水貂LYX-603防水卷材、铝箔面油毡等。这些材料的优点是冷施工、弹性好、寿命长,但目前有些价格尚较高一些。其节点构造如图2-6-18所示。

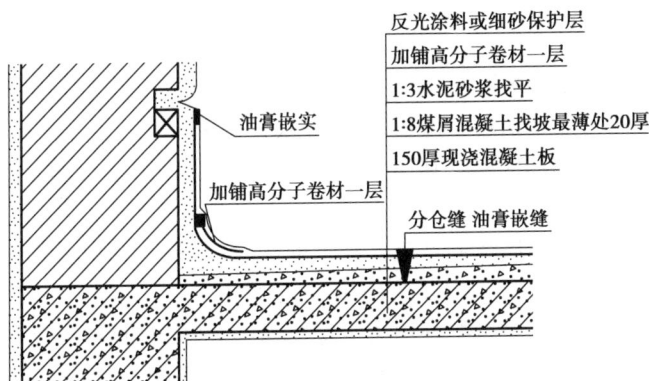

图2-6-18　高分子卷材防水屋面节点构造

(1) 卷材防水屋面的基本构造

卷材防水屋面由结构层、找平层、防水层和保护层组成,它适用于防水等级为Ⅰ~Ⅱ级的屋面防水。

①结构层为装配式钢筋混凝土板时,应采用细石混凝土灌缝,其强度等级不应小于C20。

②找平层表面应压实平整,一般用1:3的水泥砂浆或细石混凝土做,厚度为20~30 mm,排水坡度一般为2%~3%,檐沟处1%。构造上需设间距不大于6 m的分格缝。

③防水层主要采用沥青类卷材、高聚物改性沥青防水卷材和合成高分子防水卷材三类,根据相关建筑材料资料总结见表2-6-2。

表2-6-2　卷材防水层

卷材分类	卷材名称举例	卷材胶粘剂
合成高分子防水卷材	HDPE 卷材	自粘
	PVC 卷材	自粘
高聚物改性沥青防水卷材	SBS 改性沥青防水卷材	热熔、自粘、粘贴均有
	APP 改性沥青防水卷材	BX-12 及 BX-12 乙组合
	三元乙丙丁基橡胶防水卷材	丁基橡胶为主体的双组 A 与 B 液 1:1

④保护层分为不上人屋面保护层和上人屋面保护层。

（2）卷材厚度的选择

为了确保防水工程质量,使屋面在防水层合理使用年限内不发生渗漏,除卷材的材质因素外,其厚度也应考虑为最主要的因素,见表2-6-3。

表2-6-3　卷材厚度选用

屋面防水等级	设防道数	合成高分子防水卷材	高聚物改性沥青防水卷材		
			聚酯胎、玻纤胎、聚乙烯胎	自粘聚酯胎	自粘无胎
I 级	二道设防	不应小于 1.2 mm	不应小于 3 mm	不应小于 2 mm	不应小于 1.5 mm
II 级	一道设防	不应小于 1.5 mm	不应小于 4 mm	不应小于 3 mm	不应小于 2 mm

注:本表摘自《屋面工程技术规范》(GB 50345—2012)第4.5.5条。

（3）卷材防水层的常用铺贴方法

卷材防水层的常用铺贴方法包括冷粘法、自粘法、热熔法等。

①冷粘法铺贴卷材是在基层涂刷基层处理剂后,将胶粘剂涂刷在基层上,然后再把卷材铺贴上去。

②自粘法铺贴卷材是在基层涂刷基层处理剂的同时,撕去卷材的隔离纸,立即铺贴卷材,并在搭接部位用热风加热,以保证接缝部位的粘结性能。

③热熔法铺贴卷材是在卷材宽幅内用火焰加热器喷火均匀加热,直至卷材表面有光亮黑色即可粘合,并压粘牢,厚度小于 3 mm 的高聚物改性沥青卷材禁止使用。当卷材贴好后还应在接缝口处用 10 mm 宽的密封材料封严。

以上粘贴卷材的方法主要用于高聚物改性沥青防水卷材和合成高分子防水卷材防水屋面,在构造上一般是采用单层铺贴,极少采用双层铺贴。

（4）卷材防水屋面排水设计的主要任务

首先将屋面划分为若干个排水区,然后通过适宜的排水坡和排水沟,分别将雨水引向各自的落水管再排至地面。屋面排水的设计原则是排水通畅、简捷,雨水口负荷均匀。具体步骤如下:

①确定屋面坡度的形成方法和坡度大小;

②选择排水方式,划分排水区域;

③确定天沟的断面形式及尺寸;

④确定落水管所用材料、大小及间距。单坡排水的屋面宽度不宜超过 12 000 mm,矩形天沟净宽不宜小于 200 mm,天沟纵坡最高处离天沟上口的距离不小于 120 mm。落水管的内径不宜小于 75 mm,落水管间距一般为 18 000 ~ 24 000 mm,每根落水管可排除约 200 m² 的屋面雨水,如图2-6-19所示。

（5）卷材防水屋面的节点构造

卷材防水屋面在檐口、屋面与凸出构件之间、变形缝、上人孔等处特别容易产生渗漏,所以应加强这些部位的防水处理。

①泛水。泛水高度不应小于 250 mm,转角处应将找平层做成半径不小于 20 mm 的圆弧或45°斜面,使防水卷材紧贴其上,贴在墙上的卷材上口易脱离墙面或张口,导致漏水,因此上口要做收口和挡水处理。收口一般采用钉木条、压铁皮、嵌砂浆、嵌配套油膏和盖镀锌铁皮等处理方法。对砖女儿墙,防水卷材收头可直接铺压在女儿墙压顶下,压顶应做防水处理,也可在墙上留

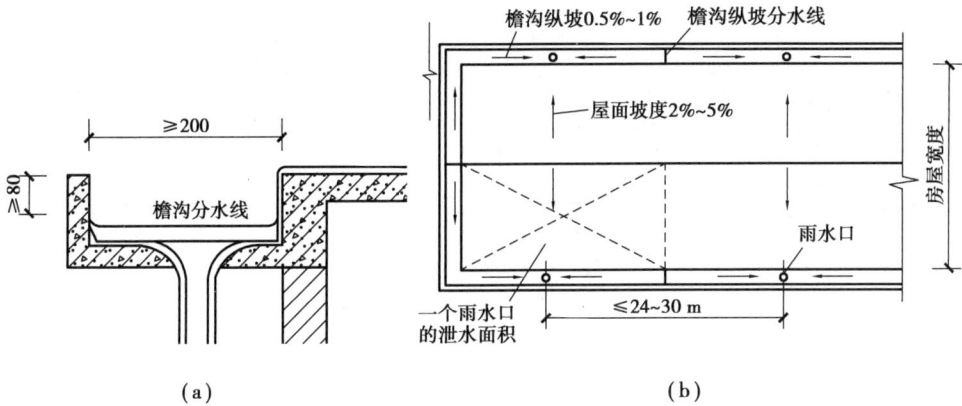

图 2-6-19　屋面排水组织设计

凹槽,卷材收头压入凹槽内固定密封,凹槽上部的墙体也应做防水处理。对混凝土墙,防水卷材的收头可采用金属压条钉压,并用密封材料封固,如图 2-6-20 所示。进出屋面的门下踏步也应做泛水收头处理,一般将屋面防水层沿墙向上翻起至门槛踏步下,并覆以踏步盖板,踏步盖板伸出墙外约 60 mm。

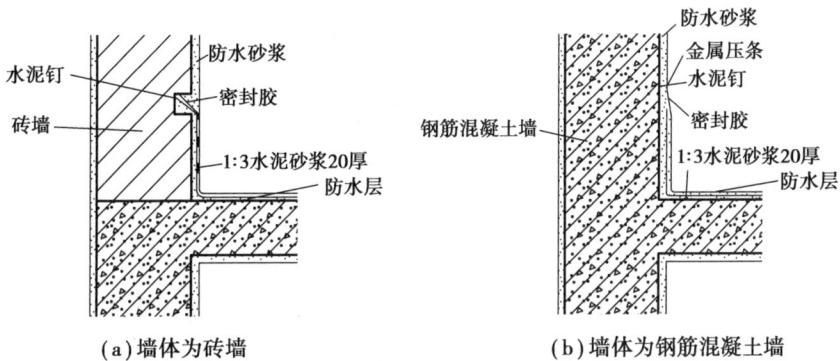

图 2-6-20　柔性防水的泛水做法

②檐口。檐口是屋面防水层的收头处,此处的构造处理方法与檐口的形式有关,檐口的形式由屋面的排水方式和建筑物的立面造型要求来确定,一般有无组织排水檐口、挑檐沟檐口、女儿墙檐口和斜板挑檐檐口等。

a.无组织排水檐口是当檐口出挑较大时,常采用钢筋混凝土屋面板直接出挑,但出挑长度不宜过大,檐口处做滴水线。

b.有组织排水檐口是将聚集在檐沟中的雨水分别由雨水口经水斗、雨水管(又称水落管)等装置导入室外明沟内。在有组织的排水中,通常可有檐沟排水和女儿墙排水两种情况。檐沟可采用钢筋混凝土制作,挑出墙外,挑出长度大时可用挑梁支承檐沟。檐沟内的水经雨水口流入雨水管,如图 2-6-21(a)所示。在女儿墙的檐口,檐沟也可设于外墙内侧,如图 2-6-21(b)所示,并在女儿墙上每隔一段距离设雨水口,檐沟内的水经雨水口流入雨水管中。也有不设檐沟,雨水顺屋面坡度直通至雨水口排出女儿墙外,或借弯头直接通至雨水管中。

有组织排水宜优先采用外排水,高层建筑、多跨及集水面较大的屋面应采用内排水。北方为防止排水管被冻结也常做内排水处理。外排水是根据屋面大小做成四坡、双坡或单坡排水。内排水也将屋面做成坡度。使雨水经埋置于建筑物内部的雨水管排到室外。

檐沟根据檐口构造不同可设在檐墙内侧或出挑在檐墙外。檐沟设在檐墙内侧时,檐沟与女

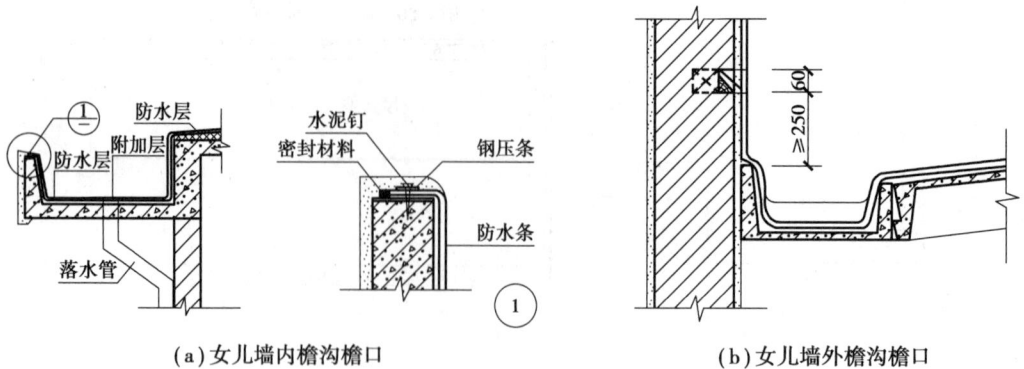

（a）女儿墙内檐沟檐口　　　　　　　　　（b）女儿墙外檐沟檐口

图 2-6-21　檐口构造

儿墙相连处要做好泛水处理，如图 2-6-22（a）所示，并应具有一定纵坡，一般为 0.5%～1%。挑檐檐沟为防止暴雨时积水产生倒灌或排水外泄，沟深（减去起坡高度）不宜小于 150 mm。屋面防水层应包入沟内，以防止沟与外檐墙接缝处渗漏，沟壁外口底部要做滴水线，防止雨水顺沟底流至外墙面，如图 2-6-22（b）所示。

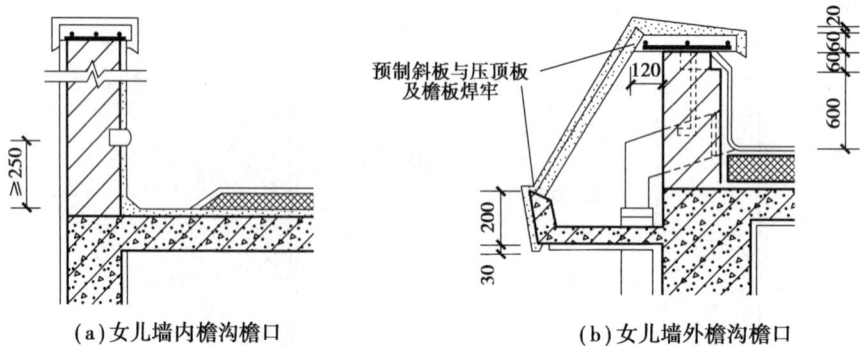

（a）女儿墙内檐沟檐口　　　　　　　　　（b）女儿墙外檐沟檐口

图 2-6-22　女儿墙檐口构造

内排水屋面的落水管往往在室内，依墙或柱子，万一损坏，不易修理。雨水管应选用能抗腐蚀及耐久性好的铸铁管和铸铁排水口，也可以采用镀锌钢管或 PVC 管。由于屋面的排水坡度在不同的坡面相交处就形成了分水线，将整个屋面明确地划分为一个个排水区。排水坡的底部应设屋面落水口。屋面落水口应布置均匀，其间距取决于排水量，有外檐天沟时不宜大于 24 m，无外檐天沟或内排水时不宜大于 15 m。

③雨水口。雨水口是屋面雨水排至落水管的连接构件，通常为定型产品，多用铸铁、钢板制作。雨水口可分为直管式和弯管式两大类。直管式用于内排水中间天沟，外排水挑檐等，弯管式只适用女儿墙外排水天沟。

直管式雨水口是根据降雨量和汇水面积选择型号，套管呈漏斗型，安装在挑檐板上，防水卷材和附加卷材均粘在套管内壁上，再用环形筒嵌入套管内，将卷材压紧，嵌入深度不小于 100 mm，环形筒与底座的接缝需用油膏嵌缝。雨水口周围直径 500 mm 范围内坡度不小于 5%，并用密封材料涂封，其厚度不小于 2 mm，雨水口套管与基层接触处应留宽 20 mm、深 20 mm 的凹槽，并嵌填密封材料，如图 2-6-23（a）所示。弯管式雨水口呈 90°弯状，由弯曲套管和铸铁两部分组成。弯曲套管置于女儿墙预留的孔洞中，屋面防水卷材和泛水卷材应铺到套管的内壁四周，铺入深度至少 50 mm，套管口用铸铁遮挡，防止杂物堵塞水口，如图 2-6-23（b）所示。

④变形缝。当建筑物需设变形缝时，由于变形缝在屋顶处破坏了屋面防水层的整体性，留

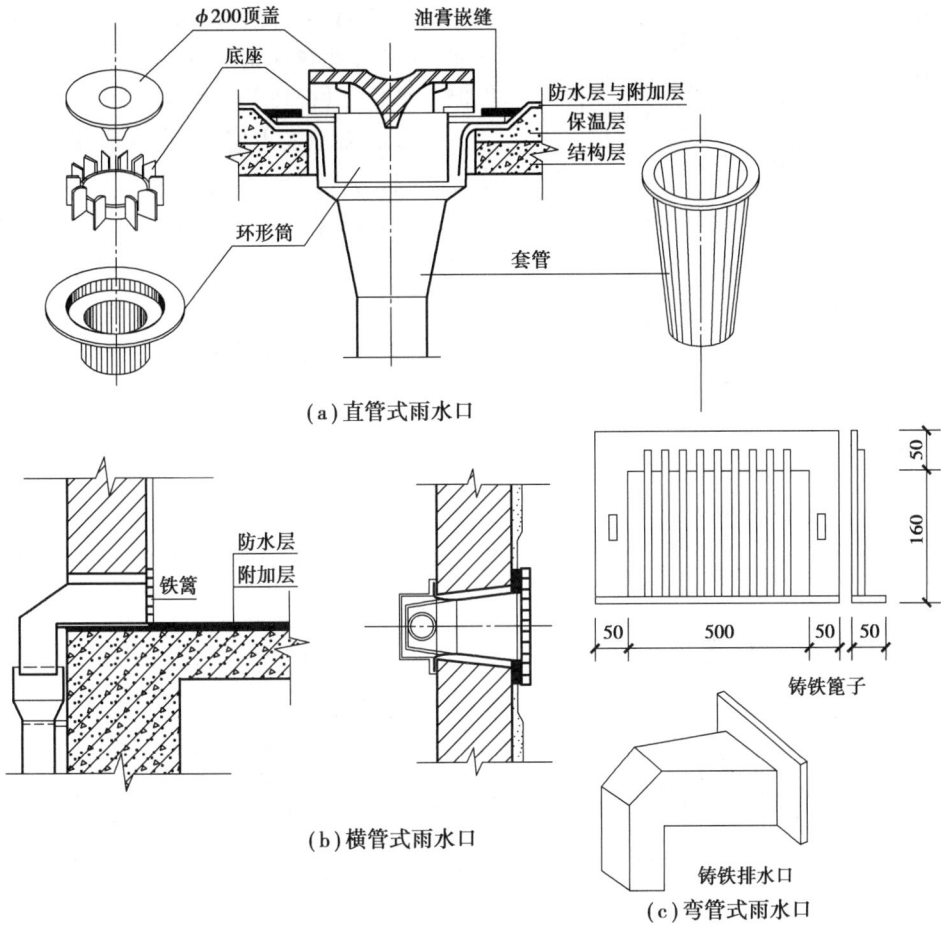

图 2-6-23　柔性卷材屋面雨水口构造

下了雨水渗漏的隐患,所以必须加强屋顶变形缝处的处理。屋顶在变形缝处的构造分为等高屋面变形缝和不等高屋面变形缝两种。等高屋面变形缝的构造又可分为不上人屋面和上人屋面两种做法。

　　不上人屋面变形缝,屋面上不考虑人的活动,从有利于防水考虑,变形缝两侧应避免因积水导致渗漏。一般构造为在缝两侧的屋面板上砌筑半砖矮墙,高度应高出屋面至少 250 mm,屋面与矮墙之间按泛水处理,矮墙的顶部用镀锌薄钢板或混凝土压顶进行盖缝,如图 2-6-24 所示。

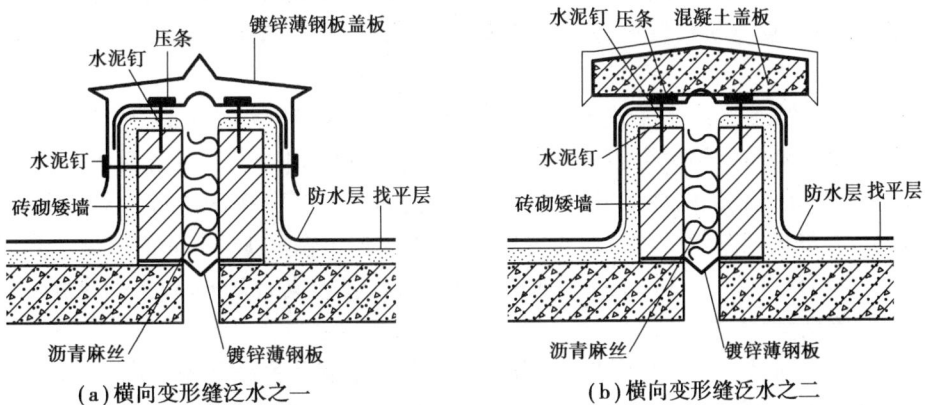

(a)横向变形缝泛水之一　　　(b)横向变形缝泛水之二

图 2-6-24　不上人屋面变形缝

217

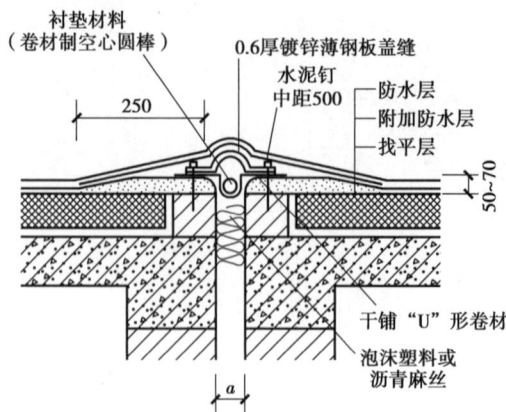

衬垫材料
（卷材制空心圆棒）
0.6厚镀锌薄钢板盖缝
水泥钉中距500
防水层
附加防水层
找平层
250
50~70
干铺"U"形卷材
泡沫塑料或沥青麻丝
a

图 2-6-25　上人屋面变形缝

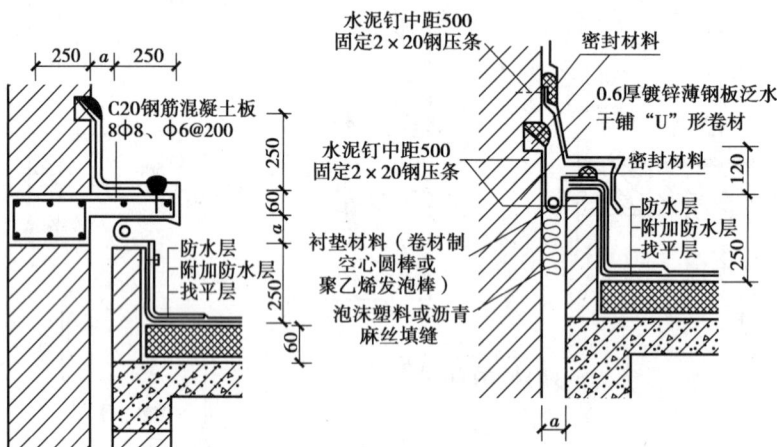

250 a 250
C20钢筋混凝土板
8Φ8、Φ6@200
250
60
a
防水层
附加防水层
找平层
250
60

图 2-6-26　高低屋面变形缝

上人屋面变形缝,屋面上需考虑人的活动的方便,变形缝处在保证不渗漏、满足变形需求时,应保证平整,以有利于行走,如图 2-6-25 所示。

不等高屋面变形缝,应在低侧屋面板上砌筑半砖矮墙,与高侧墙体之间留出变形缝。矮墙与低侧屋面之间做好泛水,变形缝上部用由高侧墙体挑出的钢筋混凝土板或在高侧墙体上固定镀锌薄钢板进行盖缝,如图 2-6-26 所示。

5) 油料防水和粉剂防水屋面

除刚性防水和柔性卷材防水屋面外,还有正在发展中的涂料和粉剂防水屋面。

(1)涂料防水屋面

涂料防水又称涂膜防水,是以可塑性和黏结力较强的高分子防水涂料,直接涂刷在屋面基层上,形成一层满铺的不透水薄膜层,来达到屋面防水的目的。一般有乳化沥青类、氯丁橡胶类、丙烯酸树脂类、聚氨酯类和酸性焦油类等,种类繁多。通常分两大类,一类是用水或溶剂溶解后在基层上涂刷,通过水或溶剂蒸发而干燥硬化;另一类是通过材料的化学反应而硬化。这些材料多数具有:防水性好、黏结力强、延伸性大和耐腐蚀、耐老化、无毒、不延燃、冷作业、施工方便等优点,但涂膜防水价格较贵,且是以"堵"为主的防水方式,成膜后要加保护,以防硬杂物碰坏。

涂膜的基层为混凝土或水泥砂浆,应平整干燥,含水率在 8% ~9% 以下方可施工。空鼓、缺陷和表面裂缝应修整后用聚合物砂浆修补。在转角、雨水口四周、贯通管道和接缝处等,易产生裂缝,修整后须用纤维性的增强材料加固。涂刷防水材料需分多次进行。乳剂型防水材料,采用网状织布层如玻璃布等可使涂膜均匀,一般手涂三遍可做成 1.2 mm 的厚度。溶剂型防水材料,首涂一次可涂 0.2 ~0.3 mm,干后重复涂 4 ~5 次,可做成 1.2 mm 以上的厚度。其节点构造如图 2-6-27 所示。

涂膜的表面一般需撒细砂作保护层,为防太阳辐射影响及色泽需要,可适量加入银粉或颜料作着色保护涂料,如图 2-6-28 所示。上人屋顶和楼地面,一般在防水层上涂抹一层 5 ~10 mm 厚黏结性好的聚合物水泥砂浆,干燥后再抹水泥砂浆面层。

(a) 泛水构造　　　　　(b) 女儿墙

(c) 接缝　　　　　　(d) 分仓缝

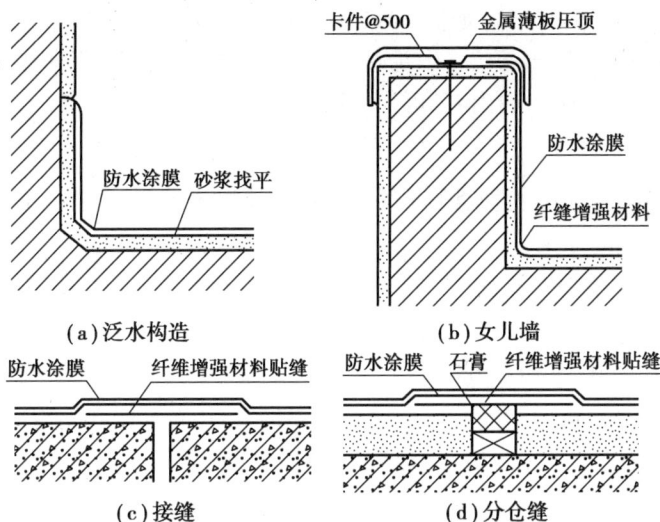

图 2-6-27　防水涂料屋面节点构造

涂膜防水只能提高表面的防水能力,而对温度和结构引起的较为严重的结构或基层开裂、仍无能为力。因此,在预制屋面板或大面积钢筋混凝土现浇屋面基层中,前述分仓缝、浮筑层和滑动支座对涂料防水屋面仍是三种必要的辅助措施。

(2)粉剂防水屋面

粉剂防水又称拒水粉防水,是以硬脂酸为主要原料的憎水性粉末防水屋面。一般在平屋顶的基层结构上先抹水泥砂浆或细石混凝土找平层,铺上 3~5 mm 厚的建筑拒水粉,再覆盖保护层即成,如图 2-6-29 所示。保护层不起防水作用,主要为了防止风雨的吹散和冲刷,一般可抹20~30 mm 厚的水泥砂浆或浇 30~40 mm 厚的细石混凝土层,也可用预制混凝土板或大阶砖铺盖。

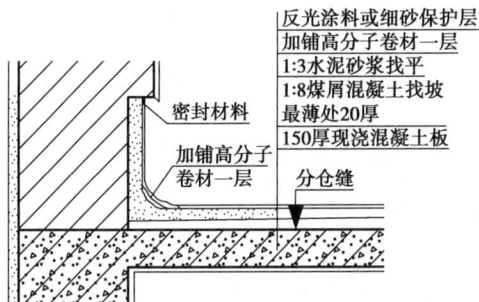

图 2-6-28　涂膜防水屋面节点构造

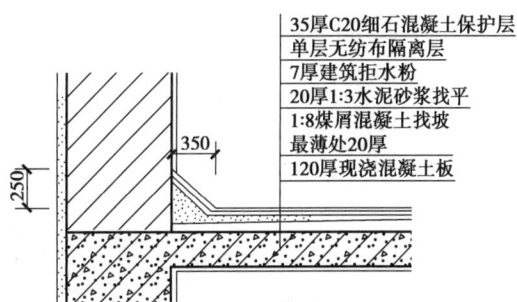

图 2-6-29　建筑拒水粉防水屋面节点构造

2.6.3　坡屋顶构造

坡屋顶是排水坡度较大的屋顶,由各类屋面防水材料覆盖。根据坡面组织的不同,主要有双坡顶、四坡顶及其他形式屋顶数种。

1)双坡顶

根据檐口和山墙处理的不同可分为以下几项:

①硬山屋顶,即山墙不出檐的双坡屋顶。北方少雨地区采用较广,如图 2-6-2(b)所示。

②悬山屋顶,即山墙挑檐的双坡屋顶。挑檐可保护墙身,有利于排水,并有一

2.6.4 坡屋顶的构造

定遮阳作用,常用于南方多雨地区,如图 2-6-2(c)所示。

③出山屋顶,即山墙超出屋顶,作为防火墙或装饰之用(防火规范规定,山墙超出屋顶 500 mm 以上,易燃体不砌入墙内者,可作为防火墙)。

2)四坡顶

四坡顶也称四落水屋顶,古代宫殿庙宇中的四坡顶称为庑殿,如图 2-6-2(d)、(f)所示。四面挑檐有利于保护墙身。

四坡顶两面形成两个小山尖,古代称为歇山,如图 2-6-2(g)所示。山尖处可设百叶窗,有利于屋顶通风。

3)坡屋顶的坡面组织和名称

屋顶的坡面组织是由房屋平面和屋顶形式决定的,对屋顶的结构布置和排水方式均有一定的影响。在坡面组织中,由于屋顶坡面交接的不同而形成屋脊(正脊)、斜脊、斜沟、檐口、内天沟和泛水等不同部位和名称(斜面相交的阳角称脊,斜面相交的阴角称沟),如图 2-6-30 所示。水平的内天沟构造复杂,处理不慎,容易漏水,一般应尽量避免。

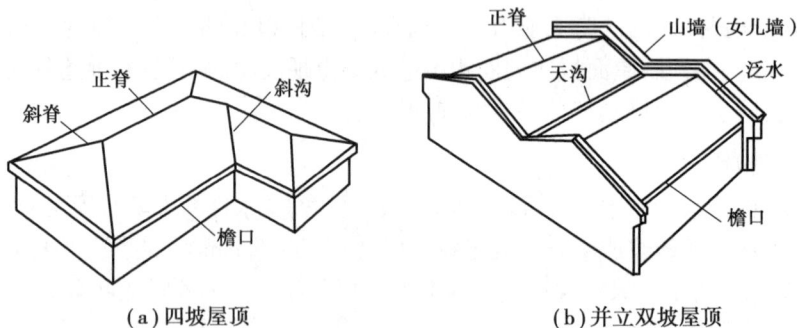

(a)四坡屋顶　　　　　　　　(b)并立双坡屋顶

图 2-6-30　坡屋顶坡面组织名称

4)坡屋顶的组成

坡屋顶一般由承重结构和屋面两个部分所组成,必要时还有保温层、隔热层及顶棚等,如图 2-6-31 所示。

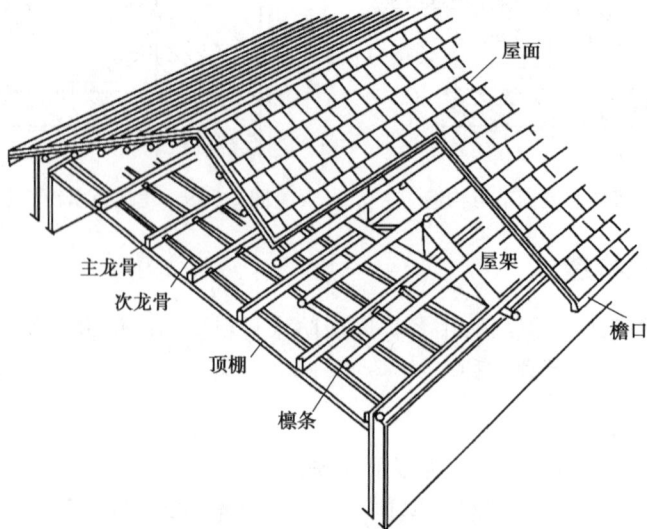

图 2-6-31　坡屋顶的组成

①承重结构:主要是承受屋面荷载并将它传递到墙或柱上,一般有椽子、檩条、屋架或大梁、山墙等。

②屋面:是屋顶上的覆盖层,直接承受风雨、冰冻和太阳辐射等大自然气候的作用;它包括屋面盖料和基层,如挂瓦条、屋面板等。

③顶棚:是屋顶下面的遮盖部分,可使室内上部平整,有一定光线反射,起保温隔热和装饰作用。

④保温或隔热层:是屋顶对气温变化的围护部分,可设在屋面层或顶棚屋,视需要决定。

5)坡屋顶的屋面盖料

坡屋顶的屋面防水盖料种类较多,我国目前采用的有弧形瓦(或称小青瓦)、平瓦、波形瓦、平板金属皮、构件自防水等。

2.6.4　屋顶保温与隔热构造

1)屋顶的保温

冬季室内采暖时,气温较室外高,热量通过围护结构向外散失。为了防止室内热量散失过多、过快,需在围护结构中设置保温层,以使室内有一个适宜于人们生活和工作的环境。保温层的材料和构造方案是根据使用要求、气候条件、屋顶的结构形式、防水处理方法、材料种类、施工条件等综合考虑确定的。

(1)屋顶保温体系

按照结构层、防水层和保温层在屋顶中所处的地位不同,可归纳为以下三种体系:

①防水层直接设置在保温层上面的屋面。其从上到下的构造层次为防水层、保温层、结构层。在采暖房屋中,它直接受到室内升温的影响,因此有的国家把这种做法称为"热屋顶保温体系"。

热屋顶保温体系多数用于平屋顶的保温。保温材料必须是空隙多、密度小、导热系数小的材料,一般有散料、现场浇筑的混合料、板块料三大类。

a.散料保温层,如炉渣、矿渣之类工业废料,如果上面做卷材防水层,就必须在散状材料上先抹水泥砂浆找平层,再铺卷材,如图2-6-32(a)所示;为了有一过渡层,可用石灰或水泥胶结成轻料混凝土层,其上再抹找平层铺油毡防水层,如图2-6-32(b)所示。

b.现浇轻质混凝土保温层一般为轻骨料如炉渣、矿渣、陶粒、蛭石、珍珠岩与石灰或水泥胶结的轻质混凝土或烧泡沫混凝土。上面抹水泥砂浆找平层再铺卷材防水层,如图2-6-33(c)所示。以上两种保温层可与找坡层结合处理。

c.板块保温层,常见的有水泥、沥青、水玻璃等胶结的预制膨胀珍珠岩、膨胀蛭石板、加气混凝土块、泡沫塑料等块材或板材。上面做找平层再铺卷材防水层、屋面排水可用结构搁置坡度,也可用轻混凝土在保温层的下面先作找坡层,如图2-6-32(d)所示。

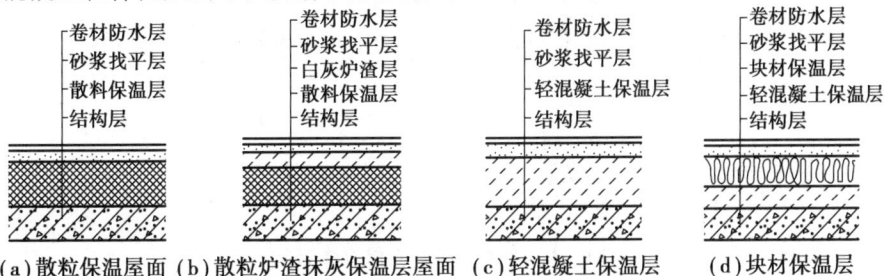

(a)散粒保温屋面　(b)散粒炉渣抹灰保温层屋面　(c)轻混凝土保温层　　(d)块材保温层

图2-6-32　屋顶保温构造

刚性防水屋面的保温层构造原则同上,只需将找平层以上的卷材防水层改为刚性防水层即可。

②防水层与保温层之间设置空气间层的保温屋面。由于室内采暖的热量不能直接影响屋面防水层,故把它称为"冷屋顶保温体系"。这种体系的保温屋顶,无论平屋顶或坡屋顶均可采用。坡屋顶的保温层一般做在顶棚层上面,有些用散料,较为经济但不方便,如图 2-6-33(d)、(f)所示。近来多采用松质纤维板或纤维毡成品铺在顶棚的上面,如图 2-6-33(e)所示。为了使用上部空间,也有把保温层设置在斜屋面的底层,如果内部不通风极易产生内部凝结水,如图 2-6-33(b)所示。因此需要在屋面板和保温层之间设通风层,并在檐口及屋脊设通风口,如图 2-6-33(c)所示。

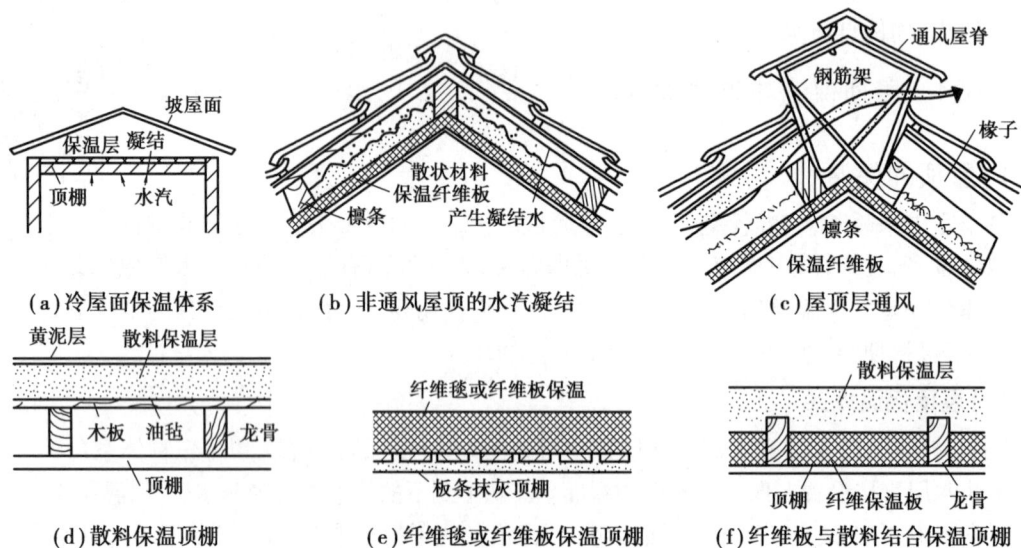

图 2-6-33　坡屋顶冷屋面保温体系和构造

平屋顶的冷屋面保温体系常用垫块架立预制小板,再在上面做找平层和防水层(图 2-6-34)。

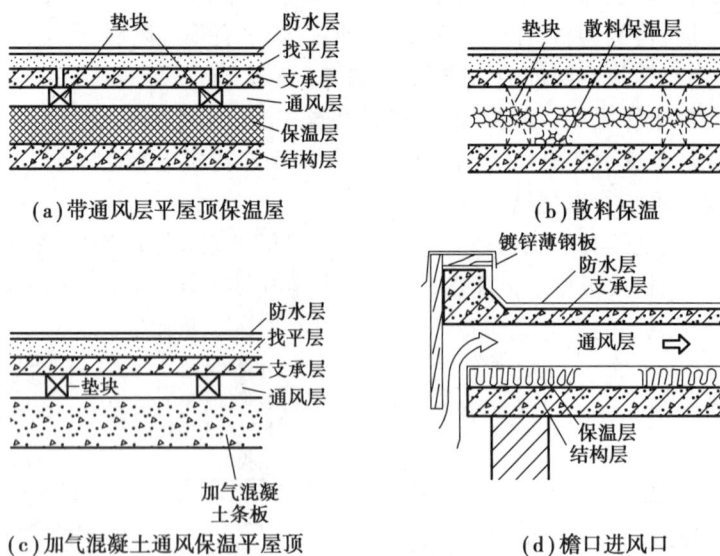

图 2-6-34　平屋顶冷屋面保温体系构造

　　③保温层在防水层上面的保温屋面。其构造层次从上到下依次为保温层、防水层、结构层，如图 2-6-35 所示。

　　由于它与传统的铺设层次相反，故名"倒铺保温屋面体系"。其优点是防水层不受太阳辐射和剧烈气候变化的直接影响，全年热温差小（图 2-6-35），不易受外来的损伤；缺点是需选用吸湿性低、耐气候性强的保温材料。一般需进行耐日晒、雨雪、风力、温度变化和冻融循环的试验。经实践，聚氨醋和聚苯乙烯发泡材料可作为倒铺屋面的保温层，但须作较重的覆盖层压住（图 2-6-35）。图 2-6-36 倒铺屋面与普通屋面的防水层全年温度变化的比较。

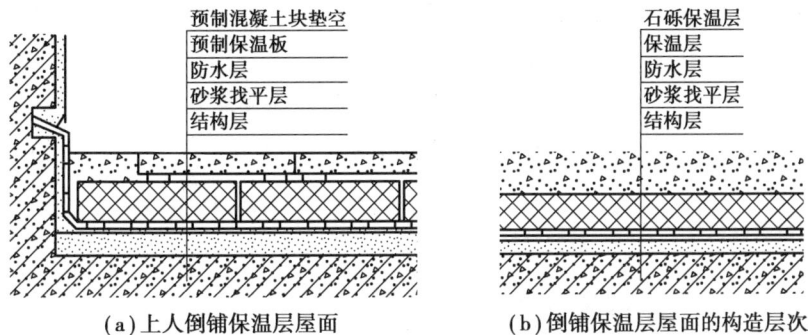

（a）上人倒铺保温层屋面　　　　（b）倒铺保温层屋面的构造层次

图 2-6-35　保温层在防水层上面的构造

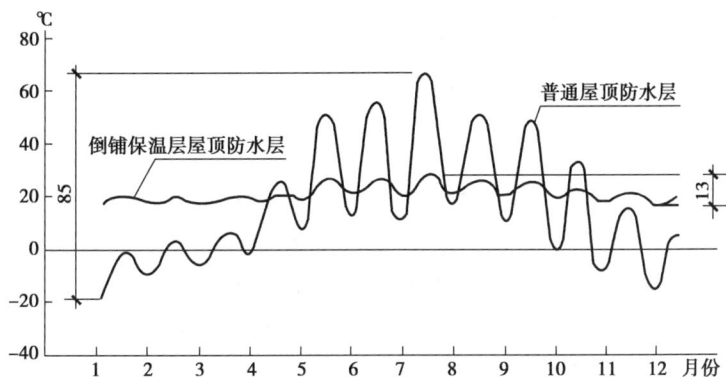

图 2-6-36　倒铺保温层屋顶与普通屋顶防水层全年温差比较

（2）屋顶层的蒸汽渗透

　　从热工原理可知，建筑物的室内外的空气中都含有一定量的水蒸气，当室内外空气中的水蒸气含量不相等时，水蒸气分子就会从高的一侧通过围护结构向低的一侧渗透。空气中含气量的多少可用蒸气分压力来表示。当构件内部某处的蒸汽分压力（也称为实际蒸汽压力）超过了该处最大蒸汽分压力（也称为饱和蒸汽压力）时，就会产生内部凝结，从而会使保温材料受潮而降低保温效果，严重的甚至会出现保温层冻结而使屋面破坏。图 2-6-37 是热屋顶保温体系中以室外气温为-20 ℃，室内气温为+20 ℃，室内外相对湿度均为70%为例子的示意图，从图中保温平屋顶中的蒸汽压力曲线的变化中可以看出，出现露点的位置，以及保温层在露点以上部位形成凝结水的区域部位。

　　为了防止室内湿气进入屋面保温层，可在保温层下结构层上做一层隔汽层。隔汽层的做法一般为在结构层上先做找平层，根据不同需要，可以只涂沥青层，也可以铺一毡二油或二毡三油，表 2-6-4 可供选用隔汽层时参考。

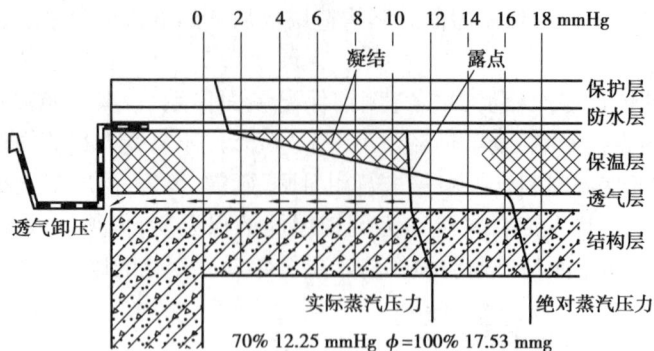

图 2-6-37　保温平屋顶内部蒸汽凝结示意图

表 2-6-4　保温屋面隔蒸汽层的设置

冬季室外空气计算温度	室内空气水蒸气分压力（Min 大）			
	<9	9 ~ 12	12 ~ 14	>14
>-20 ℃	不做隔汽层	玛琋脂二道	一毡二油	二毡三油
-20 ~ 30 ℃	玛琋脂二道	一毡二油	一毡二油	二毡三油
-40 ~ -30 ℃	一毡二油	二毡三油	二毡三油	二毡三油

注：①室内空气水蒸气分压力小于 9 mmHg,会散发大量蒸汽的建筑应做一毡二油隔汽层。

②隔汽层的油毡也可用焦油沥青油毡或以石油沥青油纸代替。

③刷玛琋脂前均应先刷冷底子油。

设置隔汽层的屋顶,可能出现一些不利情况:由于结构层的变形和开裂,隔汽层油毡会出现移位、裂隙、老化和腐烂等现象;保温层的下面设置隔蒸汽层以后,保温层的上下两个面都被绝缘层封住,内部的湿气反而排泄不出去,均将导致隔蒸汽层局部或全部失效的情况。另一种情况是冬季采暖房屋室内湿度高,蒸汽分压力大,有了隔蒸汽层会导致室内湿气排不出去,使结构层产生凝结现象。要解决这两种情况凝结水的产生,有以下几种方法:

①隔蒸汽层下设透气层。就是在结构层和隔蒸汽层之间,设一透气层,使室内透过结构层的蒸汽得以流通扩散,压力得以平衡,并设有出口,把余压排泄出去。透气层的构造方法可同前面讲的油毡与层基结合构造,如花油法及带石砾油毡等,也可在找平层中做透气道,如图 2-6-38（a）、（b）所示。

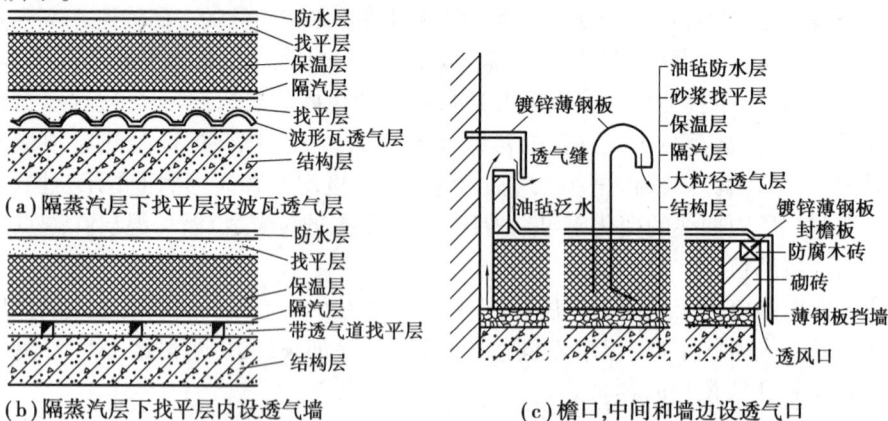

（a）隔蒸汽层下找平层设波瓦透气层

（b）隔蒸汽层下找平层内设透气墙

（c）檐口,中间和墙边设透气口

图 2-6-38　隔蒸汽层下透气层及出气口构造

透气层的出入口一般设在檐口或靠女儿墙根部处。房屋进深大于10 m者,中间也要设透气口,如图2-6-38(c)所示。但是透气口不能太大,否则冷空气渗入,失去保温作用,更不允许由此把雨水引入。

②保温层设透气层。在保温层中设透气层是为了把保温层内的湿气排泄出去。简单的处理方法也可和以前讲过的一样,把防水层的基层油毡用花油法铺贴或做带砂砾油毡基层。讲究一些,可在保温层上加一砾石或陶粒透气层,如图2-6-39(d)所示。在保温层中设透气层也要做通风口,一般在檐口和屋脊需设通风口。有的隔蒸汽层下和保温层可共用通风口。

③保温层上设架空通风透气层。即上述冷屋顶保温体系,这种体系是把设在保温层上面的透气层扩大成为一个有一定空间的架空通风隔层,这样就有助于把保温层和室内透入保温层的水蒸气通过这层通风的透气层排泄出去。通风层在夏季还可以作为隔热降温层把屋面传下来的热量排走。这种体系在坡屋顶和平屋顶均可采用。在坡屋顶一般都是将保温层设置在顶棚层上面,如图2-6-33(d)、(e)、(f)所示。

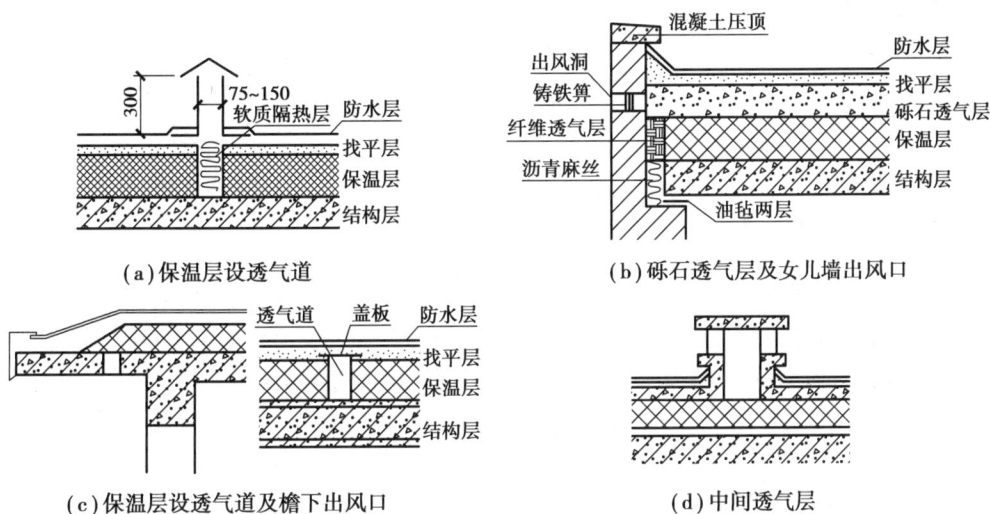

图2-6-39 保温层内设透气层及通风口构造

2)屋顶的隔热和降温

夏季,特别在我国南方炎热地区,太阳的辐射热使得屋顶的温度剧烈升高,影响室内的生活和工作的条件。因此,要求对屋顶进行构造处理,以降低屋顶的热量对室内的影响。

隔热降温的形式如下:

(1)实体材料隔热屋面

利用实体材料的蓄热性能及热稳定性、传导过程中的时间延迟、材料中热量的散发等性能,可以使实体材料的隔热屋顶在太阳辐射下,内表面温度比外表面温度有一定的降低。内表面出现高温的时间常会延迟3~5 h,如图2-6-40(a)、(b)所示。一般材料密度越大,蓄热系数越大,这类实体材料的热稳定性也较好,但自重较大。晚间室内气温降低时,屋顶的蓄热又要向室内散发,故只适合于夜间不使用的房间。否则,到晚间,由实体材料所蓄存的热量将向室内散发出来,使得室内温度大大超过室外气温,反而不如没有设置这层隔热层的房子。因此,需要晚间使用的建筑如住宅等,是万万不可以采用实体材料隔热层的。

实体材料隔热屋面的做法有以下几种:

①大阶砖或混凝土板实铺屋顶,可作上人屋面,如图2-6-40(c)所示;

②种植屋面,植草后散热较好,如图2-6-40(d)所示;

225

③砾石层屋面,如图 2-6-40(e)所示;

④蓄水屋顶,对太阳辐射有一定反射作用,热稳定性和蒸发散热也较好,如图 2-6-40(f)所示。

另外,还有砾石层内灌水者。

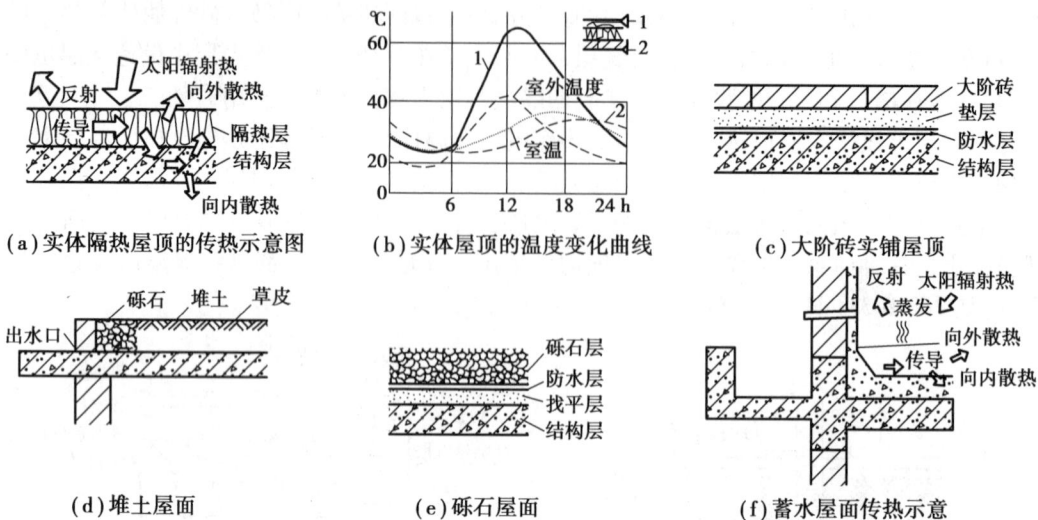

(a)实体隔热屋顶的传热示意图

(b)实体屋顶的温度变化曲线

(c)大阶砖实铺屋顶

(d)堆土屋面

(e)砾石屋面

(f)蓄水屋面传热示意

图 2-6-40　实体材料隔热屋顶

(2)通风层降温屋顶

在屋顶中设置通风的空气间层,利用间层通风,散发一部分热量,使屋顶变成两次传热以减少传至屋面内表面的热量,如图 2-6-41(a)所示。实测表明,通风屋顶比实体屋顶的降温效果有显著提高,如图 2-6-41(b)所示。通风隔热屋顶根据结构层的地位不同分为以下两类:

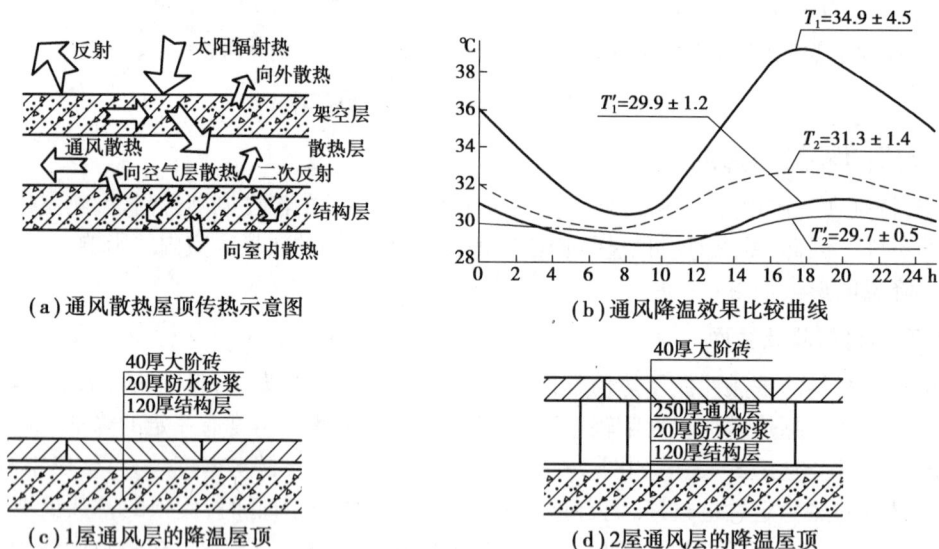

(a)通风散热屋顶传热示意图

(b)通风降温效果比较曲线

(c)1屋通风层的降温屋顶

(d)2屋通风层的降温屋顶

图 2-6-41　通风降温屋顶的传热情况和降温效果

T_1、T_1'—内表面平均温度;T_2、T_2'—空气平均温度

①通风层设在结构层下面。通风层在结构层下面的降温屋顶,如图 2-6-42 所示。即吊顶棚,檐墙需设通风口。平屋顶、坡屋顶均可采用。其优点是防水层可直接坐在结构层上面;缺点是防水层与结构层均易受气候影响而变形。

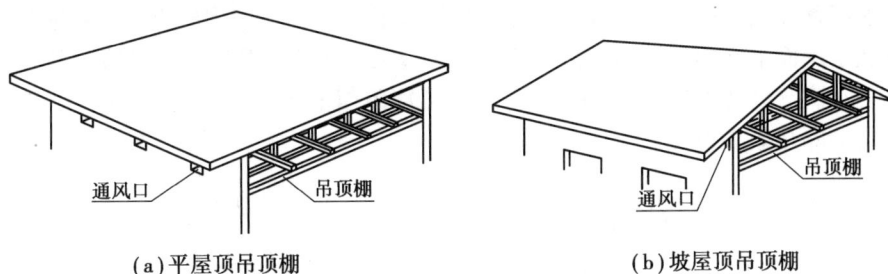

（a）平屋顶吊顶棚　　　　　　　　（b）坡屋顶吊顶棚

图2-6-42　通风层在结构层下面的降温屋顶

②通风层在结构层上面。瓦屋面可做成双层，屋檐设进风口，屋脊设出风口，可以把屋面的夏季太阳辐射热从通风层中带走一些，使瓦底面的温度有所降低，如图2-6-43（a）所示。

采用槽板上设置弧形大瓦，室内可得到较平整的平面，又可利用槽板空挡通风，而且槽板还可把瓦间渗入的雨水排泄出屋面，如图2-6-43（b）所示。采用椽子或檩条下钉纤维板的隔热层顶，如图2-6-43（c）所示。以上均需做通风屋脊方能有效。

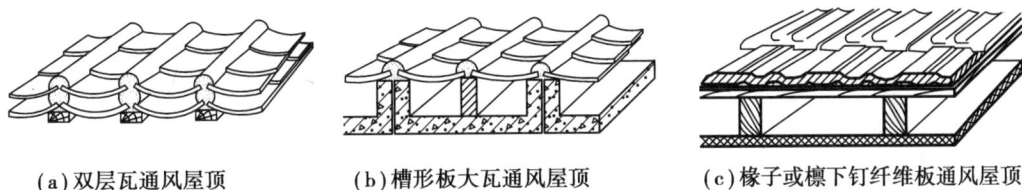

（a）双层瓦通风屋顶　　（b）槽形板大瓦通风屋顶　　（c）椽子或檩下钉纤维板通风屋顶

图2-6-43　瓦屋顶通风隔热构造

3）反射降温屋顶

利用表面材料的颜色和光滑度对热辐射的反射作用，对平屋顶的隔热降温也有一定的效果，如图2-6-44所示。例如，屋面采用淡色砾石铺面或用石灰水刷白对反射降温都有一定效果。如果在通风屋顶中的基层加一层铝箔，则可利用其第二次反射作用，对屋顶的隔热效果将有进一步的改善，如图2-6-45所示。

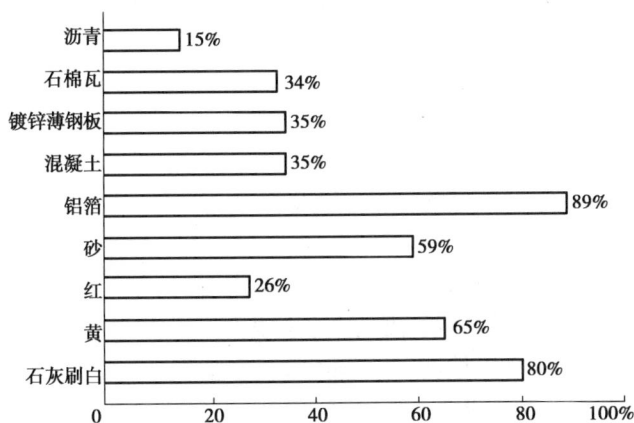

图2-6-44　屋面对太阳辐射热反射程度

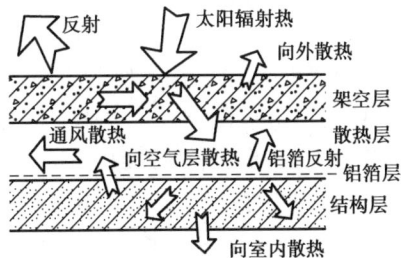

图2-6-45　铝箔屋顶反射通风散热示意图

4）蒸发散热降温屋顶

①淋水屋面。屋脊处装水管在白天温度高时向屋面上浇水，形成一层流水层，利用流水层的反射吸收和蒸发，以及流水的排泄可降低屋面温度，如图2-6-46所示。

②喷雾屋面。在屋面上系统地安装排水管和喷嘴，夏日喷出的水在屋面上空形成细小水雾

227

层,雾结成水滴落下又在屋面上形成一层流水层,水滴落下时,从周围的空气中吸取热量进行蒸发,因而降低了屋面上空的气温和提高了它的相对湿度。另外,雾状水滴也吸收和反射一部分太阳辐射热;水滴落到屋面后,与淋水屋顶一样,再从屋面上吸取热量流走,进一步降低了表面温度,因此它的隔热效果更佳。

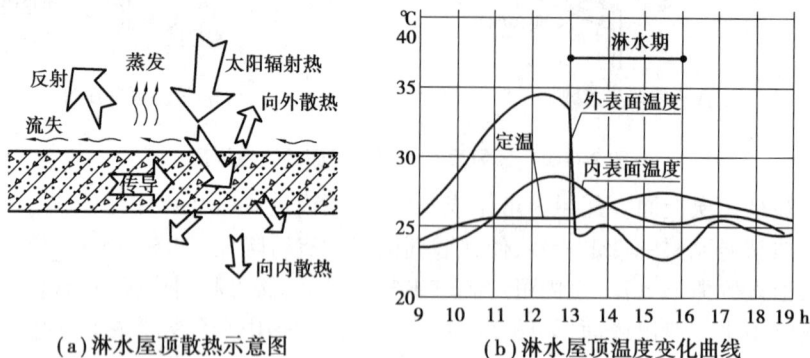

(a)淋水屋顶散热示意图   (b)淋水屋顶温度变化曲线

图 2-6-46   淋水屋顶的降温情况

【学习笔记】

_____

_____

_____

_____

_____

_____

【关键词】

屋顶   防水   平屋顶   坡屋顶   刚性防水屋面   柔性防水屋顶

【测试】

一、单项选择题

1. 卷材防水、刚性防水的平屋面的排水坡度应为(   )。

A. 10% ~ 100%   B. <10%   C. 2% ~ 5%   D. 20% ~ 50%

2. 屋面防水的最高等级为Ⅰ级,设防要求是(   )。

A. 三道防水设防   B. 二道防水设防   C. 一道防水设防   D. 不设防

3. 将屋面板水平搁置,利用价廉、轻质的材料垫置形成坡度的做法称为(   )。

A. 结构找坡   B. 材料找坡   C. 搁置坡度   D. 排水坡度

4. 屋面雨水通过排水系统,有组织地排至室外地面或地下管沟的一种排水方式称为(   )。

A. 有组织排水   B. 无组织排水   C. 内外排水   D. 自由落水

5. 泛水是指屋面防水层与突出构件之间的防水构造。泛水高度应为(   )。

A. ≥300   B. >250   C. ≤300   D. ≤250

二、多项选择题

1. 屋顶的作用主要有(   )。

A. 承重作用   B. 保温作用   C. 隔热作用   D. 防水作用   E. 美观作用

2. 屋顶的类型主要有(　　)。

A. 平屋顶　　　　B.坡屋顶　　　C.曲面屋顶　　　D. 不规则屋顶　　E. 铝合金屋顶

3. 有组织排水包括(　　)。

A. 外檐沟排水　　　　　　　　B. 女儿墙内檐排水

C. 外檐自由落水　　　　　　　D. 内排水

4. 平屋顶的组成包括(　　)。

A. 顶棚层　　　　　　　　　　B. 结构层

C. 找平层　　　　　　　　　　D. 找坡层

E. 防水层　　　　　　　　　　F. 排水层

5. 柔性防水屋面所用的卷材包括(　　)。

A. APP 改性沥青卷材　　　　　B. 三元丁橡胶防水卷材

C. OMP 改性沥青卷材　　　　　D. 钢筋混凝土

E. 氯丁橡胶卷材

三、判断题

1. 分仓缝也称分格缝,是防止屋面不规则裂缝以适应屋面变形而设置的人工缝。(　　)

2. 以防水砂浆抹面或密实混凝土浇捣而成的刚性材料制作的防水层称为柔性防水层。

(　　)

3. 防水层直接设置在保温层上面的屋面,叫作"热屋顶保温体系"。(　　)

4. 有组织排水宜优先采用外排水,高层建筑、多跨及集水面较大的屋面应采用内排水。

(　　)

5. 分仓缝应设置在支座轴线处和支承屋面板的墙和大梁的上部较为有利,长条形房屋,进深大于 10 m 者,在屋脊处设一道纵向缝即可。(　　)

【想一想】根据下图想一想该屋面的防水方式是刚性防水还是柔性防水。

【做一做】写出下图柔性防水屋面构造层次的内容。

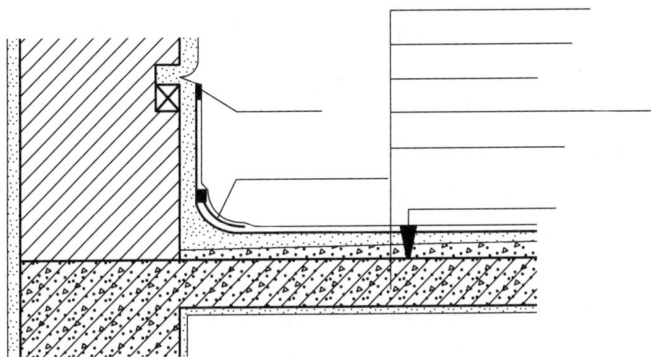

任务 2.7　门窗构造

2.7.1　门窗的作用、类型及设计要求

1）门窗的作用

门和窗是房屋建筑中不可缺少的围护构件。门的主要作用是交通联系,并兼顾采光和通风;窗的主要作用是采光、通风和眺望。在不同的情况下,门和窗还有分隔、保温、隔热、隔声、防水、防火、防尘、防辐射及防盗等功能。对门窗的基本要求是功能合理、坚固耐用、开启方便、关闭紧密、便于维修。

门窗对建筑立面构图及室内装饰效果的影响也较大,它的尺度、比例、形状、位置、数量、组合,以及材料和造型的运用,都影响着建筑的艺术效果。

2）门的类型

(1)按开启方式分类

门的开启方式是由使用方式要求决定的,通常有以下几种方式:

①平开门。

平开门是水平开启的门,它的铰链装于门扇的一侧与门框相连,使门扇围绕铰链轴转动,其门扇有单扇、双扇,向内开和向外开之分。平开门构造简单,开启灵活,加工制作简便,易于维修,是建筑中最常见、使用最广泛的门[图 2-7-1(a)]。平开门的门扇受力状态较差,易产生下垂或扭曲变形,所以门洞尺寸一般不大于 3 600×3 600。门扇一般由木、钢或钢木组合而成。当门的面积大于 5 m² 时,宜采用角钢骨架,而且最好在洞口两侧做钢筋混凝土壁柱,或者在砌体墙中砌钢筋混凝土砌块,使之与门扇上的铰链对应安装。

②弹簧门。

弹簧门的开启方式与普通平开门相同,所不同之处是以弹簧铰链代替普通铰链,借助弹簧的力量使门扇能向内、向外开启并可保持关闭状态。它使用方便,美观大方,广泛用于商店、学校、医院、办公和商业大厦[图 2-7-1(b)]。考虑到使用安全,弹簧门的门扇或门扇上部应镶嵌玻璃,门扇两边的人可以互相观察到对方,以避免人流相撞,但幼儿园、中小学等建筑不得使用弹簧门,以保证安全。

③推拉门。

推拉门开启时门扇沿轨道向左右滑行。通常为单扇和双扇,也可做成双轨多扇或多轨多扇,开启时门扇可隐藏于墙内或悬于墙外。根据轨道的位置,推拉门可为上挂式和下滑式。当门扇高度小于 4 m 时,一般作为上挂式推拉门,即在门扇的上部装置滑轮,滑轮吊在门过梁之预埋上导轨上,当门扇高度大于 4 m 时,一般采用下滑式推拉门,即在门扇下部装滑轮,将滑轮置于预埋在地面的下导轨上。为使门保持垂直状态下稳定运行,导轨必须平直,并有一定刚度,下滑式推拉门的上部应设导向装置,较重型的上挂式推拉门则在门的下部设导向装置。推拉门开启时不占空间,受力合理,不易变形,但在关闭不易严密,构造也较复杂,多在工业建筑中,用作仓库和车间大门。在民用建筑中,一般采用轻便推拉门分隔内部空间[图 2-7-1(c)]。

④折叠门。

折叠门可分为侧挂式折叠门和推拉式折叠门两种。由多扇门构成,每扇门宽度为 500 ~ 1 000 mm,一般以 600 mm 为宜,适用于宽度较大的洞口。侧挂式折叠门与普通平开门相似,只

是门扇之间用铰链相连而成。当用铰链时,一般只能挂两扇门,不适用于宽大洞口。侧挂门扇超过两扇时,则需使用特制铰链[图 2-7-1(d)]。折叠门开启时占空间少,但构造较复杂,一般用在公共建筑或住宅中作灵活分隔空间用。

⑤转门。

转门是由两个固定的弧形门套和垂直旋转的门扇构成。门扇可分为三扇或四扇,绕竖轴旋转。转门对隔绝室外气流有一定作用,可作为寒冷地区公共建筑的外门,但不能作为疏散门。当设置在疏散口时,需在转门两旁另设疏散用门[图 2-7-1(e)]。

⑥升降门。

升降门多用于工业建筑,一般不经常开关,需要设置传动装置及导轨[图 2-7-1(f)]。

⑦卷帘门。

卷帘门多用于较大且不需要经常开关的门洞,如商店、门市的大门及某些公共建筑中用作防火分区的设备等。卷帘门由帘板、座板、导轨、手动速放开关装置、按钮开关等部分组成,一般安装在不便采用墙分隔的部位[图 2-7-1(g)]。

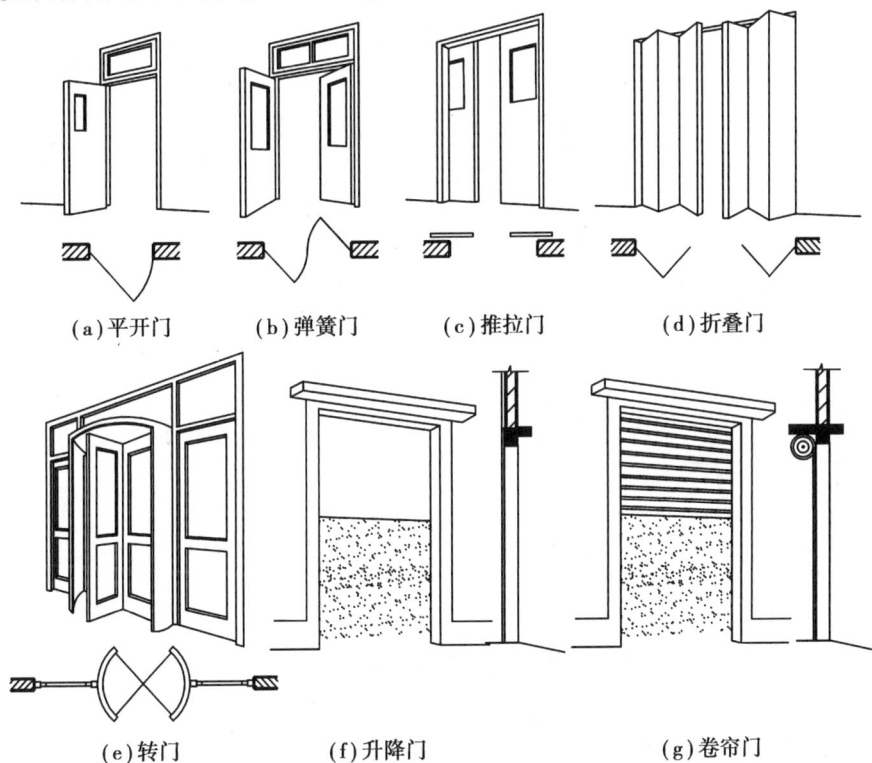

图 2-7-1　门的开启方式

(2)按使用材料分类

门按其使用材料可以分为木门、钢门、铝合金门、塑钢门、玻璃门等。

①木门。

木门常采用松木、杉木制作,为防止变形,所用材料需要干燥处理(潮湿房间不宜用木门,也不应采用胶合板或纤维板制作)。住宅内门可采用钢框木门(纤维板门芯)以节约木材。大于 5 m^2 的木门应采用钢框加斜撑的钢木组合门。

②钢门。

钢门强度高,防火性能好,断面小,挡光少,是广泛采用的形式之一。但普通钢门易生锈,散热快,维修费用高。由于运输、安装产生的变形又很难调直,致使关闭不严。目前推广使用的彩板钢门、镀塑钢门、渗铝钢门可大大改善钢门的防蚀性。

③铝合金门。

铝合金门自重轻,密闭性能好,耐腐蚀,坚固耐用,色泽美观,但保温性差,造价偏高。如果使用绝缘性能好的材料作隔离层(如塑料),则能大大改善其热工性能。

④塑钢门。

塑钢门热工性能好,耐腐蚀,耐老化,具有很大潜能。目前塑钢门采用较广,具有广泛的市场。

(3)按构造分类

门按照构造分类,可分为镶板门、夹板门、拼板门、百叶门等。

(4)按功能分类

门按照功能分类,可分为保温门、隔声门、防火门、防护门等。

3)窗的类型

(1)按开启方式分类

窗的开启方式主要取决于窗扇转动的五金连接件中铰链的位置及转动方式,通常有以下几种,如图2-7-2所示。

(a)固定窗　(b)平开窗　(c)上悬窗　(d)中悬窗

(e)下悬窗　(f)立转窗　(g)水平推拉窗　(h)垂直推拉窗

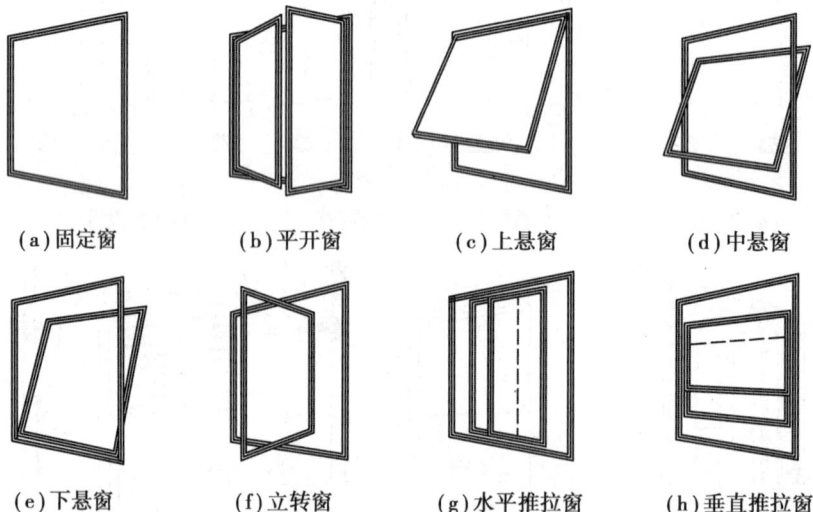

图2-7-2　窗的开启方式

①固定窗。

不能开启的窗,如图2-7-2(a)所示。一般将玻璃直接装在窗框上,尺寸可较大。其特点是构造简单,制作方便,其用途是只能用作做采光或装饰。

②平开窗。

平开窗是一种可以水平开启的窗,有外开、内开之分,如图2-7-2(b)所示。其特点是构造简单,制作、安装和维修均较方便,其用途是在一般建筑中使用最为广泛。外开窗的特点是不占空间,有利于家具布置,防水性好;内开窗的特点是防水性差,下窗框做成披水,设置排水孔,若做成双层,能起到较好的保温、隔声、洁净的作用。

③悬窗。

悬窗按转动铰链或转轴的位置不同可以分为上悬窗、中悬窗和下悬窗,如图2-7-2(c)、(d)、(e)所示。上悬窗一般向外开启,铰链安装在窗扇的上边,防雨效果好,常用于高窗和门上的亮子。中悬窗的铰链安装在窗扇中部,上下两部分设置裁口加止水条。窗扇开启时,上部向内,下部向外,有利于防雨通风,常用于高窗。下悬窗铰链安装在窗扇的下边,一般向内开。

④立转窗。

立转窗是一种可以绕竖轴转动的窗,如图2-7-2(f)所示。其特点是竖轴沿窗扇的中心垂线而设,或略偏于窗扇的一侧,它通风效果好,但不够严密,防雨防寒性能差。

⑤推拉窗。

推拉窗分可以左右或垂直推拉的窗,在实际工程中大量采用,如图2-7-2(g)、(h)所示。水平推拉窗需上下设轨槽,垂直推拉窗需设滑轮和平衡重。推拉窗开关时不占室内空间,但推拉窗不能全部同时开启,可开面积最大不超过1/2的窗面积。水平推拉窗扇受力均匀,所以窗扇尺寸可以做得较大,但五金件较贵。特点是开启时不占室内空间,窗扇和玻璃的尺寸均可较平开窗大,但推拉窗不能全部开启,其通风效果受到影响。

⑥百叶窗。

百叶窗可用金属、木材等制作,有固定式和活动式两种。叶片常倾斜45°或60°,主要用于遮阳和通风。

(2)按使用材料分类

窗按使用材料可分为木窗、钢窗、铝合金窗、塑钢窗、玻璃窗等。

4)门窗的设计要求

①开启灵活,关闭紧密。

②便于清洁和维修。

③坚固、耐用。

④符合《建筑模数协调标准》的要求。

⑤建筑的窗地比是在建筑设计中涉及的,不同的建筑空间为了保证室内的明亮程度,照度标准是不一样的。具体来说,窗地比是对一个单一房间而言,即窗的净面积和地面净面积的比值。例如,在住宅设计中客厅的窗地比一般是1/6~1/4,卧室的窗地比一般为1/8~1/6。

⑥建筑的窗墙比是指窗洞面积与房间立面单元面积(层高与开间定位线围成的面积)的比值。《民用建筑热工设计规范》(GB 50176—2016)中规定,居住建筑各朝向的窗墙面积比,北向不大于0.25,东西向不大于0.30,南向不大于0.35。

⑦玻地比为玻璃的透光面积与室内地面面积之比。采用玻地比确定洞口大小时还需要除以窗子的透光率。透光率是窗玻璃面积与窗洞口面积之比。钢窗的透光率为80%~85%,木窗的透光率为70%~75%。采用玻地比决定窗洞口面积的只有中小学校,其普通教室、美术教室、书法教室、语言教室、音乐教室、史地教室、合班教室、阅览教室、实验室、自然教室、计算机教室、琴房、办公室、保健室的玻地比最小数值均为1:6。

门窗在制作生产上,已基本走上标准化、规格化的道路,各地都有大量的标准图可供选用。窗的基本代号为木窗C、钢窗GC、内开窗NC、阳台钢连门窗GY、铝合金窗LC、塑钢窗SC。以下重点介绍木门窗、金属门窗和特殊门窗。

2.7.2 木门窗构造

1)木窗的构造

木窗主要由窗框(又称窗樘)和窗扇组成,在窗扇和窗框间,为了开启和固定,常设有铰链、风钩、插销、拉手、铁三角等五金构件。根据不同的装修要求,需要在窗框和墙连接处增加窗台板、贴脸、压缝条、披水条、筒子板、窗帘盒等附件,如图2-7-3所示。传统的安装方式有立口和塞口两种,现常用塞口,其具体施工方法可参考后面木门的安装方法。立口是先立

2.7.4 木门构造

窗框,后砌墙体。为使窗框与墙连接牢固,应在窗口的上、下槛各伸出 120 mm 左右的端头,俗称"羊角头"。这种连接的优点是结合紧密;缺点是影响砖墙砌筑速度。塞口是先砌墙,预留窗洞口,同时预埋木砖。木砖的尺寸为 120 mm×120 mm×60 mm,木砖表面应进行防腐处理。防腐处理,一种方法是刷煤焦油;另一种方法是表面刷氟化钠溶液。氟化钠溶液是无色液体,施工时常增加少量氧化铁红(俗称"红土子"),以辨认木砖是否进行过防腐处理。木砖沿窗高每 600 mm 预留一块,但无论窗高尺寸大小,每侧均应预留两块;超过 1 200 mm 时,再按 600 mm 递增。为保证窗框与墙洞之间的严密,其缝隙应用沥青浸透的麻丝或毛毡塞严。

窗的尺寸选择必须符合采光通风、结构构造、建筑造型及模数制作的要求,窗洞的高度、宽度还要考虑房间的通风、构造做法和建筑造型等要求。对一般民用建筑用窗,各地均有通用图,各类窗洞的高度与宽度尺寸通常采用扩大模数 3M 数列作为洞口的标志尺寸,需要时只要按所需类型及尺度大小直接选用。一般平开木窗的窗扇高度为 800 ~ 1 200,宽度不宜大于 500。上下悬窗的窗扇高度为 300 ~ 600,中悬窗窗扇高不宜大于 1 200,宽度不宜大于 1 000;推拉窗高宽均不宜大于 1 500。

由于木窗透光面积小、防火性差、耐久性能低,易变形损坏,所以现在应用得很少,并逐渐被铝合金窗和塑钢窗所取代,所以本书对木窗仅做大概的介绍。

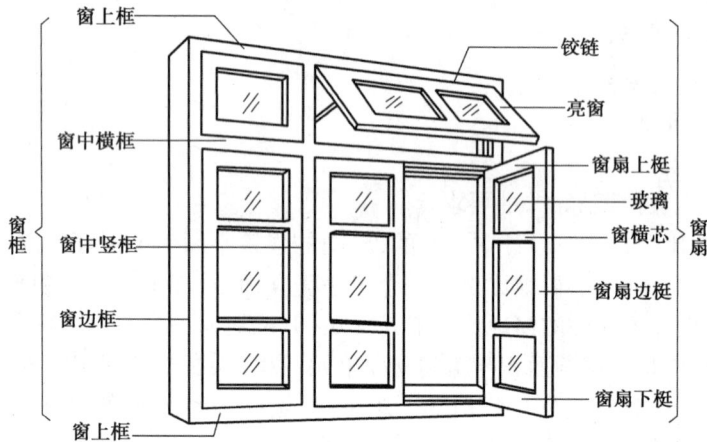

图 2-7-3 木窗的组成

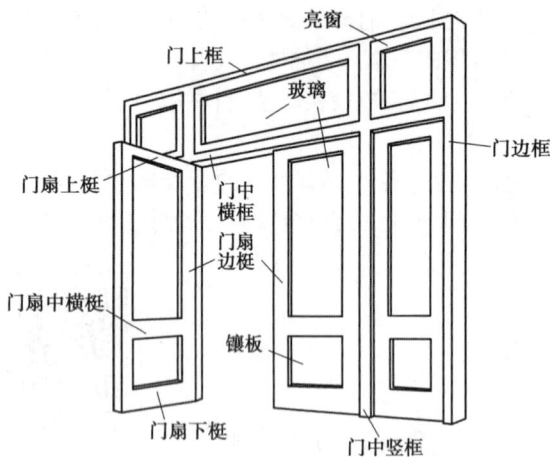

图 2-7-4 木门的组成

2) 木门构造

(1) 门的组成及尺寸

①门的组成。

门主要由门框、门扇、亮窗(有些平开门未设亮窗)、五金零件及附件组成,如图 2-7-4 所示。

门框又称门樘,是门扇及亮窗与墙洞之间的连系构件,由两根竖直的左右边框和上边框组成。当门带亮窗时,有中横框,多扇门还有中竖框。外门及特种需要的门有些设下框,用于防风、防水、防尘、保温及隔声。门框的断面尺寸与窗框类似,只是门的自重较大,故门框断面尺寸比窗框略大。

2.7.5 木窗构造

门扇通常有玻璃门、镶板门、夹板门、百叶门和纱门等。亮窗又称幺头窗(简称"幺窗"或"亮子"),它位于门上方,为辅助采光和通风用,其开启方式有平开、上悬、中悬、下悬及固定五种。

五金零件通常包括铰链、门锁、插销、风钩、拉手、停门器等。另外,常用一些附加件,如贴脸、筒子板、木压条等。

②门的尺度。

门的尺寸通常是指门洞的高宽尺寸。根据交通运输和安全疏散要求,按照《建筑门窗洞口尺寸系列》(GB/T 5824—2021)规范要求进行设计。具体而言,门的高度和宽度是按照人体尺度确定的。按一股人流的宽度为 550 mm(人的肩宽加上衣服和必要的间隙),根据人流量大小,一般宽度:单扇门为 800 ~ 1 000 mm,双扇门为 1 200 ~ 1 800 mm,>2 100 mm 做成三扇或四扇。辅助房间如浴厕、贮藏室的门可为 700 ~ 800 mm。高度常用在 2 400 ~ 2 700 mm。根据需要,门高度很大时,上部应做亮窗(幺窗),亮窗高度一般为 300 ~ 600 mm,以免门窗过高过重,使用不便。

当门窗洞口的宽度超过 1 000 mm,高度超过 2 000 mm 时,常采用 300 mm 扩大模数的倍数,如门的尺寸有 900 mm×2 400 mm、1 500 mm×2 400 mm 等。公共建筑和工业建筑的门洞口尺寸可按需要适当提高,具体尺寸应根据标准图选用。

(2)平开木门构造

①门框的断面形状及尺寸。

门框的断面形状取决于门扇的开启方式和门扇的层数。为了使门扇能关闭紧密、牢固,门框需设裁口——门框上的缺口。

门框应接榫牢固,就要有一定的刚度。门窗断面尺寸应根据木材的性能及门框的尺度来确定,一般为经验尺寸,各地都有标准详图供设计时选用。

门框的断面形状与窗框的断面形状相似,但断面尺寸较大。普通住宅的单扇门框约为 60 mm×90 mm,双扇为 60 mm×100 mm 等,如图 2-7-5 所示。

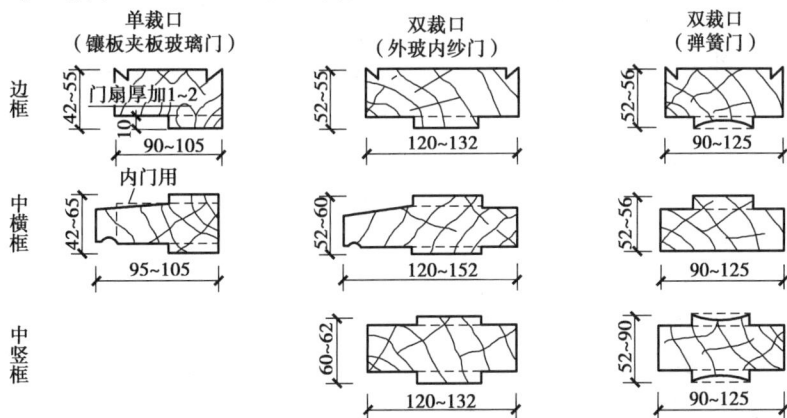

图 2-7-5　门框的断面形状及尺寸

②门框的安装。

施工时门框的传统安装方式分为立框法和塞框法(即立口和塞口)两种,立框法现已较少采用,多采用塞框法安装。

在砌筑墙体门窗洞口时先安装门框,然后再砌墙体的方法称为立框法。采用这种方法的优点是门框与墙体连接紧密、牢固,但是由于其施工安装时和墙体施工互相影响,如施工组织不当会妨碍墙体施工的速度,且门框及其临时支撑易被碰撞,有时还会产生移位或破损,所以现已较少采用。

在墙体施工时预留孔洞,然后再安装门框的方法称为塞框法。其施工时需注意:为了加强门框与墙的联系,砌墙时需在洞口两侧每隔 500 ~ 700 mm 高砌入一半砖大小的防腐木砖(门洞每侧应不小于两块),安装门框时用长钉或螺钉将门框钉在木砖上。为了施工方便,也可在门框上钉铁脚,再用膨胀螺栓定在墙上;也可用膨胀螺钉直接把门框固定于墙上。

塞框法的优点是:墙体施工与门窗安装分开进行,避免相互干扰,墙体施工时窗框未到施工现场,也不影响施工进度;缺点是:为了安装方便,一般门洞净尺寸应大于门框外包尺寸至少 20 ~ 30 mm,故墙体与窗框之间的缝隙较大。若洞口较小,则会使门框安装不上。因此,要求施工时洞口尺寸需留准确。

③门框与墙的关系。

一般门的悬吊重力和碰撞力均比窗户大,门框四周的抹灰极易裂开,甚至震落,因此抹灰要嵌入门框铲口内,并做贴脸木条盖缝。贴脸一般 15 ~ 25 mm 厚、30 ~ 75 mm 宽,为了避免木条挠曲,在木条背后开槽可使其较为平服。贴脸木条与地板踢脚线收头处,一般做有比贴脸木放大的木块,称为门蹬。要求高的建筑,墙洞上、左、右三个面用筒子板包住。

门框在墙洞中的位置与窗框类似,一般多做在开门方向的一边,与抹灰面平齐,使门的开启角度较大,对较大尺寸的门多居中设置,如图 2-7-6 所示。门框口应该装修处理。一般装修采用贴脸板(厚 15 ~ 20 mm×宽 30 ~ 75 mm)或密封木压条盖缝(厚宽均为 10 ~ 15 mm),高级装修则在门洞两侧和上方做筒子板。

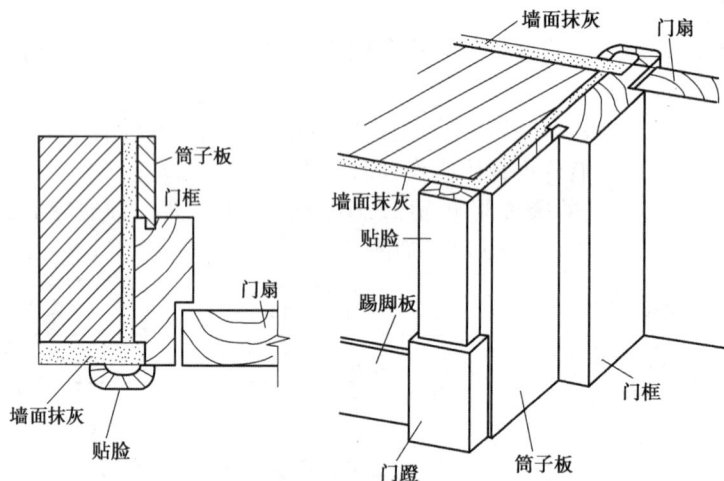

图 2-7-6 门框与墙的关系

(3)平开木门的门扇

门的名称是由门扇的名称确定。

①镶板门、玻璃门、百叶门和纱门。

这几种常用的门的特点是,门扇的骨架是由上下梃和边梃组成,有时中间还有门扇中横梃或竖向中梃,在其中镶装门芯板、玻璃或百叶板等,组成各种门扇,如图 2-7-7 所示。

门扇骨架(框架)的厚度一般为 40 ~ 45 mm,宽度为 100 ~ 120 mm。纱门骨架的厚度多为 30 ~ 35 mm。下边梃的宽度习惯上同踢脚线的高度相同,一般为 200 mm 左右,以防门芯板被人踢坏。为了弥补装锁开槽对材料的削弱,门扇中梃宽度可适当加大。

门芯板可用 10 ~ 15 mm 厚木板拼装成整块,板缝要结合严密,以防木板干缩而漏缝。一般为平缝胶结,如做成高低缝或企口缝则效果更好;也可采用胶合板、硬质纤维板、塑料板、玻璃或塑料纱等。当采用玻璃时,可以是半玻门或全玻门;若采用塑料纱或铁纱,即为纱门。门芯板与框的镶嵌可用暗槽、单面槽和双边压条做法。玻璃的嵌固用油灰或木压条,塑料纱则用木条嵌缝,如图 2-7-8 所示。

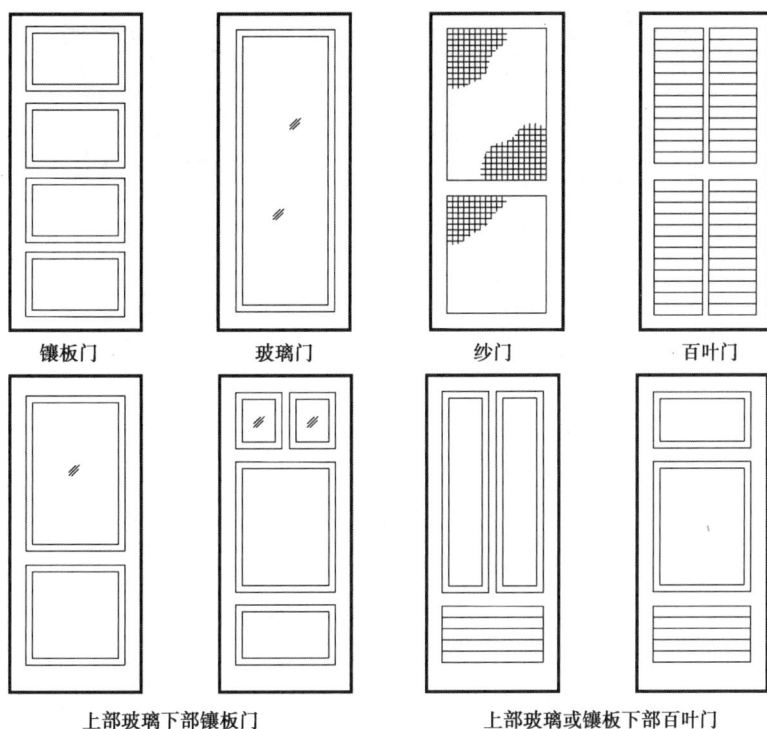

| 镶板门 | 玻璃门 | 纱门 | 百叶门 |

| 上部玻璃下部镶板门 | 上部玻璃或镶板下部百叶门 |

图 2-7-7　镶板门、玻璃门、纱门和百叶门的立面形式

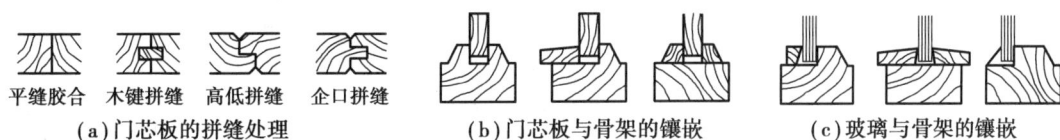

平缝胶合　木键拼缝　高低拼缝　企口拼缝
(a)门芯板的拼缝处理　　　　　(b)门芯板与骨架的镶嵌　　　　　(c)玻璃与骨架的镶嵌

图 2-7-8　门芯板、玻璃的镶嵌结合构造

②夹板门。

夹板门采用小规格龙骨做骨架,在骨架两面粘贴面板而成。门扇面板可用胶合板、塑料面板和硬质纤维板,面板和骨架形成一个整体,共同抵抗变形。夹板门的形式可以是全夹板门、带玻璃和带百叶夹板门,如图 2-7-9 所示。

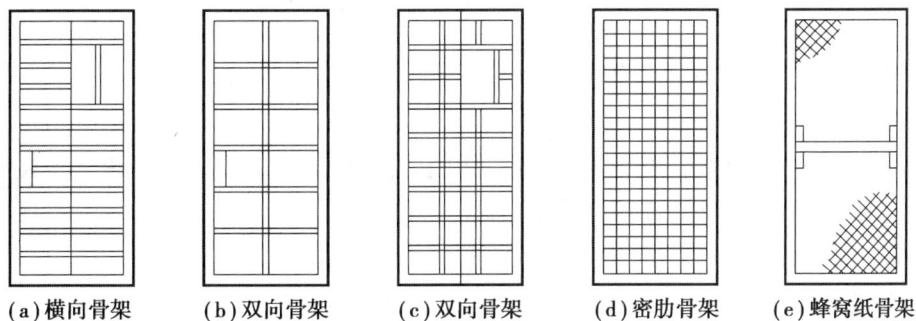

| (a)横向骨架 | (b)双向骨架 | (c)双向骨架 | (d)密肋骨架 | (e)蜂窝纸骨架 |

图 2-7-9　夹板门骨架形式

夹板门的骨架一般用厚约 30 mm、宽为 30 ~ 60 mm 的木料做边框,内为单向或双向排列的肋条。肋的宽同框料,厚为 10 ~ 25 mm,视肋距而定,肋距为 200 ~ 400 mm,安装门锁处需另加附加木。为使门扇内通风干燥,避免因内外温湿度差产生变形,在骨架上需设通气孔。为节约木材,可采用蜂窝形塑纸板代替肋条。夹板门的构造如图 2-7-10 所示。

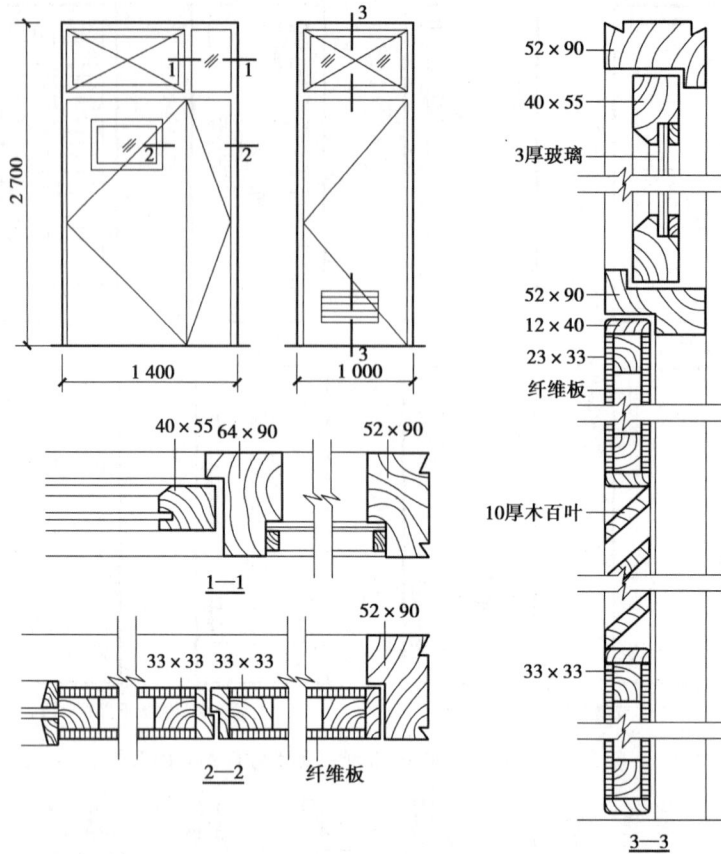

图 2-7-10　夹板门的构造

2.7.3　金属门窗构造

随着现代建筑技术的发展,木门窗已不能满足要求,取而代之的是钢门窗、铝合金门窗及塑钢门窗。其特点是轻质高强,节约木材,耐腐蚀及密闭性能好,外观美,以及长期维修费用低等,因此,在建筑中的应用日趋广泛。

窗的散热量为围护结构散热量的 2～3 倍。如 240 墙体的 $K_0 = 1.8$ W/$(m^2 \cdot K)$,365 墙体的 $K_0 = 1.34$ W/$(m^2 \cdot K)$,而单层窗的 $K_0 = 5.0$ W/$(m^2 \cdot K)$,双层窗的 $K_0 = 2.3$ W/$(m^2 \cdot K)$,不难看出,窗洞口面积越大,散热量也随之加大。

1)钢门窗

用钢材加工制作而成的门窗称为钢门窗。由于现在铝合金门窗和塑钢窗的兴起,钢门窗已使用得很少,本节主要介绍钢门窗的构造。

(1)钢门窗的特点

①优点:坚固、耐久、耐火、外形美观大方;标准钢门窗可工厂预制,现场安装,符合建筑工业化的要求,见表 2-7-1 和表 2-7-2。非标准钢门窗可自行设计,委托加工,但费用大,工期长;钢料断面较小,有效采光面比木窗大 15% 左右,即透光系数大。

②缺点:耐酸碱及有害气体的腐蚀性差,导热系数较高,质量大。

2.7.6 金属门窗及塑料门窗

表 2-7-1　**标准门窗的基本单元形式（一）**

亡窗情况	高	宽			
		600	900、1 000、1 200	1 500、1 800	1 800、2 100、2 400
无亡窗	600、900、1 200	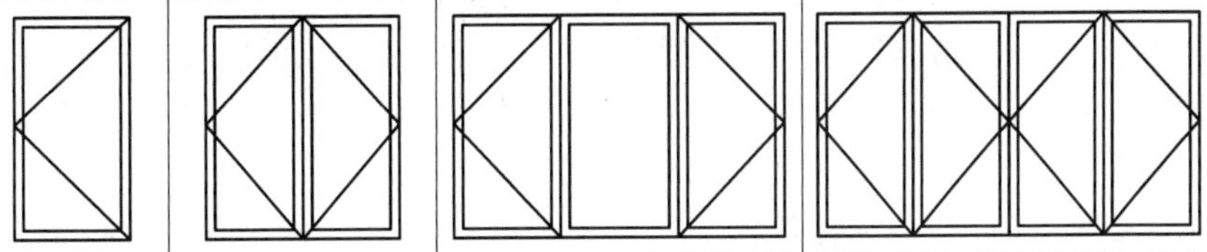			
上亡窗	1 500、1 800、2 100	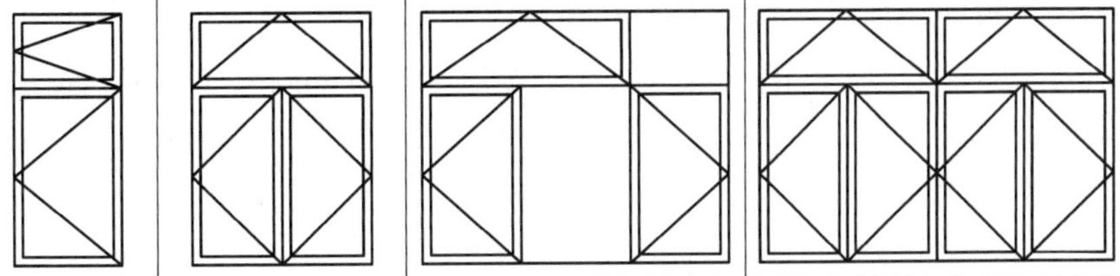			
上下亡窗	2 100、2 400、2 700、3 000	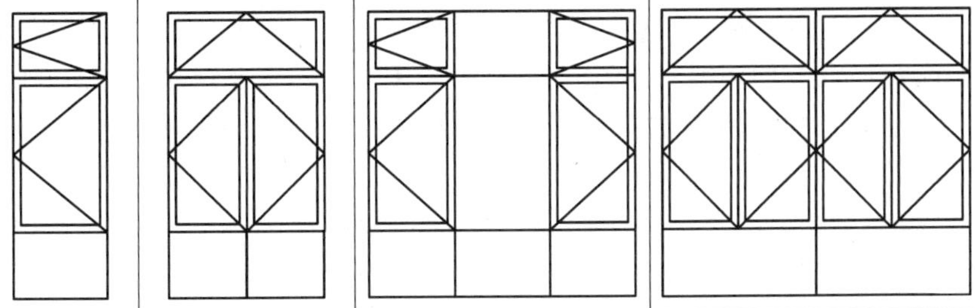			
	扇数	单扇	双扇	三扇	四扇

表 2-7-2　**标准门窗的基本单元形式（二）**

亡窗情况	高	宽				
		700、1 000	1 200、1 800	2 700、3 000		
无亡窗	2 100、2 400 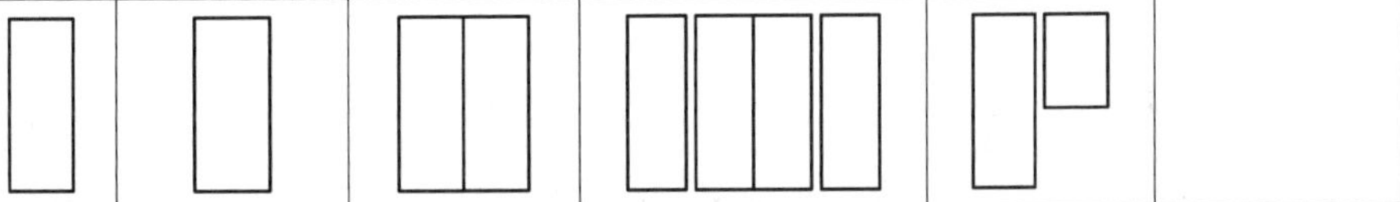					
带亡窗	2 400、2 700 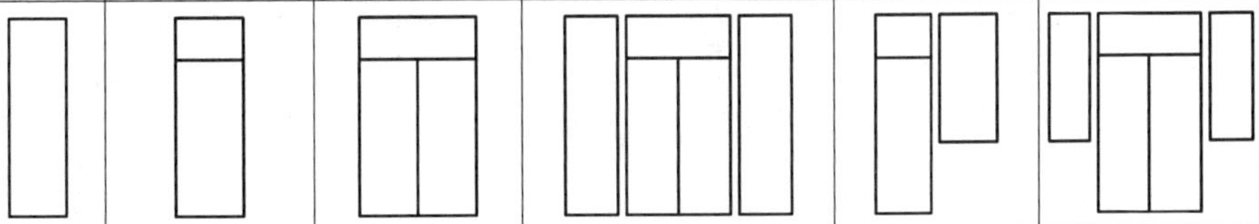					
组合亡窗	3 000、3 300 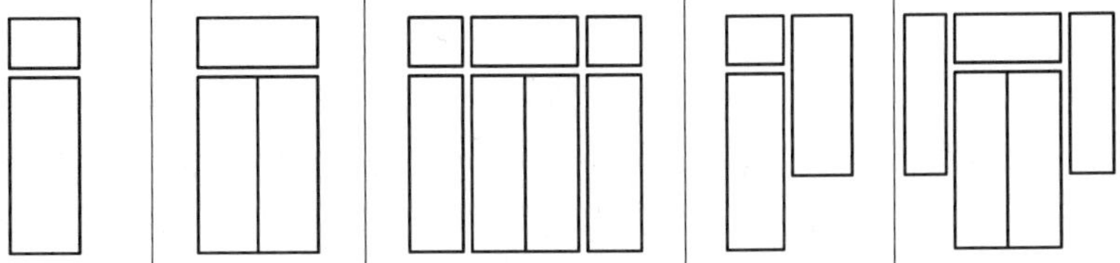					
	门类	固定扇	单扇门	双扇门	组合门	单侧连扇门　双侧连扇门

（2）钢门窗料及断面构造

按照钢门窗料的厚度及断面形式，钢门窗分为实腹钢门窗和空腹钢门窗两种。

按实腹钢门窗料断面的 b 值（沿墙厚方向的厚度），门窗料分为 25、32、40（mm）三种规格。设计时，根据门窗洞口大小、门窗扇大小、构造做法和风荷载级别来确定采用哪种系列。当风荷载 $P \leq 700 \text{ N/m}^2$ 时，若洞口面积不超过 3 m^2，采用 25 mm 钢料；若洞口面积不超过 4 m^2，采用 32 mm 钢料，若洞口面积大于 4 m^2，采用 40 mm 钢料。

空腹钢门窗的型钢，壁薄、轻，节约钢材，但应注意保护和维修。钢窗成型后，最好空腹上下留孔，经电泳法使内外部都涂涡底漆，以免内部锈蚀。

空腹钢门窗应采用内壁防锈，在潮湿房间不应采用。实腹钢门窗的性能优于空腹钢门窗，但应用于潮湿房间时应采取防锈措施。小截面的空腹钢门窗在北京已被淘汰。

（3）钢门的安装

①单个钢门与墙、梁、柱面的安装。

钢门框与墙、柱、梁一般采用铆、焊两种方式。通常在钢门框四周每隔 500～700 mm 装一燕尾形铁脚，一面用螺钉与门框拧紧，一般用水泥砂浆埋固在预先凿好的墙洞内。

钢门与钢筋混凝土过梁的安装，在钢筋混凝土过梁上，应预留凹槽用水泥砂浆埋，或预埋钢板用 Z 形铁脚焊接。

②组合钢门之间以及与墙、梁、柱面的安装。

大面积钢门可用基本单元进行组合。其组合节点构造，如图 2-7-11 所示。

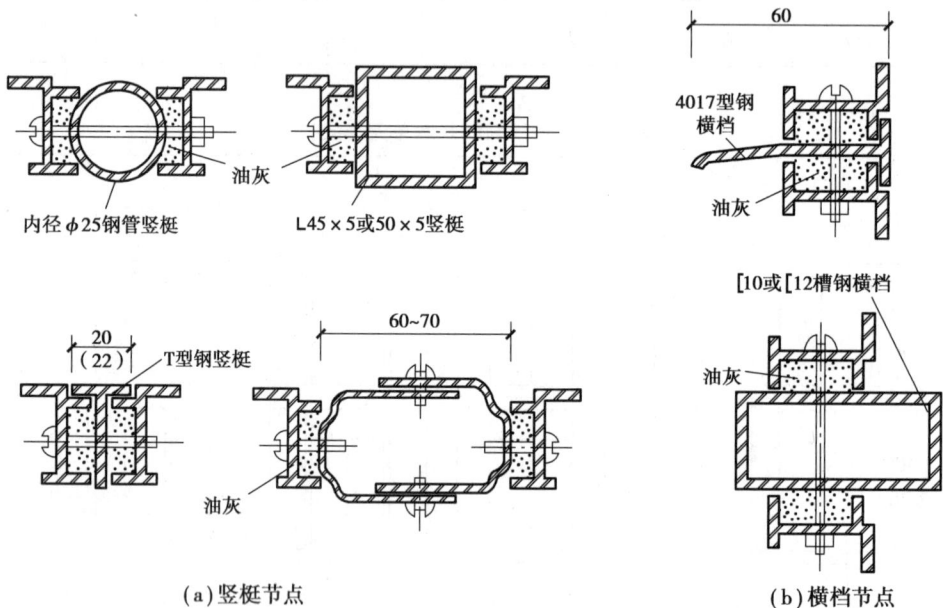

（a）竖梃节点　　　　　　　　　　　（b）横档节点

图 2-7-11　组合钢门窗节点构造

组合时，须插入 T 形钢、管钢、角钢或槽钢等能够支承、联系构件，这些构件需与墙、梁、柱牢固连接，然后各门窗基本单元再和它们用螺栓拧紧，缝隙用油灰嵌实。

③钢门玻璃的安装。

在钢门上镶嵌玻璃，需用钢卡或钢夹卡住，再嵌油灰固定，也可用木条、塑料条压固，如图 2-7-12 所示。

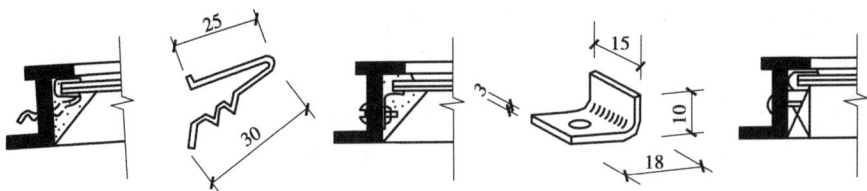

图 2-7-12　钢门窗玻璃安装

(4)钢门窗的应用

针对普通钢门窗,尤其是空腹钢门窗耐腐蚀性差的问题,国内外专家经过长期研究,已找到以下几种新型钢门窗:渗铝空腹钢门窗、彩板钢门窗、镀塑钢门窗,以提高钢门窗防蚀性,并已在许多国家广泛应用。

①渗铝空腹钢门窗。将普通空腹钢门窗表面经渗铝处理。其特点是提高了钢门窗的耐蚀性,使钢门窗的寿命提高一倍以上,且具有铝合金门窗的装饰效果。其安装方法与普通钢门窗的安装方式相同。

②彩板钢门窗。以冷轧钢门窗或镀锌钢门窗为基材,通过连续式表面涂层或压膜处理,从而得到的新型钢门窗。其特点是耐腐蚀性好,与基材结合能力好、装饰性好。其安装方式根据室外装饰面层不同而不同。

a. 当外墙为花岗岩、大理石、面砖等贴面材料时,应先安装副框,待室外粉刷工程完工后,再将彩板门窗用自攻螺钉固定在副框上,并用密封胶将洞口与副框之间的缝隙进行密封。

b. 当室外装修为普通粉刷墙面时,可不用副框,直接用膨胀螺栓将门窗固定在墙上。

2)铝合金门窗

用铝合金钢材加工制作而成的门窗称为铝合金门窗。在现代建筑中,铝合金门窗被广泛地使用。

(1)铝合金门窗的特点

铝合金门窗的优点如下:

①自重轻。铝合金门窗用料省、自重轻,较钢门窗轻 50% 左右。

②性能好。气密性、水密性、隔声性、隔热性都较钢、木门窗有显著提高。

③耐腐蚀、坚固耐用。铝合金门窗不需涂涂料,氧化层不褪色,不脱落,表面不需要维修。铝合金强度高,刚性好,坚固耐用,开启轻便灵活,无噪声,安装速度快。

④色泽美观。铝合金门窗框料型材表面经过氧化着色处理后,既可保持铝材的银白色,又可以制成各种柔和的颜色和带色的花纹,如黑色、暗红色等。在涉外工程、重要建筑、美观要求高、精密仪器等建筑中经常采用。

铝合金门窗的缺点是导热系数较大,保温较差,造价较高。

(2)铝合金门窗的窗料及断面构造

常用的铝合金窗有推拉铝合金窗、平开铝合金窗、固定窗等,常用铝合金门有平开铝合金门、推拉铝合金门、铝合金弹簧门、卷帘门等。各种门窗都用不同断面型号的铝合金型材和配套零件及密封件加工制成。铝合金门窗都是以其窗框或门框的断面尺寸进行分类,例如,平开铝合金窗分为 50 系列、70 系列,推拉铝合金窗分为 55 系列、60 系列、70 系列、90 系列及 90-1 系列。在制作加工时,应根据门窗的尺寸、用途、开启方式和环境条件选择不同型号和序列的铝合金型材及其配套精密加工,经严格检验,达到规定的性能指标后才能安装使用。在铝合金门窗的强度、气密性、水密性、隔声性、防水性等诸项标准中,最重要的是强度标准。

应用时,应根据各地铝合金门窗加工厂序列标准产品选用门窗;对有特殊要求的门窗,应提供立面图纸和使用要求,进行委托加工。如图 2-7-13 所示为一种推拉式铝合金窗示意图。

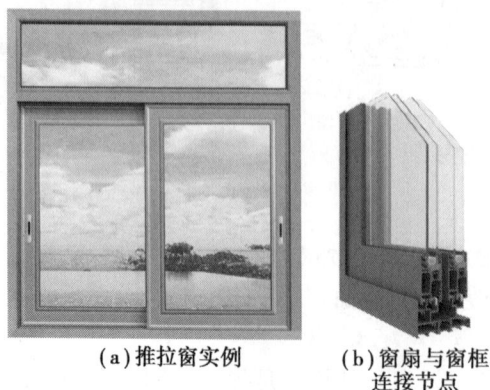

(a)推拉窗实例　　(b)窗扇与窗框
　　　　　　　　　连接节点

图 2-7-13　铝合金推拉窗构造

(3)铝合金门窗的安装

①门窗框与墙体的安装。门窗框外则用螺栓固定着钢质锚固件,安装时与墙、柱中的预埋件焊接或铆固,最后填入砂浆或其他密封材料封固。门窗框的连接点每边不得少于两点,且距离不得大于 0.7 m。在基本风压大于 0.7 kPa 的地区,不得大于 0.5 m;边框端部第一固定点距端部的距离,不得大于 0.2 m,如图 2-7-14 所示。

②活动窗扇窗框之间的安装。活动扇四周都有橡胶或尼龙密封条与固定窗保持密封,并避免金属框料之间的碰撞。

③窗扇边框与玻璃的安装。铝合金门窗玻璃视面积大小和抗风强度及隔声、遮光、热工等要求可选 3 ~ 8 mm 厚平板玻璃、镀膜玻璃、钢化玻璃或中空玻璃,用橡皮压条密封固定。

(4)铝合金门窗的应用

铝合金门窗适用于有隔声、保温、隔热、防尘等特殊要求的建筑,以及多风沙、多暴雨、多腐蚀性气体的建筑物。铝合金材料的导热系数大,为改善铝合金门窗的热工性能,已开发出一种采用塑料绝缘夹层复合材料门窗。

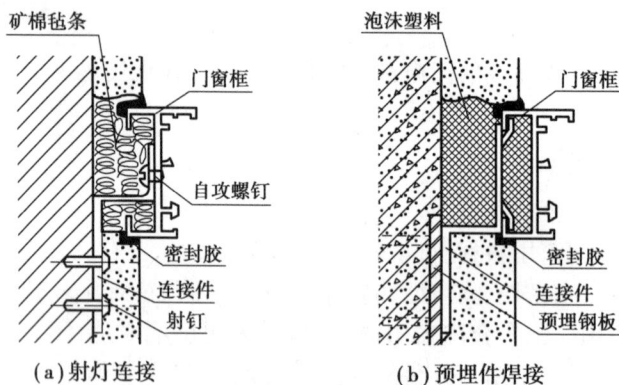

(a)射灯连接　　　　　　(b)预埋件焊接

图 2-7-14　铝合金门窗框与墙体的链接

2.7.4　塑钢门窗构造

1)塑钢门窗的特点

塑钢门窗是以聚氯乙烯(PVC)及钙性聚氯乙烯树脂等为主要原料、轻质碳酸钙为填料,添加助剂和改性剂,经挤压机挤压成各种截面的空腹门窗异型材,在塑料型材中加入型钢或铝材,成为塑钢断面或塑铝断面,再根据不同的品种规格选用不同截面的异型材料组装而成。其优点是强度好,耐冲击、耐腐蚀性强、耐老化、隔音好、气密性好、水密性好、保温隔热性能好、使用寿命长且外观精美;缺点是变形大、刚度差。

塑钢门窗具有质轻、刚度好、美观光洁、不需油漆、质感亲切等优点,但造价偏高,最适合严重潮湿房间和海洋气候地带使用及室内玻璃隔断。

2) 塑钢门窗的构造及安装

塑钢门窗的安装方式同铝合金门窗相似。玻璃安装前,先以窗扇异型材一侧凹槽内嵌入密封条,并在玻璃四周安放橡塑垫块或底座,待玻璃安装到位后,再将密封条的塑料压玻条嵌装固定压紧。

门窗框与洞口之间的缝隙内腔采用发泡聚氨酯、闭孔泡沫塑料等弹性材料分层填塞,填塞不宜过紧。对于保温、隔声要求较高的工程,应采用相应的隔热、隔声材料填塞。填塞后,撤掉临时固定用的垫块,其空隙也应用闭孔弹性材料填塞。

门窗与墙体通过窗附框和连接件与墙体连接;连接件焊接连接,适用于钢结构;连接件射钉连接,适用于钢筋混凝土墙体;连接件金属膨胀螺栓连接,适用于钢筋混凝土墙体或砖墙;连接件与预埋件连接,适用于钢筋混凝土和轻质墙体。

塑钢窗的构造如图 2-7-15 所示。

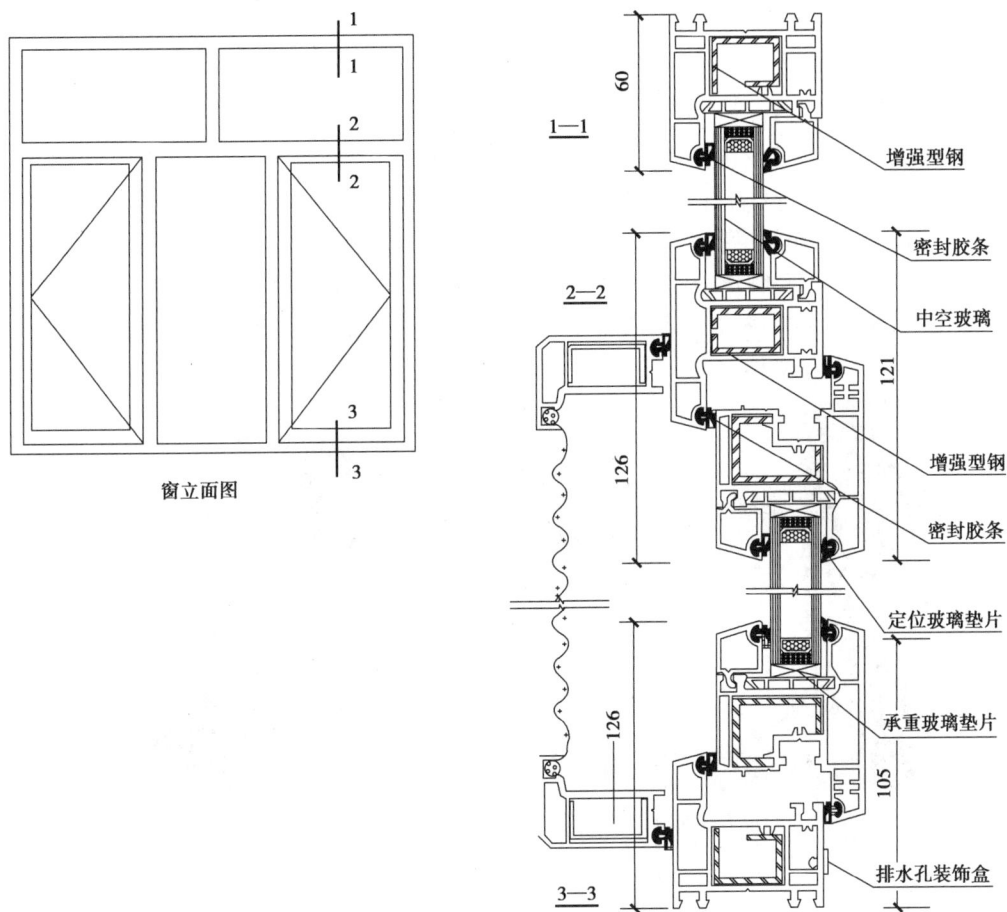

图 2-7-15　塑钢门窗构造

2.7.5　特殊门窗构造

当普通门窗不能满足室内保温、隔热、隔声等要求时,在构造设计时需做特殊门窗。如一些生产厂家研制了一种综合门,集防盗、防火、防尘、隔热于一身,被称为"四防门",体现了门正在向综合方向发展。

2.7.7 特殊门窗构造

1)防火门

防火门用于加工易燃品的仓库或车间。根据车间或仓库的耐火等级,防火材料可选用钢板、模板外贴石棉板再包镀锌铁皮或木板外直接包镀锌薄钢板等构造方式。由于木材高温炭化会释放出大量气体,因此必须在门扇上设泄气孔。防火门常采用自重下滑关闭门,其原理是上轨道有7%~8%的坡度,火灾发生时,易熔金属片熔化后,在自重作用下,门扇下滑关闭。

2)保温门和隔声门

若室内需保温和隔热时,常在门扇两层面板之间填以保温材料做成保温门。隔声门的做法与保温门类似,即在两层面板之间填吸音材料,如玻璃棉、玻璃纤维等。保温门和隔声门的门缝密闭性对其功能有很大的影响。通常采取的措施是注意裁口形式(斜面裁口密闭性能较好),可避免门扇热胀冷缩造成的关闭不严密。

采用嵌缝条,如泡沫塑料条、海绵橡胶条和橡皮管等。

3)隔声窗

隔声窗由双层或三层不同厚度的玻璃与窗框组成,使用经特别加工的隔声层,隔声层玻璃使用的是夹PVB膜经高温高压牢固粘合而成的隔音玻璃;或在隔声层之间,夹有充填了干燥剂(分子筛)的铝合金隔框,边部再用密封胶(丁基胶、聚硫胶、结构胶)粘结合成的玻璃组件。另一种是利用保温瓶原理,制作透明可采光的均衡抗压的平板型玻璃构件,可以有效地抑制"吻合效应"和形成的隔声低谷,在窗架内填充吸声材料,充分吸收透明玻璃的声波,最大限度隔离各频段噪声,如图2-7-16所示。

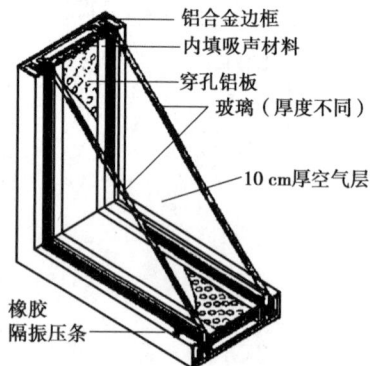

(a)隔音窗实例   (b)窗扇构造节点示意

图2-7-16　隔声窗构造

【学习笔记】

【关键词】

门窗的类型　洞口尺寸　木门窗　铝合金门窗

【测试】

一、单项选择题

1.门扇的组成中不包括(　　)。

A.边梃　　　　　B.中横梃　　　　C.上梃　　　　D.下梃　　　　E.亮窗

2.塞口是指门窗安装时(　　)。

A.先立门窗框,后砌墙体　　　　B.先砌筑墙体,预留门窗洞口

C.边砌墙体边立门窗框　　　　D.窗框与墙连接牢固

3.一般平开木窗的窗扇高度为(　　)。

A.300~600　　B.800~1 200　　C.≥500　　D.≤1 500

4.一般使用房间单扇门宽度常为(　　)。

A.1 200~1 800　B.800~1 000　　C.700~800　　D.300~600

5.当门窗洞口的宽度超过1 000 mm,高度超过2 000 mm时,洞口尺寸常采用(　　)为扩大模数的倍数。

A.200　　　　　B.600　　　　　C.300　　　　　D.100

二、多项选择题

1.门按开启方式分类包括(　　)等。

A.平开门　　　B.木门　　　C.弹簧门　　　D.推拉门　　　E.卷帘门　　　F.折叠门

2.窗按开启方式分类可分为(　　)。

A.固定窗　　B.平开窗　　C.卷帘窗　　　D.中悬窗　　　E.立转窗　　　F.上悬窗

3.窗按使用材料分类包括(　　)。

A.木窗　　　B.钢窗　　　C.塑钢窗　　　D.下悬窗　　　E.铝合金窗

4.平开铝合金窗根据窗框的断面尺寸由(　　)等系列。

A.50　　　　B.60　　　　C.70　　　　D.80　　　　E.90

5.木门门框的组成包括(　　)。

A.边框　　　B.上框　　　C.下框　　　D.中横框　　　E.中竖框

三、判断题

1.门的尺寸通常是指门洞的高宽尺寸。　　　　　　　　　　　　　　　　　　　(　　)

2.在墙体施工时预留孔洞,然后再安装门框的方法称为塞框法。　　　　　　　　(　　)

3.镶板门的特点是门的骨架是由上下梃、中横梃及边梃组成,在其中镶装门芯板、玻璃或百叶板等,组成各种门扇。　　　　　　　　　　　　　　　　　　　　　　　　　(　　)

4.窗的尺寸选择必须符合采光通风、结构构造、建筑造型要求,与模数要求无关。　(　　)

5.百叶窗有固定式和活动式两种。叶片常倾斜50°或80°,主要用于遮阳和通风。(　　)

【想一想】根据下图想一想此窗的材料最有可能是什么材料? 上部中间亮窗为什么开启方式? 下部两边窗扇为什么开启方式? 上部两边亮窗为什么开启方式?

【做一做】根据学生所在教室的门和窗,拍照制作说明本教室门窗洞口的尺寸、门窗的材料、分扇情况、开启方式等的 PPT 作业。

任务 2.8　变形缝构造

2.8.1　变形缝的类型

在工程实践中,常会遇到不同大小、不同体型、不同层高,建在不同地质条件上的建筑物。某些建筑由于受温度变化、地基不均匀沉降以及地震等因素影响,结构内部产生附加应力和变形,轻则产生裂缝,重则倒塌,影响使用安全,为避免这种情况的发生,除加强房屋的整体刚度外,在设计时有意在建筑物的敏感部位留出一定的缝隙,把它分成若干独立的单元,允许其自由变形而不造成建筑物的破损,这些人为的构造缝称为变形缝。

根据变形缝功能的不同,变形缝可分为伸缩缝、沉降缝和防震缝。

在变形缝内不应敷设电缆、可燃气体管道和易燃、可燃液体管道,如必须穿过变形缝时,应在穿过处加设不燃烧材料套管,并应采用不燃烧材料将套管两端空隙紧密填塞。

2.8.2　伸缩缝构造

1)伸缩缝的设置

当建筑物的长度或宽度较大时,为避免由于温度变化引起材料的热胀冷缩导致建筑构件开裂,而沿建筑的高度方向设置在基础以上的缝隙,称为伸缩缝。

伸缩缝要求基础以上的建筑构件全部断开,并在两个建筑构件之间留出适当的缝隙,以保证伸缩缝两侧的建筑构件能在水平方向自由伸缩,然而基础部分因受温度变化影响较小,不需断开。伸缩缝宽度一般为 20 ~ 40 mm。

(1)伸缩缝的设置原则

伸缩缝的设置间距与结构所用材料、结构类型、施工方式,以及建筑所处环境和位置有关。伸缩缝应设在因温度和收缩变形可能引起应力集中、结构产生裂缝可能性最大的地方。表2-8-1 和表 2-8-2 对砌体结构和钢筋混凝土结构建筑的伸缩缝最大设置间距作出了规定。

表 2-8-1　砌体房屋伸缩缝的最大间距

屋盖或楼盖类别	屋盖和楼盖类别	间距/m
整体式或装配整体式钢筋混凝土结构	有保温层或隔热层的屋盖、楼盖	50
	无保温层或隔热层的屋盖	40
装配式无檩体系钢筋混凝土结构	有保温层或隔热层的屋盖、楼盖	60
	无保温层或隔热层的屋盖	50
装配式有檩体系钢筋混凝土结构	有保温层或隔热层的屋盖	75
	无保温层或隔热层的屋盖	60
瓦材屋盖、木无盖或楼盖、轻钢屋盖		100

注:①本表摘自《砌体结构设计规范》(GB 50003—2011)第6.5.1条;
　②对烧结普通砖、烧结多孔砖、配筋砌块砌体房屋,取表中数值;对石砌体、蒸压灰砂普通砖、蒸压粉煤灰普通砖、混凝土砌块、混凝土普通砖和混凝土多孔砖房屋,取表中数值乘以0.8的系数,当墙体有可靠外保温措施时,其间距可取表中数值;
　③在钢筋混凝土屋面上挂瓦的屋盖应按钢筋混凝土屋盖采用;
　④层高大于5 m的烧结普通砖、烧结多孔砖、配筋砌块砌体结构简单房屋,其伸缩缝间距可按表中数值乘以1.3;
　⑤温差较大且变化频繁地区和严寒地区不采暖的房屋及构筑物墙体的伸缩缝的最大间距,应按表中数值予以适当减小;
　⑥墙体的伸缩缝应与结构的其他变形缝重合,缝宽度应满足各种变形缝的变形要求;在进行立面处理时,必须保证缝隙的变形作用。

表 2-8-2　钢筋混凝土结构伸缩缝最大间距

结构类别		室内或土中/m	露天/m
排架结构	装配式	100	70
框架结构	装配式	75	50
	现浇式	55	35
剪力墙结构	装配式	65	40
	现浇式	45	30
挡土墙、地下室墙壁等类结构	装配式	40	30
	现浇式	30	20

注:①本表摘自《混凝土结构设计规范(2015年版)》(GB 50010—2010)第8.1.1条;
　②装配整体式结构房屋的伸缩缝间距,可根据结构的具体情况取表中装配式结构与现浇式结构之间的数值;
　③框架-剪力墙结构或框架-核心筒结构房屋的伸缩缝间距,可根据结构的具体情况取表中框架结构与剪力墙结构之间的数值;
　④当屋面无保温或隔热措施时,框架结构、剪力墙结构的伸缩缝间距宜按表中露天栏的数值取用;
　⑤现浇挑檐、雨罩等外露结构的伸缩缝间距不宜大于12 m。

(2)伸缩缝的结构处理

①砖混结构。砖混结构的墙、楼板和屋顶的伸缩缝布置可采用单墙也可采用双墙承重方案,如图2-8-1所示。

②框架结构。框架结构的墙和楼板和屋顶的伸缩缝结构一般采用悬臂梁方案[图2-8-2(a)],也可采用双梁双柱方式[图2-8-2(b)],但施工较复杂。

（a）平面图　　　　　　　　　　（b）剖面图

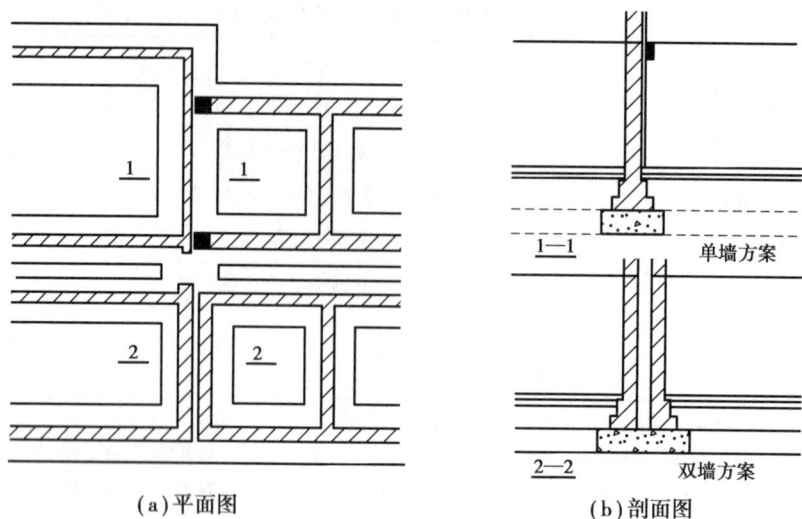

图 2-8-1　砖墙承重方案

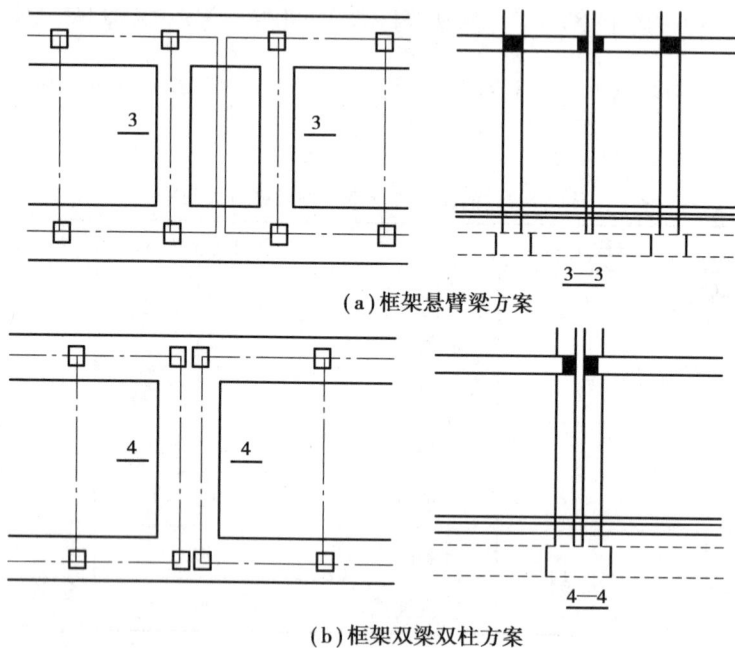

（a）框架悬臂梁方案

（b）框架双梁双柱方案

图 2-8-2　框架结构

2）伸缩缝的构造

（1）砖墙伸缩缝的构造

伸缩缝因墙厚的不同，可做成平缝、错口缝和凹凸缝，如图 2-8-3 所示。

外墙伸缩缝位于露天，为保证其可沿水平方向自由伸缩，并防止雨雪对室内的渗透，需对伸缩缝进行嵌缝和盖缝处理。伸缩缝内应填具有防水、防腐蚀性的弹性材料，如沥青麻丝、橡胶条、塑料条或金属调节片等。缝口可用镀锌薄钢板、彩色薄钢板、铅皮等金属调节片做盖缝处理。对内墙或外墙内侧的伸缩缝，应尽量从室内美观角度考虑，通常以装饰性木板或金属调节盖板予以遮挡，通常盖缝板条一侧固定，以保证结构在水平方向的自由伸缩。内墙和外墙的伸缩缝构造如图 2-8-4 所示。

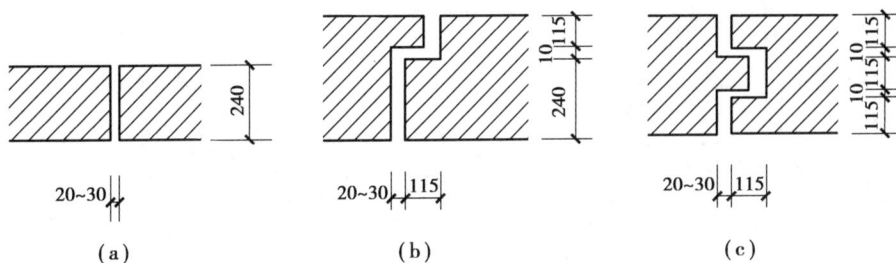

图 2-8-3　砖墙伸缩缝

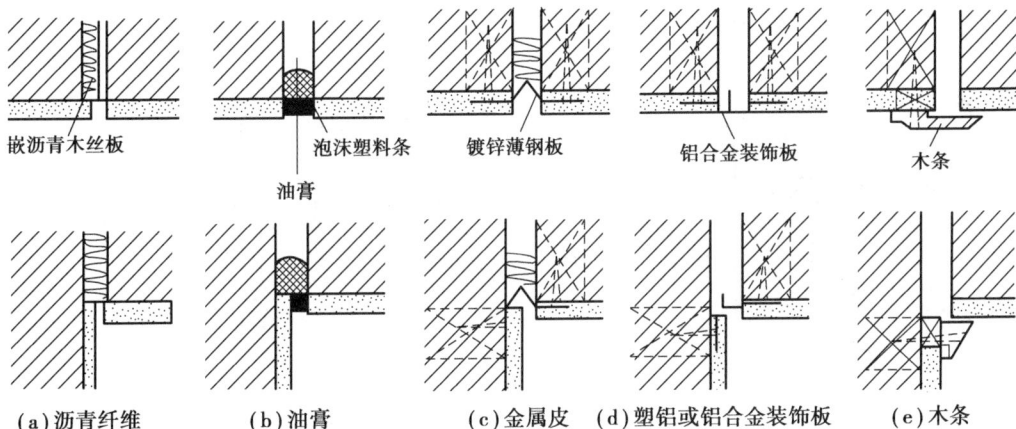

图 2-8-4　砖墙伸缩缝构造

(2)楼地板层伸缩缝的构造(图 2-8-5)

楼地板伸缩缝的位置和缝宽的大小应与墙体、屋顶伸缩缝一致。缝内常用可压缩变形的材料(如油膏、沥青麻丝、橡胶、金属或塑料调节片等)做封缝处理,上铺活动盖板或橡、塑地板等地面材料,以满足地面平整、光洁、防滑、防水及防尘等功能。顶棚的盖缝条只能固定一端,以保证两端构件能自由伸缩变形。

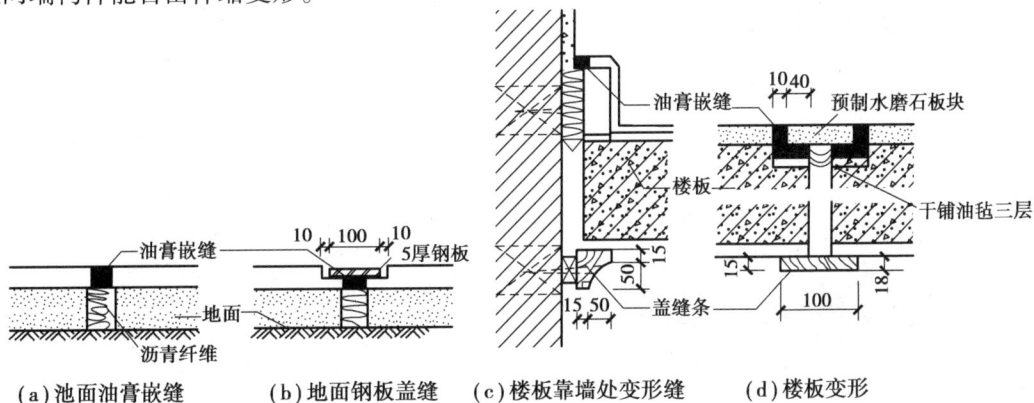

图 2-8-5　砖墙伸缩缝构造

(3)屋面伸缩缝构造

屋面伸缩缝构造的基本要求是既要做好屋面防水或泛水处理,又要于盖缝处能自由收缩而不造成渗漏。在屋面防水中,采用镀锌薄钢板和防腐木砖时,其使用寿命有限(一般为 10~30 年),过期就会腐烂。故近年来逐步采用涂层、涂塑薄钢板、铅皮、不锈钢皮和射钉、膨胀螺钉等代替常见柔性防水屋面伸缩缝、刚性防水屋面伸缩缝和涂膜防水屋面伸缩缝,如图 2-8-6 至图 2-8-8 所示。

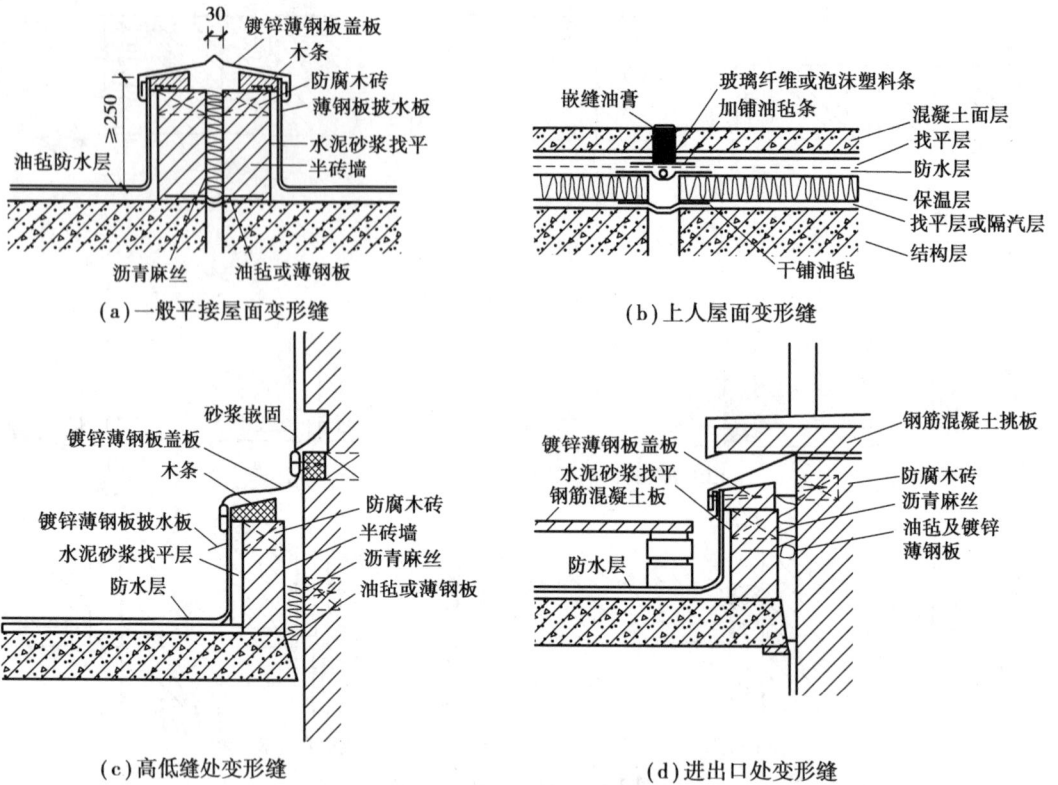

（a）一般平接屋面变形缝

（b）上人屋面变形缝

（c）高低缝处变形缝

（d）进出口处变形缝

图 2-8-6　柔性防水屋面伸缩缝构造

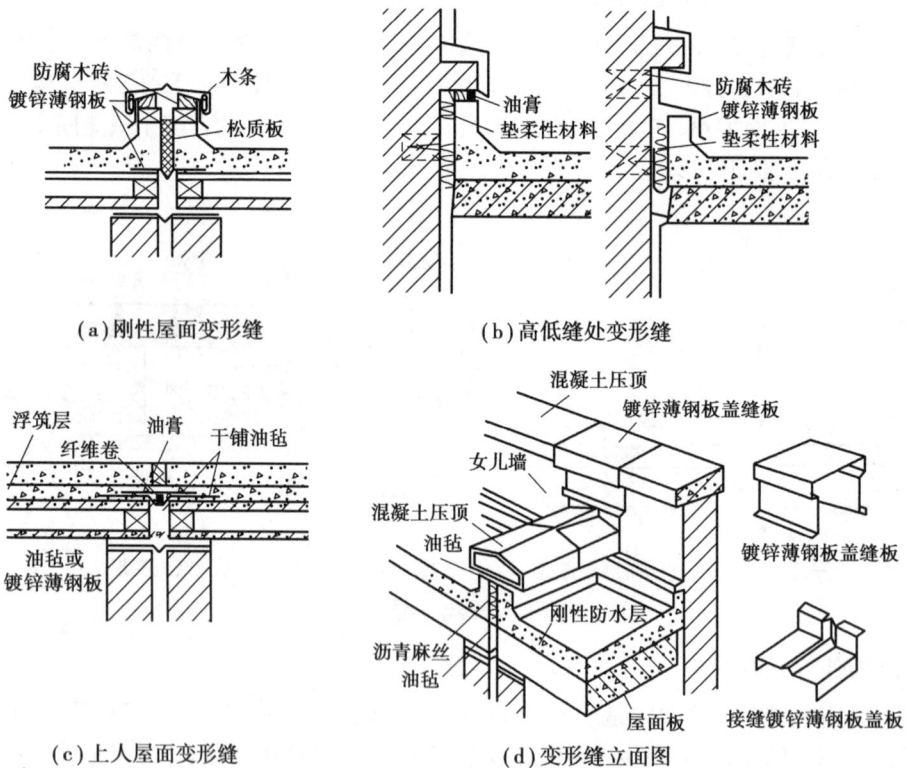

（a）刚性屋面变形缝

（b）高低缝处变形缝

（c）上人屋面变形缝

（d）变形缝立面图

图 2-8-7　刚性防水屋面伸缩缝构造

(a)高低跨变形缝　　　　(b)变形缝防水构造

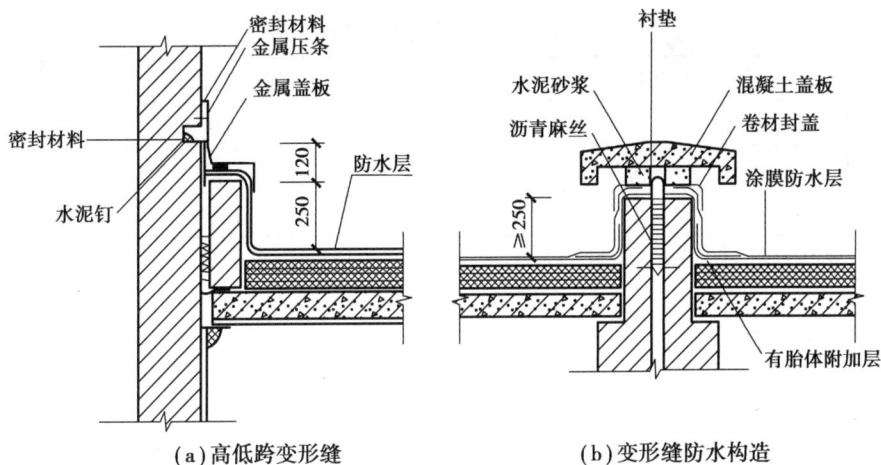

图 2-8-8　涂膜防水屋面伸缩缝构造

2.8.3　沉降缝构造

1)沉降缝的设置

为了预防建筑物各部分由于不均匀沉降引起的破坏,沿建筑物高度方向设置的变形缝,称为沉降缝。沉降缝与伸缩缝的区别在于伸缩缝应保证建筑物在水平方向自由伸缩变形。沉降缝应满足建筑物各单元在垂直方向自由沉降变形,故应将建筑物从基础到屋顶全部断开。设计中沉降缝可以兼作伸缩缝,但伸缩缝不能兼作沉降缝。

(1)沉降缝的设置原则

凡属下列情况时均应考虑设置沉降缝:

①同一建筑相邻部分的高度相差较大或荷载大小相差悬殊或结构形式变化较大,易导致地基沉降不均时;

②当建筑各部分相邻基础的形式、宽度及埋深相差较大,造成基础底部压力有很大差异,易形成不均匀沉降时;

③当建筑物建造在不同地基上,且难以保证均匀沉降时;

④建筑物形体比较复杂,连接部位又比较薄弱时;

⑤新建建筑物与原有建筑物紧紧毗连时。

沉降缝的设置位置如图 2-8-9 所示。

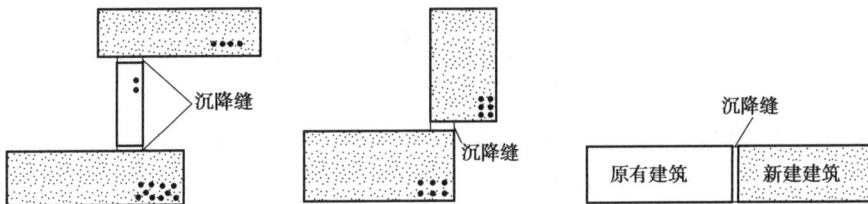

图 2-8-9　沉降缝的设置部位

(2)沉降缝的设置宽度

沉降缝的宽度与地基情况和建筑物的高度有关,按表 2-8-3 选用。

251

表 2-8-3　沉降缝的宽度

房屋层数	沉降缝宽度/mm
二～三层	50～80
四～五层	80～120
五层以上	不小于 120

注:本表摘自《建筑地基基础设计规范》(GB 50007—2011)第 7.3.2 条。

2) 沉降缝的构造

(1)基础沉降缝

基础沉降缝应断开以避免因不均匀沉降造成相互干扰。常见砖墙条形基础处理方案有以下三种:

①双墙偏心基础,如图 2-8-10(a)所示,此法使基础整体刚度大,但基础偏心受力,在沉降时产生一定的挤压力。

②挑梁基础,如图 2-8-10(b)所示,对沉降量大的一侧墙基不做处理,而另一侧用悬挑基础梁,梁上做轻质隔墙。挑梁两端设构造柱。当沉降缝两侧基础埋深相差较大或新旧建筑毗连时,宜用该方案。

③双墙交叉基础,如图 2-8-10(c)所示,基础不偏心受力,因而地基受力与双墙偏心基础和挑梁基础相比较,地基受力大有改进。

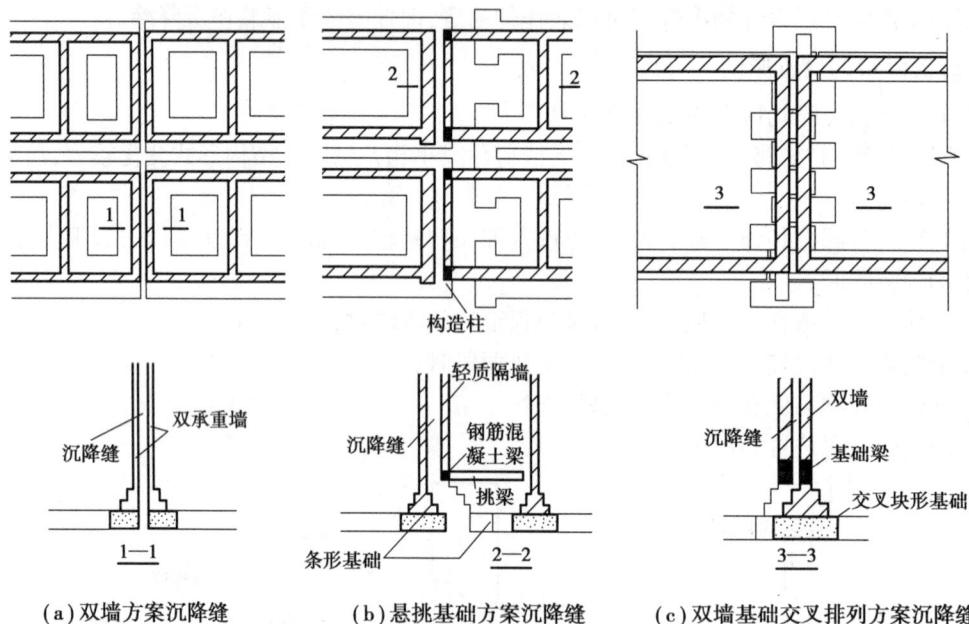

(a)双墙方案沉降缝　　(b)悬挑基础方案沉降缝　　(c)双墙基础交叉排列方案沉降缝

图 2-8-10　基础沉降缝示意图

(2)墙身、楼底层、屋顶沉降缝

墙身沉降缝与相应基础沉降缝方案有关。采用偏心基础时,其上为双承重墙,如图 2-8-10(a)所示;采用挑梁基础时,其上为一承重墙和一轻质隔墙,如图 2-8-10(b)所示;采用交叉基础时,墙体为承重或非承重双墙,如图 2-8-10(c)所示。

墙身及楼底层沉降缝构造与伸缩缝构造基本相同,如图 2-8-11 所示,不同之处在于建筑物的两个独立单元能自由沉降,所以金属盖缝调节片不同于伸缩缝。

屋顶沉降缝的构造应充分考虑屋顶沉降对屋面防水材料及泛水的影响,如图2-8-12所示。

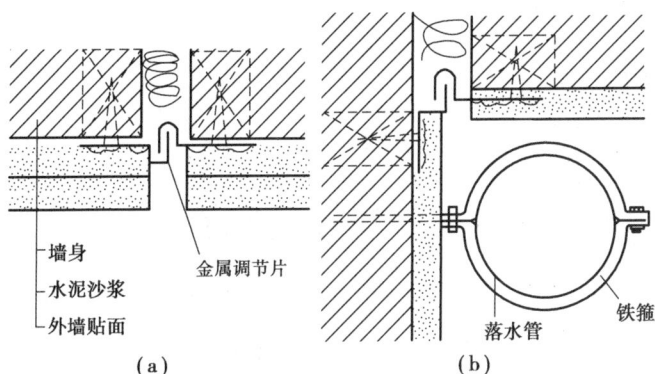

图2-8-11 墙体沉降缝构造

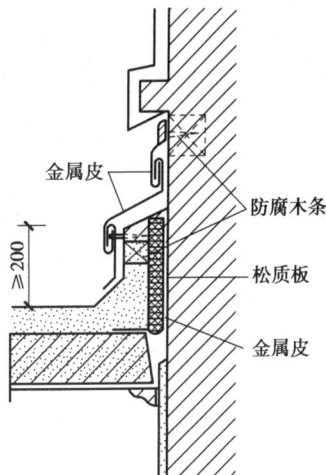

图2-8-12 屋顶沉降缝构造

2.8.4 防震缝构造

1)防震缝的设置

为防止建筑物的各部分在地震发生时相互撞击造成变形和破坏而沿高度方向设置的变形缝,称防震缝。2008年在我国四川汶川发生的8.0级地震中,多数高层建筑由于防震缝的设置而保持了结构主体的完好,只产生构造方面的破损。

(1)防震缝的设置原则

我国制定了相应的建筑抗震设计规范,在设防烈度为8度和9度地区,有下列情况之一时宜设防震缝:

①建筑平面体型复杂,有较长的突出部分,应用防震缝将其分开,使其形成几个简单规整的独立单元。

②建筑物立面高差超过6 m,在高差变化处宜设防震缝。

③建筑物相邻部分结构的刚度、重量相差悬殊,须用防震缝分开。

④建筑物有错层且楼板高差较大时,须在高度变化处设防震缝。

(2)防震缝的设置宽度

防震缝宽与结构形式、设防烈度、建筑物高度有关,对多层砌体房屋,应优先采用横墙承重或纵横墙混合承重的结构体系,防震缝宽度一般取50~100 mm;高层房屋防震缝宽度可采用100~150 mm;钢结构防震缝的宽度不应小于相应混凝土缝宽的1.5倍。缝两侧均需设置墙体,以加强防震缝两侧房屋的刚度。

对多(高)层钢筋混凝土结构房屋,其最小宽度应符合下列要求:

①当高度不超过15 m时,可采用70 mm。

②当高度超过15 m时,按不同设防烈度增加缝宽:

6度地区:建筑每增高5 m,缝宽增加20 mm;

7度地区:建筑每增高4 m,缝宽增加20 mm;

8度地区:建筑每增高3 m,缝宽增加20 mm;

9度地区:建筑每增高2 m,缝宽增加20 mm。

2）防震缝的构造

防震缝的构造及要求与伸缩缝相似,防震缝比伸缩缝缝宽,如图 2-8-13 和图 2-8-14 所示。在施工时,必须确保缝宽符合要求。防震缝应与伸缩缝、沉降缝统一布置,并满足防震缝的设计要求。要充分考虑盖缝条的牢固性以及适应变形的能力。

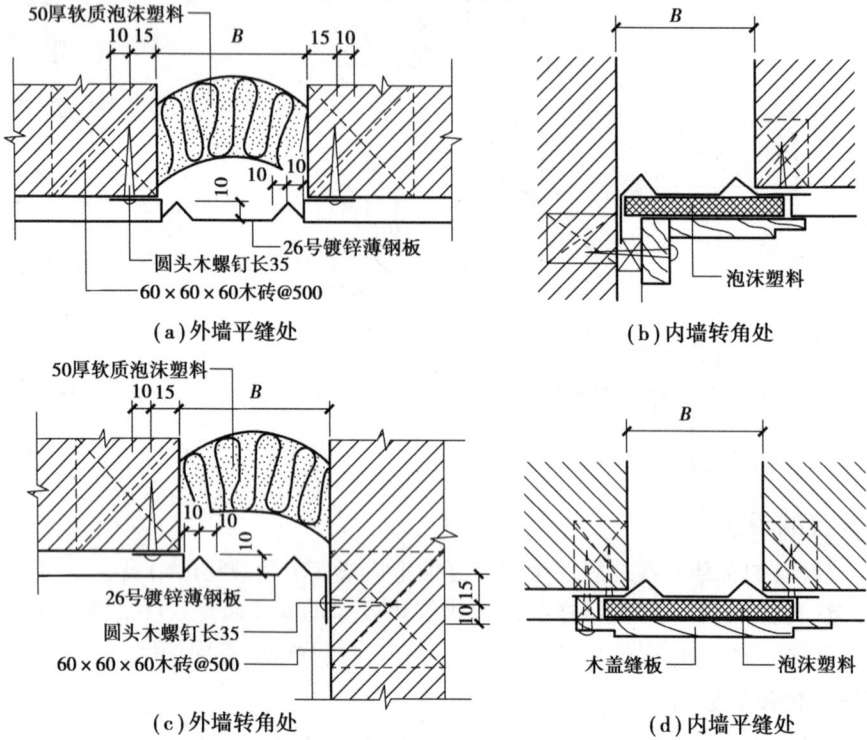

（a）外墙平缝处　　　　　　　　（b）内墙转角处

（c）外墙转角处　　　　　　　　（d）内墙平缝处

图 2-8-13　墙体防震缝构造

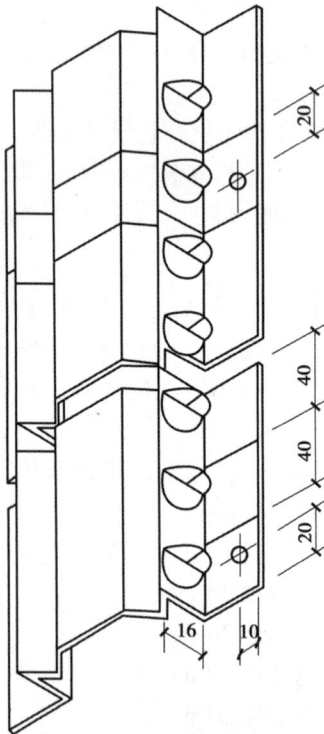

图 2-8-14　墙体防震缝盖缝板

在施工过程中不能让砂浆、碎砖或其他硬杂物掉入防震缝内,不能将墙缝作成错口或凹凸口。外墙变形缝应做到不透风、不渗水,其嵌缝材料必须具有防水、防腐、耐久等性能以及一定的弹性。

【学习笔记】

_____
_____
_____
_____
_____
_____

【关键词】

变形缝　伸缩缝　沉降缝　防震缝

【测试】

一、单项选择题

1.为避免由于温度变化引起建筑构件开裂,而沿建筑高度方向设置在基础以上的缝隙,称为(　　)。

　A.变形缝　　　　B.伸缩缝　　　　C.沉降缝　　　　D.防震缝

2.沉降缝要求基础(　　)。

　A.要断开　　　　B.不断开　　　　C.可以断开,也可以不断开

3.伸缩缝的缝宽一般为(　　)。

　A.20~40　　　　B.50~80　　　　C.50~100　　　　D.200~400

4.以下正确的描述为(　　)。

　A.沉降缝可以兼作伸缩缝

　B.伸缩缝可以兼作沉降缝

　C.沉降缝可以兼作防震缝

二、多项选择题

1.对于高度超过15 m的多高层钢筋混凝土结构的建筑,防震缝宽度应在70 mm的基础上(　　)。

　A.6度地区:建筑每增高5 m,缝宽增加20 mm

　B.7度地区:建筑每增高4 m,缝宽增加20 mm

　C.8度地区:建筑每增高3 m,缝宽增加20 mm

　D.9度地区:建筑每增高2 m,缝宽增加20 mm

2.沉降缝的宽度可根据建筑的层数不同设为(　　)。

　A.1~2层　缝宽≤50　　　　B.2~3层　缝宽50~80

　C.4~5层　缝宽80~120　　　D.6~8层　缝宽≥120

3.凡属(　　)情况时均应考虑设置沉降缝。

　A.同一建筑相邻部分的高度相差较大或荷载大小相差悬殊或结构形式变化较大,易导致地基沉降不均时

B. 当建筑各部分相邻基础的形式、宽度及埋深相差较大,造成基础底部压力有很大差异,易形成不均匀沉降时

C. 当建筑物建造在不同地基上,且难以保证均匀沉降时

D. 建筑物形体比较复杂,连接部位又比较薄弱时

E. 新建建筑物与原有建筑物有一定距离时

4. 砖墙伸缩缝的构造因墙厚的不同,可做成(　　　)。

A. 平缝　　　　　　B. 错口缝　　　　　　C. 凹凸缝　　　　　　D. 圆缝　　　　　　E. 竖缝

三、判断题

1. 为防止建筑物因地基不均匀沉降引起的破坏,沿建筑物高度方向设置的变形缝,称为沉降缝。　　　　　　　　　　　　　　　　　　　　　　　　　　　　　　　　　　　(　　　)

2. 防震缝宽度一般取 50～100 mm。　　　　　　　　　　　　　　　　　　　　(　　　)

3. 在施工过程中不能让砂浆、碎砖或其他硬杂物掉入防震缝内,应将墙缝作成错口或凹凸口。　　　　　　　　　　　　　　　　　　　　　　　　　　　　　　　　　　　(　　　)

4. 沉降缝应将建筑物从基础到屋顶全部断开。　　　　　　　　　　　　　　　(　　　)

5. 防震缝应沿建筑物全高设置,一般基础可不断开,但平面较复杂或结构需要时也可断开。防震缝一般应与伸缩缝、沉降缝协调布置,但当地震区需设置伸缩缝和沉降缝时,须按防震缝构造要求处理。　　　　　　　　　　　　　　　　　　　　　　　　　　　　　(　　　)

【想一想】根据下图想一想,右边两栋建筑之间留的是什么缝? 左边新建的建筑与相邻原有建筑之间是否应该留变形缝? 如果应该留缝,应留伸缩缝还是沉降缝?

【做一做】根据学生所在地的建筑,拍照制作有关建筑变形缝的 PPT 作业。

项目 3　工业建筑设计与构造

【项目引入】

工业建筑是指从事各类工业生产及直接为生产服务的房屋。从事工业生产的房屋主要包括生产厂房、辅助生产用房以及为生产提供动力的房屋,这些房屋称为"厂房"或"车间"。直接为生产服务的房屋是指为工业生产存储原料、半成品和成品的仓库,以及存储与修理车辆的用房,这些房屋均属工业建筑的范畴。工业建筑物既为生产服务,也要满足广大工人的生活要求。随着科学技术及生产力的发展,工业建筑的类型越来越多,工业生产工艺对工业建筑提出的一些技术要求也更加复杂,为此,工业建筑要符合安全适用、技术先进、经济合理的原则。

【学习目标】

了解工业建筑的特点、分类及结构组成,了解工业建筑设计要求,重点掌握单层工业厂房的设计要点。

【技能目标】

能够根据现行国家相关制图标准和工程设计规范完成单层工业厂房的平面设计、剖面设计并绘制成图,运用工业建筑设计的基本原理和方法提出单层厂房工程设计中复杂问题的解决方案。

【素质目标】

通过了解我国的工业建筑从零开始到满足中国制造要求的各种现代工业建筑的发展历史沿革,引导学生的中国特色社会主义制度自信与道路自信,树立敬业、诚信等社会主义核心价值观。培养学生严谨、认真、细致的工程师素质。工程伦理和工程道德也是本课程教学过程中需要引导学生树立的价值观。

【学习重、难点】

重点:工业建筑各组成部分的设计的要求和依据。
难点:单层厂房建筑平面设计。

【学习建议】

1.本项目要求对工业建筑特别是单层厂房的平面形状、轴线划分以及厂房各组成部分的高度确定作全面理解,着重学习工业建筑特别是单层厂房组网布置、轴线划分和高度确定。

2.学习中同学们可以考察所在学校附近的工业建筑,也可以通过网上查询相关工业建筑的有关资料作为设计参考资料。

3.通过讨论教材上有关实例的建筑的功能、平面形式、建筑高度等,建立工业建筑的设计概念。

4.单元后的技能训练与项目实训,应在学习中对应进度逐步练习,通过做练习来巩固基本知识。

任务 3.1　工业设计概论

3.1.1　工业建筑的特点、分类及结构组成

3.1.1 工业建筑的特点、分类及结构组成

1)工业建筑的特点

工业建筑与民用建筑的相同点是设计原则、建筑技术及建筑材料方面大体一致;不同点是生产工艺、技术要求对建筑平面空间布局、建筑构造、建筑结构及施工等有很大影响。

此外,工业建筑有如下的自身特点:

(1)厂房设计必须符合生产工艺的特点

"工艺"是指劳动者利用生产工具对各种原材料、半成品进行加工或处理(如测量,切削,热处理、检验等),最后使之成为产品的方法,是人类在劳动中积累起来经过总结的操作技术经验。

厂房建筑设计是在符合生产工艺特点的基础上进行,厂房设计必须满足工业生产的要求,为工人创造良好的劳动环境。单层厂房具有一定的灵活性,能适应由于生产设备更新或改变生产工艺流程而带来的变化。

(2)厂房内部空间较大

由于厂房内生产设备多而且尺寸较大,并有多种起重运输设备,有的要加工巨型产品,还有各类交通运输工具进出车间,因此厂房内部大多具有较大的开敞空间。

(3)厂房的建筑构造比较复杂

大多数单层厂房采用多跨的平面组合形式,内部有不同类型的起吊运输设备,由于采光通风等缘故,常采用组合式侧窗、天窗,使屋面排水、防水、保温、隔热等建筑构造的处理复杂化,技术要求比较高。

(4)厂房骨架的承载力比较大

单层厂房常采用体系化的排架承重结构,多层厂房常采用钢筋混凝土或钢框架结构。

2)工业建筑分类

(1)按厂房用途分类

①主要生产厂房。在这类厂房中进行生产工艺流程的全部生产活动,一般包括从备料、加工到装配的全部过程。所谓生产工艺流程是指产品从原材料到半成品到成品的全过程。

②辅助生产厂房。辅助生产厂房是指为主要生产厂房服务的厂房,如机械修理、工具等车间。

③动力用厂房。动力用厂房是为主要生产厂房提供能源的场所,如发电站、锅炉房、煤气站等。

④储存用房屋。储存用房屋是为生产提供存储原料、半成品、成品的仓库。

⑤运输用房屋。运输用房屋是为生产或管理用车辆提供存放与检修的房屋,如汽车库、消

防车库、电瓶车库等。

⑥其他。包括解决厂房给水、排水问题的水泵房、污水处理站等。

（2）按生产状况分类

①冷加工车间。用于在常温状态下进行生产,如机械加工车间、金工车间等。

②热加工车间。用于在高温和熔化状态下进行生产,可能散发大量余热、烟雾、灰尘、有害气体。

③恒温恒湿车间。用于在恒温(20 ℃左右)、恒湿(相对湿度为50% ~ 60%)条件下进行生产的车间,如精密机械车间、纺织车间等。

④洁净车间。洁净车间要求在保持高度洁净的条件下进行生产,防止大气中灰尘及细菌对产品的污染,如集成电路车间、精密仪器加工及装配车间等。

⑤其他特种状况的车间。其他特种状况指生产过程中有爆炸可能性、有大量腐蚀物、有放射性散发物、存在微振动、有电磁波干扰等情况。

（3）按建筑层数分类

①单层厂房。单层厂房是指层数为一层的厂房。主要用于重型机械制造工业、冶金工业等重工业。其特点是生产设备体积大、自重大、厂房内以水平运输为主。

②多层厂房。常见的层数为 2 ~ 6 层。多层厂房多应用在电子工业、食品工业、化学工业、精密仪器工业等轻工业。其特点是生产设备与产品较轻、体积较小、工厂的大型机床一般放在底层,小型设备放在楼层上,厂房内部的垂直运输以电梯为主,水平运输以电瓶车为主。

③层数混合的厂房。指厂房内既有单层部分又有多层部分的厂房。适用于竖向布置工艺流程的生产项目,多用于热电厂、化工厂等。高大的生产设备位于中间的单跨内,边跨为多层。

（4）按承重构件的材料分类

①混合结构。组合方式为:砖柱+钢筋混凝土屋架或屋面梁、钢筋混凝土柱+轻钢或组合屋架。这类结构厂房的特点是构造简单,承载能力及抗地震和震动性较差。适用于吊车起重量不超过 5 t、跨度不大于 15 m 的小型厂房。

②钢筋混凝土结构(原有厂房常用)。组合方式:钢筋混凝土柱+钢筋混凝土屋架或屋面梁。其特点是结构坚固耐久,造价较低;但其自重大,抗震性不如钢结构。适用于跨度小于 30 m 的单层厂房。

③钢结构(现阶段厂房常用)。组合方式:主要承重构件全部用钢材做成。其特点是抗地震和振动性能好,构件较轻,施工速度快。适用于起重量≥50 t,跨度≥24 m,大荷载大跨度及有高温振动。

（5）按厂房结构类型分类

①空间结构体系。

常用的空间结构形式有:网架结构、薄壳结构、膜体结构及悬索结构等。空间结构厂房的特点是受力性能合理,节约材料,减少结构自重,加大空间跨度。适用于大柱距的工业厂房。

②平面结构体系。

组成:横向骨架和纵向联系构件。

横向骨架:由柱子、梁、屋架等构件组成,主要作用是承受各种荷载。纵向联系构件由屋面板、檩条、吊车梁、连系梁、支撑系统等构件组成,其作用是传递纵向荷载以及保证横向骨架的稳定性。适用于中小型厂房和仓库。

3.1.2　工业建筑设计要求

工业建筑设计是根据我国的建筑方针和政策,按照"坚固适用、技术先进、经济合理"的设计原则,在满足工艺要求的前提下,处理好厂房的平面、剖面、立面,选择合适的建筑材料,确定合理的承重结构、围护结构和构造做法。其具体要求如下:

(1)符合生产工艺的要求

为满足生产工艺的各种要求,便于设备的安装、操作和维修,要正确选择厂房的平面、剖面、立面形式及跨度、高度和柱距。确定合理的载重、维护结构与细部构造。

(2)满足有关的技术要求

厂房应坚固耐久,能够经受自然条件、外力、温湿度变化和化学侵蚀等各种不利因素的影响。应具有较大的通用性和适当的扩展条件。应遵循《厂房建筑模数协调标准》(GB/T 50006—2010)的规定,合理选择建筑参数(高度、跨度、柱距等)。应尽量选用标准构件,以提高建筑工业化水平。

(3)具有良好的经济效益

厂房在满足生产使用、保证质量的前提下,应适当控制面积、体积,合理利用空间,尽量降低建筑造价,节约材料和日常维修费用。

(4)满足卫生等要求

厂房应消除或隔离生产中产生的各种有害因素,如冲击振动、有害气体、烟尘余热、易燃易爆、噪声等,应有可靠的防火安全措施,创造良好的工作环境,以利工人的身体健康。

3.1.3　工厂内部的起重运输设备

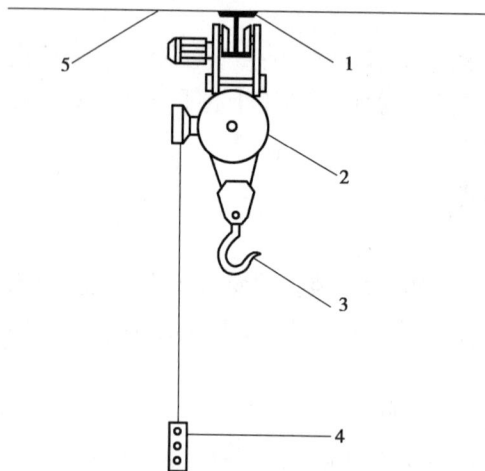

在生产中为运送原材料、半成品或成品,检修安装设备,厂房内需设置必要的起重运输设备。其中常用的起重运输设备是吊车。常用吊车有以下几种:

(1)单轨悬挂式吊车

在厂房的屋架下弦悬挂单轨,吊车装在单轨上,按单轨线路运行或起吊重物。轨道转弯半径不小于2.5 m,起重量不大于5 t。它操纵方便,布置灵活,有手动和电动两种类型(图3-1-1)。

图3-1-1　单轨悬挂式吊车

1—钢轨;2—电动葫芦;3—吊钩;4—操纵开关;5—屋架或屋面大梁

(2)梁式吊车

梁式吊车分为悬挂式吊车[图3-1-2(a)]和支承梁式吊车[图3-1-2(b)]两种。前者在屋架下弦悬挂双轨,在双轨下部安装吊车;后者在两列柱的牛腿上设吊车梁和轨道,吊车装于轨道上。两种吊车的横梁均可沿轨道纵向运行,梁上电葫芦可横向运行和起吊重物,起重量不超过5 t,起重时可以电动,也可手动。

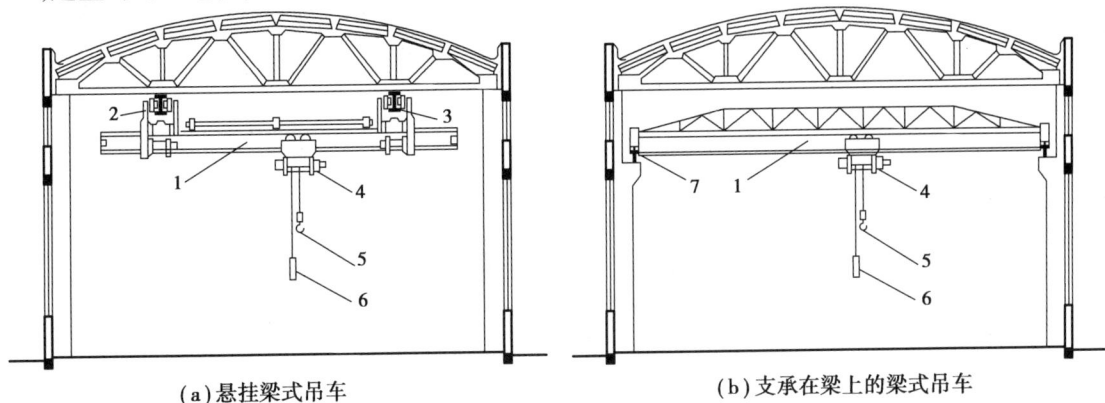

(a)悬挂梁式吊车 (b)支承在梁上的梁式吊车

图3-1-2 梁式吊车

1—钢梁;2—运行装置;3—轨道;4—提升装置;5—吊钩;6—操纵开关;7—吊车梁

(3)桥式吊车

吊车的桥架支承在吊车梁的钢轨上,沿厂房纵向运行。起重小车安装在桥架上面的轨道上横向运行。起重量为5~400 t,甚至更大。司机室设在桥架一端的下方,如图3-1-3所示。

根据工作班时间内的工作时间,桥式吊车的工作制分重级工作制(工作时间>40%),中级工作制(工作时间>25%~40%),轻级工作制(工作时间>15%~25%)三种情况。

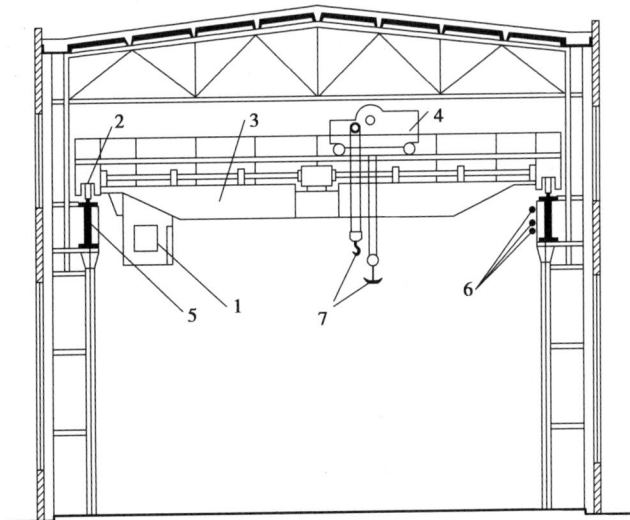

图3-1-3 桥式吊车

1—吊车司机室;2—吊车轮;3—桥架;4—起重小车;5—吊车梁;6—电线;7—吊钩

设有桥式吊车时,应注意厂房跨度和吊车跨度的关系,使厂房的宽度和高度满足吊车运行的需要,并应在柱间适当位置设置通向吊车司机室的钢梯及平台。当吊车为重级工作制或需满足其他需要时,尚应沿吊车梁侧设置安全走道板,以保证检修和人员行走的安全。

除上述几种吊车形式外,厂房内部根据生产特点的不同,还有各式各样的运输设备,例如,

261

吊链、辊道、传送带等,此外还有气垫等新型的运输工具。

【学习笔记】

_____

_____

_____

_____

_____

_____

【关键词】

工业建筑　主要生产厂房　横向骨架　纵向联系构件　桥式吊车

【测试】

一、单项选择题

1. 进行生产工艺流程的全部生产活动,一般包括从备料、加工到装配的全部过程的厂房称为(　　)。

A. 主要生产厂房　　　　B. 辅助生产厂房　　　　C. 动力用厂房　　　　D. 单层厂房

2. 在常温状态下进行生产的车间被称为(　　)。

A. 恒温恒湿车间　　　　B. 热加工车间　　　　C. 冷加工车间　　　　D. 洁净车间

3. 桥架支承在吊车梁的钢轨上,沿厂房纵向运行。起重小车安装在桥架上面的轨道上横向运行的吊车称为(　　)。

A. 但臂悬挂式吊车　　　B. 梁氏吊车　　　　C. 桥式吊车　　　　D. 龙门式吊车

4. 既有单层部分又有多层部分的厂房称为(　　)。

A. 单层厂房　　　　B. 多层厂房　　　　C. 高层厂房　　　　D. 层数混合的厂房

二、多项选择题

1. 工业建筑设计的具体要求包括(　　)。

A. 符合生产工艺的要求　　　　　　　　B. 满足有关的技术要求

C. 具有良好的经济效益　　　　　　　　D. 满足卫生等要求

E. 满足民用建筑的技术要求

2. 横向骨架由(　　)等构件组成。

A. 吊车梁　　　　B. 柱子　　　　C. 梁　　　　D. 屋架

E. 屋面板　　　　F. 连系梁　　　　G. 支撑系统

3. 纵向联系构件由(　　)等构件组成。

A. 吊车梁　　　　B. 柱子　　　　C. 梁　　　　D. 屋架

E. 屋面板　　　　F. 连系梁　　　　G. 支撑系统

4. 根据工作时间,桥式吊车的工作制分为(　　)。

A. 超重级工作制(工作时间>50%)　　　　B. 重级工作制(工作时间>40%)

C. 中级工作制(工作时间>25%～40%)　　D. 轻级工作制(工作时间>15%～25%)

三、判断题

1. "工艺"是指劳动者利用生产工具对各种原材料、半成品进行加工或处理(如测量,切削,

热处理、检验等），最后使之成为产品的方法。　　　　　　　　　　　　　　（　　）

2.梁式吊车的横梁沿轨道纵向运行，梁上电葫芦可横向运行和起吊重物，起重量超过 5 t。

（　　）

3.钢结构的厂房是目前最常采用的常务结构形式。　　　　　　　　　　　　（　　）

4.机械修理、工具等车间等是属于辅助生产厂房。　　　　　　　　　　　　（　　）

5.多层厂房常见的层数为 2～6 层。　　　　　　　　　　　　　　　　　　（　　）

【想一想】下图中的吊车是什么类型的吊车？厂房的结构形式是什么结构？

任务 3.2　单层厂房建筑设计

3.2.1 单层厂房的平面设计

3.2.1　单层厂房平面设计

单层厂房具有形成高大的使用空间，容易满足生产工艺流程要求，内部交通运输组织方便，有利于较重生产设备和产品放置，可实现厂房建筑构配件生产工业化以及现场施工机械化等特点。因此，单层厂房在冶金、机械制造、电机制造、化工以及纺织等工业建筑中得到广泛的应用。而厂房的平面、剖面和立面设计是不可分割的整体，设计时必须予以统一考虑，故在设计平面的同时要考虑剖面和立面的设计问题。下面首先学习关于单层厂房平面设计的要点。

单层厂房的平面设计以解决以下几个方面的问题为主：

①总平面对厂房的平面设计的影响；

②平面设计与生产工艺的关系；

③平面设计与运输设备的关系；

④合理确定厂房的平面形式；

⑤选择合适的柱网；

⑥合理布置生产和生活间。

1) 总平面对厂房的平面设计的影响

一个工厂由多栋建筑物和构筑物组成。工厂总平面设计根据全厂的生产工艺流程、交通物流运输、卫生、防火、风向、地形地貌、水文地质等多种条件来确定建筑物、构筑物的相对位置和道路布局；在布置建筑物和构筑物时应合理地组织人流和物流，避免交叉和迂回，保证各建筑物之间生产运输线最短，并保证各建筑物之间的卫生、防火等要求；合理布置地上和地下的各类工程管线;进行厂区高程竖向布置及美化和绿化厂区等。工厂总平面图一般分为生产区和厂前区两部分。在生产区中布置主要生产厂房和辅助建筑、动力建筑、露天和半露天的原料堆场和备品及成品仓库、水塔和泵房等;在厂前区布置行政办公楼、门房等。

方案总平面布置以单体厂房的轮廓草图为基础,根据全厂的生产工艺流程、人货流组织、卫生、防火、工程地质等因素来确定厂房的位置。因此,当厂房在总图位置确定后,其平面设计又不能不受总图布置的影响和约束。一般说来,工厂总平面图在人流物流组织、地形和风向等方面对厂房平面形式有着直接的影响。

(1)厂区人流、物流组织对平面设计的影响

厂区人流、物流组织具体表现为原材料、成品和半成品的运输及人流进出厂路线的组织。合理的设计布局不仅方便使用,而且可以大大提高劳动生产率,减少工人的劳动强度,降低工伤事故的发生率。厂区人流、物流组织会直接影响厂房平面设计中门的位置、数量、尺寸等。如图 3-2-1 所示,生产和辅助车间都靠近厂区主干道和市政主干道,人流、物流线路流畅,方便快捷。

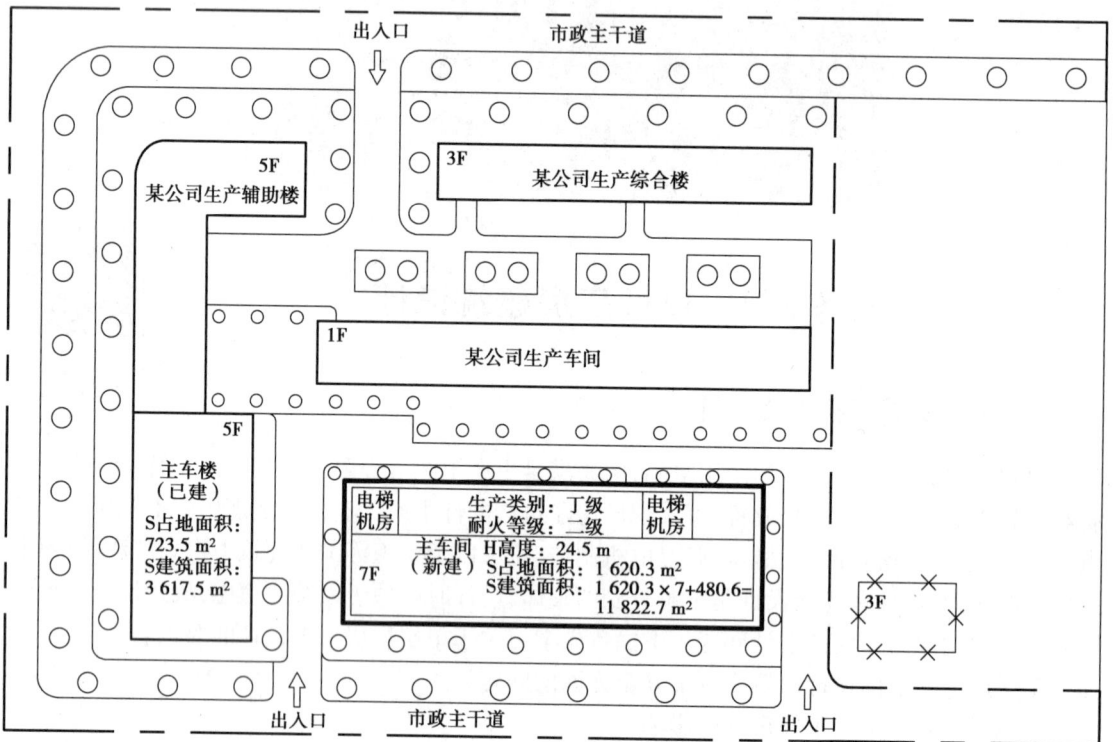

图 3-2-1　某公司总平面布置图

(2)地形的影响

厂区地形对厂房平面形式有着直接的影响。尤其是在山区建厂,为了减少土石方工程量、降低成本、节约投资、加快施工进度、缩短工期,在工艺条件允许的前提下,厂房平面形式可以根据地形条件做适当调整,不必像在平坦地形那样过分强调简单、规整。例如,可以将原工艺平面做相应调整,将矩形单跨的平面形式改成两跨长短不一的平面形式,由单一的连续跨改为纵横跨平面布置形式等。虽然其平面形式不规整,但适应了地形,减少了投资,加快了施工进度,使工厂能早日投产。总的说来,厂房的平面设计是以经济合理为前提来进行设计处理的。图 3-2-2 所示为地形对厂房平面形状的影响示意图。

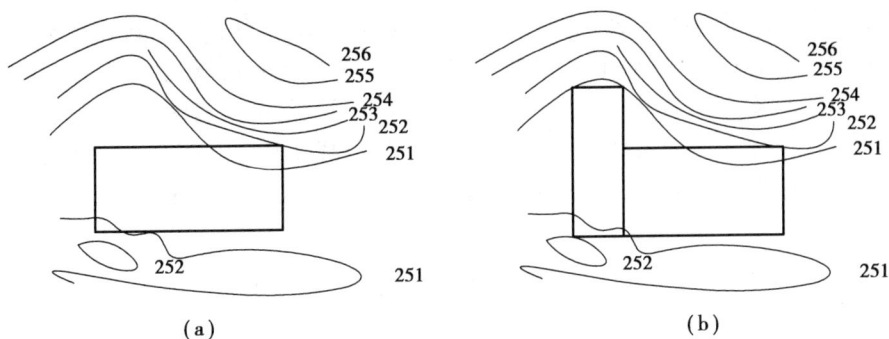

图 3-2-2　地形对厂房平面形状的影响

(3)气象条件的影响

厂区所在地区的气象条件对厂房的平面形式和朝向有很大的影响,其中主要影响因素是日照和风向。厂房的方位也影响平面形状的设计,如图 3-2-3 所示。

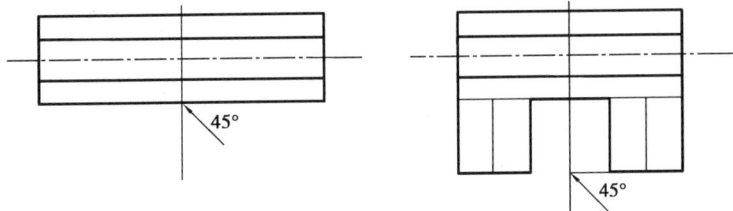

图 3-2-3　厂房方位对平面形状的影响

在炎热地区,为使厂房有良好的自然通风,并且避免室内受阳光照射,厂房宽度不宜过大,最好采用长条形平面,朝向接近南北向,厂房长轴与夏季主导风向垂直或大于 45°。Ⅱ形、Ⅲ形平面的开口应朝向迎风面,并在侧墙上开设窗户和大门。窗户形式有横向带形和纵向带形两类。后者通常在 6 m 柱距中设一个窗户。大门在组织穿堂风中有良好的作用。据实测,当大门为 4 m×3 m,室外风速为 2 m/s 时,18 m 进深处的风速仍可达 1 m/s,30 m 进深入为 0.5 m/s。如结合车间通道统一考虑通风,效果显著。若朝向与主导风向有矛盾时,应根据主要要求进行选择。

在寒冷地区,为避免风对室内气温的影响,厂房的长边应平行冬季主导风向,并在迎风面的墙面上尽量少开门窗。

有时,冬夏季主导风向是矛盾的,考虑了夏季的要求又照顾不了冬季的需要,所以设计时要结合具体情况研究确定。且各种不同工艺设施要求的生产环境也不近相同,需要区别对待。

2)平面设计与生产工艺的关系

在设计配合上,厂房的建筑平面设计和民用建筑的有区别的。生产工艺决定厂房的建筑平面设计。单层厂房的平面及空间组合是否合理,一定是在工艺设计和工艺布置完善的基础上进行判断的。因此,厂房的平面设计一般先由工艺设计人员进行工艺流线及平面设计,建筑设计人员再在生产工艺平面图的基础上进行深化平面设计。

有些地区的厂房设计分两类,一类是厂房建筑处理受生产工艺制约性较强,建筑平面布置需充分反映其生产工艺特点(如水、火电站、冶金工业的主要生产车间、选矿厂、水泥厂等);另一类是受工艺制约性较小,厂房的工艺布置要求灵活(如机械制造、轻工、精密仪器等)。很多情况下,这类厂房可以不先进行工艺设计,而直接选用通用厂房。

厂房的平面设计除首先满足生产工艺的要求外,建筑设计人员在平面设计中应使厂房平面形式规整、合理、简单,以便减少占地面积,有利于节能和简化构造处理;厂房的建筑参数应符合

《厂房建筑模数协调标准》要求,使构配件的生产满足工业化生产的要求;选择技术先进和经济合理的柱网使厂房具有较大的通用性;正确地解决厂房的采光和通风;合理地布置有害工段及生活用室;妥善处理安全疏散及防火措施等问题。这些问题的解决有时和工艺设计产生矛盾。因此,为妥善解决这个矛盾使厂房平面设计达到适用、经济、合理,就需要工艺和建筑设计人员(有时还需结构、设备工程技术人员参加)密切合作、充分协商、全面考虑。

生产工艺平面图的内容包括:

①根据产品的生产要求(规模、性质、规格等)确定生产工艺流程;

②生产和起重运输设备的选择和布置;

③生产工段的划分及其所占面积;

④运输通道的宽度及其布置;

⑤厂房面积的大小,拟定厂房的跨间数、跨度和长度;

⑥充分考虑生产工艺对厂房建筑设计的要求,如采光、通风、防潮、防尘、防震等。

(1)生产工艺流程的影响

生产工艺流程,是指在生产过程中,利用生产工具将各种原材料、半成品通过一定的设备、按照一定的顺序连续进行加工,最终使之成为成品的方法与过程。因此,厂房的平面设计必须满足产品工艺流程的要求来进行设计和布置,使生产线路不交叉、少迂回,简洁明快,并具有变更布置的灵活性。单层厂房里,生产流程基本是通过水平生产运输来实现的。

图 3-2-4 和图 3-2-5 是重庆某高级润滑油厂生产工艺流程图和黏结剂生产工艺流程图。由于生产工艺的差异及配套工艺的衔接,厂方在进行平面布置和设计时进行了综合考虑。

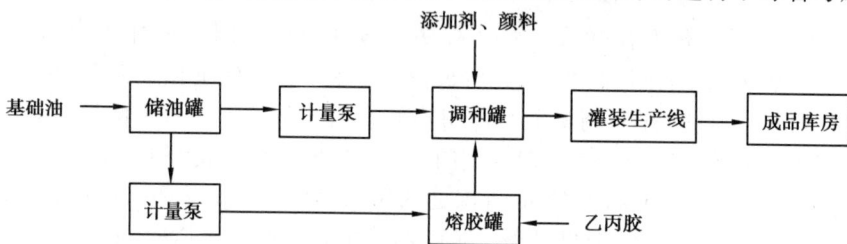

图 3-2-4　高级润滑油工艺流程图

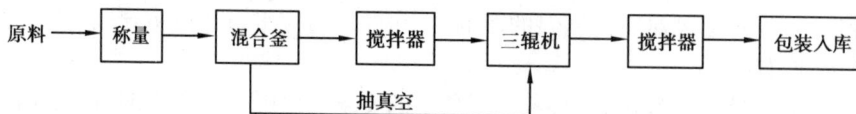

图 3-2-5　黏结剂工艺流程图

现以某机械厂在对零配件进行机械加工时的工艺流程(图 3-2-6)来阐述一下厂房平面的三种组合形式:直线布置、平行布置及垂直布置(图 3-2-7)。

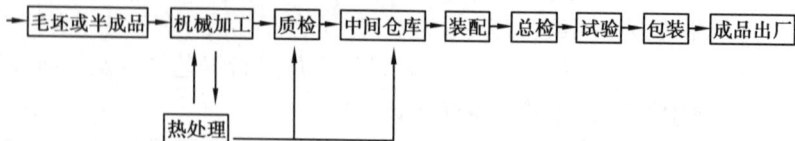

图 3-2-6　机械厂机械加工流程示意图

①直线布置:如图 3-2-7(a)所示。装配工段布置在加工工段的跨间延伸部分,即毛坯或半成品由厂房的一端进入,成品由厂房的另一端运出的直线形式。厂房多为矩形平面,可全部采用为多跨平行布置。这种布置方式适用于规模不大、吊车负荷较轻的车间,具有建筑结构简单、扩建方便的优点。但当跨数较少时,会形成窄条状平面,厂房的外墙面大,土建投资不够经济。

②平行布置:如图3-2-7(b)所示。也称往复式布置。加工和装配两个工段的布置可布置在平行的两跨之间。零配件从加工到装配的生产线路为"U"形,即毛坯或半成品由厂房的一端进入,成品由厂房的同一端运出。运输设备的布置不太合理,线路较长,需采用传送装置、平板车或吊车来进行越跨运输。相适应的平面布置形式是多跨并列的矩形平面,甚至方形平面。这种布置方案适用于多种生产性质的厂房,如汽车、拖拉机等装配车间,具有工段间联系紧密、运输线路和管线短捷、节约用地、外墙面积较小、对节约材料和保温隔热有利、建筑结构简单、扩建方便的优点。

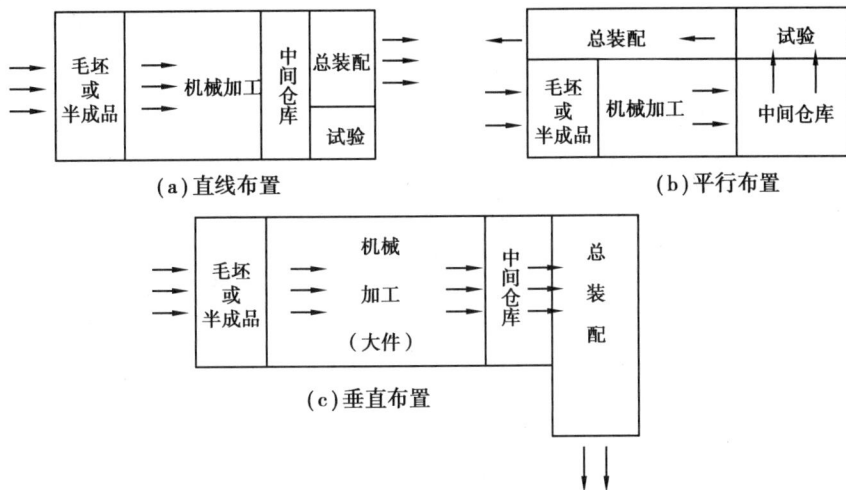

图3-2-7　机械厂机械加工车间组合示意图

③垂直布置:如图3-2-7(c)所示。装配工段布置在与加工工段垂直的横向跨间内,零配件从加工到装配的运输线路较为简短便捷,但从图中分析应设有越跨的运输设备,如传送装置、平板车或吊车等。这种厂房平面跨间互相垂直,工艺流程紧凑,运输线路和管线较短,建筑结构较为复杂,相适应的平面形式是"L"形平面,在大中型车间中由于工艺布置和生产运输具有优越性,故应用较为广泛。

(2)生产特征的影响

生产特征也影响着厂房的平面形式。有些车间(如机械工业的铸钢、铸铁、锻工等车间)在生产过程中散发出大量的热量和烟尘,此时,在平面设计中应使厂房具有良好的自然通风,能迅速补充冷空气,排除室内热空气,有效处理烟尘。这类厂房不宜太宽,要充分考虑门窗的位置及大小。当宽度不大时(三跨以下)可选用矩形平面。但当跨数多于三跨时,如仍用矩形平面则势必将影响厂房的自然通风,故一般将其一跨或二跨和其他跨相垂直布置形成"L"形。对采光要求高的车间,如机械加工车间根据《建筑采光设计标准》(GB 50033—2013)的要求Ⅲ级采光,就应根据厂房所在地区的气象条件来满足采光和通风的要求。对产量较大、产品品种较多的生产厂房,当厂房面积很大时,则可采用Ⅱ形、Ⅲ形平面。为避免浪费可利用两翼间的室外地段做露天仓库。如图3-2-8(a)所示,原来是一个合金厂的工艺平面布置图,其炉子按工艺要求为单列布置,厂房平面形状为长条状,长短边的长宽比过大,围护结构的面积过大,设备运输线路较为冗长。结合生产工艺需求,新修改的方案将车间的单列布置改为双列布置,使平面形式接近于方形。修改后方案的工艺流程仍然合理,但减少了建筑体积15%,面积34%,周长43%,使柱子数量减少44%,大大降低了建设成本,提高了施工效率,厂房平面设计达到适用、经济、合理的目的。

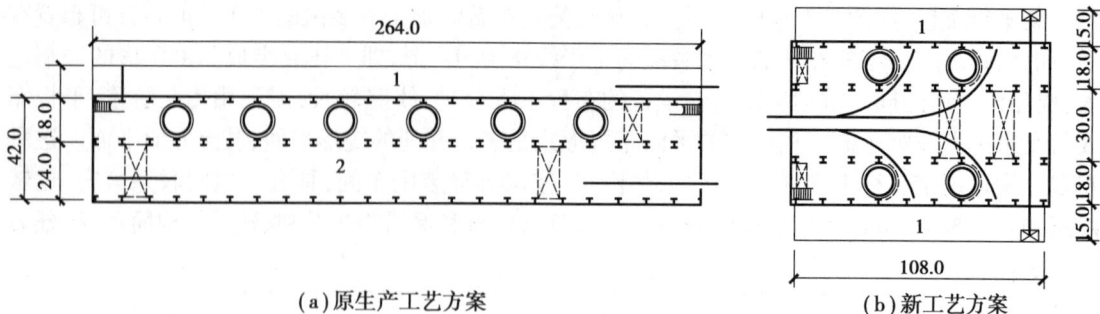

（a）原生产工艺方案　　　　　　　　（b）新工艺方案

图 3-2-8　某厂房生产工艺对平面形状的影响

（3）生产设备布置的影响

生产设备的大小和布置方案直接影响到厂房的平面布局、跨度大小及间数,也会影响到大门的尺寸和柱距的尺寸等,如图 3-2-9 所示。

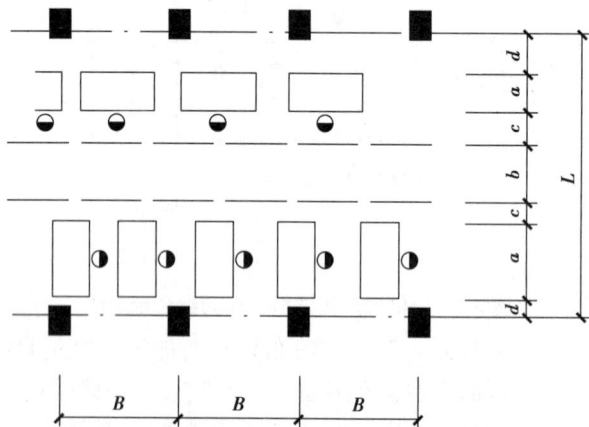

图 3-2-9　某厂房平面生产设备布置对平面形状的影响

（4）运输设备的影响

厂房里为了运送原材料、半成品、成品,以及安装、检修、操作或改装设备,需要设置起重吊装及运输设备来协助完成。

①吊车。吊车,也称为行车或者天车,是单层厂房中主要的运输工具,吊车的类型如图 3-2-10 所示,详细说明参见图 3-1-1 至图 3-1-3。

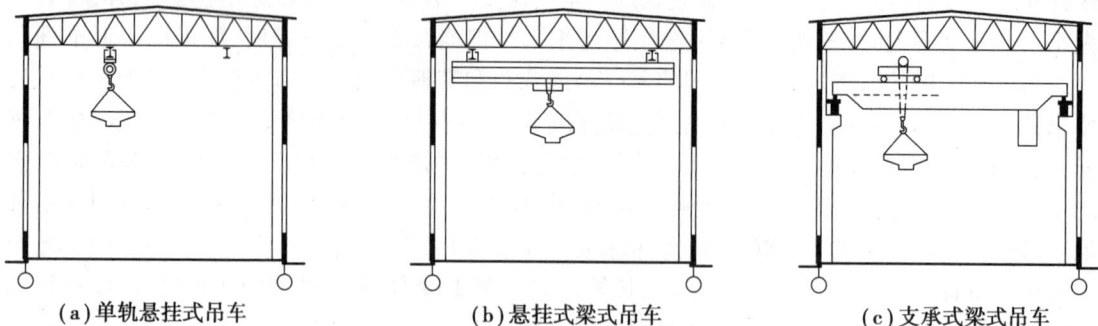

（a）单轨悬挂式吊车　　　　（b）悬挂式梁式吊车　　　　（c）支承式梁式吊车

图 3-2-10　吊车的类型

②其他运输设备。在厂房中,除了采用上述吊车外,还可以采用龙门式起重机。这是一种直接支承在地面上的设备,由于其行驶缓慢,且占厂房地面面积较多,所以使用并不广泛。厂房内外根据生产不同和需要,可采用火车、汽车、电瓶车、手推车、叉车、各式地面起重机、悬链、普

通运输带、气垫式输送带、磁力式输送带、管道、输送器、进料机、升降机、提升机等运输设备。

3)起重运输设备与厂房平面设计的关系

①起重运输设备影响厂房的平面布置和平面尺寸。若某车间的内部主要起重运输设备采用的桥式起重机,内部辅助运输设备设计为转臂式吊车;对外的运输设备是电瓶车、机车等,则该车间的平面布置与尺寸就应该与吊车、电瓶车等相适应。

②若厂房内需要采用火车车皮进行运输,则应在平面图上布置铁轨。火车车皮进入处的大门,其尺寸必须适合车皮运行及安全要求。

4)单层厂房常用的平面形式

厂房平面形式与工艺流程、生产特征、生产规模等有直接的关系,也影响着厂房的交通运输、建筑结构、施工及设备等的合理性与经济性,与生产环镜(采光、通风、日照等)也密不可分。

厂房的平面形式主要根据生产规模大小、生产性质、生产特征、工艺流程布置、交通运输方式以及土建条件等因素确定。

常用的厂房平面形式有矩形、方形、L形、Ⅱ形、Ⅲ形等。

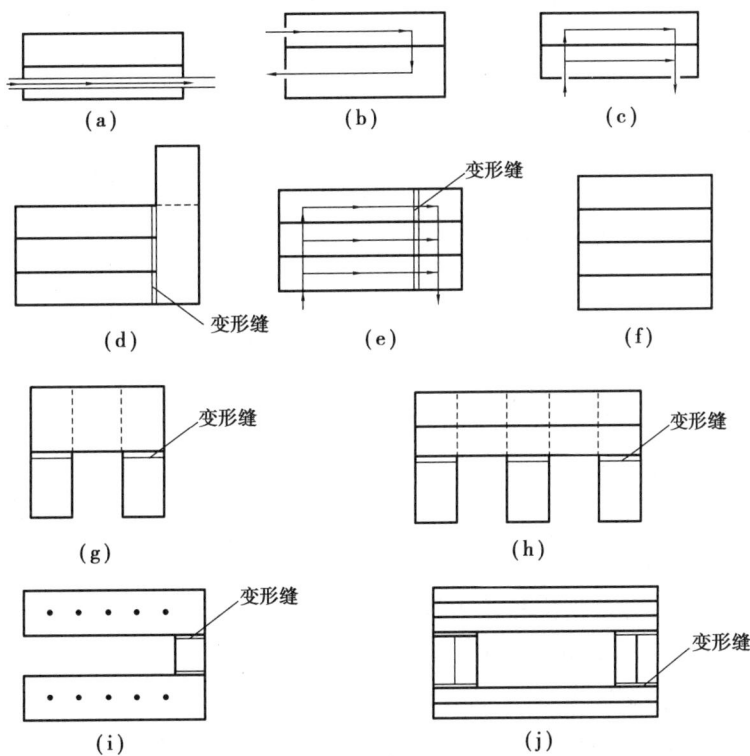

图 3-2-11　厂房的平面形式

(1)矩形平面

最简单的是由单跨组成,它是构成其他平面的基本形式。例如,平行多跨组合平面,跨度相互垂直布置组合平面。

当生产规模较大、厂房面积较大时,多采用平行多跨组合平面。适用于直线式[图 3-2-11(a)]和往复式[图 3-2-11(b)、(c)]生产工艺流程。该平面形式运输线路简洁,工艺联系紧密,工程管线较短,形式规整,占地较少。当厂房设计为等高跨且轨顶标高相同时,则结构、构造简单,可取得施工快、造价成本低的实际效果。

跨度互相垂直布置的平面,适用于垂直式的工艺流程,如图 3-2-11(d)所示。其优点是工艺流程紧凑,各零配件加工到总装配的运输线路简洁,但是跨度垂直相交处的结构、构造连接处理较为复杂。

正方形或趋近于正方形的平面是由矩形平面变化而来的(图 3-2-12),这几种平面形式经济分析较为优越。在面积相同的情况下,矩形、L 形平面的外围结构的周长比正方形长,因此,正方形平面的厂房造价比较矩形、L 形平面厂房的造价低,见表 3-2-1。正方形厂房外围面积小,冬季可以减少通过外墙的热量损失;夏季可以降低太阳的辐射,减少热量传入室内,因此对防暑降温有好处。这种平面形式的厂房近年来发展较快,尤其是在机械工业中应用较广泛。

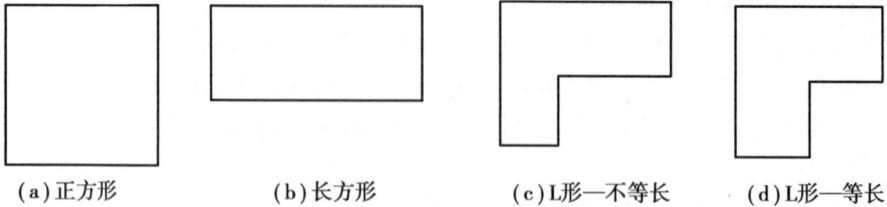

| (a)正方形 | (b)长方形 | (c)L形—不等长 | (d)L形—等长 |

图 3-2-12　厂房不同平面形式的比较

表 3-2-1　平面形式不同厂房的造价比　　　　　　　　　　　　　　单位:%

结构名称	平面形式		
	方形 1:1	矩形 1:2	条形 1:9
外围结构	100	128	189
柱	100	106	125
基础	100	110	140
总造价	100	106	120

注:建筑面积均为 5 000 m² 左右。

(2)L 形、Π 形、Ⅲ 形平面

为了使厂房具有较好通风条件,迅速排出余热和烟尘,厂房在设计时不宜太宽,应形成 L 形、Π 形、Ⅲ 形平面为宜[图 3-2-11(f)、(g)、(h)]。

L、Π、Ⅲ 形平面多为各跨相互垂直,在垂直相交处结构、构造处理较复杂;同时,由于外墙较长,厂房内各种管线较长,故造价较高。

5)单层厂房的柱网设计

在厂房中,为支承屋顶和吊车,必须设柱子。为确定柱位,在平面图上要布置定位轴线。在纵横定位轴线相交处设置柱子。故承重结构柱子在平面上排列所形成的网格称为柱网。柱子纵向定位轴线间的距离称之为跨度,横向定位轴线间的距离称之为柱距。柱网的选择实际上就是选择厂房的跨度和柱距。跨度和柱距的尺寸必须符合国家规范《厂房建筑模数协调标准》的有关规定。

在设计时,根据工艺流程和设备布置对跨度和柱距大小会提出要求,有时还会提出一些特殊要求,如需越跨布置大型设备或有长尺产品越过柱距时,一般柱距满足不了这种要求,这就要在一定长度范围内少设一根或几根柱子。

因此,建筑设计人员在选择柱网时要考虑下述各点的要求。

(1)满足生产工艺提出的要求

生产工艺要求是确定平面尺寸的重要参考因素,不同的工艺对厂房的平面尺寸要求不同。

(2)遵守《厂房建筑模数协调标准》的规定

在传统的钢筋混凝土结构中,厂房的距度尺寸和屋顶承重结构(屋架等)的跨度是统一的。柱距尺寸和屋面板、吊车梁跨度尺寸是统一的。因此,柱网尺寸不仅在平面上规定着厂房的跨度、柱距大小,而且还规定着屋架、屋面板、吊车梁的尺寸。为减少厂房构件的尺寸类型,提高厂房建设的工业化水平,必须对柱网尺寸作相应的规定。根据《厂房建筑模数协调标准》规定,跨度小于 18 m 时,跨度的增减采用扩大模数 30M 数列,即 9 m、12 m、15 m、18 m。大于 18 m 时,跨度的增减采用扩大按 60M 数列,即 18 m、24 m、30 m 和 36 m。柱距采用扩大模数 60M 数列,即 6 m 和 12 m。厂房山墙处抗风柱柱距宜采用扩大模数 15M 数列。在选择柱网尺寸时必须遵守这些规定。

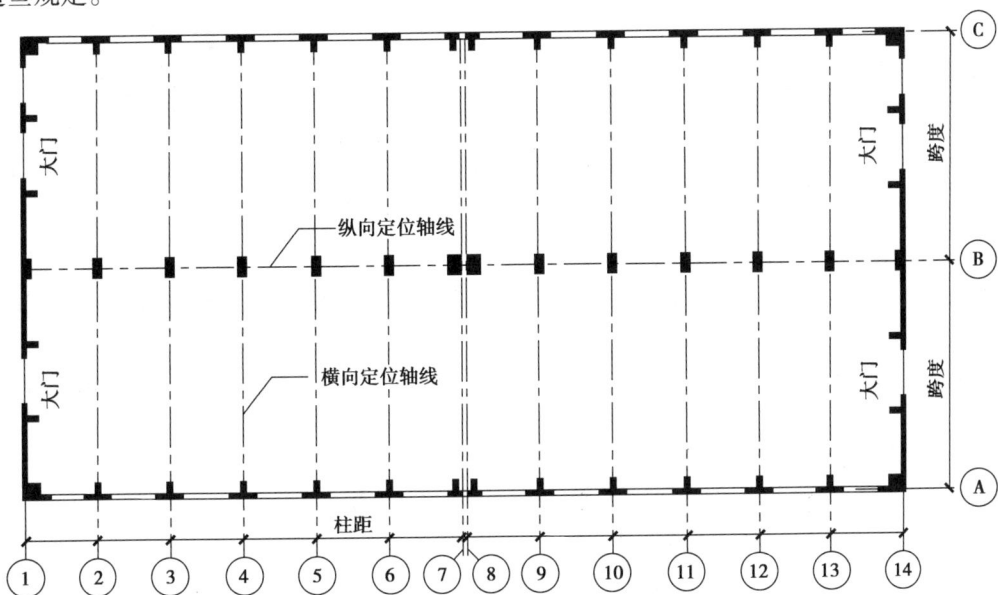

图 3-2-13　单层厂房柱网平面示意图

(3)调整和统一柱网

在某些情况下,因工艺要求,在内部柱列要拔掉一些柱子(即不设柱),这时将会出现大小柱距排列不一的现象,这会给结构布置、计算和施工带来复杂性。此时就要全面考虑调整柱距,最好使柱距统一。如某厂因产品(长 10.5 m)要越跨,需拔柱处较多,经全面分析比较,最后确定采用统一的内部柱距为 12 m。

内部柱距扩大以后(边柱距大多数采用 6 m),如仍采用 6 m 长的屋面板,为支承屋架(屋面大梁),在二柱间需设托架梁,托架梁跨度随柱距大小而定。

(4)尽量扩大柱网,提高厂房的通用性和经济合理性

①扩大柱网能提高厂房的通用性。

近代工业生产要求厂房具有较大的通用性。生产实践证明,厂房内部的生产工艺流程和生产设备不可能是一成不变的,随着科学技术的发展和新技术的采用,每隔一个时期就需要更新设备和重新组织生产线。为使厂房能适应生产工艺改变和更新设备的需要,厂房不仅要满足现在生产的要求,还要考虑可持续发展的要求,以适应生产改变的需要。厂房通用性的具体标志之一,就是要有较大的柱网。

②扩大柱网能扩大生产面积,节约用地。

扩大柱网不仅可以提高厂房的通用性,而且还能扩大生产面积。扩大柱网可便于布置设备,相应地也可缩小厂房的建筑面积,节约用地。如在机械工业中,柱网由 6 m×12 m 扩至 12 m×18 m,则可节省面积达9%。纺织工业,柱网由 9 m×12 m 扩至 12 m×18 m、18 m×18 m 和 12 m×24 m 时可分别节约面积4.5%,9%和10%,相应地也降低了建筑造价(图 3-2-14)。

③扩大柱网能加快建设速度。

扩大柱网可减少厂房的构件数量(见表 3-2-2),在施工条件允许时将显著加快施工进度。例如,武钢一轧钢厂将原 6 m 柱距改为 12 m 时,施工进度大大加快。

表 3-2-2　矩形平面 144 m×24 m 单层厂房各柱网构件数量

构件名称	单位	柱网(柱距×跨度)(m×m)				备注
		6×24	18×24	18×24	24×24	
屋架	榀	25	13	9	7	跨度均为 24 m
柱	根	50	26	18	14	不包括抗风柱
基础	个	50	26	18	14	温度缝,单基础双杯扣
总计		125	65	45	35	

④扩大柱网能提高吊车的服务范围。

在有桥式吊车的厂房中扩大厂房跨度,可增加吊车服务范围。因吊车起重量越大,其吊钩的极限位置与定位轴线的距离就越远,因此吊车的服务范围也就越小,即出现了所谓"死角"。如吊车起重量为 75/15 t 时,其活动面积在跨度为 12 m 时为 52%,18 m 时为 68%,24 m 时为 76%。

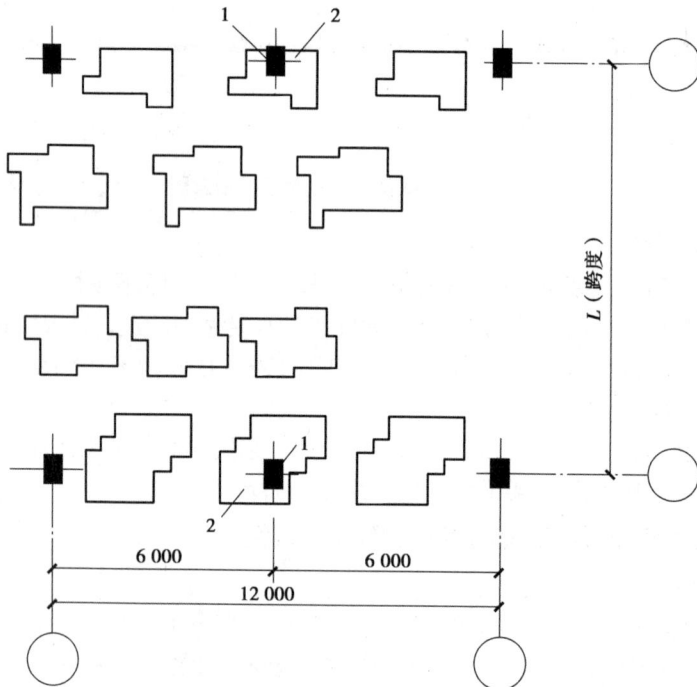

图 3-2-14　扩大柱距增加设备布置

1—扩大柱距后省去的柱子;2—增加的设备

据有关资料分析,在 6 m 柱距有悬挂吊车的情况下,18 m 跨度是最经济的。因跨度由 12 m 扩至 18 m,材料(钢、混凝土)消耗量增加得很少,而扩大面积则达 7.4%。扩至 24 m 时,材料消耗量是要增加一些,但扩大了面积。两者综合考虑,优点可以补偿缺点,因此,24 m 跨度也较为经济。

在桥式吊车的厂房中,跨度越大,单位面积造价越低。因为跨度增大后,单位面积的吊车梁和柱子的建筑造价相应降低。如桥式吊车起重量为 20 t,柱距同为 12 m(有托架和天窗),当跨度为 18 m 时,混凝土的折算厚度为 26.1 cm,钢材为 21.3 kg;跨度扩至 24 m 时,混凝土的折算厚度减至 22.9 cm,钢材为 21.1 kg。由此可见,甚至不考虑扩大面积,提高厂房的通用性等优点,24 m 跨度的优点也是很明显的。经过同样的分析,当吊车起重量为 30 t 或大于 30 t 时,24 ~ 30 m 跨是比较经济的。

据有关统计资料表明,不管有无吊车,18 m 和 24 m 两个跨度的适应性较强,应用面广,利用率较高,18 m 跨的利用率为 43%,24 m 跨为 40%。因此,在工艺无特殊要求的情况下,一般不宜再扩大跨度,而应扩大柱距。如图 3-2-15 所示,中列柱为扩大柱距的设备布置。

6 m 柱距是我国目前的基本柱距,在实际中应用较广,经济效果也较好。但 6 m 柱距太小,不便布置设备,厂房通用性也较差。扩大柱距,尽管建筑材料的消耗量要稍增加一些,但其他优越性较强,故应全面综合考虑。

根据以上分析和《厂房建筑模数协调标准》的规定,在我国的单层厂房建筑实践中常用的柱网有:在有起重量不大于 5 t 的悬挂式吊车和无吊车的厂房中为 6 m×18 m,6 m×24 m,12 m×18 m,也可采用 12 m×24 m;在有桥式吊车的厂房中,起重量不大于 50 t 时为 6 m×18 m,6 m×24 m,6 m×30 m,6 m×36 m,12 m×18 m,12 m×24 m,12 m×30 m,12 m×36 m。

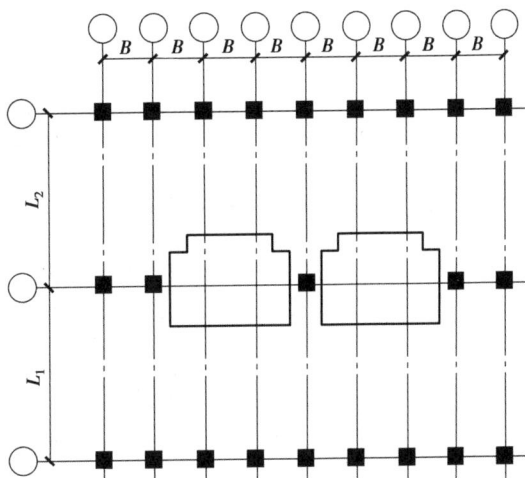

图 3-2-15　中列柱为扩大柱距设备布置平面图

在某些情况下,还需结合设备布置、结构类型、地质条件等具体条件综合考虑选定柱网。有时也可选用 6 m×9 m,6 m×12 m,6 m×15 m,6 m×21 m,6 m×27 m 等柱网。在地基较软弱时,钢筋混凝土结构 12 m 柱距总的来说比 6 m 经济。在采用 12 m 柱距时,边柱可根据墙体材料、构造要求等因素综合考虑选 6 m 或 12 m 柱距。

实际工程中也有采用近方形或方形柱,其优点是纵横向都能布置生产线。当工艺上需要进行技术改造,或更新设备和重新布置生产线时,十分灵活,完全不受柱距的限制,使厂房具有更大的通用性。这种柱网的屋顶结构形式可采用平面结构,也可采用空间结构;厂房内起重运输设备可采用悬挂式吊车,也可采用桥式吊车或在地面上行走的龙门吊车。当采用桥式吊车时,吊车梁支承在专用的柱子上,这种柱子不和厂房柱相联系,当工艺流程改变时,便于拆卸,不影响厂房的通用性。

12 m 柱距在工程中一般采取下面两种方式处理:

①带托架方案[图 3-2-18(b)]:多跨厂房中立柱采用 12 m 柱距,边列柱采用 6 m 柱距,中列柱间设 12 m 托架(或托梁)。屋架间距仍保存 6 m,且屋面板、墙板均取 6 m。这种方案除托架(或托梁)、托架处柱与基础外,其余构件与 6 m 柱距系统一致,如图 3-2-16、图 3-2-17 所示。

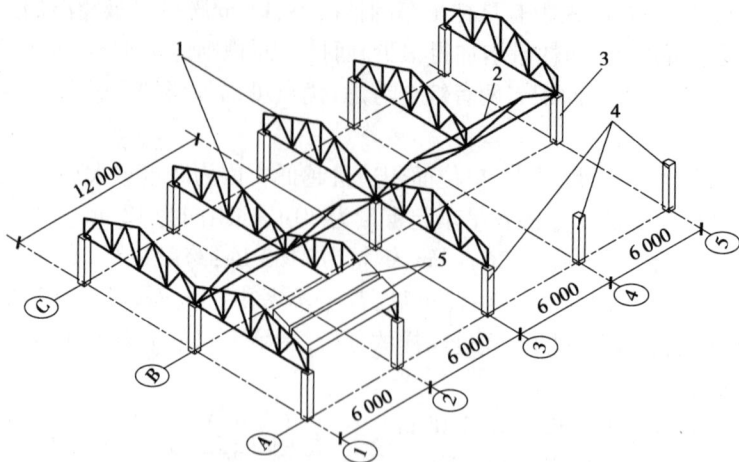

图 3-2-16 带托架的屋顶承重结构布置图

1—屋架;2—托架梁;3—柱距为 12 m 的中列柱;4—柱距为 6 m 的边列柱;5—长度为 6 m 的屋面板

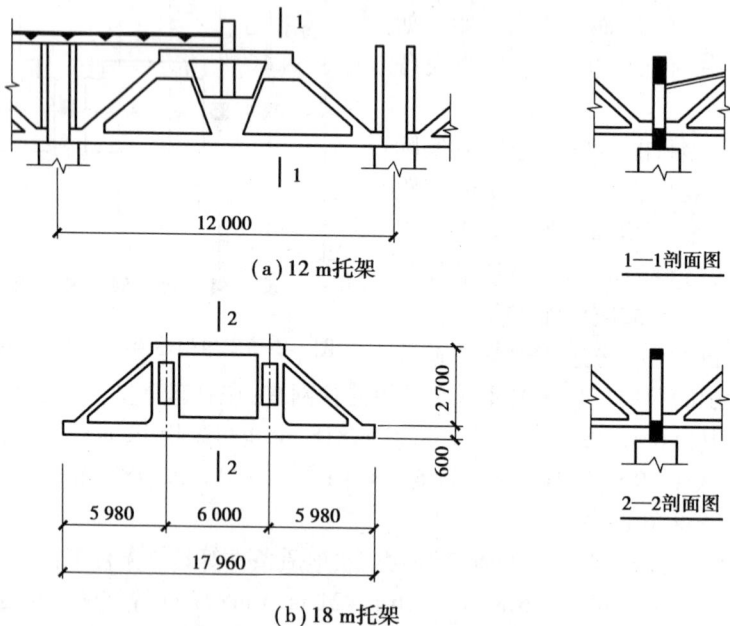

（a）12 m托架

1—1剖面图

（b）18 m托架

图 3-2-17 12 m 和 18 m 柱距 6 m 屋面板的托架方案

②不带托架方案[图 3-2-18（a）]：厂房的中、边列柱均采用 12 m 柱距,屋面板与墙板长度也采用 12 m。这个方案使厂房的结构形式简单,施工吊装运输方便,构件统一,数量类型较易选择,特别适用于工业化建设。

正方形或接近正方形的柱网,其跨度和柱距相同或接近,如图 3-2-19 所示,设备布置、施工、运输都十分方便。常用柱网尺寸为 12 m×12 m,18 m×18 m,24 m×24 m 等。

在平面设计中,在选择柱网的同时要考虑变形缝的设置问题。

6）生活间的设计

为了满足工人在生产过程中的生产、生活、卫生的需求,在行政管理及生活福利设施外,每个车间必须设有生活间。生活间的设计必须执行我国卫生部主编的《工业企业设计卫生标准》（GBZ1—2010）的有关规定。该标准规定了工业企业的选址与整体布局、防尘与防毒、防暑与防寒、防噪声与振动、防非电离辐射及电离辐射、辅助用室等方面的内容,以保证工业企业的设计符合卫生要求。

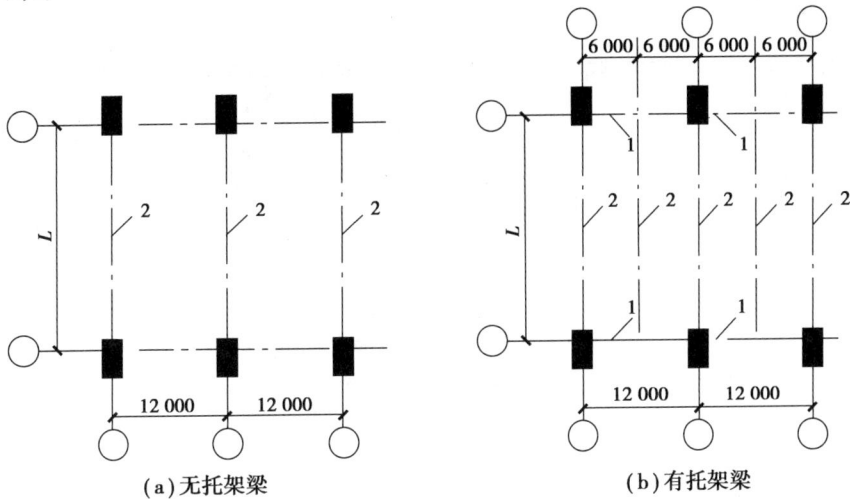

(a)无托架梁　　　　　　　(b)有托架梁

图 3-2-18　扩大柱网屋顶承重方案

1—托架梁;2—屋架;*L*—跨度

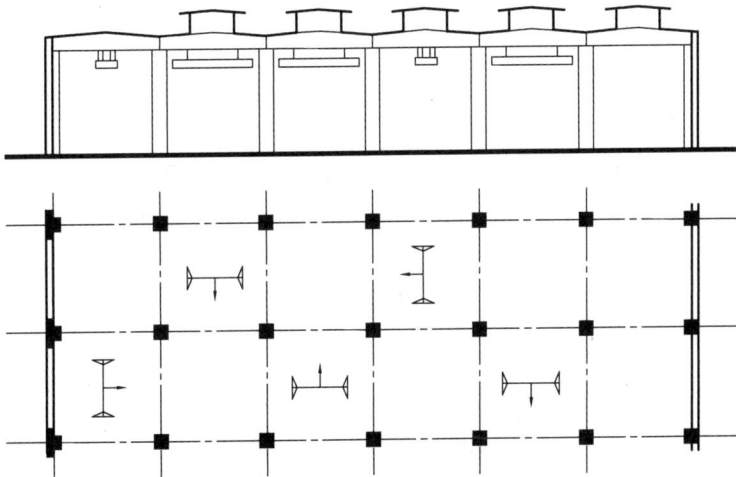

图 3-2-19　正方形柱网的厂房

(1)生活间的组成及设备布置(图 3-2-20)

①生产卫生用房。包括浴室、厕所、存衣室、盥洗室等,其面积大小和卫生用具的数量是根据车间的卫生特征要求来确定的。一般工业企业按卫生特征分为 4 级。1 级和 2 级的车间应设有车间浴室;3 级宜在车间附近或在厂房设置集中浴室;4 级在厂区或居住区内设置集中浴室。因生产事故可能发生化学性灼伤或经皮肤吸收会引起急性中毒的车间或工作地点,应设置事故淋浴,其供水系统不允许中断。车间浴室应采取防水、防潮、排水和排气措施,且不宜直接设在办公室的上层或下层。1 级、2 级的车间浴室,无特殊原因不得设浴池。南方炎热地区需每天洗浴者,4 级卫生特征的车间的浴室每个淋浴器的使用人数可按 13 人计算。重作业者可设部分浴池,浴池面积一般按每 1 m² 面积 1 个淋浴器换算。浴室内一般按 4~6 个淋浴器设一具盥洗器。存衣间应配置闭锁式衣柜。车间卫生特征 1 级的存衣室,便服、工作服应分室存放。工作服室应有良好的通风。卫生特征 2 级的存衣室,便服、工作服可同室分开存放,以避免工作服污染便服。卫生特征 3 级的存衣室,便服、工作服可同室存放。存衣室可与休息室合并设置。

车间卫生特征4级的存衣室,存衣室与休息室可合并设置,或在车间内适当地点存放工作服。湿度大的低温重作业如冷库和地下作业等,应设工作服干燥室。对特殊工种应设除尘、消毒室。

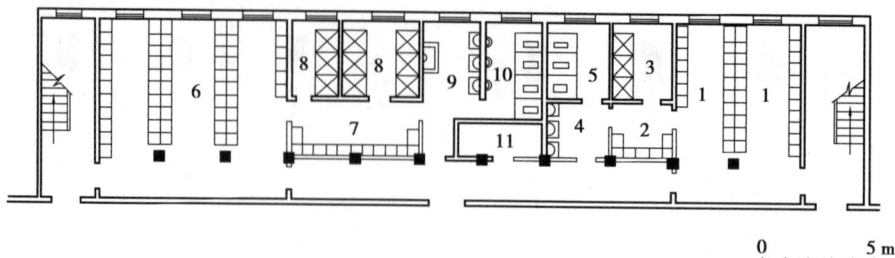

图3-2-20　厂房的生活平面布置图
1—女存衣室;2—女更衣室;3—女淋浴室;4—女盥洗室;5—女厕所;6—男存衣室;
7—男更衣室;8—男淋浴室;9—男盥洗室;10—男厕所;11—开水间

②生活福利用房。包括休息室、女工卫生室、厕所、饮水间、小吃部、保健室等。厕所内的大小便器按规范和有关规定计算,浴室、盥洗室、厕所的设计计算人数按最大班工人总数的93%计算。

休息室内应设置清洁饮水设施。生活卫生用房应有良好的自然采光和通风。最大班女工在100人以上的工业企业,应设妇女卫生室,且不得与其他用室合并设置。妇女卫生室由等候间和处理间组成。等候间应设洗手设备及洗涤池。处理间内应设温水箱及冲洗器。冲洗器的数量应按最大班女工人数为100～200名时,应设一具,大于200名时每增加200名应增设一具。最大班女工在100名以下至40名以上的工业企业,设置简易的温水箱及冲洗器。

③行政办公用房。包括党、政、工、团办公室及会议室、值班室、计划调度室等。

(2)生活间设计原则

①生活间的位置。生活间应尽量布置在车间主要人流出入口处,且与生产操作地点有方便的联系,并避免工人上、下班时的人流与厂区内主要运输线(火车、汽车等)的交叉。人数较多集中设置的生活间,以布置在厂区主要干道两侧且靠近车间为宜。

②生活间的朝向。生活间应有适宜的朝向,使之获得较好的采光、通风和日照。同时,生活间的位置也应尽量减少对厂房天然采光和自然通风的影响。

③生活间应避免污染。生活间不宜布置在有散发粉尘、毒气及其他有害气体车间的下风侧或顶部,并尽量避免噪声振动的影响,以免被污染和干扰。

④生活间应尽量利用空间。在生产条件许可及使用方便的情况下,应尽量利用车间内部的空闲位置设置生活间,或将几个车间的生活间合并建造,以节省用地和投资。

⑤生活间的面积。生活间的平面布置应面积紧凑,人流通畅,男女分设,管道尽量集中。

⑥生活间的风格。生活间建筑形式与风格应与车间和厂区环境相协调。

(3)生活间的布置形式

①毗连式生活间。

毗连式生活间是紧靠厂房外墙(山墙或纵墙)布置的生活间,如图3-2-21所示。其主要优点是距离短、联系方便;共用外墙,节省材料;充分利用空间;占地较省;对车间保温有利;易与总平面图人流路线协调一致;可避开厂区运输繁忙的不安全地带。其缺点是影响车间的采光和通风;车间内部的振动、灰尘、余热、噪声、有害气体等,对生活间的干扰大。

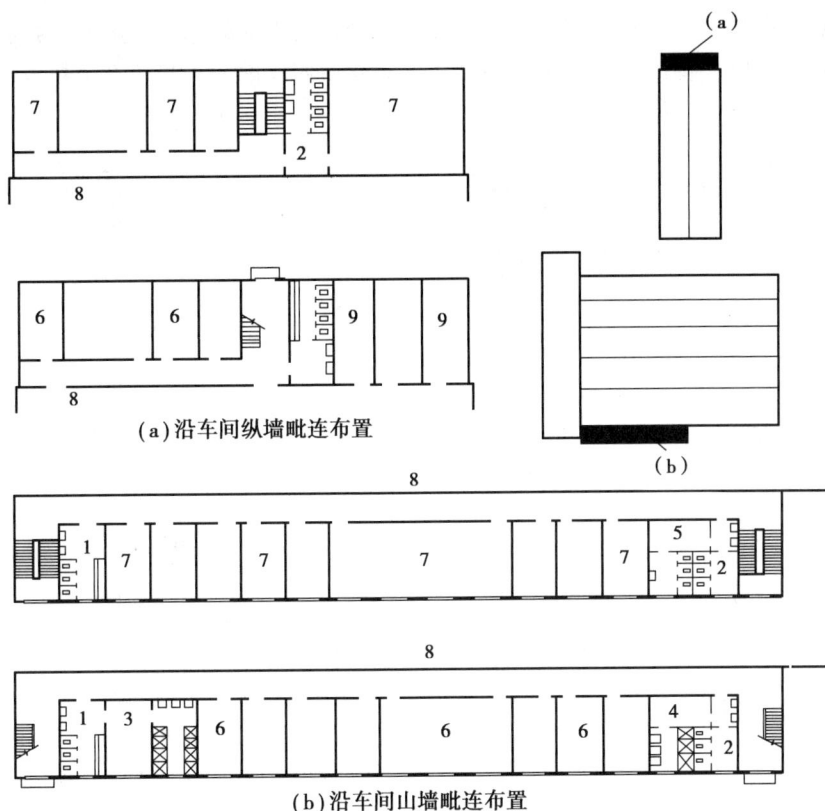

图 3-2-21 毗连式生活间

1—男厕;2—女厕;3—男浴室;4—女浴室;5—妇女卫生室;6—存衣室;7—办公室;8—车间

毗连式生活间的平面组成基本要求是:职工上下班的路线应与服务设施的路线一致,避免迂回;在生产过程中使用的厕所、休息室、吸烟室、女工卫生室等的位置应相对集中、位置恰当。

毗连式生活间和厂房的结构方案不同,荷载相差也大,因此在两者毗连处应当设置沉降缝。设置沉降缝的方案如下:

a. 当生活间高度高于厂房高度时,毗连墙应当设置在生活间一侧,而沉降缝则位于毗连区与厂房之间,如图 3-2-22(a)所示。无论毗连墙为承重墙或自承重墙,墙下的基础按以下情况处理:

● 带形基础。如带形基础与车间柱式基础相遇,应将带形基础断开,增设钢筋混凝土抬梁,承受毗连墙的荷载;

● 柱式基础。其位置与厂房的柱式基础交错布置,然后在生活间的柱式基础上设置钢筋混凝土抬梁,承受毗连墙的荷载。

b. 当厂房高度高于生活间高度时,毗连墙设置在车间一侧,沉降缝则设在毗连墙与生活间之间,如图 3-2-22(b)所示。毗连墙支撑在车间柱式基础的地梁上。此时生活间的楼板采用悬臂式结构,生活间的地面、楼面、屋面均与毗连墙断开,并设置沉降缝,以解决生活间和车间产生不均匀沉降的问题。

②独立式生活间。

独立式生活间是距厂房一定距离、分开布置的生活间,如图 3-2-23 所示。其优点是生活间和车间的采光、通风互不影响;生活间布置灵活;生活间和车间的结构方案互不影响,结构、构造容易处理。其缺点是生活间和车间的采光、通风互不影响;生活间布置灵活;生活间和车间的结构方案互不影响,结构、构造容易处理。独立式生活间适用于散发大量生产余热、有害气体及易燃易爆炸的车间。

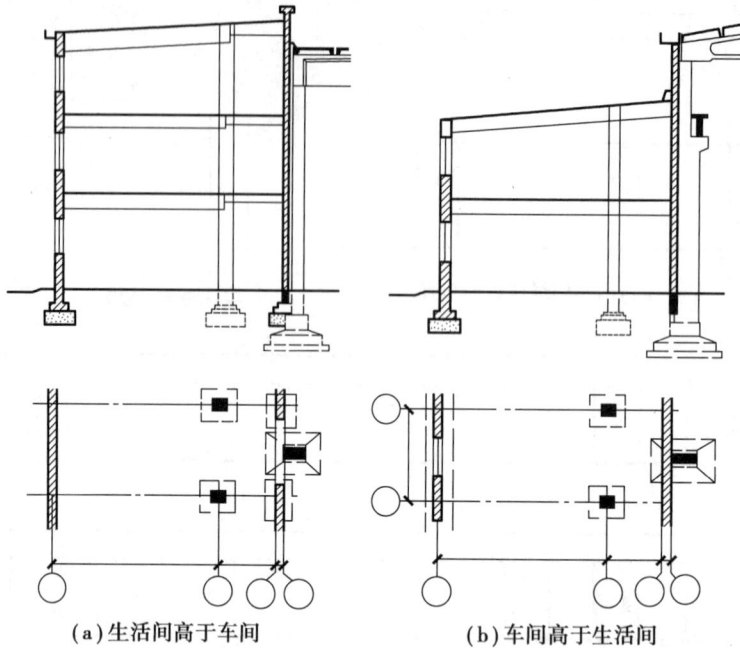

(a)生活间高于车间　　　(b)车间高于生活间

图 3-2-22　毗连式生活间的沉降缝处理

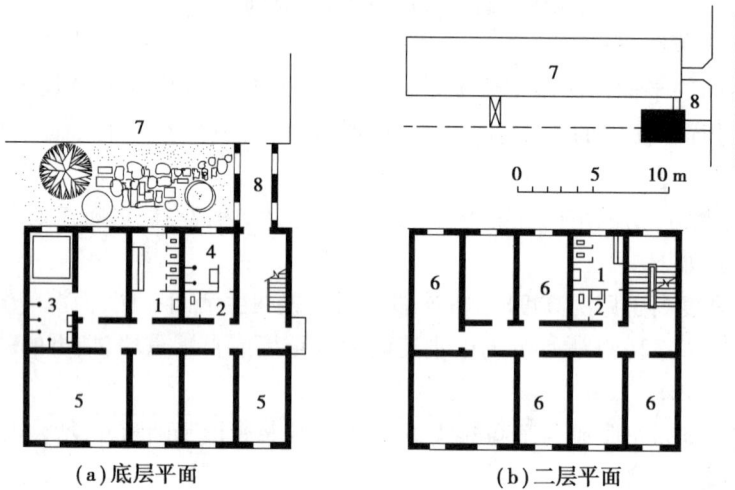

(a)底层平面　　　(b)二层平面

图 3-2-23　独立式生活间

1—男厕;2—女厕;3—男浴池;4—女淋浴;5—存衣室;6—办公;7—车间;8—通廊

独立式生活间与车间的连接方式有以下 3 种:

a.走廊连接。该连接方式简单、适用,根据气候条件,在南方地区宜采用开敞式走廊,北方地区宜采用封闭式走廊(或保温廊、暖廊)。

b.天桥连接。当车间与独立式生活间之间有铁路或运输量很大的公路时,在铁路或公路上空设置连接生活间和车间的天桥。这是一种立体交叉式的布置方法,可以避免人流与物货流的交叉,有利于车辆的通行和行人的安全。

c.地道连接。同样是立体交叉处理的生活间和车间关系的一种方式,优点与天桥连接的优点一致。

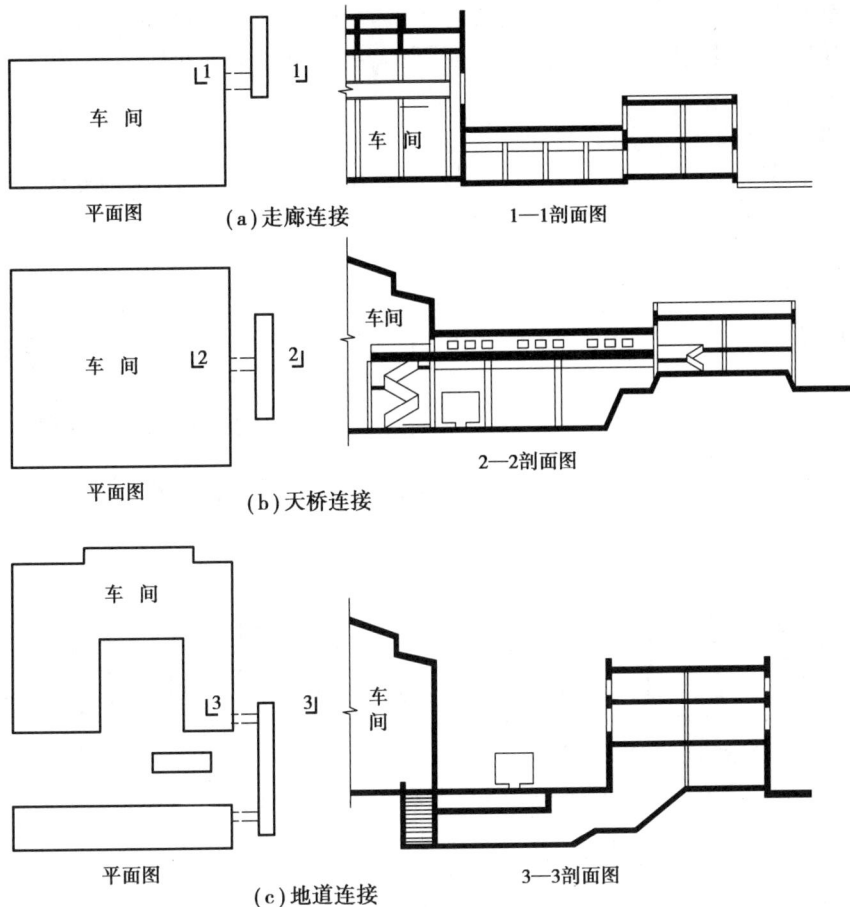

图 3-2-24　独立式生活间与车间的连接

③厂房内部式生活间。

内部式生活间是将生活间布置在车间内部,可以充分利用室内空间,只要生产工艺和卫生条件允许,都可以采取这种布置方案。该布置方案具有使用方便、经济合理、节省建筑面积和体积的优点。而缺点是只能将生活间的部分房间布置在车间内,如存衣室、休息室等,车间的通用性也受到一定的影响,如图 3-2-25 所示。

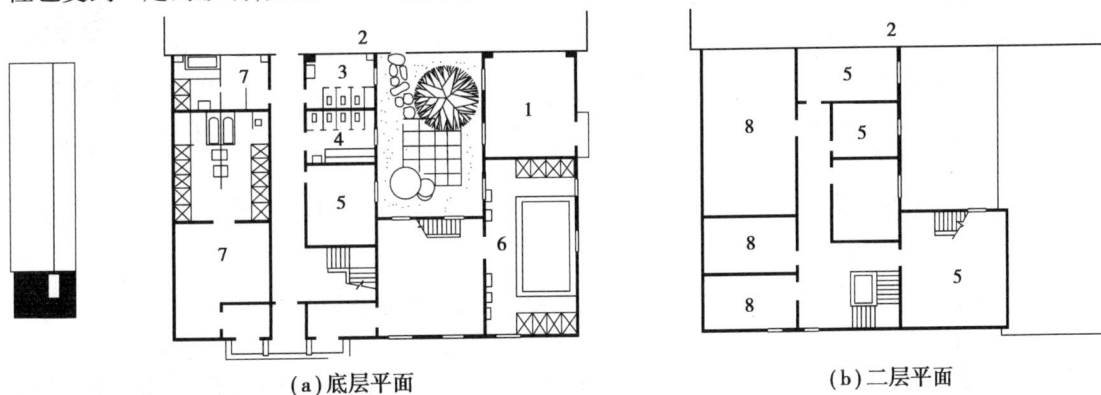

(a)底层平面　　　(b)二层平面

图 3-2-25　内部式生活间

1—生产辅助厨房;2—车间;3—女厕;4—男厕;5—学习、休息、存衣室;6—男浴室;7—女浴室;8—办公室内部式生活间的布置方式如下：

a. 在边角、空余地段处设置生活间，如在柱子上方、柱与柱之间的空间。

b. 在车间的上部设夹层。生活间布置在夹层内，夹层可以支承在柱子上，也可以悬挂在屋架下，见图3-2-26。

c. 在车间一角布置生活间。

d. 在地下室或半地下室布置生活间，但是需要机械通风、人工照明，结构复杂、费用较高，较少使用。

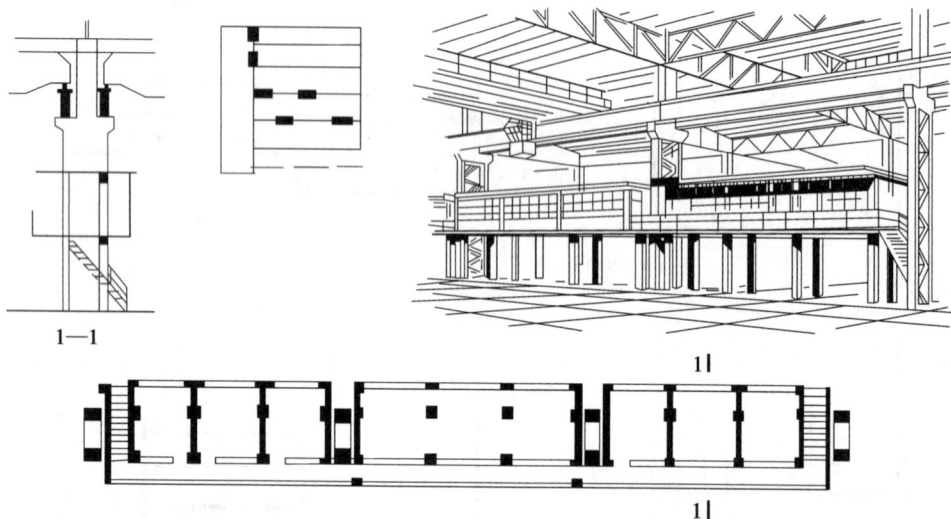

图 3-2-26　利用柱间空间作生活间

3.2.2　单层厂房剖面设计

厂房的剖面设计是在平面设计的基础上完成的。平面设计主要从平面形式、柱网布置、平面组合等方面来调节生产的需求，剖面设计则考虑厂房的建筑空间的处理效果是否满足生产对厂房提出的各种要求。

厂房的剖面设计的具体任务是确定合理的厂房高度，使其有满足生产工艺需求的空间高度；解决好厂房的采光、通风及屋面排水问题，使其满足生产工艺的要求和具有良好的室内生产环境；选择好结构方案和围护结构形式；满足建筑工业化的需求。

1）厂房高度的确定

厂房高度是指厂房的室内地面至屋顶承重结构下表面（屋顶承重结构下表面指柱顶、倾斜屋盖最低点或下沉式屋架下弦底面）的垂直距离。在剖面设计中，一般室内地面的相对标高定义为±0.000，柱顶标高、吊车轨顶标高等则是相对于室内地面而言的。

确定厂房的高度必须根据生产使用情况以及建筑统一化的要求，并应该考虑空间的合理利用。

（1）柱顶标高的确定

柱顶（倾斜屋盖最低点或下沉式屋架下弦底面）的标高确定有以下几种情况：

①无吊车厂房。

柱顶标高通常是根据最大生产设备的高度和其使用、安装、检修时所需的净空高度确定的。同时，必须考虑采光和通风的要求，以及避免由于单层厂房跨度大、高度低时给空间带来的压抑感，一般不低于3.9 m。根据《厂房建筑模数协调标准》，柱顶标高应符合300 mm 的整数倍，若为砖石结构承重，柱顶标高应为100 mm 的倍数。

②有吊车厂房。

有吊车厂房,其厂房高度根据吊车的类型不同而各异,对于梁式吊车或桥式吊车的厂房,其高度确定如图 3-2-27 所示。

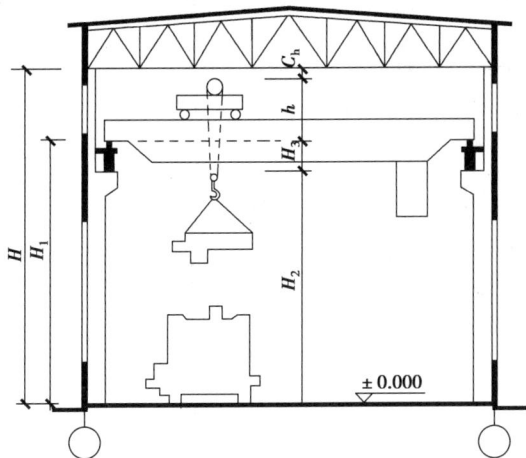

图 3-2-27　厂房高度的确定图

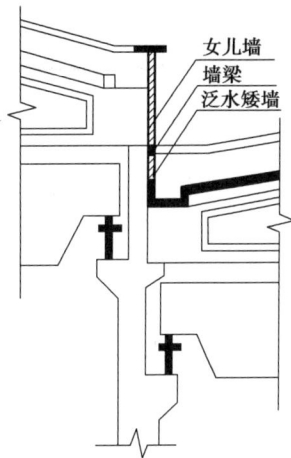

图 3-2-28　高低跨结构处理

柱顶标高　　　$H = H_1 + H_2$

轨顶标高　　　$H_1 = h_1 + h_2 + h_3 + h_4 + h_5$

轨顶至柱顶高度　$H_2 = h_6 + h_7$

式中　h_1——需跨越最大设备,室内分隔墙或检修所需的高度;

　　　h_2——起吊物与跨越物间的安全距离,一般为 400 ~ 500 mm;

　　　h_3——被吊物体的最大高度;

　　　h_4——吊索最小高度,根据起吊物件大小和起吊方式而定,一般大于 1 000 mm;

　　　h_5——吊钩至轨顶面的最小尺寸,由吊车规格表中查得;

　　　h_6——吊车梁轨顶至小车顶面的净空尺寸,由吊车规格表中查得;

　　　h_7——屋架下弦至小车顶面之间的安全距离,主要应考虑到屋架下弦及支撑可能产生的下垂挠度,以及厂房地基可能产生不均匀沉降时对吊车正常运行的影响。最小尺寸为 220 mm,湿陷性黄土地区一般不小于 300 mm。

如屋架下弦悬挂有管线等其他设施时,还需另加必要的尺寸。

《厂房建筑模数协调标准》规定,钢筋混凝土结构柱顶标高 H 应为 300 mm 的整倍数,轨顶标高 H_1 为 600 mm 的整倍数,牛腿标高也应为 300 mm 的整倍数。

多跨厂房中,由于厂房高低不齐,在高低错落处需要增设墙梁、女儿墙、泛水等,使构件的数量增多。导致剖面的形式、结构、构造变得复杂,施工烦琐不便,造价成本也相应增加,如图 3-2-28 所示。因此,当生产上要求厂房的高度相差不大时,将低跨抬高至与高跨齐平较设高低跨更为经济合理,有利于统一厂房的结构,加快施工进度,为生产工艺灵活处理创造条件,如图 3-2-29 所示。

根据《厂房建筑模数协调标准》规定,在采暖和不采暖的多跨厂房中,当高差值等于或小于 1.2 m 时不宜设高差值。在不采暖的厂房中,当高跨一侧仅有一个低跨,且高差值等于或小于 1.8 m 时,也不宜设高度差。如图 3-2-29 所示为某加工车间的剖面方案的修改处理。该车间原为三跨式厂房,原方案中有高度差,如图 3-2-29(a)所示。新方案按建筑统一化规定把低跨抬高,与高跨齐平,如图 3-2-29(b)所示,尽管提高了柱子高度和增加了一定的外围护结构,但是柱子的类型由 4 种减少为 2 种,ⓒ轴线的柱子断面处理由繁变易,受力也较前面设计合理,并省去了一条墙梁、一段矮墙及高低跨处的泛水构造。

（a）原方案

（b）新方案

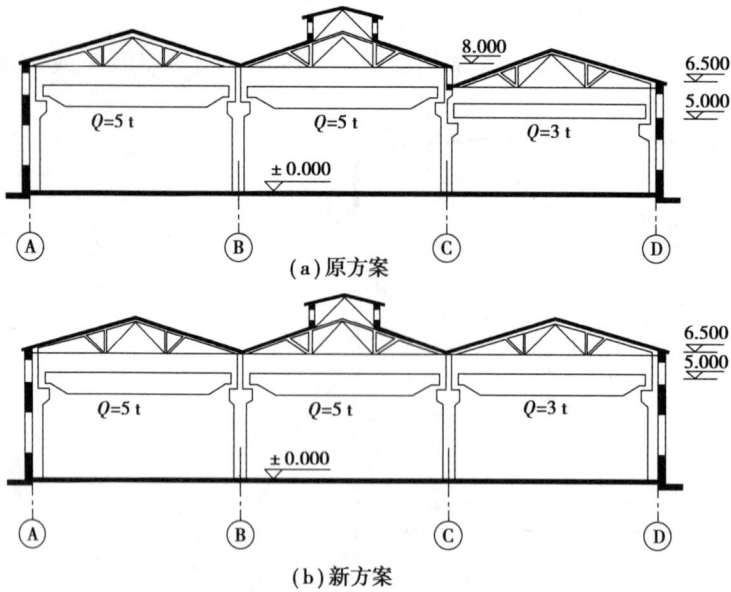

图 3-2-29 某加工车间的剖面方案

（2）室内外地坪标高的确定

厂房室内外地坪的标高是在厂区总平面设计时确定的，室内外高差的大小应考虑方便运输，防止雨水侵入等因素，常取 100～150 mm，并在室外入口处设置坡道。

在地形较平坦的情况下，整个厂房地坪一般取一个标高，相对标高定为±0.000。如在山地建厂，用结合地形，因地制宜，尽量减少土石方工程量，以利于降低工程造价，加快施工进度。一般会将车间跨度沿等高线布置。在工艺条件允许的情况下，可将车间各工具房布置在不同的标高的台阶上，工艺流程则可由高跨处流向低跨处，利用物体的自重进行运输，可以减少运输费用和动力消耗。比如矿区的化工厂、选矿厂、洗煤厂等，如图 3-2-30 所示。

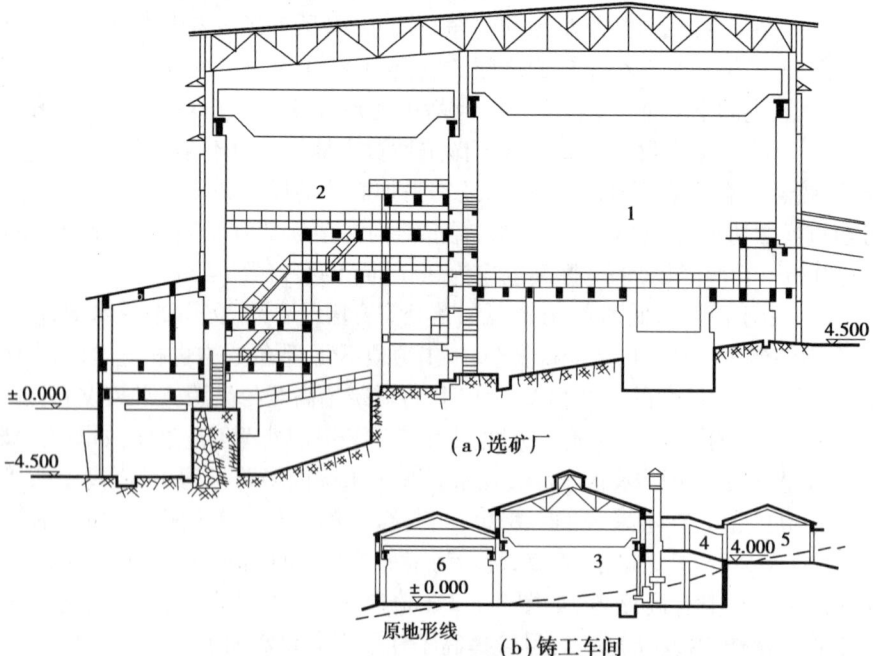

（a）选矿厂

（b）铸工车间

图 3-2-30 多跨厂房跨度平行等高线布置

1—球磨;2—精选;3—大件造型;4—熔化;5—炉料;6—小件造型

如设计跨度是垂直于等高线布置,当地形坡度较陡时,在工艺条件运行的前提下,可使统一跨的地坪分段设计在不同标高的台阶上。如图 3-2-31(a)所示为某厂铸工车间的纵剖面图,结合地形将厂房的地坪纵向做成两台,高差为 2 m。处理的结果是地面不平整,但是吊车的运行不受任何影响,铸铁件的浇注在低处进行。如图 3-2-31(b)所示为某磨具加工车间的纵剖面图,模具库做成两层,模具运输至底层模具库,接着通过垂直运输到第二层,由二层直接运至近处设置的铸工车间。有时还可以利用地形的变化,在低处设置半地下室,作为产品库或辅助生产用房。

当厂房内地坪有两个以上不同高度的地坪面时,主要地坪面的标高为±0.000,如图 3-2-31、图 3-2-32 所示。

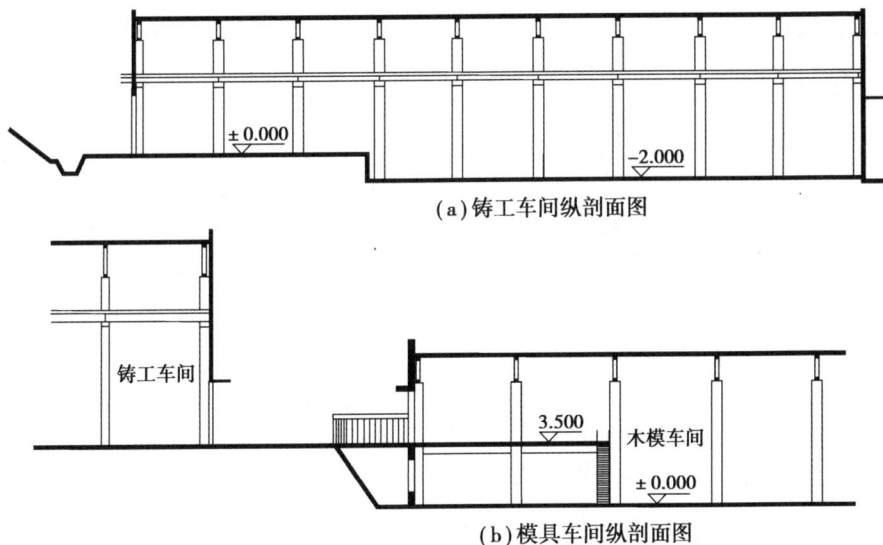

(a)铸工车间纵剖面图

(b)模具车间纵剖面图

图 3-2-31　多跨厂房跨度垂直等高线布置

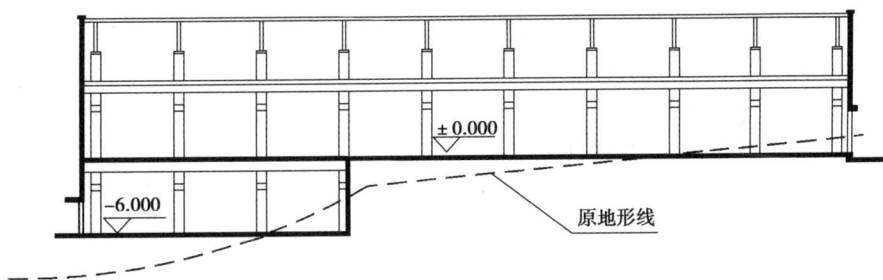

图 3-2-32　利用地形较低一处设置半地下室

(3)厂房高度的调整

①在厂房高低不齐的多跨厂房中,提高低跨高度,变高低跨为等高跨。

a. 在采暖和不采暖的多跨厂房中,当高差值等于或小于 1.2 m 时,不宜设高度差;

b. 在不采暖的厂房中,当一侧仅有一低跨且高差不大于 1.8 m 时,也不宜设置高度差。

②在工艺条件允许的情况下,把高大设备布置在两榀屋架之间,利用屋顶空间起到缩短柱子长度的作用,从而降低了厂房高度,如图 3-2-33 所示。

③在厂房内部有个别高大设备或需高空间操作的工艺环节时,可采取降低局部地面标高的方法,从而减小厂房空间高度,如图 3-2-34 所示。

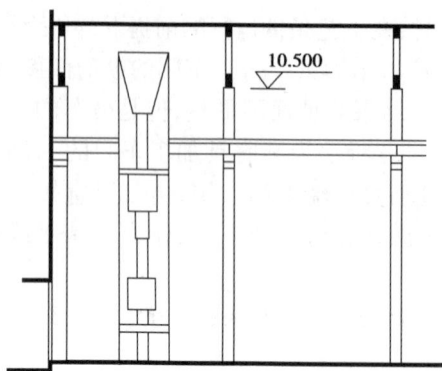

图 3-2-33　利用屋架空间布置设备

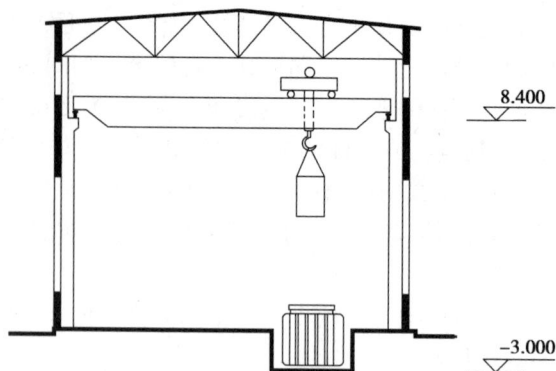

图 3-2-34　局部降低地面标高

2)天然采光

白天室内利用天然光线进行照明的方式称为天然采光(或自然采光)。天然采光不消耗大量的电能,因此在厂房中得到广泛的应用。在天然光线不足的情况下,才辅助以人工照明。应合理地利用天然光来为生产服务,使之满足人体生理上的要求,以取得最大的经济效果。

3.2.3 单层厂房的天然采光

(1)天然采光的基本要求

①满足采光系数最低值的要求。

室内工作面上应有一定的光线。光线的强弱是根据照度来衡量的。照度表示单位面积上所接收的光通量的多少,单位是勒克斯(lx)。室外光线随时都是在变化的,室内的照度值也随之而变化,因此,室内某点的采光情况不可能用这个不确定的照度值来表示。我们以室内工作面上某一点的照度与同时间露天场地上的照度的百分比来表示。这个比值就称为室内某点的采光系数 C(图 3-2-35),即:

$$C = \frac{E_n}{E_w} \times 100\%$$

式中　C——室内某点的采光系数,%;

　　　E_n——室内某点的照度,lx;

　　　E_w——同一时间的室外照度,lx。

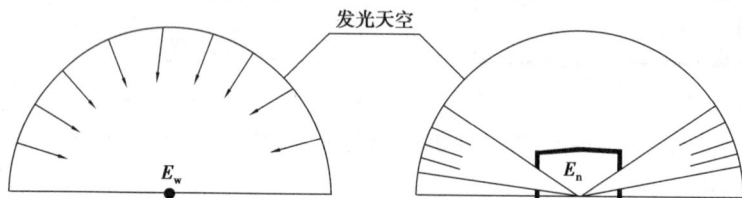

图 3-2-35　确定采光系数示意图

根据我国《建筑采光设计标准》(GB 50033—2013)中要求采光设计的光源以全阴天天空的扩散光作为标准。根据我国的光气候特征及视觉试验,以及对实际情况的调查,将我国各有所长的视觉工作分为Ⅴ级(表 3-2-3),提出了各级视觉工作要求的室内天然光的照度最低值,并规定各级采光的系数最低值。在采光设计中,生产车间工作面上的采光系数最低值不低于表 3-2-4 的规定数值,以保证车间内的良好的视觉条件。

工作面的采光系数是否符合要求,应选择建筑的典型剖面工作面采光最不利点进行检验。工作面一般取距地面 1 m 的高度水平面。在横剖面上进行验算,连接各点采光系数值形成采光曲线,采光曲线反映该剖面的采光情况,如图 3-2-36 所示。

表 3-2-3　作业场所工作面上的采光系数标准值

采光等级	视觉作业分类		侧面采光		顶部采光	
	作业精确度	识别对象的最小尺寸 d/mm	室内天然光照度/lx	采光系数 C/%	室内天然光照度/lx	采光系数 C/%
I	特别精细	$d \leqslant 0.15$	250	5	350	7
II	很精细	$0.15 < d \leqslant 0.3$	150	3	250	5
III	精细	$0.3 < d \leqslant 1.0$	100	2	150	3
IV	一般	$1.0 < d \leqslant 5.0$	50	1	100	2
V	粗糙	$d > 5.0$	25	0.5	50	1

注:①摘自《工业企业采光设计标准》;

②表中所列的采光系数值适用于我国Ⅲ类光气候区,采光系数是根据室外临界照度为 5 000 lx 确定;

③亮度对比小的Ⅰ、Ⅱ级视觉作业,其采光等级可提高一级采用。

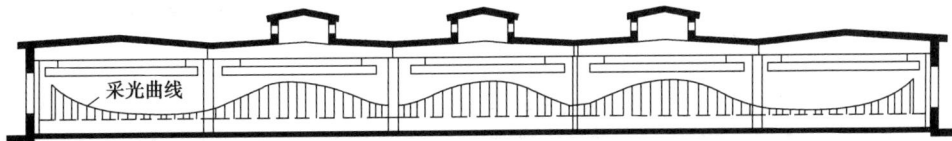

图 3-2-36　采光曲线示意图

表 3-2-4　工业建筑采光系数标准值

采光等级	车间名称	侧面采光		顶面采光	
		采光系数最低值 $C_{\min}$/%	室内天然光临界照度值/lx	采光系数最低值 $C_{\min}$/%	室内天然光临界照度值/lx
I	特别精密机电产品加工、装配、检验 工艺品雕刻、刺绣、绘画	5	250	7	350
II	很精密机电产品加工、装配、检验、通信、网络、视听设备的装配与调试 纺织品精纺、织造、印染 服装裁剪、缝纫及检验 精密理化实验室、计量室主控制室 印刷品的排版、印刷 药品制剂	3	150	4.5	225
III	机电产品加工、装配、检修 一般控制室 木工、电镀、油漆、铸工、理化实验室 造纸、石化产品后处理 冶金产品冷轧、热轧、拉丝、粗炼	2	100	3	150

续表

采光等级	车间名称	侧面采光		顶面采光	
		采光系数最低值 C_{min}/%	室内天然光临界照度值 /lx	采光系数最低值 C_{min}/%	室内天然光临界照度值 /lx
IV	焊接、钣金、冲压、剪切、锻工、热处理 食品、烟酒加工和包装 日用化工产品炼铁、炼钢、金属冶炼 水泥加工与包装 配、变电所	1	50	1.5	75
V	发电厂主厂房 压缩机房、风机房、锅炉房、泵房、电石库、乙炔库、氧气瓶库、汽车库、大中件贮存库 煤的加工、运输、选煤 配料间、原料间	0.5	25	0.7	35

注:摘自《工业企业采光设计标准》。

表 3-2-5 光气候系数 K

光气候区	I	II	III	IV	V
K 值	0.85	0.90	1.00	1.10	1.20
室外天然光临界照度值 E_1/lx	6 000	5 500	5 000	4 500	4 000

注:摘自《工业企业采光设计标准》。

②满足采光均匀度的要求。

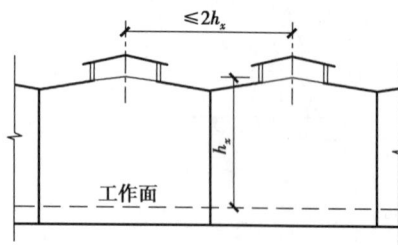

图 3-2-37 相邻两天窗中线间的距离示意图

采光均匀度是指工作面上采光系数的最低值与平均值的比值。要求工作面上各部分的照度比较接近,避免出现过于明亮或者特别阴暗的地方,不要造成工人视觉疲劳影响生产劳动,降低工作效率。《工业企业采光设计标准》规定,当顶部采光时,I~IV级采光等级的采光均匀度不宜小于 0.7。因此,相邻两天窗中线间的距离不宜大于工作面至天窗下沿高度的 2 倍,如图 3-2-37 所示。当为侧窗采光时,由于照度变化过大所以未做规定。

③避免在工作区产生眩光。

视野内出现比周围环境突出明亮的刺眼光线称为眩光。它会使人的眼睛感到不舒适或无法适应,影响视力,所以在工作区应避免出现眩光。

(2)采光方式及布置

根据采光口的位置不同,有侧面采光、顶部采光(即采用天窗采光)以及侧面和顶面相结合的方式来混合采光,如图 3-2-38 所示。在采光口面积相同的情况下,位置不同也导致采光效果不同。

①采光方式。

a. 侧窗采光。即采光口布置在厂房的侧墙上,如图 3-2-38(a)、(b)、(e)所示。采光窗布置在外墙上的就为侧面采光。侧面采光可以分为单侧采光和双侧采光,也可以根据在外墙上的位置高低来分高侧窗或低侧窗。侧窗解决厂房的采光经济实惠、构造简单且施工方便,在设计中常常采取这种设计方案。下面列举一个单侧窗与采光系数的变化情况,如图 3-2-39 所示。单向低侧窗光方向性强,均匀度差,衰减幅度大。工作点上近窗点光线强。通过增加与窗口的距离,其采光系数降低得很快。我们通过提高侧窗的位置,就能使远窗点的采光系数提高、照度增加,近窗点的采光系数降低、照度减少,使厂房能够均匀采光。一般中等照度的厂房,其侧窗采光对水平工作面的有效进深为工作面至窗上缘高度的两倍。我们也可以采取双侧采光的形式,如图 3-2-38(b)、(e)所示,这样可以提高采光的均匀度。当单侧采光不能满足厂房的采光要求时,则可采用混合式采光,如图 3-2-38(c)所示,或辅以人工照明来解决生产中对光线的需求,但这样需要消耗一定的电能,经济上略显不合理。

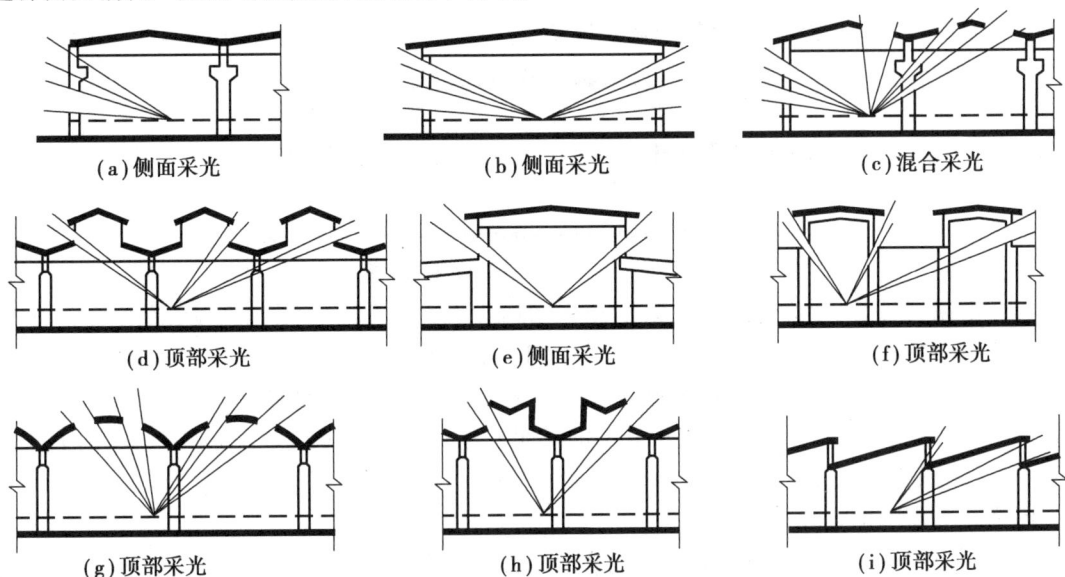

图 3-2-38　单层厂房天然采光方式

侧面采光的方向性很强,因此要注意在布置侧窗时要尽可能避免产生的遮挡,如在有吊车梁的厂房中,吊车梁处就不需要设置侧窗了,如图 3-2-40 所示。因此,厂房的侧窗一般是分上、下两段布置形成高低侧窗。这样有利于提高远窗点的照度,也利于提高厂房天然采光的均匀度。侧窗窗台宜超出吊车梁梁面 600 mm,如图 3-2-41 所示。低侧窗窗台高度一般为工作面的高度,为了方便开关,通常取值在 1 000 mm 左右,根据具体使用要求来调节高度。在设计多跨厂房时,应尽量利用厂房的高低差处来设置高侧窗解决厂房的采光,如图 3-2-42 所示。

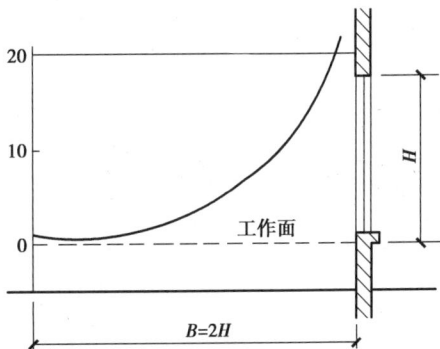

图 3-2-39　单侧采光光线衰减示意图

窗间墙的宽度也会影响侧窗的纵向光线的均匀度。窗间墙越宽,则光线越明暗不均。所以在设置窗间墙的时候要考虑它的宽度,不宜过宽,可以小于等于窗宽。甚至也可以不设窗间墙,而将窗户做成通常的横向带窗。

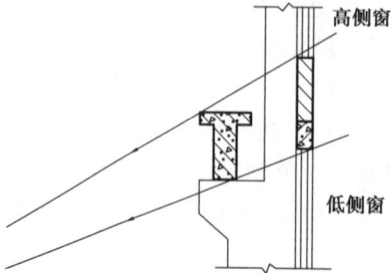

图 3-2-40　吊车梁遮挡光线时高低侧窗的设置

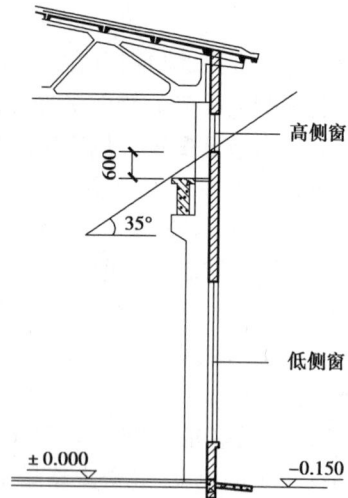

图 3-2-41　高低侧窗示意图

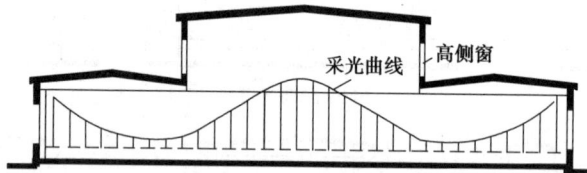

图 3-2-42　利用高低差处设置高侧窗

b. 顶部采光,即在屋顶处设置天窗。如图 3-2-43(d)、(f)、(g)、(h)、(i)所示,厂房在侧墙上因故不宜设置采光窗,或厂房为多跨式,其中间跨是不能通过侧窗采光的,这样就必须在屋顶开设天窗来进行采光,通过顶部采光的形式来解决厂房天然采光的问题。

c. 混合采光。当厂房很宽,侧窗采光不能满足整个厂房的采光要求时,则需在屋顶上开设天窗,即采用混合采光的方式。

②采光天窗的形式和布置。

采光天窗的形式多样,常见的有矩形、梯形、三角形、M 形、锯齿形以及平天窗、横向天窗等,如图 3-2-43 所示。

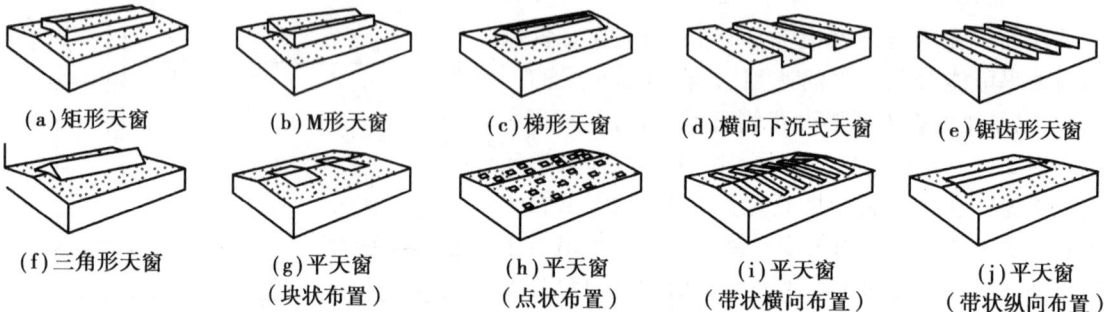

(a)矩形天窗　(b)M 形天窗　(c)梯形天窗　(d)横向下沉式天窗　(e)锯齿形天窗

(f)三角形天窗　(g)平天窗(块状布置)　(h)平天窗(点状布置)　(i)平天窗(带状横向布置)　(j)平天窗(带状纵向布置)

图 3-2-43　采光天窗的形式及布置

a. 矩形天窗:是沿跨间纵向升起局部屋面,在高低屋面的垂直面上开设采光窗而形成的,是我国单层工业厂房应用最广的一种天窗形式。其采光特点与侧窗采光类似,具有中等照度。厂房是南北朝向时,采光均匀。由于窗面垂直,故积灰少,易于防水,窗扇开启方便,可以兼顾通风。但是组成构件类型多,结构复杂,自重大,造价高,且会导致厂房高度增加,故抗震效果差。

b. 锯齿形天窗:是将厂房屋盖做成锯齿形,在两齿之间的垂直面上设采光窗而形成的(有时也做成稍微倾斜面)。该天窗利用天棚倾斜面反射光线,采光效率较矩形天窗高,窗扇可开启,能兼做通风之用。窗口一般朝北或接近北向,无直射阳光进入,或进入阳光较少,室内光线稳定。对于光线要求稳定、要调节湿度的厂房,采用这种形式的天窗较为合宜。

c. 横向下沉式天窗:是将相邻柱距的屋面板上下交错布置在屋架的上下弦上,通过屋面板位置的高差作采光口形成的。其布置灵活,可根据使用要求每间隔一个柱距或几个柱距进行布置,造价较矩形天窗低。当厂房为东西走向时,横向下沉式天窗就为南北向。因此,横向下沉式天窗多用于朝向为东西向的冷加工车间。而且它的排气线路较短,可开设较大面积的通风口,通风量大,故也适用于对采光、通风有要求的热加工车间。其缺点是窗扇形式受屋架限制,不标准且构造复杂,厂房纵向刚度较差。

d. 平天窗:是在屋面板上直接设置采光口而形成的,可设置成点式、块状或带形。其采光效率高,是矩形天窗的 2~2.5 倍,具有布置灵活、施工方便、构造简单、造价低等优点。但是受太阳光直射影响室内易产生眩光,在采暖地区玻璃结露会造成滴水,玻璃表面易积尘或积雪,增加外加荷载易造成玻璃碎落伤人,且通风效果较差,故适用于冷加工车间。

e. 光导管照明系统:作为一种无电照明系统,采用这种系统的建筑物白天可以利用太阳光进行室内照明。其基本原理是,通过采光罩高效采集室外自然光线并导入系统内重新分配,再经过特殊制作的导光管传输后由底部的漫射装置把自然光均匀高效地照射到任何需要光线的地方,甚至阴天时导光管日光照明系统导入室内的光线仍然很充足。该装置主要由三部分组成:采光装置、导光装置、漫射装置。

- 采光装置:一般由 PC 或者玻璃材质,通常为半球形,主要用于收集太阳光。
- 导光装置:用于传输采光装置所收集的太阳光,管道材料一般有反射率较高的材料制作。
- 漫射器:利用扩散导光管传输至室内的太阳光,将光线均匀地漫射至室内。

另外还有调光装置,使室内照明强度可根据使用需求进行调整。

③采光面积的确定。

采光面积一般是根据厂房的采光、通风、立面设计等综合因素来确定的。首先大致确定窗户面积,然后根据厂房对采光的要求进行计算校核,验证其是否符合采光标准。采光计算的方法很多,《建筑采光设计标准》(GB 50033—2013)中介绍的图表计算法是我国目前最为简便的方法。在初步设计阶段可采用窗地面积比(即窗洞口面积与地板面积的比值是否符合要求)的方法来进行估算或验算,见表 3-2-6。

表 3-2-6　窗地面积比

采光等级	采光系数最低值/%	单侧窗	双侧窗	矩形天窗	锯齿形天窗	平天窗
I	5	1/2.5	1/2.0	1/3.5	1/3	1/5
II	3	1/2.5	1/2.5	1/3.5	1/3.5	1/5
III	2	1/3.5	1/3.5	1/4	1/5	1/8
IV	1	1/6	1/5	1/8	1/10	1/15
V	0.5	1/10	1/7	1/15	1/15	1/25

注:①摘自《工业企业采光设计标准》;
　　②当I级采光等级的车间采用单侧窗或II级采光等级的车间采用矩形天窗时,其采光不足的部分应照明补充。

3) 自然通风

(1) 自然通风的基本原理

单层厂房自然通风是利用空气的热压和风压作用进行的。

3.2.4 单层厂房
的自然通风

①热压作用。

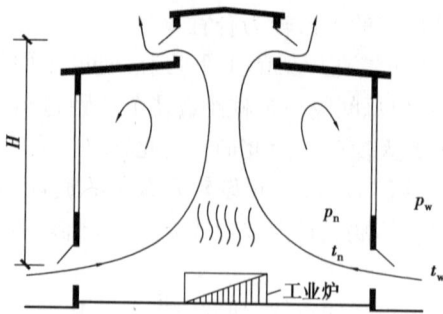

图 3-2-44　热压通风原理示意图

厂房内大量人体散发的热量、机械加工生产的热量提高了室内空气的温度，导致空气体积膨胀、密度变小而自然上升；室外空气温度相对较低、密度较大，便由外围护结构下部的门窗洞口进入室内，加速了室内热空气的流动。新鲜空气不断进入室内，污浊的空气不断排出，如此循环就达到了通风的目的。这种利用室内外冷热空气产生的压力差进行通风的方式称为热压通风。如图 3-2-44 所示，为设有矩形天窗的单层厂房利用热压通风的示意图。

②风压作用。

当风吹向建筑物时，建筑物迎风面的空气压力会增加，超过一个大气压，迎风面的区域就为正压区，用"＋"表示；当风越过建筑物迎风面时，根据单位时间流量相等的原理，则风速加大，使建筑物顶面、背面和侧面均形成小于一个大气压的负压区，用"－"表示。在建筑物中，正压区的洞口为进风口，负压区的洞口为排风口，这样就可以进行内外空气交换，而由于风而产生的空气压力差称为风压通风，如图 3-2-45 所示。

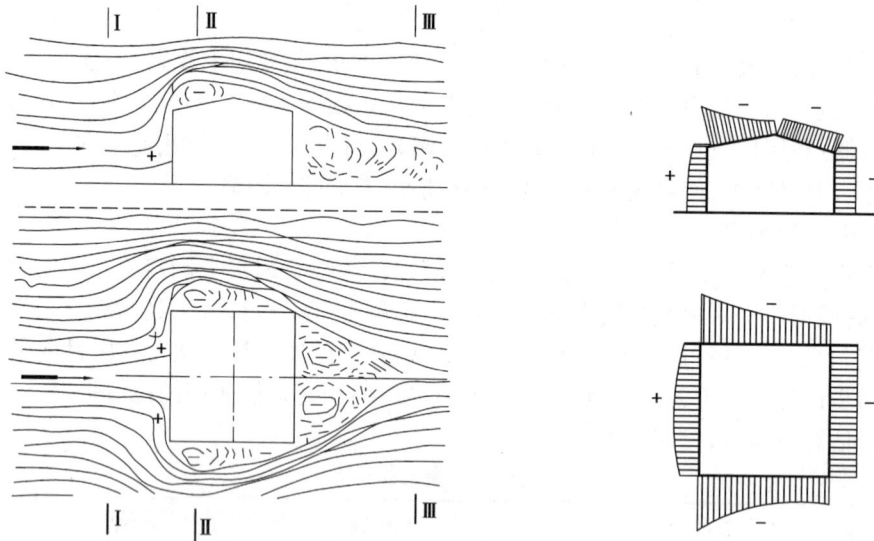

图 3-2-45　风绕房屋流动状况及风压分布

(2)厂房的自然通风

①冷加工车间的自然通风。

冷加工车间无大的热源，室内余热量较小，利用门窗就可以满足室内通风换气的要求。由于室内外温差小，组织自然通风时可结合工艺与总平面设计进行，尽量使厂房纵向垂直于夏季主导风向或不小于 45° 倾角，厂房宽度限制在 60 m 以内。在外墙上设窗，在纵横贯通的通道端部设门，以便组织穿堂风。为避免气流分散，影响穿堂风的流速，冷加工车间不宜设置通风天窗，但为了排除积聚在屋盖下部的热空气，可以设置通风屋脊。

②热加工车间的自然通风。

A.进、排风口的布置：

根据热压通风原理，进风口的位置应尽可能低。南方炎热地区低侧窗窗台可低至 0.4 ~

0.6 m,或不设窗扇而采用下部敞口进气,如图 3-2-46(a)所示;寒冷地区低侧窗可分为上下两排,夏季将下排窗开启、上排窗关闭;冬季将上排窗开启、下排窗关闭,避免冷风直接吹向人体,如图 3-2-46(b)所示。侧窗开启方式有上悬、中悬、平开和立转四种,其中立转窗通风效果最好,如图 3-2-47 所示。排风口的位置尽可能高,一般设在柱顶处或靠近檐口一带。当设有天窗时,天窗一般设在屋脊处,另外,为了尽快排除热空气,需要缩短通风距离,天窗宜设在散发热量较大的设备上方。外墙中间部分的侧窗,应按采光窗设计,常采用固定窗或中悬窗,一般不采用上悬窗,以免影响下部进风口的进气量和气流速度,如图 3-2-48 所示。

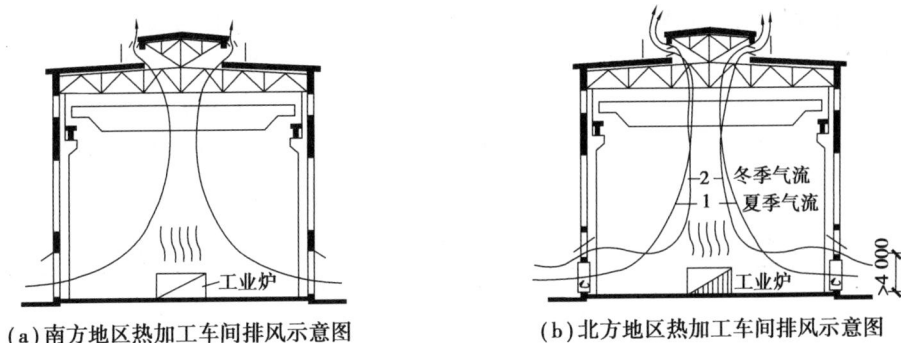

(a)南方地区热加工车间排风示意图　　(b)北方地区热加工车间排风示意图

图 3-2-46　南北方地区热加工车间排风示意图

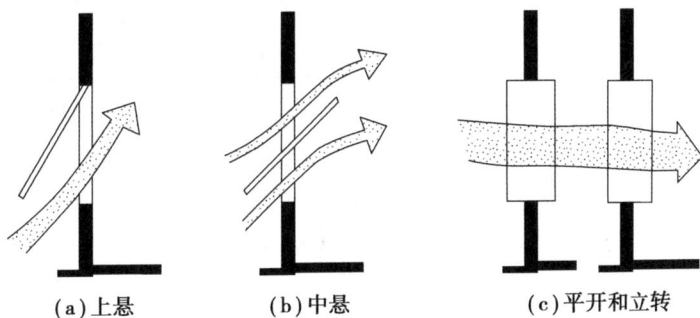

(a)上悬　　(b)中悬　　(c)平开和立转

图 3-2-47　单层厂房常用侧窗开启方式示意图

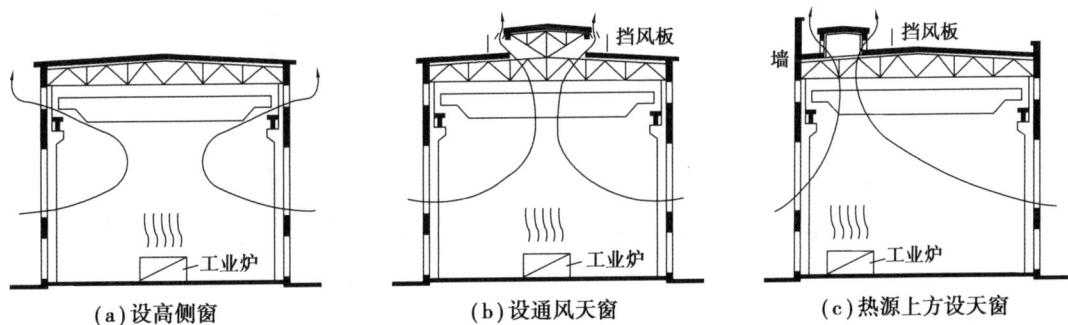

(a)设高侧窗　　(b)设通风天窗　　(c)热源上方设天窗

图 3-2-48　排风口布置示意图

B.通风天窗的类型:

无论是多跨还是单跨热车间,仅仅靠高低侧窗来通风是不能达到车间的散热要求的,一般会在屋顶部分设置天窗,以通风为主的天窗称为通风天窗。通风天窗的类型有矩形通风天窗和下沉式通风天窗两种。

a.矩形通风天窗,如图 3-2-49 所示。

除风速为零的情况下,热车间的自然通风是在风压和热压的共同作用下进行的,其空气的流动出现 3 种状态:

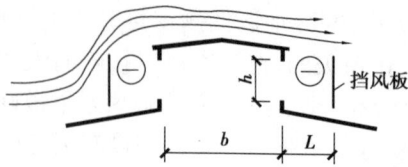

图 3-2-49　矩形通风天窗

当风压小于热压时,背风面排风口可以排气,迎风面的排风口也能排气。但是由于迎风面风压的影响,使排风口排气量减少,如图 3-2-50(a)所示。

当风压等于热压时,迎风面排风口不能排气,但背风面排风口照样能排气,如图 3-2-50(b)所示。

当风压大于热压时,迎风面排风口不但不能排气,反而出现风倒灌的现象,阻碍室内空气的热压排风,如图 3-2-50(c)所示。如果关闭迎风面排风口,打开背风面的排风口,则背风面排风口也能排气。但是风向是随时变化的,要不断开启或关闭排风口来适应风向是很困难的。有效的办法是在迎风面距离排风口一定距离的地方设置挡风板,可使排风口始终处于负压区。设有挡风板的矩形天窗称为矩形通风天窗或避风天窗。在无风情况下,车间内靠热压通风;有风时,风速越大,在负压区绝对值也越大,排风量就增大。挡风板至矩形天窗的距离约为排风口高度的 1.1 ~ 1.5 倍为宜。

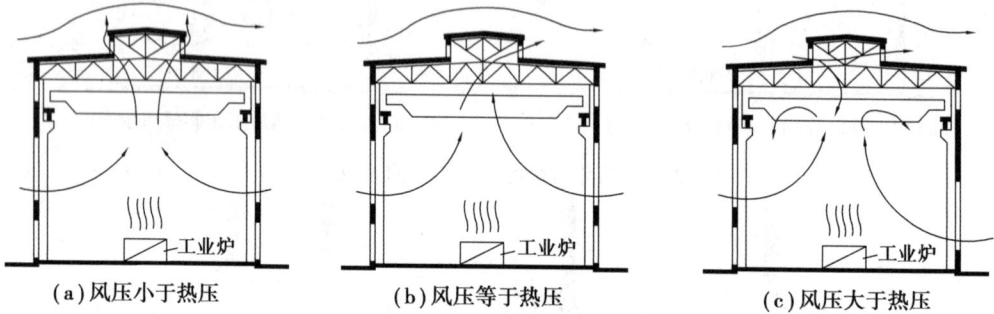

(a)风压小于热压　　(b)风压等于热压　　(c)风压大于热压

图 3-2-50　风压和热压共同作用下的 3 种气流状况示意图

平行等高跨的两矩形天窗排风口的水平距离 L 小于或等于天窗高度 h 的 5 倍时,可不设挡风板,该区域的风压始终处于负压状态,如图 3-2-51 所示。

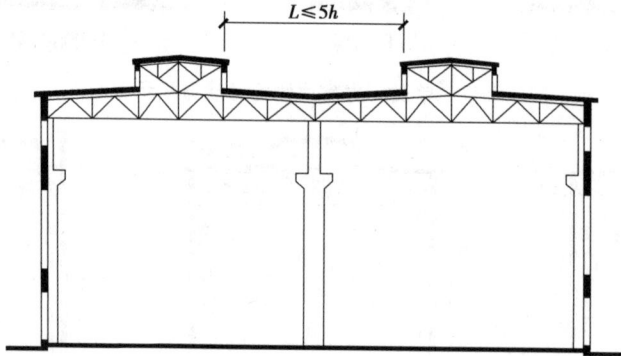

图 3-2-51　平行等高跨两天窗间不设挡风板的条件

b. 下沉式通风天窗。

屋顶结构中,一部分屋面板在屋架上弦上,一部分屋面板在屋架下弦上。屋架上弦与下弦之间的空间构成在任何风向下均处于负压区的排风口,这样的天窗称为下沉式通风天窗。

下沉式通风天窗有 3 种形式:

• 井式通风天窗:每隔一个或几个柱距将部分屋面板搁置在屋架下弦上,形成"井"字形天窗,处于屋顶中部的就称为中井式天窗。如图 3-2-52 所示,设边部的就称为边井式天窗。

• 纵向下沉式通风天窗:将部分屋面板沿厂房纵向搁置在屋架下弦上形成的天窗。可布置在屋脊或屋脊两侧。

• 横向下沉式通风天窗:沿厂房横向将一个柱距内的屋面板全部搁置在屋架下弦上所形成

的通风天窗,如图 3-2-53 所示。这个形式的天窗采光均匀,排气线路段,适用于对采光、通风都有要求的热车间,在东西朝向的车间中,采用横向下沉式通风天窗可减少直射阳光对厂房的影响。

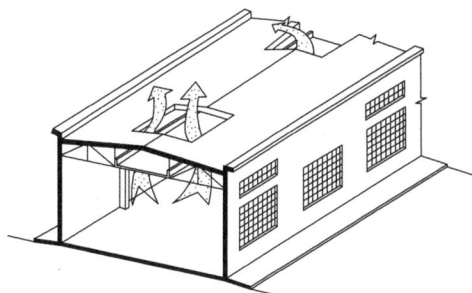

图 3-2-52 井式通风天窗

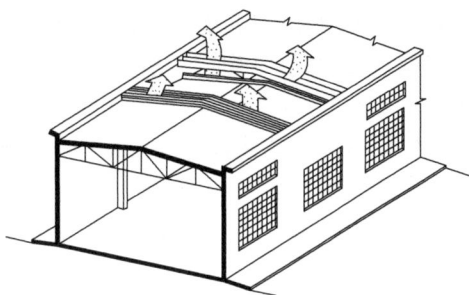

图 3-2-53 横向下沉式通风天窗

C. 开敞式厂房。

在我国南方地区应用较广,主要是这些地区的夏季气候特点决定了对于热加工车间除了通风天窗外,还需要设置外墙开敞式散热。开敞式是指外墙不设窗扇而用挡雨板替代,如图 3-2-54 所示。

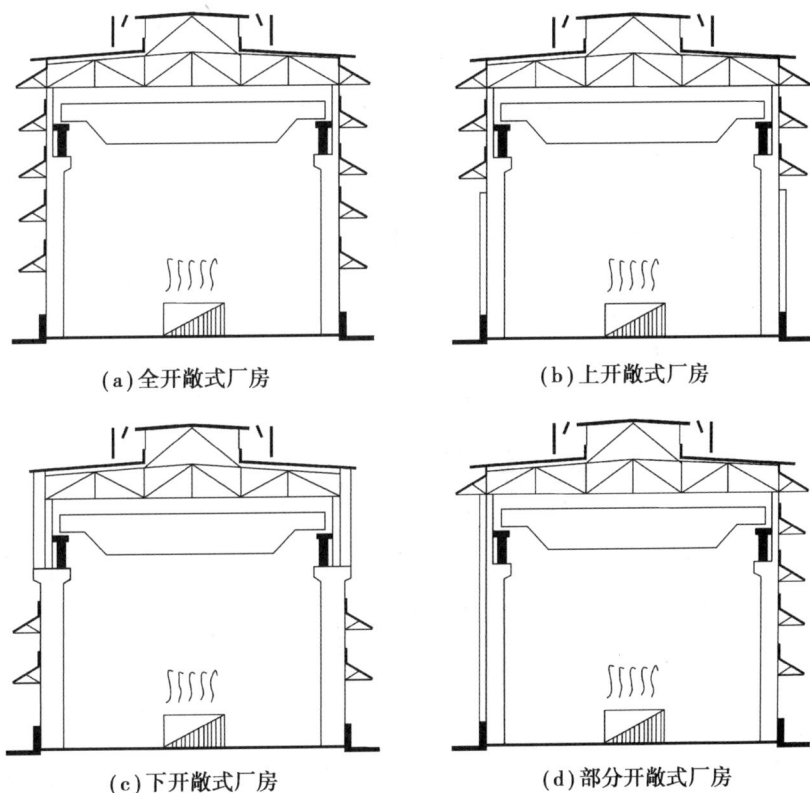

(a) 全开敞式厂房

(b) 上开敞式厂房

(c) 下开敞式厂房

(d) 部分开敞式厂房

图 3-2-54 开敞式厂房

开敞式厂房的优点是:进、排气孔的气流阻力系数小,通风量大;室内外空气交换迅速,散热快,通风降温效果明显;构造简单、造价低。缺点是防风砂、防寒、防雨能力差;风速很大时,室内烟尘弥漫,通风不稳定。开敞式厂房适用于防风砂、防寒、防雨要求不高的车间。根据开敞部位不同,又有以下 4 种形式的厂房。

a. 全开敞式厂房:开敞面积大,通风、排烟、排热快。

b. 上开敞式厂房:冬季冷空气不会直接吹至人体,但风大时会出现倒灌现象。

c. 下开敞式厂房:排风量大,排烟稳定,可以避免风倒灌,但冬季冷空气直接吹至人体,会影响工人生产劳动。

d. 部分开敞式厂房:有一定的排烟、通风效果。

在设计开敞式厂房时,应根据厂房的生产特点、设备布置、夏季主导风向、设计挡雨角等因素来确定采取的形式。挡雨板的出挑长度和垂直间距,应根据设计挡雨角度值来确定。挡雨板的尺寸根据所采取的建筑材料及构造方案来确定。

③合理布置热源。

热源布置的恰当,对于热加工厂房的通风降温起重要作用。在布置热源时,要注意以下几点:

a. 利用穿堂风的风向,热源应布置在复杂主导风向的下风向。

b. 有天窗时,利用热压为主的自然通风,热源应布置在天窗口的下方;下沉式天窗,热源应与下沉底板错开布置。

c. 多跨厂房中,利用冷热跨间隔布置,且用轻质吊墙(距地 3 m 左右)分隔二者,以便组织通风。

d. 连续多跨均为热跨时,可将跨间分离布置,以便缩短进排气口的路径。

3.2.3 单层厂房定位轴线的标志

厂房定位轴线是确定厂房主要承重构件标志尺寸及其相互位置的基准线,同时也是设备定位、安装及厂房施工放线的依据。定位轴线的划分是在柱网布置的基础上进行的,并与柱网布置是一致的。定位轴线一般有横向与纵向之分。通常与厂房横向排架平面相平行的轴线为横向定位轴线,由左向右顺次序用①、②、③…进行编号;与横向排架平面相垂直的轴线称之为纵向轴线,由下至上顺次序用圈Ⓐ、Ⓑ、Ⓒ…进行编号。为了使厂房主要构配件的几何尺寸符合标准化和系列化,减少构件的类型,增加构件的通用性和互换性,厂房的设计应执行《厂房建筑模数协调标准》的相关规定,如图 3-2-55 所示。

厂房建筑的平面和竖向协调模数的基数值均应取扩大模数 3M。

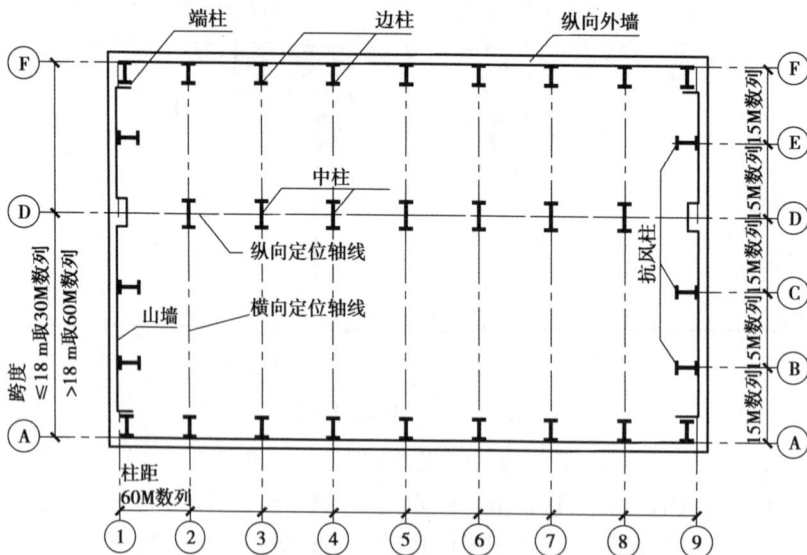

图 3-2-55 单层厂房平面柱网布置及定位轴线划分

厂房横向定位轴线之间的距离是柱距。厂房的柱距应采用扩大模数 60M 数列。

厂房纵向定位轴线之间的距离是跨度。厂房的跨度在 18 m 和 18 m 以下时应采用扩大模数 30M 数列,在 18 m 以上时应采用扩大模数 60M 数列。

1)横向定位轴线

横向定位轴线是垂直于厂房长度方向(即平行于屋架)的定位轴线,是用于标注厂房的纵向构件,如屋面板、吊车梁、连系梁、地梁、墙板、纵向支撑长度的标志尺寸,及其与屋架(或屋面梁)之间的相互关系,如图 3-2-55 所示。

3.2.5 单层厂房横向定位轴线标志

(1)中间柱与横向定位轴线的关系

屋架(或屋面梁)支承在柱子的中心线上,中间柱的横向定位轴线与柱的中心线相重合。柱距一般也是屋面板、吊车梁、连系梁地梁、墙板、纵向支撑等长度方向的标志尺寸,如图 3-2-56 所示。

(2)横向伸缩缝、防震缝与横向定位轴线的联系

除伸缩缝及防震缝处的柱和端部柱以外,柱的中心线应与横向定位轴线相重合;横向温度伸缩缝和防震缝处采用双柱双屋架,设两条横向定位轴线,两柱的中心线应从定位轴线向缝的两侧各移 600 mm。两条定位轴线间的插入距离 A 值,等于伸缩缝或防震缝的缝宽 E(按有关规范确定)。该处两条横向定位轴线与相邻横向定位轴线之间的距离与其他柱距保持一致,如图 3-2-57 所示。

此定位方法,既保证了双柱间有一定的距离且有各自的基础杯口,以便于柱的安装,同时又保证了厂房结构不致因设有伸缩缝或防震缝而改变屋面板、吊车梁等纵向构件的规格,施工简单。

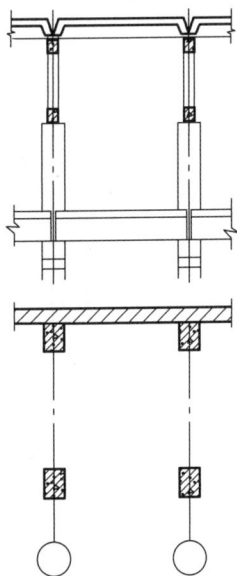

图 3-2-56 中间柱与横向定位轴线的联系

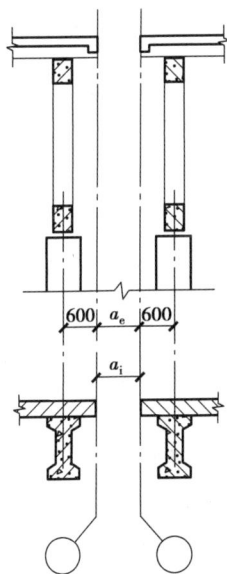

图 3-2-57 伸缩缝与横向定位轴线的联系
a_i—插入距;a_e—变形缝宽

(3)山墙与横向定位轴线的联系(图 3-2-58)

单层厂房的山墙,按受力情况分为非承重墙和承重墙,其横向定位轴线的划分也不相同。山墙为非承重墙时,墙内缘应"封闭"式联系。端部柱的中心线应自横向定位轴线向内移 600 mm,

使端部第一个柱距内的吊车梁、屋面板等构件端部与横向定位轴线重合,减少构件类型,如图3-2-59所示;由于山墙面积大,为增强厂房纵向刚度,保证山墙的稳定性,应该设置山墙抗风柱,将端部柱内移,也便于设置抗风柱。抗风柱的柱距取15M数列,如4 500、6 000、7 500等,如图3-2-58所示。由于厂房的柱距通常采用6 000,故山墙抗风柱的柱距宜采用6 000,使连系梁、地梁等构件可以通用。

山墙为砌体承重时,墙内缘与横向定位轴线间的距离,应按砌体的块材类别分别为半块或半块的倍数或墙厚的一半,即图3-2-60中的 λ 值。图3-2-61为横向变形缝示意图。

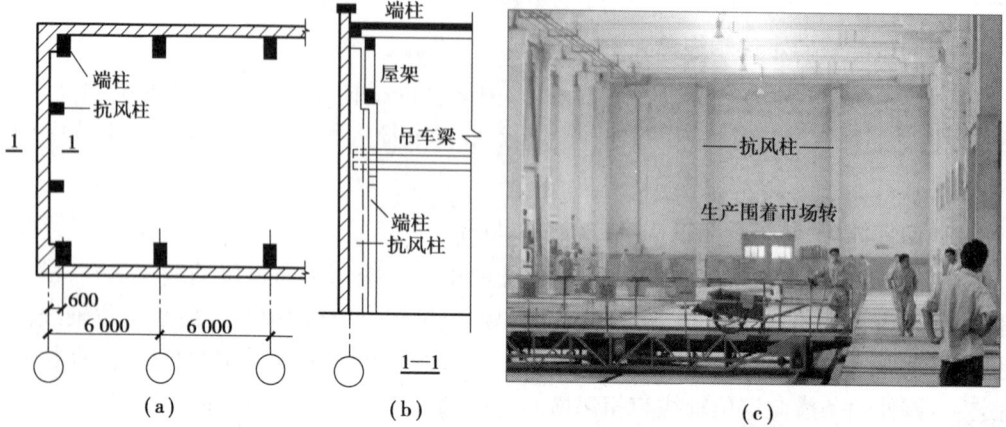

图 3-2-58　非承重山墙的抗风柱设置与横向定位轴线的联系

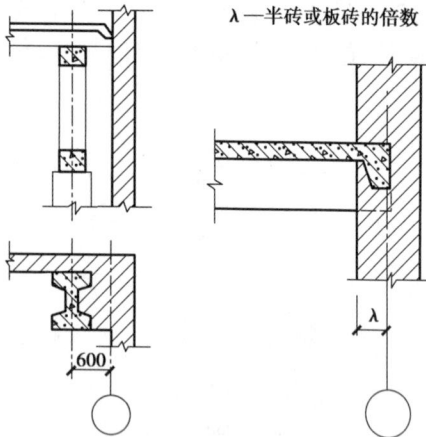

图 3-2-59　非承
重山墙

图 3-2-60　承重
山墙

图 3-2-61　横向变形缝示例

2)纵向定位轴线

纵向定位轴线是平行于厂房长度方向(即垂直于屋架)的定位轴线,主要用于标注厂房横向构件(如屋架或屋面梁)长度的标志尺寸和确定屋架(或屋面梁)、排架柱等构件间的相互关系。纵向定位轴线的布置应使厂房结构和吊车的规格协调,保证吊车与柱之间的留有足够的安全距离,必要时还要设置检修吊车的安全走道板。

3.2.6 单层厂房
纵向定位轴线
标志

(1)外墙、边柱与纵向定位轴线的联系

在支承式梁式吊车或桥式吊车的厂房设计中,由于屋架(或屋面梁)和吊车的设计生产制作都是标准化的,建筑设计应满足纵向定位轴线设计的关系式:

$$L = L_k + 2e$$

式中　L——屋架跨度,即纵向定位轴线之间的距离;

　　　L_k——吊车跨度,即同一跨内两条吊车轨道中心线的距离(也就是吊车的轮距),可查吊车规格资料;

　　　e——纵向定位轴线至吊车轨道中心线的距离,其值一般为 750,当吊车为重级工作制(桥式吊车分重级工作制:工作时间>40%;中级工作制:工作时间为 25% ~40%;轻级工作制:工作时间为 15% ~25%)而需要设安全走道板,或者吊车起重量大于 50 t 时,可采用 1 000。

根据图 3-2-62(a)可知:$e = h+K+B$,则 $K = e-(h+B)$。

　　　K——吊车端部外缘至上柱内缘的安全距离;

　　　h——上柱截面高度;

　　　B——轨道中心线至吊车端部外缘的距离,查吊车规格资料。

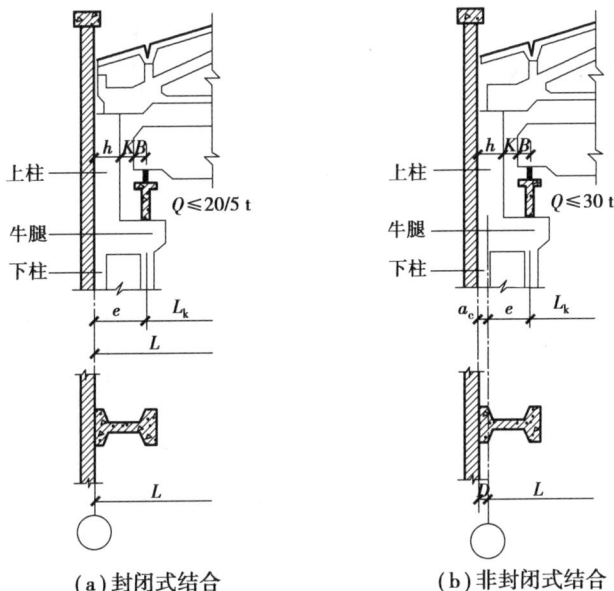

图 3-2-62　外墙边柱与纵向定位轴线的联系

由于受吊车起重量、柱距、跨度、有否安全走道板等因素的影响,边柱外缘与纵向定位轴线的联系有两种情况:

①封闭式结合的纵向定位轴线。

当定位轴线与柱外缘重合时,屋架上的屋面板与外墙内缘紧紧相靠,这就称为封闭式结合的纵向定位轴线。当吊车起重量 $Q \leqslant 20$ t 时,查现行吊车规格,得 $B \leqslant 260$,$K \geqslant 80$。通常上柱截面高度 $h = 400$,$e = 750$,则 $K = e-(h+B) = 90$,能满足吊车运行所需安全距 $\geqslant 80$ 的要求。此时,纵向定位轴线采用封闭式结合,轴线与边柱外缘重合。

采用封闭式结合的纵向定位轴线,具有结构简单、施工方便、造价经济等优点。采用封闭式结合的屋面板可以全部采用标准板(如宽度 1.5 m、长度 6 m 的屋面板),而不需设非标准的补充构件。

②非封闭式结合的纵向定位轴线。

非封闭式结合的纵向定位轴线即是指该纵向定位轴线与柱子外缘有一定的距离,因屋面板与墙内缘之间有一段空隙,所以称为非封闭式结合。

吊车起重量 $Q = 30$ t/5 t(吊车具有 30 t 和 5 t 两种工作模式),查得:$B = 300$,$K \geqslant 100$,上柱截面高度 h 仍为 400,$e = 750$,则 $K = e-(h+B) = 50$,安全距离不能满足要求,所以需将边柱从定

位轴线向外移一定距离。这个值称为联系尺寸,用 a_c 表示,常取采用 3M 数列,但墙体结构为砌体时,联系尺寸常取 1/2M 数列。在设计中,应根据吊车的起重量及其相应的 h、K、B 三个数值来确定联系尺寸的数值。当因构造需要或吊车的起重量较大时(如大于 50 t),e 值宜取 1 000,厂房的跨度 $L=L_k+2e=L_k+2~000$,如图 3-2-62(b)所示。

(2)中柱与纵向定位轴线的联系

在多跨厂房中,中柱有平行等高跨和平行不等高跨两种情况,并且中柱有设变形缝和不设变形缝两种情况。

①不设变形缝的中柱纵向定位轴线。

a. 平行等高跨。平行等高跨厂房的中柱,宜设置单柱和一条纵向定位轴线。定位轴线通过相邻两跨屋架的标志尺寸端部,并与上柱中心线相重合,如图 3-2-63(a)所示。上柱截面高度一般取 600 mm,以保证两侧屋架应有的支承长度,上柱头不带牛腿。

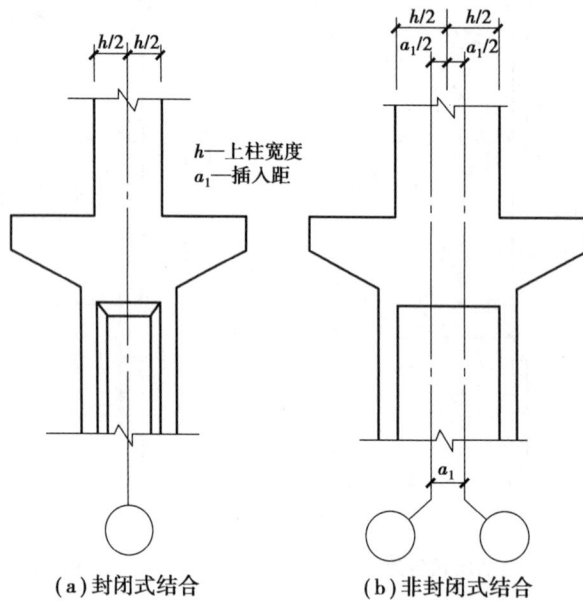

h—上柱宽度
a_1—插入距

(a)封闭式结合   (b)非封闭式结合

图 3-2-63　平行等高跨中柱与纵向轴线的联系

等高跨厂房两侧或一侧的吊车起重量不小于 30 t、厂房的柱距大于 6 m 或构造等原因,纵向定位轴线需要采用非封闭式结合才能满足吊车安全运行的要求,此时中柱仍可以采用单柱,但是需要设两条定位轴线。两条定位轴线之间的距离称为插入距,用 a_1 表示,且选择 3M 数列。柱中心线一般与插入距中心线重合,如图 3-2-63(b)所示。

如果插入距 a_1 导致上柱不能满足屋架支承长度要求的话,上柱则应设小牛腿。

b. 平行不等高跨,如图 3-2-64 所示。

这类中柱可看作是高跨的边柱。高低跨处中柱采用单柱时,如高跨吊车起重量 ≤20/5 t,则高跨上柱外缘与封墙内缘宜与纵向定位轴线相重合,如图 3-2-64(a)所示。高跨采用封闭结合,不需设联系尺寸,也不用设两条定位轴线。高跨封墙底面高于低跨屋面,宜采用一条纵向定位轴线,若封墙底面低于低跨屋面,宜采用两条纵向定位轴线。

当高跨起重量大于 20/5 t 时,上柱外缘与纵向定位轴线不能重合时(即纵向定位轴线为非封闭式结合),其上柱外缘与纵向定位轴线间宜设连系尺寸 a_c,并应采用两条纵向定位轴线,两线间的距离为插入距 a_i,a_i 在数值上等于连系尺寸 a_c,如图 3-2-64(b)所示。当高跨与低跨均为非封闭结合,而两条定位轴线之间设有封墙时,则插入距应等于墙厚,如图 3-2-64(c)所示。

当高跨采用非封闭结合,且高跨上柱外缘与低跨屋架端部之间设有封墙时,纵向定位轴线不能重合,应采用两条纵向定位轴线,两条定位轴线之间的插入距等于墙厚 δ 与 a_c 联系尺寸之和,如图 3-2-64(d)所示。

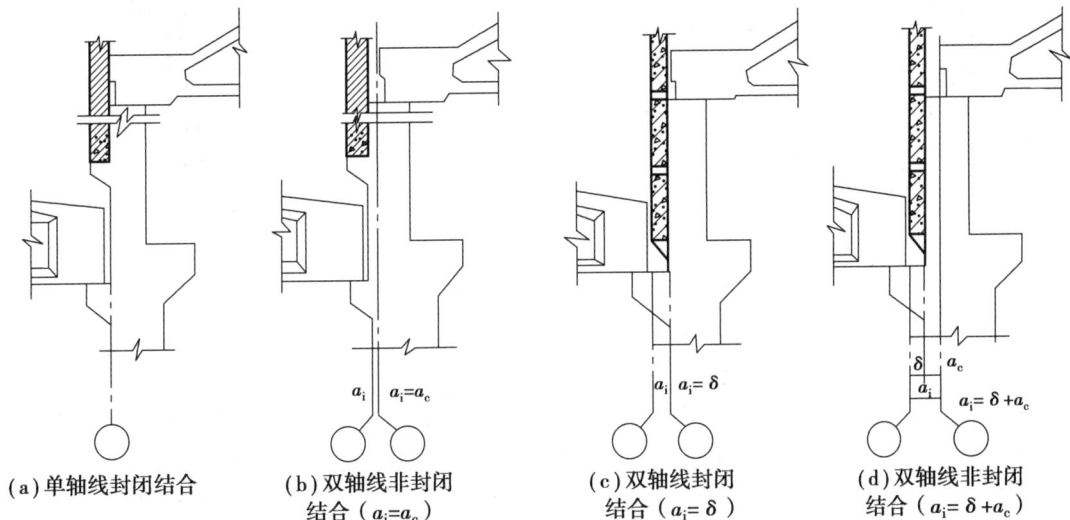

(a)单轴线封闭结合　　　(b)双轴线非封闭　　　(c)双轴线封闭　　　(d)双轴线非封闭
　　　　　　　　　　　　结合 ($a_i=a_c$)　　　　　结合 ($a_i=\delta$)　　　　结合 ($a_i=\delta+a_c$)

图 3-2-64　无变形缝平行高低跨中柱与纵向轴线的联系
a_i—插入距;δ—封墙厚;a_c—联系尺寸

②设变形缝的中柱纵向定位轴线。

a.有变形缝时的等高跨中柱。

当等高跨厂房设有纵向伸缩缝时,可采用单柱并设两条纵向定位轴线,并设插入距 a_i。此时 a_i 在数值上等于变形缝宽 b_e,即 $a_i=b_e$,如图 3-2-65 所示。

b.有变形缝时的不等高跨中柱。

不等高跨处采用单柱并设纵向伸缩缝时,采用单柱并设两条纵向定位轴线,并设插入距。采用单柱处理时,低跨的屋架或屋面梁可搁置在设有活动支座的牛腿上,高低跨处应采用两条纵向定位轴线,如图 3-2-66 所示。

当厂房不等高跨处需设置变形缝时,且荷载相差悬殊,应采用双柱和两条纵向定位轴线的定位方法,柱与纵向定位轴线的定位规定与边柱相同,如图 3-2-67 所示。

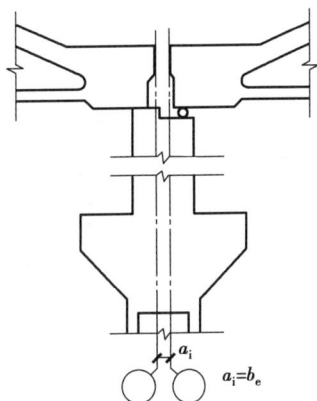

图 3-2-65　有变形缝等高跨
中柱与纵向轴线的联系
b_e—变形缝宽

3)纵横跨连接处与定位轴线的联系

有纵横跨的厂房,由于纵跨和横跨的长度、高度、吊车起重量都可能不相同,为了简化结构和构造,设计时,常将纵跨和横跨的结构分开,并在两者之间设置伸缩缝、防震缝、沉降缝。纵横跨连接处设双柱、双定位轴线。两定位轴线之间设插入距。

3.2.7 单层厂房
纵、横跨定位
轴线的关系

当纵跨的山墙比横跨的侧墙低,长度小于或等于侧墙,横跨又为封闭式结合轴线时,则可采用双柱单墙处理,如图 3-2-68(a)、(c)所示,插入距 a_i 为砌体墙厚度与变形缝宽度之和。当横跨为非封闭式结合时,仍然采用单墙处理,如图 3-2-68(b)、(d)所示,这时,插入距 a_i 为砌体墙厚度、变形缝宽度、联系尺寸之和。当墙体不是砌体而是墙板时,为满足吊装所需要的操作尺寸,则可增大变形缝的宽度 b_e 值。

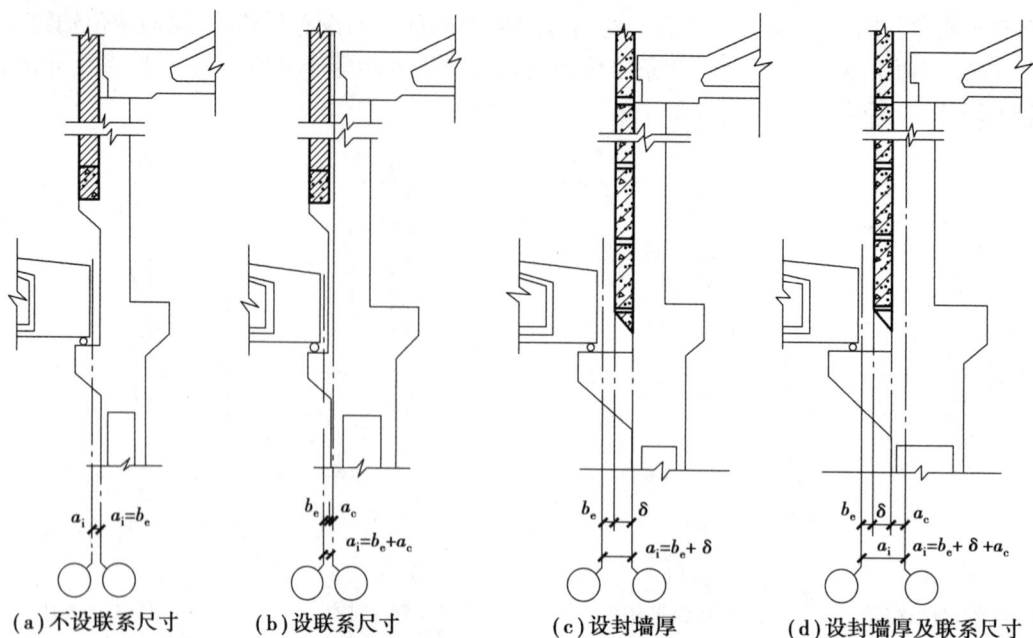

(a) 不设联系尺寸　　(b) 设联系尺寸　　(c) 设封墙厚　　(d) 设封墙厚及联系尺寸

图 3-2-66　不等高跨厂房纵向伸缩缝与纵向定位轴线的关系

a_i—插入距；δ—封墙厚；a_c—联系尺寸；b_e—变形缝宽度

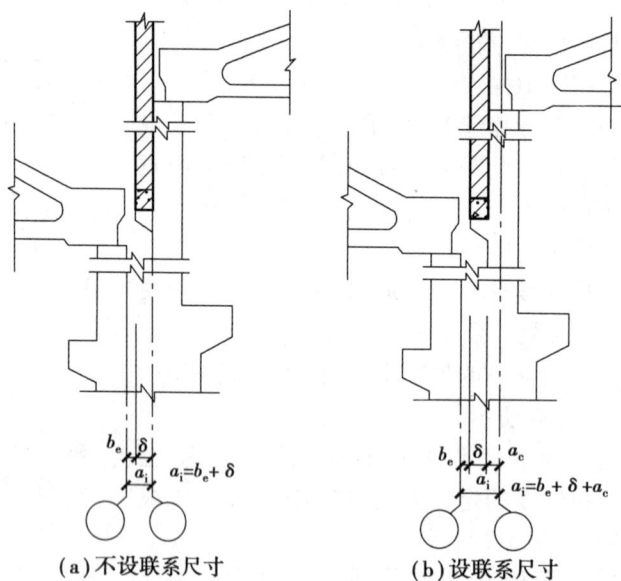

(a) 不设联系尺寸　　　　　　(b) 设联系尺寸

图 3-2-67　不等高跨厂房纵向变形缝双柱与双定位轴线的关系

a_i—插入距；δ—封墙厚；a_c—联系尺寸；b_e—变形缝宽度

3.2.4　单层厂房立面及室内设计

　　单层厂房的体型与生产工艺、平面形状、剖面形式和结构有着密不可分的关系，立面设计是关系到建筑外观形象的问题，其形象效果直接影响到厂区整体艺术质量。现在工业建筑的发展已不再是过去人们印象中的纯生产容器，只有机械、简单、朴实的形象，而是把建筑艺术中的风格、意义、内涵、形式融进设计之中。

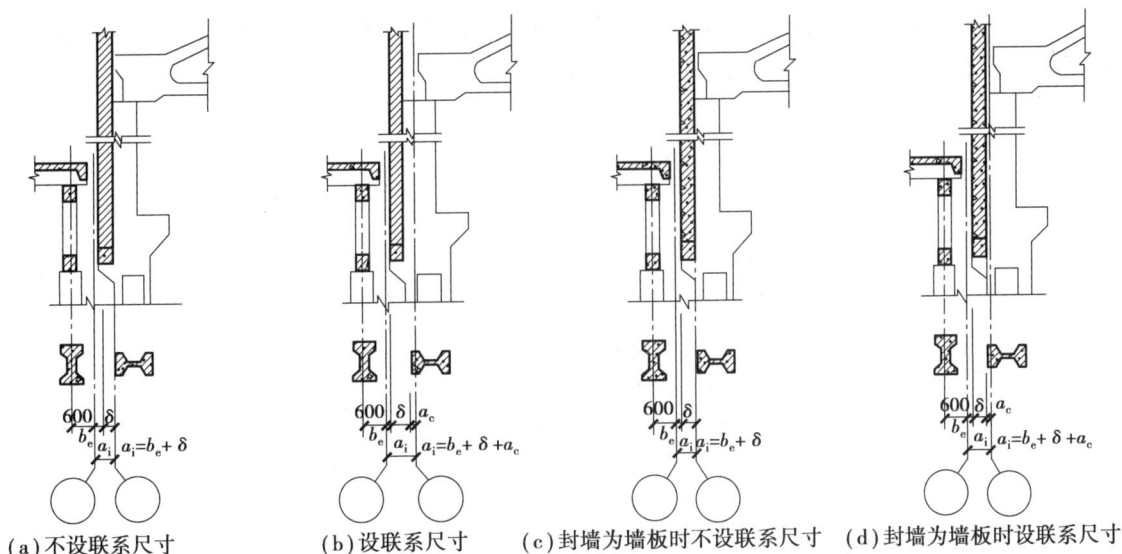

图 3-2-68　纵横跨相交处柱与定位轴线的联系

a_i—插入距；δ—封墙厚；a_c—联系尺寸；b_e—变形缝宽度

1) 立面设计

单层厂房外部造型设计受许多因素的影响,要设计出合理而有创意、个性的工业建筑形象,就应把工业建筑的自身特点融入到设计中去,需要注意以下三个方面:

3.2.8 单层厂房的立面设计

(1) 使用功能的影响

工业建筑是为生产服务的,它的生产使用功能反映在立面处理上是首要的,其外部形象和内部空间处理必须与之相适应。厂房立面设计应在适用、经济的前提下,力求形象、功能、物质技术相统一,因此,生产工艺流程、设备和运输方式对厂房的立面,特别是重工业厂房立面,会产生很大的制约性。例如,热加工车间产生大量的余热烟气,因此厂房需要进风的窗口、排气的天窗;冷加工车间需要良好的天然采光;而精密性厂房则可能是很少开窗,甚至是没有窗户的建筑物,它们都表现出不同的立面特征。

如图 3-2-69 所示为某构件厂加工车间立面图。构件在生产过程中会产生大量余热,为了便于散热,外墙处理采用开敞式设计;同时设计横向带形窗,增大了采光面积,既通风又挡雨。该建筑采用大面积墙板,施工速度快,经济成本低。如图 3-2-70 所示为某精密仪器制造厂厂房立面效果图。

图 3-2-69　某构件厂加工车间

图 3-2-70　某精密仪器制造厂厂房立面效果图

(2) 结构形式的影响

根据生产的要求,大跨度、大空间已成为单层厂房的基本特征。随着结构技术的日益发展,新的结构形式不断涌现,合理运用结构手法来创造建筑新形象,体现力学之美、结构之美,是工业建筑在造型上的重要突破。

图 3-2-71 某工业厂房立面效果图

如图 3-2-71 所示是某工业厂房的效果图。设计运用竖向线条的立面划分,突出墙面的现代感,使之具有较强的张力,把建筑美学的构图发展运用得非常到位,使整个建筑具有鲜明的个性,识别度高。

(3)气候、环境的影响

不同地区的自然气候条件直接影响厂房的立面,这是适应环境的客观规律。寒冷地区厂房开窗小,立面较为封闭;南方地区为了加强散热通风,开窗较大,立面轻巧、开朗。

2)立面的处理方法

(1)墙面划分

利用建筑构件、建筑线脚、抹灰等手法,将墙面采用不同的方式进行划分,可以获得不同的立面效果。

一般划分方式有水平划分、垂直划分、混合划分,如图 3-2-72 所示。各种划分方式使建筑立面分别产生挺拔雄伟、简洁舒展、生动和谐等艺术效果。工业厂房中的外露的某些管道,可以采用建筑材料包裹的办法,使其成为建筑物的一部分,能加强立面的虚实对比阴影效果;而有些管道,则完全可以采用不同的色彩,按其用途和性质进行涂装,使外露成为一道亮丽的装饰图案。

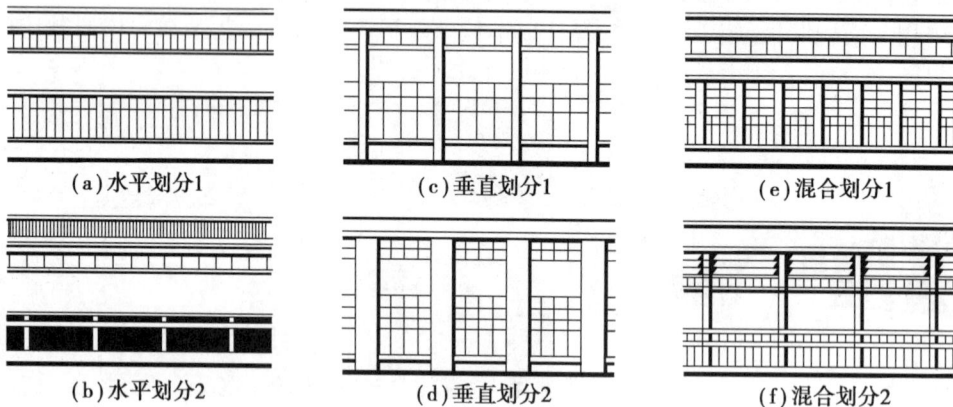

图 3-2-72 墙面划分示意图

(2)墙面的虚实处理

厂房立面中,窗洞面积的大小是根据采光和通风要求来确定的。窗与墙的比例关系不同,会产生不同的艺术效果。当窗面积大于墙面积时,立面以虚为主,显得明快、轻巧;当窗面积小于墙面积时,立面以实为主,显得稳重、敦实;当窗面积接近墙面积时,虚实平衡,显得安静、平淡,运用较少。

(3)墙面的节奏感

在建筑立面上,相同构件或门窗有规律的变化,给人以节奏感,厂房在这方面有充分的表达能力。如成排的窗子、遮阳板等,辅以水平或竖向划分,使立面具有强烈的节奏感和方向感,如图 3-2-73 所示。

图 3-2-73　立面变化的节奏感表现

3)厂房内部空间的处理

影响内部空间处理的因素主要有以下几点:

(1)厂房使用功能的影响

厂房的内部空间应满足生产功能的要求,同时也应考虑空间的艺术处理。例如,纺织厂内部要求恒温恒湿,天窗采用锯齿形,窗朝向北面,减少直射阳光照进室内。同时根据设备大小,确定纺织厂厂房高度。锯齿形天窗丰富了室内空间,也凸显了外墙造型。

(2)设备管道的影响

首先,管道的布置及排列应组织得有条不紊;另外,建筑师可以通过与设备供应商及厂方协商,选择体形优美、色彩悦目的机床;用颜色区分主要及辅助设备,同时结合室内建筑构件,整体构图,从而获得既具有明显的组织性、规律性,又具有协调统一的视觉效果。

(3)室内空间利用的影响

车间内部可利用柱间、墙边、门边及平台下等不影响工艺生产的空间设置生活间,这样可以充分利用空间。另外,考虑生活间造型、色彩及材质的搭配,可以活跃车间的气氛,创造一个良好的工作环境。

(4)室内小品及绿化的影响

室内布置建筑小品和绿化,可以使人产生亲切感,减少工人的疲劳,使工人在轻松、自然的环境中工作,提高劳动生产效率。

室内小品及绿化应布置在食堂、休息等人流密集的地方,绿化也可采用水平或垂直布置。

(5)建筑色彩的影响

目前,工业建筑上对色彩的运用,主要有以下几个方面:

①红色:用以表示电器、火灾的危险标志;禁止通行的通道和门;防火消防设备;高压电的室内电裸线;电器开关起动构件;防火墙上的分隔门。

②橙色:用以表示危险标志。用于高速转动的设备、机械、车辆、电器开关柜门;也用于有毒物品及放射性物品的标志。

3.2.10 厂房内部空间的处理

③黄色:用以表示警告的标志。用于车间吊车、吊钩、户外大型起重运输设备、翻斗车、推土机、挖掘机、电瓶车。使用中常涂刷黄色与白色、黄色与黑色相间的条纹,提示人们避免碰撞。

④绿色:安全标志。常用于洁净车间的安全出入口的指示灯。

⑤蓝色:多用于上下水道,冷藏库的门,也可用于压缩空气的管道。

⑥白色:界线标志,用于地面分界线。

建筑色彩与世界同步,目前国际上流行清淡或中性色,但是鲜艳夺目的色彩仍得到广泛的应用。建筑的墙面、地面、顶棚的色彩处理应根据车间的性质、用途、气候条件等来确定。

【学习笔记】

_____

_____

_____

_____

_____

_____

【关键词】

单层厂房　工艺流程　封闭结合　非封闭结合　柱网　插入距　联系尺寸

【测试】

一、单项选择题

1.承重结构柱子在平面上排列所形成的网格称为(　　　)。

A.柱距　　　　　　　B.跨度　　　　　　　C.柱网　　　　　　　D.网格

2.柱距采用扩大模数数列为(　　　)。

A.3M　　　　　　　　B.6M　　　　　　　　C.12M　　　　　　　D.30M

3.无吊车厂房的柱顶标高应符合(　　　)的整数倍。

A.3M　　　　　　　　B.6M　　　　　　　　C.12M　　　　　　　D.30M

4.单层厂房中起吊物与跨越物间的安全距离应为(　　　)。

A.400~500　　　　　B.≥1 000　　　　　C.最小尺寸为220　　D.一般不小于300

5.单层厂房Ⅰ~Ⅳ级采光等级的相邻两天窗中线间的距离应满足(　　　)。

A.≤工作面至天窗下沿高度的1倍

B.≤工作面至天窗下沿高度的2倍

C.≥工作面至天窗下沿高度的1倍

D.≥工作面至天窗下沿高度的2倍

二、多项选择题

1.平行多跨的组合平面形式厂房适用于(　　　)生产工艺流程。

A.直线式　　　　　　B.往复式　　　　　　C.垂直式　　　　　　D.平行式

E.圆周式

2.根据《厂房建筑模数协调标准》规定,跨度小于18 m时,跨度的增减采用扩大模数30M数列,(　　　)。

A.9 m　　　　　　　　B.12 m　　　　　　　C.15 m　　　　　　　D.18 m

E.21 m

3.对厂房平面形式有着直接的影响的因素包括(　　)。

A.人流物流组织　　　　B.地形地貌　　　　C.日照和风向　　　　D.工艺流程

E.业主要求

4.扩大厂房柱网的优越性可以体现在以下方面(　　)。

A.提高厂房的通用性　　　　　　　　B.吊车轨顶标高,节约用地

C.加快建设速度　　　　　　　　　　D.提高产品质量

E.提高吊车的服务范围

5.厂房高度的确定包括确定(　　)。

A.柱顶标高　　　　B.扩大生产面积　　　　C.牛腿标高　　　　D.轨顶至柱顶高度

E.女儿墙高度

三、判断题

1.工艺流程在生产过程中,利用生产工具将各种原材料、半成品通过一定的设备、按照一定的顺序连续进行加工,最终使之成为成品的方法与过程称为工艺流程。　　(　　)

2.纵向定位轴线至吊车轨道中心线的距离一般为 750。　　(　　)

3.纵向定位轴线设计的关系式 $L=L_k+2e$ 中,L_k 表示屋架跨度。　　(　　)

4.当定位轴线与柱外缘重合,屋架上的屋面板与外墙内缘紧紧相靠,称为封闭式结合。
　　(　　)

5.非封闭式结合中,需将边柱从定位轴线向外移一定距离,这个值称为联系尺寸,用 D 表示,采用 3M 数列。　　(　　)

6.单层厂房的山墙为非承重墙时,端部柱的中心线应自横向定位轴线向内移 600,使端部第一个柱距内的吊车梁、屋面板等构件端部与横向定位轴线重合。　　(　　)

【想一想】教材中图 3-2-55 为柱网布置及定位轴线划分示意图,现欲将其改为实际生产厂房平面,应在外墙上增加什么内容?

【做一做】将教材中图 3-2-55 按 1:200 比例在 A2 图幅上改为实际生产厂房可行的平面图。

任务 3.3　单层厂房承重结构

常见的单层工业厂房承重结构有装配式钢筋混凝土排架结构和装配式钢排架结构两种。两种结构的厂房骨架是由横向排架和纵向联系构件组成。当前实际工程中常用的是钢排架结构厂房。

3.3.1　单层厂房屋盖结构

1)屋盖结构的类型

屋盖结构根据构造的不同,可分为无檩屋盖和有檩屋盖。

(1)无檩屋盖

无檩屋盖,如图 3-3-1(a)所示,一般用于预应力混凝土大型屋面板等重型屋面,将屋面板直接放在屋架上或天窗架上。采用无檩屋盖的厂房,屋面刚度大,耐久性也高,但由于屋面板自重大,从而使屋架和柱的荷载增加,对抗震不利,造价较高。

3.3.1 单层厂房屋盖结构

（2）有檩屋盖

有檩屋盖，如图 3-3-1（b）所示，常用于轻型屋面材料的情况，如压型钢板、压型铝板、石棉瓦、瓦楞铁皮等。采用有檩屋盖体系，制作方便，施工速度快，造价较低。

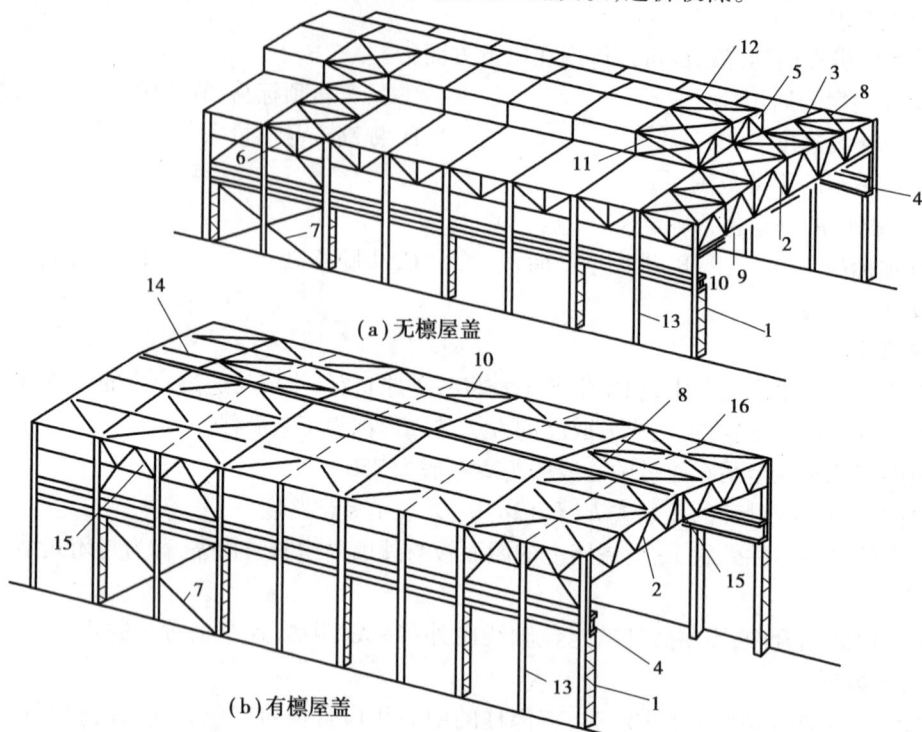

图 3-3-1　厂房结构的组成示例

1—框架柱；2—屋架；3—中间屋架；4—吊车梁；5—天窗架；6—托架；7—柱间支撑；
8—屋架上弦支撑；9—屋架下弦支撑；10—屋架纵向支撑；11—天窗架垂直支撑；
12—天窗架横向支撑；13—墙架柱；14—檩条；15—屋架垂直支撑；16—檩条间支撑

2）屋盖承重构件

（1）屋架

屋架的外形有三角形、梯形、平行弦和人字形等。

屋架的选形是设计的第一步，屋架的选形首先取决于建筑物的用途，其次应考虑用料的经济、施工方便、与其他构件的连接以及结构的刚度等问题。

①三角形屋架，适用于陡坡屋面（$i>1/3$）的有檩屋盖体系，这种屋架通常与柱子只能铰接，房屋的整体横向刚度较低，适合跨度较小吊车荷载较小的轻型厂房。三角形屋架常用的有芬克式，如图 3-3-2（a）所示；斜杆式，如图 3-3-2（b）所示；人字式，如图 3-3-2（c）所示。

②单坡屋架，对于边跨和锯齿形厂房，为了方便排水和采光要求，常采用单坡屋架，其腹杆布置形式可根据上弦的坡度和跨度灵活布置，如图 3-3-2（d）、（e）所示。

③梯形屋架，适用于屋面坡度不很陡或较平缓的屋面结构。根据屋面材料的不同上弦坡度采用 $1/12\sim1/8$、$1/7\sim1/4$，如图 3-3-2（f）、（g）所示。

④人字形屋架，上下弦基本是平行的，坡度为 $1/20\sim1/10$，如图 3-3-2（h）、（i）所示。其构造简单，分段运输时运输高度较小，当弦杆采用宽翼缘 H 型钢时，屋架高度较小，使厂房的高度降低，可获得一定的经济效果。

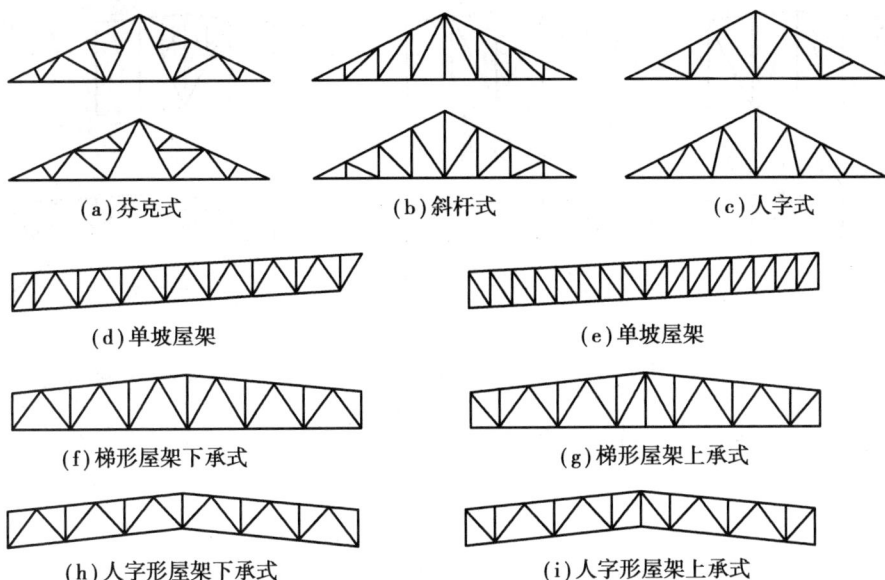

(a)芬克式　　　　　　　(b)斜杆式　　　　　　　(c)人字式

(d)单坡屋架　　　　　　　　　　　　(e)单坡屋架

(f)梯形屋架下承式　　　　　　　　　(g)梯形屋架上承式

(h)人字形屋架下承式　　　　　　　(i)人字形屋架上承式

图 3-3-2　常用的屋架形式

(2)屋架托架

当厂房的局部柱距为 12 m 或 12 m 以上,而屋架的间距仍然保持为 6 m 时,则需要在扩大的柱距间按照屋架所在的位置设托架来承托屋架,通过托架将屋架上的荷载传给柱子。托架有钢筋混凝土托架和钢托架两类。由于钢托架制作简单,施工安装方便,造价较低,故工程上采用较多。支撑在钢柱上的托架常用上承式,如图 3-3-3(a)所示,支撑在钢筋混凝土柱上的托架常用下承式,如图 3-3-3(b)所示。

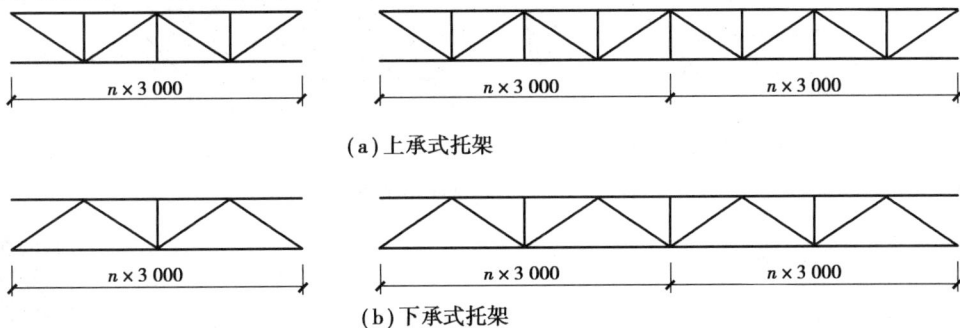

$n \times 3\,000$　　　$n \times 3\,000$　　　$n \times 3\,000$

(a)上承式托架

$n \times 3\,000$　　　$n \times 3\,000$　　　$n \times 3\,000$

(b)下承式托架

图 3-3-3　屋架托架形式

(3)天窗架

厂房中设置天窗是为了采光和通风。天窗的形式可分为纵向天窗、横向天窗和井式天窗等。一般常采用的纵向天窗的天窗架形式一般有多竖杆式、三铰拱式和三支点式(图 3-3-4)。

多竖杆式天窗架,如图 3-3-4(a)所示,它构造简单,传给屋架的荷载较为分散,可用于天窗高度和宽度不太大的情况。

三铰拱式天窗架,如图 3-3-4(b)所示,它由两个三角桁架组成,它与屋架的连接点最少,制作简单,通常用于混凝土屋架的天窗架。

三支点式天窗架,如图 3-3-4(c)所示,它由支撑于屋脊节点和两侧柱的桁架做成,与屋架连接的节点较少,常与屋架分别吊装,施工较方便。

(a) 多竖杆式

(b) 三铰拱式

(c) 三支点式

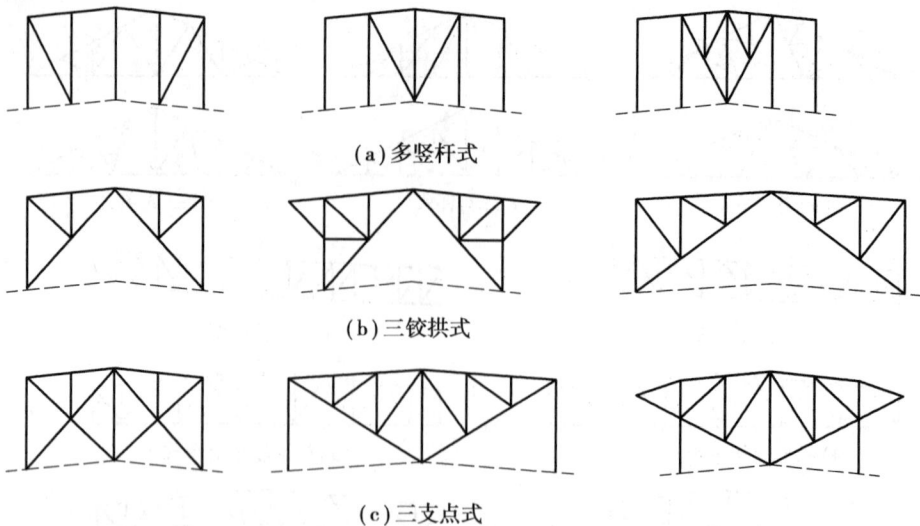

图 3-3-4　天窗架形式

3) 屋架的支撑

屋架在其自身平面内为几何形状不可变体系并具有较大的刚度,能承受屋架平面内的各种荷载。但是平面屋架本身在垂直于屋架平面侧面(称为屋架平面外)刚度和稳定性很差,不能承受水平荷载,如图 3-3-5(a)所示。因此,为使屋架结构有足够的刚度和稳定性,必须在屋架间设置支撑系统,如图 3-3-5(b)所示。

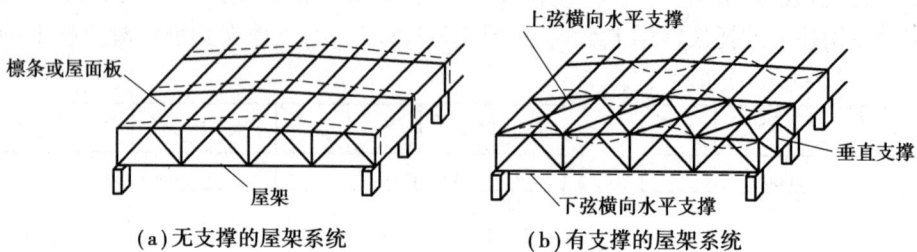

(a)无支撑的屋架系统　　　　　(b)有支撑的屋架系统

图 3-3-5　屋架支撑作用示意图

3.3.2　单层厂房柱

厂房中的柱身由上柱、下柱及牛腿组成,柱是厂房中的主要承重构件之一,在柱顶上支承屋架,在牛腿上支承吊车梁。它主要承受屋盖和吊车梁等竖向荷载、风荷载、吊车产生的横向和纵向水平荷载及地震作用。有时还要承受墙体、管道设备等荷载,故柱应具有足够的抗压和抗弯能力。设计中要根据受力情况选择合理的柱子形式。

3.3.2 单层厂房柱

1) 柱的类型、特点及适用条件

柱的类型很多,按照材料分类有砖柱、木柱、钢筋混凝土柱、钢柱等;按照截面形式分类有单肢柱和双肢柱两大类。目前,单层工业厂房工程中多采用钢柱。

(1) 钢柱

钢柱按照结构形式可分为等截面柱、阶形柱和分离柱三大类,如图 3-3-6 所示。

等截面柱有实腹式和格构式两种,通常采用实腹式。等截面柱将吊车梁支承在牛腿上,构造简单,单吊车竖向荷载偏小,只适用于吊车起重量 $Q < 150$ kN,或者无吊车且厂房高度较小的轻型厂房中。

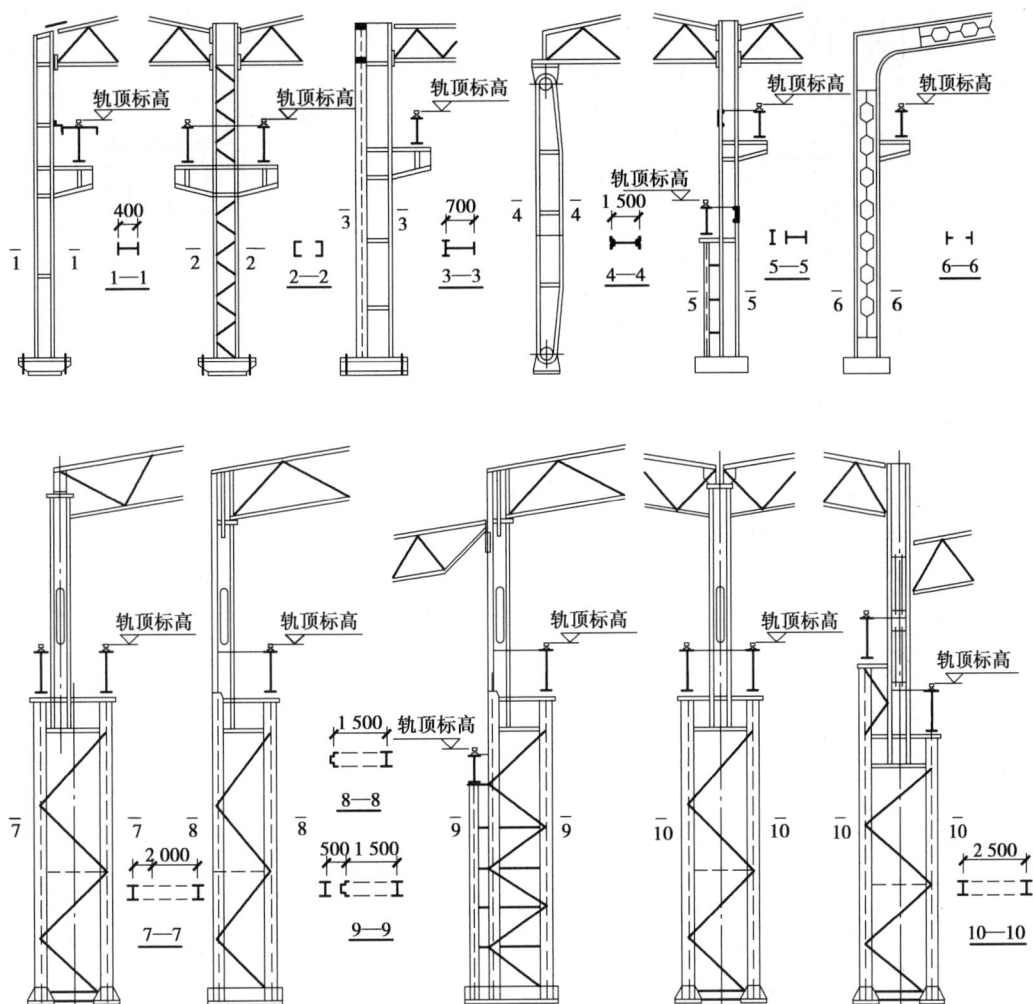

图 3-3-6　钢柱的形式

　　阶形柱也可分为实腹式和格构式两种。阶形柱由于吊车梁或吊车桁架支承在柱截面变化的柱肩梁处,荷载偏心小,构造合理,其用钢量比等截面柱节省,因而在厂房中广泛应用。

　　分离式柱由支承屋盖的柱肢和支承吊车梁或吊车桁架的吊车柱肢组成,两柱之间用水平板连接。分离式柱构造简单,制作和安装方便,但是用钢量较阶形柱多,且刚度较差,一般使用较少。

(2)钢筋混凝土柱

　　钢筋混凝土柱在以前的钢筋混凝土单层工业厂房中广泛采用,由于目前工程上多采用钢结构厂房,因此它的应用越来越少。

　　钢筋混凝土柱按照截面的形状分为矩形柱、工字型柱、双肢柱和管柱几种形式。

(3)砖柱及木柱

　　砖柱和木柱由于承载力较低,一般用于没有吊车,房屋高度较底,屋架跨度较小的房屋,工程上现在已很少采用。

2)柱牛腿

　　单层厂房结构中的吊车梁和连系梁等构件,常由设置在柱上的牛腿支承。根据材料划分可分为钢牛腿和钢筋混凝土牛腿。钢牛腿主要用在钢柱上(图 3-3-7),钢筋混凝土牛腿用在钢筋混凝土柱上。

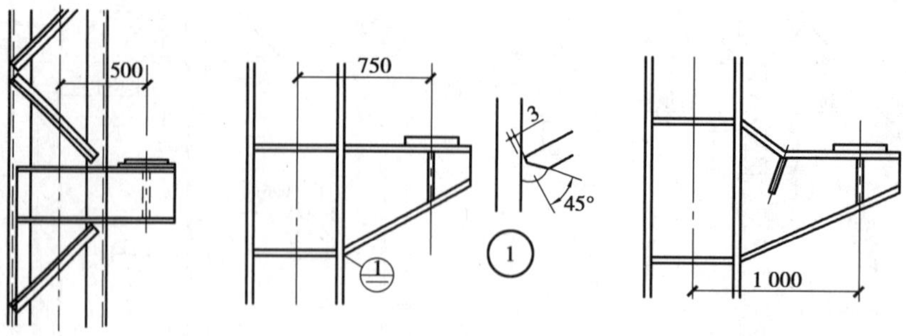

（a）等截面格构式柱牛腿　　　（b）等截面实腹式柱牛腿一　　　（c）等截面实腹式柱牛腿二

图 3-3-7　钢牛腿

3）柱间支撑

（1）柱间支撑的作用

①组成坚强的纵向框架，保证厂房的纵向刚度。

②承受厂房端部山墙的风荷载、吊车的纵向水平荷载及温度应力等，在地震区尚应承受厂房纵向的地震作用，并传至基础。

③可作为排架柱在排架平面外的支点，减少柱在框架平面外的计算长度。

（2）柱间支撑的组成

柱间支撑由两部分组成：在吊车梁以上的部分称为上层支撑，吊车梁以下部分称为下层支撑，下层柱间支撑与柱和吊车梁一起在纵向组成刚性很大的悬臂桁架。柱间支撑按照结构形式可分为十字交叉式［图 3-3-8（a）、（b）、（c）］、门架式［图 3-3-8（d）］、八字式［图 3-3-8（e）］。

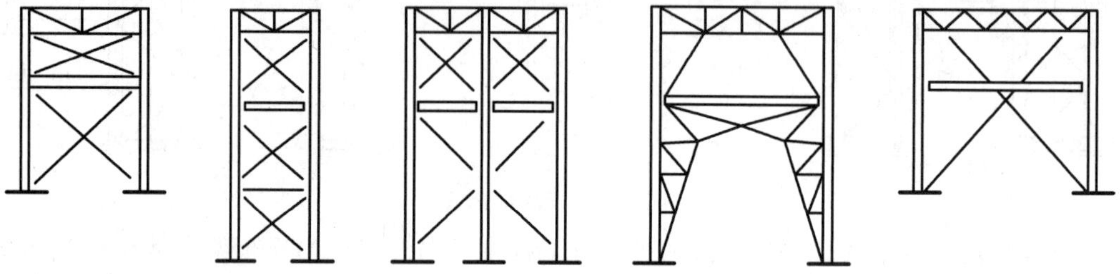

（a）　　　（b）　　　（c）　　　（d）　　　（e）

图 3-3-8　柱间支撑的形式

（3）柱间支撑的布置

为了使纵向构件在温度变化时能较自由的伸缩，下层支撑应设置在温度区段的中部。当温度区段小于 90 m 时，在它的中央设置一道下部支撑［图 3-3-9（a）］；如果温度区段长度超过 90 m，则在它的 1/3 点处各设置一道下层支撑，避免传力过长。

3.3.3　单层厂房吊车梁

吊车梁和吊车桁架是直接承担吊车荷载的构件，一般设计成简支结构。因为简支结构传力明确、构造简单、施工方便且对支座沉降不敏感。吊车梁的动力性能好，特别适用于重级工作制的吊车厂房，应用最为广泛。吊车桁架对动力作用反应敏感，故只有在跨度较大而吊车起重量较小时才会采用。

3.3.3 单层厂房吊车梁

1）吊车梁的类型

吊车梁有型钢梁、组合工字形梁及箱形梁等形式（图 3-3-10），其中焊接工字形梁最为常见。

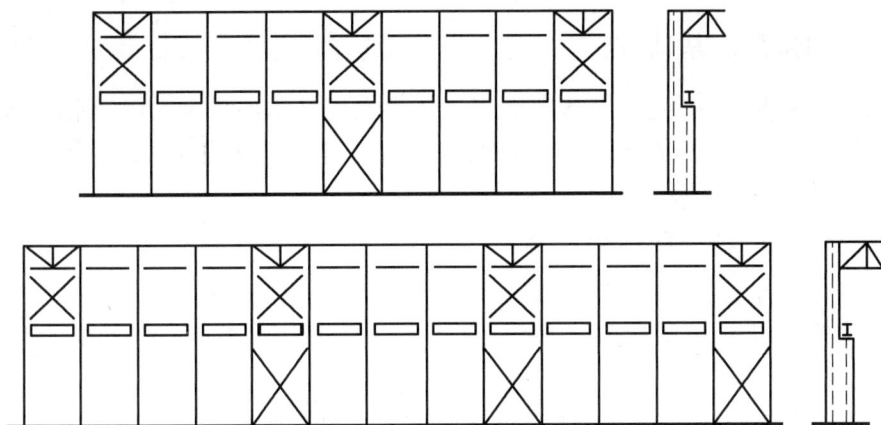

图 3-3-9　柱间支撑的布置

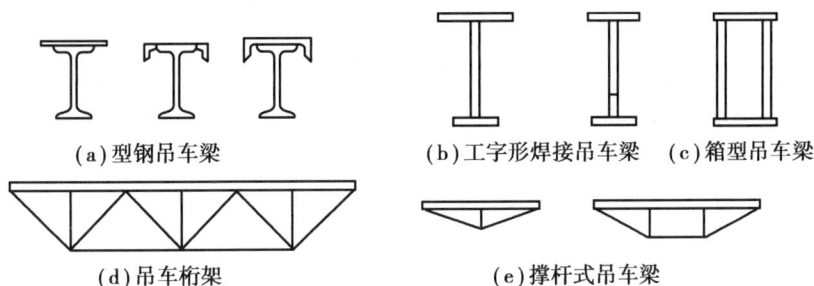

（a）型钢吊车梁　　　（b）工字形焊接吊车梁　　（c）箱型吊车梁

（d）吊车桁架　　　　　　（e）撑杆式吊车梁

图 3-3-10　吊车梁和吊车桁架

2）吊车梁系统结构的组成

根据吊车梁所受的荷载,必须将吊车梁上翼缘加强或设置制动系统来承担吊车的横向水平力。当跨度及荷载很小时,可采用型钢梁(工字钢或 H 型钢加焊钢板、角钢或槽钢)。当吊车起重量不大($Q \leqslant 300$ kN)且柱距较小时($L \leqslant 6$ m),可采用型钢梁,将型钢梁的上翼缘加强 [图 3-3-10(a)],使它的水平面内具有足够的抗弯强度和刚度。对于跨度或起重量较大的吊车梁,需要设置制动梁或制动桁架(图 3-3-11)。

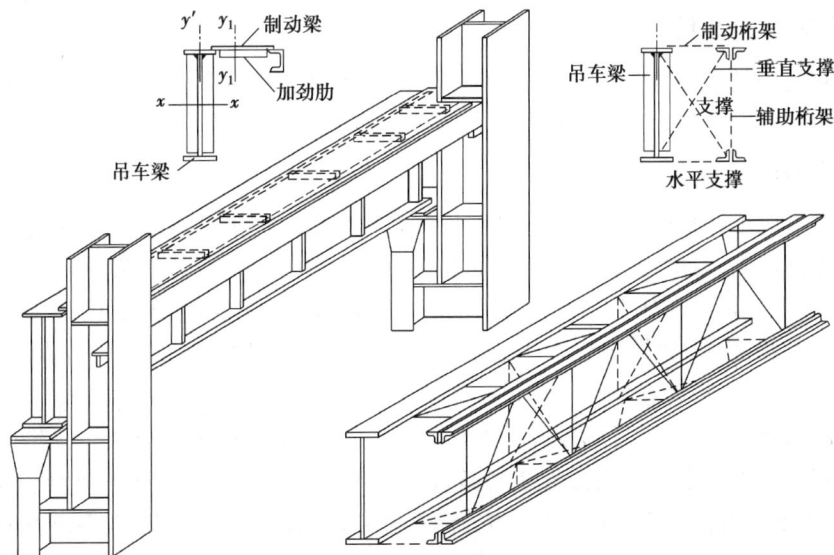

图 3-3-11　焊接工字形吊车梁的截面形式和制动结构

3.3.4 单层厂房基础

基础是厂房的重要构件之一。基础承担着厂房上部结构的重量,并传到地基,故基础起着承上传下的重要作用。基础的选择取决于上部结构的荷载性质、大小和工程地质条件等因素。

1) 基础的类型、特点及适用条件

单层工业厂房常采用钢筋混凝土基础。

①当上部荷载不大,地基土质较均匀,承载力较大时,柱下多采用钢筋混凝土独立基础,如图 3-3-12(a)所示。

②当上部荷载较大,而地基承载力较小,柱下若采用独立基础,由于底面积过大,会使相邻基础间距较近,因此可采用柱下条形基础,如图 3-3-12(c)所示。这种基础纵向刚度大,能减小纵向柱列的不均匀沉降。

③当基础持力层离地表较深,地基表层土为回填土、冻土、湿陷性黄土等不良土层,且上部荷载较大,对地基变形限制较严时,可采用桩基础,如图 3-3-12(b)所示。

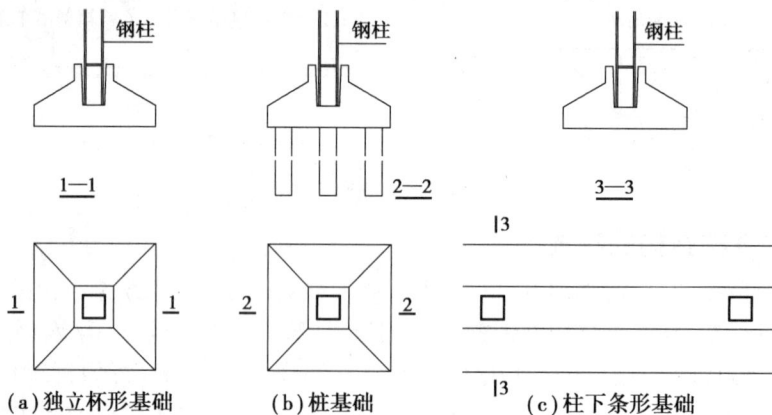

图 3-3-12 柱基础的形式

2) 钢柱与基础连接

钢柱是通过柱脚将柱身的内力传递给基础,并和基础有牢固的连接。柱脚根据受力特点分为铰接和刚接两大类。

(1) 铰接柱脚

铰接柱脚可以承担轴向力和水平剪力,不能承担弯矩。由于基础混凝土强度远低于钢材,所以必须把柱脚放大,以增加其与基础顶部的接触面积(图 3-3-13)。如图 3-3-13(a)所示是一种简单的柱脚构造形式,在柱下端仅焊接一块底板,柱中压力由焊缝传至底板,再传给基础。这种柱脚只能用于小型柱,如果用于大型柱,底板会太厚。一般的铰接柱脚常采用如图 3-3-13(b)、(c)、(d)所示的形式,在柱端部与顶板间增设一些传力零件,如柱靴、隔板和肋板等,以增加柱与底板的焊缝长度,并且将地板分隔成几个区格,使底板的弯矩减小,厚度减薄。

铰接柱脚的剪力通常是由底板与基础表面的摩擦力传递。当此摩擦力不足以承受水平剪力时,应在柱脚下设置抗剪键,抗剪键可用方钢、槽钢或 H 型钢做成,如图 3-3-14 所示。

(2) 刚接柱脚

刚接柱脚除了传递轴向力和剪力外,还要传递弯矩。刚接柱脚可分为整体式柱脚、分离式

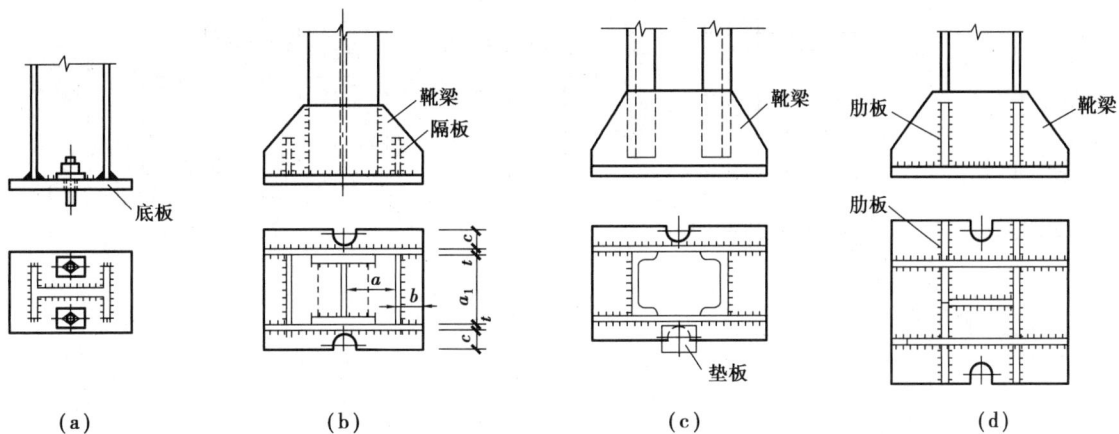

（a）　　　　　（b）　　　　　（c）　　　　　（d）

图 3-3-13　平板式铰接柱脚

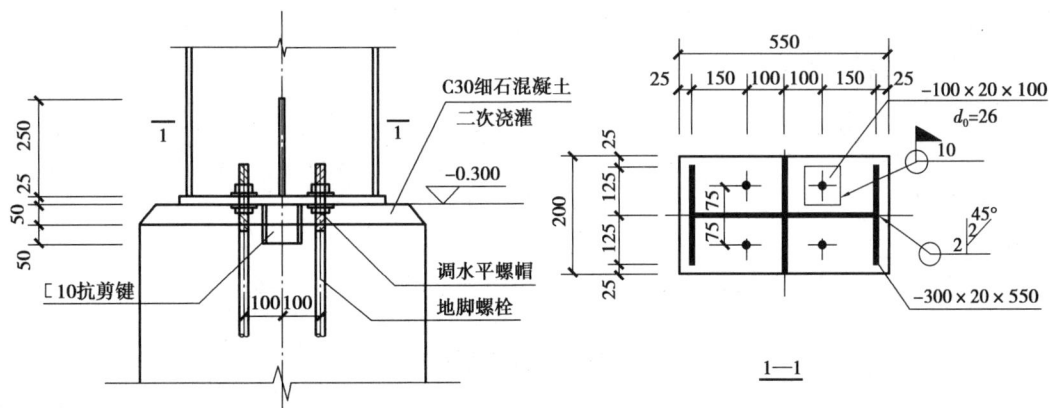

图 3-3-14　H 型钢柱平板式铰接柱脚详图

柱脚和插入式柱脚（图 3-3-17）三大类。

整体式柱脚（图 3-3-15），用于实腹柱和分肢距离较小的格构柱。

分离式柱脚（图 3-3-16），用于分肢距离较大的格构柱。

插入式柱脚，是将柱端部直接插入钢筋混凝土杯口基础中（图 3-3-17），它适用于弯矩和剪力较大的各种柱。这种柱脚比整体式和分离式刚性柱脚节约钢材。

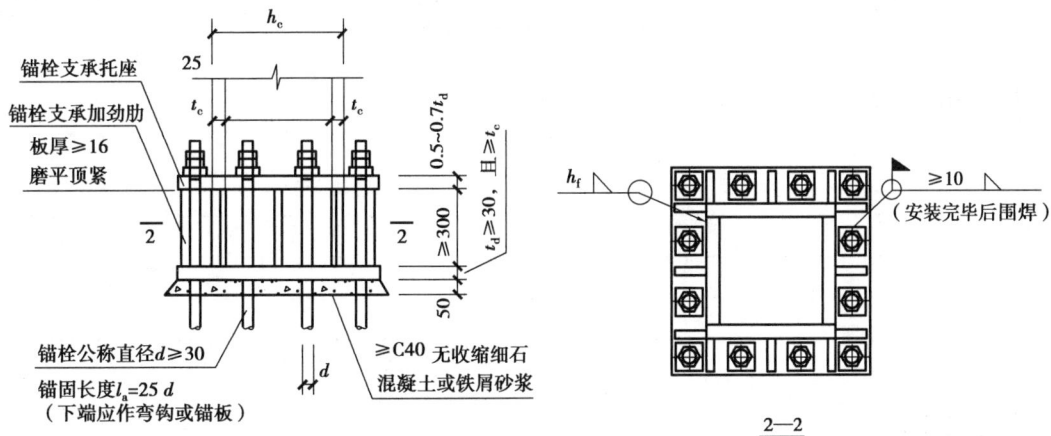

图 3-3-15　箱形截面柱整体式刚接柱脚详图

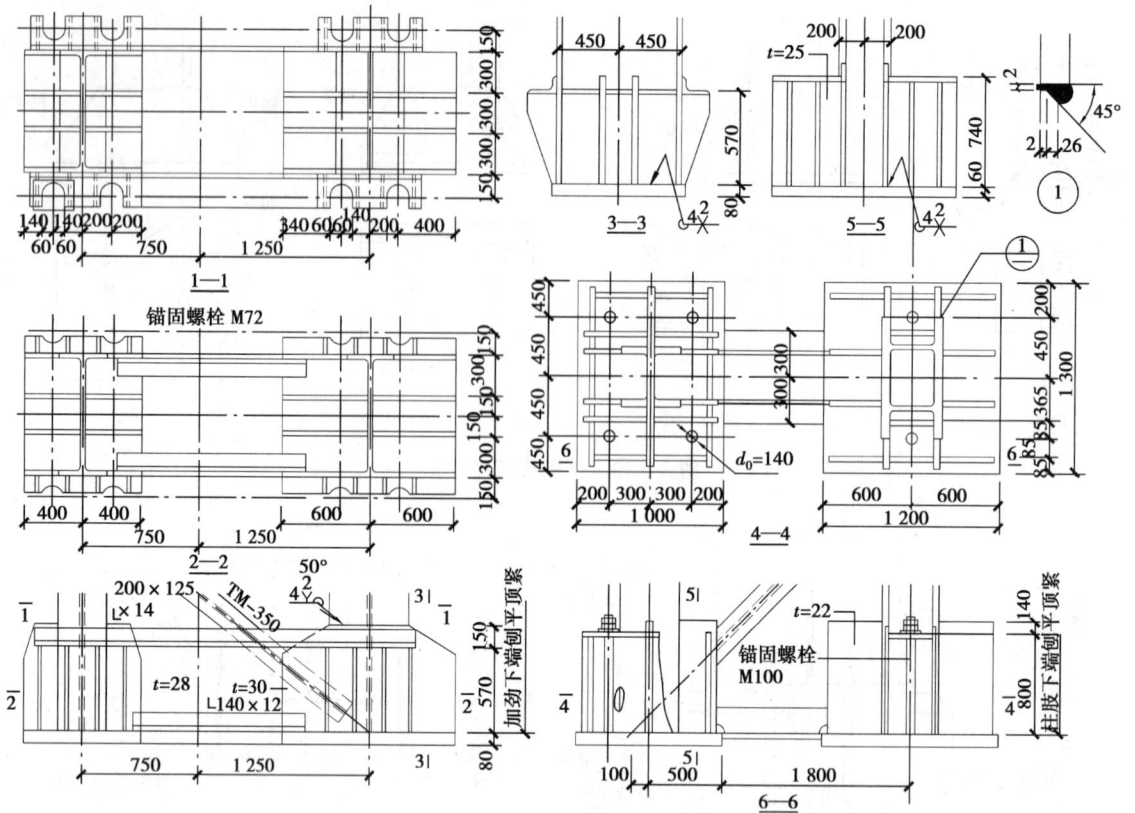

图 3-3-16　分离式柱脚

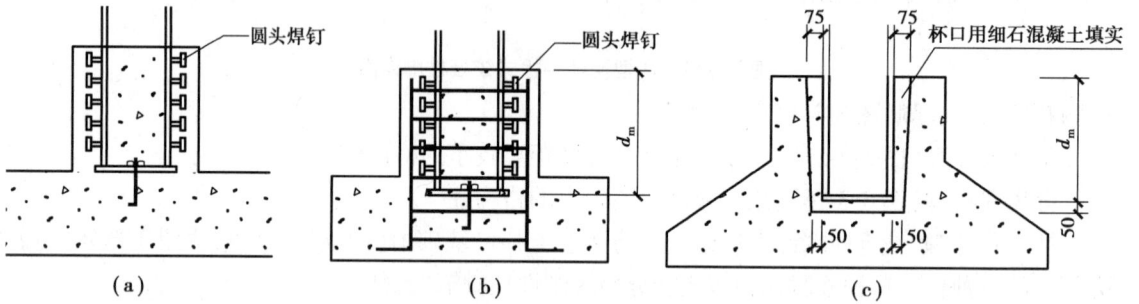

图 3-3-17　插入式柱脚

【学习笔记】

_____

_____

_____

_____

_____

_____

【关键词】

承重结构　屋盖结构　厂房柱　吊车梁　基础

【测试】

一、单项选择题

1. 单层工业厂房承重结构由( )组成。

A. 横向排架和纵向联系构架   B. 跨度

C. 柱网   D. 网格

2. 当上部荷载不大,地基土质较均匀,承载力较大时,柱下多采用( )。

A. 钢筋混凝土独立基础   B. 柱下条形基础

C. 桩基础   D. 板式基础

3. 吊车梁和吊车桁架是直接承担吊车荷载的构件称为( )。

A. 牛腿   B. 吊车梁   C. 上柱   D. 支撑

4. 对于跨度或起重量较大的吊车梁,需要设置( )。

A. 制动梁   B. 型钢梁   C. 基础梁   D. 柱间支撑

二、多项选择题

1. 屋盖由以下承重构件组成( )。

A. 屋架   B. 托架   C. 天窗架   D. 屋架支撑

E. 柱间支撑

2. 屋架的外形有( )等形式。

A. 三角形屋架   B. 单坡屋架   C. 下承式托架   D. 梯形屋架

E. 人字形屋架

3. 钢柱按照结构形式可分为( )三大类。

A. 等截面柱   B. 阶形柱   C. 变截面柱   D. 分离柱

E. 集中柱

4. 柱间支撑按照结构形式可分为( )。

A. 十字交叉式   B. 门架式   C. 八字式   D. 上层支撑

E. 下层支撑

5. 吊车梁的断面有以下形式( )。

A. 型钢吊车梁   B. 工字形焊接吊车梁   C. 箱型吊车梁

D. 吊车桁架   E. 牛腿

三、判断题

1. 刚接柱脚除了传递轴向力和剪力外,还要传递弯矩。   ( )

2. 插入式柱脚适用于弯矩和剪力都较小的各种柱。   ( )

3. 无檩屋盖的优点是屋面刚度大,耐久性高。   ( )

4. 柱是厂房中的主要承重构件之一,在柱顶上支承屋架,在牛腿上支承吊车梁。 ( )

5. 牛腿的主要作用是支承吊车梁。   ( )

6. 单层厂房的山墙为非承重墙时,端部柱的中心线应自横向定位轴线向内移600,使端部第一个柱距内的吊车梁、屋面板等构件端部与横向定位轴线重合。   ( )

【想一想】下图中编号为(g)的构件名称是什么?

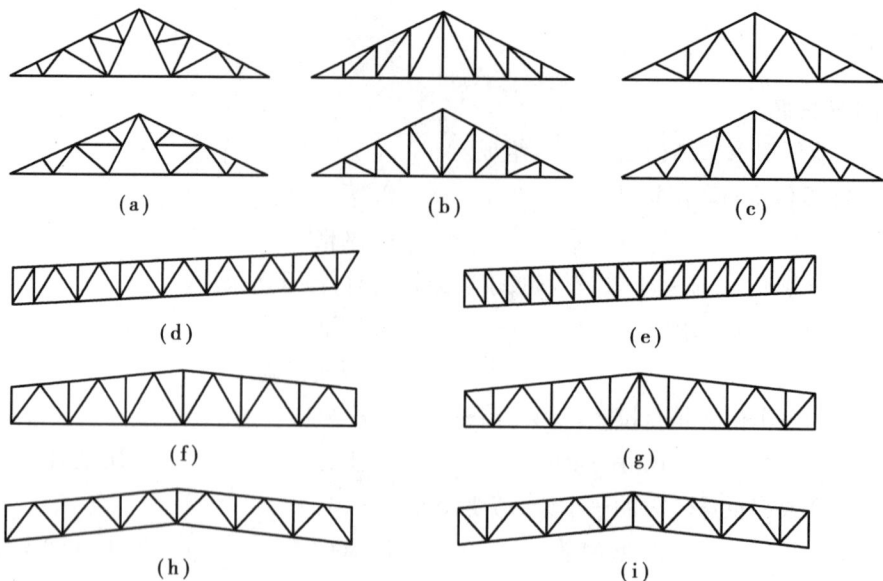

(a)   (b)   (c)

(d)   (e)

(f)   (g)

(h)   (i)

任务 3.4 多层厂房建筑设计

3.4.1 多层厂房概述

3.4.1 多层厂房概述

现代工业厂房建设规格多种多样,以适应产业生产需要为准则。2 层及 2 层以上的厂房称为多层厂房,这类厂房适用于采用垂直方向内部运输的生产工艺流程或厂房的设备和产品质量小的食品工业、电子工业、仪表工业、服装针织、鞋、光学、无线电、印刷、半导体及轻型机械制造各种轻工业等。多层厂房与单层厂房比较,具有占地面积少、节约土地、节约工程造价,缩短道路和管网等优点。

1)多层厂房的特点

(1)生产在不同标高的楼层上进行

多层厂房的最大特点是生产在不同标高楼层上进行,每层之间不仅有水平的联系,还有垂直方向的联系。因此,在厂房设计时,不仅要考虑同一楼层各工段间应有合理的联系,还必须解决好楼层与楼层间的垂直联系,并安排好垂直方向的交通。总平面方案布置是以单体厂房的轮廓草图为基础,根据全厂的生产工艺流程、人货流组织、卫生、防火、工程地质等因素来确定厂房的位置。因此,当厂房在总图位置确定后,其平面设计又不能不受总图布置的影响和约束。一般说来,工厂总平面图在人流物流组织、地形和风向等方面对厂房平面形式有着直接的影响。

(2)节约用地

多层厂房具有占地面积少、节约用地的特点。例如,建筑面积为 20 000 m² 的单层厂房,它的占地面积就需要 20 000 m²,若改为 4 层多层厂房,其占地面积仅需要 5 000 m² 就够了,比单层厂房节约用地四分之一。

(3)节约投资

①减少土建费用:由于多层厂房占地少,从而使地基的土石方工程量减少,基础的工程量也有减少。由于屋面面积减少,相应地也减少了屋面天沟、保温隔热材料用量。雨雪排除方便。

减少雨水管及室外的排水工程等费用。

②缩短厂区道路和管网:多层厂房占地少,厂区面积也相应减少,厂区内的铁路、公路运输线及水电等各种工艺管线的长度缩短,可节约部分投资。

(4)布局合理灵活

①多层厂房分区灵活,有利于工艺流程的改变。

②多层厂房设备布局合理。

2)多层厂房及多层通用厂房的适用范围

多层厂房主要适用于较轻型的工业,在工艺上利用垂直工艺流程有利的工艺,或利用楼层能创设较合理的生产条件的工业等。不少工业,为了满足生产工艺条件的特殊要求,如需要温度湿度比较稳定的空调车间、高度洁净条件车间,若建成单层厂房,则地面和屋面会大大增加冷负荷或者热负荷;若改为多层厂房,可将有空调的车间放在中间层。

(1)多层厂房的适用范围

①生产上需要垂直运输的工业。例如,面粉厂、造纸厂、啤酒厂、乳品厂和化工厂的某些生产车间,其生产原材料大部分送到顶层,再向下层的车间逐一传送加工,可利用原料的自重自上而下传送加工,直至产品成型。

②生产上要求在不同的楼层操作的工业。

③生产工艺对环境有特殊要求的工业。由于多层厂房各层体积小,容易解决生产所需要的特殊环境,如恒温、恒湿、净化、无菌等电子、仪表、医药和食品工业等。

④生产设备及产品均较轻,运输量不大的厂房。

⑤厂区基地面积受到限制。生产上无特殊要求,须进行改建或扩建时,可向空间发展,建成多层厂房。

⑥仓储型厂房及设施。如冷藏车间、设环形多层坡道的车库等。

(2)多层通用厂房的适用范围及特点

多层通用厂房是专为出租和出售而建设的没有固定工艺要求的通用性多层厂房,又称多层单元厂房或工业大厦。出租或出售可以分层和分单元进行,适用于具备以下条件的工厂:

①要求生产时间短,尽快出产品;

②生产规模不大;

③生产设备质量小,对环境污染小。

3)多层厂房设计的一般原则

多层厂房在进行平面设计时一般应注意:厂房平面形式应力求规整,以利于减少占地面积和围护结构面积,便于结构布置、计算和施工;应根据生产工艺的要求,并结合建筑结构、采暖通风、水电设备等各个工种的技术要求和环境特征进行综合考虑。按照生产要求,可以将一些生产技术相同或相近的工段布置在一起,例如要求空调的工段和对防振、防尘、防爆要求高的工段可以分别集中在一起,进行分区布置;按照通风、日照要求合理安排房间朝向。一般来说,主要生产工段应争取南北朝向。但是对于一些具有特殊要求的房间,如要求空调的工段为了减少空调设备的负荷,在炎热地区应注意避免太阳辐射热的影响,寒冷地区应注意减少室外低温及冷风的影响;多层厂房的底层,多布置对外运输频繁的原料粗加工、设备较大、用水较多的车间或原料和成品库。多层厂房的顶层便于加大跨度和开设天窗,宜布置大面积加工装配车间或精密加工车间。

4）多层厂房的结构形式

多层厂房结构型式的选择首先应该结合生产工艺及层数的要求进行。其次,还应该考虑建筑材料的供应、当地的施工安装条件、构配件的生产能力以及基地的自然条件等。目前我国多层厂房承重结构按其所用材料的不同一般有以下三类:

(1)混合结构

取材和施工均较方便,费用又较经济,保温隔热性能较好。当地基条件差,容易不均匀下沉时,选用时应加慎重。此外在地震区也不宜选用。

(2)钢筋混凝土结构

钢筋混凝土结构具有刚度好、适用范围广的特点,是当前主要使用的一种结构形式。它包括横向承重框架、纵向承重框架和纵横向承重框架。

(3)钢结构

钢结构具有自重轻、强度高、施工速度快、施工方便、结构空间需要小、能使工厂早日投产的优点。

3.4.2　多层厂房的平面设计

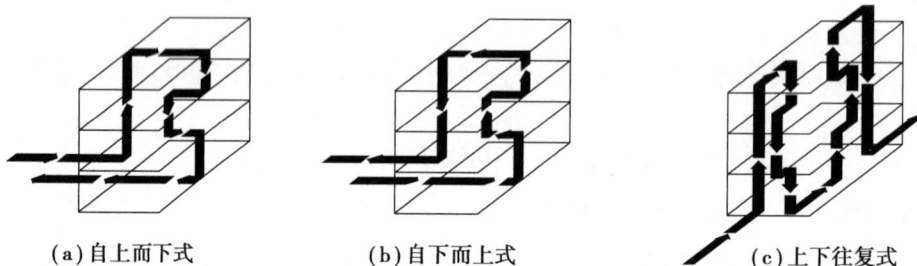

1）生产工艺流程

按生产工艺流向的不同,多层厂房的生产工艺流程布置可归纳为以下三种类型:

(a)自上而下式　　　(b)自下而上式　　　(c)上下往复式

图 3-4-1　生产工艺流程类型

(1)自上而下式

自上而下式的生产工艺流程如图 3-4-1(a)所示,是把原料送至最高层后,按照生产工艺流程的程序自上而下的逐步进行加工,最后的成品由底层运出。这种布置方式的特点是利用原材料的重力在垂直运输过程中进行加工。减少了垂直运输设施,有利于生产。这种方式适用于散颗粒状或者液体状态为原料的厂房,如啤酒厂等。

(2)自下而上式

自下而上式的生产工艺流程如图 3-4-1(b)所示,原料自底层按生产流程逐层向上加工,最后在顶层加工成成品。有两种情况适合这种布置方式:一是生产工艺流程本来要求自下而上的;二是原材料较多、较重,生产设备很大,需要大型的运输吊装设备等。轻工业类的手表厂、照像机厂或一些精密仪表厂的生产流程都属于这种形式。

(3)上下往复式

上下往复式的生产工艺流程如图 3-4-1(c)所示,它是有上有下的一种混合布置方式,生产工艺流线长,工艺布置需要多个楼层时常采用这种形式,能适应不同情况的要求,应用范围较广,是一种经常采用的布置方式。印刷厂的生产工艺流程就属于这种形式。

2) 平面布置形式

通常的布置方式有以下几种：

(1) 内廊式(图3-4-2)

内廊式各生产工段需用隔墙分隔成大小不同的房间,用内廊联系起来,这样对某些有特殊要求的工段或房间,如恒温、恒湿、防尘、防振等可分别集中。

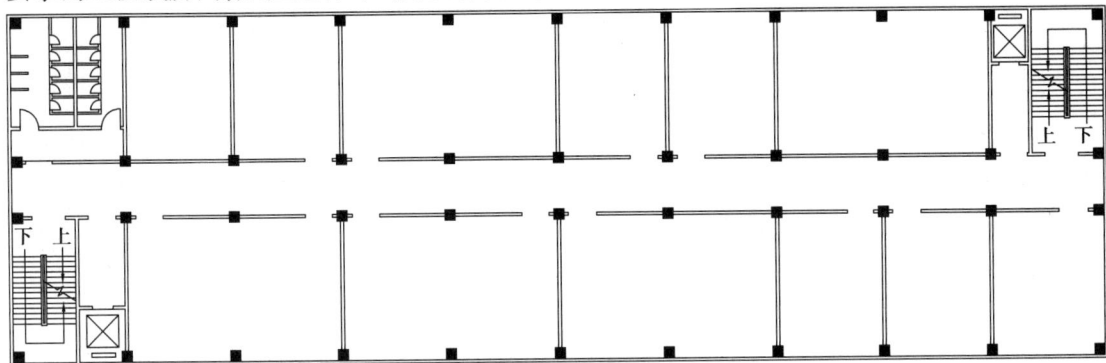

图 3-4-2 内廊式

(2) 统间式(图3-4-3)

统间式适用于生产工段需较大面积,相互间联系密切,不宜用隔墙分开的车间。各工段一般按工艺流程布置在大统间里,若有少数特殊的工段需作单独处置时,则可将它们集中到专一的区段中去。

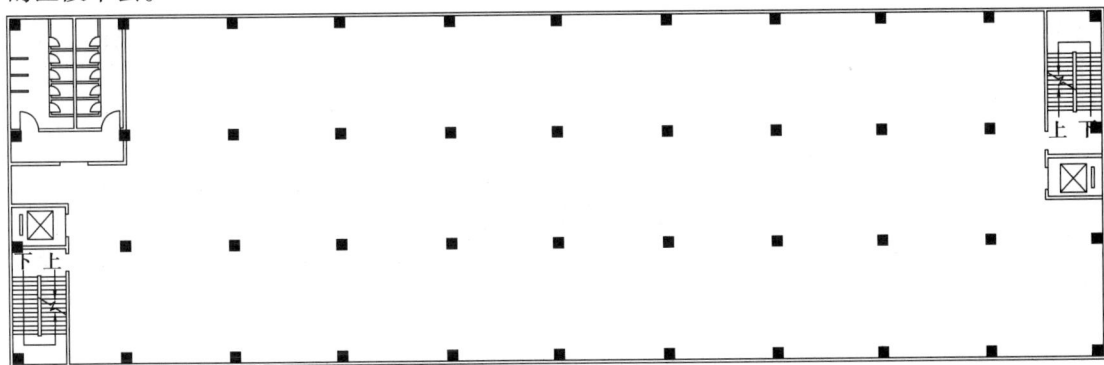

图 3-4-3 统间式

(3) 套间式

通过一个房间进入另一个房间的布置形式称为套间式。它适用于有特定生产工艺的要求或要求保证高精度生产正常进行(通过低精度房间进入高精度房间)的厂房。

(4) 混合式(图3-4-4)

混合式能更好地满足生产工艺的要求,并具有较大的灵活性。但其缺点是易造成厂房平、立、剖面的复杂化,使得结构类型增多,施工较复杂,且对防震不利。

3) 柱网的选择

多层厂房的柱网选择时首先应满足生产工艺的需要,并应符合《厂房建筑模数协调标准》的要求。此外,还应考虑厂房的结构形式、采用的建筑材料、构造做法及在经济上是否合理等。

现结合工程实践,将多层厂房的柱网概括为内廊式柱网(图3-4-5)、等跨度柱网(图3-4-6)和大跨度柱网(图3-4-7)三种类型。

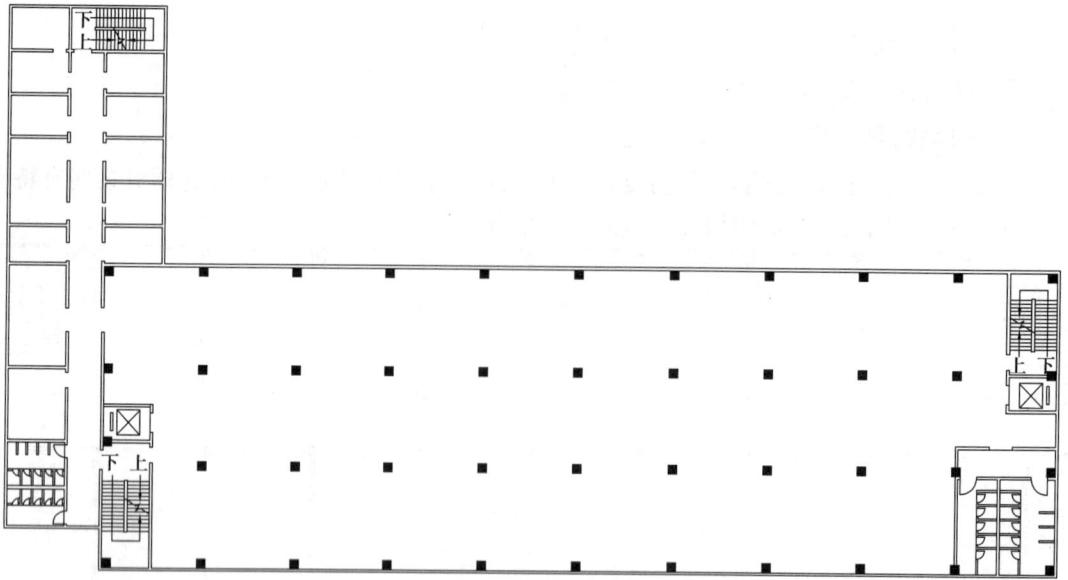

图 3-4-4　混合式

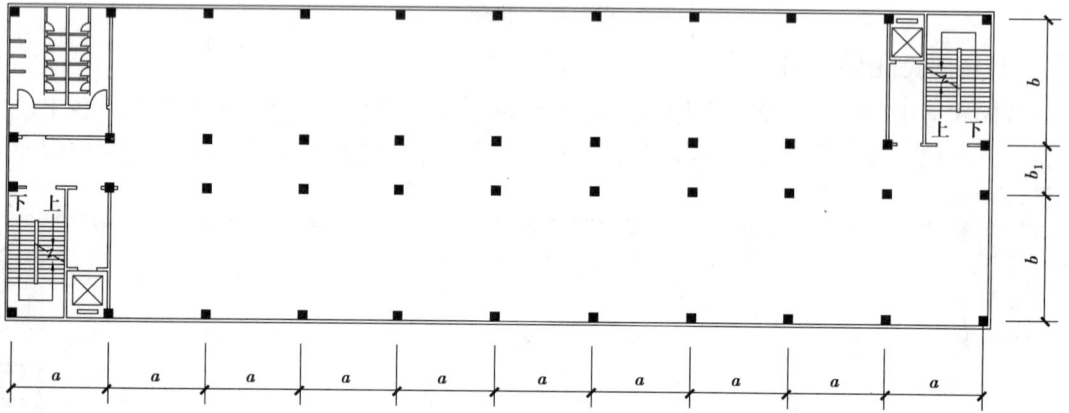

图 3-4-5　内廊式柱网

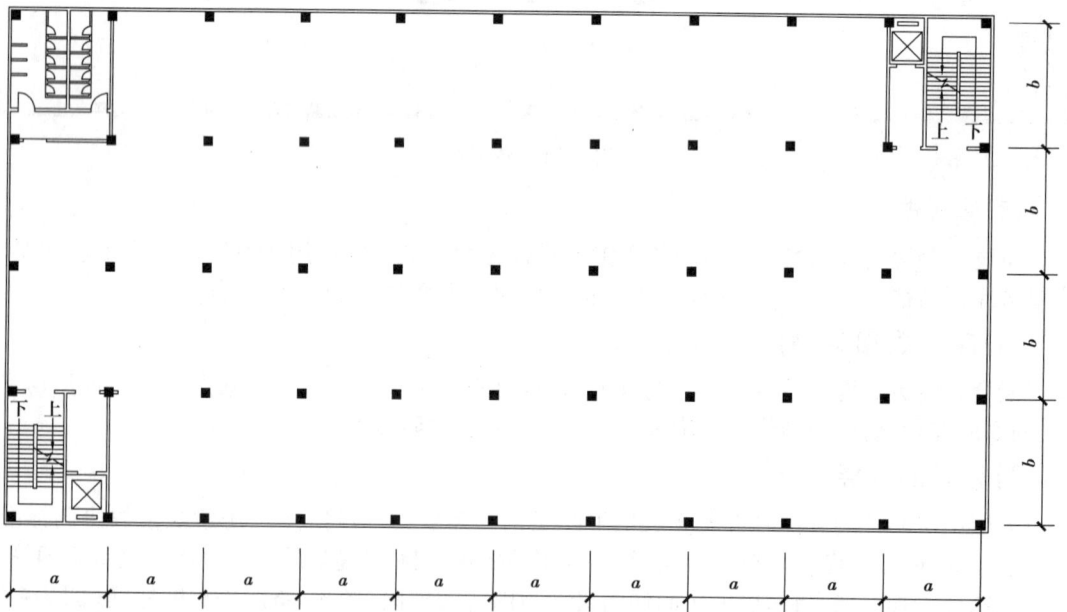

图 3-4-6　等跨度柱网

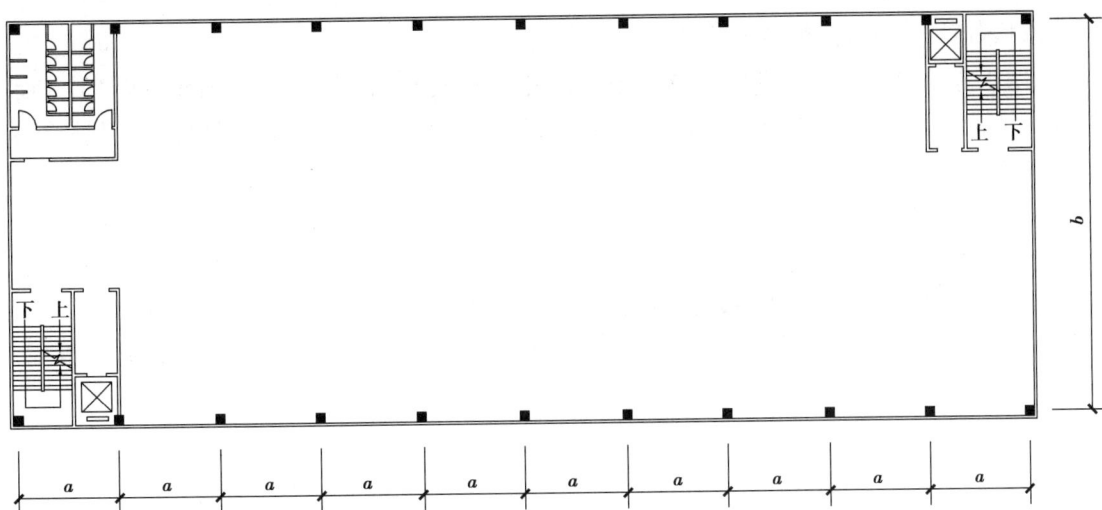

图 3-4-7　大跨度柱网

4）多层厂房的宽度

多层厂房的宽度一般是由数个跨度组成的。它的大小除了要考虑基地的因素外，还和生产特点、建筑造价、设备布置及厂房的采光、通风等有密切关系。不同的生产工艺、设备排列和其尺寸的大小常常是决定多层厂房宽度的主要因素。例如，印刷厂的大型印刷机双行排列时，就要求具有 24 m 的厂房跨度；印染厂的大型印染机双行排列时则需要 30 m 的厂房宽度。电视接收机的装配车间，同样是 6 m 柱距，当车间宽度为 17 m（跨度组合为 7.0 m+3.0 m+7.0 m）时，只能布置一条生产流线，18 m（跨度组合为 9.0 m+9.0 m）时，则可以布置两条生产流线。因而厂房的宽度除了受生产工艺设备布置方式影响外，还与跨数及组合方式也有密切的关系，在设计中应加以具体分析比较。就造价而言，在一般情况下，增加厂房宽度会相应降低建筑造价。这是宽度增大时与它相应的外墙和窗的面积增加不多，致使单位建筑面积的造价反而有所降低的缘故，因而在条件许可的情况下，一般可加大多层厂房的宽度以得到良好的经济效果。然而应注意较大宽度厂房，会造成采光、通风的不利，有时候还会带来结构构造上的困难。因此在具体设计中，要通过综合分析比较后才能决定宽度的具体数值。当采用两侧天然采光时，为满足工作时视力的要求，厂房宽度不宜过大，一般以 24～27 m 为佳。在大跨度的厂房中，中间部分一般均需要辅以人工照明来弥补天然光线的不足。

3.4.3　多层厂房的剖面设计

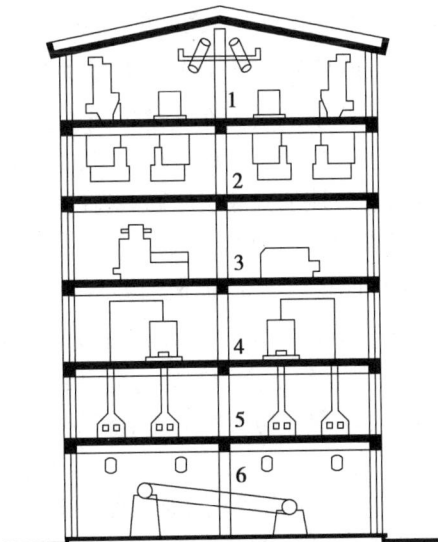

1）层数的确定

多层厂房层数的选择，主要是取决于生产工艺、城市规划和经济因素等三方面，其中生产工艺起主导作用。

3.4.3 多层厂房剖面设计

（1）生产工艺对层数的影响

厂房根据生产工艺流程进行竖向布置，在确定各工段的相对位置和面积时，厂房的层数也相应地确定了。例如，面粉加工车间，结合工艺流程的布置，确定了厂房的层数为 6 层，如图 3-4-8 所示。

图 3-4-8　面粉加工车间的层数

（2）城市规划及其他条件的影响

多层厂房布置在城市时，层数的确定要符合城市规划，城市建筑面貌、周围环境及工厂群体组合的要求。此外厂房层数还要随着厂址的地质条件、结构形式、施工方法及是否位于地震区等而有所变化。

（3）经济因素的影响

多层厂房的经济问题，通常应从设计、结构、施工、材料等多方面进行综合分析。从我国目前情况看，根据资料所绘成的曲线，经济的层数为 3 ~ 5 层，有些由于生产工艺的特殊要求，或位于市区受城市用地限制，也有提高到 6 ~ 9 层的（图 3-4-9）。在国外，多层厂房一般为 4 ~ 9 层，最高有达 25 层的。

图 3-4-9　7 ~ 12 层的多层厂房

2）层高的确定

多层厂房的层高是指由地面（或楼面）至上一层楼面的高度。它主要取决于生产特性及生产设备、运输设备（有无吊车或悬挂传送装置），管道的敷设所需要的空间；同时也与厂房的宽度、采光和通风要求有密切的关系。

（1）层高与生产、运输设备的关系

多层厂房的层高在满足生产工艺要求的同时，还要考虑起重运输设备对厂房层高的影响。一般只要在生产工艺许可情况下，都应把一些质量大、体积大和运输量繁重的设备布置在底层，这样可相应地加大底层层高。有时在遇到个别特别高大的设备时，还可以把局部楼层抬高，处理成参差层高的剖面形式。

（2）层高与采光、通风的关系

为了保证多层厂房室内有必要的天然光线，一般采用双面侧窗天然采光居多。当厂房宽度过大时，就必须提高侧窗的高度，相应地需增加建筑层高才能满足采光要求（图 3-4-10）。设计时可参考单层厂房天然采光面积的计算方法，根据我国《工业企业采光设计标准》的规定进行计算。

在确定厂房层高时，采用自然通风的车间，还应按照《工业企业设计卫生标准》的规定，每名工人所占厂房体积不少于 13 m^3，面积不少于 4 m^2，以利提高工效，保证工人健康。

图 3-4-10

(3)层高与管道布置的关系

生产上所需要的各种管道对多层厂房层高的影响较大。在要求恒温恒湿的厂房中空调管道的高度是影响层高的重要因素。图 3-4-11 表示了常用的几种管道的布置方式。其中(a)、(b)图表示干管布置在底层或顶层,这时就需要加大底层或顶层的层高,以利集中布置管道。(c)、(d)图则表示管道集中布置在各层走廊上部或吊顶层的情形。这时厂房层高也将随之变化。当需要的管道数量和种类较多,布置又复杂时,则可在生产空间上部采用吊天棚,设置技术夹层集中布置管道。这时就应根据管道高度,检修操作空间高度,相应地提高厂房层高。

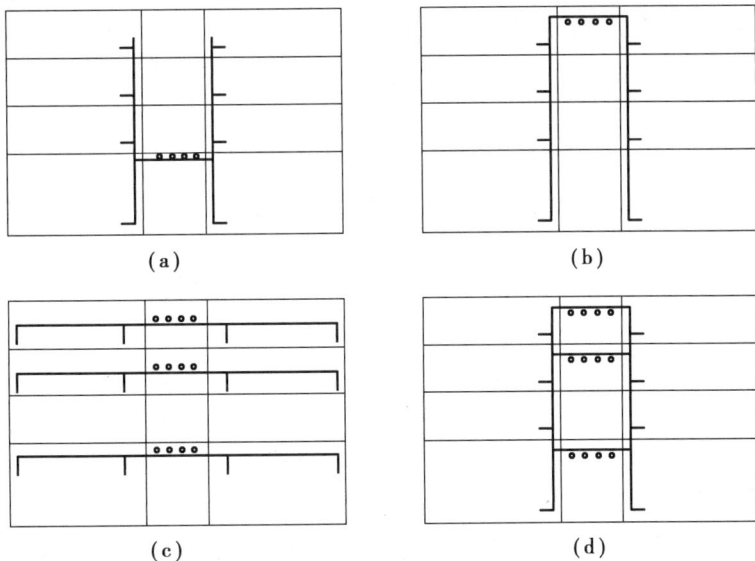

(a)

(b)

(c)

(d)

图 3-4-11　层高与管道布置关系

(4)层高与室内空间比例关系

在满足生产工艺要求和经济合理的前提下,厂房的层高还应适当考虑室内建筑空间的比例关系(图 3-4-12),具体尺度可根据工程的实际情况确定。

(5)层高与经济的关系

在确定厂房的层高时,除需综合考虑上述几个问题外,还应从经济角度予以具体分析。图 3-4-13 表明了不同层高与造价的关系。从图中可看出不同层高的单位面积造价的变化是向上的直线关系,即层高每增加 0.6 m,单位面积造价提高约 8.3%。

目前,我国多层厂房常采用的层高有 4.2 m、4.5 m、4.8 m、5.1 m、5.4 m、6.0 m 等几种。

图 3-4-12　厂房的层高与室内建筑空间的比例关系

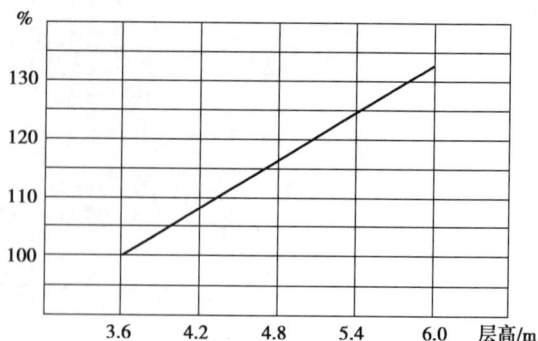

图 3-4-13　层高与造价的关系图

3.4.4　多层厂房电梯间和生活、辅助用房的布置

多层厂房的电梯间和主要楼梯通常布置在一起,组成交通枢纽。在具体设计中交通枢纽又常和生活、辅助用房组合在一起,这样既方便使用,又利于节约建筑空间。它们的具体位置是平面设计中的一个重要问题。它不仅与生产流程的组织直接有关,而且对建筑的平面布置、体型组合与立面处理以及防火、防震等要求均有影响。

1)布置原则及平面组合形式

楼梯、电梯间及生活、辅助用房的位置应选择在厂房合适的部位,使之方便运输,有利于工作人员上下班的活动,其路线应该做到直接、通顺、短捷的要求,要避免人流、货流的交叉。此外还要满足安全疏散及防火、卫生等的有关规定。楼梯、电梯间的门要接接通向走道,并应设有一定宽度的过厅或过道。过厅及过道的宽度应能满足楼面运输工具的外形尺寸及行驶时各项技术要求。一般要满足一辆车等候而另一辆车通过的宽度,至少不宜小于 3 m。主要楼梯、电梯间应结合厂房主要出入口统一考虑,位置要明显,要注意与建筑参数、柱网、层高、层数及结构形式等的相互配合;更应注意建筑空间组合和立面造型的要求。

常见的楼梯、电梯问与出入口间关系的处理有两种方式。一种方式是如图 3-4-14 所示的处理方式,此时的人流和货流由同一出入口进出,楼梯与电梯的相对位置可有不同的布置方案。但无论组合方式如何,均要达到人、货流同门进出,直捷通畅而互不相交。另一种方式是人、货

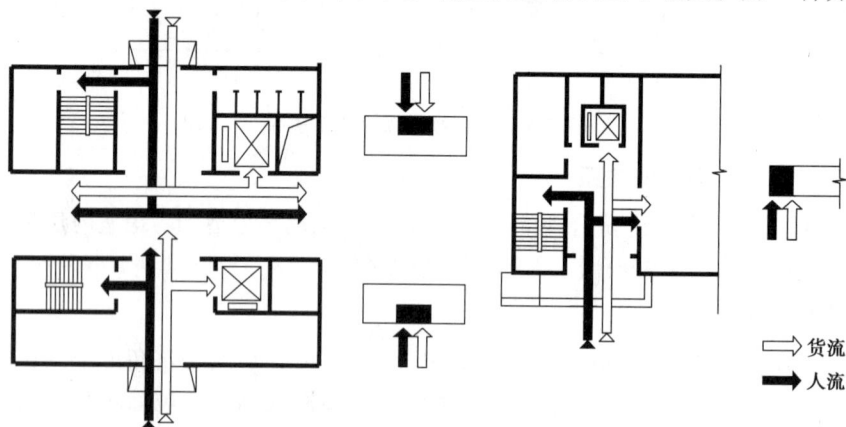

図例: ⇨ 货流　■ 人流

图 3-4-14　人流货流同门布置

流分门进出,设置人行和货运两个出入口,如图 3-4-15 所示。这种组合方式易使人、货流分流明确,互不交叉干扰,对生产上要求洁净的厂房尤其适用。

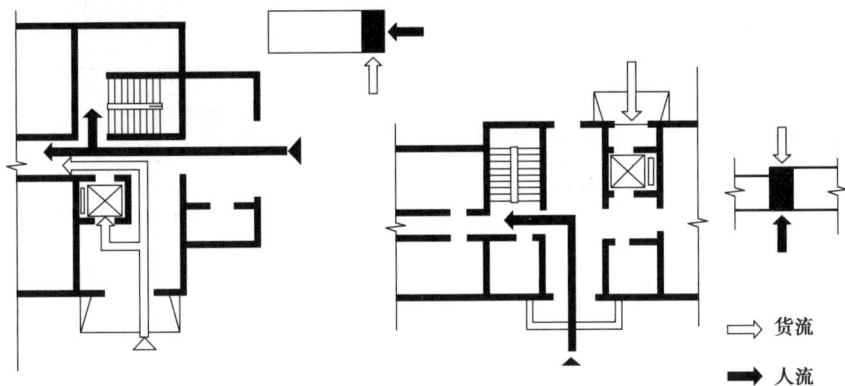

图 3-4-15　人流货流分门布置

　　楼梯、电梯间及生活、辅助用房在多层厂房中的布置方式,有外贴在厂房周围、厂房内部、独立布置以及嵌入在厂房不同区段交接处等数种(图 3-4-16)。这几种布置方式各有特点,使用时可结合实际需要,通过分析比较后加以选择;另外也可采用几种布置方式的混合形式,以适应不同需要。

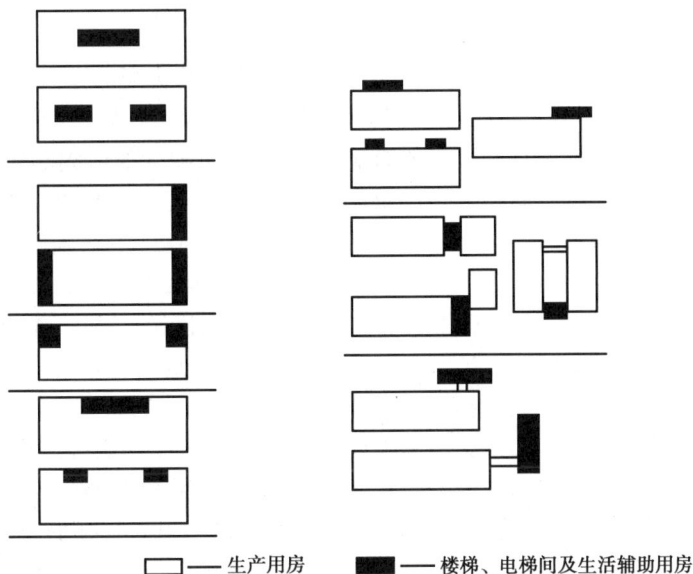

□——生产用房　　■——楼梯、电梯间及生活辅助用房

图 3-4-16　楼梯、电梯间及生活辅助用房在多层厂房中的布置方式

2)楼梯及电梯井道的组合

　　在多层厂房中,由于生产使用功能和结构单元布置上的需要,楼梯和电梯井道在建筑空间布置时通常都是采用组合在一起的布置方式。按电梯与楼梯相对位置的不同,常见的组合方式有:电梯和楼梯同侧布置,如图 3-4-17(a)所示;楼梯围绕电梯井道布置,如图 3-4-17(b)所示;电梯和楼梯分两侧布置,如图 3-4-17(c)所示。

　　这些不同的组合方式,各有不同的特点。例如,同样布置在一侧时,图 3-4-17 中(a)中④的布置直接面向车间,需具有缓冲地带,否则会有拥挤感觉。再如,当生活、辅助用房与生产车间采取错层布置时,则图(a)中③、④及图(c)中②的布置都是能够适应这种要求的。因此,选择哪一种组合方式,应该结合厂房的实际情况,分析比较后决定。

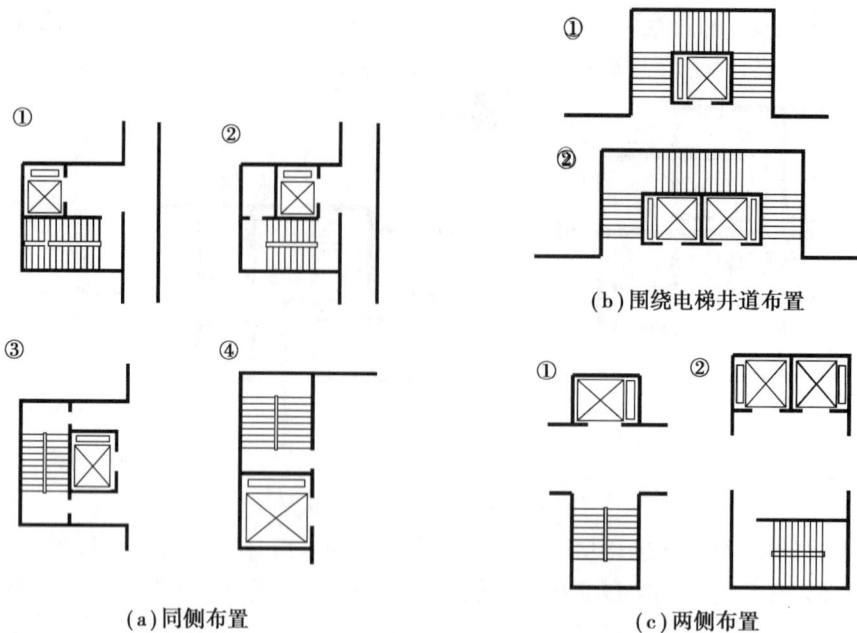

图 3-4-17　楼梯及电梯井道的组合

（a）同侧布置　　　（c）两侧布置

（b）围绕电梯井道布置

3）生活及辅助用房的内部布置

和单层厂房的生活辅助用房一样,在多层厂房中除了生产所需的车间外,还需布置为工人服务的生活用房和为行政管理及某些生产辅助用的辅助用房。这些非生产性用房是使生产得以顺利进行的重要保证,对生产具有直接的影响,是厂房不可缺少的组成部分。

生活辅助用房的组成内容、面积大小以及设备规格、数量等均应根据不同生产要求和使用特点,按照有关规定进行布置。对一般生产性质的多层厂房而言,生活辅助用房可按其使用时间和使用人数的多少分为三类:第一类为在集中时间内使用人数众多的用房,如存衣室、盥洗室等。第二类为在分散时间内多数人使用的房间,如厕所、吸烟室等。第三类则为在分散时间使用,人数也不多的房间,如保健室、办公室、哺乳室等。在建筑空间组合时这三类用房应分别对待。应使第一类用房能在最大范围内获得使用上的保证,一般常布置在厂房出入口或垂直交通设施附近,可分层或集中布置。第二类用房则要满足其不同功能的服务范围,保证其使用上的方便。如果服务距离过长,还应增设这类服务用房。第三类用房则应结合使用特点,按具体情况灵活地进行布置。如保健站宜设在底层的端部,以利人员的出入与减少和其他部分的相互干扰。妇女卫生室则应靠近女厕所、女盥洗室布置,以方便使用等。

3.4.5　多层厂房定位轴线的标志

同单层厂房一样,多层厂房的平面定位轴线有纵向和横向两种定位轴线,其编号规则和单层厂房相同,如图 3-4-18 所示。

多层厂房定位轴线的标志方法,随不同的厂房结构形式而有所不同。下面介绍砌块墙承重和装配式钢筋混凝土框架承重的多层厂房定位轴线的标志方法。

3.4.5 多层厂房定位轴线的标志

1）砌块墙承重

当厂房采用承重砌块墙时,其内墙的中心线一般与定位轴线相重合。外墙的定位轴线和墙内缘的距离应为半块块材或其倍数;或定位轴线与外墙中心线相重合。带有砌块承重壁柱的外墙,定位轴线也可与墙内缘相重合(图 3-4-19)。

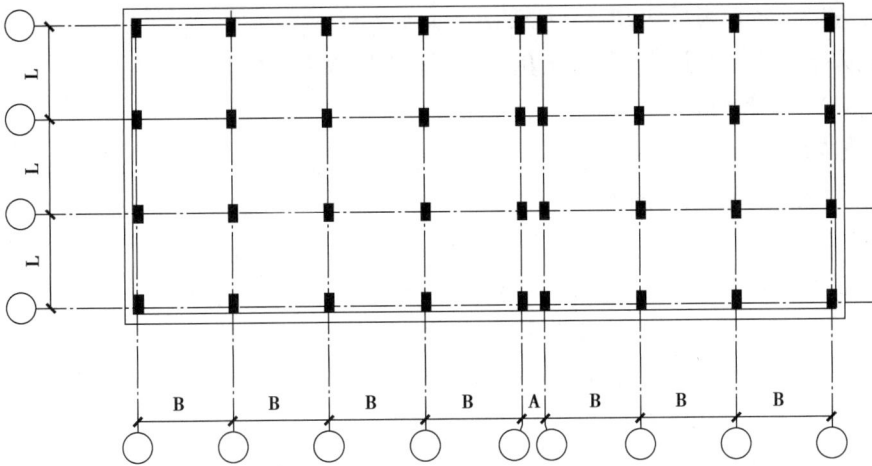

图 3-4-18 多层厂房定位轴线的标志

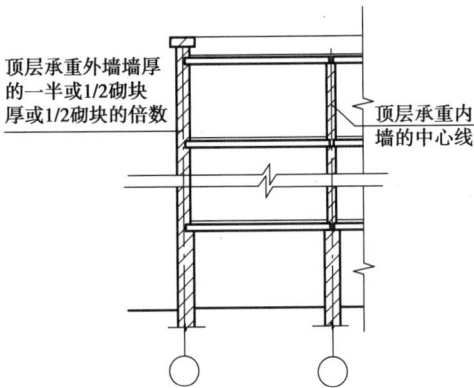

图 3-4-19 承重砌块墙的定位轴线图

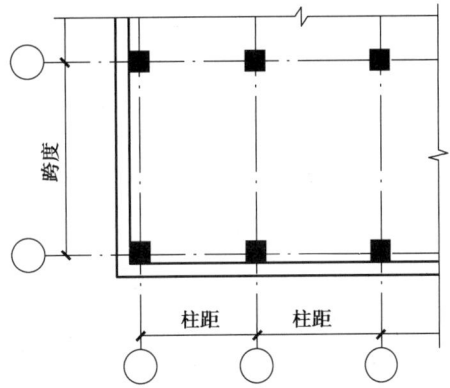

图 3-4-20 "横中纵中"定位轴线的标志

2)装配式钢筋混凝土框架承重

现将目前多层厂房最常见的两种方法分析如下：

(1)"横中纵中"标志法(图 3-4-20)

多层厂房的纵横向定位轴线都和框架柱的中心线相重合。这种标志方法,除具有纵向构件(楼板、屋面板、纵向梁等)长度相同外,当边柱和中柱的截面相同时,横向梁的长度也相同。但转角处墙板处理较为困难,板型规格较多,一般可采用加长板或 L 形转角板两种处理办法,如图 3-4-21 所示。

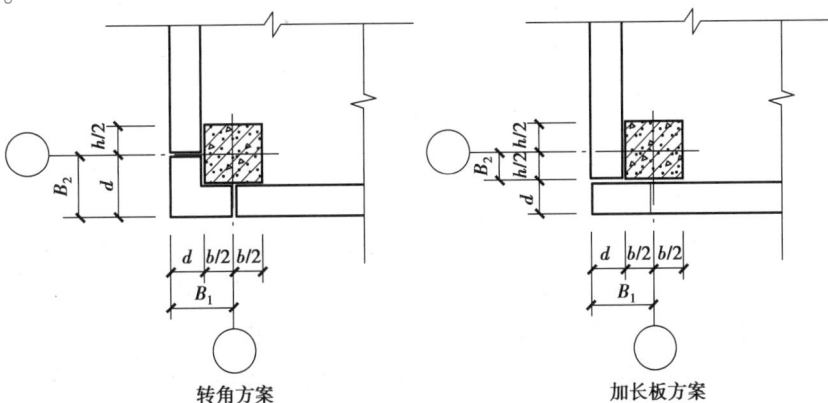

转角方案   加长板方案

图 3-4-21 转角处墙板处理

转角板方案中转角板尺寸: $B_1 = d+b/2$, $B_2 = d+h/2$

加长板方案中板加长尺寸: 纵墙板 $B_1 = d+b/2$, 山墙板 $B_2 = h/2$

式中　d——墙板厚;

　　　b, h——柱截面尺寸。

(2)"横中纵边"标志法(图3-4-22)

和上述"横中纵中"标志法相比较,"横中纵边"的主要不同在于边柱的纵向轴线的标志。其边柱的纵向定位轴线采取和边柱的外缘相重合的标志方法。这样的标志同样具有纵向构件等长的特点外,还具有墙板规格较少的优点。因为除转角处纵向墙板需加长外,其他墙板规格都是统一的。如果转角处墙板能和变形缝处墙板取得一致,则规格更可减少(图3-4-23)。另外,这种标志方法在厂房顶层采用扩大柱网时可选用单层厂房的有关构件,起到构件互换效果。但其缺点是框架横向边跨和中间的净距不等,横向梁长度也不相同。

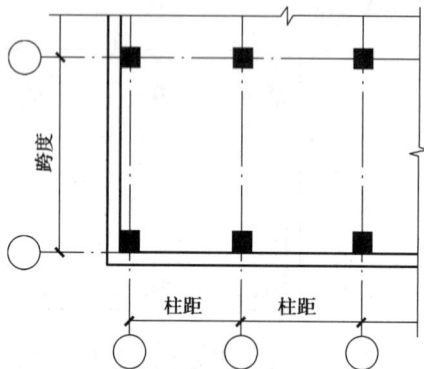

图3-4-22　"横中纵边"定位轴线标志　　　图3-4-23　转角处墙板处理

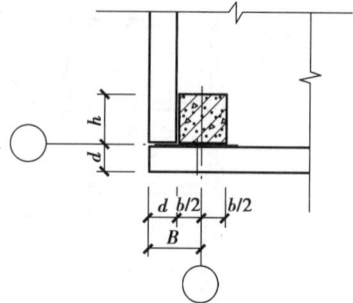

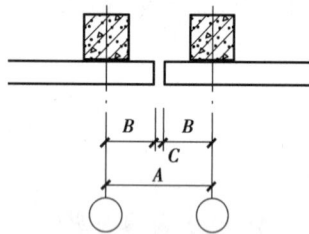

图3-4-24　横行变形缝的轴线标志

上述两种标志方法是目前在实践中经采用得较为广泛的定位轴线标志方法。其中,"横中纵边"的方法会导致横梁跨度不一致的缺点,但考虑到在同一厂房内,上下柱断面也不一定是不变的;另外边柱和中柱的断面也不一定相同,因而这一缺点就不是最主要的。何况由于其能和单层厂房的构配件相互换,又具有墙板规格类型少的优点,故应用较为普遍。

多层厂房横向变形缝的轴线标志,一般应采取加设插入距和设两条横向定位轴线的标志方法。此时其横向定位轴线应与柱中心线相重合(图3-4-24)。在墙板方案时,其墙板加长尺寸 B 宜采取和转角处墙板加长尺寸相同数值,以减少构件类型。

3.4.6　多层厂房立面设计和色彩处理

多层厂房的立面设计应贯穿在整个设计的全过程中。从方案设计开始就应重视这方面的有关问题,它是整个设计的有机组成部分。

在平面、剖面设计时,根据生产工艺的特征、结构型式的选择以及其他技术、自然条件的影响等,已对建筑的体型组合、门窗和室内空间布置进行了考虑,立面设计就是在这一基础上,进一步全面地将厂房的整个外貌形象地表现出来。立面设计应力求使厂房外观形象和生产使用功能、物质技术运用达到有机的统一,给人以简洁、朴实、明快和大方的感觉。

1）体型组合

多层厂房的体型组合是设计中的重要环节。生产工艺、周围环境是影响体型组合的主要因素。建筑的体型组合尽可能地协调建筑物内在诸因素，充分反映其使用功能，又应与外界环境相协调。多层厂房由于生产设备的外形不大，生产空间的大小变化不显著，因而它的体型就比较齐整单一（图 3-4-25）。这样不但有利于结构的统一和工业化施工，也有利于内部布置及建筑艺术的处理。

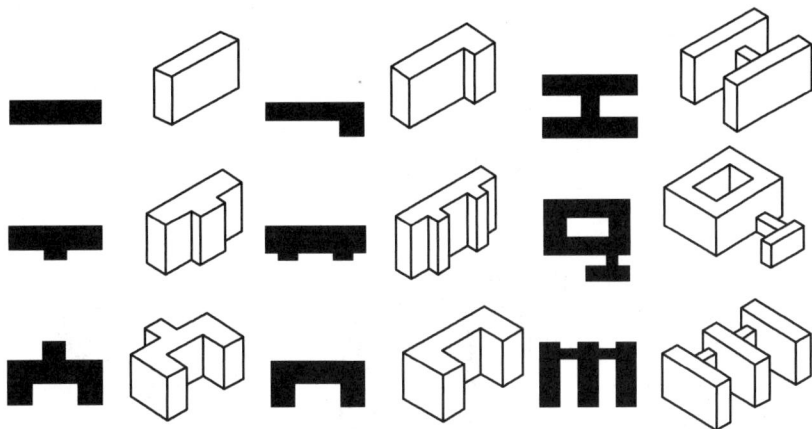

图 3-4-25　多层厂房常见的体型组合

多层厂房的建筑空间一般是由主体空间（生产车间、仓库等），辅助空间（生活辅助用房、技术层、空调机房等）和联系空间（楼电梯间、走廊、管道等）所组成。主体空间在体型上占主要地位，不同的生产要求，其主体空间的大小，形状等也有所不同。而辅助空间及联系空间的大小，形状则较为灵活而富于变化。在满足生产功能要求的前提下，它既可用来权衡整座建筑的体量，又可点缀厂房的建筑立面，是多层厂房空间组成中的一个"可塑"部分，具有权衡调剂的作用。结合不同生产功能的要求，多层厂房的主体空间、辅助空间和联系空间的组合是多种多样的。图 3-4-26 就是三种空间的不同组合。图中有将辅助及联系空间附贴在主体空间外面的；有独立布置或插入在主体空间内的；有采用内院式布置或交错布置的；还有采用单元式组合方式布置的。总之，各种布置都有各自的特点，应结合具体条件因地制宜地加以组合。

多层厂房的体型组合应该结合所处基地状况，使用功能和周围环境综合地加以考虑。例如，惠州某工业园区，它的厂址是一不规则狭长条形状。设计者充分考虑基地形状后，为了争取良好的朝向和通风，将厂房建筑按不同朝向用联系空间将几个主体厂房有机联系起来，最大限度地和地形相吻合（图 3-4-27）。这样的布置不但满足了采光通风的要求，而且使厂房的体型和立面都更富有变化，与周围环境取得了较好的联系。再如台州某工厂的两栋车间，采取的体型和体量与相邻的办公建筑风格统一协调（图 3-4-28）。

2）墙面处理

墙面设计主要是处理门、窗大小、形状与墙面的关系。同时应考虑结构型式、通风采光和交通枢纽，出入口位置等各方面的要求。随着内部生产工艺的差别，它们各自具有自己的特点，而这些特点在墙面处理中得到统一。通常采用的方法，是将窗和墙面的某种组合作为基本单元，有规律地重复地布置在整个墙面上，这样常可获得整齐、匀称的艺术效果。墙面处理和单层厂房一样，一般常见的处理手法有：

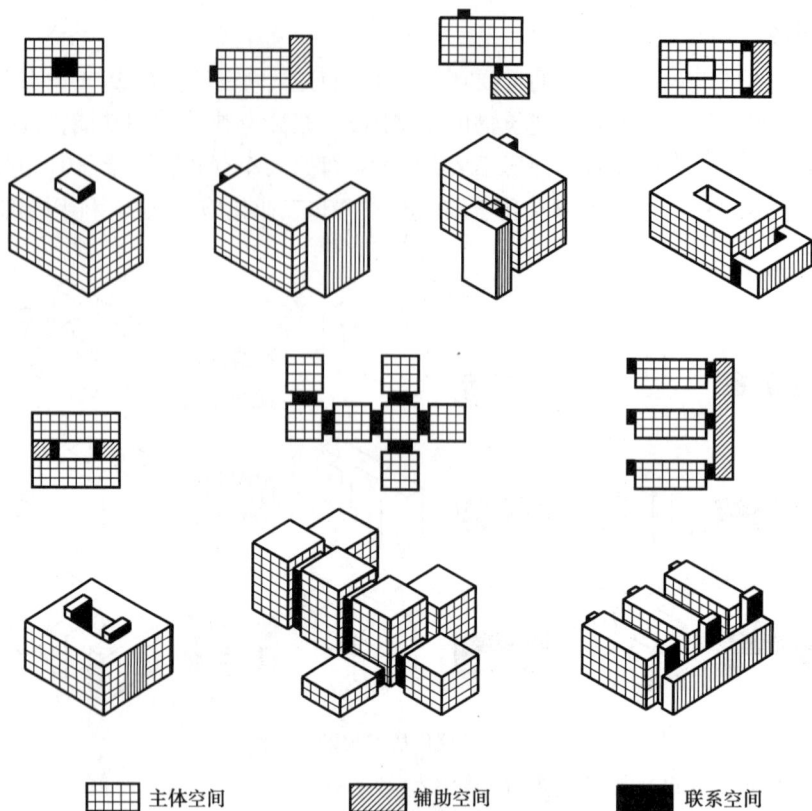

主体空间　　　辅助空间　　　联系空间

图 3-4-26　三种空间的不同组合

图 3-4-27　惠州某工业园区

图 3-4-28　台州某工厂

（1）垂直划分

利用柱子、垂直遮阳板、窗间墙及竖向组合窗等构配件构成以垂直线条为主的立面划分。这种划分给人以庄重、挺拔的感受（图3-4-29）。

图3-4-29　以垂直线条为主的立面划分

（2）水平划分

利用通长的带形窗、遮阳板、窗楣线或窗台线，以及檐口、勒脚等的构件构成以水平线条为主的立面划分（图3-4-30）。这种厂房外形简洁明朗，横向感强。

图3-4-30　以水平线条为主的立面划分

（3）混合划分

在实际工程中经常见到的墙面处理是上述二种划分的混合形式。它们有时是以一种为主的方式表现出来，但有时也没有明显的主次关系。混合划分时要注意处理好二者的关系，既要相互协调，又要相互衬托，从而取得生动和谐的艺术效果（图3-4-31）。

有些工厂尤其如精密仪器、仪表、电子、钟表等的生产过程中需要准确地辨别精细零件和检验产品，要求避免强烈直射阳光及其产生的眩光，这时就需要设置竖向或横向的遮阳板，有时也可设置纵横遮阳板或特殊的块体状遮阳板等（图3-4-32）。遮阳板的类型应根据厂房所处地理环境的不同而加以选用。不同类型的遮阳板会使多层厂房产生不同的艺术效果。

在一些要求洁净，恒温恒湿生产环境的多层厂房中，为避免外界气象对室内的干扰往往采用无窗厂房，这种以实墙面为主的或仅有装饰性窗户的厂房立面，其墙面处理和一般的处理是不同的，而其外观形象也是独具特色的。出于安放空调的要求，需以大片实墙面为主的密闭外观形象（图3-4-33）。现代工业建筑的特点是简洁、明朗，很少装饰。因此材料的质地和色彩的运用在建筑造型上的作用就显得很重要。厂房的墙面可以采用不同材料和不同色彩，以丰富立面，使墙面处理更有变化、更富有活力。

图 3-4-31　混合划分的立面

图 3-4-32　设有遮阳板效果的立面

图 3-4-33　以实墙面为主的厂房立面

3）交通枢纽及出人口的处理

交通枢纽及出入口对多层厂房的立面设计有很大关系,是立面设计的重点部分,应予以特别重视。有时为了使出入口重点突出,可采用门斗,雨棚、花格等的小构配件来丰富主要出入口,使之获得生动、和谐的良好效果,如图 3-4-34 所示。再如图 3-4-35 所示,把主要出入口的造型与屋顶的造型上下呼应,使之与水平划分的整个厂房立面形成了强烈的对比。以此来获得整个厂房立面设计的生动、活泼而又富于变化的建筑艺术效果。

图 3-4-34　重点突出厂房出入口的门斗

图 3-4-35　厂房出入口的重点设计

【学习笔记】

【关键词】

多层厂房 适用范围　多层厂房层数　多层厂房柱网

【测试】

一、单项选择题

1.当厂房采用承重砌块墙时,其(　　)的中心线一般与定位轴线相重合。

A.边柱　　　　　　B.内墙　　　　　　C.外墙　　　　　　D.中柱

2.一般情况下精密仪表厂常采用(　　)的生产工艺。

A.自上而下式　　　B.自下而上式　　　C.上下往复式　　　D.前后往复式

3.生产工段需较大面积,相互间联系密切的车间使用于(　　)的平面形式。

A.内廊式　　　　　B.统间式　　　　　C.套间式　　　　　D.大厅式

E. 混合式

4. 当采用两侧天然采光时,为满足工作时视力的要求,厂房宽度常采用(　　)。

A. 18 m　　　　　　B. 17 m　　　　　　C. 30 m　　　　　　D. 24～27 m

5. 洁净、恒温恒湿生产环境的多层厂房中,为避免外界气象对室内的干扰往往采用(　　)。

A. 外立面需要设置竖向或横向的遮阳板

B. 实墙面为主的外立面设计

C. 利用通长的带形窗、遮阳板、窗楣线等构件构成以水平线条为主的立面划分

D. 利用柱子、垂直遮阳板、窗间墙等竖向构配件构成以垂直线条为主的立面划分

二、多项选择题

1. 多层厂房的特点包括(　　)。

A. 生产在不同标高的楼层上进行　　　　　B. 节约用地

C. 节约投资　　　　　　　　　　　　　　D. 布局合理灵活

E. 仓储型厂房及设施

2. 多层厂房的使用范围包括(　　)。

A. 生产上需要垂直运输的工业

B. 生产上要求在不同的楼层操作的工业

C. 生产工艺对环境有特殊要求的工业

D. 生产设备及产品均较重、运输量很大的厂房

E. 厂区基地面积受到限制

F. 仓储型厂房及设施

3. 多层厂房的平面形式包括(　　)。

A. 内廊式　　　　　B. 统间式　　　　　C. 套间式　　　　　D. 大厅式

E. 混合式

4. 多层厂房的柱网概括为(　　)。

A. 内廊式柱网　　　B. 等跨度柱网　　　C. 大跨度柱网　　　D. 混合式柱网

E. 套间式柱网

5. 多层厂房各层层高的确定与下列因素有关(　　)。

A. 满足生产工艺要求　B. 起重运输设备　　C. 采光方式　　　　D. 通风要求

E. 立面设计要求

三、判断题

1. 多层厂房的生产在不同标高楼层上进行,每层之间不仅有水平的联系,还有垂直方向的联系。　　　　　　　　　　　　　　　　　　　　　　　　　　　　　(　　)

2. 自上而下式的生产工艺是把原料送至最高层后,自上而下的加工,最后的成品由底层运出。　　　　　　　　　　　　　　　　　　　　　　　　　　　　　　　　　(　　)

3. 统间式平面布局适用于生产工段需较大面积,相互间联系密切,宜用隔墙分开的车间。　　　　　　　　　　　　　　　　　　　　　　　　　　　　　　　　　　　(　　)

4. 一般质量大、体积大和运输量繁重的设备应布置在底层。　　　　　　　　(　　)

5. 按照《工业企业设计卫生标准》(GBZ 1—2010)的规定,每名工人所占厂房体积不大于13 m³。　　　　　　　　　　　　　　　　　　　　　　　　　　　　　　　(　　)

6. 如边柱的纵向定位轴线采取和边柱的外缘相重合的标志方法,在厂房顶层采用扩大柱网时可选用单层厂房的有关构件,起到构件互换效果。

【想一想】教材中图3-4-28的墙面是水平划分还是垂直划分?如果都不是,你认为应该属于什么划分?

项目4 现代建筑理念

【项目引入】

2022年1月25日,住建部印发《"十四五"建筑业发展规划》(以下简称"规划")。规划以推动智能建造与新型建筑工业化协同发展为动力,加快建筑业转型升级,实现绿色低碳发展,切实提高发展质量和效益,不断满足人民群众对美好生活的需要,为开启全面建设社会主义现代化国家新征程奠定坚实基础为指导思想;以"坚持创新驱动,绿色发展,推广绿色化、工业化、信息化、集约化、产业化建造方式,推动新一代信息技术与建筑业深度融合"为原则,提出了"十四五"时期发展目标为:产业链现代化水平明显提高。智能建造与新型建筑工业化协同发展的政策体系和产业体系基本建立,装配式建筑占新建建筑的比例达到30%以上,使绿色低碳生产方式初步形成。绿色建造政策、技术、实施体系初步建立,绿色建造方式加快推行,建设一批绿色建造示范工程。建筑工业化、装配式建筑、低碳建筑是实现这个目标的必然手段。

【学习目标】

了解建筑工业化、装配式建筑、低碳建筑的基本理念。

【技能目标】

能够通过学习掌握建筑工业化的主要途径、装配式建筑的基本概念,以及低碳建筑的节能原理。为学习相关专业课提供基本概念认识。

【素质目标】

通过了解我国的建筑工业化进程,以及装配式建筑、低碳建筑的现状与展望,理解我国即将在2035年达到城乡建设全面实现绿色发展,碳减排水平快速提升,城市和乡村品质全面提升,人居环境更加美好的建设目标,引导学生的中国特色社会主义制度自信与道路自信,树立敬业、诚信、负责等社会主义核心价值观;培养学生的工程伦理和工程道德。

【学习重、难点】

重点:建立建筑工业化、装配式建筑、低碳建筑的基本概念。

【学习建议】

1. 本项目要求了解我国建筑工业化的进程及现状;建立装配式建筑的基本概念,掌握低碳建筑的节能原理。

2. 学习中可以考察同学们所在学校附近的有关装配式建筑、低碳建筑等绿色建筑,也可以通过网上查询相关建筑的有关资料作为设计参考资料。

3. 通过讨论教材上有关实例的建筑的功能、节能形式等,建立装配式建筑、低碳建筑等绿色建筑的基本概念。

4.单元后的技能训练与项目实训,应在学习中对应进度逐步练习,通过做练习加以巩固基本知识。

任务4.1 装配式建筑与建筑工业化

4.1.1 建筑工业化概述

建筑工业化是通过现代化的制造、运输、安装和科学管理的大工业的生产方式,来代替传统建筑业中分散的、低水平的、低效率的手工业生产方式。这主要意味着要尽量利用先进的技术,在保证质量的前提下,用尽可能少的工时,用最合理的价格来建造合乎各种使用要求的建筑。

建筑工业化的发展,涉及多学科、多部门,是跨行业的综合性的系统工程。其过程需要建筑师、工程师和生产厂商的密切合作,建立起从规划设计质量、工程施工质量、建筑相关配套的产品质量到物业管理质量等一整套的建筑质量管理体系。这样,建筑业才能由粗放型向集约型转化,不断加大科技含量和调整产业结构,以此全面提高建筑的工业化和标准化的整体水平,促进建筑产业现代化的快速发展。

要实现建筑工业化,必须形成工业化的生产体系。也就是说,针对大量性建造的房屋及其产品实现建筑部件系列化开发,集约化生产和商品化供应,使之成为定型的工业产品或生产方式,以提高建筑的速度和质量。

工业化建筑体系,一般分为专用体系和通用体系两种。

①专用体系——适用于某一种或几种定型化建筑使用的专用构配件和生产方式所建造的成套建筑体系。它具有一定的设计专用性和技术先进型,但缺少与其他体系配合的通用性和互换性(图4-1-1)。

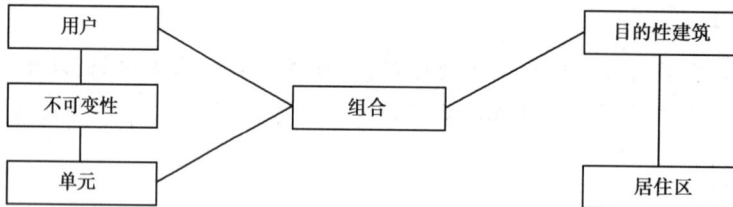

图4-1-1 专用体系的特征

②通用体系——开发目标是建筑的各种预制构配件、配套制品和构造连接技术,做到产品和连接技术标准化、通用化,使得各类建筑所需的构配件和节点构造可互换通用,以适应不同类型建筑体系使用的需要(图4-1-2)。

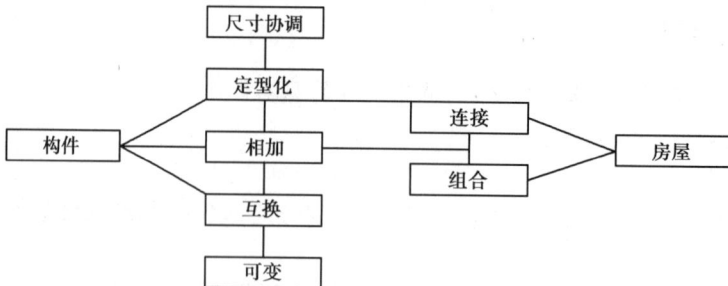

图4-1-2 通用体系的特征

专用建筑体系与通用建筑体系的区别是:在专用体系中,其产品是建成的建筑物;而在通用体系中,其产品是建筑物的各个组成部分,即构件和相应的配件(图 4-1-3)。但无论哪种开发成熟的体系,都需有计划地安排包括所有装修和设备等附属配套设施在内。

　　发展建筑工业化,主要有以下两种途径:一是发展预制装配式的建筑;二是发展现浇或现浇与预制相结合的建筑。

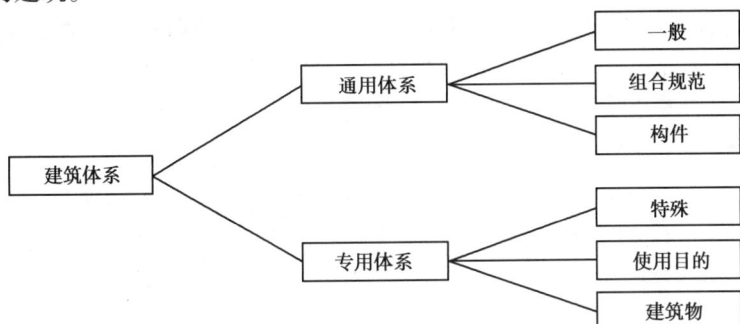

图 4-1-3　专用体系和通用体系之间的区别

4.1.2　装配式建筑

1) 装配式建筑的概念

　　装配式建筑是通过工厂预制的各类构件,在工地上通过装配而形成的建筑。伴随着现代工业技术的发展,人们在建造房屋时,可以像机器生产零件那样,成批成套的制造建筑构件,再将这些构件运输到工地,由工人和器械装配,最终形成完整的建筑。装配式建筑的优点主要体现在以下几个方面:

　　①利于提高工程质量。我国建筑行业中的大批务工人员,通常没有受过专业化和规范化的指导和训练,素质参差不齐,导致在传统的现场施工过程中,不能为建筑质量和安全提供保障,事故频生。但是,预制装配式施工方式可以最大限度地将人为因素带来的弊端进行有效阻止和解决。预制构件在预制工厂加工和生产,因此,只需要规范现场结构的安装连接流程,采用专业的安装工作团队就能有效保证工程质量的稳定性。

　　②利于缩短工期。当传统住宅工程的主体结构施工结束后,还要利用外脚手架对安装窗、粉刷、外墙饰面等工作进行施工。装配式住宅的外墙面砖、窗框材料等已经在工厂中做好,现场不需要进行安装外脚手架的工作,只需要通过对材料进行局部打胶、涂料等工作,再配合使用吊篮就可以进行施工,不占用总体施工工期。对 10~18 层的建筑物来说,凭借这一项施工措施的改进,就可以节约 3~4 个月的工期,还能够更加全面的实行结构、安装、装修等设计与加工的标准化,大大加快施工进程(图 4-1-4)。

(a)构件在工厂生产　　　　　　　　　　　(b)现场吊装施工

图 4-1-4　装配式建筑具有较快的施工速度

③利于环保节能。采用预制装配式建筑对周围环境影响小,噪声、烟尘、污染也远远低于现场施工,还会减少施工现场的湿作业量。建筑行业的能源消耗能力是十分巨大的,能耗量占到全国总体能源消耗的1/3左右,对周围环境也会造成相当严重的污染。预制装配式施工方式可以降低木材的使用量,省去施工现场不必要的脚手架和模板作业。这样做不仅能够降低施工工程总体造价,还能有效地保护我国宝贵的森林资源。其在建造阶段的节能、节水、节材效益明显,相比传统建筑,装配式建筑减少了很大一部分资源的消耗。另外,预制工厂车间的施工环境能够为外墙板保温层的质量提供安全保证,有效避免了现场施工易破坏保温层的情况,对实现建筑使用阶段的保温节能也非常有利(图4-1-5)。

图4-1-5 装配式建筑的生态模式

2) 装配式建筑的分类

装配式建筑体系根据不同的材料主要可分为三种结构体系,分别是木结构体系、钢结构体系、混凝土结构体系,如图4-1-6所示 。

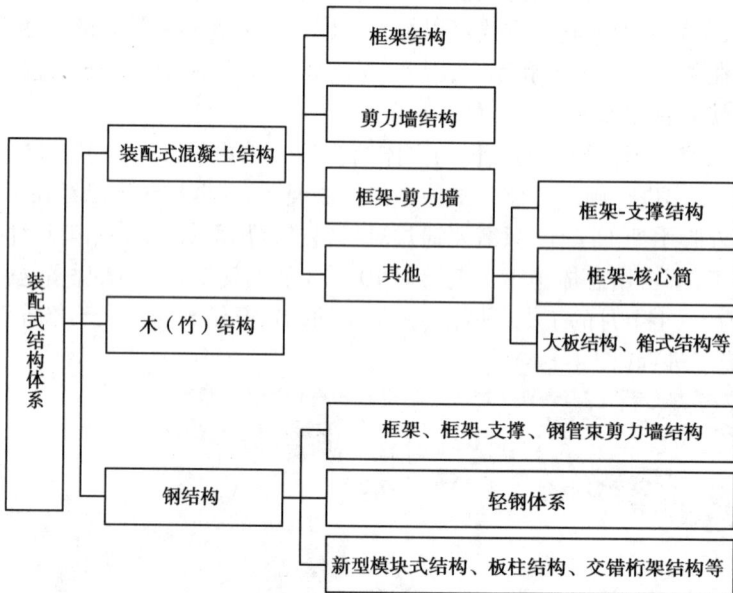

图4-1-6 装配式建筑的线型结构体系

(1) 木结构体系

木结构体系是以木构件为主要受力体系。由于木材本身具有抗震、隔热保温、节能、隔声、舒适性等优点,环保且经济,因此木结构体系在欧美国家住宅建筑中得到广泛应用。由于受森林资源和木材贮备等因素影响,我国的木结构暂时只在低密度的高端住宅应用。随着我国先进的工程木材和建筑科技的发展,高层木结构建筑也将会更加安全经济,营造一个更加低碳的建筑行业。

(2)轻钢结构体系

这类装配式建筑是以轻型钢结构为骨架、轻型型钢墙体为外围护结构所建成的房屋。其轻型钢结构的支承构件通常由厚度为 1.5~5 mm 的薄钢板经冷弯或冷轧成型,或者用小断面的型钢以及用小断面的型钢制成的小型构件如轻钢组合桁架等,如图 4-1-7 至图 4-1-9 所示。

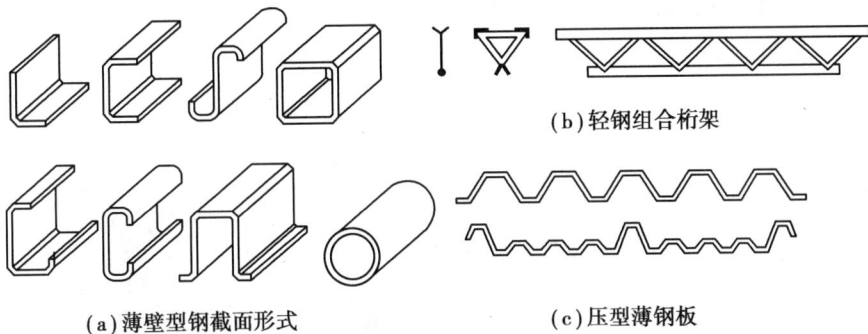

(b)轻钢组合桁架

(a)薄壁型钢截面形式　　　　　　(c)压型薄钢板

图 4-1-7　薄壁型钢截面形式和轻钢组合构件

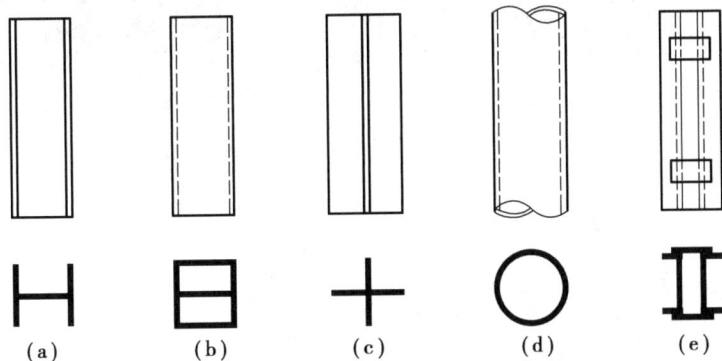

(a)　　　(b)　　　(c)　　　(d)　　　(e)

图 4-1-8　小断面型钢的立面及断面形式

图 4-1-9　小断面型钢其组合柱轴测图

轻钢建筑施工方便,适用于低层及多层的建筑物。由于使用薄壁型钢,与需要设置许多道圈梁、构造柱来满足抗震要求的砌体墙混合结构建筑相比,其用钢量并不会高出多少,而且内部空间使用较为灵活。使用复合墙板等技术,可以使建筑的防水、热工等综合性能指标得到提升,因而是近年来在我国发展较快的一种建筑体系。其骨架的构成形式分柱梁式(图4-1-10)、隔扇式(图4-1-11)、混合式(图4-1-12)等几种。其中,柱梁式为常见的柱、梁、板的结构形式。隔扇式系将柱、梁拆分为若干形同门扇的内骨架的隔扇,在现场拼装成类似"墙"的形式,再与结构梁组合。这种形式用钢量虽较多,但垂直承重构件定位方便,容易达到施工的精度。混合式系以轻钢隔扇组成外部结构,内部则辅以承重的结构柱。

图4-1-10　柱梁式轻钢结构建筑骨架构成

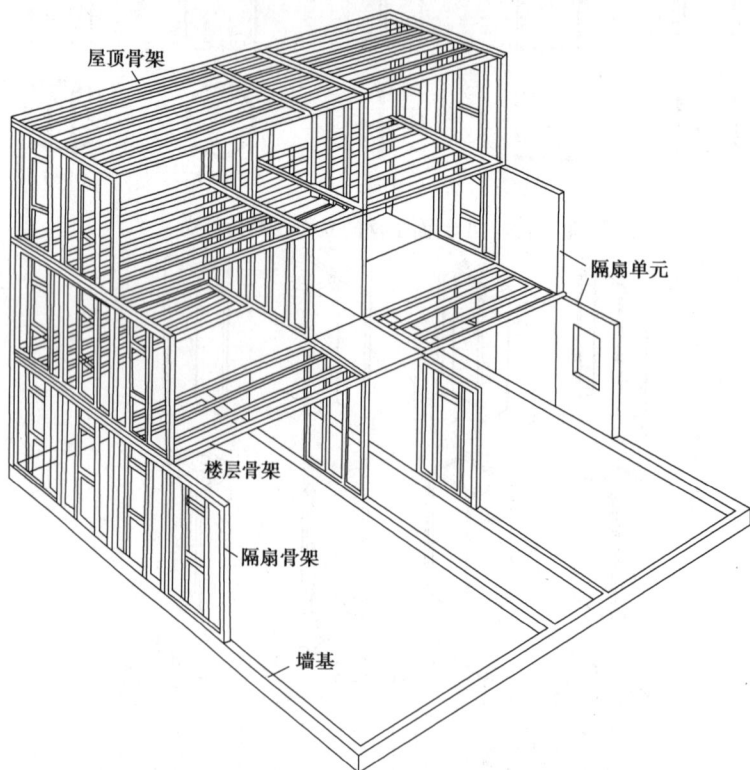

图4-1-11　隔扇式轻钢结构建筑骨架构成

图 4-1-12　混合式轻钢结构建筑骨架构成

如图 4-1-13 所示的其他几种防水纤维板加钢筋网片现浇的楼板形式与压型钢板上覆混凝土一样,在轻钢结构建筑中也是经常用到的。

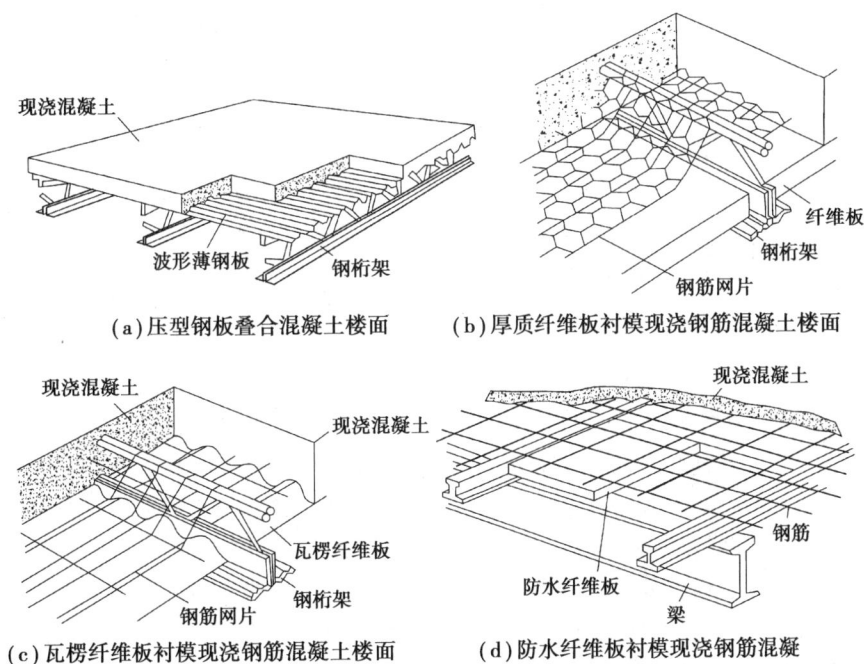

（a）压型钢板叠合混凝土楼面　　　　（b）厚质纤维板衬模现浇钢筋混凝土楼面

（c）瓦楞纤维板衬模现浇钢筋混凝土楼面　　　　（d）防水纤维板衬模现浇钢筋混凝

图 4-1-13　现浇式轻钢楼板

（3）混凝土结构体系

目前,我国装配式建筑结构体系的选择主要集中在混凝土结构体系。因为预制混凝土结构（PC）有一定的优势,所以无论是在钢材量还是在经济性方面都具有更高的性价比。装配式混凝土建筑结构体系又分为以下大类:

①大板结构体系。

大板结构体系是将成片的墙体及大块的楼板作为主要的预制构件,在工厂预制后运到现场安装。按照预制板材的大小,又可分为中型板材和大型板材两种(图 4-1-14)。其承重方式以横墙承重为主,也可以用纵墙承重或者纵、横墙混合承重(图 4-1-15)。

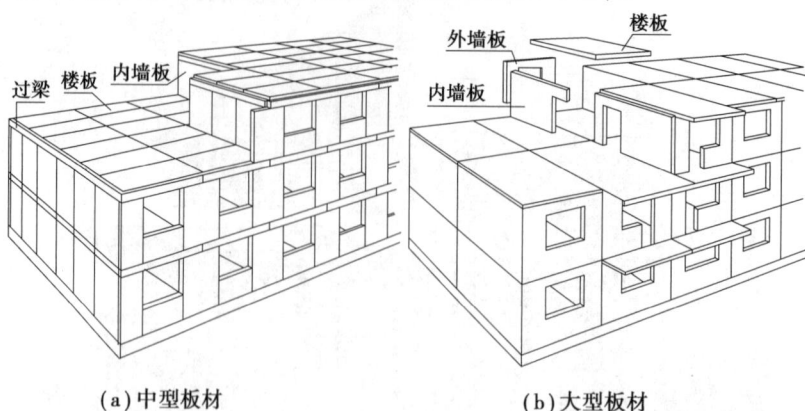

(a)中型板材　　　　　　　　(b)大型板材

图 4-1-14　板材装配式建筑

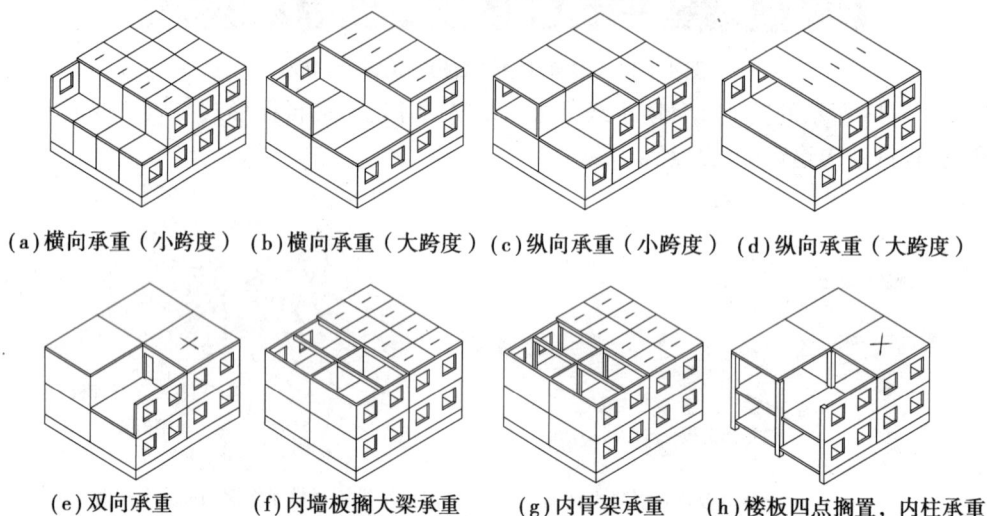

(a)横向承重（小跨度）　(b)横向承重（大跨度）　(c)纵向承重（小跨度）　(d)纵向承重（大跨度）

(e)双向承重　　　(f)内墙板搁大梁承重　　　(g)内骨架承重　　(h)楼板四点搁置,内柱承重

图 4-1-15　板材装配式建筑的结构支承方式

这种建筑一般适用于抗震设防烈度在 8 度或 8 度以下地区的多层住宅,也有做到 12 层以上的高层建筑。但由于其墙板的位置固定,不能够移动,而且受到起吊、运输设备的限制,用作一般住宅时往往采用的开间较小,因此使用不够灵活,发展受到限制,多数用在复合板材或者混凝土轻板的低层、多层或可移动的建筑中。现时更倾向于内浇外挂或内浇外砌的现浇与预制相结合的工艺。因此对于板材装配式建筑,这里将不再作进一步的介绍。但是本书中其他章节中所提及的有关装配式内、外墙板的许多加工工艺和连接构造做法,包括防水构造等,都是由板材装配式建筑发展而来的,具有五十年以上的历史,而且已经相当成熟,并日臻完善。

②框架结构体系。

框架体系装配式建筑的柱子可分为长柱和短柱两种。长柱为数层连续;短柱长度一般为一个层高,其连接点可以在楼板处,也可以放在层间弯矩的反弯点处。其结构梁可以在柱间简支,也可以将其一部分在梁、柱连接处和柱子一起预制成长牛腿的形式,使得梁柱在该处成为刚性连结,梁的断点也在连续梁弯矩的反弯点处附近,这样可以减小梁的跨中弯矩。其具体的做法可以参照图 4-1-16 和图 4-1-17。

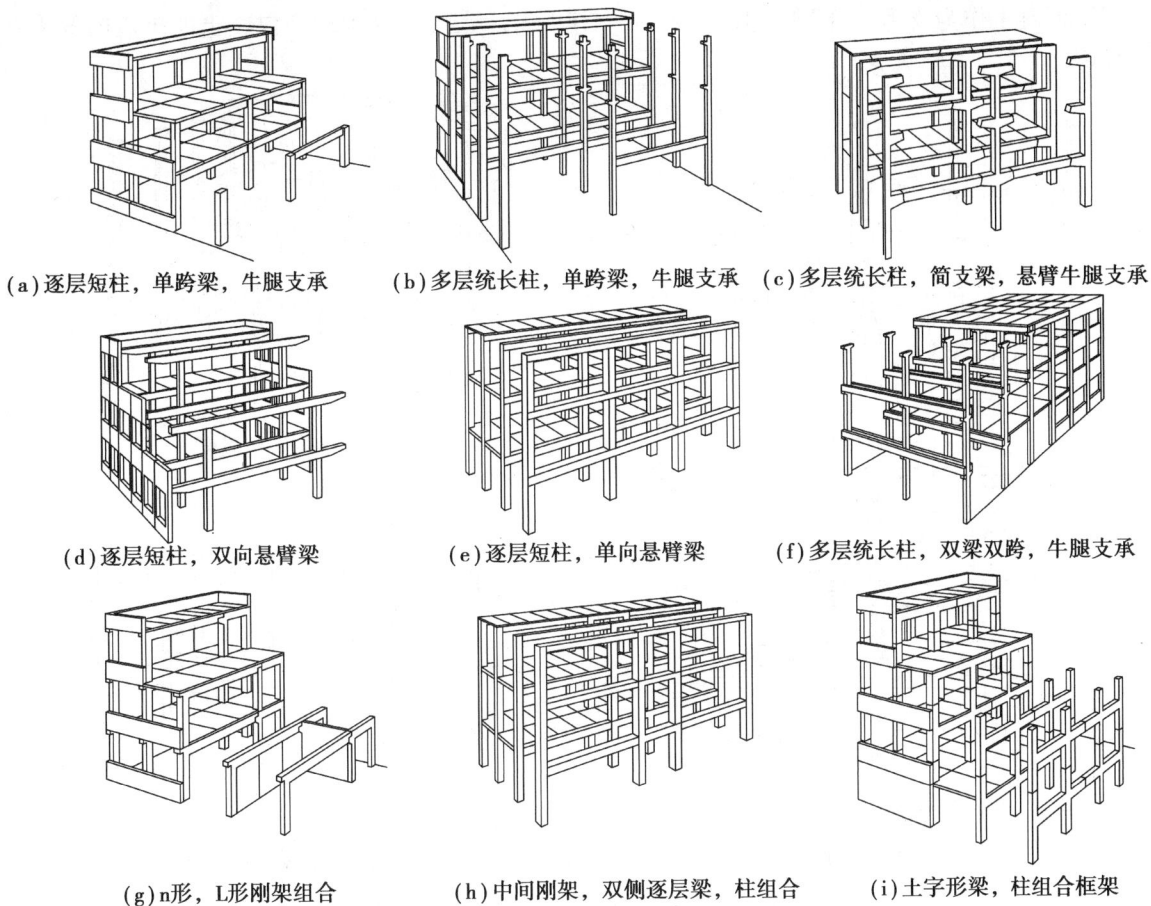

(a)逐层短柱,单跨梁,牛腿支承   (b)多层统长柱,单跨梁,牛腿支承   (c)多层统长柱,简支梁,悬臂牛腿支承

(d)逐层短柱,双向悬臂梁   (e)逐层短柱,单向悬臂梁   (f)多层统长柱,双梁双跨,牛腿支承

(g)n形,L形刚架组合   (h)中间刚架,双侧逐层梁,柱组合   (i)土字形梁,柱组合框架

图 4-1-16 装配式框架结构骨架示意

图 4-1-17 装配式框架结构实例

③板柱结构体系。

板柱体系装配式建筑的柱子采用短柱时,楼板多直接支承在柱子的承台(即柱帽)上,如图 4-1-18(a)所示;或者通过插筋与柱子相连;当采用长柱时,楼板可以搁置在长柱上预制的牛腿上,如图 4-1-18(b)、(c)所示,也可以搁置在后焊的钢牛腿上;另有在板缝间用后张应力钢索

现浇混凝土作为支承,如图 4-1-18(d)所示。其中做后张应力钢索现浇混凝土的抗震的效果最好。

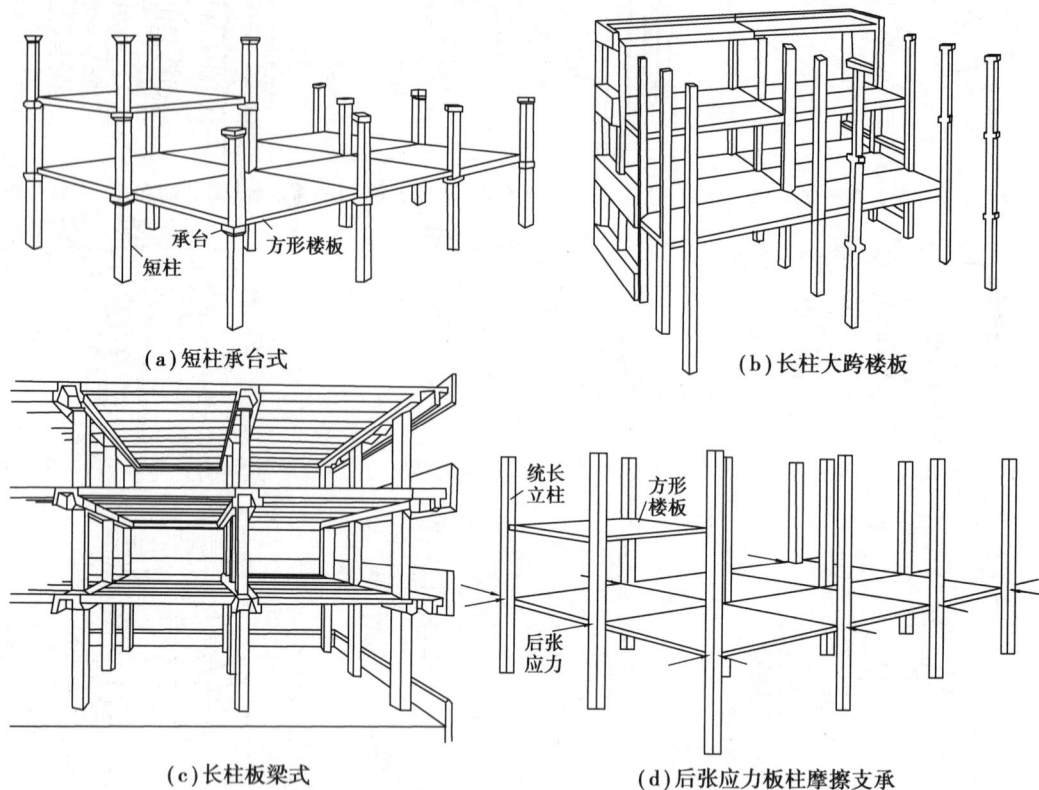

(a)短柱承台式

(b)长柱大跨楼板

(c)长柱板梁式

(d)后张应力板柱摩擦支承

图 4-1-18　板柱体系的装配方式整体透视示意图

④部分骨架体系。

部分骨架体系装配式建筑是由部分柱子和部分墙板以及楼板或者梁组成的骨架结构系统。一般有以下几种类型:

a. 内柱、承重外墙板和楼板的组合,如图 4-1-19(a)所示。

b. 外柱、承重内墙板和楼板的组合,如图 4-1-19(b)、(c)所示。

c. 柱子和窗肚板结合的外柱与 T 形大跨楼板的组合,如图 4-1-19(d)所示。

3)盒子装配式建筑

盒子装配式建筑是按照空间分隔,在工厂里将建筑物划分成单个的盒子,然后运到现场组装。有一些盒子内部由于使用功能明确,还可以将内部的设备甚至于装修一起在工厂完成后再运往现场。盒子装配式建筑的工业化程度高,现场工作时间短,但需要相应的加工、运输、起吊甚至道路等设备和设施。

如图 4-1-20 所示为单个盒子的形式,这与加工、运输、安装等设备都有关,与盒子之间组合时的传力方式也有关。其成形方式如图 4-1-21 所示。

根据设计的要求,盒子间的组合可以是相互叠合(图 4-1-22),也可以用简体作为支承,将盒子悬挂或者悬吊在其周围(图 4-1-23),还可以像抽屉一样放置在框架中。叠合者用于低层和多层的建筑较为合适,而后者适用于各种高度的建筑。

除了钢筋混凝土材料外,盒子或者支承盒子的框架等,都可以用金属材料来制作,这可以减轻其结构的自重及简化连接方式。

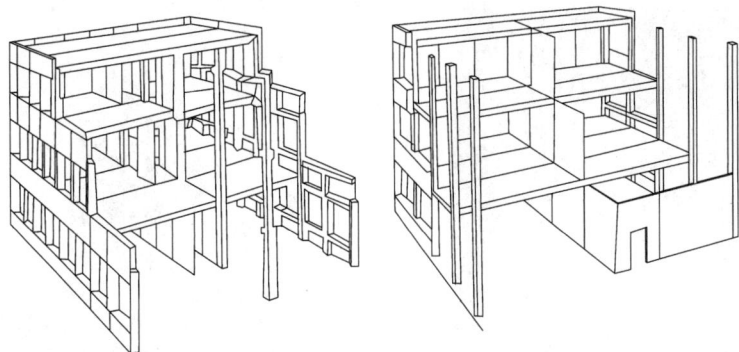

(a) 内柱与外墙板的组合　　　　　(b) 外柱与内墙板的组合

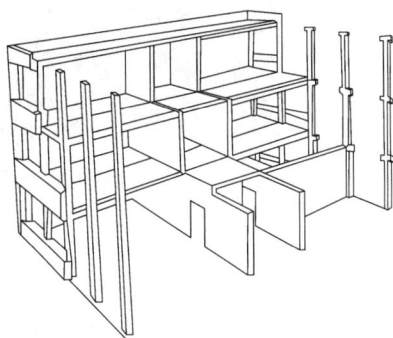

(c) 外柱与两道内墙板的组合　　(d) 与窗肚墙结合的外柱与T形楼板的组合

图 4-1-19　部分骨架结构组合形式

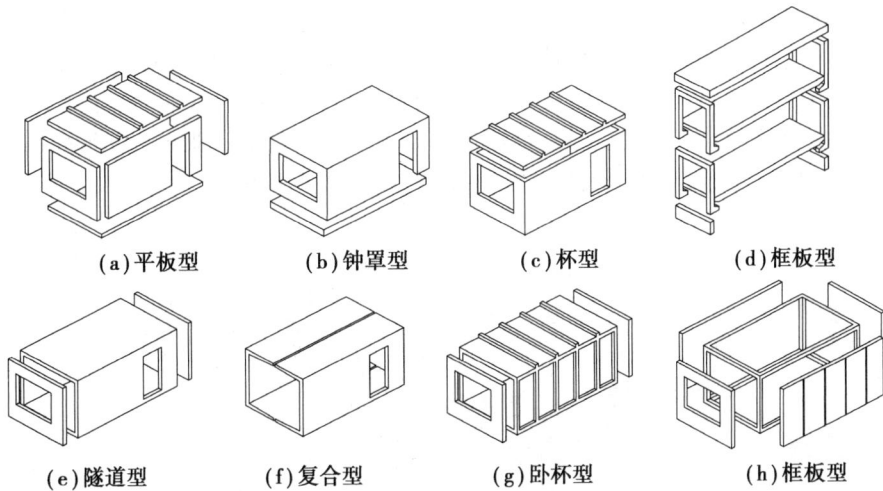

(a) 平板型　　　(b) 钟罩型　　　(c) 杯型　　　(d) 框板型

(e) 隧道型　　　(f) 复合型　　　(g) 卧杯型　　　(h) 框板型

图 4-1-20　单个盒子的形式

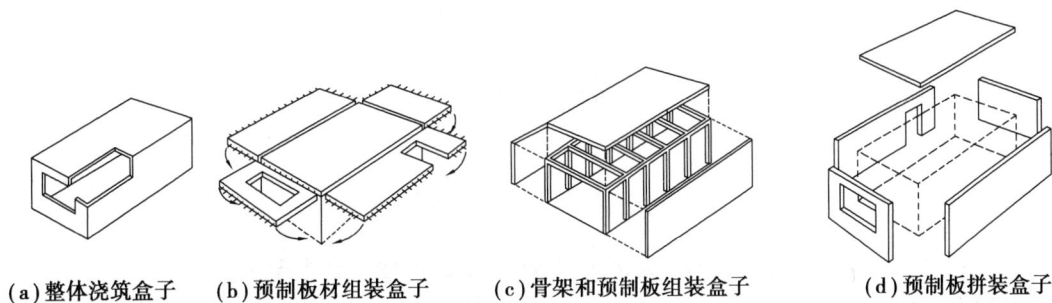

(a) 整体浇筑盒子　　(b) 预制板材组装盒子　　(c) 骨架和预制板组装盒子　　(d) 预制板拼装盒子

图 4-1-21　盒子的成形方式

图 4-1-22 相互叠合的盒子建筑

图 4-1-23 相互交错的盒子建筑

4）现浇或现浇与预制相结合的建筑

现浇和现浇与预制相结合的建筑指在现场采用工具模板、泵送混凝土进行机械化施工的方式,将建筑结构的主体部分整体浇筑或者是浇筑其中的核心筒等部分,其他部分用装配式的方法完成。这类建筑包括内浇外挂(指内墙和楼板用工具模板现浇,外墙采用非承重预制复合外墙板)、内浇外砌(指内墙和楼板用工具模板现浇,外墙为砌体砌筑的自承重墙)以及全现浇(指内、外墙板及楼板全现浇)等几种。

现浇的钢筋混凝土墙板的厚度一般多层建筑可做到 160～180 mm,高层建筑可做到 200～250 mm。由于结构整体性好,特别是其中的内浇外挂和全现浇两种方式,更适合于高层建筑使用。其施工速度快,模具可以重复使用,当前使用较为普遍。其中工业化程度较高的有:

①墙板用大模板立模、楼板用台模流水作业的方式(图 4-1-24)。

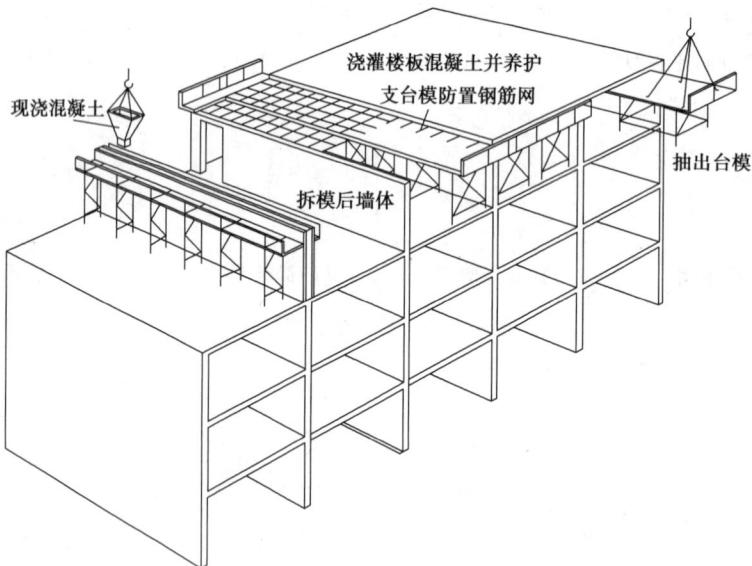

图 4-1-24 墙体用大模板、楼板用台模流水作业现浇主体结构

②墙板和楼板用一体化的整体隧道模或者隧道模与台模组合施工的方式 (图 4-1-25)。

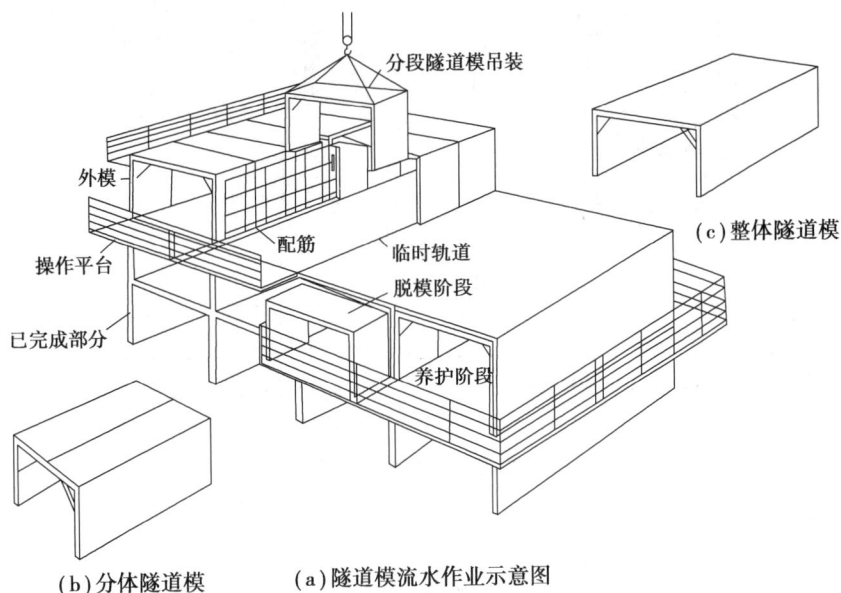

图 4-1-25 台模和隧道模流水作业现浇主体结构

③用滑模连续浇筑墙体或建筑的核心筒等部分,再用降台模的方式自上而下浇筑楼板或装配预制楼板的方式(图 4-1-26、图 4-1-27)等。

但使用前二者时,建筑结构布置必须是符合能够使用大型工具模具施工而且具有脱模的可能性的。例如,隧道模使用后需要像抽屉一样抽出来,需要有足够的空间才行。因此,目前使用较多的还是较小的定型模板组合现浇钢筋混凝土墙板及楼板的。

图 4-1-26 滑模现浇主体结构或者核心筒

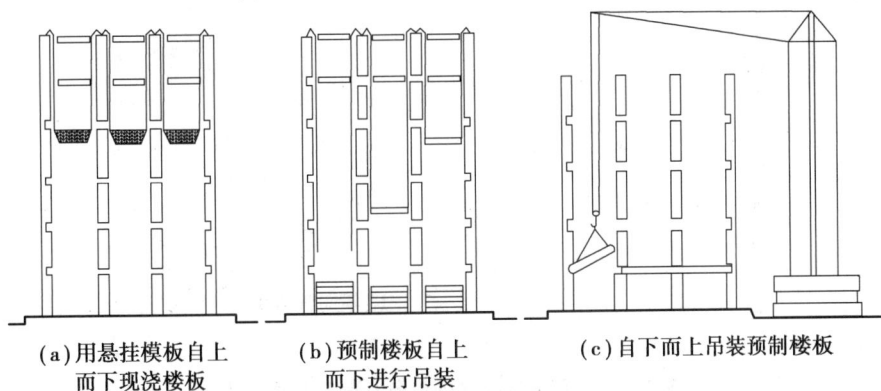

(a)用悬挂模板自上而下现浇楼板　　(b)预制楼板自上而下进行吊装　　(c)自下而上吊装预制楼板

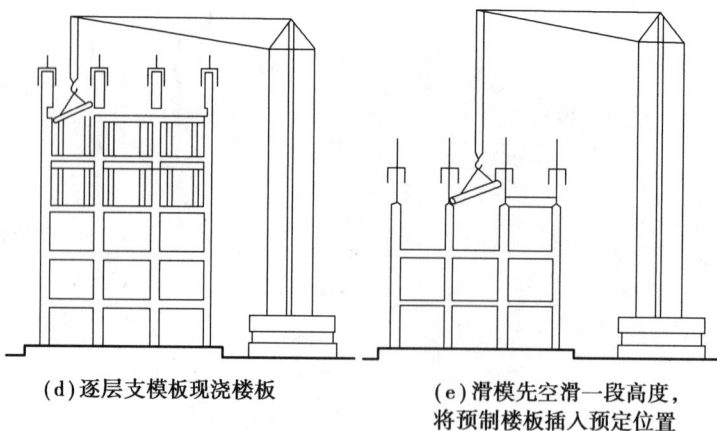

(d) 逐层支模板现浇楼板　　　　　(e) 滑模先空滑一段高度，
　　　　　　　　　　　　　　　　　　　将预制楼板插入预定位置

图 4-1-27　用滑模现浇墙体时楼板施工的不同类型

4.1.4　配套设备的工业化

建筑中的普通配套设备有电气设备、采暖设备、厨房、卫生设备和空调设备等，还有大量的管道会与建筑主体结构交叉。它们与建筑的主体结构的关系有以下几种：

①与主体结构交叉的设备、管线，在主体结构施工时预留设备套管、孔洞或设备井，例如，在现浇混凝土楼板中预埋电线的穿线管、在结构梁上预留设备孔洞等，等主体结构完成后，再进行设备及管线的安装。

②与主体结构不交叉的设备、管线，在主体结构完成后结合面装修等另行布置。

③将设备管道、通风管道、烟道以及卫生间、厨房的整个设备系统或部分设备，做成特殊的预制构件，表面留有接插口，在现场组装后管线很容易连通。这种方法的工业化程度显然比前二者高。例如，如图 4-1-28 中所示的做在相邻卫生间之间或者卫生间与浴室之间的管道墙、管道块，如图 4-1-29 中所示的整体盒子式的卫生间等，经过工厂预制，有的甚至完成了部分或全部的面装修，因此现场工作量小，施工速度快。而且这样的设备预制构件在用材及加工方面容

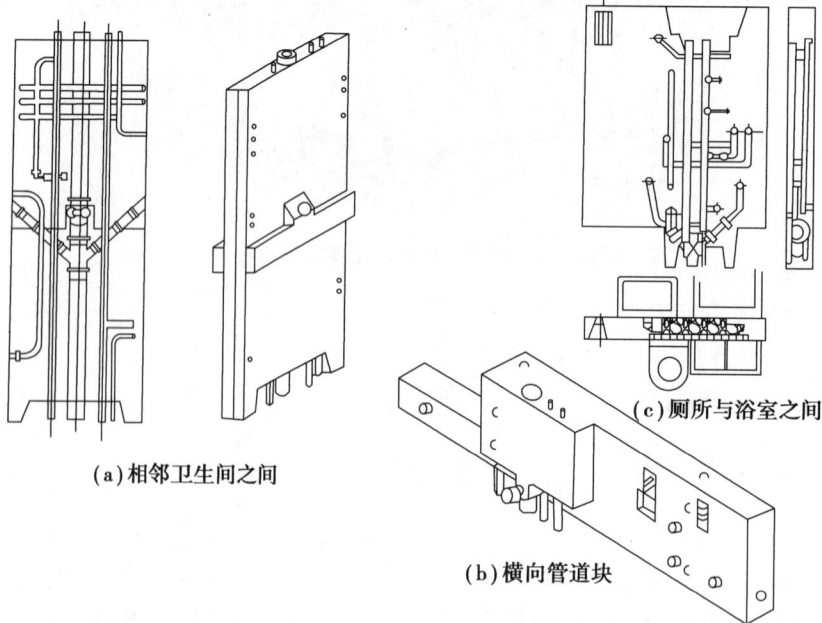

(a) 相邻卫生间之间　　　　(b) 横向管道块　　　　(c) 厕所与浴室之间

图 4-1-28　预制装配式的设备管道墙及管道块

易达到较高的质量标准,如其隔声、保温、防渗漏等方面的效果一般都比现场现做的要来得好。不过这样的做法需要具有系统性,而且应该满足相关规范关于某些不同种类的管道之间必须分设井道的要求。

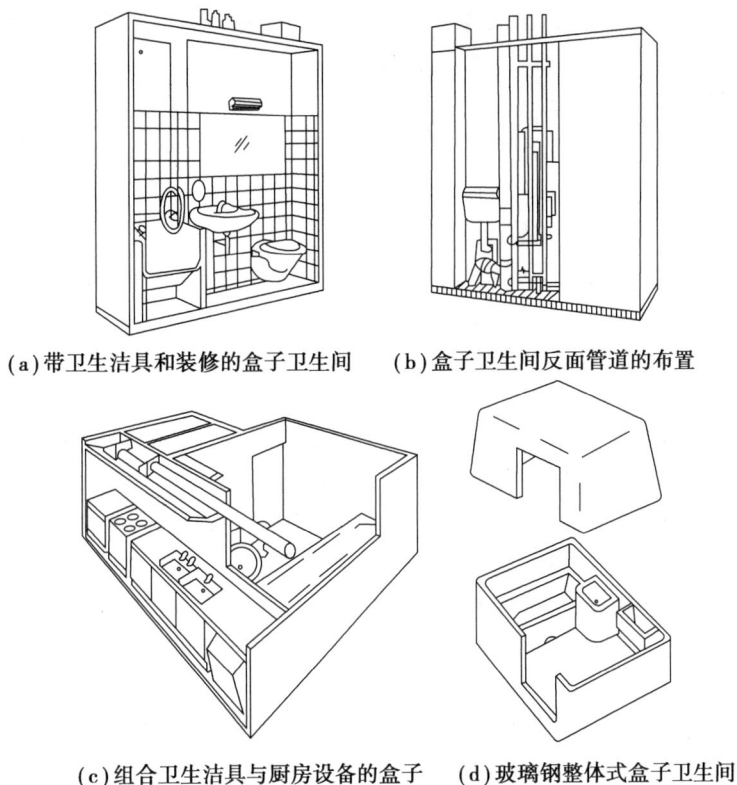

(a)带卫生洁具和装修的盒子卫生间　　(b)盒子卫生间反面管道的布置

(c)组合卫生洁具与厨房设备的盒子　　(d)玻璃钢整体式盒子卫生间

图 4-1-29　整体盒子式的卫生间

【学习笔记】

【关键词】

建筑工业化　装配式建筑　轻钢结构体系　混凝土结构体系　盒子式

【测试】

一、单项选择题

1.各类建筑所需的构配件和节点构造可互换通用,以适应不同类型建筑体系使用需要的建造体系称为(　　)。

A.专用体系　　　　B.通用体系　　　　C.结构体系　　　　D.盒子式体系

2.在现浇或现浇与预制相结合的钢筋混凝土装配式建筑中,现浇的钢筋混凝土墙板的厚度一般高层建筑可做到(　　　)。

  A. 160 ~ 180 mm   B. 200 ~ 250 mm C. 100 ~ 150 mm D. 300 ~ 350 mm

  3. 内墙和楼板用工具模板现浇,外墙为砌体砌筑的自承重墙装配式结构又称为(　　　)。

  A. 内浇外挂   B. 外浇内挂   C. 内浇外砌   D. 全现浇

  4. 大板式结构体系一般适用于抗震设防烈度在(　　　)。

  A. 8 度或 8 度以下地区的多层住宅

  B. 8 度或 8 度以上地区的多层住宅

  C. 9 度或 9 度以上地区的多层住宅

  D. 9 度或 9 度以上地区的高层住宅

  5. 以轻型钢结构为骨架、轻型型钢墙体为外围护结构所建成的轻型钢结构的支承构件通常由厚度为(　　　)的薄钢板经冷弯或冷轧成型。

  A. 1.5 ~ 5 mm   B. 15 ~ 50 mm   C. 160 ~ 180 mm D. 200 ~ 250 mm

二、多项选择题

  1. 轻钢建筑是近年来在我国发展较快的一种建筑体系。其骨架的构成形式包括(　　　)。

  A. 柱梁式   B. 隔扇式   C. 混合式   D. 统间式

  2. 装配式建筑的混凝土结构体系包括(　　　)。

  A. 框架结构   B. 木结构   C. 剪力墙结构 D. 框架-剪力墙结构

  3. 板材装配式建筑的结构支承方式包括(　　　)。

  A. 横向承重   B. 纵向承重   C. 内骨架承重 D. 双向承重

  E. 内墙板搁大梁承重

  4. 盒子装配式建筑的工业化程度高,现场工作时间短,但需要以下的设备和设施(　　　)。

  A. 加工   B. 运输   C. 吊装   D. 道路

  E. 价格

  5. 现浇和现浇与预制相结合的的钢筋混凝土装配式建筑包括(　　　)等几种。

  A. 内浇外挂   B. 内浇外砌   C. 全现浇   D. 全预制

三、判断题

  1. 工业化建筑体系,一般分为专用体系和通用体系两种。　　　　　　　　　　(　　　)

  2. 建筑工业化是通过现代化的制造、运输、安装和科学管理的大工业的生产方式,来代替传统建筑业中分散的、低水平的、低效率的手工业生产方式。　　　　　　　　　　(　　　)

  3. 盒子装配式建筑是按照空间分隔,在工厂里将建筑物划分成单个的盒子,然后运到现场组装。　　　　　　　　　　　　　　　　　　　　　　　　　　　　　　　　　(　　　)

  4. 适用于某一种或几种定型化建筑使用的专用构配件和生产方式所建造的成套建筑体系称为通用体系。　　　　　　　　　　　　　　　　　　　　　　　　　　　　　(　　　)

  5. 装配式住宅的外墙面砖、窗框材料等已经在工厂中做好,现场仍需要进行安装外脚手架的工作。　　　　　　　　　　　　　　　　　　　　　　　　　　　　　　　　(　　　)

  6. 薄壁轻钢建筑施工方便,适用于低层及多层的建筑物。是近年来在我国发展较快的一种建筑体系。　　　　　　　　　　　　　　　　　　　　　　　　　　　　　　　(　　　)

  【想一想】你学校所在地区附近的装配式建筑的名称、建筑规模、结构形式?

  【做一做】在网上查一查我国装配式建筑的发展现状,并形成对我国装配式建筑现状的不少于 500 字的描述。

任务 4.2 低碳建筑与建筑节能

4.2.1 低碳建筑

低碳建筑是指在建筑材料与设备制造、建筑物建造与使用的整个生命周期内,减少化石能源的使用,提高能效,降低二氧化碳排放量的建筑。而低碳住宅指低碳建筑中住宅这一子类,即人居建筑。与绿色住宅、节能住宅等相比,低碳住宅更注重于减少由建筑能耗所产生的二氧化碳排放量。此外,低碳住宅的概念还应涵盖前期的土地规划以及后期的物业管理等,不仅新建住宅可以追求低碳目标,老社区也可以通过改造,实现绿色节能,减少二氧化碳的排放。

根据国际能源署和联合国环境规划署发布的《2019 年全球建筑和建筑业状况报告》,建筑业占全球能源和过程相关二氧化碳排放的近 40%。习近平总书记在 2020 年 9 月 22 日第 75 届联合国大会一般性辩论的讲话提出:"中国将提高国家自主贡献力度,采取更加有力的政策和措施,二氧化碳排放力争于 2030 年前达到峰值,努力争取 2060 年前实现碳中和。"2020 年 10 月中共中央、国务院印发的《关于完整准确全面贯彻新发展理念做好碳达峰碳中和工作的意见》中提出,提升城乡建设绿色低碳发展质量,推进城乡建设和管理模式低碳转型,大力发展节能低碳建筑,加快优化建筑用能结构。2021 年 11 月国务院《关于印发 2030 年前碳达峰行动方案的通知》中指出:"加快推进城乡建设绿色低碳发展,城市更新和乡村振兴都要落实绿色低碳要求。"因此,大力发展低碳住宅建设,是我国发展低碳经济、实现产业升级的必然要求和趋势。

1) 低碳住宅的建设模式

2010 年 1 月 19 日,中国房地产研究会住宅产业发展和技术委员会在北京正式发布"低碳住宅技术体系"。整个体系分为 8 个部分:低碳设计、低碳用能、低碳构造、低碳运营、低碳排放、低碳营造、低碳用材、增加碳汇,其体系框架如图 4-2-1 至图 4-2-8 所示。

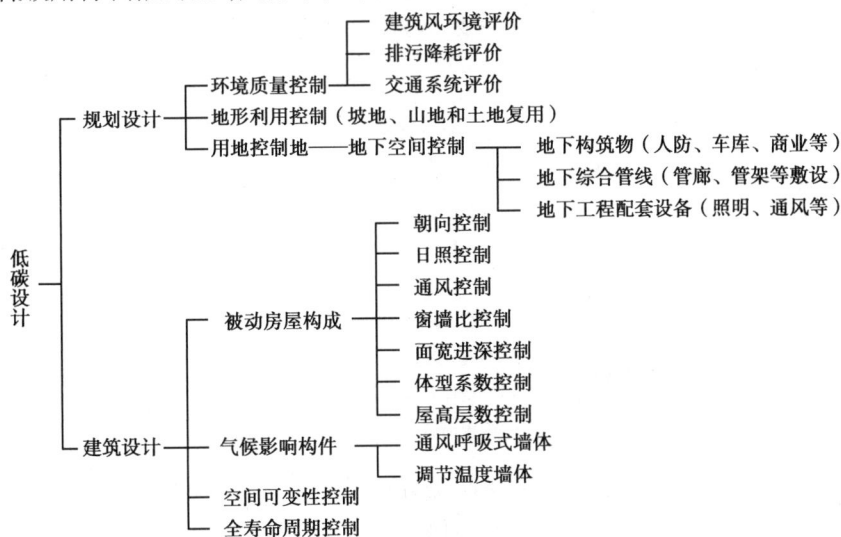

图 4-2-1 低碳设计

2) 低碳住宅的发展趋势

低碳住宅的发展源于欧洲近年流行的"被动节能建筑"。被动式住宅起源于 20 世纪 90 年代的德国著名金融中心城市法兰克福。这类住宅主要通过住宅本身的构造做法达到高效的保温隔热性能,并利用人体和家电设备散发的热量为居室提供热源,减少或不使用主动供应的碳基能源,即使是需要提供其他能源,也尽量采用清洁的可再生能源,如太阳能、风能、地源、水源能量等。根据德国的建筑节能要求,新建住宅能耗应控制在 90 kW·h/m² 以下,而被动式住宅能耗仅为规定的 15% ~ 20%。

低碳用能
- 能源供给系统
  - 热电冷连供系统(燃气型、燃料电池型热电联产机组等)
  - 热电煤气三联供系统
  - 余热利用系统(烟气或余热换热器,余热型吸收式热泵等)
- 可再生能源系统
  - 太能能利用技术
    - 光热利用
      - 太阳能生活热水(真空管和平板集热器,分户或集中系统)
      - 太阳能采暖
        - 空气集热器采暖
        - 水集热器采暖
        - 被动太阳能采暖
        - 与热泵结合采暖
      - 太阳能制冷空调(吸收式制冷和吸附式制冷技术)
    - 光电利用
      - 带有蓄电池的独立光伏发电系统
        - 光伏家用发电系统
        - 光伏村落发电系统
        - 光伏公共照明系统
      - 并网光伏发电系统
        - 带有蓄电池光伏发电系统
        - 不带有蓄电池光伏发电系统
    - 阳光采光技术
      - 主动阳光采光技术
      - 被动阳光采光技术
  - 风力发电技术
  - 生物质能应用技术(秸秆气化技术、沼气应用技术)
  - 地热发电供暖梯级利用技术
  - 浅层底能利用技术(水源热泵、地源热泵)
    - 水平地埋式
    - 垂直地埋式
    - 湖池式
  - 污秽和废水热泵技术

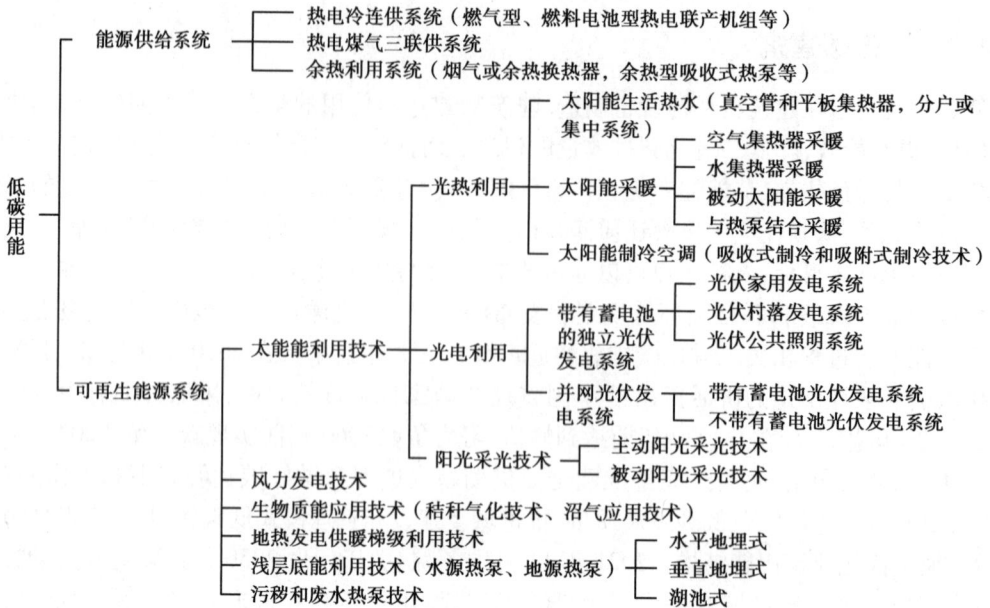

图 4-2-2　低碳用能

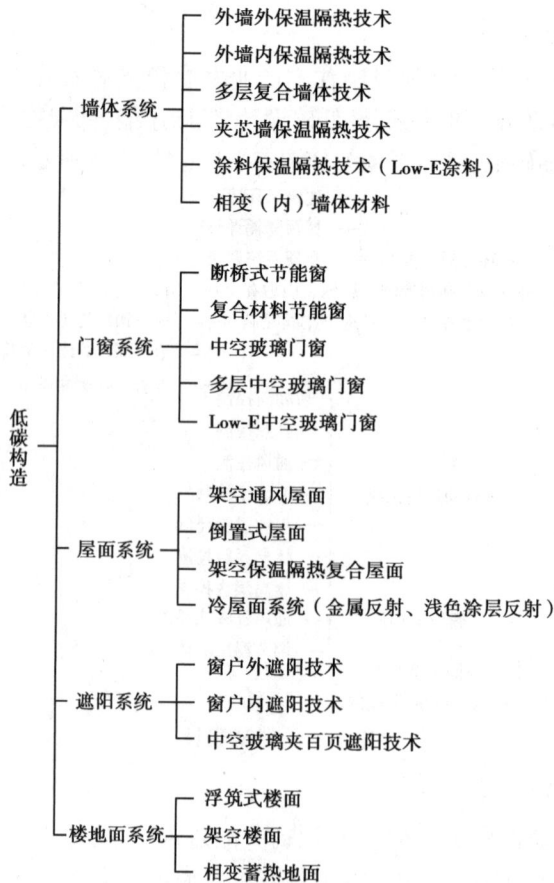

低碳构造
- 墙体系统
  - 外墙外保温隔热技术
  - 外墙内保温隔热技术
  - 多层复合墙体技术
  - 夹芯墙保温隔热技术
  - 涂料保温隔热技术(Low-E涂料)
  - 相变(内)墙体材料
- 门窗系统
  - 断桥式节能窗
  - 复合材料节能窗
  - 中空玻璃门窗
  - 多层中空玻璃门窗
  - Low-E中空玻璃门窗
- 屋面系统
  - 架空通风屋面
  - 倒置式屋面
  - 架空保温隔热复合屋面
  - 冷屋面系统(金属反射、浅色涂层反射)
- 遮阳系统
  - 窗户外遮阳技术
  - 窗户内遮阳技术
  - 中空玻璃夹百页遮阳技术
- 楼地面系统
  - 浮筑式楼面
  - 架空楼面
  - 相变蓄热地面

图 4-2-3　低碳构造

图4-2-4中的内容为树状结构图，以下按层级列出：

低碳运营
- 建筑设备系统
  - 供热制冷系统
    - 管道保温隔热技术
    - 集中供热/制冷技术
    - 分散供热/制冷技术（分户式冷凝式燃气锅炉、分户式热风采暖技术等）
  - 冷暖供给末端系统
    - 高效散热器（铝制、钢制、铜制散热器）
    - 低温辐射技术
      - 地板系统
        - 电缆式
        - 水管式
      - 顶棚系统
        - 金属板式
        - 毛细管式
        - 电热膜式
  - 空调变风量水量技术
    - 空气式（风管）系统
    - 冷/热水系统
    - 制冷剂系统
- 配电照明系统
  - 箱式变压器供配电技术
  - 节能光源灯具应用技术
    - 高效节能灯具系统（LED灯等）
    - 光导照明系统
    - 集光照明系统
  - 节能调节设备应用技术
    - 调光调压节能设备
    - 智能化照明控制设备
  - 设备变频系统
    - 调光调压节能设备
    - 智能化照明控制设备
- 运行管理系统
  - 运行设备控制
    - 供热管网压力流量控制技术（平衡阀等）
    - 采暖分户温度控制技术（温控阀等）
    - 智能化设备监控技术
      - 控制调节系统（供气、供水、供电、供热设备监控）
      - 测量系统（动态能耗计量分析）
  - 热量回收技术
    - 集中空调（户式中央空调）热回收技术
    - 旋转式热回收换气技术
  - 采暖分户计量
    - 流量表
      - 机械式
      - 超声波式
      - 电磁式
    - 流量表
      - 电子式
      - 蒸发式
    - 计量收费表（IC卡）
  - 分时节电技术
    - 峰谷节电技术
    - 蓄能空调技术
      - 冰蓄冷技术（冷水机组）
      - 蓄热技术（电热水锅炉）
    - 提水蓄能

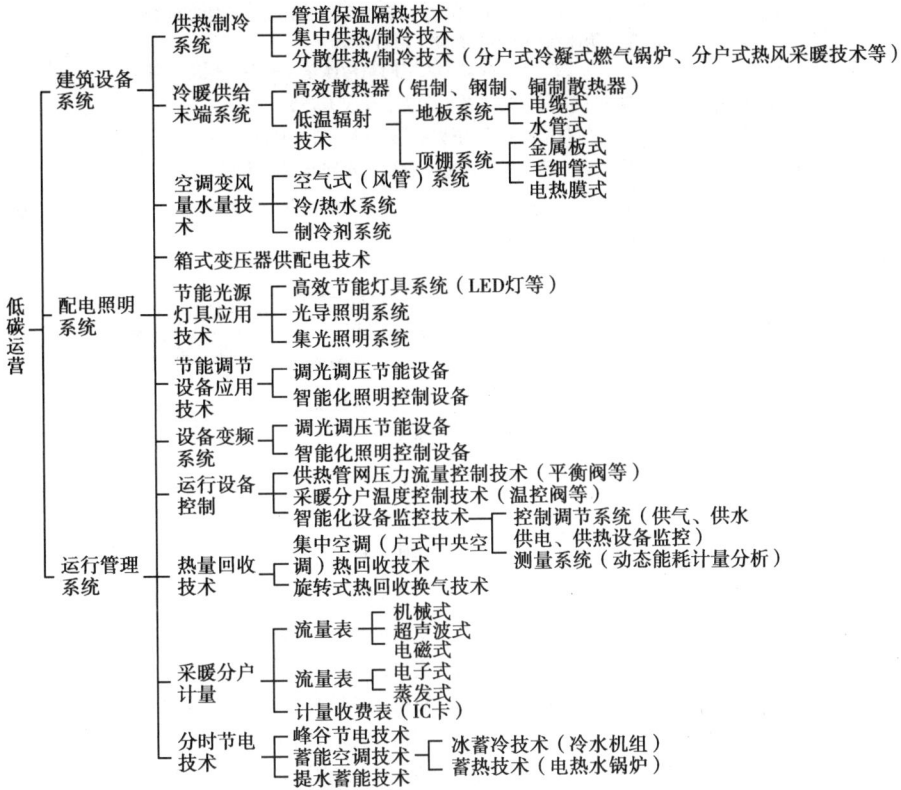

图 4-2-4　低碳运营

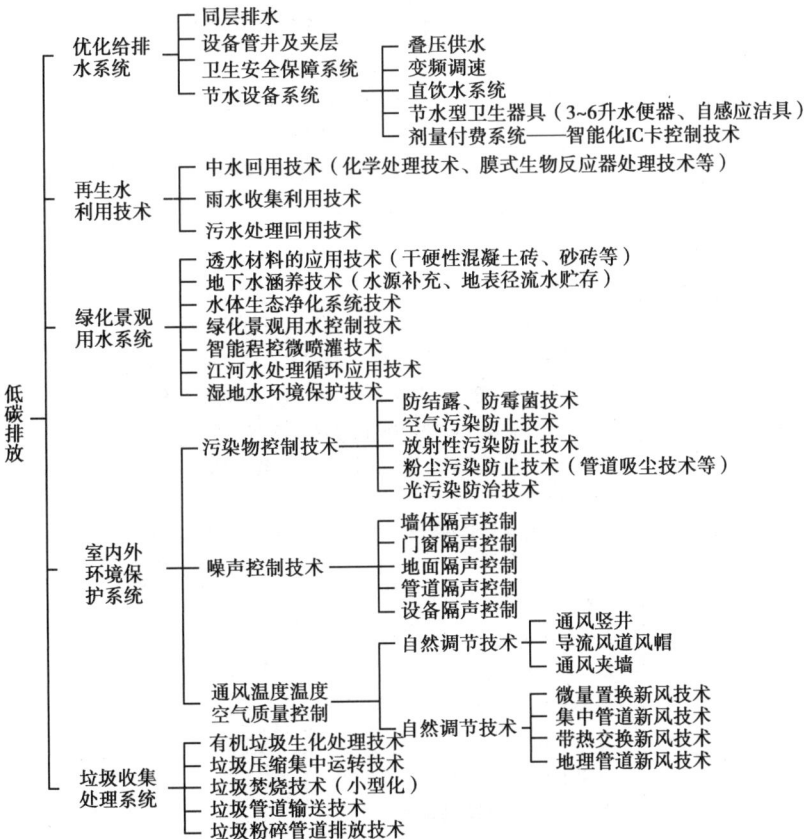

低碳排放
- 优化给排水系统
  - 同层排水
  - 设备管井及夹层
  - 卫生安全保障系统
  - 节水设备系统
    - 叠压供水
    - 变频调速
    - 直饮水系统
    - 节水型卫生器具（3~6升水便器、自感应洁具）
    - 剂量付费系统——智能化IC卡控制技术
- 再生水利用技术
  - 中水回用技术（化学处理技术、膜式生物反应器处理技术等）
  - 雨水收集利用技术
  - 污水处理回用技术
- 绿化景观用水系统
  - 透水材料的应用技术（干硬性混凝土砖、砂砖等）
  - 地下水涵养技术（水源补充、地表径流水贮存）
  - 水体生态净化系统技术
  - 绿化景观用水控制技术
  - 智能程控微喷灌技术
  - 江河水处理循环应用技术
  - 湿地水环境保护技术
- 室内外环境保护系统
  - 污染物控制技术
    - 防结露、防霉菌技术
    - 空气污染防止技术
    - 放射性污染防止技术
    - 粉尘污染防止技术（管道吸尘技术等）
    - 光污染防治技术
  - 噪声控制技术
    - 墙体隔声控制
    - 门窗隔声控制
    - 地面隔声控制
    - 管道隔声控制
    - 设备隔声控制
  - 通风温度温度空气质量控制
    - 自然调节技术
      - 通风竖井
      - 导流风道风帽
      - 通风夹墙
    - 自然调节技术
      - 微置换新风技术
      - 集中管道新风技术
      - 带热交换新风技术
      - 地理管道新风技术
- 垃圾收集处理系统
  - 有机垃圾生化处理技术
  - 垃圾压缩集中运转技术
  - 垃圾焚烧技术（小型化）
  - 垃圾管道输送技术
  - 垃圾粉碎管道排放技术

图 4-2-5　低碳排放

```
                                      ┌─ 结构用材系统（高强混凝土、高性能混凝土等）
                        ┌─ 高强结构体系 ┤─ 钢-混凝土组合体系
                        │              └─ 混凝土大空间结构体系（框架、预应力等）
            ┌─ 建筑结构  ┤─ 混凝土大空间结构体系（框架、预应力等）
            │  系统      ├─ 工业化预制装配式结构体系（外挂板、装配板柱等）
            │            └─ 砌筑结构体系（承重混凝土砌块、水泥基蒸压砖等）
            │
            ├─ 建筑装修  ┌─ 设计施工一体化技术
            │  系统      └─ 工业化集成装修技术
            │
            │            ┌─ 新型施工工艺及技术 ─ 钢筋机械连接技术
            ├─ 建筑施工  │                                    ┌─ 免拆模技术
            │  系统      ├─ 可循环利用施工材料 ─ 模板技术 ─────┤─ 预制外模技术
            │            │                    └─ 新型脚手架技术  └─ 预制底板模技术
  ┌─ 低碳营造┤            └─ 高性能施工技术 ┌─ 混凝土泵送技术
  │          │                            └─ 混凝土预制件施工连接技术
低 │          │
碳 ┤          │            ┌─ 节能改造技术 ┌─ 围护结构
营 │          │            │              ├─ 供暖供热设备（锅炉、管线、热交换器等）
造 │          │            │              ├─ 采暖计量
  │          │            │              └─ 平顶改坡顶
  │          │            │
  │          │            │              ┌─ 更换配电线路、表具
  │          └─ 既有建筑  ├─ 设备更新改造技术├─ 多层住宅加设节能电梯
  │             改造系统   │              ├─ 更换节能水泵、风机及节水设备
  │                       │              ├─ 更换节能灯具
  │                       │              └─ 增加可生能源设备（太阳能等）
  │                       │
  │                       ├─ 功能改造 ┌─ 接建加建改造增加功能用房
  │                       │          └─ 重新分隔空间增加功能用房
  │                       │
  │                       └─ 住区环境改造 ┌─ 增加公共设施
  │                                      ├─ 采用新式喷灌技术
  │                                      ├─ 增加雨水收集装置
  │                                      └─ 采用节能照明系统
```

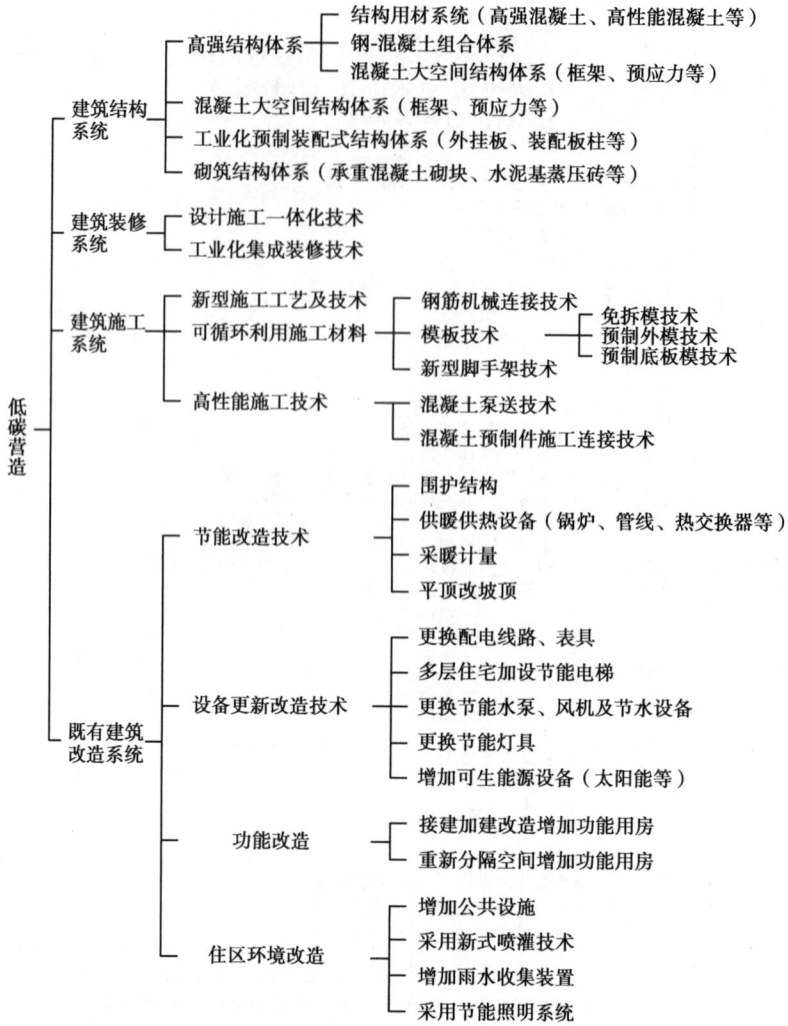

图 4-2-6　低碳营造

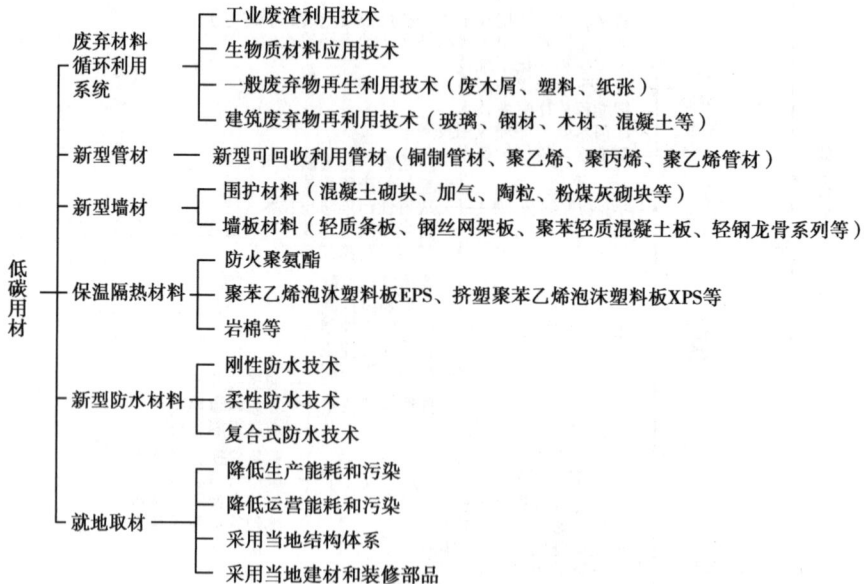

```
            ┌─ 废弃材料  ┌─ 工业废渣利用技术
            │  循环利用  ├─ 生物质材料应用技术
            │  系统      ├─ 一般废弃物再生利用技术（废木屑、塑料、纸张）
            │            └─ 建筑废弃物再利用技术（玻璃、钢材、木材、混凝土等）
            │
            ├─ 新型管材 ── 新型可回收利用管材（铜制管材、聚乙烯、聚丙烯、聚乙烯管材）
            │
            ├─ 新型墙材 ┌─ 围护材料（混凝土砌块、加气、陶粒、粉煤灰砌块等）
低          │           └─ 墙板材料（轻质条板、钢丝网架板、聚苯轻质混凝土板、轻钢龙骨系列等）
碳 ┤          │
用          ├─ 保温隔热材料 ┌─ 防火聚氨酯
材          │              ├─ 聚苯乙烯泡沫塑料板EPS、挤塑聚苯乙烯泡沫塑料板XPS等
            │              └─ 岩棉等
            │
            ├─ 新型防水材料 ┌─ 刚性防水技术
            │              ├─ 柔性防水技术
            │              └─ 复合式防水技术
            │
            └─ 就地取材 ┌─ 降低生产能耗和污染
                        ├─ 降低运营能耗和污染
                        ├─ 采用当地结构体系
                        └─ 采用当地建材和装修部品
```

图 4-2-7　低碳用材

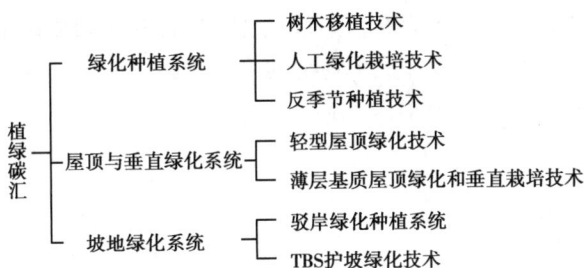

图 4-2-8　植绿碳汇

我国现阶段建设"被动式高层住宅"可以做到以下几点：

①加强外墙屋面围护结构的保温隔热层厚度。如在北方地区采用 150 cm 的聚氨酯材料，就可以达到节能 75% 以上的要求。

②增加外窗的气密性和绝热性。如在北方地区采用三层玻璃的节能窗。

③严格控制窗墙比。北向窗开窗宽度满足采光低限为宜；南向窗户避免设计飘窗或落地窗。尤其在北方地区，在南向大玻璃窗下一定要留出 30～40 cm 的低窗台，以便安装通长的散热器，有利于加热从窗户渗透进来的冷空气。

以上三点是建立被动式住宅的先决条件。

④在外窗增设遮阳设施。北方地区宜采用带保温材料的铝合金百叶卷帘或木质百叶窗。

⑤采用高效采暖末端设备，并实现分户计量控制，应季应时调节室内温度。

⑥增加新风置换系统。北方地区宜采用可进行热交换的新风设备。

⑦采用太阳能分户供热水或集中供热水系统，节约用电，减少燃气消耗和二氧化碳排放。

⑧采用光伏电池供电系统，解决高层公共区的照明和室外环境照明。

⑨采用中水回用、雨水收集技术，节约用水。

⑩采用垃圾生化处理技术，实现垃圾就地减量，减少对环境的污染。

在重庆市外经贸委与英国约克郡签订的《中英可持续城市谅解备忘录》指导下，重庆建筑科技职业学院（原重庆房地产职业学院）与英国未来建筑有限公司（CFCL）合作，在重庆建筑科技职业学院内建设了一栋以展示低碳性、可持续性住房建设以及先进施工工艺和技术的"重庆中英示范楼"，如图 4-2-9 所示。

图 4-2-9　"重庆中英低碳示范楼"实景图

重庆中英示范楼的结构体系采用轻钢结构，而轻型钢材是可以重复使用的可持续发展材料。另外，示范楼还采用了最新的被动式节能技术，包括太阳能热水器、能限制热岛效应的绿色屋顶、从厨房和浴室的空气中提取热能的收集系统、拔风烟囱、太阳能遮阳板、雨水回收系统、可冷却和加热的地源热泵等,不仅有效降低了住宅的二氧化碳排放量、节约了能源,还为环境带来更有益的生物多样性,如图 4-2-10 所示。

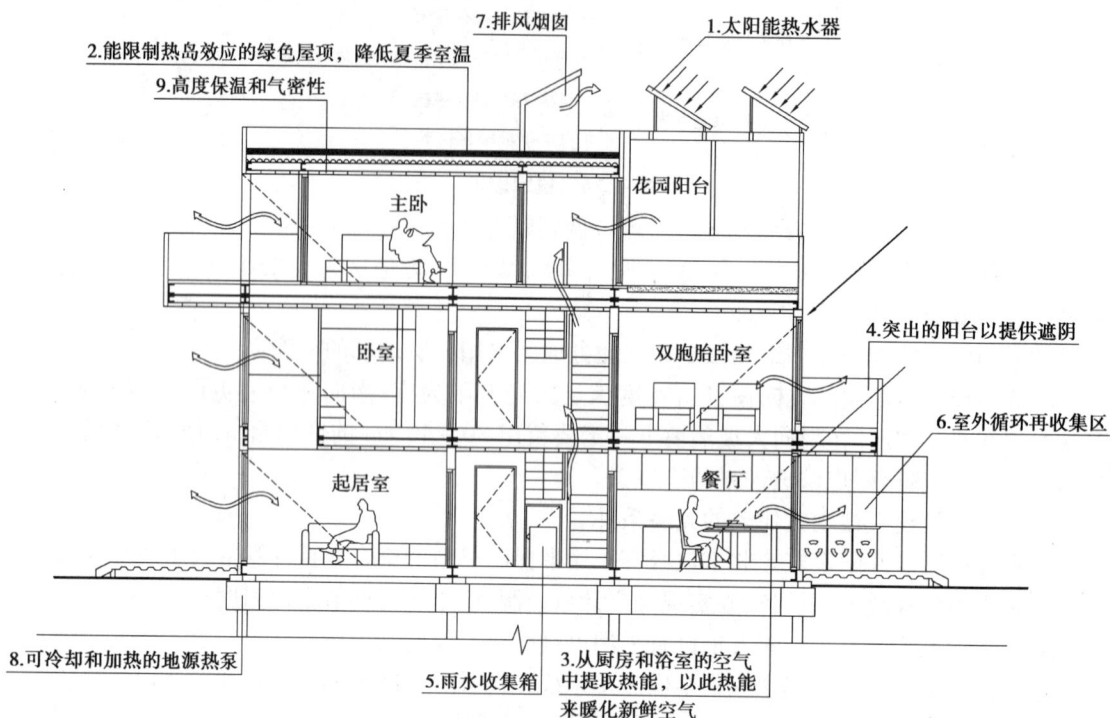

图 4-2-10 "重庆中英低碳示范楼"低碳技术示意图

4.2.2 建筑节能

建筑节能具体指在建筑物的规划、设计、新建(改建、扩建)、改造和使用过程中,执行节能标准,采用节能型的技术、工艺、设备、材料和产品,提高保温隔热性能和采暖供热、空调制冷制热系统效率,加强建筑物用能系统的运行管理,利用可再生能源,在保证室内热环境质量的前提下,增大室内外能量交换热阻,以减少供热系统、空调制冷制热、照明、热水供应因大量热消耗而产生的能耗。图 4-2-11 为建筑节能策略示意图。

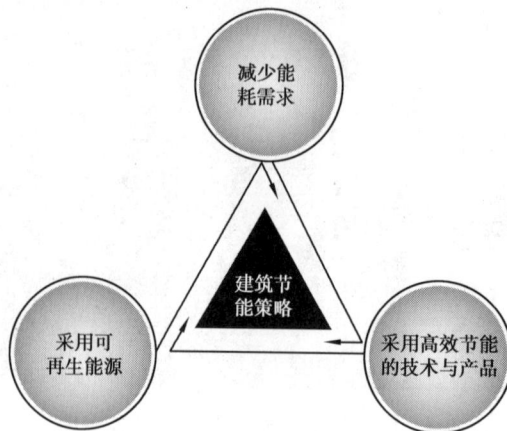

图 4-2-11 建筑节能策略

1) 建筑节能的基本原理

(1) 建筑得热与失热的途径

冬季采暖房屋的正常温度是依靠采暖设备的供暖和围护结构的保温之间相互配合,以及建筑的得热量与失热量的平衡(图 4-2-12)得以实现,可用下式表示:

$$采暖设备散热 + 建筑内部得热 = 建筑物总得热$$

非采暖区的房屋建筑有两类:第一类是采暖房屋有采暖设备,总得热同上;第二类,没有采暖设备,总得热为建筑物内部得热加太阳辐射得热两项,一般仍能保持比室外日平均温度高 3~6 ℃。

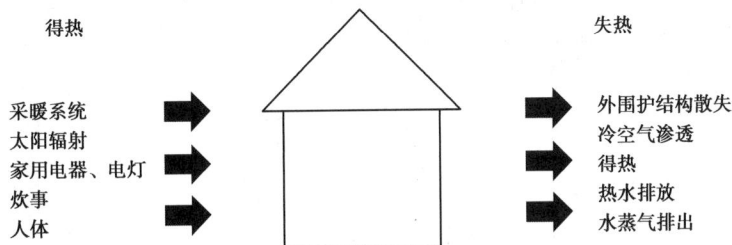

图 4-2-12　得热与失热途径

(2) 建筑的传热方式

传热的方式可分为辐射、对流和导热三种方式。建筑物围护结构的传热需经过吸热、传热和放热三个过程。吸热是外围护结构的内表面从室内空气中吸收热量的过程;传热是指在围护结构内部由高温向低温的一侧传递热量的过程;放热则是指由围护结构的外表面向低温的空间散发热量的过程(图 4-2-13)。

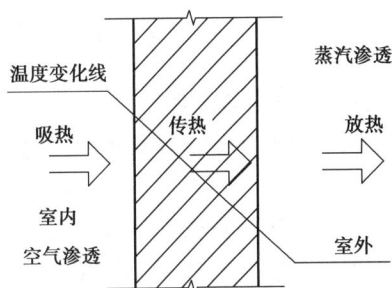

图 4-2-13　放热过程

2) 建筑节能技术

(1) 墙体节能技术

新型墙体材料在节能、节土、利废方面的效果十分明显。新型墙体材料的主要类型如下:

①砖墙:实心砖或空心砖墙,在外墙内表面抹水泥型或石膏型膨胀珍珠岩砂浆。

②加气混凝土墙:加气混凝土(图 4-2-14)热导率较低,宜用于框架填充墙和多层住宅外墙。

③轻骨料混凝土墙:采用以浮石、火山灰渣或其他轻骨料制作的多排孔混凝土空心砌块,并用保温砂浆砌筑的墙体(图 4-2-15)。

图 4-2-14　加气混凝土砖

图 4-2-15　轻骨料混凝土材料

④内保温复合墙:复合墙体是指由承重材料与高效保温材料进行复合组成的墙体。在墙体内表面上,粘贴或吊挂聚苯板或岩棉板等保温材料,然后再做抹灰面层形成内保温复合墙(图4-2-16)。

⑤外保温复合墙:在承重外墙外表面上,粘贴或吊挂聚苯板或岩棉板,然后,贴上网布或挂钢筋网增强,再做抹灰面层形成外墙保温复合墙(图4-2-17),这是目前发展的方向。其优点是:保温材料对主体结构具有保护作用;有利于消除或减弱热桥的影响;由于储热能力较强的主体结构位于室内一侧,有利于房间的热稳定性,减少室温的波动;避免二次装修对内保温层造成的损坏;既有建筑改造施工时,可减少对住户的干扰。

⑥夹芯复合墙:夹芯复合墙是将保温层夹在墙体中间,主体墙采用混凝土或砖砌在保温材料两侧(图4-2-18)。夹芯保温墙由黏土砖和保温材料组成,分为围护墙、保温层和承重墙3层。

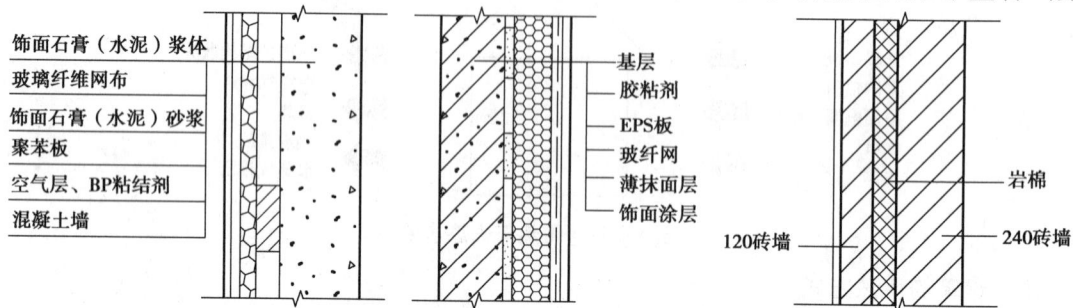

饰面石膏(水泥)浆体
玻璃纤维网布
饰面石膏(水泥)砂浆
聚苯板
空气层、BP粘结剂
混凝土墙

图4-2-16　内保温复合墙

基层
胶粘剂
EPS板
玻纤网
薄抹面层
饰面涂层

图4-2-17　外保温复合墙

岩棉
120砖墙
240砖墙

图4-2-18　夹心温复合墙

(2)门窗节能技术

影响门窗热量损耗大小的因素很多,主要有以下几方面:

● 门窗的传热系数。是指在单位时间内通过单位面积的传热量。传热系数越大,则在冬季通过门窗的热量损失就越大。门窗的传热系数又与门窗的材料、类型有关。

● 门窗的气密性。是指在门窗关闭状态下,阻止空气渗透的能力。门窗气密性等级的高低,对热量的损失影响极大,室外风力变化会对室温产生不利的影响,气密性等级越高,则热量损失就越少,对室温的影响也越小。

● 窗墙比系数与朝向。窗墙比例是指外窗的面积与外墙面积之比。通常门窗的传热热阻比墙体的传热热阻要小得多,因此,建筑的冷、热耗量随窗墙面积比的增加而增加。作为建筑节能的一项措施,要求在满足采光通风的条件下确定适宜的窗墙比。一般而言,不同朝向的太阳辐射强度和日照率不同,窗户所获得的太阳辐射热也不相同。

门窗节能途径主要是保温隔热,其措施包括:提高门窗的保温性能;提高门窗的隔热性能,提高门窗的气密性。主要的节能技术如下:

①选择节能窗型。在常见的窗型中,从结构上分析,固定窗、平开窗的节能效果较优,而推拉窗的节能效果较差。这是因为固定窗由于窗框嵌在墙体内,玻璃直接安装在窗框上,玻璃和窗框已采用胶条或者密封胶密封,空气很难通过密封胶形成对流,很难造成热损失。平开窗的窗扇和窗框间一般有橡胶密封压条,在窗扇关闭后,密封橡胶压条压得很紧,几乎没有空隙,很难形成对流。而推拉窗在窗框下滑轨来回滑动,上部有较大的空间,下部有滑轮间的空隙,窗扇上下形成明显的对流交换,热冷空气的对流形成较大的热损失,此时,不论采用何种隔热型材作窗框都达不到节能效果。

②设计合理的窗墙比和朝向。窗户的传热系数大于同朝向、同面积的外墙传热系数,因此,采暖耗能热量随着窗墙比例的增加而增加。在采光和通风允许的条件下,控制窗墙比例比设置保温窗帘和窗板更加有效,即窗墙面积比设计越小,热量损耗就越小,节能效果越佳。

热量损耗还与外窗的朝向有关,南、北朝向的太阳辐射强度和日照率高,窗户所获得的太阳辐射热多。《民用建筑节能设计标准(采暖居住建筑部分)》(JGJ 26—95)中,虽对窗墙面积比和朝向作了有选择性的规定,但还应结合各地的具体情况进行适当调整。考虑到起居室在北向时的采光需要,南、北向的窗墙面积比可取0.3;考虑到目前一些塔式住宅的情况,东、西向的窗墙面积比可取0.35;考虑到南向出现落地窗、凸窗的机会较多,南向的窗墙面积比可取0.45。

③使用节能材料。由于新型材料的发展,组成窗的主材(框料、玻璃、密封件、五金附件以及遮阳设施等)技术进步很快,使用节能材料是门窗节能的有效途径。

A.框料:窗用型材约占外窗洞口面积的15%~30%,是建筑外窗中能量流失的另一个薄弱环节。目前节能窗的框架类型很多,如断热铝材、断热钢材、塑料型材、玻璃钢材及复合材料(铝塑、铝木等)。其中,断热铝材节能效果比较好。断热铝材是在铝合金型材断面中使用热桥(冷桥)技术使型材分为内、外两部。目前有两种工艺:一种是注胶式断热技术(即浇注切桥技术),这种技术既可以生产对称型断热型材,也可以生产非对称型材。由于利用浇注式处理流体填补成型空间原理,其成品精度非常高。另一种是断热条嵌入技术,即采用由聚酰胺66和25%玻璃纤维(PA66GF25)合成断热条,与铝合金型材在外力挤压下嵌合组成断热铝型材。

B.玻璃:在窗户中,玻璃面积占窗户面积的65%~75%。普通玻璃的热阻值很小,而且对远红外热辐射几乎完全吸收,单层普通玻璃是无法达到保温节能效果的。不同种类的玻璃,其透光率、遮阳系数、传热系数是大不相同的。门窗玻璃常用的处理方法有:

a.玻璃镀膜。用物理或化学镀膜工艺,可改变玻璃表面的热反射特性,将太阳辐射直接反射回去,从而提高玻璃的遮阳隔热性能。镀膜玻璃又分为热反射玻璃(又称阳光控制玻璃)和低辐射玻璃(又称Low-E玻璃),热反射玻璃可通过配置膜层的结构和厚度,在较大范围改变遮阳性能。

b.玻璃着色。在制造过程中加入色剂,着色玻璃的遮阳性和隔热性能优于透明玻璃。通过吸收部分阳光的直接透过,从而减少太阳辐射热进入室内;但由于吸收热量使自身温度升高,增加了温差传热,降低了保温效果。

c.中空玻璃。是以两片或多片玻璃,采用间隔条来控制内外两片的间距。双玻璃周边用密封胶翻结密封,使玻璃层间形成干燥气体,具有隔音、隔热、防结露和降低能耗的作用。

C.密封材料:洞口密封材料的质量,既影响着房屋的保温节能效果,也关系到墙体的防水性能,目前通常使用聚氨酯发泡体进行填充。此类材料不仅有填充作用,而且还有很好的密封保温和隔热性能。另外,应用较多的密封材料还有硅胶、三元乙丙胶条。其他部分的密封用密封条,密封条分为毛条和胶条。

D.五金附件。门窗是靠五金配件来完成开启、关闭功能的,它是建筑门窗中最易磨损和持续活动的部分,其功能的有效性不仅直接导致安全问题,而且影响建筑门窗的保温性能以及水密性、气密性。门窗五金配件主要包括执手、滑撑、撑挡、拉手、窗锁、滑轮等。对平窗而言,按照密封性能来分类,大体可分为两类:多锁点五金件和单锁点五金件。多锁点五金件的锁点和锁坐分布在整个门窗的四周;当门窗锁闭后锁点、锁坐牢牢地扣在一起,与铰链或滑撑配合,共同产生强大的密封压紧力,使密封条弹性变形,从而提供给门窗足够的密封性能,使窗扇、窗框形成一体;而单锁点密封性相对来说就要差得多。因此,采用多锁点窗锁,可以大大减少门窗扇的变形,提高密封性能。

E.遮阳设施。目前常用的遮阳设施有:

a.活动式外遮阳。将百叶装置安装在开放式铝板幕墙内部,在室内可控制百叶升降,不用时百叶可上升进入幕墙内面。这种装置能阻隔太阳辐射于室外。但造价较高。

b.百叶中空玻璃窗遮阳。是将百叶安装在中空玻璃两片玻璃间,通过磁力控制百叶翻转和升降动作,以达到遮阳和保温效果。百叶处在垂直位置时能有效降低中空玻璃内的热传导,遮挡阳光直射,并有效降低中空玻璃的遮阳系数;百叶处在水平位置时,既可采光,又可起到遮阳作用;百叶处在收起位置时就有和普通中空玻璃一样的效果。这种百叶中空玻璃窗集隔热、保温、隔声、隐私性、装饰性于一体,适合于我国广大地区应用,实为节能的好产品。

F. 提高创新和安装水平。窗的安装对窗是否能获得良好的质量,具有决定性的作用。测试性能好的窗,不等于安装上墙后其性能也好。窗安装上墙需满足的功能如下:在各种温度的影响下,窗的各项功能运转自如;对窗的外力能可靠分解,尤其将正负风压有效转移到墙体上去;窗不受墙体内部的各种运动以及尺寸变形的影响(沉降、振动、热胀冷缩等);安装的各向应力应排除,窗开启自如;窗与墙体连接处的防水、隔声的密封性能;窗与墙体连接处的隔热性能。

(3)屋顶和地面的节能技术

①屋面节能技术。

a.倒置式屋面:所谓倒置式屋面,就是将传统屋面构造中的保温层与防水层颠倒,把保温层放在防水层的上面。倒置式屋面特别强调"憎水性"保温材料。

b.屋面绿化:城市建筑实行屋面绿化,可以大幅度降低建筑能耗、减少温室气体的排放,同时可增加城市绿地面积、美化城市、改善城市气候环境。

c.蓄水屋面:蓄水屋面就是在刚性防水屋面上蓄一层水,其目的是利用水蒸发时,带走大量水层中的热量,大量消耗晒到屋面的太阳辐射热,从而有效地减弱了屋面的传热量和降低屋面温度,是一种较好的隔热措施,是改善屋面热工性能的有效途径。

②地面节能技术。

在建筑围护结构中,通过地面向外传导的热(冷)量约占围护结构传热量的 3% ~ 5%。

地面节能主要包括 3 个部分:一是直接接触土壤的地面;二是与室外空气接触的架空楼板底面;三是地下室(±0 以下)、半地下室与土壤接触的外墙。

目前,楼、地面的保温隔热技术一般分两种:

a.普通的楼面在楼板下方粘贴膨胀聚苯板、挤塑聚苯板或其他高效保温材料后吊顶。

b.采用地板辐射采暖的楼、地面,在楼、地面基层完成后,在基层上先铺保温材料,再将交联聚乙烯、聚丁烯、改性聚丙烯或铝塑复合等材料制成的管道,按一定的间距,双向循环的盘区方式固定在保温材料上,然后回填细石混凝土,经平整振实后上铺地板。

(4)太阳能利用

太阳能利用主要通过集热和蓄热实施。集热是指将密度较低的太阳能,收集起来加以利用。蓄热是白天利用主体结构将多余热量蓄存起来,晚上逐渐将热量释放到室内,用以调节室内温度。设置屋顶水池、外壁用水墙,或者设蓄热管网、卵石蓄热床等也可取得一定效果。

3)建筑节能规划设计

采暖建筑节能规划设计的目的是充分利用太阳能、冬季主导风向、地形和地貌等自然因素,并通过建筑规划布局,创造良好的微气候环境,达到建筑节能的要求。

(1)建筑布局

①建筑的合理布局,有利于改善日照条件。

在住宅楼组合布置时,应注意从一些不同的布局处理中争取良好日照。如图 4-2-19 所示,平面布置的方式不同,获得的日照也不同。显而易见方案 4 的效果最好。

住宅楼组合布置注意要点如下:

a.在多排多列楼栋布置时,采用错位布局,利用山墙空隙争取日照。

b.点、条组合布置时,将点式住宅布置在好朝向位置,条状住宅布置在其后,有利于利用空

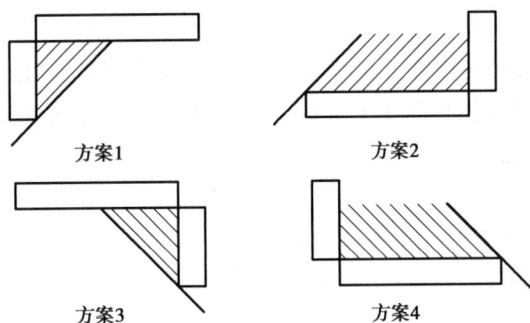

图 4-2-19　东西向住宅的 4 种拼接形式比较

隙争取日照。

　　c. 在严寒地区,城市住宅布置时可通过利用东西向住宅围合成封闭或半封闭的周边式住宅方案。南北向与东西向住宅围合一般有 4 种情况(图 4-2-19)。

　　d. 全封闭围合时,开口的位置和方位以向阳和居中为好。

　　②建筑的合理布局,有利于改善风环境。

　　建筑节能规划设计,应利用建筑物阻挡冷风、避开不利风向,减少冷空气对建筑物的渗透,如图 4-2-20 所示。在规划布局时,应避免风漏斗和高速风走廊的道路布局和建筑排列。

　　③建筑的合理布局,有利于建立气候防护单元。

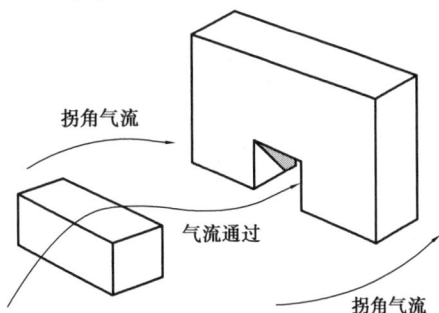

图 4-2-20　利用建筑物阻挡冷风、避开不利风向

　　建筑布局宜采用单元组团式布局,形成较封闭、完整的庭院空间,充分利用和争取日照,避免季风干扰,组织内部气流,利用建筑外界面的反射辐射,形成对冬季恶劣气候条件的有利防护庭院空间,建立良好的气候防护单元,如图 4-2-21 所示。

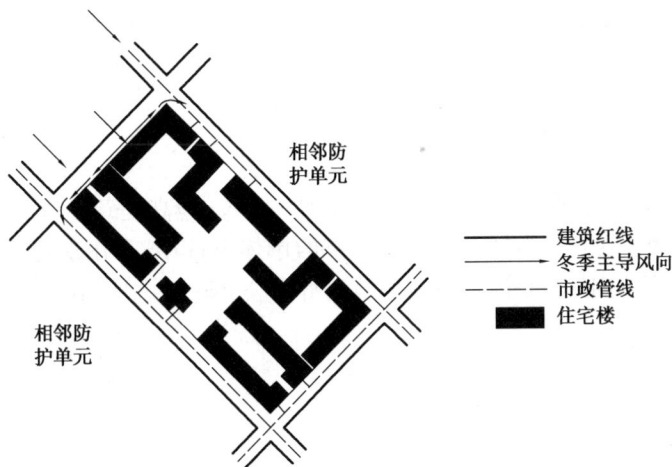

图 4-2-21　气候防护单元

(2)建筑体型

在规划设计中考虑建筑体形对节能的影响时,主要应把握下述因素。

①控制体形系数。控制或降低体形系数的方法,主要有:

a. 减少建筑面宽,加大建筑幢深。

b. 增加建筑物的层数。

c. 建筑体型不宜变化过多,严寒地区节能型住宅的平面形式应追求平整、简洁,如直线型、折线型和曲线型。在节能规划中,对住宅形式的选择不宜大规模采用单元式住宅错位拼接,不宜采用点式住宅或点式住宅拼接。

②考虑日辐射的热量。

③设计有利避风的建筑形态。单体建筑物和三维尺寸对其周围的风环境影响很大。从节能的角度考虑,应创造有利的建筑形态,减少风流、降低风压、减少耗能热损失。分析下列建筑物形成的风环境可以发现:

a. 风在条形建筑背面边缘形成涡流(图 4-2-22),建筑物高度越高,深度越小、长度越大时,背面涡流区越大。

b. 风在 L 形建筑中。如图 4-2-23(b)所示的布局对防风有利。

c. U 形建筑形成半封闭的院落空间,如图 4-2-24 所示的布局对防寒风十分有利。

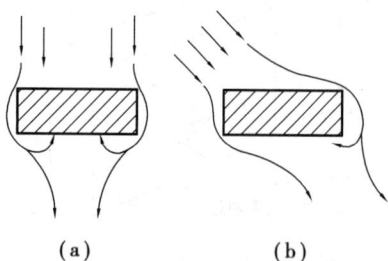

图 4-2-22　条形建筑
风环境平面图

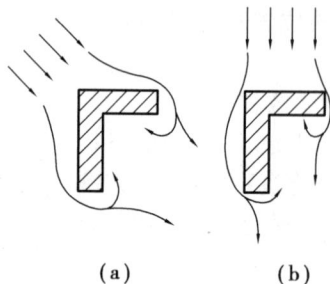

图 4-2-23　L 形建筑
风环境平面图

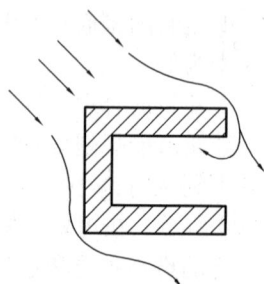

图 4-2-24　U 形建筑
风环境平面图

(3)建筑间距与朝向

建筑间距应保证住宅室内获得一定的日照量,并结合通风、省地等因素综合确定。

建筑朝向是节能建筑群体布置中首先考虑的问题。我国的建筑规划设计,应以南北向或接近南北向为好。建筑物主要房间宜设在冬季背风和朝阳的部位,以减少冷风渗透和维护结构散热量,多吸收太阳热,并增加舒适感,改善卫生条件(参照本书任务 1.2 中第 1.2.5 节"总平面设计"中有关内容)。

(4)建筑密度

按照"在保证节能效益的前提下提高建筑密度"要求,提高建筑密度最直接、最有效的方法,一是适当缩短南墙面的日照时间;二是在建筑的单体设计中,采用退层处理、降低层高等方法,也可有效缩小建筑间距;三是尚需考虑建筑组群中公共建筑占地问题。

【学习笔记】

_____

_____

_____

_____

_____

_____

【关键词】

低碳建筑　建筑节能　低碳住宅　被动式节能建筑　建筑的传热方式

【测试】

一、单项选择题

1.在建筑围护结构中,通过地面向外传导的热(冷)量约占围护结构传热量的(　　)。

A.1% ~2% 　　　　B.3% ~5% 　　　　C.10% ~20% 　　　　D.30% ~50%

2.断桥式节能窗是属于低碳住宅技术体系中的(　　)部分。

A.低碳设计　　　　B.低碳用能　　　　C.低碳构造　　　　D.低碳用材

E.低碳排放

3.窗墙比控制是属于低碳住宅技术体系中的(　　)部分。

A.低碳设计　　　　B.低碳用能　　　　C.低碳构造　　　　D.低碳用材

E.低碳排放

4.雨水收集利用技术是属于低碳住宅技术体系中的(　　)部分。

A.低碳设计　　　　B.低碳用能　　　　C.低碳构造　　　　D.低碳用材

E.低碳排放

5.加强外墙屋面围护结构的保温隔热层厚度。在北方地区采(　　)厚的聚氨酯材料作为外墙屋面围护结构的保温隔热层材料,就可以达到节能75%以上的要求。

A.30 ~40 cm 　　　　B.300 ~400 cm 　　　　C.150 cm 　　　　D.15 cm

二、多项选择题

1.中国房地产研究会住宅产业发展和技术委员会发布的"低碳住宅技术体系"包括(　　)等8个部分。

A.低碳设计　　　　B.低碳用能　　　　C.低碳构造　　　　D.低碳运营

E.低碳排放　　　　F.低碳用材

2.建筑传热的方式可分为(　　)三种方式。

A.辐射　　　　B.对流　　　　C.导流　　　　D.导热

3.外保温复合墙是在承重外墙外表面上,粘贴或吊挂聚苯板或岩棉板,然后,贴上网布或挂钢筋网增强,再做抹灰面层形成外墙保温复合墙。其优点包括(　　)。

A.保温材料对主体结构具有保护作用　　　B.有利于消除或减弱热桥的影响

C.有利于房间的热稳定性　　　D.避免二次装修对内保温层造成的损坏

E.不妨碍内装修的美观　　　F.既有建筑改造施工时,可减少对住户的干扰

4.门窗热量损耗大小的主要有(　　)几方面。

A.门窗的传热系数　　　B.门窗的气密性

C.窗墙比系数与朝向　　　D.选择节能窗型

5.屋面节能技术包括(　　)等几种。

A.倒置式屋面　　　B.屋面绿化　　　C.屋面防水　　　D.蓄水屋面

三、判断题

1.夹芯复合墙是将保温层夹在墙体中间,主体墙采用混凝土或砖砌在保温材料两侧。

(　　)

2.倒置式屋面是将传统屋面构造中的保温层与防水层颠倒,把保温层放在防水层的上面。

倒置式屋面特别强调"憎水性"保温材料。 （　　）

　　3."重庆中英示范楼"的结构体系采用木结构。 （　　）

　　4.在北方地区,在南向大玻璃窗下一定要留出 300 ~ 400 mm 的低窗台,以便安装通长的散热器,有利于加热从窗户渗透进来的冷空气。 （　　）

　　5.太阳能利用主要通过散热和蓄热实施。 （　　）

　　6.建筑节能规划设计,应利用建筑物阻挡热风,减少热空气对建筑物的渗透。 （　　）

【想一想】建筑的布局对建筑节能有何影响?

【做一做】在网上查一查"重庆中英示范楼"的有关报道,并简述"重庆中英示范楼"的概况。

【相关知识链接】

1.《民用建筑设计统一标准》(GB 50352—2019)

2.《建筑设计防火规范(2018 年版)》(GB 50016—2014)

3.《建筑模数协调标准》(GB/T 50002—2013)

4.《住宅设计规范》(GB 50096—2011)

5.《砌筑砂浆配合比设计规程》(JGJ/T 98—2010)

6.《砌体结构设计规范》(GB 50003—2011)

7.《普通混凝土长期性能和耐久性能试验方法标准》(GB/T 50082—2009)

8.《混凝土结构设计规范(2015 年版)》(GB 50010—2010)

9.《数据中心设计规范》(GB 50174—2017)

10.《无障碍设计规范》(GB 50763—2012)

11.《车库建筑设计规范》(JGJ100—2015)

12.《自动扶梯和自动人行道的制造与安装安全规范》(GB 16899—2011)

13.《屋面工程技术规范》(GB 50345—2012)

14.《民用建筑热工设计规范》(GB 50176—2016)

15.《建筑门窗洞口尺寸系列》(GB/T 5824—2021)

16.《厂房建筑模数协调标准》(GB/T 50006—2010)

17.《建筑采光设计标准》(GB 50033—2013)

18.《工业企业设计卫生标准》(GBZ1—2010)

19.《严寒和寒冷地区居住建筑节能设计标准》(JGJ 26—2018)

参考文献

［1］李必瑜,魏宏杨,覃琳. 建筑构造［M］.6 版. 北京:中国建筑工业出版社,2019.

［2］同济大学,西安建筑科技大学,东南大学,等. 房屋建筑学［M］.5 版. 北京:中国建筑工业出版社,2016.

［3］何培斌. 房屋建筑学［M］. 重庆:重庆大学出版社,2016.

［4］何培斌. 民用建筑设计与构造［M］.3 版. 北京:北京理工大学出版社,2022.